Springer-Lehrbuch

Kilian 1

Franz Schwabl

Quantenmechanik für Fortgeschrittene (QM II)

Vierte, erweiterte und aktualisierte Auflage
mit 79 Abbildungen, 4 Tabellen
und 101 Aufgaben

 Springer

Professor Dr. Franz Schwabl
Physik-Department
Technische Universität München
James-Franck-Straße
85747 Garching, Deutschland
e-mail: schwabl@ph.tum.de

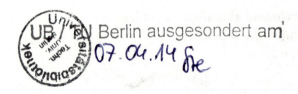
ISBN-10 3-540-25904-X 4. Aufl. Springer Berlin Heidelberg New York
ISBN-13 978-3-540-25904-6 4. Aufl. Springer Berlin Heidelberg New York

ISBN 3-540-20308-7 3. Aufl. Springer-Verlag Berlin Heidelberg New York

Bibliografische Information Der Deutschen Bibliothek.
Die Deutsche Bibliothek verzeichnet diese Publikation in der Deutschen Nationalbibliografie; detaillierte bibliografische
Daten sind im Internet über <http://dnb.ddb.de> abrufbar.

Springer ist ein Unternehmen von Springer Science+Business Media
springer.de
© Springer-Verlag Berlin Heidelberg 1997, 2000, 2004, 2005
Printed in Germany

Satz: F. Schwabl und F. Herweg EDV Beratung unter Verwendung eines Springer LaTeX2e Makropakets
Herstellung: LE-TeXJelonek, Schmidt und Vöckler GbR, Leipzig
Einbandgestaltung: *design & production* GmbH, Heidelberg

Gedruckt auf säurefreiem Papier   56/3141/YL - 5 4 3 2 1 0

Die wahre Physik ist jene, der es eines Tages gelingen wird,
den Menschen in seiner Gesamtheit
in ein zusammenhängendes Weltbild einzugliedern.

Pierre Teilhard de Chardin

Meiner Tochter Birgitta

Vorwort zur vierten Auflage

Die erfreulich positive Aufnahme des Buches hatte dazu geführt, daß innerhalb verhältnismäßig kurzer Zeit eine weitere Neuauflage erforderlich war. Dabei wurden an vielen Stellen erklärende Ergänzungen und Präzisierungen angebracht und Querverbindungen zwischen den einzelnen Abschnitten hervorgehoben. Das betrifft auch einen Teil der Übungsaufgaben. Eine Reihe von Abbildungen und der Umbruch wurden verbessert. Bei dieser Gelegenheit möchte ich allen Kollegen, Mitarbeitern und Studenten danken, die Verbesserungsvorschläge machten. Unter anderem bin ich Herrn Prof. U. Täuber, Virginia, für Ratschläge dankbar. Besonderer Dank gilt Frau Jörg-Müller, für die allgemeine Organisation, und Frau Marquard-Schmitt und Herrn Wollenweber für das Lesen der Korrekturen. Herrn Dr. Th. Schneider und Frau J. Lenz vom Springer-Verlag danke ich für die exzellente Zusammenarbeit.

München, im Juli 2005   *F. Schwabl*

Vorwort

Das vorliegende Lehrbuch behandelt fortgeschrittene Themen der Quantenmechanik, wie sie üblicherweise in Vorlesungen über Quantenmechanik II
dargestellt werden. Es ist in drei Teile gegliedert: I *Vielteilchensysteme*, II
Relativistische Wellengleichungen und III *Relativistische Felder*, die sich in
insgesamt 15 Kapitel teilen. Im Text wird Wert auf eine gestraffte Darstel-
lung gelegt, die dennoch außer Kenntnis der Quantenmechanik keine weiteren Hilfsmittel erfordert. Die Verständlichkeit wird gewährleistet durch
Angabe aller mathematischen Schritte und ausführliche und vollständige
Durchführung der Zwischenrechnungen. Am Ende jedes Kapitels sind eine
Reihe von Übungsaufgaben angegeben. Teilabschnitte, die bei der ersten
Lektüre übergangen werden können, sind mit einem Stern gekennzeichnet.
Nebenrechnungen und Bemerkungen, die für das Verständnis nicht entschei-
dend sind, werden in Kleindruck dargestellt. Für die Teile II und III ist die
vorhergehende Lektüre von Teil I nicht erforderlich. Wo es hilfreich erscheint,
werden Zitate angegeben, die auch dort keineswegs vollständig sind, aber zur
weiteren Lektüre anregen sollen. Am Ende jedes der drei Teile befindet sich
eine Liste von Lehrbüchern.

Das Buch grenzt sich gegen das Lehrbuch *Quantenmechanik* thematisch
dadurch ab, daß relativistische Phänomene und klassische wie relativistische
Quantenfelder behandelt werden.

In Teil I wird der Formalismus der zweiten Quantisierung eingeführt und
auf die wichtigsten, mit einfachen Methoden darstellbaren Probleme, wie
schwach wechselwirkendes Elektronengas, Anregungen in schwach wechselwirkenden Bose-Gasen, angewandt und es werden die grundlegenden Eigenschaften von Korrelations- und Responsefunktionen von Vielteilchensystemen
behandelt.

Der zweite Teil beschäftigt sich mit der Klein-Gordon-Gleichung und der
Dirac-Gleichung. Neben den wichtigsten Problemen, wie der Bewegung im
Coulomb-Potential, wird besonderes Augenmerk den Symmetrieeigenschaf-
ten zugewandt.

Im dritten Teil wird das Noethersche Theorem, die Quantisierung von
Klein-Gordon-, Dirac- und Strahlungsfeld dargestellt, sowie das Spin-Statistik-Theorem. Das letzte Kapitel behandelt wechselwirkende Felder am Beispiel der Quantenelektrodynamik: S-Matrix-Theorie, Wick-Theorem, Feyn-

man Regeln und einige einfache Prozesse wie Mott-Streuung und Elektron-Elektron-Streuung.

Das Buch wird Studenten der Physik und verwandter Fachgebiete ab dem 5. oder 6. Semester empfohlen und Teile daraus können möglicherweise auch von Lehrenden nutzbringend verwendet werden.

Dieses Buch ist aus Vorlesungen, die der Autor wiederholt an der Technischen Universität München gehalten hat, entstanden. Am Schreiben des Manuskripts, am Lesen der Korrekturen haben viele Mitarbeiter mitgewirkt: Frau I. Wefers, Frau E. Jörg-Müller, Frau C. Schwierz, die Herren A. Vilfan, S. Clar, K. Schenk, M. Hummel, E. Wefers, B. Kaufmann, M. Bulenda, J. Wilhelm, K. Kroy, P. Maier, C. Feuchter, A. Wonhas. Herr E. Frey und Herr W. Gasser waren an der Ausarbeitung der Übungsbeispiele beteiligt. Herr W. Gasser hat das gesamte Manuskript gelesen und zu vielen Kapiteln des Buches wertvolle Anregungen gegeben. Ihnen und allen anderen Mitarbeitern, deren Hilfe wichtig war, sowie stellvertretend für den Springer-Verlag Herrn Dr. H.J. Kölsch sei an dieser Stelle herzlichst gedankt.

München, Juni 1997   *F. Schwabl*

Inhaltsverzeichnis

Teil I

Nichtrelativistische Vielteilchen-Systeme

1. Zweite Quantisierung

Wir werden in diesem Abschnitt nichtrelativistische Systeme, die aus sehr vielen identischen Teilchen bestehen, behandeln, und dazu einen effizienten Formalismus – die Methode der zweiten Quantisierung – einführen. Es gibt in der Natur zwei Sorten von Teilchen, Bosonen und Fermionen. Deren Zustände sind vollkommen symmetrisch bzw. vollkommen antisymmetrisch. Fermionen besitzen halbzahligen, Bosonen ganzzahligen Spin. Dieser Zusammenhang zwischen Spin und Symmetrie (Statistik) wird in der relativistischen Quantenfeldtheorie bewiesen (Spin-Statistik-Theorem). Eine wichtige Konsequenz in der Vielteilchenphysik sind Fermi-Dirac-Statistik und Bose-Einstein-Statistik. Wir stellen in Abschn. 1.1 zunächst einige Vorbemerkungen voran, die an die Quantentheorie I, Kapitel 13[1] anknüpfen. Dabei ist für die späteren Abschnitte nur der erste Teil, 1.1.1, wesentlich.

1.1 Identische Teilchen, Mehrteilchenzustände und Permutationssymmetrie

1.1.1 Zustände und Observable von identischen Teilchen

Wir betrachten N identische Teilchen (z.B. Elektronen, π-Mesonen). Der Hamilton-Operator

$$H = H(1, 2, \dots, N) \tag{1.1.1}$$

ist symmetrisch in den Variablen $1, 2, \dots, N$. Hier bezeichnet $1 \equiv \mathbf{x}_1, \sigma_1$ Orts- und Spinfreiheitsgrad für Teilchen 1 und entsprechend für die übrigen Teilchen. Ebenso schreiben wir eine Wellenfunktion in der Form

$$\psi = \psi(1, 2, \dots, N). \tag{1.1.2}$$

Der Permutationsoperator P_{ij}, welcher $i \leftrightarrow j$ vertauscht, hat auf eine beliebige N-Teilchen-Wellenfunktion die Wirkung

---

[1] F. Schwabl, *Quantenmechanik*, 6. Aufl., Springer, Berlin Heidelberg, 2002. In späteren Zitaten wird dieses Buch mit QM I abgekürzt.

$$P_{ij}\psi(\ldots,i,\ldots,j,\ldots) = \psi(\ldots,j,\ldots,i,\ldots). \qquad (1.1.3)$$

Wir erinnern an einige bekannte Eigenschaften. Da $P_{ij}^2 = 1$ hat P_{ij} die Eigenwerte ± 1. Wegen der Symmetrie des Hamilton-Operators gilt für jedes Element P der Permutationsgruppe

$$PH = HP. \qquad (1.1.4)$$

Die Permutationsgruppe S_N, bestehend aus allen Permutationen von N Objekten, hat $N!$ Elemente. Jede Permutation P kann als Produkt von Transpositionen P_{ij} dargestellt werden. Ein Element heißt gerade (ungerade), wenn die Zahl der P_{ij} gerade (ungerade) ist.[2]

Einige *Eigenschaften*:

(i) Sei $\psi(1,\ldots,N)$ eine Eigenfunktion von H mit Eigenwert E, dann gilt dies auch für $P\psi(1,\ldots,N)$.
     Beweis. $H\psi = E\psi \Rightarrow HP\psi = PH\psi = EP\psi$.

(ii) Für jede Permutation gilt

$$\langle \varphi|\psi \rangle = \langle P\varphi|P\psi \rangle , \qquad (1.1.5)$$

wie durch Umbenennung der Integrationsvariablen folgt.

(iii) Der adjungierte Permutationsoperator $P^\dagger$ ist wie üblich durch

$$\langle \varphi|P\psi \rangle = \langle P^\dagger\varphi|\psi \rangle$$

definiert. Daraus folgt

$$\langle \varphi|P\psi \rangle = \langle P^{-1}\varphi|P^{-1}P\psi \rangle = \langle P^{-1}\varphi|\psi \rangle \Rightarrow P^\dagger = P^{-1}$$

und somit ist P unitär

$$P^\dagger P = PP^\dagger = 1 . \qquad (1.1.6)$$

(iv) Für jeden symmetrischen Operator $S(1,\ldots,N)$ gilt

$$[P,S] = 0 \qquad (1.1.7)$$

und

$$\langle P\psi_i|\, S\, |P\psi_j \rangle = \langle \psi_i|\, P^\dagger S P\, |\psi_j \rangle = \langle \psi_i|\, P^\dagger P S\, |\psi_j \rangle = \langle \psi_i|\, S\, |\psi_j \rangle . \qquad (1.1.8)$$

Somit wurde gezeigt, daß symmetrische Operatoren in den Zuständen ψ_i und in den permutierten Zuständen $P\psi_i$ gleiche Matrixelemente haben.

---

[2] Bekanntlich läßt sich jede Permutation als Produkt von elementfremden Zyklen darstellen, z.B. $(124)(35)$. Jeder Zyklus läßt sich als Produkt von Transpositionen darstellen,

z.B. (12) ungerade
$P_{124} \equiv (124) = (14)(12)$ gerade .

Jeder Zyklus wird von links nach rechts durchgegangen ($1 \to 2, 2 \to 4, 4 \to 1$), während die Produkte von Zyklen von rechts nach links angewandt werden.

(v) Es gilt auch die Umkehrung von (iv). Die Forderung, daß eine Vertauschung von identischen Teilchen keinerlei beobachtbare Konsequenzen haben darf, impliziert, daß alle Observablen O symmetrisch, d.h. permutationsinvariant, sein müssen.

Beweis. $\langle\psi|\,O\,|\psi\rangle = \langle P\psi|\,O\,|P\psi\rangle = \langle\psi|\,P^{\dagger}OP\,|\psi\rangle$ gilt für beliebiges ψ und deshalb $P^{\dagger}OP = O$ und folglich $PO = OP$.

Da identische Teilchen durch jeden physikalischen Prozeß gleichartig beeinflußt werden, müssen *alle physikalischen Operatoren symmetrisch* sein. Die Zustände ψ und $P\psi$ sind deshalb experimentell ununterscheidbar. Es erhebt sich die Frage, ob in der Natur alle diese $N!$ Zustände realisiert sind.

Tatsächlich nehmen die *vollkommen symmetrischen* und die *vollkommen antisymmetrischen* Zustände ψ_s und ψ_a eine ausgezeichnete Position ein. Diese sind definiert durch

$$P_{ij}\psi_{\substack{s\\a}}(\ldots,i,\ldots,j,\ldots) = \pm\psi_{\substack{s\\a}}(\ldots,i,\ldots,j,\ldots) \tag{1.1.9}$$

für alle P_{ij}.

Es erweist sich *experimentell*, daß es zwei Sorten von Teilchen gibt, *Bosonen* und *Fermionen*, deren Zustände vollkommen symmetrisch und vollkommen antisymmetrisch sind. Wie schon eingangs erwähnt, haben Bosonen ganzzahligen und Fermionen halbzahligen Spin.

Bemerkungen:

(i) Der Symmetriecharakter eines Zustandes ändert sich im Zeitverlauf nicht:

$$\psi(t) = T\mathrm{e}^{-\frac{\mathrm{i}}{\hbar}\int_0^t dt'\,H(t')}\psi(0) \Rightarrow P\psi(t) = T\mathrm{e}^{-\frac{\mathrm{i}}{\hbar}\int_0^t dt'\,H(t')}P\psi(0)\,, \tag{1.1.10}$$

wobei T der Zeitordnungsoperator ist.[3]

(ii) Für beliebige Permutationen P gilt für die in (1.1.9) eingeführten Zustände

$$P\psi_s = \psi_s \tag{1.1.11}$$

$$P\psi_a = (-1)^P\psi_a\,,\text{ mit }(-1)^P = \begin{cases} 1 \text{ für gerade} \\ -1 \text{ für ungerade} \end{cases}\text{Permutationen.}$$

Also bilden die Zustände ψ_s und ψ_a die Basis von zwei eindimensionalen Darstellungen der Permutationsgruppe S_N. Für ψ_s ist jedem P die Zahl 1, für ψ_a jedem geraden (ungeraden) Element die Zahl 1 (-1) zugeordnet. Da im Falle von drei oder mehr Teilchen die P_{ij} nicht alle untereinander kommutieren, gibt es neben ψ_s und ψ_a auch Zustände, für die nicht alle P_{ij} diagonal sind. Wegen der Nichtkommutativität kann es nämlich kein vollständiges System von gemeinsamen Eigenfunktionen aller P_{ij} geben.

---

[3] QM I, Kap. 16.

Diese Zustände sind Basisfunktionen zu höherdimensionalen Darstellungen der Permutationsgruppe. In der Natur sind diese Zustände nicht realisiert und werden mit dem Ausdruck parasymmetrische Zustände bezeichnet[4]. Im Zusammenhang mit dadurch beschriebenen fiktiven Teilchen spricht man von Parateilchen und Parastatistik.

1.1.2 Beispiele

(i) *Zwei Teilchen*
Sei $\psi(1,2)$ eine beliebige Wellenfunktion. Die Permutation P_{12} führt auf $P_{12}\psi(1,2) = \psi(2,1)$.
Aus diesen beiden Wellenfunktionen bildet man

$$\psi_s = \psi(1,2) + \psi(2,1) \quad \text{symmetrisch}$$
$$\psi_a = \psi(1,2) - \psi(2,1) \quad \text{antisymmetrisch}$$

(1.1.12)

unter der Operation P_{12}. Für zwei Teilchen sind die möglichen Zustände durch symmetrische und antisymmetrische erschöpft.

(ii) *Drei Teilchen*
Betrachten wir z.B. eine nur von den Orten abhängige Wellenfunktion

$$\psi(1,2,3) = \psi(x_1, x_2, x_3).$$

Die Anwendung der Permutation P_{123} ergibt

$$P_{123}\,\psi(x_1, x_2, x_3) = \psi(x_2, x_3, x_1),$$

d.h. Teilchen 1 wird durch Teilchen 2 ersetzt, Teilchen 2 wird durch Teilchen 3 ersetzt, Teilchen 3 wird durch Teilchen 1 ersetzt, z.B.: $\psi(1,2,3) = e^{-x_1^2(x_2^2-x_3^2)^2}$, $P_{12}\,\psi(1,2,3) = e^{-x_2^2(x_1^2-x_3^2)^2}$, $P_{123}\,\psi(1,2,3) = e^{-x_2^2(x_3^2-x_1^2)^2}$. Wir betrachten

$$P_{13}P_{12}\,\psi(1,2,3) = P_{13}\,\psi(2,1,3) \;= \psi(2,3,1) = P_{123}\,\psi(1,2,3)$$
$$P_{12}P_{13}\,\psi(1,2,3) = P_{12}\,\psi(3,2,1) \;= \psi(3,1,2) = P_{132}\,\psi(1,2,3)$$
$$(P_{123})^2\psi(1,2,3) = P_{123}\,\psi(2,3,1) \;= \psi(3,1,2) = P_{132}\,\psi(1,2,3).$$

Offensichtlich ist $P_{13}P_{12} \neq P_{12}P_{13}$.
S_3, die Permutationsgruppe von drei Objekten, besteht aus den folgenden $3! = 6$ Elementen

$$S_3 = \{1, P_{12}, P_{23}, P_{31}, P_{123}, P_{132} = (P_{123})^2\}.$$

(1.1.13)

Wir diskutieren nun die Wirkung der Permutationen P auf einen Ket-Vektor. Bisher hatten wir P immer nur auf Ortswellenfunktionen oder innerhalb von Skalarprodukten, die auf Integrale über Produkte von Ortswellenfunktionen führen, wirken lassen.
Gegeben sei der Zustand

$$|\psi\rangle = \sum_{x_1,x_2,x_3} \overbrace{|x_1\rangle_1 |x_2\rangle_2 |x_3\rangle_3}^{\text{direktes Produkt}} \psi(x_1, x_2, x_3)$$

(1.1.14)

---

[4] A.M.L. Messiah and O.W. Greenberg, Phys. Rev. **136**, B 248 (1964), **138**, B 1155 (1965)

mit $\psi(x_1, x_2, x_3) = \langle x_1|_1 \langle x_2|_2 \langle x_3|_3|\psi\rangle$. In $|x_i\rangle_j$ gibt j die Teilchennummer an und x_i den Wert der Ortskoordinate. Die Wirkung von P_{123} ist beispielsweise folgendermaßen definiert:

$$P_{123}|\psi\rangle = \sum_{x_1,x_2,x_3} |x_1\rangle_2 |x_2\rangle_3 |x_3\rangle_1 \, \psi(x_1, x_2, x_3) \; ;$$

$$= \sum_{x_1,x_2,x_3} |x_3\rangle_1 |x_1\rangle_2 |x_2\rangle_3 \, \psi(x_1, x_2, x_3)$$

In der zweiten Zeile wurden die Basisvektoren der drei Teilchen im direkten Produkt wieder in der üblichen Reihenfolge $1, 2, 3$ aufgeschrieben. Nun können wir die Summationsvariablen entsprechend $(x_1, x_2, x_3) \rightarrow P_{123}(x_1, x_2, x_3) = (x_2, x_3, x_1)$ umbenennen. Daraus folgt

$$P_{123}|\psi\rangle = \sum_{x_1,x_2,x_3} |x_1\rangle_1 |x_2\rangle_2 |x_3\rangle_3 \, \psi(x_2, x_3, x_1) \; .$$

Hat der Zustand $|\psi\rangle$ die Wellenfunktion $\psi(x_1, x_2, x_3)$, dann hat $P|\psi\rangle$ die Wellenfunktion $P\psi(x_1, x_2, x_3)$. Die Teilchen werden bei der Permutation ausgetauscht.
Zum Abschluß diskutieren wir noch die *Basisvektoren für drei Teilchen:*
Ausgehend von dem Zustand $|\alpha\rangle |\beta\rangle |\gamma\rangle$ erhalten wir durch Anwendung der Elemente der Gruppe S_3 die sechs Zustände

$$\begin{aligned}
&|\alpha\rangle |\beta\rangle |\gamma\rangle \\
&P_{12}|\alpha\rangle |\beta\rangle |\gamma\rangle = |\beta\rangle |\alpha\rangle |\gamma\rangle \; , \quad P_{23}|\alpha\rangle |\beta\rangle |\gamma\rangle = |\alpha\rangle |\gamma\rangle |\beta\rangle \; , \\
&P_{31}|\alpha\rangle |\beta\rangle |\gamma\rangle = |\gamma\rangle |\beta\rangle |\alpha\rangle \; , \\
&P_{123}|\alpha\rangle_1 |\beta\rangle_2 |\gamma\rangle_3 = |\alpha\rangle_2 |\beta\rangle_3 |\gamma\rangle_1 = |\gamma\rangle |\alpha\rangle |\beta\rangle \; , \\
&P_{132}|\alpha\rangle |\beta\rangle |\gamma\rangle = |\beta\rangle |\gamma\rangle |\alpha\rangle \; .
\end{aligned} \tag{1.1.15}$$

Hier wurden bis auf die vierte Zeile die Indizes für die Teilchennummern nicht ausgeschrieben, sondern durch die Position im Produkt festgelegt (Teilchen 1 – erster Faktor, etc.). Die Teilchen werden permutiert, nicht die Argumente in den Zuständen.
Falls wir voraussetzen, daß α, β, γ alle verschieden sind, dann sind auch die in Gl. (1.1.15) angegebenen 6 Zustände alle verschieden. Diese kann man folgendermaßen zu invarianten Unterräumen[5] kombinieren und gruppieren:

Invariante Unterräume:

Basis 1 (symmetrische Basis):

$$\frac{1}{\sqrt{6}}(|\alpha\rangle |\beta\rangle |\gamma\rangle + |\beta\rangle |\alpha\rangle |\gamma\rangle + |\alpha\rangle |\gamma\rangle |\beta\rangle + |\gamma\rangle |\beta\rangle |\alpha\rangle + |\gamma\rangle |\alpha\rangle |\beta\rangle + |\beta\rangle |\gamma\rangle |\alpha\rangle)$$
$$\tag{1.1.16a}$$

Basis 2 (antisymmetrische Basis):

$$\frac{1}{\sqrt{6}}(|\alpha\rangle |\beta\rangle |\gamma\rangle - |\beta\rangle |\alpha\rangle |\gamma\rangle - |\alpha\rangle |\gamma\rangle |\beta\rangle - |\gamma\rangle |\beta\rangle |\alpha\rangle + |\gamma\rangle |\alpha\rangle |\beta\rangle + |\beta\rangle |\gamma\rangle |\alpha\rangle)$$
$$\tag{1.1.16b}$$

---

[5] Unter einem invarianten Unterraum versteht man einen Teilraum von Zuständen, der sich bei Anwendung der Gruppenelemente in sich transformiert.

Basis 3:

$$\begin{cases} \frac{1}{\sqrt{12}}(2\,|\alpha\rangle\,|\beta\rangle\,|\gamma\rangle + 2\,|\beta\rangle\,|\alpha\rangle\,|\gamma\rangle - |\alpha\rangle\,|\gamma\rangle\,|\beta\rangle - |\gamma\rangle\,|\beta\rangle\,|\alpha\rangle \\ \qquad - |\gamma\rangle\,|\alpha\rangle\,|\beta\rangle - |\beta\rangle\,|\gamma\rangle\,|\alpha\rangle) \\ \frac{1}{2}(0 + 0 - |\alpha\rangle\,|\gamma\rangle\,|\beta\rangle + |\gamma\rangle\,|\beta\rangle\,|\alpha\rangle + |\gamma\rangle\,|\alpha\rangle\,|\beta\rangle - |\beta\rangle\,|\gamma\rangle\,|\alpha\rangle) \end{cases} \tag{1.1.16c}$$

Basis 4:

$$\begin{cases} \frac{1}{2}(0 + 0 - |\alpha\rangle\,|\gamma\rangle\,|\beta\rangle + |\gamma\rangle\,|\beta\rangle\,|\alpha\rangle - |\gamma\rangle\,|\alpha\rangle\,|\beta\rangle + |\beta\rangle\,|\gamma\rangle\,|\alpha\rangle) \\ \frac{1}{\sqrt{12}}(2\,|\alpha\rangle\,|\beta\rangle\,|\gamma\rangle - 2\,|\beta\rangle\,|\alpha\rangle\,|\gamma\rangle + |\alpha\rangle\,|\gamma\rangle\,|\beta\rangle + |\gamma\rangle\,|\beta\rangle\,|\alpha\rangle \\ \qquad - |\gamma\rangle\,|\alpha\rangle\,|\beta\rangle - |\beta\rangle\,|\gamma\rangle\,|\alpha\rangle)\,. \end{cases} \tag{1.1.16d}$$

In der Basis 3 und 4 ist jeweils die erste der beiden Funktionen gerade unter P_{12} und die zweite der beiden Funktionen ungerade unter P_{12} (im unmittelbar folgenden nennen wir die beiden Funktionen $|\psi_1\rangle$ und $|\psi_2\rangle$). Bei anderen Operationen entsteht eine Linearkombination der beiden Funktionen:

$$P_{12}\,|\psi_1\rangle = |\psi_1\rangle \ , \ P_{12}\,|\psi_2\rangle = -\,|\psi_2\rangle \ , \tag{1.1.17a}$$

$$P_{13}\,|\psi_1\rangle = \alpha_{11}\,|\psi_1\rangle + \alpha_{12}\,|\psi_2\rangle \ , \ P_{13}\,|\psi_2\rangle = \alpha_{21}\,|\psi_1\rangle + \alpha_{22}\,|\psi_2\rangle \ , \tag{1.1.17b}$$

mit Koeffizienten α_{ij}. In Matrixform läßt sich (1.1.17b) folgendermaßen schreiben

$$P_{13}\begin{pmatrix} |\psi_1\rangle \\ |\psi_2\rangle \end{pmatrix} = \begin{pmatrix} \alpha_{11} & \alpha_{12} \\ \alpha_{21} & \alpha_{22} \end{pmatrix}\begin{pmatrix} |\psi_1\rangle \\ |\psi_2\rangle \end{pmatrix}\,. \tag{1.1.17c}$$

Den Elementen P_{12} und P_{13} entsprechen also 2×2 Matrizen

$$P_{12} = \begin{pmatrix} 1 & 0 \\ 0 & -1 \end{pmatrix}\,, P_{13} = \begin{pmatrix} \alpha_{11} & \alpha_{12} \\ \alpha_{21} & \alpha_{22} \end{pmatrix}\,. \tag{1.1.18}$$

Dieser Sachverhalt bedeutet, daß die Basisvektoren $|\psi_1\rangle$ und $|\psi_2\rangle$ eine zweidimensionale Darstellung der Permutationsgruppe S_3 aufspannen. Die explizite Berechnung wird in Aufgabe 1.2 durchgeführt.

1.2 Vollkommen symmetrische und antisymmetrische Zustände

Wir gehen von den Einteilchenzuständen $|i\rangle$: $|1\rangle$, $|2\rangle$, ... aus. Die Einteilchenzustände von den Teilchen 1, 2, ..., α, ..., N werden mit $|i\rangle_1$, $|i\rangle_2$, ..., $|i\rangle_\alpha$, ..., $|i\rangle_N$ bezeichnet. Daraus finden wir die Basis-Zustände des N-Teilchensystems

$$|i_1,\dots,i_\alpha,\dots,i_N\rangle = |i_1\rangle_1\dots|i_\alpha\rangle_\alpha\dots|i_N\rangle_N\,, \tag{1.2.1}$$

hier ist das Teilchen 1 im Zustand $|i_1\rangle_1$, das Teilchen α im Zustand $|i_\alpha\rangle_\alpha$ usw. (Der Index außerhalb des Kets gibt die Teilchennummer an, der Index innerhalb den Zustand dieses Teilchens.)

Unter der Voraussetzung, daß $\{|i\rangle\}$ ein vollständiges Orthonormalsystem ist, bilden auch die oben definierten Produktzustände ein *vollständiges Orthonormalsystem* im Raum der N-Teilchen-Zustände.
Die symmetrisierten und antisymmetrisierten Basis-Zustände sind dann durch

$$S_{\pm}|i_1, i_2, \ldots, i_N\rangle \equiv \frac{1}{\sqrt{N!}} \sum_P (\pm 1)^P P |i_1, i_2, \ldots, i_N\rangle \qquad (1.2.2)$$

definiert. D.h. wir wenden alle $N!$ Elemente der Permutationsgruppe S_N von N Elementen an und multiplizieren bei Fermionen mit (-1), wenn P eine ungerade Permutation ist. Die beiden in (1.2.2) definierten Sorten von Zuständen sind vollkommen symmetrisch oder vollkommen antisymmetrisch.

Anmerkungen zu Eigenschaften von $S_{\pm} \equiv \frac{1}{\sqrt{N!}} \sum_P (\pm 1)^P P$:

(i) Sei S_N die Permutationsgruppe (auch symmetrische Gruppe) von N Größen.

Behauptung. Für jedes Element $P \in S_N$ gilt $P S_N = S_N$.
Beweis. Die Menge $P S_N$ enthält ebensoviele Elemente wie S_N und diese sind wegen der Gruppeneigenschaft alle in S_N enthalten. Außerdem sind die Elemente von $P S_N$ alle verschieden, denn wäre $P P_1 = P P_2$, dann würde nach Multiplikation mit P^{-1} folgen $P_1 = P_2$.
Deshalb ist

$$P S_N = S_N P = S_N \ . \qquad (1.2.3)$$

(ii) Daraus folgt

$$P S_+ = S_+ P = S_+ \qquad (1.2.4a)$$

und

$$P S_- = S_- P = (-1)^P S_- \ . \qquad (1.2.4b)$$

Wenn P gerade ist, dann bleiben gerade Elemente gerade und ungerade ungerade. Wenn P ungerade ist, dann werden durch die Multiplikation mit P gerade Elemente zu ungeraden und ungerade zu geraden.

$$P S_+ |i_1, \ldots, i_N\rangle = S_+ |i_1, \ldots, i_N\rangle$$
$$P S_- |i_1, \ldots, i_N\rangle = (-1)^P S_- |i_1, \ldots, i_N\rangle$$

Spezialfall $P_{ij} S_- |i_1, \ldots, i_N\rangle = -S_- |i_1, \ldots, i_N\rangle$.

(iii) Falls in $|i_1, \ldots, i_N\rangle$ Einteilchenzustände mehrfach auftreten, ist $S_+ |i_1, \ldots, i_N\rangle$ nicht auf 1 normiert. Nehmen wir an, der erste Zustand tritt n_1 mal auf, der zweite n_2 mal usw. Da $S_+ |i_1, \ldots, i_N\rangle$ insgesamt $N!$ Terme enthält und dabei $\frac{N!}{n_1! n_2! \ldots}$ verschiedene Terme, kommt jeder dieser Terme mit der Vielfachheit $n_1! n_2! \ldots$ vor.

$$\langle i_1, \dots, i_N | \, S_+^\dagger S_+ \, | i_1, \dots, i_N \rangle = \frac{1}{N!} (n_1! n_2! \dots)^2 \frac{N!}{n_1! n_2! \dots} = n_1! n_2! \dots$$

D.h. die *normierten Bose-Basisfunktionen* sind

$$S_+ \, | i_1, \dots, i_N \rangle \, \frac{1}{\sqrt{n_1! n_2! \dots}} = \frac{1}{\sqrt{N! n_1! n_2! \dots}} \sum_P P \, | i_1, \dots, i_N \rangle . \qquad (1.2.5)$$

(iv) Es gilt

$$S_\pm^2 = \sqrt{N!} S_\pm , \qquad\qquad\qquad\qquad (1.2.6a)$$

da $S_\pm^2 = \frac{1}{\sqrt{N!}} \sum_P (\pm 1)^P P S_\pm = \frac{1}{\sqrt{N!}} \sum_P S_\pm = \sqrt{N!} S_\pm$. Nun betrachten wir einen beliebigen N-Teilchen-Zustand und entwickeln ihn nach der Basis $|i_1\rangle \dots |i_N\rangle$

$$|z\rangle = \sum_{i_1, \dots, i_N} |i_1\rangle \dots |i_N\rangle \underbrace{\langle i_1, \dots, i_N | z\rangle}_{c_{i_1, \dots, i_N}} .$$

Die Anwendung von $S_\pm$ ergibt

$$S_\pm |z\rangle = \sum_{i_1, \dots, i_N} S_\pm |i_1\rangle \dots |i_N\rangle \, c_{i_1, \dots, i_N} = \sum_{i_1, \dots, i_N} |i_1\rangle \dots |i_N\rangle \, S_\pm c_{i_1, \dots, i_N}$$

und nochmalige Anwendung von $\frac{1}{\sqrt{N!}} S_\pm$ ergibt nach der Identität (1.2.6a)

$$S_\pm |z\rangle = \frac{1}{\sqrt{N!}} \sum_{i_1, \dots, i_N} S_\pm |i_1\rangle \dots |i_N\rangle \, (S_\pm c_{i_1, \dots, i_N}). \qquad (1.2.6b)$$

(1.2.6b) besagt, daß jeder symmetrisierte Zustand nach den symmetrisierten Basiszuständen (1.2.2) entwickelt werden kann.

1.3 Bosonen

1.3.1 Zustände, Fock-Raum, Erzeugungs- und Vernichtungsoperatoren

Der Zustand (1.2.5) ist vollkommen charakterisiert durch Angabe der Besetzungszahlen

$$|n_1, n_2, \dots\rangle = S_+ |i_1, i_2, \dots, i_N\rangle \, \frac{1}{\sqrt{n_1! n_2! \dots}}; \qquad\qquad (1.3.1)$$

n_1 gibt die Anzahl an, mit der der Zustand 1 vorkommt, n_2 gibt die Anzahl an, mit der der Zustand 2 vorkommt, ... oder: n_1 ist die Zahl der Teilchen im Zustand 1, n_2 ist die Zahl der Teilchen im Zustand 2, ... Die Summe aller Besetzungszahlen n_i muß gleich der Gesamt-Teilchenzahl sein:

$$\sum_{i=1}^{\infty} n_i = N. \tag{1.3.2}$$

Abgesehen davon können die n_i beliebige Zahlenwerte $0, 1, 2, \ldots$ annehmen. Der Faktor $(n_1! n_2! \ldots)^{-1/2}$ bewirkt zusammen mit dem in S_+ enthaltenen Faktor $1/\sqrt{N!}$, daß $|n_1, n_2, \ldots\rangle$ auf 1 normiert ist. (Siehe Punkt (iii).) Diese Zustände bilden ein vollständiges System von vollkommen symmetrischen N-Teilchen-Zuständen. Aus diesen kann man durch lineare Superposition jeden beliebigen symmetrischen N-Teilchen-Zustand aufbauen.

Wir fassen nun die Zustände für $N = 0, 1, 2, \ldots$ zusammen und erhalten ein vollständiges Orthonormalsystem von Zuständen für beliebige Teilchenzahl, die folgende Orthogonalitäts-[6]

$$\langle n_1, n_2, \ldots | n_1', n_2', \ldots \rangle = \delta_{n_1, n_1'} \delta_{n_2, n_2'} \ldots \tag{1.3.3a}$$

und Vollständigkeitsrelation

$$\sum_{n_1, n_2, \ldots} |n_1, n_2, \ldots\rangle \langle n_1, n_2, \ldots| = \mathbb{1} \tag{1.3.3b}$$

erfüllen. Dieser erweiterte Raum ist die *direkte Summe* aus dem Raum ohne Teilchen (Vakuumzustand $|0\rangle$), dem Raum mit einem Teilchen, dem Raum mit zwei Teilchen usw.; er heißt *Fock-Raum*.

Unsere bisherigen Operatoren wirken nur innerhalb eines Unterraums fester Teilchenzahl. Durch Anwendung von $\mathbf{p}, \mathbf{x}$ etc. erhalten wir aus einem N-Teilchenzustand wieder einen N-Teilchenzustand. Wir definieren nun *Erzeugungs-* und *Vernichtungsoperatoren*, die vom Zustandsraum von N Teilchen in den Zustandsraum von $N \pm 1$ Teilchen führen

$$a_i^\dagger |\ldots, n_i, \ldots\rangle = \sqrt{n_i + 1} |\ldots, n_i + 1, \ldots\rangle. \tag{1.3.4}$$

Daraus folgt durch Adjungieren und der Umbenennung $n_i \to n_i'$

$$\langle \ldots, n_i', \ldots | a_i = \sqrt{n_i' + 1} \langle \ldots, n_i' + 1, \ldots |. \tag{1.3.5}$$

Multipliziert man die letzte Gleichung mit $|\ldots, n_i, \ldots\rangle$, ergibt sich

$$\langle \ldots, n_i', \ldots | a_i |\ldots, n_i, \ldots\rangle = \sqrt{n_i}\, \delta_{n_i'+1, n_i}\,.$$

D.h. der Operator a_i erniedrigt die Besetzungszahl um 1.

---

[6] In den Zuständen $|n_1, n_2, \ldots\rangle$ sind n_1, n_2 usw. beliebige natürliche Zahlen, deren Summe nicht eingeschränkt ist. Das (verschwindende) Skalarprodukt zwischen Zuständen unterschiedlicher Teilchenzahl wird durch (1.3.3a) definiert.

Behauptung:

$$a_i |\ldots, n_i, \ldots\rangle = \sqrt{n_i} |\ldots, n_i - 1, \ldots\rangle \quad \text{für } n_i \geq 1 \qquad (1.3.6)$$

und

$$a_i |\ldots, n_i = 0, \ldots\rangle = 0 .$$

Beweis:

$$a_i |\ldots, n_i, \ldots\rangle = \sum_{n_i' = 0}^{\infty} |\ldots, n_i', \ldots\rangle \langle \ldots, n_i', \ldots| a_i |\ldots, n_i, \ldots\rangle$$

$$= \sum_{n_i' = 0}^{\infty} |\ldots, n_i', \ldots\rangle \sqrt{n_i}\, \delta_{n_i' + 1, n_i}$$

$$= \begin{cases} \sqrt{n_i} |\ldots, n_i - 1, \ldots\rangle & \text{für } n_i \geq 1 \\ 0 & \text{für } n_i = 0 \end{cases} .$$

Der Operator $a_i^\dagger$ erhöht die Besetzungszahl des Zustandes $|i\rangle$ um 1, der Operator a_i erniedrigt sie um 1. Die Operatoren $a_i^\dagger$ und a_i heißen deshalb *Erzeugungs-* und *Vernichtungsoperatoren*. Aus den obigen Relationen und der Vollständigkeit der Zustände folgen die *Bose-Vertauschungsrelationen*

$$[a_i, a_j] = 0, \quad [a_i^\dagger, a_j^\dagger] = 0, \quad [a_i, a_j^\dagger] = \delta_{ij} . \qquad (1.3.7\text{a,b,c})$$

Beweis. Offensichtlich gilt (1.3.7a) für $i = j$, da a_i mit sich selbst kommutiert. Für $i \neq j$ folgt aus (1.3.6)

$$a_i a_j |\ldots, n_i, \ldots, n_j, \ldots\rangle = \sqrt{n_i}\sqrt{n_j} |\ldots, n_i - 1, \ldots, n_j - 1, \ldots\rangle$$

$$= a_j a_i |\ldots, n_i, \ldots, n_j, \ldots\rangle$$

womit (1.3.7a) und durch Bildung der hermitesch konjugierten Relation auch (1.3.7b) gezeigt ist.
Für $j \neq i$ ist

$$a_i a_j^\dagger |\ldots, n_i, \ldots, n_j, \ldots\rangle = \sqrt{n_i}\sqrt{n_j + 1} |\ldots, n_i - 1, \ldots, n_j + 1, \ldots\rangle$$

$$= a_j^\dagger a_i |\ldots, n_i, \ldots, n_j, \ldots\rangle$$

und

$$\left(a_i a_i^\dagger - a_i^\dagger a_i\right) |\ldots, n_i, \ldots, n_j, \ldots\rangle =$$

$$\left(\sqrt{n_i + 1}\sqrt{n_i + 1} - \sqrt{n_i}\sqrt{n_i}\right) |\ldots, n_i, \ldots, n_j, \ldots\rangle$$

womit auch (1.3.7c) gezeigt ist.

Ausgehend vom *Grundzustand* $\equiv$ *Vakuumzustand*

$$|0\rangle \equiv |0, 0, \ldots\rangle , \qquad (1.3.8)$$

in welchem keine Teilchen vorhanden sind, können wir alle Zustände aufbauen:

Einteilchenzustände

$$a_i^\dagger \left|0\right\rangle, \dots,$$

Zweiteilchenzustände

$$\frac{1}{\sqrt{2!}} \left(a_i^\dagger\right)^2 \left|0\right\rangle, a_i^\dagger a_j^\dagger \left|0\right\rangle, \dots$$

und den allgemeinen Mehrteilchenzustand

$$\left|n_1, n_2, \dots\right\rangle = \frac{1}{\sqrt{n_1! n_2! \dots}} \left(a_1^\dagger\right)^{n_1} \left(a_2^\dagger\right)^{n_2} \dots \left|0\right\rangle. \tag{1.3.9}$$

Normierung:

$$a^\dagger \left|n-1\right\rangle = \sqrt{n} \left|n\right\rangle \tag{1.3.10}$$

$$\left\| a^\dagger \left|n-1\right\rangle \right\| = \sqrt{n}$$

$$\left|n\right\rangle = \frac{1}{\sqrt{n}} a^\dagger \left|n-1\right\rangle .$$

1.3.2 Teilchenzahloperator

Der Teilchenzahloperator (Besetzungszahloperator für den Zustand $\left|i\right\rangle$) ist durch

$$\hat{n}_i = a_i^\dagger a_i \tag{1.3.11}$$

definiert. Die oben eingeführten Zustände sind Eigenfunktionen von $\hat{n}_i$:

$$\hat{n}_i \left|\dots, n_i, \dots\right\rangle = n_i \left|\dots, n_i, \dots\right\rangle, \tag{1.3.12}$$

wobei der Eigenwert von $\hat{n}_i$ die Teilchenzahl im Zustand i ist.

Der Operator der Gesamt-Teilchenzahl ist durch

$$\hat{N} = \sum_i \hat{n}_i \tag{1.3.13}$$

gegeben. Dessen Anwendung auf die Zustände $\left|\dots, \hat{n}_i, \dots\right\rangle$ ergibt

$$\hat{N} \left|n_1, n_2, \dots\right\rangle = \left(\sum_i n_i\right) \left|n_1, n_2, \dots\right\rangle. \tag{1.3.14}$$

Unter der Voraussetzung, daß die Teilchen nicht miteinander wechselwirken und die Zustände $|i\rangle$ die Eigenzustände des Einteilchen-Hamiltonoperators mit Energieeigenwert ϵ_i sind, gilt für den gesamten Hamilton-Operator

$$H_0 = \sum_i \hat{n}_i \epsilon_i \tag{1.3.15a}$$

$$H_0 |n_1, \ldots\rangle = \left(\sum_i n_i \epsilon_i \right) |n_1, \ldots\rangle . \tag{1.3.15b}$$

Die Vertauschungsrelationen und die Eigenschaften der Besetzungszahloperatoren sind analog zu harmonischen Oszillatoren.

1.3.3 Allgemeine Einteilchen- und Mehrteilchenoperatoren

Der Operator des N-Teilchensystems sei eine Summe von Einteilchenoperatoren

$$T = t_1 + t_2 + \ldots + t_N \equiv \sum_\alpha t_\alpha , \tag{1.3.16}$$

z.B. für die kinetische Energie $t_\alpha = \mathbf{p}_\alpha^2 / 2m$, oder das Potential $V(\mathbf{x}_\alpha)$. Für ein Teilchen ist der Einteilchenoperator der Operator t. Dessen Matrixelemente in der Basis $|i\rangle$ sind

$$t_{ij} = \langle i | t | j \rangle , \tag{1.3.17}$$

deshalb gilt

$$t = \sum_{i,j} t_{ij} |i\rangle \langle j| \tag{1.3.18}$$

und für das gesamte N-Teilchensystem

$$T = \sum_{i,j} t_{ij} \sum_{\alpha=1}^{N} |i\rangle_\alpha \langle j|_\alpha . \tag{1.3.19}$$

Unser Ziel ist es, diesen Operator durch Erzeugungs- und Vernichtungsoperatoren darzustellen. Dazu greifen wir in (1.3.19) ein Paar i, j von Zuständen heraus und berechnen die Wirkung auf einen beliebigen Zustand (1.3.1). Zunächst sei $j \neq i$

$$\sum_\alpha |i\rangle_\alpha \langle j|_\alpha |\ldots, n_i, \ldots, n_j, \ldots\rangle$$

$$\equiv \sum_\alpha |i\rangle_\alpha \langle j|_\alpha S_+ |i_1, i_2, \ldots, i_N\rangle \frac{1}{\sqrt{n_1! n_2! \ldots}} \tag{1.3.20}$$

$$= S_+ \sum_\alpha |i\rangle_\alpha \langle j|_\alpha |i_1, i_2, \ldots, i_N\rangle \frac{1}{\sqrt{n_1! n_2! \ldots}} .$$

Nach dem zweiten Gleichheitszeichen konnte S_+ vorgezogen werden, da es mit jedem symmetrischen Operator kommutiert. Falls der Zustand j n_j-fach besetzt ist, ergeben sich n_j Terme, in denen $|j\rangle$ durch $|i\rangle$ ersetzt wird. Die Wirkung von S_+ führt dann auf n_j Zustände $|\ldots, n_i+1, \ldots, n_j-1, \ldots\rangle$, wobei die Änderung der Normierung zu beachten ist. Gl. (1.3.20) führt also weiter zu

$$
\begin{aligned}
&= n_j \sqrt{n_i+1} \frac{1}{\sqrt{n_j}} |\ldots, n_i+1, \ldots, n_j-1, \ldots\rangle \\
&= \sqrt{n_j}\sqrt{n_i+1} |\ldots, n_i+1, \ldots, n_j-1, \ldots\rangle \\
&= a_i^\dagger a_j |\ldots, n_i, \ldots, n_j, \ldots\rangle .
\end{aligned}
\tag{1.3.20'}
$$

Für $j=i$ wird n_i-mal i wieder durch i ersetzt, d.h. es entsteht

$$
n_i |\ldots, n_i, \ldots\rangle = a_i^\dagger a_i |\ldots, n_i, \ldots\rangle .
$$

Also gilt für beliebiges N

$$
\sum_{\alpha=1}^{N} |i\rangle_\alpha \langle j|_\alpha = a_i^\dagger a_j .
$$

Daraus folgt für beliebige Einteilchenoperatoren

$$
T = \sum_{i,j} t_{ij} a_i^\dagger a_j ,
\tag{1.3.21}
$$

wo

$$
t_{ij} = \langle i|\, t\, |j\rangle .
\tag{1.3.22}
$$

Der Spezialfall $t_{ij} = \epsilon_i \delta_{ij}$ führt auf

$$
H_0 = \sum_i \epsilon_i a_i^\dagger a_i ,
$$

d.h. Gleichung (1.3.15a).

Ähnlich zeigt man, daß Zweiteilchenoperatoren

$$
F = \frac{1}{2} \sum_{\alpha \neq \beta} f^{(2)}(\mathbf{x}_\alpha, \mathbf{x}_\beta)
\tag{1.3.23}
$$

in der Form

$$
F = \frac{1}{2} \sum_{i,j,k,m} \langle i,j|\, f^{(2)}\, |k,m\rangle\, a_i^\dagger a_j^\dagger a_m a_k
\tag{1.3.24}
$$

geschrieben werden können, wo

$$\langle i,j| f^{(2)} |k,m\rangle = \int dx \int dy \varphi_i^*(x)\varphi_j^*(y)f^{(2)}(x,y)\varphi_k(x)\varphi_m(y) \qquad (1.3.25)$$

ist. In (1.3.23) ist $\alpha \neq \beta$, da sonst nur ein Einteilchenoperator vorläge. Der Faktor $\frac{1}{2}$ in (1.3.23) tritt auf, da jede Wechselwirkung nur einmal auftreten darf und für identische Teilchen aus Symmetriegründen $f^{(2)}(\mathbf{x}_\alpha, \mathbf{x}_\beta) = f^{(2)}(\mathbf{x}_\beta, \mathbf{x}_\alpha)$ ist.

Beweis von (1.3.24). Zunächst kann man F in der Form

$$F = \frac{1}{2} \sum_{\alpha \neq \beta} \sum_{i,j,k,m} \langle i,j| f^{(2)} |k,m\rangle \, |i\rangle_\alpha \, |j\rangle_\beta \, \langle k|_\alpha \, \langle m|_\beta$$

darstellen. Wir untersuchen nun die Wirkung eines Summanden in F:

$$\sum_{\alpha \neq \beta} |i\rangle_\alpha \, |j\rangle_\beta \, \langle k|_\alpha \, \langle m|_\beta | \ldots, n_i, \ldots, n_j, \ldots, n_k, \ldots, n_m, \ldots\rangle$$

$$= n_k n_m \frac{1}{\sqrt{n_k}\sqrt{n_m}} \sqrt{n_i+1}\sqrt{n_j+1}$$

$$|\ldots, n_i+1, \ldots, n_j+1, \ldots, n_k-1, \ldots, n_m-1, \ldots\rangle$$

$$= a_i^\dagger a_j^\dagger a_k a_m |\ldots, n_i, \ldots, n_j, \ldots, n_k, \ldots, n_m, \ldots\rangle \ .$$

Hier haben wir vorausgesetzt, daß die Zustände verschieden sind. Für gleiche Zustände muß die Ableitung in ähnlicher Weise wie bei den Einteilchenoperatoren ergänzt werden.

Eine kürzere Herleitung, die auch den Fall von Fermionen mit beinhaltet, läuft folgendermaßen. Dabei wird der Kommutator und Antikommutator für Bosonen bzw. Fermionen in der Form $[a_k, a_j]_\mp = \delta_{kj}$ zusammengefaßt.

$$\sum_{\alpha \neq \beta} |i\rangle_\alpha \, |j\rangle_\beta \, \langle k|_\alpha \, \langle m|_\beta = \sum_{\alpha \neq \beta} |i\rangle_\alpha \, \langle k|_\alpha \, |j\rangle_\beta \, \langle m|_\beta$$

$$= \sum_{\alpha, \beta} |i\rangle_\alpha \, \langle k|_\alpha \, |j\rangle_\beta \, \langle m|_\beta - \underbrace{\langle k|j\rangle}_{\delta_{kj}} \sum_\alpha |i\rangle_\alpha \, \langle m|_\alpha$$

$$= a_i^\dagger a_k a_j^\dagger a_m - a_i^\dagger \underbrace{[a_k, a_j^\dagger]_\mp}_{a_k a_j^\dagger \mp a_j^\dagger a_k} a_m$$

$$= \pm a_i^\dagger a_j^\dagger a_k a_m = a_i^\dagger a_j^\dagger a_m a_k \ ,$$

$$(1.3.26)$$

für $\begin{array}{l} \text{Bosonen} \\ \text{Fermionen} \end{array}$. Damit ist die Gültigkeit der Darstellung (1.3.24) bewiesen.

1.4 Fermionen

1.4.1 Zustände, Fock-Raum und Erzeugungs- und Vernichtungsoperatoren

Für Fermionen muß man die in (1.2.2) definierten Zustände $S_- |i_1, i_2, \ldots, i_N\rangle$ betrachten, die auch in Form einer Determinante dargestellt werden können

$$S_- |i_1, i_2, \ldots, i_N\rangle = \frac{1}{\sqrt{N!}} \begin{vmatrix} |i_1\rangle_1 & |i_1\rangle_2 & \cdots & |i_1\rangle_N \\ \vdots & \vdots & \ddots & \vdots \\ |i_N\rangle_1 & |i_N\rangle_2 & \cdots & |i_N\rangle_N \end{vmatrix} . \tag{1.4.1}$$

Man nennt diese Determinante von Einteilchenzuständen *Slater-Determinante*. Wenn in (1.4.1) gleiche Einteilchenzustände vorkommen, ergibt sich Null. Pauli-Prinzip oder -Verbot: Zwei identische Fermionen dürfen sich nicht im gleichen Zustand befinden. Wenn alle i_α verschieden voneinander sind, ist dieser antisymmetrisierte Zustand auf 1 normiert. Es gilt

$$S_- |i_2, i_1, \ldots\rangle = -S_- |i_1, i_2, \ldots\rangle . \tag{1.4.2}$$

Diese Abhängigkeit von der Reihenfolge ist eine allgemeine Eigenschaft von Determinanten.

Wir charakterisieren die Zustände auch hier wieder durch Angabe der Besetzungszahlen, die nun nur die Werte 0 und 1 annehmen können: Der Zustand mit n_1 Teilchen im Zustand 1 und n_2 Teilchen im Zustand 2 usw. ist

$$|n_1, n_2, \ldots\rangle .$$

Der Zustand, in dem kein Teilchen vorhanden ist, der Vakuumzustand, wird mit

$$|0\rangle = |0, 0, \ldots\rangle$$

bezeichnet. Dieser Zustand ist nicht zu verwechseln mit dem Nullvektor! Wir fassen diese Zustände (Vakuumzustand, Einteilchenzustände, Zweiteilchenzustände, ...) in einem Zustandsraum zusammen. D.h. wir bilden die direkte Summe der Zustandsräume zu fester Teilchenzahl; auch für Fermionen nennt man diesen Raum *Fock-Raum*. In diesem Zustandsraum ist ein Skalarprodukt folgendermaßen definiert

$$\langle n_1, n_2, \ldots | n_1', n_2', \ldots\rangle = \delta_{n_1, n_1'} \delta_{n_2, n_2'} \ldots . \tag{1.4.3a}$$

d.h. für Zustände gleicher Teilchenzahl (aus einem Teilraum) ist es identisch mit dem bisherigen Skalarprodukt und für Zustände aus verschiedenen Teilräumen verschwindet es immer. Außerdem gilt die Vollständigkeitsrelation

$$\sum_{n_1=0}^{1} \sum_{n_2=0}^{1} \ldots |n_1, n_2, \ldots\rangle \langle n_1, n_2, \ldots| = \mathbb{1} \, . \tag{1.4.3b}$$

Wir wollen nun wieder Erzeugungsoperatoren $a_i^\dagger$ einführen. Diese müssen so definiert sein, daß deren zweimalige Anwendung Null ergibt. Außerdem muß die Reihenfolge der Anwendung eine Rolle spielen. Wir definieren deshalb die Erzeugungsoperatoren $a_i^\dagger$ durch

$$\begin{aligned} S_- |i_1, i_2, \ldots, i_N\rangle &= a_{i_1}^\dagger a_{i_2}^\dagger \ldots a_{i_N}^\dagger |0\rangle \\ S_- |i_2, i_1, \ldots, i_N\rangle &= a_{i_2}^\dagger a_{i_1}^\dagger \ldots a_{i_N}^\dagger |0\rangle \, . \end{aligned} \tag{1.4.4}$$

Da diese Zustände negativ gleich sind, folgt für den Antikommutator

$$\{a_i^\dagger, a_j^\dagger\} = 0, \tag{1.4.5a}$$

was auch die Unmöglichkeit der Doppelbesetzung beinhaltet

$$\left(a_i^\dagger\right)^2 = 0. \tag{1.4.5b}$$

In (1.4.5a) tritt der Antikommutator auf, dieser und der Kommutator zweier Operatoren A und B sind durch

$$\begin{aligned} \{A, B\} &\equiv [A, B]_+ \equiv AB + BA \\ [A, B] &\equiv [A, B]_- \equiv AB - BA \end{aligned} \tag{1.4.6}$$

definiert.

Nach diesen Überlegungen können wir uns der präzisen Formulierung zuwenden. Wenn man die Zustände durch Besetzungszahlen charakterisiert, muß man sich auf eine bestimmte (willkürlich wählbare, aber dann beizubehaltende) Anordnung der Zustände festlegen:

$$|n_1, n_2, \ldots\rangle = \left(a_1^\dagger\right)^{n_1} \left(a_2^\dagger\right)^{n_2} \ldots |0\rangle \, , \quad n_i = 0, 1. \tag{1.4.7}$$

Die Wirkung des Operators $a_i^\dagger$ hat dann folgendermaßen zu erfolgen

$$a_i^\dagger |\ldots, n_i, \ldots\rangle = (1 - n_i)(-1)^{\sum_{j<i} n_j} |\ldots, n_i + 1, \ldots\rangle. \tag{1.4.8}$$

Die Teilchenzahl wird um 1 erhöht, bei schon besetztem Zustand ergibt sich wegen $(1 - n_i)$ Null. Der Phasenfaktor ist entsprechend der Zahl der notwendigen Antikommutationen, die $a_i^\dagger$ an die Position i bringen.

Die adjungierte Relation lautet

$$\langle \ldots, n_i, \ldots| \, a_i = (1 - n_i)(-1)^{\sum_{j<i} n_j} \langle \ldots, n_i + 1, \ldots|. \tag{1.4.9}$$

Daraus ergibt sich das Matrixelement

$$\langle \ldots, n_i, \ldots | a_i | \ldots, n_i', \ldots \rangle = (1 - n_i)(-1)^{\sum_{j<i} n_j} \delta_{n_i+1, n_i'}. \qquad (1.4.10)$$

Wir berechnen nun

$$a_i | \ldots, n_i', \ldots \rangle = \sum_{n_i} |n_i\rangle \langle n_i | a_i | n_i' \rangle$$

$$= \sum_{n_i} |n_i\rangle (1 - n_i)(-1)^{\sum_{j<i} n_j} \delta_{n_i+1, n_i'} \qquad (1.4.11)$$

$$= (2 - n_i')(-1)^{\sum_{j<i} n_j} | \ldots, n_i' - 1, \ldots \rangle n_i'.$$

Wir haben hier den Faktor n_i' eingefügt, weil für $n_i' = 0$ das Kronecker-Delta $\delta_{n_i+1, n_i'} = 0$ sicher Null ergibt. Der Faktor n_i' gewährleistet auch, daß auf der rechten Seite nicht der Zustand $| \ldots, n_i' - 1, \ldots \rangle = | \ldots, -1, \ldots \rangle$ auftritt.

Zusammenfassend ist die Wirkung der Erzeugungs- und Vernichtungsoperatoren

$$a_i^\dagger | \ldots, n_i, \ldots \rangle = (1 - n_i)(-1)^{\sum_{j<i} n_j} | \ldots, n_i + 1, \ldots \rangle$$

$$a_i | \ldots, n_i, \ldots \rangle = n_i(-1)^{\sum_{j<i} n_j} | \ldots, n_i - 1, \ldots \rangle . \qquad (1.4.12)$$

Daraus folgt

$$a_i a_i^\dagger | \ldots, n_i, \ldots \rangle = (1 - n_i)(-1)^{2\sum_{j<i} n_j}(n_i + 1) | \ldots, n_i, \ldots \rangle$$

$$= (1 - n_i) | \ldots, n_i, \ldots \rangle \qquad (1.4.13a)$$

$$a_i^\dagger a_i | \ldots, n_i, \ldots \rangle = n_i(-1)^{2\sum_{j<i} n_j}(1 - n_i + 1) | \ldots, n_i, \ldots \rangle$$

$$= n_i | \ldots, n_i, \ldots \rangle , \qquad (1.4.13b)$$

da für $n_i \in \{0, 1\}$ $n_i^2 = n_i$ und $(-1)^{2\sum_{j<i} n_j} = 1$. Wegen der Eigenschaft (1.4.13b) hat $a_i^\dagger a_i$ die Bedeutung des Besetzungszahloperators für den Zustand $|i\rangle$. Durch Bildung der Summe von (1.4.13a,b) erhält man den Antikommutator

$$[a_i, a_i^\dagger]_+ = 1.$$

Im Antikommutator $[a_i, a_j^\dagger]_+$ mit $i \neq j$ ist der Phasenfaktor in den beiden Summanden unterschiedlich:

$$[a_i, a_j^\dagger]_+ \propto (1 - n_j)n_i(1 - 1) = 0 .$$

$[a_i, a_j]_+$ hat für $i \neq j$ ebenfalls in den beiden Summanden einen unterschiedlichen Phasenfaktor, und da $a_i a_i | \ldots, n_i, \ldots \rangle \propto n_i(n_i - 1) = 0$, folgen die Antikommutationsregeln für Fermionen

$$[a_i, a_j]_+ = 0, \quad [a_i^\dagger, a_j^\dagger]_+ = 0, \quad [a_i, a_j^\dagger]_+ = \delta_{ij}. \qquad (1.4.14)$$

1.4.2 Ein- und Mehrteilchenoperatoren

Man kann auch für Fermionen die Operatoren durch Erzeugungs- und Vernichtungsoperatoren ausdrücken. Die Gestalt ist genauso wie bei Bosonen, (1.3.21) und (1.3.24). Hier ist aber besonders auf die Reihenfolge von Erzeugungs- und Vernichtungsoperatoren untereinander zu achten.
Die wichtige Darstellung

$$\sum_\alpha |i\rangle_\alpha \langle j|_\alpha = a_i^\dagger a_j \, , \tag{1.4.15}$$

aus der man nach (1.3.26) auch Zwei- (und Mehr-) teilchenoperatoren erhält, beweist man wie folgt. Gegeben sei der Zustand $S_- |i_1, i_2, \dots, i_N\rangle$, o.B.d.A. sei die Anordnung in der Reihenfolge $i_1 < i_2 < \dots < i_N$. Die Wirkung der linken Seite von (1.4.15) ergibt

$$\sum_\alpha |i\rangle_\alpha \langle j|_\alpha S_- |i_1, i_2, \dots, i_N\rangle = S_- \sum_\alpha |i\rangle_\alpha \langle j|_\alpha |i_1, i_2, \dots, i_N\rangle$$

$$= n_j(1 - n_i)S_- |i_1, i_2, \dots, i_N\rangle \big|_{j \to i} \, .$$

Das Symbol $|_{j \to i}$ bedeutet, daß der Zustand $|j\rangle$ durch $|i\rangle$ ersetzt wird. Um i in die richtige Position zu bringen, muß man $\sum_{k<j} n_k + \sum_{k<i} n_k$ Zeilenvertauschungen durchführen für $i \leq j$ und $\sum_{k<j} n_k + \sum_{k<i} n_k - 1$ Zeilenvertauschungen durchführen für $i > j$.
Das ergibt denselben Phasenfaktor wie von der rechten Seite von (1.4.15)

$$a_i^\dagger a_j |\dots, n_i, \dots, n_j, \dots\rangle = n_j(-1)^{\sum_{k<j} n_k} a_i^\dagger |\dots, n_i, \dots, n_j - 1, \dots\rangle$$

$$= n_i(1 - n_i)(-1)^{\sum_{k<i} n_k + \sum_{k<j} n_k - \delta_{i>j}} |\dots, n_i + 1, \dots, n_j - 1, \dots\rangle \, .$$

Zusammenfassend gilt für Einteilchen- und Zweiteilchenoperatoren von Bosonen und Fermionen

$$T = \sum_{i,j} t_{ij} a_i^\dagger a_j \tag{1.4.16a}$$

$$F = \frac{1}{2} \sum_{i,j,k,m} \langle i,j| f^{(2)} |k,m\rangle \, a_i^\dagger a_j^\dagger a_m a_k, \tag{1.4.16b}$$

wobei die Operatoren a_i für Bosonen die Vertauschungsrelationen (1.3.7) und für Fermionen die Antikommutationsrelationen (1.4.14) erfüllen. Der Hamilton-Operator eines Vielteilchensystems mit kinetischer Energie T, potentieller Energie U und einer Zweiteilchenwechselwirkung $f^{(2)}$ hat die Gestalt

$$H = \sum_{i,j}(t_{ij} + U_{ij}) a_i^\dagger a_j + \frac{1}{2} \sum_{i,j,k,m} \langle i,j| f^{(2)} |k,m\rangle \, a_i^\dagger a_j^\dagger a_m a_k \, , \tag{1.4.16c}$$

wobei die Matrixelemente in (1.3.21,1.3.22,1.3.25) definiert sind, und für Fermionen besonders auf die Reihenfolge der beiden Vernichtungsoperatoren im Zweiteilchenoperator zu achten ist.

Im weiteren können wir die Theorie für Bosonen und Fermionen gemeinsam weiterentwickeln.

1.5 Feldoperatoren

1.5.1 Transformationen zwischen verschiedenen Basissystemen

Zwei Basis-Systeme $\{|i\rangle\}$ und $\{|\lambda\rangle\}$ seien gegeben. Wie hängen die Operatoren a_i und a_λ zusammen?

Der Zustand $|\lambda\rangle$ kann nach dem Basissystem $\{|i\rangle\}$ entwickelt werden

$$|\lambda\rangle = \sum_i |i\rangle \langle i|\lambda\rangle . \tag{1.5.1}$$

Der Operator $a_i^\dagger$ erzeugt Teilchen im Zustand $|i\rangle$. Die Superposition $\sum_i \langle i|\lambda\rangle\, a_i^\dagger$ ergibt deshalb ein Teilchen im Zustand $|\lambda\rangle$. Daraus folgt der Zusammenhang

$$a_\lambda^\dagger = \sum_i \langle i|\lambda\rangle\, a_i^\dagger \tag{1.5.2a}$$

und aus der adjungierten Relation

$$a_\lambda = \sum_i \langle \lambda|i\rangle\, a_i. \tag{1.5.2b}$$

Einen wichtigen Spezialfall stellen die Ortseigenzustände $|\mathbf{x}\rangle$ dar

$$\langle \mathbf{x}|i\rangle = \varphi_i(\mathbf{x}), \tag{1.5.3}$$

wo $\varphi_i(\mathbf{x})$ die Einteilchen-Wellenfunktion in der Ortsdarstellung ist. Für die Erzeugungs- und Vernichtungsoperatoren, die den Ortseigenzuständen entsprechen, führen wir eine eigene Bezeichnung ein, die sog. Feldoperatoren.

1.5.2 Feldoperatoren

Definition der *Feldoperatoren*:

$$\psi(\mathbf{x}) = \sum_i \varphi_i(\mathbf{x}) a_i \tag{1.5.4a}$$

$$\psi^\dagger(\mathbf{x}) = \sum_i \varphi_i^*(\mathbf{x}) a_i^\dagger . \tag{1.5.4b}$$

Der Operator $\psi^\dagger(\mathbf{x})$ ($\psi(\mathbf{x})$) erzeugt (vernichtet) ein Teilchen im Ortseigenzustand $|\mathbf{x}\rangle$, d.h. an der Stelle $\mathbf{x}$. Die Feldoperatoren erfüllen die folgenden Kommutationsrelationen

$$[\psi(\mathbf{x}), \psi(\mathbf{x}')]_\pm = 0 , \tag{1.5.5a}$$

$$[\psi^\dagger(\mathbf{x}), \psi^\dagger(\mathbf{x}')]_\pm = 0 , \tag{1.5.5b}$$

$$[\psi(\mathbf{x}), \psi^\dagger(\mathbf{x}')]_\pm = \sum_{i,j} \varphi_i(\mathbf{x}) \varphi_j^*(\mathbf{x}') [a_i, a_j^\dagger]_\pm \tag{1.5.5c}$$

$$= \sum_{i,j} \varphi_i(\mathbf{x}) \varphi_j^*(\mathbf{x}') \delta_{ij} = \delta^{(3)}(\mathbf{x} - \mathbf{x}') ,$$

wobei sich der obere Index auf Fermionen und der untere auf Bosonen bezieht.

Wir werden nun einige wichtige Operatoren durch die Feldoperatoren ausdrücken.

Kinetische Energie[7]

$$\sum_{i,j} a_i^\dagger T_{ij} a_j = \sum_{i,j} \int d^3x \, a_i^\dagger \varphi_i^*(\mathbf{x}) \left(-\frac{\hbar^2}{2m} \nabla^2 \right) \varphi_j(\mathbf{x}) a_j$$

$$= \frac{\hbar^2}{2m} \int d^3x \, \nabla \psi^\dagger(\mathbf{x}) \nabla \psi(\mathbf{x}) \tag{1.5.6a}$$

Ein-Teilchen-Potential

$$\sum_{i,j} a_i^\dagger U_{ij} a_j = \sum_{i,j} \int d^3x \, a_i^\dagger \varphi_i^*(\mathbf{x}) U(\mathbf{x}) \varphi_j(\mathbf{x}) a_j$$

$$= \int d^3x \, U(\mathbf{x}) \psi^\dagger(\mathbf{x}) \psi(\mathbf{x}) \tag{1.5.6b}$$

Zwei-Teilchen-Wechselwirkung oder beliebiger Zweiteilchenoperator

$$\frac{1}{2} \sum_{i,j,k,m} \int d^3x d^3x' \, \varphi_i^*(\mathbf{x}) \varphi_j^*(\mathbf{x}') V(\mathbf{x}, \mathbf{x}') \varphi_k(\mathbf{x}) \varphi_m(\mathbf{x}') a_i^\dagger a_j^\dagger a_m a_k$$

$$= \frac{1}{2} \int d^3x d^3x' \, V(\mathbf{x}, \mathbf{x}') \psi^\dagger(\mathbf{x}) \psi^\dagger(\mathbf{x}') \psi(\mathbf{x}') \psi(\mathbf{x}) \tag{1.5.6c}$$

Hamilton-Operator

$$H = \int d^3x \left(\frac{\hbar^2}{2m} \nabla \psi^\dagger(\mathbf{x}) \nabla \psi(\mathbf{x}) + U(\mathbf{x}) \psi^\dagger(\mathbf{x}) \psi(\mathbf{x}) \right) +$$

$$\frac{1}{2} \int d^3x d^3x' \, \psi^\dagger(\mathbf{x}) \psi^\dagger(\mathbf{x}') V(\mathbf{x}, \mathbf{x}') \psi(\mathbf{x}') \psi(\mathbf{x}) \tag{1.5.6d}$$

Teilchendichte (Teilchenzahldichte)
Der Operator der Teilchendichte ist durch

$$n(\mathbf{x}) = \sum_\alpha \delta^{(3)}(\mathbf{x} - \mathbf{x}_\alpha) \tag{1.5.7}$$

gegeben. Daraus folgt die Darstellung durch Erzeugungs- und Vernichtungsoperatoren

$$n(\mathbf{x}) = \sum_{i,j} a_i^\dagger a_j \int d^3y \, \varphi_i^*(\mathbf{y}) \delta^{(3)}(\mathbf{x} - \mathbf{y}) \varphi_j(\mathbf{y})$$

$$= \sum_{i,j} a_i^\dagger a_j \varphi_i^*(\mathbf{x}) \varphi_j(\mathbf{x}). \tag{1.5.8}$$

---

[7] Die zweite Zeile in (1.5.6a) trifft zu, wenn die Wellenfunktionen, auf die der Operator angewandt wird, im Unendlichen genügend stark abfallen, so daß der Oberflächenbeitrag in der partiellen Integration weggelassen werden kann.

Diese Darstellung gilt in jeder beliebigen Basis und kann auch durch die Feldoperatoren ausgedrückt werden

$$n(\mathbf{x}) = \psi^\dagger(\mathbf{x})\psi(\mathbf{x}). \tag{1.5.9}$$

Gesamtteilchenzahl-Operator

$$\hat{N} = \int d^3x\, n(\mathbf{x}) = \int d^3x\, \psi^\dagger(\mathbf{x})\psi(\mathbf{x}) \ . \tag{1.5.10}$$

Der Teilchendichteoperator (1.5.9) des Vielteilchensystems sieht formal so aus wie die Wahrscheinlichkeitsdichte eines Teilchens im Zustand $\psi(\mathbf{x})$. Diese Analogie ist nur formaler Natur, da dieser ein Operator, aber jene eine komplexe Funktion ist. Diese formale Korrespondenz hat zu dem Namen *Zweite Quantisierung* geführt, da man die Operatoren im Erzeugungs- und Vernichtungsoperatorformalismus erhalten kann, indem man in den Einteilchendichten die Wellenfunktion $\psi(\mathbf{x})$ durch den Operator $\psi(\mathbf{x})$ ersetzt. Dies erlaubt z.B. sofort den Operator der Stromdichte

$$\mathbf{j}(\mathbf{x}) = \frac{\hbar}{2im}[\psi^\dagger(\mathbf{x})\nabla\psi(\mathbf{x}) - (\nabla\psi^\dagger(\mathbf{x}))\psi(\mathbf{x})] \tag{1.5.11}$$

anzugeben (siehe Aufgabe 1.6). Die kinetische Energie (1.5.12) hat formal die gleiche Gestalt wie der Erwartungswert der kinetischen Energie eines Teilchens, wobei die Wellenfunktion durch den Feldoperator ersetzt ist.
Anmerkung. Man kann die oben gefundenen Darstellungen der Operatoren durch die Feldoperatoren auch direkt erhalten. Zum Beispiel für die Teilchenzahldichte

$$\int d^3\xi d^3\xi'\, \psi^\dagger(\boldsymbol{\xi})\, \langle\boldsymbol{\xi}|\, \delta^{(3)}(\mathbf{x} - \hat{\boldsymbol{\xi}})\, |\boldsymbol{\xi}'\rangle\, \psi(\boldsymbol{\xi}') = \psi^\dagger(\mathbf{x})\psi(\mathbf{x}), \tag{1.5.12}$$

wo $\hat{\boldsymbol{\xi}}$ der Ortsoperator eines Teilchens ist und verwendet wurde, daß das Matrixelement unter dem Integral gleich $\delta^{(3)}(\mathbf{x} - \boldsymbol{\xi})\delta^{(3)}(\boldsymbol{\xi} - \boldsymbol{\xi}')$ ist.
Allgemein für einen k-Teilchen-Operator V_k:

$$\int d^3\xi_1 \dots d^3\xi_k d^3\xi_1{}' \dots d^3\xi_k{}'\, \psi^\dagger(\boldsymbol{\xi}_1) \dots \psi^\dagger(\boldsymbol{\xi}_k)$$

$$\langle\boldsymbol{\xi}_1\boldsymbol{\xi}_2 \cdots \boldsymbol{\xi}_k|\, V_k\, |\boldsymbol{\xi}_1'\boldsymbol{\xi}_2' \cdots \boldsymbol{\xi}_k'\rangle\, \psi(\boldsymbol{\xi}_k') \dots \psi(\boldsymbol{\xi}_1'). \tag{1.5.13}$$

1.5.3 Feldgleichungen

Die *Bewegungsgleichungen* der Feldoperatoren $\psi(\mathbf{x}, t)$ in der *Heisenberg-Darstellung*

$$\psi(\mathbf{x}, t) = \mathrm{e}^{iHt/\hbar}\, \psi(\mathbf{x}, 0)\, \mathrm{e}^{-iHt/\hbar} \tag{1.5.14}$$

lauten für den Hamilton-Operator (1.5.6d)

$$i\hbar\frac{\partial}{\partial t}\psi(\mathbf{x},t) = \left(-\frac{\hbar^2}{2m}\nabla^2 + U(\mathbf{x})\right)\psi(\mathbf{x},t) +$$

$$+ \int d^3x'\,\psi^\dagger(\mathbf{x}',t)V(\mathbf{x},\mathbf{x}')\psi(\mathbf{x}',t)\psi(\mathbf{x},t). \tag{1.5.15}$$

Die Struktur ist die einer nichtlinearen Schrödinger-Gleichung, auch dies ist Anlaß für den Namen Zweite Quantisierung.

Beweis. Man geht von der Heisenberg-Bewegungsgleichung

$$i\hbar\frac{\partial}{\partial t}\psi(\mathbf{x},t) = -[H,\psi(\mathbf{x},t)] = -e^{iHt/\hbar}\left[H,\psi(\mathbf{x},0)\right]e^{-iHt/\hbar} \tag{1.5.16}$$

aus. Unter Benützung von

$$[AB,C]_- = A[B,C]_\pm \mp [A,C]_\pm B \quad \begin{matrix} \text{Fermi} \\ \text{Bose} \end{matrix} \tag{1.5.17}$$

ergibt sich für die Kommutatoren mit der kinetischen Energie

$$\int d^3x'\,\frac{\hbar^2}{2m}[\nabla'\psi^\dagger(\mathbf{x}')\nabla'\psi(\mathbf{x}'),\psi(\mathbf{x})]$$

$$= \int d^3x'\,\frac{\hbar^2}{2m}(-\nabla'\delta^{(3)}(\mathbf{x}'-\mathbf{x})\cdot\nabla'\psi(\mathbf{x}')) = \frac{\hbar^2}{2m}\nabla^2\psi(\mathbf{x})\,,$$

der potentiellen Energie

$$\int d^3x'\,U(\mathbf{x}')[\psi^\dagger(\mathbf{x}')\psi(\mathbf{x}'),\psi(\mathbf{x})]$$

$$= \int d^3x'\,U(\mathbf{x}')(-\delta^{(3)}(\mathbf{x}'-\mathbf{x})\psi(\mathbf{x}')) = -U(\mathbf{x})\psi(\mathbf{x})$$

und der Wechselwirkung

$$\frac{1}{2}\left[\int d^3x'd^3x''\,\psi^\dagger(\mathbf{x}')\psi^\dagger(\mathbf{x}'')V(\mathbf{x}',\mathbf{x}'')\psi(\mathbf{x}'')\psi(\mathbf{x}'),\psi(\mathbf{x})\right]$$

$$= \frac{1}{2}\int d^3x'\int d^3x''\,[\psi^\dagger(\mathbf{x}')\psi^\dagger(\mathbf{x}''),\psi(\mathbf{x})]V(\mathbf{x}',\mathbf{x}'')\psi(\mathbf{x}'')\psi(\mathbf{x}')$$

$$= \frac{1}{2}\int d^3x'\int d^3x''\,\left\{\pm\delta^{(3)}(\mathbf{x}''-\mathbf{x})\psi^\dagger(\mathbf{x}') - \psi^\dagger(\mathbf{x}'')\delta^{(3)}(\mathbf{x}'-\mathbf{x})\right\}$$

$$\times V(\mathbf{x}',\mathbf{x}'')\psi(\mathbf{x}'')\psi(\mathbf{x}')$$

$$= -\int d^3x'\,\psi^\dagger(\mathbf{x}')V(\mathbf{x},\mathbf{x}')\psi(\mathbf{x}')\psi(\mathbf{x}).$$

Dabei wurde nach der zweiten Zeile (1.5.17) und (1.5.5c) verwendet und nach der dritten neben $\psi(\mathbf{x}'')\psi(\mathbf{x}') = \mp\psi(\mathbf{x}')\psi(\mathbf{x}'')$ die Symmetrie $V(\mathbf{x},\mathbf{x}') = V(\mathbf{x}',\mathbf{x})$ ausgenützt. Dies gibt zusammen die Bewegungsgleichung (1.5.15) des Feldoperators, die man auch als *Feldgleichung* bezeichnet.

Die Bewegungsgleichung für den adjungierten Feldoperator lautet

$$i\hbar\dot{\psi}^\dagger(\mathbf{x}, t) = -\left\{-\frac{\hbar^2}{2m}\nabla^2 + U(\mathbf{x})\right\}\psi^\dagger(\mathbf{x}, t)$$

$$- \int d^3x' \, \psi^\dagger(\mathbf{x}, t)\psi^\dagger(\mathbf{x}', t)V(\mathbf{x}, \mathbf{x}')\psi(\mathbf{x}', t), \tag{1.5.18}$$

wobei $V(\mathbf{x}, \mathbf{x}')^* = V(\mathbf{x}, \mathbf{x}')$ vorausgesetzt wurde.
Multipliziert man (1.5.15) von links mit $\psi^\dagger(\mathbf{x}, t)$ und (1.5.18) von rechts mit $\psi(\mathbf{x}, t)$, so erhält man die Bewegungsgleichung für den Dichte-Operator

$$\dot{n}(\mathbf{x}, t) = \left(\psi^\dagger\dot{\psi} + \dot{\psi}^\dagger\psi\right) = \frac{1}{i\hbar}\left(-\frac{\hbar^2}{2m}\right)\left\{\psi^\dagger\nabla^2\psi - \left(\nabla^2\psi^\dagger\right)\psi\right\},$$

also

$$\dot{n}(\mathbf{x}) = -\nabla\mathbf{j}(\mathbf{x}), \tag{1.5.19}$$

wobei der in (1.5.11) definierte Operator der Teilchenstromdichte $\mathbf{j}(\mathbf{x})$ eingeht. Gl. (1.5.19) ist die Kontinuitätsgleichung der Teilchenzahldichte.

1.6 Impulsdarstellung

1.6.1 Impulseigenfunktionen, Hamilton-Operator

In translationsinvarianten Systemen ist die Impulsdarstellung besonders nützlich. Wir legen ein quaderförmiges Normierungsvolumen mit den Abmessungen L_x, L_y und L_z zugrunde. Die auf 1 normierten Impulseigenfunktionen, die statt $\varphi_i(\mathbf{x})$ einzusetzen sind, lauten dann

$$\varphi_\mathbf{k}(\mathbf{x}) = e^{i\mathbf{k}\cdot\mathbf{x}}/\sqrt{V} \tag{1.6.1}$$

mit dem Volumen $V = L_xL_yL_z$. Indem wir periodische Randbedingungen

$$e^{ik(x+L_x)} = e^{ikx}, \text{etc.} \tag{1.6.2a}$$

voraussetzen, werden die möglichen Werte des Wellenzahlvektors $\mathbf{k}$ auf

$$\mathbf{k} = 2\pi\left(\frac{n_x}{L_x}, \frac{n_y}{L_y}, \frac{n_z}{L_z}\right), n_x = 0, \pm1, \ldots, n_y = 0, \pm1, \ldots, n_z = 0, \pm1, \ldots$$

$$\tag{1.6.2b}$$

eingeschränkt. Die Eigenfunktionen (1.6.1) erfüllen folgende Orthonormalitätsrelation

$$\int d^3x\varphi_\mathbf{k}^*(\mathbf{x})\varphi_{\mathbf{k}'}(\mathbf{x}) = \delta_{\mathbf{k},\mathbf{k}'}. \tag{1.6.3}$$

Zur Darstellung des Hamilton-Operators in Form der zweiten Quantisierung benötigen wir die Matrixelemente der darin auftretenden Operatoren. Die kinetische Energie ist proportional zu

$$\int \varphi_{\mathbf{k}'}^* \left(-\nabla^2 \right) \varphi_{\mathbf{k}} d^3 x = \delta_{\mathbf{k},\mathbf{k}'} \mathbf{k}^2 \tag{1.6.4a}$$

und das Matrixelement des Einteilchenpotentials ist durch dessen Fouriertransformierte gegeben:

$$\int \varphi_{\mathbf{k}'}^*(\mathbf{x}) U(\mathbf{x}) \varphi_{\mathbf{k}}(\mathbf{x}) d^3 x = \frac{1}{V} U_{\mathbf{k}'-\mathbf{k}}. \tag{1.6.4b}$$

Für Zweiteilchenpotentiale $V(\mathbf{x}-\mathbf{x}')$, die nur von den Relativkoordinaten der beiden Teilchen abhängen, ist es zweckmäßig, deren Fouriertransformierte

$$V_{\mathbf{q}} = \int d^3 x \, e^{-i\mathbf{q}\cdot\mathbf{x}} V(\mathbf{x}) \tag{1.6.5a}$$

einzuführen und auch die Umkehrrelation

$$V(\mathbf{x}) = \frac{1}{V} \sum_{\mathbf{q}} V_{\mathbf{q}} e^{i\mathbf{q}\cdot\mathbf{x}} \tag{1.6.5b}$$

zu verwenden. Dann findet man für das Zweiteilchenmatrixelement

$$\langle \mathbf{p}', \mathbf{k}' | \, V(\mathbf{x}-\mathbf{x}') \, |\mathbf{p}, \mathbf{k}\rangle$$
$$= \frac{1}{V^2} \int d^3 x \, d^3 x' e^{-i\mathbf{p}'\cdot\mathbf{x}} e^{-i\mathbf{k}'\cdot\mathbf{x}'} V(\mathbf{x}-\mathbf{x}') e^{i\mathbf{k}\cdot\mathbf{x}'} e^{i\mathbf{p}\cdot\mathbf{x}}$$
$$= \frac{1}{V^3} \sum_{\mathbf{q}} V_{\mathbf{q}} \int d^3 x \int d^3 x' e^{-i\mathbf{p}'\cdot\mathbf{x} - i\mathbf{k}'\cdot\mathbf{x}' + i\mathbf{q}\cdot(\mathbf{x}-\mathbf{x}') + i\mathbf{k}\cdot\mathbf{x}' + i\mathbf{p}\cdot\mathbf{x}}$$
$$= \frac{1}{V^3} \sum_{\mathbf{q}} V_{\mathbf{q}} V \delta_{-\mathbf{p}'+\mathbf{q}+\mathbf{p},0} V \delta_{-\mathbf{k}'-\mathbf{q}+\mathbf{k},0}.$$

$$\tag{1.6.5c}$$

Setzt man (1.6.5a,b,c) in die allgemeine Darstellung (1.4.16c) des Hamilton-Operators ein, so ergibt sich

$$H = \sum_{\mathbf{k}} \frac{(\hbar\mathbf{k})^2}{2m} a_{\mathbf{k}}^\dagger a_{\mathbf{k}} + \frac{1}{V} \sum_{\mathbf{k}',\mathbf{k}} U_{\mathbf{k}'-\mathbf{k}} a_{\mathbf{k}'}^\dagger a_{\mathbf{k}} + \frac{1}{2V} \sum_{\mathbf{q},\mathbf{p},\mathbf{k}} V_{\mathbf{q}} a_{\mathbf{p}+\mathbf{q}}^\dagger a_{\mathbf{k}-\mathbf{q}}^\dagger a_{\mathbf{k}} a_{\mathbf{p}}. \tag{1.6.6}$$

Hier werden die Erzeugungsoperatoren eines Teilchens mit der Wellenzahl $\mathbf{k}$ (also im Zustand $\varphi_{\mathbf{k}}$) mit $a_{\mathbf{k}}^\dagger$ bezeichnet und die Vernichtungsoperatoren mit $a_{\mathbf{k}}$. Deren Vertauschungsrelationen sind

$$[a_{\mathbf{k}}, a_{\mathbf{k}'}]_\pm = 0, \ [a_{\mathbf{k}}^\dagger, a_{\mathbf{k}'}^\dagger]_\pm = 0 \text{ und } [a_{\mathbf{k}}, a_{\mathbf{k}'}^\dagger]_\pm = \delta_{\mathbf{k}\mathbf{k}'}. \tag{1.6.7}$$

Der Wechselwirkungsterm erlaubt eine anschauliche Interpretation. Durch diesen wird ein Teilchen mit Wellenzahl $\mathbf{k}$ und eines mit Wellenzahl $\mathbf{p}$ vernichtet und dafür zwei Teilchen mit den Impulsen $\mathbf{k}-\mathbf{q}$ und $\mathbf{p}+\mathbf{q}$ erzeugt. Dies ist bildlich in Abb. 1.1a dargestellt. Die festen Linien stellen die Teilchen dar, die gestrichelten Linien das Wechselwirkungspotential $V_\mathbf{q}$. Die Amplitude für diesen Übergang ist proportional zu $V_\mathbf{q}$. Diese graphische Darstellung ist für die übersichtliche Repräsentation der Störungstheorie zweckmäßig. Die zweifache Streuung zweier Teilchen kann graphisch wie in Abb. 1.1 b) dargestellt werden, wobei über alle Zwischenzustände zu summieren ist.

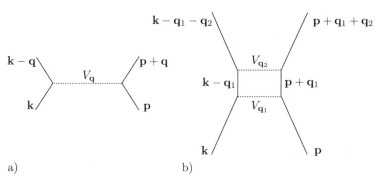

a)   b)

Abb. 1.1. a) Graphische Darstellung des Wechselwirkungsterms im Hamilton-Operator (1.6.6) **b)** Die graphische Darstellung der zweifachen Streuung von zwei Teilchen

1.6.2 Fouriertransformation der Dichte

Auch die übrigen, in den vorhergehenden Abschnitten betrachteten Operatoren kann man in der Impulsdarstellung anschreiben. Als wichtiges Beispiel betrachten wir den Dichteoperator. Die Fourier-Transformierte des Dichteoperators[8] ist definiert durch

$$\hat{n}_\mathbf{q} = \int d^3 x\, n(\mathbf{x}) \mathrm{e}^{-\mathrm{i}\mathbf{q}\cdot\mathbf{x}} = \int d^3 x\, \psi^\dagger(\mathbf{x})\psi(\mathbf{x}) \mathrm{e}^{-\mathrm{i}\mathbf{q}\cdot\mathbf{x}} \ . \tag{1.6.8}$$

Setzt man darin nach Gl. (1.5.4a,b)

$$\psi(\mathbf{x}) = \frac{1}{\sqrt{V}} \sum_\mathbf{p} \mathrm{e}^{\mathrm{i}\mathbf{p}\cdot\mathbf{x}} a_\mathbf{p}, \ \psi^\dagger(\mathbf{x}) = \frac{1}{\sqrt{V}} \sum_\mathbf{p} \mathrm{e}^{-\mathrm{i}\mathbf{p}\cdot\mathbf{x}} a_\mathbf{p}^\dagger \tag{1.6.9}$$

ein,

---

[8] Nur wenn Verwechslungsmöglichkeiten auftreten wie hier bei $\hat{n}_\mathbf{q}$ oder früher beim Besetzungszahloperator wird der Operator mit einem Dach gekennzeichnet.

$$\hat{n}_{\mathbf{q}} = \int d^3x \frac{1}{V} \sum_{\mathbf{p}} \sum_{\mathbf{k}} e^{-i\mathbf{p}\cdot\mathbf{x}} a_{\mathbf{p}}^\dagger e^{i\mathbf{k}\cdot\mathbf{x}} a_{\mathbf{k}} e^{-i\mathbf{q}\cdot\mathbf{x}} ,$$

so erhält man mit Gl. (1.6.3) schließlich

$$\hat{n}_{\mathbf{q}} = \sum_{\mathbf{p}} a_{\mathbf{p}}^\dagger a_{\mathbf{p}+\mathbf{q}} . \tag{1.6.10}$$

Damit ist die Fourier-Transformation des Dichteoperators in der Impulsdarstellung gefunden.

Der Besetzungszahloperator für den Impulseigenzustand $|\mathbf{p}\rangle$ wird ebenfalls mit $\hat{n}_{\mathbf{p}} \equiv a_{\mathbf{p}}^\dagger a_{\mathbf{p}}$ bezeichnet. Es wird immer aus dem Zusammenhang klar sein, welche der beiden Bedeutungen gemeint ist. Der Operator der Gesamtteilchenzahl (1.3.13) in der Impulsdarstellung lautet

$$\hat{N} = \sum_{\mathbf{p}} a_{\mathbf{p}}^\dagger a_{\mathbf{p}} . \tag{1.6.11}$$

1.6.3 Berücksichtigung des Spins

Bislang wurde der Spin nicht explizit angeführt. Man kann sich diesen in den früheren Formeln in den Ortsfreiheitsgrad $\mathbf{x}$ eingeschlossen denken. Bei expliziter Angabe des Spins hat man die Ersetzungen $\psi(\mathbf{x}) \to \psi_\sigma(\mathbf{x})$ und $a_{\mathbf{p}} \to a_{\mathbf{p}\sigma}$ durchzuführen und zusätzlich eine Summation über die z-Komponente des Spins σ auszuführen. Zum Beispiel hat dann die Teilchenzahldichte die Form

$$n(\mathbf{x}) = \sum_\sigma \psi_\sigma^\dagger(\mathbf{x})\psi_\sigma(\mathbf{x})$$

$$\hat{n}_{\mathbf{q}} = \sum_{\mathbf{p},\sigma} a_{\mathbf{p}\sigma}^\dagger a_{\mathbf{p}+\mathbf{q}\sigma} . \tag{1.6.12}$$

Der Hamilton-Operator für den Fall spinunabhängiger Wechselwirkung lautet

$$H = \sum_\sigma \int d^3x \left(\frac{\hbar^2}{2m}\nabla\psi_\sigma^\dagger\nabla\psi_\sigma + U(\mathbf{x})\psi_\sigma^\dagger(\mathbf{x})\psi_\sigma(\mathbf{x})\right)$$

$$+\frac{1}{2}\sum_{\sigma,\sigma'} \int d^3x d^3x' \psi_\sigma^\dagger(\mathbf{x})\psi_{\sigma'}^\dagger(\mathbf{x}')V(\mathbf{x},\mathbf{x}')\psi_{\sigma'}(\mathbf{x}')\psi_\sigma(\mathbf{x}) \tag{1.6.13}$$

und entsprechend in der Impuls-Darstellung.

Für Spin-$\frac{1}{2}$-Fermionen sind die beiden Spinquantenzahlen der z-Komponente von $\mathbf{S}$, $\pm\frac{\hbar}{2}$. Der Spindichteoperator

$$\mathbf{S}(\mathbf{x}) = \sum_{\alpha=1}^N \delta(\mathbf{x} - \mathbf{x}_\alpha)\mathbf{S}_\alpha \tag{1.6.14a}$$

ist in diesem Fall

$$\mathbf{S}(\mathbf{x}) = \frac{\hbar}{2} \sum_{\sigma,\sigma'} \psi_\sigma^\dagger(\mathbf{x}) \boldsymbol{\sigma}_{\sigma\sigma'} \psi_{\sigma'}(\mathbf{x}), \tag{1.6.14b}$$

wo $\boldsymbol{\sigma}_{\sigma\sigma'}$ die Matrixelemente der Pauli-Matrizen sind.

Die Vertauschungsrelationen der Feldoperatoren und der Operatoren in der Impulsdarstellung lauten

$$[\psi_\sigma(\mathbf{x}), \psi_{\sigma'}(\mathbf{x}')]_\pm = 0 , \qquad [\psi_\sigma^\dagger(\mathbf{x}), \psi_{\sigma'}^\dagger(\mathbf{x}')]_\pm = 0$$
$$[\psi_\sigma(\mathbf{x}), \psi_{\sigma'}^\dagger(\mathbf{x}')]_\pm = \delta_{\sigma\sigma'} \delta(\mathbf{x} - \mathbf{x}') \tag{1.6.15}$$

und

$$[a_{\mathbf{k}\sigma}, a_{\mathbf{k}'\sigma'}]_\pm = 0, \ [a_{\mathbf{k}\sigma}^\dagger, a_{\mathbf{k}'\sigma'}^\dagger]_\pm = 0, \ [a_{\mathbf{k}\sigma}, a_{\mathbf{k}'\sigma'}^\dagger]_\pm = \delta_{\mathbf{k}\mathbf{k}'} \delta_{\sigma\sigma'} . \tag{1.6.16}$$

Die Bewegungsgleichungen sind durch

$$i\hbar \frac{\partial}{\partial t} \psi_\sigma(\mathbf{x}, t) = \left(-\frac{\hbar^2}{2m} \nabla^2 + U(\mathbf{x}) \right) \psi_\sigma(\mathbf{x}, t)$$
$$+ \sum_{\sigma'} \int d^3 x' \, \psi_{\sigma'}^\dagger(\mathbf{x}', t) V(\mathbf{x}, \mathbf{x}') \psi_{\sigma'}(\mathbf{x}', t) \psi_\sigma(\mathbf{x}, t) \tag{1.6.17}$$

und

$$i\hbar \dot{a}_{\mathbf{k}\sigma}(t) = \frac{(\hbar \mathbf{k})^2}{2m} a_{\mathbf{k}\sigma}(t) + \frac{1}{V} \sum_{\mathbf{k}'} U_{\mathbf{k}-\mathbf{k}'} a_{\mathbf{k}'\sigma}(t)$$
$$+ \frac{1}{V} \sum_{\mathbf{p},\mathbf{q},\sigma'} V_\mathbf{q} a_{\mathbf{p}+\mathbf{q}\sigma'}^\dagger(t) a_{\mathbf{p}\sigma'}(t) a_{\mathbf{k}+\mathbf{q}\sigma}(t) \tag{1.6.18}$$

gegeben.

Aufgaben zu Kapitel 1

1.1 Zeigen Sie, daß die vollkommen symmetrisierten (antisymmetrisierten) Basisfunktionen

$$S_\pm \varphi_{i_1}(x_1) \varphi_{i_2}(x_2) \dots \varphi_{i_N}(x_N)$$

im Raum der symmetrischen (antisymmetrischen) Wellenfunktionen $\psi_{s/a}(x_1, x_2, \dots, x_N)$ vollständig sind.

Anleitung: Gehen Sie davon aus, daß die aus den Einteilchen–Wellenfunktionen $\varphi_i(x)$ bestehenden Produktzustände $\varphi_{i_1}(x_1) \dots \varphi_{i_N}(x_N)$ eine vollständige Basis bilden, und schreiben Sie $\psi_{s/a}$ in dieser Basis auf. Zeigen Sie, daß die Entwicklungskoeffizienten $c_{i_1,\dots,i_N}^{s/a}$ die Symmetrieeigenschaft $\frac{1}{\sqrt{N!}} S_\pm c_{i_1,\dots,i_N}^{s/a} = c_{i_1,\dots,i_N}^{s/a}$ besitzen. Die Behauptung folgt dann unmittelbar unter Verwendung der im Haupttext gezeigten Identität $\frac{1}{\sqrt{N!}} S_\pm \psi_{s/a} = \psi_{s/a}$.

1.2 Gegeben sei der Dreiteilchen–Zustand $|\alpha\rangle|\beta\rangle|\gamma\rangle$, wobei die Teilchennummer durch die Position im Produkt festgelegt ist.

a) Wenden Sie die Elemente der Permutationsgruppe S_3 an. Man findet so 6 verschiedene Zustände, die sich zu vier invarianten Unterräumen kombinieren lassen.

b) Gehen Sie von der folgenden, in (1.1.16c) angegebenen, Basis eines dieser Unterräume bestehend aus den zwei Zuständen

$$
|\psi_1\rangle = \frac{1}{\sqrt{12}} \Big(2\,|\alpha\rangle|\beta\rangle|\gamma\rangle + 2\,|\beta\rangle|\alpha\rangle|\gamma\rangle - |\alpha\rangle|\gamma\rangle|\beta\rangle - |\gamma\rangle|\beta\rangle|\alpha\rangle
$$

$$
- |\gamma\rangle|\alpha\rangle|\beta\rangle - |\beta\rangle|\gamma\rangle|\alpha\rangle \Big) ,
$$

$$
|\psi_2\rangle = \frac{1}{2} \Big(0 + 0 - |\alpha\rangle|\gamma\rangle|\beta\rangle + |\gamma\rangle|\beta\rangle|\alpha\rangle + |\gamma\rangle|\alpha\rangle|\beta\rangle - |\beta\rangle|\gamma\rangle|\alpha\rangle \Big)
$$

aus und finden Sie die zugehörige zweidimensionale Darstellung von S_3.

1.3 Weisen Sie für einen einzigen harmonischen Oszillator (bzw. äquivalent Bose-Operator), $[a, a^\dagger] = 1$, die folgenden Relationen nach:

$$
[a, e^{\alpha a^\dagger}] = \alpha e^{\alpha a^\dagger} , \quad e^{-\alpha a^\dagger} a\, e^{\alpha a^\dagger} = a + \alpha ,
$$

$$
e^{-\alpha a^\dagger} e^{\beta a} e^{\alpha a^\dagger} = e^{\beta \alpha} e^{\beta a} , \quad e^{\alpha a^\dagger a} a\, e^{-\alpha a^\dagger a} = e^{-\alpha}\, a ,
$$

wobei α und β komplexe Zahlen sind.

Anleitung:

a) Zeigen Sie zunächst die Gültigkeit der folgenden Relationen

$$
\Big[a, f(a^\dagger)\Big] = \frac{\partial}{\partial a^\dagger} f(a^\dagger) , \qquad \Big[a^\dagger, f(a)\Big] = -\frac{\partial}{\partial a} f(a) .
$$

b) In einigen Aufgabenteilen ist es nützlich die linke Seite der Identität als eine Funktion von α zu betrachten, eine Differentialgleichung für diese Funktion abzuleiten, und dann das entsprechende Anfangswertproblem zu lösen.

c) Die Baker-Hausdorff Identität

$$
e^A B e^{-A} = B + [A, B] + \frac{1}{2!}[A, [A, B]] + \dots
$$

kann ebenfalls zum Beweis einiger Identitäten verwendet werden.

1.4 Bestimmen Sie für unabhängige harmonische Oszillatoren (bzw. nicht wechselwirkende Bosonen), die durch den Hamilton–Operator

$$
H = \sum_i \epsilon_i a_i^\dagger a_i
$$

beschrieben werden, die Bewegungsgleichung für die Erzeugungs- und Vernichtungsoperatoren in der Heisenberg–Darstellung,

$$
a_i(t) = e^{iHt/\hbar} a_i e^{-iHt/\hbar} .
$$

Geben Sie auch die Lösung der Bewegungsgleichung an, indem sie (i) das entsprechende Anfangswertproblem lösen und (ii) durch explizites Ausführen der Kommutatoroperationen im Ausdruck $a_i(t) = e^{iHt/\hbar} a_i e^{-iHt/\hbar}$.

1.5 Berechnen Sie für ein 2–Teilchen–Potential $V(\mathbf{x}', \mathbf{x}'')$, welches symmetrisch in $\mathbf{x}'$ und $\mathbf{x}''$ ist, den Kommutator,

$$\frac{1}{2}\left[\int d^3x' \int d^3x'' \psi^\dagger(\mathbf{x}')\psi^\dagger(\mathbf{x}'')V(\mathbf{x}',\mathbf{x}'')\psi(\mathbf{x}'')\psi(\mathbf{x}'), \psi(\mathbf{x})\right],$$

für fermionische und bosonische Feldoperatoren $\psi(\mathbf{x})$.

1.6 a) Verifizieren Sie für ein N-Teilchen-System die Gestalt des Stromdichteoperators,

$$\mathbf{j}(\mathbf{x}) = \frac{1}{2}\sum_{\alpha=1}^{N}\left\{\frac{\mathbf{p}_\alpha}{m}, \delta(\mathbf{x} - \mathbf{x}_\alpha)\right\}$$

in der zweiten Quantisierung, wobei Sie als Basis ebene Wellen verwenden. Geben Sie ebenfalls die Form des Operators in der Impulsdarstellung an, $\mathbf{j}(\mathbf{q}) = \int d^3x e^{-i\mathbf{q}\cdot\mathbf{x}}\mathbf{j}(\mathbf{x})$.
b) Bestimmen Sie für Teilchen mit Spin $\frac{1}{2}$ die Gestalt des Spindichteoperators,

$$\mathbf{S}(\mathbf{x}) = \sum_{\alpha=1}^{N}\delta(\mathbf{x} - \mathbf{x}_\alpha)\mathbf{S}_\alpha,$$

in der Impulsdarstellung der zweiten Quantisierung, wobei Sie ebenfalls als Basis ebene Wellen verwenden.

1.7 Betrachten Sie Elektronen auf einem Gitter, wobei die am Gitterplatz $\mathbf{R}_i$ lokalisierte 1-Teilchen-Wellenfunktion durch $\varphi_{i\sigma}(\mathbf{x}) = \chi_\sigma\varphi_i(\mathbf{x})$ mit $\varphi_i(\mathbf{x}) = \phi(\mathbf{x} - \mathbf{R}_i)$ gegeben ist. Ein Hamiltonoperator, $H = T + V$, bestehend aus einem spinunabhängigen 1-Teilchen-Operator $T = \sum_{\alpha=1}^{N}t_\alpha$ und 2-Teilchen-Operator $V = \frac{1}{2}\sum_{\alpha\neq\beta}V^{(2)}(\mathbf{x}_\alpha, \mathbf{x}_\beta)$ läßt sich in der Basis $\{\varphi_{i\sigma}\}$ darstellen durch

$$H = \sum_{i,j}\sum_{\sigma}t_{ij}a_{i\sigma}^\dagger a_{j\sigma} + \frac{1}{2}\sum_{i,j,k,l}\sum_{\sigma,\sigma'}V_{ijkl}a_{i\sigma}^\dagger a_{j\sigma'}^\dagger a_{l\sigma'}a_{k\sigma},$$

wobei die Matrixelemente durch $t_{ij} = \langle i \mid t \mid j\rangle$ und $V_{ijkl} = \langle ij \mid V^{(2)} \mid kl\rangle$ bestimmt sind. Nimmt man an, daß die Überlappung der Wellenfunktionen $\varphi_i(\mathbf{x})$ an verschiedenen Gitterplätzen nur sehr klein ist, so lassen sich die folgenden Näherungen durchführen:

$$t_{ij} = \begin{cases} w & \text{für } i = j, \\ t & \text{für } i \text{ und } j \text{ nächste Nachbarplätze}, \\ 0 & \text{sonst} \end{cases}$$

$$V_{ijkl} = V_{ij}\delta_{il}\delta_{jk}; \quad \text{mit} \quad V_{ij} = \int d^3x \int d^3y \mid \varphi_i(\mathbf{x}) \mid^2 V^{(2)}(\mathbf{x}, \mathbf{y}) \mid \varphi_j(\mathbf{y}) \mid^2.$$

a) Bestimmen Sie die Matrixelemente V_{ij} für eine Kontaktwechselwirkung

$$V = \frac{\lambda}{2}\sum_{\alpha\neq\beta}\delta(\mathbf{x}_\alpha - \mathbf{x}_\beta)$$

zwischen den Elektronen für die folgenden Fälle: (i) "on-site" Wechselwirkung $i = j$, und (ii) nächste Nachbarwechselwirkung, d.h. i und j benachbarte Gitterpunkte.

Nehmen Sie dazu an, daß ein quadratisches Gitter mit Gitterkonstante a vorliegt und die Wellenfunktionen durch Gauß-Funktionen $\varphi(\mathbf{x}) = \frac{1}{\Delta^{3/2}\pi^{3/4}}\exp\{-\mathbf{x}^2/2\Delta^2\}$ gegeben sind.

b) Im Limes $\Delta \ll a$ ist die "on-site" Wechselwirkung $U = V_{ii}$ der dominante Beitrag. Bestimmen Sie in diesem Grenzfall die Form des Hamilton-Operators in zweiter Quantisierung. Das so erhaltene Modell heißt *Hubbard-Modell*.

1.8 Zeigen Sie, daß für Bosonen und Fermionen der Teilchenzahloperator $\hat{N} = \sum_i a_i^\dagger a_i$ mit dem Hamilton-Operator

$$H = \sum_{ij} a_i^\dagger \langle i|\, T\, |j\rangle\, a_j + \frac{1}{2} \sum_{ijkl} a_i^\dagger a_j^\dagger \langle ij|\, V\, |kl\rangle\, a_l a_k$$

vertauscht.

1.9 Bestimmen Sie für Fermionen und Bosonen den thermischen Erwartungswert des Besetzungszahloperators $\hat{n}_i$ für den Zustand $|i\rangle$ im großkanonischen Ensemble, dessen Dichtematrix durch

$$\rho_G = \frac{1}{Z_G}\mathrm{e}^{-\beta(H-\mu\hat{N})}$$

mit $Z_G = \mathrm{Sp}\left(\mathrm{e}^{-\beta(H-\mu\hat{N})}\right)$ gegeben ist.

1.10 a) Zeigen Sie, daß der Zustand

$$|\phi\rangle = \psi^\dagger(\mathbf{x}')\,|0\rangle$$

($|0\rangle$ = Vakuumzustand) ein Teilchen mit der Position $\mathbf{x}'$ beschreibt, indem Sie die Relation

$$n(\mathbf{x})\,|\phi\rangle = \delta(\mathbf{x} - \mathbf{x}')\,|\phi\rangle$$

verifizieren.

b) Der Operator für die Gesamtteilchenzahl lautet

$$\hat{N} = \int d^3x\, n(\mathbf{x})\;.$$

Zeigen Sie, daß für spinlose Teilchen

$$[\psi(\mathbf{x}), \hat{N}] = \psi(\mathbf{x})$$

gilt.

2. Spin-1/2 Fermionen

In diesem und den folgenden Kapiteln wird der Formalismus der zweiten Quantisierung auf eine Reihe von einfachen Problemen angewandt. Zunächst betrachten wir ein Gas nicht wechselwirkender Spin-$\frac{1}{2}$-Fermionen um Korrelationsfunktionen und schließlich einige Eigenschaften des Elektronengases unter Berücksichtigung der Coulomb-Wechselwirkung darzustellen.

2.1 Nichtwechselwirkende Fermionen

2.1.1 Fermi-Kugel, Anregungen

Im Grundzustand von N freien Fermionen, $|\phi_0\rangle$, sind alle Einteilchen-Zustände innerhalb der Fermi-Kugel (Abb. 2.1), d.h. bis k_F (Fermi-Wellenzahl) besetzt:

$$|\phi_0\rangle = \prod_{\substack{\mathbf{p} \\ |\mathbf{p}|<k_F}} \prod_{\sigma} a_{\mathbf{p}\sigma}^\dagger |0\rangle \ . \tag{2.1.1}$$

Abb. 2.1. Fermi-Kugel

Der Erwartungswert des Teichenzahloperators im Impulsraum ist

$$n_{\mathbf{p},\sigma} = \langle\phi_0| a_{\mathbf{p}\sigma}^\dagger a_{\mathbf{p}\sigma} |\phi_0\rangle = \begin{cases} 1 & |\mathbf{p}| \leq k_F \\ 0 & |\mathbf{p}| > k_F \end{cases} . \tag{2.1.2}$$

Für $|\mathbf{p}| > k_F$ ist $a_{\mathbf{p}\sigma} |\phi_0\rangle = \prod_{\substack{\mathbf{p}' \\ |\mathbf{p}'|<k_F}} \prod_{\sigma'} a_{\mathbf{p}'\sigma'}^\dagger a_{\mathbf{p}\sigma} |0\rangle = 0$. Nach (2.1.2) hängt

die gesamte Teilchenzahl mit dem Fermi-Impuls folgendermaßen zusammen[1]

---

[1] $\sum_{\mathbf{k}} f(\mathbf{k}) = \sum_{\mathbf{k}} \frac{\Delta}{(\frac{2\pi}{L})^3} f(\mathbf{k}) = \left(\frac{L}{2\pi}\right)^3 \int d^3k f(\mathbf{k})$. Das Volumen im $\mathbf{k}$-Raum pro Punkt ist $\Delta = \left(\frac{2\pi}{L}\right)^3$, vgl. Gl. (1.6.2b).

$$N = \sum_{\mathbf{p},\sigma} n_{\mathbf{p}\sigma} = 2 \sum_{|\mathbf{p}| \leq k_F} 1 = 2V \int_0^{k_F} \frac{d^3p}{(2\pi)^3} = \frac{Vk_F^3}{3\pi^2}, \qquad (2.1.3)$$

woraus

$$k_F^3 = \frac{3\pi^2 N}{V} = 3\pi^2 n. \qquad (2.1.4)$$

folgt. Hier ist k_F die Fermi-Wellenzahl, $p_F = \hbar k_F$ der Fermi-Impuls[2], und $n = \frac{N}{V}$ die mittlere Teilchendichte. Die Fermi-Energie ist durch $\epsilon_F = (\hbar k_F)^2/(2m)$ definiert.

Für den Erwartungswert der Teilchendichte als Funktion des Ortes erhält man

$$\langle n(\mathbf{x}) \rangle = \sum_\sigma \langle \phi_0 | \psi_\sigma^\dagger(\mathbf{x}) \psi_\sigma(\mathbf{x}) | \phi_0 \rangle$$

$$= \sum_\sigma \sum_{\mathbf{p},\mathbf{p}'} \frac{e^{-i\mathbf{p}\cdot\mathbf{x}} e^{i\mathbf{p}'\cdot\mathbf{x}}}{V} \langle \phi_0 | a_{\mathbf{p}\sigma}^\dagger a_{\mathbf{p}'\sigma} | \phi_0 \rangle$$

$$= \sum_\sigma \sum_{\mathbf{p},\mathbf{p}'} \frac{e^{-i(\mathbf{p}-\mathbf{p}')\mathbf{x}}}{V} \delta_{\mathbf{p}\mathbf{p}'} n_{\mathbf{p}\sigma}$$

$$= \frac{1}{V} \sum_{\mathbf{p},\sigma} n_{\mathbf{p}\sigma} = n.$$

Die Dichte ist natürlich homogen.

Die einfachste Anregung eines entarteten Elektronengases erhält man, indem ein Elektron aus der Fermi-Kugel herausgenommen wird und in einen Zustand außerhalb der Fermi-Kugel gebracht wird (siehe Abb 2.2). Man sagt auch es wird ein Teilchen-Loch-Paar erzeugt; dessen Zustand lautet

$$|\phi\rangle = a_{\mathbf{k}_2\sigma_2}^\dagger a_{\mathbf{k}_1\sigma_1} |\phi_0\rangle. \qquad (2.1.5)$$

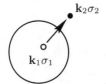

Abb. 2.2. Angeregter Zustand eines entarteten Elektronengases, Teilchen-Loch-Paar.

Das im Zustand $|\mathbf{k}_1, \sigma_1\rangle$ fehlende Elektron wirkt sich wie ein positiv geladenes Teilchen (Loch) aus. Falls man $b_{\mathbf{k}\sigma} \equiv a_{-\mathbf{k},-\sigma}^\dagger$ und $b_{\mathbf{k}\sigma}^\dagger \equiv a_{-\mathbf{k},-\sigma}$ definiert, genügen die Loch-Vernichtungs- und Erzeugungsoperatoren b und $b^\dagger$ ebenfalls Antikommutationsrelationen.

---

[2] Wellenzahlvektoren bezeichnen wir mit $\mathbf{p}$, $\mathbf{q}$, $\mathbf{k}$ etc. Lediglich p_F hat die Dimension „Impuls".

2.1.2 Einteilchenkorrelationsfunktion

Die Korrelationsfunktion der Feldoperatoren im Grundzustand

$$G_\sigma(\mathbf{x} - \mathbf{x}') = \langle\phi_0|\,\psi_\sigma^\dagger(\mathbf{x})\psi_\sigma(\mathbf{x}')\,|\phi_0\rangle \tag{2.1.6}$$

hat die Bedeutung der Wahrscheinlichkeitsamplitude dafür, daß die Vernichtung eines Teilchens bei $\mathbf{x}'$ und die Erzeugung bei $\mathbf{x}$ wieder den Ausgangszustand ergibt. $G_\sigma(\mathbf{x} - \mathbf{x}')$ beschreibt auch die Wahrscheinlichkeitsamplitude für den Übergang des Zustands $\psi_\sigma(\mathbf{x}')\,|\phi_0\rangle$ (in dem ein Teilchen bei $\mathbf{x}'$ entfernt wurde) in den Zustand $\psi_\sigma(\mathbf{x})\,|\phi_0\rangle$ (in dem ein Teilchen bei $\mathbf{x}$ entfernt wurde).

$$\begin{aligned}
G_\sigma(\mathbf{x} - \mathbf{x}') &= \langle\phi_0|\sum_{\mathbf{p},\mathbf{p}'}\frac{1}{V}e^{-i\mathbf{p}\cdot\mathbf{x}+i\mathbf{p}'\cdot\mathbf{x}'}a_{\mathbf{p}\sigma}^\dagger a_{\mathbf{p}'\sigma}\,|\phi_0\rangle \\
&= \frac{1}{V}\sum_{\mathbf{p}}e^{-i\mathbf{p}\cdot(\mathbf{x}-\mathbf{x}')}n_{\mathbf{p},\sigma} = \int\frac{d^3p}{(2\pi)^3}e^{-i\mathbf{p}\cdot(\mathbf{x}-\mathbf{x}')}\Theta(k_F - p) \\
&= \frac{1}{(2\pi)^2}\int_0^{k_F}dp\,p^2\int_{-1}^1 d\eta\,e^{ip|\mathbf{x}-\mathbf{x}'|\eta},
\end{aligned} \tag{2.1.7}$$

wo Polarkoordinaten und die Abkürzung $\eta = \cos\theta$ eingeführt wurden. Die Integration über η ergibt $\frac{e^{ipr}-e^{-ipr}}{ipr}$ mit $r = |\mathbf{x} - \mathbf{x}'|$. Somit ist

$$\begin{aligned}
G_\sigma(\mathbf{x} - \mathbf{x}') &= \frac{1}{2\pi^2 r}\int_0^{k_F}dp\,p\sin pr = \frac{1}{2\pi^2 r^3}(\sin k_F r - k_F r\cos k_F r) \\
&= \frac{3n}{2}\frac{\sin k_F r - k_F r\cos k_F r}{(k_F r)^3}.
\end{aligned} \tag{2.1.8}$$

Die Einteilchenkorrelationsfunktion fällt oszillierend mit der charakteristischen Periode $1/k_F$ nach Null ab. Die Werte bei $r = 0$ und $r \to \infty$ sind $G_\sigma(r = 0) = \frac{n}{2}$, $\lim_{r\to\infty}G_\sigma(r) = 0$; die Nullstellen sind bestimmt durch tg $x = x$, d.h. für große x also durch $\frac{n\pi}{2}$.

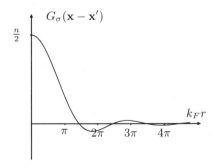

Abb. 2.3. Korrelationsfunktion $G_\sigma(\mathbf{x} - \mathbf{x}')$ als Funktion von $k_F r$.

Bemerkung. Zu der eingangs erwähnten Interpretation von $G_\sigma(\mathbf{x})$ muß man beachten, daß der Zustand $\psi_\sigma(\mathbf{x}') |\phi_0\rangle$ nicht normiert ist

$$\langle\phi_0| \psi_\sigma^\dagger(\mathbf{x}')\psi_\sigma(\mathbf{x}') |\phi_0\rangle = \frac{n}{2}. \tag{2.1.9}$$

Die Wahrscheinlichkeitsamplitude erhält man aus der Einteilchenkorrelationsfunktion durch Multiplikation mit dem Faktor $\left(\frac{n}{2}\right)^{-1}$.

$$G_\sigma(\mathbf{x} - \mathbf{x}') = \langle\phi_0| \psi_\sigma^\dagger(\mathbf{x})\psi_\sigma(\mathbf{x}') |\phi_0\rangle = \frac{n}{2} \frac{\langle\phi_0| \psi_\sigma^\dagger(\mathbf{x})}{\sqrt{n/2}} \cdot \frac{\psi_\sigma(\mathbf{x}') |\phi_0\rangle}{\sqrt{n/2}}$$

Die Amplitude dafür, daß der (normierte) Zustand $\frac{\psi_\sigma(\mathbf{x}')|\phi_0\rangle}{\sqrt{n/2}}$ in den (normierten) Zustand $\frac{\psi_\sigma(\mathbf{x})|\phi_0\rangle}{\sqrt{n/2}}$ übergeht, ist gleich dem Überlapp der beiden Zustände.

2.1.3 Paarverteilungsfunktion

Wegen des Pauli-Prinzips sind auch nicht wechselwirkende Fermionen mit demselben Spin untereinander korreliert. Das Pauli-Prinzip bewirkt, daß zwei Fermionen gleichen Spins nicht die gleiche Ortswellenfunktion besitzen können. Fermionen haben also die Tendenz einander auszuweichen, die Wahrscheinlichkeitsamplitude, daß sie sich nahe kommen, ist gering. Die Coulomb-Abstoßung verstärkt diese Tendenz. Im folgenden werden aber nur freie Fermionen betrachtet.

Ein Maß für die hier erwähnten Korrelationen ist die Paarverteilungsfunktion, die folgendermaßen eingeführt werden kann. Es werde an der Stelle $\mathbf{x}$ ein Teilchen aus dem Zustand $|\phi_0\rangle$ entfernt, dabei entsteht der $(N-1)$-Teilchenzustand

$$|\phi'(\mathbf{x}, \sigma)\rangle = \psi_\sigma(\mathbf{x}) |\phi_0\rangle. \tag{2.1.10}$$

Die Dichteverteilung für diesen Zustand ist

$$\langle\phi'(\mathbf{x}, \sigma)| \psi_{\sigma'}^\dagger(\mathbf{x}')\psi_{\sigma'}(\mathbf{x}') |\phi'(\mathbf{x}, \sigma)\rangle = \langle\phi_0| \psi_\sigma^\dagger(\mathbf{x})\psi_{\sigma'}^\dagger(\mathbf{x}')\psi_{\sigma'}(\mathbf{x}')\psi_\sigma(\mathbf{x}) |\phi_0\rangle$$

$$\equiv \left(\frac{n}{2}\right)^2 g_{\sigma\sigma'}(\mathbf{x} - \mathbf{x}'). \tag{2.1.11}$$

Durch diesen Ausdruck wird die *Paarverteilungsfunktion* $g_{\sigma\sigma'}(\mathbf{x} - \mathbf{x}')$ definiert.

Anmerkung:

$$\left(\frac{n}{2}\right)^2 g_{\sigma\sigma'}(\mathbf{x} - \mathbf{x}') = \langle\phi_0| \psi_\sigma^\dagger(\mathbf{x})\psi_\sigma(\mathbf{x})\psi_{\sigma'}^\dagger(\mathbf{x}')\psi_{\sigma'}(\mathbf{x}') |\phi_0\rangle$$

$$- \delta_{\sigma\sigma'}\delta(\mathbf{x} - \mathbf{x}') \langle\phi_0| \psi_\sigma^\dagger(\mathbf{x})\psi_{\sigma'}(\mathbf{x}') |\phi_0\rangle$$

$$= \langle\phi_0| n(\mathbf{x})n(\mathbf{x}') |\phi_0\rangle - \delta_{\sigma\sigma'}\delta(\mathbf{x} - \mathbf{x}') \langle\phi_0| n(\mathbf{x}) |\phi_0\rangle.$$

Die Berechnung der Paarverteilungsfunktion erfolgt zweckmäßigerweise im Fourier-Raum

$$\left(\frac{n}{2}\right)^2 g_{\sigma\sigma'}(\mathbf{x} - \mathbf{x}') = \frac{1}{V^2} \sum_{\mathbf{k},\mathbf{k}'} \sum_{\mathbf{q},\mathbf{q}'} e^{-i(\mathbf{k}-\mathbf{k}')\cdot\mathbf{x} - i(\mathbf{q}-\mathbf{q}')\cdot\mathbf{x}'}$$

$$\times \langle\phi_0| a^\dagger_{\mathbf{k}\sigma} a^\dagger_{\mathbf{q}\sigma'} a_{\mathbf{q}'\sigma'} a_{\mathbf{k}'\sigma} |\phi_0\rangle \, , \tag{2.1.12}$$

wobei wir zwei Fälle unterscheiden:

(i) $\sigma \neq \sigma'$:
Für $\sigma \neq \sigma'$ muß $\mathbf{k} = \mathbf{k}'$ und $\mathbf{q} = \mathbf{q}'$ sein, sonst entstehen zueinander orthogonale Zustände

$$\left(\frac{n}{2}\right)^2 g_{\sigma\sigma'}(\mathbf{x} - \mathbf{x}') = \frac{1}{V^2} \sum_{\mathbf{k},\mathbf{q}} \langle\phi_0| \hat{n}_{\mathbf{k}\sigma} \hat{n}_{\mathbf{q}\sigma'} |\phi_0\rangle = \frac{1}{V^2} \sum_{\mathbf{k},\mathbf{q}} n_{\mathbf{k}\sigma} n_{\mathbf{q}\sigma'}$$

$$= \frac{1}{V^2} N_\sigma N_{\sigma'} = \frac{1}{V^2} \frac{N}{2} \cdot \frac{N}{2} = \left(\frac{n}{2}\right)^2 .$$

D.h. für $\sigma \neq \sigma'$ ist

$$g_{\sigma\sigma'}(\mathbf{x} - \mathbf{x}') = 1 \tag{2.1.13}$$

unabhängig vom Abstand. Teilchen mit entgegengesetztem Spin sind vom Pauli-Prinzip nicht betroffen.

(ii) $\sigma = \sigma'$:
Für $\sigma = \sigma'$ muß entweder $\mathbf{k} = \mathbf{k}', \mathbf{q} = \mathbf{q}'$ oder $\mathbf{k} = \mathbf{q}', \mathbf{q} = \mathbf{k}'$ sein:

$$\langle\phi_0| a^\dagger_{\mathbf{k}\sigma} a^\dagger_{\mathbf{q}\sigma} a_{\mathbf{q}'\sigma} a_{\mathbf{k}'\sigma} |\phi_0\rangle = \delta_{\mathbf{k}\mathbf{k}'}\delta_{\mathbf{q}\mathbf{q}'} \langle\phi_0| a^\dagger_{\mathbf{k}\sigma} a^\dagger_{\mathbf{q}\sigma} a_{\mathbf{q}\sigma} a_{\mathbf{k}\sigma} |\phi_0\rangle$$

$$+ \delta_{\mathbf{k}\mathbf{q}'}\delta_{\mathbf{q}\mathbf{k}'} \langle\phi_0| a^\dagger_{\mathbf{k}\sigma} a^\dagger_{\mathbf{q}\sigma} a_{\mathbf{k}\sigma} a_{\mathbf{q}\sigma} |\phi_0\rangle$$

$$= (\delta_{\mathbf{k}\mathbf{k}'}\delta_{\mathbf{q}\mathbf{q}'} - \delta_{\mathbf{k}\mathbf{q}'}\delta_{\mathbf{q}\mathbf{k}'}) \langle\phi_0| a^\dagger_{\mathbf{k}\sigma} a_{\mathbf{k}\sigma} a^\dagger_{\mathbf{q}\sigma} a_{\mathbf{q}\sigma} |\phi_0\rangle$$

$$= (\delta_{\mathbf{k}\mathbf{k}'}\delta_{\mathbf{q}\mathbf{q}'} - \delta_{\mathbf{k}\mathbf{q}'}\delta_{\mathbf{q}\mathbf{k}'}) n_{\mathbf{k}\sigma} n_{\mathbf{q}\sigma} . \tag{2.1.14}$$

Wegen $(a_{\mathbf{k}\sigma})^2 = 0$ muß $\mathbf{k} \neq \mathbf{q}$ sein und deshalb erhält man durch Antikommutieren, Gl. (1.6.16), den Ausdruck (2.1.14):

$$\left(\frac{n}{2}\right)^2 g_{\sigma\sigma}(\mathbf{x} - \mathbf{x}') = \frac{1}{V^2} \sum_{\mathbf{k},\mathbf{q}} \left(1 - e^{-i(\mathbf{k}-\mathbf{q})(\mathbf{x}-\mathbf{x}')}\right) n_{\mathbf{k}\sigma} n_{\mathbf{q}\sigma}$$

$$= \left(\frac{n}{2}\right)^2 - (G_\sigma(\mathbf{x} - \mathbf{x}'))^2 . \tag{2.1.15}$$

Daraus folgt mit der Einteilchenkorrelationsfunktion $G_\sigma(\mathbf{x} - \mathbf{x}')$ aus (2.1.8)

$$g_{\sigma\sigma}(\mathbf{x} - \mathbf{x}') = 1 - \frac{9}{x^6}(\sin x - x\cos x)^2 \tag{2.1.16}$$

mit $x = k_F |\mathbf{x} - \mathbf{x}'|$.

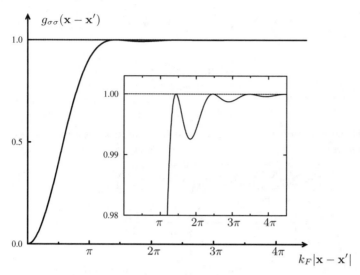

Abb. 2.4. Die Paarverteilungsfunktion $g_{\sigma\sigma}(\mathbf{x} - \mathbf{x}')$, man erkennt das Korrelations-loch und schwache Oszillationen mit der Wellenzahl k_F.

Die Ortsabhängigkeit der in Abb. 2.4 dargestellten Paarverteilungsfunktion (2.1.16) kann folgendermaßen interpretiert werden. Falls an der Stelle $\mathbf{x}$ ein Fermion entfernt wird, ist die Teilchendichte in der Umgebung dieser Stelle stark reduziert. D.h. die Wahrscheinlichkeit zwei Fermionen gleichen Spins innerhalb von Abständen $\lesssim k_F^{-1}$ zu finden ist gering. Man bezeichnet die Reduktion von $g_{\sigma\sigma}(\mathbf{x} - \mathbf{x}')$ bei diesen Abständen als Austauschloch oder Korrelationsloch. Es soll nochmals betont werden, daß diese effektive Abstoßung nur von der Antisymmetrie des Zustands und nicht von einer Wechselwirkung der Teilchen herrührt.

Für das wechselwirkungsfreie Elektronengas bei $T = 0$ ist

$$\frac{1}{4} \sum_{\sigma,\sigma'} g_{\sigma\sigma'}(\mathbf{x}) = 2^{-1}(1 + g_{\sigma\sigma}(\mathbf{x})) \tag{2.1.17a}$$

$$\sum_{\sigma,\sigma'} \langle \phi_0 | \psi_\sigma^\dagger(\mathbf{x})\psi_{\sigma'}^\dagger(\mathbf{0})\psi_{\sigma'}(\mathbf{0})\psi_\sigma(\mathbf{x}) | \phi_0 \rangle = \frac{n^2}{4} \sum_{\sigma,\sigma'} g_{\sigma\sigma'}(\mathbf{x}) = \frac{n^2}{2}(1 + g_{\sigma\sigma}(\mathbf{x}))$$

$$\to n^2 \text{ für } \mathbf{x} \to \infty \tag{2.1.17b}$$

$$\to \frac{n^2}{2} \text{ für } \mathbf{x} \to \mathbf{0}.$$

Im nächsten Abschnitt werden die Definitionen der Paarverteilungsfunktion und anderer Korrelationsfunktionen zusammengestellt. Danach ist die spin-abhängige Paarverteilungsfunktion

$$g_{\sigma\sigma'}(\mathbf{x}) = \left(\frac{2}{n}\right)^2 \langle \phi_0 | \psi_\sigma^\dagger(\mathbf{x})\psi_{\sigma'}^\dagger(\mathbf{0})\psi_{\sigma'}(\mathbf{0})\psi_\sigma(\mathbf{x}) | \phi_0 \rangle$$

proportional zur Wahrscheinlichkeit, ein Teilchen mit Spin σ an der Stelle $\mathbf{x}$ zu finden, wenn mit Sicherheit ein Teilchen mit Spin σ' an der Stelle $\mathbf{0}$ ist, oder auch gleich der Wahrscheinlichkeit, zwei Teilchen mit Spin σ und σ' im Abstand $\mathbf{x}$ zu finden.

*2.1.4 Paarverteilungsfunktion, Dichtekorrelationsfunktionen und Strukturfaktor

Die hier dargestellten Relationen gelten für beliebige Vielteilchensysteme, Fermionen wie auch Bosonen.[3] Die Standarddefinition der *Paarverteilungsfunktion* (engl. pair distribution function) von N Teilchen lautet

$$g(\mathbf{x}) = \frac{V}{N(N-1)} \left\langle \sum_{\alpha \neq \beta = 1}^{N} \delta(\mathbf{x} - \mathbf{x}_\alpha + \mathbf{x}_\beta) \right\rangle. \tag{2.1.18}$$

$g(\mathbf{x})$ ist die Wahrscheinlichkeitsdichte dafür, daß ein Paar von Teilchen den Abstand $\mathbf{x}$ hat, oder anders ausgedrückt, die Wahrscheinlichkeitsdichte dafür, ein Teilchen an der Stelle $\mathbf{x}$ zu finden, wenn mit Sicherheit eines an der Stelle $\mathbf{0}$ ist. Als Wahrscheinlichkeitsdichte ist $g(\mathbf{x})$ auf 1 normiert.

$$\int \frac{d^3x}{V} g(\mathbf{x}) = 1. \tag{2.1.19}$$

Die *Dichte-Korrelationsfunktion* $G(\mathbf{x})$ ist für translationsinvariante Systeme

$$\begin{aligned}
G(\mathbf{x}) &= \langle n(\mathbf{x})n(0) \rangle = \langle n(\mathbf{x} + \mathbf{x}')n(\mathbf{x}') \rangle \\
&= \sum_{\alpha,\beta} \langle \delta(\mathbf{x} + \mathbf{x}' - \mathbf{x}_\alpha)\delta(\mathbf{x}' - \mathbf{x}_\beta) \rangle.
\end{aligned} \tag{2.1.20}$$

Wegen der Translationsinvarianz ist dies unabhängig von $\mathbf{x}'$ und wir können auch über $\mathbf{x}'$ integrieren, woraus (mit $\frac{1}{V} \int d^3x' = 1$)

$$G(\mathbf{x}) = \frac{1}{V} \sum_{\alpha,\beta} \langle \delta(\mathbf{x} - \mathbf{x}_\alpha + \mathbf{x}_\beta) \rangle$$

folgt. Daraus folgt der Zusammenhang

$$\begin{aligned}
G(\mathbf{x}) &= \frac{1}{V} \left(\sum_\alpha \delta(\mathbf{x}) + \frac{N(N-1)}{V} g(\mathbf{x}) \right) \\
&= n\delta(\mathbf{x}) + \frac{N(N-1)}{V^2} g(\mathbf{x}) \,.
\end{aligned} \tag{2.1.21}$$

---

[3] Die Klammern bedeuten einen allgemeinen Erwartungswert, z.B. den quantenmechanischen Erwartungswert in einem bestimmten Zustand, wie z.B. dem Grundzustand, oder den thermischen Erwartungswert.

Für Wechselwirkungen endlicher Reichweite werden die Dichten bei großen Abständen voneinander unabhängig:

$$\lim_{\mathbf{x}\to\infty} G(\mathbf{x}) = \langle n(\mathbf{x})\rangle\langle n(0)\rangle = n^2 .$$

Daraus folgt für große N

$$\lim_{\mathbf{x}\to\infty} g(\mathbf{x}) = \frac{V^2}{N(N-1)}n^2 = 1 .$$

Der *statische Strukturfaktor* $S(q)$ ist durch

$$S(\mathbf{q}) = \frac{1}{N}\left\langle \sum_{\alpha,\beta} e^{-i\mathbf{q}(\mathbf{x}_\alpha - \mathbf{x}_\beta)} \right\rangle - N\delta_{\mathbf{q}0} \qquad (2.1.22)$$

definiert. Man kann auch

$$S(\mathbf{q}) = \frac{1}{N}\sum_{\alpha\neq\beta} \left\langle e^{-i\mathbf{q}(\mathbf{x}_\alpha - \mathbf{x}_\beta)} \right\rangle + 1 - N\delta_{\mathbf{q}0} \qquad (2.1.23)$$

oder

$$S(\mathbf{q}) = \frac{1}{N}\langle \hat{n}_\mathbf{q}\hat{n}_{-\mathbf{q}}\rangle - N\delta_{\mathbf{q}0}$$

schreiben, wo

$$\hat{n}_\mathbf{q} = \int d^3x\, e^{-i\mathbf{q}\mathbf{x}} n(\mathbf{x}) = \sum_\alpha e^{-i\mathbf{q}\mathbf{x}_\alpha}$$

ist. Da $N(N-1) \to N^2$ für große N, folgt

$$\int d^3x\, e^{-i\mathbf{q}\mathbf{x}} g(\mathbf{x}) = \frac{V}{N^2}\int d^3x\, e^{-i\mathbf{q}\mathbf{x}}\left\langle \sum_{\alpha\neq\beta} \delta(\mathbf{x} - \mathbf{x}_\alpha + \mathbf{x}_\beta) \right\rangle$$

$$= \frac{V}{N^2}\left\langle \sum_{\alpha\neq\beta} e^{-i\mathbf{q}(\mathbf{x}_\alpha - \mathbf{x}_\beta)} \right\rangle$$

und

$$S(\mathbf{q}) = \frac{N}{V}\int d^3x\, e^{-i\mathbf{q}\mathbf{x}} g(\mathbf{x}) + 1 - N\delta_{\mathbf{q}0} .$$

Mit

$$N\delta_{\mathbf{q}0} = \frac{N}{V}\int d^3x\, e^{-i\mathbf{q}\mathbf{x}}$$

erhält man

$$S(\mathbf{q}) - 1 = n \int d^3x e^{-i\mathbf{q}\mathbf{x}} (g(\mathbf{x}) - 1) \tag{2.1.24a}$$

und die Umkehrung

$$g(\mathbf{x}) - 1 = \frac{1}{n} \int \frac{d^3q}{(2\pi)^3} e^{i\mathbf{q}\mathbf{x}} (S(\mathbf{q}) - 1) . \tag{2.1.24b}$$

Im klassischen Fall ist

$$\lim_{q \to 0} S(\mathbf{q}) = nkT\kappa_T , \tag{2.1.25}$$

wo κ_T die isotherme Kompressibilität ist.

Aus den obigen Definitionen folgen die Darstellungen der Dichte-Dichte-Korrelationsfunktion und der Paarverteilungsfunktion in zweiter Quantisierung:

$$G(\mathbf{x} - \mathbf{x}') = \langle \psi^\dagger(\mathbf{x})\psi(\mathbf{x})\psi^\dagger(\mathbf{x}')\psi(\mathbf{x}') \rangle \tag{2.1.26a}$$

$$g(\mathbf{x}) = \frac{V^2}{N^2} \langle \psi^\dagger(\mathbf{x})\psi^\dagger(\mathbf{0})\psi(\mathbf{0})\psi(\mathbf{x}) \rangle. \tag{2.1.26b}$$

Die erste Formel, (2.1.26a), ist offensichtlich, die zweite folgt aus dieser und (2.1.21) nach Vertauschung der Feldoperatoren.

Beweis der letzten Formel ausgehend von der Definition (2.1.18) und (1.5.6c):

$$\sum_{\alpha \neq \beta} \delta(\mathbf{x} - \mathbf{x}_\alpha + \mathbf{x}_\beta) \to \int d^3x' d^3x'' \psi^\dagger(\mathbf{x}')\psi^\dagger(\mathbf{x}'')\delta(\mathbf{x} - \mathbf{x}' + \mathbf{x}'')\psi(\mathbf{x}'')\psi(\mathbf{x}')$$

$$= \int d^3x' \psi^\dagger(\mathbf{x}')\psi^\dagger(\mathbf{x}' - \mathbf{x})\psi(\mathbf{x}' - \mathbf{x})\psi(\mathbf{x}')$$

$$\left\langle \sum_{\alpha \neq \beta} \delta(\mathbf{x} - \mathbf{x}_\alpha + \mathbf{x}_\beta) \right\rangle = V \left\langle \psi^\dagger(\mathbf{x}')\psi^\dagger(\mathbf{x}' - \mathbf{x})\psi(\mathbf{x}' - \mathbf{x})\psi(\mathbf{x}') \right\rangle .$$

2.2 Grundzustandsenergie und elementare Theorie des Elektronengases

2.2.1 Hamilton-Operator

Der Hamilton-Operator einschließlich der Coulomb-Abstoßung der Elektronen lautet

$$H = \sum_{\mathbf{k},\sigma} \frac{\hbar^2 k^2}{2m} a_{\mathbf{k}\sigma}^\dagger a_{\mathbf{k}\sigma} + \frac{e^2}{2V} \sum_{\substack{\mathbf{k},\mathbf{k}',\mathbf{q},\sigma,\sigma' \\ \mathbf{q} \neq 0}} \frac{4\pi}{q^2} a_{\mathbf{k}+\mathbf{q},\sigma}^\dagger a_{\mathbf{k}'-\mathbf{q},\sigma'}^\dagger a_{\mathbf{k}'\sigma'} a_{\mathbf{k}\sigma} . \tag{2.2.1}$$

Hier ist der $\mathbf{q} = 0$ Beitrag, der wegen der Langreichweitigkeit der Coulomb-Wechselwirkung sogar divergieren würde, ausgeschlossen, da er sich gegen die Wechselwirkung der Elektronen mit dem positiven Hintergrund der Ionen und dieser untereinander kompensiert, wie aus dem Folgenden hervorgeht.

Die Wechselwirkung des Ionenhintergrunds ist

$$H_{\text{Ion}} = \frac{1}{2}e^2 \int d^3x\, d^3x' \frac{n(\mathbf{x})n(\mathbf{x}')}{|\mathbf{x} - \mathbf{x}'|} e^{-\mu|\mathbf{x}-\mathbf{x}'|} \ . \tag{2.2.2a}$$

Hier ist $n(\mathbf{x}) = \frac{N}{V}$ und es wurde eine Abschneidelänge μ^{-1} eingeführt. Am Ende der Rechnung wird $\mu \to 0$ betrachtet

$$H_{\text{Ion}} = \frac{1}{2}e^2 \left(\frac{N}{V}\right)^2 V\, 4\pi \int\limits_0^\infty dr\, r\, e^{-\mu r} = \frac{1}{2}e^2 \frac{N^2}{V}\frac{4\pi}{\mu^2} \ . \tag{2.2.2a$'$}$$

Die Wechselwirkung des Hintergrundes mit den Elektronen lautet

$$H_{\text{Ion, El}} = -e^2 \sum_{i=1}^N \frac{N}{V} \int d^3x \frac{e^{-\mu|\mathbf{x}-\mathbf{x}_i|}}{|\mathbf{x} - \mathbf{x}_i|} = -e^2 \frac{N^2}{V}\frac{4\pi}{\mu^2} \ . \tag{2.2.2b}$$

Zuletzt betrachten wir den $\mathbf{q} = 0$ Beitrag der Elektron-Elektron-Wechselwirkung, wobei $\frac{4\pi e^2}{q^2} \to \frac{4\pi e^2}{q^2+\mu^2}$.

$$\begin{aligned}
&\frac{e^2}{2V}\frac{4\pi}{\mu^2} \sum_{\mathbf{k},\mathbf{k}',\sigma,\sigma'} a_{\mathbf{k}\sigma}^\dagger a_{\mathbf{k}'\sigma'}^\dagger a_{\mathbf{k}'\sigma'} a_{\mathbf{k}\sigma} \\
&= \frac{e^2}{2V}\frac{4\pi}{\mu^2} \sum_{\mathbf{k},\mathbf{k}',\sigma,\sigma'} \left[a_{\mathbf{k}\sigma}^\dagger a_{\mathbf{k}\sigma} \left(a_{\mathbf{k}'\sigma'}^\dagger a_{\mathbf{k}'\sigma'} - \delta_{\mathbf{k}\mathbf{k}'}\delta_{\sigma\sigma'}\right)\right] \\
&= \frac{e^2}{2V}\frac{4\pi}{\mu^2} \sum_{\mathbf{k},\mathbf{k}',\sigma,\sigma'} \hat{n}_{\mathbf{k}\sigma} \left(\hat{n}_{\mathbf{k}'\sigma'} - \delta_{\mathbf{k}\mathbf{k}'}\delta_{\sigma\sigma'}\right) \\
&= \frac{e^2}{2V}\frac{4\pi}{\mu^2} (\hat{N}^2 - \hat{N}) = \frac{e^2}{2V}\frac{4\pi}{\mu^2}(N^2 - N).
\end{aligned} \tag{2.2.2c}$$

Die führenden Terme, proportional zu N^2, in den drei berechneten Energiebeiträgen heben sich weg. Das Glied $-\frac{e^2}{2V}\frac{4\pi}{\mu^2}N$ ergibt als Beitrag zur Energie pro Teilchen $\frac{E}{N} \propto \frac{1}{N}\frac{N}{V}$ und ist im thermodynamischen Limes Null. Der Grenzwert erfolgt in der Reihenfolge $N, V \to \infty$ und dann $\mu \to 0$.

2.2.2 Grundzustandsenergie in Hartree-Fock-Näherung

Die störungstheoretische Berechnung der Grundzustandsenergie geht aus vom Grundzustand $|\phi_0\rangle$, in welchem alle Einteilchenzustände bis k_F besetzt sind:

$$|\phi_0\rangle = \prod_{p \le k_F} \prod_{\sigma} a_{\mathbf{p}\sigma}^\dagger |0\rangle \equiv \left(\prod_{\mathbf{p}=0}^{k_F} a_{\mathbf{p}\uparrow}^\dagger \right) \left(\prod_{\mathbf{p}=0}^{k_F} a_{\mathbf{p}\downarrow}^\dagger \right) |0\rangle . \tag{2.2.3}$$

Die kinetische Energie ist in diesem Zustand diagonal

$$E^{(0)} = \langle\phi_0| H_{\text{Kin}} |\phi_0\rangle = \frac{\hbar^2}{2m} \sum_{\mathbf{k},\sigma} k^2 \Theta(k_F - k)$$

$$= \frac{\hbar^2}{2m} 2 \frac{V}{(2\pi)^3} \int d^3k\, k^2 \Theta(k_F - k)$$

$$= \frac{\hbar^2}{m} \frac{V}{(2\pi)^3} 4\pi \frac{1}{5} k_F^5 = \frac{3\hbar^2 k_F^2}{10m} N = \frac{3}{5}\epsilon_F N = \frac{e^2}{2a_0} \frac{1}{r_s^2} \frac{3}{5} \left(\frac{9\pi}{4} \right)^{2/3} N$$

$$E^{(0)} = \frac{e^2}{2a_0} \frac{2.21}{r_s^2} N . \tag{2.2.4}$$

Dabei wurde nach Gl. (2.1.4)

$$n = \frac{k_F^3}{3\pi^2} = \frac{3}{4\pi r_0^3} = \frac{3}{4\pi a_0^3 r_s^3} \tag{2.2.5}$$

verwendet und r_0, der Radius einer Kugel, deren Volumen gleich dem Volumen pro Teilchen ist, eingeführt. Hier ist $a_0 = \frac{\hbar^2}{me^2}$ der Bohrsche Radius und $r_s = \frac{r_0}{a_0}$.

Die potentielle Energie in erster Ordnung Störungstheorie lautet[4]

$$E^{(1)} = \frac{e^2}{2V} \sideset{}{'}\sum_{\mathbf{k},\mathbf{k}',\mathbf{q},\sigma,\sigma'} \frac{4\pi}{q^2} \langle\phi_0| a_{\mathbf{k}+\mathbf{q},\sigma}^\dagger a_{\mathbf{k}'-\mathbf{q},\sigma'}^\dagger a_{\mathbf{k}'\sigma'} a_{\mathbf{k}\sigma} |\phi_0\rangle . \tag{2.2.6}$$

Durch den Strich an der Summe ist der Term $\mathbf{q} = \mathbf{0}$ ausgeschlossen. Der einzige Beitrag, bei dem jeder Vernichtungsoperator durch einen Erzeugungsoperator kompensiert wird, ist proportional zu $\delta_{\sigma\sigma'}\delta_{\mathbf{k}',\mathbf{k}+\mathbf{q}} a_{\mathbf{k}+\mathbf{q}\sigma}^\dagger a_{\mathbf{k}\sigma'}^\dagger a_{\mathbf{k}+\mathbf{q}\sigma'} a_{\mathbf{k}\sigma}$, also:

$$E^{(1)} = -\frac{e^2}{2V} \sideset{}{'}\sum_{\mathbf{k},\mathbf{q},\sigma} \frac{4\pi}{q^2} n_{\mathbf{k}+\mathbf{q},\sigma} n_{\mathbf{k},\sigma} \tag{2.2.6'}$$

$$= -\frac{e^2}{2V} \sum_{\sigma} \sideset{}{'}\sum_{\mathbf{k},\mathbf{q}} \frac{4\pi}{q^2} \Theta(k_F - |\mathbf{q} + \mathbf{k}|) \Theta(k_F - k)$$

$$= -\frac{4\pi e^2 V}{(2\pi)^6} \int d^3k\, \Theta(k_F - k) \int d^3k' \frac{1}{|\mathbf{k} - \mathbf{k}'|^2} \Theta(k_F - k') .$$

---

[4] Die erste Ordnung Störungstheorie kann auch als Hartree-Fock-Theorie mit dem Variationszustand (2.2.3) betrachtet werden. (Siehe auch Aufg. 2.3)

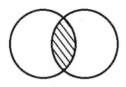

Abb. 2.5. Integrationsgebiet zu $E^{(1)}$ über den gemeinsamen Bereich zweier um $\mathbf{q}$ verschobener Fermi-Kugeln in Gl. (2.2.6′)

Zunächst findet man

$$-\frac{4\pi e^2}{(2\pi)^3} \int d^3k' \frac{1}{|\mathbf{k}-\mathbf{k}'|^2} \Theta(k_F - k') = -\frac{2e^2}{\pi} k_F F\left(\frac{k}{k_F}\right),$$

wo

$$F(x) = \frac{1}{2} + \frac{1-x^2}{4x} \log\left|\frac{1+x}{1-x}\right|, \qquad (2.2.6'')$$

und

$$\begin{aligned}
E^{(1)} &= -\frac{e^2 k_F V}{\pi} \int\limits_{k<k_F} \frac{d^3k}{(2\pi)^3} \left[1 + \frac{k_F^2 - k^2}{2kk_F} \log\left|\frac{k_F + k}{k_F - k}\right|\right] \\
&= -N\frac{3}{4}\frac{e^2 k_F}{\pi} \\
&= -\frac{e^2}{2a_0 r_s}\left(\frac{9\pi}{4}\right)^{1/3} \frac{3N}{2\pi} = -\frac{e^2}{2a_0}\frac{0.916}{r_s}N.
\end{aligned} \qquad (2.2.7)$$

$E^{(0)}$ und $E^{(1)}$ ergeben zusammen

$$\frac{E}{N} = \frac{e^2}{2a_0}\left[\frac{2.21}{r_s^2} - \frac{0.916}{r_s} + \dots\right]_{(r_s \ll 1)}. \qquad (2.2.8)$$

Der erste Term ist die kinetische Energie, der zweite der Austauschterm. Der Druck und der Kompressionsmodul sind durch

$$P = -\left(\frac{\partial E}{\partial V}\right)_N = -\frac{dE}{dr_s}\frac{dr_s}{dV} = \frac{Ne^2}{2a_0}\frac{r_s}{3V}\left[\frac{4.42}{r_s^3} - \frac{0.916}{r_s^2}\right]$$

und

$$B = \frac{1}{\kappa} = -V\left(\frac{\partial P}{\partial V}\right) = \frac{Ne^2}{9Va_0}\left[\frac{11.05}{r_s^2} - \frac{1.832}{r_s}\right] \qquad (2.2.9)$$

gegeben. Für $r_s = 4.83$ hat die Energie ein Minimum. Die zugehörige Energie ist $\frac{E}{N} = -1.29$ eV. Das ist von der gleichen Größenordnung wie in einfachen Metallen z.B. Na $\left(r_s = 3.96, \frac{E}{N} = -1.13\text{eV}\right)$. Allerdings ist in diesem Bereich r_s außerhalb des Gültigkeitsbereiches dieser Theorie.

Höhere *Korrekturen* zur Energie erhält man in *RPA*:

$$\frac{E}{N\,\mathrm{Ry}} = \left\{ \frac{2.21}{r_s^2} - \frac{0.916}{r_s} + \underbrace{0.062\ln r_s - 0.096 + Ar_s + Br_s\ln r_s + \ldots}_{\text{Korrelationsenergie}} \right\}$$

(2.2.10)

wo das Rydberg $1\,\mathrm{Ry} = \frac{e^2}{2a_0} = \frac{e^4 m}{2\hbar^2} = 13.6$ eV eingesetzt wurde. Die RPA (random phase approximation) beinhaltet über die Hartree-Fock-Energie hinaus die Aufsummation einer unendlichen Reihe aus einer Störungstheorie. Es ergeben sich dabei die logarithmischen Beiträge. Daß die Störungstheorie zu einer Reihe in r_s führt, kann man aus der Reskalierung in Gl. (2.2.23) erkennen.

Bemerkungen:
Für $r_s \to \infty$ erwartet man, daß die Elektronen einen *Wigner-Kristall*[5] bilden, d. h. kristallisieren. Für große r_s findet man die Entwicklung[6]

$$\lim_{r_s \to \infty} \frac{E}{N} = \frac{e^2}{2a_0} \left[-\frac{1.79}{r_s} + \frac{2.64}{r_s^{3/2}} + \ldots \right] ,$$

(2.2.11)

welche für $r_s \gg 10$ quantitativ zuverlässig ist (siehe Übungsaufgabe 2.7). Der Wigner-Kristall hat niedrigere Energie als die Flüssigkeit. Korrekturen auf Grund von Korrelationseffekten werden in Ref. 7 diskutiert[7].

Die Wigner-Kristallisation[5] wurde bisher in drei Dimensionen noch nicht experimentell beobachtet. Möglicherweise wird das Gitter durch Quantenfluktuationen zerstört (geschmolzen)[6]. Aufgrund eines Lindemann-Kriteriums [8] findet man Stabilität des Wigner-Kristallgitters für $r_s > r_s^c = 0.41\,\delta^{-4}$, wo δ $(0.15 < \delta < 0.5)$ der Lindemann-Parameter ist. Schon für $\delta = 0.5$ ist der Wert von $r_s^c = 6.49$ größer als der Wert des Minimums von (2.2.11) $r_s = 4.88$. In zwei Dimensionen wird theoretisch eine Dreiecksstruktur vorhergesagt[9] und für Elektronen auf einer Heliumoberfläche[10] beobachtet und die Schmelzkurve bestimmt. In Abb. 2.6 wird die Hartree-Fock-Energie (2.2.8) dargestellt und mit der Energie des Wigner-Kristalls verglichen (2.2.11). Das Minimum der Hartree-Fock-Energie als Funktion von r_s liegt bei $r_s = 4.83$ und hat den Wert $E/N = -0.095 e^2/2a_0$.

[5] E.P. Wigner, Phys. Rev. **46**, 1002 (1934) , Trans. Faraday Soc. **34**, 678 (1938)

[6] R.A. Coldwell-Horsfall and A.A. Maradudin, J. Math. Phys. **1**, 395 (1960)

[7] G.D. Mahan, *Many Particle Physics*, Plenum Press, New York, 1990, 2nd edition, Kap. 5.2

[8] Siehe z.B. J. M. Ziman, *Principles of the Theory of Solids*, 2nd ed, Cambridge University Press, Cambridge, 1972, p.65.

[9] G. Meissner, H. Namaizawa, and M. Voss, Phys. Rev. **B13**, 1360 (1976); L. Bonsall, and A.A. Maradudin, Phys. Rev. **B15**, 1959 (1977)

[10] C.C. Grimes, and G. Adams, Phys. Rev. Lett. **42** 795 (1979)

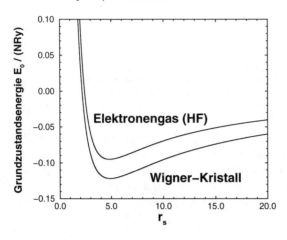

Abb. 2.6. Energie des Elektronengases in Hartree-Fock-Näherung und Energie des Wigner-Kristalls als Funktion von r_s

Zusammenfassend ist der Gültigkeitsbereich der RPA, Gleichung (2.2.10), auf $r_s \ll 1$ beschränkt, während (2.2.11) für den Wigner Kristall für $r_s \gg 10$ gilt; reale Metalle liegen dazwischen: $1.8 \leq r_s \leq 5.6$.

2.2.3 Änderung der elektronischen Energieniveaus durch die Coulomb-Wechselwirkung

$$H = H_0 + H_{\text{Coul}} \ , \quad H_0 = \sum_{\mathbf{k},\sigma} \frac{(\hbar k)^2}{2m} a_{\mathbf{k}\sigma}^\dagger a_{\mathbf{k}\sigma}$$

$$H_{\text{Coul}} = \frac{1}{2V} \sum_{\substack{\mathbf{q}\neq 0,\mathbf{p},\mathbf{k}' \\ \sigma\sigma'}} \frac{4\pi e^2}{q^2} a_{\mathbf{p}+\mathbf{q}\,\sigma}^\dagger a_{\mathbf{k}'-\mathbf{q}\,\sigma'}^\dagger \, a_{\mathbf{k}'\sigma'} a_{\mathbf{p}\sigma} \ .$$

Die Coulomb-Wechselwirkung wird die elektronischen Energieniveaus $\epsilon_0(\mathbf{k}) = \frac{(\hbar k)^2}{2m}$ ändern. Zur näherungsweisen Berechnung betrachten wir die Bewegungsgleichung des Operators $a_{\mathbf{k}\sigma}(t)$, zunächst ohne die Coulomb-Wechselwirkung:

$$\dot{a}_{\mathbf{k}\sigma}(t) = \frac{i}{\hbar} \left[\sum_{\mathbf{k}',\sigma'} \epsilon_0(\mathbf{k}') a_{\mathbf{k}'\sigma'}^\dagger a_{\mathbf{k}'\sigma'}, a_{\mathbf{k}\sigma} \right]$$

$$= -\frac{i}{\hbar} \sum_{\mathbf{k}',\sigma'} \epsilon_0(\mathbf{k}') \underbrace{\left[a_{\mathbf{k}'\sigma'}^\dagger, a_{\mathbf{k}\sigma} \right]_+}_{+\delta_{\mathbf{k}\mathbf{k}'}\delta_{\sigma\sigma'}} a_{\mathbf{k}'\sigma'}$$

$$\dot{a}_{\mathbf{k}\sigma}(t) = -\frac{i}{\hbar} \epsilon_0(\mathbf{k}) a_{\mathbf{k}\sigma}(t) \ . \tag{2.2.12}$$

Nun definieren wir die Korrelationsfunktion

$$G_{\mathbf{k}\sigma}(t) = \langle \phi_0 | a_{\mathbf{k}\sigma}(t) a^{\dagger}_{\mathbf{k}\sigma}(0) | \phi_0 \rangle. \tag{2.2.13}$$

Multipliziert man die Bewegungsgleichung mit $a^{\dagger}_{\mathbf{k}\sigma}(0)$, erhält man eine Bewegungsgleichung für $G_{\mathbf{k}\sigma}(t)$.

$$\frac{d}{dt} G_{\mathbf{k}\sigma}(t) = -\frac{i}{\hbar} \epsilon_0(\mathbf{k}) G_{\mathbf{k}\sigma}(t). \tag{2.2.14}$$

Deren Lösung ist

$$G_{\mathbf{k}\sigma}(t) = e^{-\frac{i}{\hbar}\epsilon_0(\mathbf{k})t}(-n_{\mathbf{k}\sigma} + 1), \tag{2.2.15}$$

da $\langle \phi_0 | a_{\mathbf{k}\sigma}(0) a^{\dagger}_{\mathbf{k}\sigma}(0) | \phi_0 \rangle = -n_{\mathbf{k}\sigma} + 1$.

Unter Einbeziehung der Coulomb-Abstoßung lautet die Bewegungsgleichung für den Vernichtungsoperator $a_{\mathbf{k}\sigma}$

$$\dot{a}_{\mathbf{k}\sigma} = -\frac{i}{\hbar} \left(\epsilon_0(\mathbf{k}) a_{\mathbf{k}\sigma} - \frac{1}{V} \sum_{\substack{\mathbf{p},\mathbf{q}\neq 0 \\ \sigma'}} \frac{4\pi e^2}{q^2} a^{\dagger}_{\mathbf{p}+\mathbf{q}\,\sigma'}\, a_{\mathbf{k}+\mathbf{q}\,\sigma}\, a_{\mathbf{p}\sigma'} \right), \tag{2.2.16}$$

wie man aus der Feldgleichung ablesen kann. Daraus folgt

$$\frac{d}{dt} G_{\mathbf{k}\sigma}(t) = -\frac{i}{\hbar} \left(\epsilon_0(\mathbf{k}) G_{\mathbf{k}\sigma}(t) \right.$$

$$\left. -\frac{1}{V} \sum_{\substack{\mathbf{p},\mathbf{q}\neq 0 \\ \sigma'}} \frac{4\pi e^2}{q^2} \left\langle a^{\dagger}_{\mathbf{p}+\mathbf{q}\,\sigma'}(t) a_{\mathbf{k}+\mathbf{q}\,\sigma}(t) a_{\mathbf{p}\sigma'}(t) a^{\dagger}_{\mathbf{k}\sigma}(0) \right\rangle \right). \tag{2.2.17}$$

Nun tritt auf der rechten Seite nicht nur $G_{\mathbf{k}\sigma}(t)$, sondern auch eine höhere Korrelationsfunktion auf. Bei der systematischen Behandlung könnten wir für diese wieder eine Bewegungsgleichung herleiten. Wir führen die folgende Faktorisierungsnäherung für den Erwartungswert ein[11]

$$\left\langle a^{\dagger}_{\mathbf{p}+\mathbf{q}\,\sigma'}(t) a_{\mathbf{k}+\mathbf{q}\,\sigma}(t) a_{\mathbf{p}\sigma'}(t) a^{\dagger}_{\mathbf{k}\sigma}(0) \right\rangle$$

$$= \left\langle a^{\dagger}_{\mathbf{p}+\mathbf{q}\,\sigma'}(t) a_{\mathbf{k}+\mathbf{q}\,\sigma}(t) \right\rangle \left\langle a_{\mathbf{p}\sigma'}(t) a^{\dagger}_{\mathbf{k}\sigma}(0) \right\rangle \tag{2.2.18}$$

$$= \delta_{\sigma\sigma'} \delta_{\mathbf{p}\mathbf{k}} \left\langle a^{\dagger}_{\mathbf{p}+\mathbf{q}\,\sigma'}(t) a_{\mathbf{p}+\mathbf{q}\,\sigma'}(t) \right\rangle \left\langle a_{\mathbf{k}\sigma}(t) a^{\dagger}_{\mathbf{k}\sigma}(0) \right\rangle.$$

---

[11] Die zweite mögliche Faktorisierung $\left\langle a^{\dagger}_{\mathbf{p}+\mathbf{q}\,\sigma'}(t) a_{\mathbf{p}\sigma'}(t) \right\rangle \left\langle a_{\mathbf{k}+\mathbf{q}\,\sigma}(t) a^{\dagger}_{\mathbf{k}\sigma}(0) \right\rangle$ ist nur für $\mathbf{q} = 0$ verschieden von Null und trägt deshalb in (2.2.17) nicht bei.

Somit lautet die Bewegungsgleichung

$$\frac{d}{dt}G_{\mathbf{k}\sigma}(t) = -\frac{\mathrm{i}}{\hbar}\left(\epsilon_0(\mathbf{k}) - \frac{1}{V}\sum_{\mathbf{q}\neq 0}\frac{4\pi e^2}{q^2}n_{\mathbf{k}+\mathbf{q}\,\sigma}\right)G_{\mathbf{k}\sigma}(t)\ . \tag{2.2.19}$$

Daraus läßt sich $\epsilon(\mathbf{k})$ ablesen zu

$$\epsilon(\mathbf{k}) = \frac{\hbar^2 k^2}{2m} - \frac{1}{V}\sum_{\mathbf{k}'}\frac{4\pi e^2}{|\mathbf{k}-\mathbf{k}'|^2}n_{\mathbf{k}'\sigma}\ . \tag{2.2.20}$$

Der zweite Term führt auf die Änderung von $\epsilon(\mathbf{k})$

$$\begin{aligned}
\Delta\epsilon(\mathbf{k}) &= -\int\frac{d^3k'}{(2\pi)^3}\frac{4\pi e^2}{|\mathbf{k}-\mathbf{k}'|^2}\Theta(k_F - k')\\
&= -\frac{e^2}{\pi}\int_0^{k_F}dk'\,k'^2\int_{-1}^{1}d\eta\frac{1}{k^2 + k'^2 - 2kk'\eta}\\
&= -\frac{e^2}{\pi k}\int_0^{k_F}dk'\,k'\log\left|\frac{k+k'}{k-k'}\right|\\
&= -\frac{2e^2 k_F}{\pi}\underbrace{\left(\frac{1}{2} + \frac{1-x^2}{4x}\log\left|\frac{1+x}{1-x}\right|\right)}_{F(x)}\qquad x = \frac{k}{k_F}\ .
\end{aligned}\tag{2.2.21}$$

Hier tritt wieder die Funktion $F(x)$ aus Gl. (2.2.6″) auf. Die Hartree-Fock Energieniveaus sind gegenüber den freien abgesenkt. Diese Absenkung ist jedoch gegenüber der Realität überschätzt. In Abb. 2.7 ist $F(x)$ und $\epsilon(\mathbf{k})$ im Vergleich zu $\epsilon_0(\mathbf{k}) = \frac{\hbar^2 k^2}{2m}$ für $r_s = 4$ dargestellt.

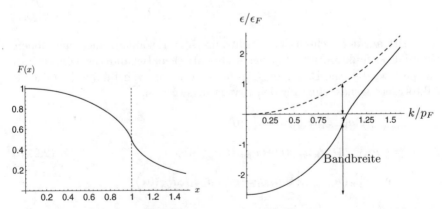

Abb. 2.7. **(a)** Die Funktionen $F(x)$, Gl. (2.2.6″), und **(b)** die Hartree-Fock-Energie-Niveaus $\epsilon(\mathbf{k})$ in Abhängigkeit von der Wellenzahl für $r_s = 4$ verglichen mit der Energie des freien Elektronengases $\epsilon_0(\mathbf{k})$ (gestrichelt).

Anmerkungen:

(i) Die Energie in Hartree-Fock-Näherung kann noch kürzer erhalten werden, wenn man im Hamilton-Operator die folgende Näherung einführt

$$\frac{1}{2V} \sum_{\substack{k,k',q \\ \sigma,\sigma'}} \frac{4\pi e^2}{q^2} a^\dagger_{k+q\,\sigma} a^\dagger_{k'-q\,\sigma'}\, a_{k'\sigma'} a_{k\sigma} \rightarrow$$

$$\frac{1}{2V} \sum_{\substack{k,k',q\neq 0 \\ \sigma,\sigma'}} \frac{4\pi e^2}{q^2} \left(\left\langle a^\dagger_{k+q\,\sigma} a_{k'\sigma'} \right\rangle a^\dagger_{k'-q\,\sigma'}\, a_{k\sigma} + a^\dagger_{k+q\,\sigma} a_{k'\sigma'} \left\langle a^\dagger_{k'-q\,\sigma'}\, a_{k\sigma} \right\rangle \right)$$

$$= \frac{2}{2V} \sum_{k,q} \frac{4\pi e^2}{q^2} \left\langle a^\dagger_{k+q\,\sigma} a_{k+q\,\sigma} \right\rangle a^\dagger_{k\sigma} a_{k\sigma} \,.$$

Dann ergibt sich

$$H = \sum_{k,\sigma} \epsilon(k) a^\dagger_{k\sigma} a_{k\sigma}$$

mit

$$\epsilon(k) = \frac{\hbar^2 k^2}{2m} - \frac{1}{V} \sum_{q} \frac{4\pi e^2}{q^2} \Theta(k_F - |k+q|) \,.$$

(ii) Die störungstheoretische Entwicklung nach der Coulomb-Wechselwirkung führt auf eine Potenzreihe (mit logarithmischen Korrekturen) in r_s. Diese Struktur kann man aus der folgenden Skalierung des Hamilton-Operators

$$H = \sum_i \frac{p_i^2}{2m} + \frac{1}{2} \sum_{i\neq j} \frac{e^2}{r_{ij}} \tag{2.2.22}$$

erkennen. Dazu führen wir eine kanonische Transformation $r' = r/r_0 \quad p' = p r_0$ durch. Die charakteristische Länge r_0 ist durch $\frac{4\pi}{3} r_0^3 N = V$ definiert, d.h.

$$r_0 = \left(\frac{3V}{4\pi N} \right)^{1/3} \,.$$

In den neuen Variablen lautet der Hamilton-Operator

$$H = \frac{1}{r_0^2} \left(\sum_i \frac{p_i'^2}{2m} + r_0 \frac{1}{2} \sum_{i\neq j} \frac{e^2}{r_{ij}'} \right) \,. \tag{2.2.23}$$

Die Coulomb-Wechselwirkung wird im Vergleich zur kinetischen Energie umso unwichtiger, je kleiner r_0 bzw. r_s ist, d.h. je dichter das Gas ist.

2.3 Hartree-Fock Gleichungen für Atome

In diesem Abschnitt betrachten wir (möglicherweise ionisierte) Atome mit N Elektronen und der Kernladungszahl Z. Der Kern wird als fest angenommen, dann ist der Hamilton-Operator in zweiter Quantisierung

$$H = \sum_{i,j} a_i^\dagger \langle i| T |j\rangle a_j + \sum_{i,j} a_i^\dagger \langle i| U |j\rangle a_j$$

$$+ \frac{1}{2} \sum_{i,j,k,m} \langle i,j| V |k,m\rangle a_i^\dagger a_j^\dagger a_m a_k , \qquad (2.3.1)$$

wo

$$T = \frac{\mathbf{p}^2}{2m} \qquad (2.3.2a)$$

$$U = -\frac{Ze^2}{r} , \quad r = |\mathbf{x}| \qquad (2.3.2b)$$

und

$$V = \frac{e^2}{|\mathbf{x} - \mathbf{x}'|} \qquad (2.3.2c)$$

die kinetische Energie eines Elektrons, das auf ein Elektron wirkende Kern-potential und die Coulomb-Abstoßung zweier Elektronen darstellen. Die Hartree-Näherung und die Hartree-Fock-Näherung wurden zwar schon in Kap. 13.3[12] diskutiert. Es soll hier dennoch die Ableitung der Hartree-Fock-Gleichungen dargestellt werden, die im Formalismus der zweiten Quantisie-rung übersichtlicher als mit Slater-Determinanten ist.

Für den Zustand der N Elektronen machen wir den folgenden Ansatz:

$$|\psi\rangle = a_1^\dagger \ldots a_N^\dagger |0\rangle . \qquad (2.3.3)$$

Hier ist $|0\rangle$ der Vakuumzustand ohne Elektronen und $a_i^\dagger$ ist Erzeugungsope-rator für den Zustand $|i\rangle \equiv |\varphi_i, m_{s_i}\rangle , m_{s_i} = \pm\frac{1}{2}$. Dabei seien die Zustände $|i\rangle$ aufeinander orthogonal und die $\varphi_i(\mathbf{x})$ noch zu bestimmende Einteilchen-wellenfunktionen. Zunächst berechnen wir den Mittelwert ohne spezielle Be-zugnahme auf das Atom für den allgemeinen Hamilton-Operator (2.3.1) $\langle\psi| H |\psi\rangle$. Für die Einteilchenbeiträge findet man sofort

$$\sum_{i,j} \langle i| T |j\rangle \langle\psi| a_i^\dagger a_j |\psi\rangle = \sum_{i=1}^{N} \langle i| T |i\rangle \qquad (2.3.4a)$$

$$\sum_{i,j} \langle i| U |j\rangle \langle\psi| a_i^\dagger a_j |\psi\rangle = \sum_{i=1}^{N} \langle i| U |i\rangle , \qquad (2.3.4b)$$

während sich für den Zweiteilchenbeitrag

$$\langle\psi| a_i^\dagger a_j^\dagger a_m a_k |\psi\rangle = \langle\psi| (\delta_{im}\delta_{jk} a_m^\dagger a_k^\dagger + \delta_{ik}\delta_{jm} a_k^\dagger a_m^\dagger) a_m a_k |\psi\rangle \qquad (2.3.4c)$$

$$= (\delta_{ik}\delta_{jm} - \delta_{im}\delta_{jk}) \Theta(m, k \in 1, \ldots, N)$$

ergibt. Der erste Faktor besagt, daß der Erwartungswert verschwindet, falls sich die Erzeugungs- und Vernichtungsoperatoren nicht kompensieren. Der

---
[12] QM I *op. cit.*

zweite Faktor besagt, daß die beiden Operatoren a_m und a_k in der Menge der im Zustand (2.3.3) auftretenden $a_1 \ldots a_N$ vorkommen müssen, sonst würde ihre Wirkung nach rechts auf den Vakuumzustand $|0\rangle$ Null ergeben. Somit lautet der gesamte Erwartungswert von H:

$$
\langle \psi | H | \psi \rangle = \frac{\hbar^2}{2m} \sum_{i=1}^{N} \int d^3x |\nabla \varphi_i|^2 + \sum_{i=1}^{N} \int d^3x U(\mathbf{x}) |\varphi_i(\mathbf{x})|^2
$$

$$
+ \frac{1}{2} \sum_{i,j=1}^{N} \int d^3x d^3x' V(\mathbf{x} - \mathbf{x}') \left\{ |\varphi_i(\mathbf{x})|^2 |\varphi_j(\mathbf{x}')|^2 \right. \tag{2.3.5}
$$

$$
\left. - \delta_{m_{s_i} m_{s_j}} \varphi_i^*(\mathbf{x}) \varphi_j^*(\mathbf{x}') \varphi_i(\mathbf{x}') \varphi_j(\mathbf{x}) \right\} .
$$

Im Sinne des Ritzschen Variationsprinzips werden nun die Einteilchenwellenfunktionen $\varphi_i(\mathbf{x})$ so bestimmt, daß der Erwartungswert von H minimal wird. Dabei sind als Nebenbedingungen die Normierungsbedingungen $\int |\varphi_i|^2 d^3x = 1$ zu berücksichtigen, was zu den Zusatztermen $-\epsilon_i (\int d^3x |\varphi_i(\mathbf{x})|^2 - 1)$ mit Lagrange-Parametern ϵ_i führt. Insgesamt ist also die Variationsableitung von $\langle \psi | H | \psi \rangle - \sum_{i=1}^{N} \epsilon_i \left(\int d^3x |\varphi_i(\mathbf{x})|^2 - 1 \right)$ nach $\varphi_i(\mathbf{x})$ bzw. $\varphi_i^*(\mathbf{x})$ zu bilden und Nullzusetzen unter Beachtung von

$$
\frac{\delta \varphi_i(\mathbf{x}')}{\delta \varphi_j(\mathbf{x})} = \delta_{ij} \delta(\mathbf{x} - \mathbf{x}') . \tag{2.3.6}
$$

Die folgenden Gleichungen schreiben wir wieder für das Atom, d.h. unter Berücksichtigung der Gl.(2.3.2a-c), auf. Die Variationsableitung nach φ_i^* ergibt

$$
\left(-\frac{\hbar^2}{2m} \nabla^2 - \frac{Ze^2}{r} \right) \varphi_i(\mathbf{x}) + \sum_{j=1}^{N} \int d^3x' \frac{e^2}{|\mathbf{x} - \mathbf{x}'|} |\varphi_j(\mathbf{x}')|^2 \varphi_i(\mathbf{x})
$$

$$
- \sum_{j=1}^{N} \delta_{m_{s_i} m_{s_j}} \int d^3x' \frac{e^2}{|\mathbf{x} - \mathbf{x}'|} \varphi_j^*(\mathbf{x}') \varphi_i(\mathbf{x}') \cdot \varphi_j(\mathbf{x})
$$

$$
= \epsilon_i \varphi_i(\mathbf{x}) . \tag{2.3.7}
$$

Dies sind die *Hartree-Fock* Gleichungen. Darin tritt gegenüber den Hartree-Gleichungen zusätzlich der Term

$$
\int d^3x' \frac{e^2}{|\mathbf{x} - \mathbf{x}'|} |\varphi_i(\mathbf{x}')|^2 \varphi_i(\mathbf{x})
$$

$$
- \sum_{j} \delta_{m_{s_i} m_{s_j}} \int d^3x' \frac{e^2}{|\mathbf{x} - \mathbf{x}'|} \varphi_j^*(\mathbf{x}') \varphi_i(\mathbf{x}') \varphi_j(\mathbf{x})
$$

$$
= - \sum_{j \neq i} \delta_{m_{s_i} m_{s_j}} \int d^3x' \frac{e^2}{|\mathbf{x} - \mathbf{x}'|} \varphi_j^*(\mathbf{x}') \varphi_i(\mathbf{x}') \varphi_j(\mathbf{x}) \tag{2.3.8}
$$

auf. Den zweiten Term der Wechselwirkung, auf der linken Seite nennt man Austauschintegral, da er von der Antisymmetrie des Fermionzustandes herrührt. Der Wechselwirkungsterm kann auch in der Form

$$\int d^3x' \frac{e^2}{|\mathbf{x} - \mathbf{x}'|} \sum_j \varphi_j^*(\mathbf{x}') \left[\varphi_j(\mathbf{x}')\varphi_i(\mathbf{x}) - \varphi_j(\mathbf{x})\varphi_i(\mathbf{x}')\delta_{m_{s_i} m_{s_j}} \right]$$

geschrieben werden. Der Austauschterm ist ein nichtlokaler Term, der nur für $m_{s_i} = m_{s_j}$ auftritt. Der Faktor in der eckigen Klammer ist gleich der Amplitude dafür, daß i und j an den Orten $\mathbf{x}$ und $\mathbf{x}'$ sind. Für die weitere Diskussion der Hartree-Fock-Gleichungen und ihrer physikalischen Konsequenzen verweisen wir auf Abschnitt 13.3.2[13].

Aufgaben zu Kapitel 2

2.1 Berechnen Sie die statische Strukturfunktion für wechselwirkungsfreie Fermionen

$$S^0(\mathbf{q}) \equiv \frac{1}{N} \langle \phi_0 \mid \hat{n}_{\mathbf{q}} \hat{n}_{-\mathbf{q}} \mid \phi_0 \rangle \,,$$

wobei $\hat{n}_{\mathbf{q}} = \sum_{\mathbf{k}, \sigma} a_{\mathbf{k}\sigma}^\dagger a_{\mathbf{k}+\mathbf{q}\sigma}$ der Teilchendichteoperator in der Impulsdarstellung, und $|\phi_0\rangle$ der Grundzustand ist. Führen Sie den Kontinuumlimes $\sum_{\mathbf{k},\sigma} = 2V \int d^3k/(2\pi)^3$ durch und berechnen Sie $S^0(\mathbf{q})$ explizit.
Anleitung: Betrachten Sie die Fälle $\mathbf{q} = 0$ und $\mathbf{q} \neq 0$ getrennt.

2.2 Zeigen Sie die Gültigkeit der folgenden Relationen, die zur Berechnung der Energieverschiebung $\Delta\epsilon(\mathbf{k})$ des Elektronengases, Gl. (2.2.21), benötigt werden.

a) $- 4\pi e^2 \int \frac{d^3k'}{(2\pi)^3} \frac{1}{|\mathbf{k} - \mathbf{k}'|^2} \Theta(k_F - k') = -\frac{2e^2}{\pi} k_F F(k/k_F)\,,$

mit

$$F(x) = \frac{1}{2} + \frac{1 - x^2}{4x} \ln \left| \frac{1+x}{1-x} \right| \,.$$

b) $E^{(1)} = -\frac{e^2 k_F}{\pi} V \int \frac{d^3k}{(2\pi)^3} \left[1 + \frac{k_F^2 - k^2}{2kk_F} \ln \left| \frac{k_F + k}{k_F - k} \right| \right] \Theta(k_F - k)$

$$= -\frac{3}{4} \frac{e^2 k_F}{\pi} N = -\frac{e^2}{2a_0 r_s} \left(\frac{9\pi}{4} \right)^{1/3} \frac{3N}{2\pi} \,,$$

wobei r_s eine dimensionslose Zahl ist, die dem mittleren Teilchenabstand in Einheiten des Bohrschen Radius $a_0 = \hbar^2/me^2$, entspricht. Es gilt $k_F^3 = 3\pi^2 n = 1/(\alpha a_0 r_s)^3$ mit $\alpha = (4/9\pi)^{1/3}$.

---

[13] QM I *op. cit.*

2.3 Wenden Sie die atomaren Hartree–Fock Gleichungen auf ein Elektronengas an.
a) Zeigen Sie, daß die Hartree–Fock Gleichungen durch ebene Wellen gelöst werden.
b) Ersetzen Sie die Kerne durch einen positiven homogenen Hintergrund gleicher Gesamtladung, und zeigen Sie, daß sich der Hartree–Term gegen die Coulomb–Anziehung durch den positiven Hintergrund kompensiert.
Die elektronischen Energie–Niveaus ergeben sind dann zu

$$\epsilon(\mathbf{k}) = \frac{(\hbar\mathbf{k})^2}{2m} - \frac{1}{V}\sum_{\mathbf{q}} \frac{4\pi e^2}{|\mathbf{k}-\mathbf{q}|^2}\Theta(k_F - q) .$$

Nach Aufgabe 2.2 läßt sich dies auch schreiben als $\epsilon(\mathbf{k}) = \frac{(\hbar\mathbf{k})^2}{2m} - \frac{2e^2}{\pi}k_F F(k/k_F)$.

2.4 Zeigen Sie, daß die aus (2.3.7) folgenden Hartree–Fock Zustände $|i\rangle \equiv |\varphi_i, m_{s_i}\rangle$ orthogonal sind, und daß die ϵ_i reell sind.

2.5 Zeigen Sie, daß für wechselwirkungsfreie Fermionen

$$S^0(\mathbf{q}, \omega) \equiv \frac{1}{N}\int_{-\infty}^{+\infty} dt\, e^{i\omega t}\langle\phi_0|\hat{n}_\mathbf{q}(t)\hat{n}_{-\mathbf{q}}(0)|\phi_0\rangle$$

$$= \frac{\hbar V}{2\pi^2 N}\int d^3k\, \Theta(k_F - k)\,\Theta(|\mathbf{k}+\mathbf{q}| - k_F)$$

$$\times\, \delta\left(\hbar\omega - \frac{\hbar^2}{2m}(q^2 + 2\mathbf{k}\cdot\mathbf{q})\right)$$

ist. Weisen Sie ferner die Beziehung

$$\int_{-\infty}^{+\infty}\frac{d\omega}{2\pi}S^0(\mathbf{q}, \omega) = \begin{cases} N & \text{für } \mathbf{q}=0 \\ 1 - \frac{1}{N}\sum_{\mathbf{k},\sigma} n_{\mathbf{k}\sigma}n_{\mathbf{k}+\mathbf{q}\sigma} & \text{für } \mathbf{q}\neq 0 \end{cases} ,$$

nach, wobei $\hat{n}_{\mathbf{k}\sigma} = a_{\mathbf{k}\sigma}^\dagger a_{\mathbf{k}\sigma}$ ist.

2.6 Zeigen Sie für Fermi-Operatoren folgende Relationen:

a)

$$e^{-\alpha a^\dagger} a\, e^{\alpha a^\dagger} = a - \alpha^2 a^\dagger + \alpha(aa^\dagger - a^\dagger a)$$

$$e^{-\alpha a} a^\dagger e^{\alpha a} = a^\dagger - \alpha^2 a - \alpha(aa^\dagger - a^\dagger a)$$

b)

$$e^{\alpha a^\dagger a} a\, e^{-\alpha a^\dagger a} = e^{-\alpha}a$$

$$e^{\alpha a^\dagger a} a^\dagger e^{-\alpha a^\dagger a} = e^{-\alpha}a^\dagger .$$

2.7 Nach einer Vorhersage von Wigner[14] soll ein Elektronengas bei tiefen Temperaturen und hinreichend niedrigen Dichten einen Phasenübergang in eine kristalline

---

[14] E.P. Wigner, Phys. Rev. **46**, 1002 (1934)

Struktur (bcc) durchführen. Betrachten Sie zu einer qualitativen Analyse[15] die Energie eines Gitters von Elektronen in einem homogenen Hintergrund positiver Ladung. Nehmen Sie an, daß das Potential, in dem sich ein jedes Elektron bewegt, durch das Potential einer das Elektron umgebenden, homogenen, positiv geladenen Kugel mit Radius $r_0 = r_s a_0$ angenähert werden kann. Dabei ist r_0 der mittlere Teilchenabstand im Wigner-Kristall mit der Elektronendichte n, d.h. $\frac{4\pi}{3} r_0^3 = 1/n$. Dies führt auf ein Modell unabhängiger Elektronen (Einstein–Näherung) in einem Oszillator–Potential

$$H = \frac{p^2}{2m} + \frac{e^2}{2r_0^3} r^2 - \frac{3e^2}{2r_0} \ .$$

Bestimmen Sie die Nullpunktsenergie E_0 dieses dreidimensionalen harmonischen Oszillators und vergleichen Sie das so erhaltene Resultat mit dem aus der Literatur bekannten Resultat[16]

$$E_0 = \frac{e^2}{2a_0} \left\{ -\frac{1.792}{r_s} + \frac{2.638}{r_s^{3/2}} \right\} \ .$$

Bestimmen Sie durch Minimierung der Nullpunktsenergie den mittleren Abstand der Elektronen.

---

[15] E.P. Wigner, Trans. Faraday Soc. **34**, 678 (1938)

[16] R.A. Coldwell–Horsfall, and A.A. Maradudin, J. Math. Phys. **1**, 395 (1960)

3. Bosonen

3.1 Freie Bosonen

In diesem Abschnitt betrachten wir charakteristische Eigenschaften von nicht wechselwirkenden Bosonen. Zunächst berechnen wir die Paarverteilungsfunktion, um Korrelationseffekte zu studieren.

3.1.1 Paarverteilungsfunktion für freie Bosonen

Wir nehmen an, daß die Bosonen nicht wechselwirken, den Spin Null und somit als einzige Quantenzahl den Impuls besitzen. Gegeben sei der Zustand eines N-Teilchensystems

$$|\phi\rangle = |n_{\mathbf{p}_0}, n_{\mathbf{p}_1}, \ldots\rangle, \tag{3.1.1}$$

wo die Besetzungszahlen die Werte $0, 1, 2, \ldots$ usw. annehmen können. Der Erwartungswert der Teilchendichte ist

$$
\begin{aligned}
\langle\phi|\,\psi^\dagger(\mathbf{x})\psi(\mathbf{x})\,|\phi\rangle &= \frac{1}{V}\sum_{\mathbf{k},\mathbf{k}'} e^{-i\mathbf{k}\mathbf{x}+i\mathbf{k}'\mathbf{x}}\,\langle\phi|\,a_{\mathbf{k}}^\dagger a_{\mathbf{k}'}\,|\phi\rangle \\
&= \frac{1}{V}\sum_{\mathbf{k}} n_{\mathbf{k}} = \frac{N}{V} = n\,.
\end{aligned}
\tag{3.1.2}
$$

Die Dichte im Zustand (3.1.1) ist ortsunabhängig.
Die Paarverteilungsfunktion ist durch

$$
\begin{aligned}
n^2 g(\mathbf{x}-\mathbf{x}') &= \langle\phi|\,\psi^\dagger(\mathbf{x})\psi^\dagger(\mathbf{x}')\psi(\mathbf{x}')\psi(\mathbf{x})\,|\phi\rangle \\
&= \frac{1}{V^2}\sum_{\mathbf{k},\mathbf{k}',\mathbf{q},\mathbf{q}'} e^{-i\mathbf{k}\mathbf{x}-i\mathbf{q}\mathbf{x}'+i\mathbf{q}'\mathbf{x}'+i\mathbf{k}'\mathbf{x}}\,\langle\phi|\,a_{\mathbf{k}}^\dagger a_{\mathbf{q}}^\dagger a_{\mathbf{q}'} a_{\mathbf{k}'}\,|\phi\rangle
\end{aligned}
\tag{3.1.3}
$$

gegeben. Der Erwartungswert

$$\langle\phi|\,a_{\mathbf{k}}^\dagger a_{\mathbf{q}}^\dagger a_{\mathbf{q}'} a_{\mathbf{k}'}\,|\phi\rangle$$

ist nur dann verschieden von Null, wenn entweder $\mathbf{k} = \mathbf{k}'$ und $\mathbf{q} = \mathbf{q}'$ oder $\mathbf{k} = \mathbf{q}'$ und $\mathbf{q} = \mathbf{k}'$ ist. Dabei müssen wir den Fall $\mathbf{k} = \mathbf{q}$, der im Unterschied zu Fermionen hier bei Bosonen möglich ist, gesondert betrachten. Somit folgt:

$$\langle \phi | \, a_{\mathbf{k}}^{\dagger} a_{\mathbf{q}}^{\dagger} a_{\mathbf{q}'} a_{\mathbf{k}'} \, | \phi \rangle$$

$$= (1 - \delta_{\mathbf{kq}}) \left(\delta_{\mathbf{kk}'} \delta_{\mathbf{qq}'} \, \langle \phi | \, a_{\mathbf{k}}^{\dagger} a_{\mathbf{q}}^{\dagger} a_{\mathbf{q}} a_{\mathbf{k}} \, | \phi \rangle + \delta_{\mathbf{kq}'} \delta_{\mathbf{qk}'} \, \langle \phi | \, a_{\mathbf{k}}^{\dagger} a_{\mathbf{q}}^{\dagger} a_{\mathbf{k}} a_{\mathbf{q}} \, | \phi \rangle \right)$$

$$+ \delta_{\mathbf{kq}} \delta_{\mathbf{kk}'} \delta_{\mathbf{qq}'} \, \langle \phi | \, a_{\mathbf{k}}^{\dagger} a_{\mathbf{k}}^{\dagger} a_{\mathbf{k}} a_{\mathbf{k}} \, | \phi \rangle$$

$$= (1 - \delta_{\mathbf{kq}})(\delta_{\mathbf{kk}'} \delta_{\mathbf{qq}'} + \delta_{\mathbf{kq}'} \delta_{\mathbf{qk}'}) n_{\mathbf{k}} n_{\mathbf{q}} + \delta_{\mathbf{kq}} \delta_{\mathbf{kk}'} \delta_{\mathbf{qq}'} n_{\mathbf{k}} (n_{\mathbf{k}} - 1) \quad (3.1.4)$$

und

$$\langle \phi | \, \psi^{\dagger}(\mathbf{x}) \psi^{\dagger}(\mathbf{x}') \psi(\mathbf{x}') \psi(\mathbf{x}) \, | \phi \rangle =$$

$$= \frac{1}{V^2} \left\{ \sum_{\mathbf{k},\mathbf{q}} (1 - \delta_{\mathbf{kq}})(1 + \mathrm{e}^{-\mathrm{i}(\mathbf{k}-\mathbf{q})(\mathbf{x}-\mathbf{x}')}) n_{\mathbf{k}} n_{\mathbf{q}} + \sum_{\mathbf{k}} n_{\mathbf{k}} (n_{\mathbf{k}} - 1) \right\}$$

$$= \frac{1}{V^2} \left\{ \sum_{\mathbf{k},\mathbf{q}} n_{\mathbf{k}} n_{\mathbf{q}} - \sum_{\mathbf{k}} n_{\mathbf{k}}^2 + \left| \sum_{\mathbf{k}} \mathrm{e}^{-\mathrm{i}\mathbf{k}(\mathbf{x}-\mathbf{x}')} n_{\mathbf{k}} \right|^2 - \sum_{\mathbf{k}} n_{\mathbf{k}}^2 \right.$$

$$\left. + \sum_{\mathbf{k}} n_{\mathbf{k}}^2 - \sum_{\mathbf{k}} n_{\mathbf{k}} \right\}$$

$$= n^2 + \left| \frac{1}{V} \sum_{\mathbf{k}} \mathrm{e}^{-\mathrm{i}\mathbf{k}(\mathbf{x}-\mathbf{x}')} n_{\mathbf{k}} \right|^2 - \frac{1}{V^2} \sum_{\mathbf{k}} n_{\mathbf{k}} (n_{\mathbf{k}} + 1) \, . \quad (3.1.5)$$

Im Vergleich zu Fermionen ist der zweite Term positiv wegen der Symmetrie der Wellenfunktion bei Vertauschung. Der letzte Term war bei Fermionen nicht vorhanden, weil im Gegensatz zu Bosonen Zustände nicht mehrfach besetzt sein durften. Wir betrachten nun zwei Beispiele.

Wenn alle Bosonen im gleichen Zustand $\mathbf{p}_0$ sind, dann ergibt sich aus (3.1.5)

$$n^2 g(\mathbf{x} - \mathbf{x}') = n^2 + n^2 - \frac{1}{V^2} N(N + 1) = \frac{N(N-1)}{V^2} \, . \quad (3.1.6)$$

In diesem Fall ist die Paarverteilungsfunktion unabhängig vom Ort; es liegen keine Korrelationen vor. Die rechte Seite bedeutet, daß die Wahrscheinlichkeit, das erste Teilchen zu detektieren, N/V und das zweite $(N-1)/V$ ist.

Wenn andererseits sich die Teilchen über viele Impulswerte verteilen und z. B. die Impulsverteilung durch eine Gauß-Funktion,

$$n_{\mathbf{k}} = \frac{(2\pi)^3 n}{(\sqrt{\pi}\Delta)^3} \mathrm{e}^{-(\mathbf{k}-\mathbf{k}_0)^2/\Delta^2} \quad (3.1.7)$$

mit der Normierung

$$\int \frac{d^3 p}{(2\pi)^3} n_{\mathbf{p}} = n$$

gegeben ist, dann folgt

$$\int \frac{d^3 k}{(2\pi)^3} \mathrm{e}^{-\mathrm{i}\mathbf{k}(\mathbf{x}-\mathbf{x}')} n_{\mathbf{k}} = n \, \mathrm{e}^{-\frac{\Delta^2}{4}(\mathbf{x}-\mathbf{x}')^2} \mathrm{e}^{-\mathrm{i}\mathbf{k}_0(\mathbf{x}-\mathbf{x}')}$$

und

$$\frac{1}{V} \int \frac{d^3k}{(2\pi)^3} n_{\mathbf{k}}^2 = \frac{1}{V} \left[\frac{(2\pi)^3 n}{(\sqrt{\pi}\Delta)^3} \right]^2 \int \frac{d^3k}{(2\pi)^3} e^{-2(\mathbf{k}-\mathbf{k}_0)^2/\Delta^2} \sim \frac{n^2}{V\Delta^3} \ .$$

Für festgehaltene Dichte und festgehaltene Impulsbreite Δ verschwindet deshalb im Grenzfall großer V der dritte Term in (3.1.5).
Die Paarverteilungsfunktion ist dann durch

$$n^2 g(\mathbf{x} - \mathbf{x}') = n^2 \left(1 + e^{-\frac{\Delta^2}{2}(\mathbf{x}-\mathbf{x}')^2} \right) \tag{3.1.8}$$

gegeben. Wie aus Abb. 3.1 ersichtlich ist, ist für Bosonen bei kleinen Abständen, d.h. $r < \Delta^{-1}$, die Wahrscheinlichkeit, zwei Teilchen zu finden, erhöht. Bosonen haben wegen der Symmetrie der Wellenfunktion die Tendenz, sich zusammenzuballen. Aus Abb. 3.1 ist ersichtlich, daß die Wahrscheinlichkeit, zwei Bosonen genau an der selben Stelle zu finden, zweimal so groß ist als bei einem großen Abstand.

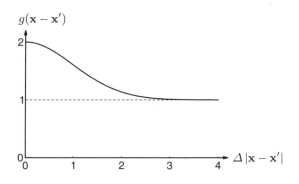

Abb. 3.1. Paarverteilungsfunktion für Bosonen

*3.1.2 Zweiteilchenzustände von Bosonen

Um die Folgerungen der Bose-Einstein Statistik weiter zu untersuchen, betrachten wir Interferenz- und Fluktuationsvorgänge von Bosonen. Derartige Interferenzen treten schon in Zweiteilchenzuständen auf. Der allgemeinste Zweiteilchenzustand ist

$$|2\rangle = \int d^3x_1 d^3x_2 \varphi(\mathbf{x}_1, \mathbf{x}_2) \psi^\dagger(\mathbf{x}_1) \psi^\dagger(\mathbf{x}_2) |0\rangle \ , \tag{3.1.9}$$

mit der Normierungsbedingung

$$\langle 2|2 \rangle = \int d^3x_1 d^3x_2 \varphi^*(\mathbf{x}_1, \mathbf{x}_2)(\varphi(\mathbf{x}_1, \mathbf{x}_2) + \varphi(\mathbf{x}_2, \mathbf{x}_1)) = 1 \ . \tag{3.1.10}$$

Wir hätten uns auch von vornherein auf symmetrische $\varphi(\mathbf{x}_1, \mathbf{x}_2)$ beschränken können, da wegen $[\psi^\dagger(\mathbf{x}_1), \psi^\dagger(\mathbf{x}_2)] = 0$ ein ungerader Teil von $\varphi(\mathbf{x}_1, \mathbf{x}_2)$ nicht beiträgt.

Im weiteren werden Funktionen $\varphi(x_1, x_2)$ der Gestalt

$$\varphi(\mathbf{x}_1, \mathbf{x}_2) \propto \varphi_1(\mathbf{x}_1)\varphi_2(\mathbf{x}_2) \tag{3.1.11}$$

betrachtet. Wären die Teilchen unterscheidbar, dann wären sie für eine derartige Wellenfunktion völlig unabhängig.

Es sei außerdem

$$\int d^3x |\varphi_i(\mathbf{x})|^2 = 1 , \tag{3.1.12}$$

dann folgt aus der Normierungsbedingung (3.1.10)

$$\varphi(\mathbf{x}_1, \mathbf{x}_2) = \frac{\varphi_1(\mathbf{x}_1)\varphi_2(\mathbf{x}_2)}{(1 + |(\varphi_1, \varphi_2)|^2)^{1/2}} \tag{3.1.13}$$

mit $(\varphi_i, \varphi_j) \equiv \int d^3x \varphi_i^*(\mathbf{x})\varphi_j(\mathbf{x})$. Für den Zweiteilchenzustand (3.1.9) mit (3.1.13)[1] ist der Erwartungswert der Dichte

$$\begin{aligned}
\langle 2| n(\mathbf{x}) |2\rangle &= \int d^3x_1 \, d^3x_2 d^3x_1' d^3x_2' \varphi_1^*(\mathbf{x}_1)\varphi_2^*(\mathbf{x}_2)\varphi_1(\mathbf{x}_1')\varphi_2(\mathbf{x}_2') \\
&\quad \times \left[1 + |(\varphi_1, \varphi_2)|^2\right]^{-1} \langle 0| \psi(\mathbf{x}_2)\psi(\mathbf{x}_1)\psi^\dagger(\mathbf{x})\psi(\mathbf{x})\psi^\dagger(\mathbf{x}_1')\psi^\dagger(\mathbf{x}_2') |0\rangle \\
&= \left[|\varphi_1(\mathbf{x})|^2 + |\varphi_2(\mathbf{x})|^2 + (\varphi_1, \varphi_2)\varphi_2^*(\mathbf{x})\varphi_1(\mathbf{x}) + \text{c.c.}\right] \\
&\quad \times \left[1 + |(\varphi_1, \varphi_2)|^2\right]^{-1} .
\end{aligned} \tag{3.1.14}$$

In (3.1.14) tritt zusätzlich zu $|\varphi_1(\mathbf{x})|^2 + |\varphi_2(\mathbf{x})|^2$ ein Interferenzterm auf. Wenn die beiden Einteilchenwellenfunktionen orthogonal sind, d.h. $(\varphi_1, \varphi_2) = 0$, dann ist die Dichte

$$\langle 2| n(\mathbf{x}) |2\rangle = |\varphi_1(\mathbf{x})|^2 + |\varphi_2(\mathbf{x})|^2 \tag{3.1.15}$$

gleich der Summe der Einteilchendichten so wie für unabhängige Teilchen. Für Gauß-Funktionen, die sich überlappen, kann der Cluster-Effekt (die Tendenz zur Zusammenballung) von Bosonen leicht berechnet werden. Es sei

$$\varphi_1(x) = \frac{1}{\pi^{1/4}} e^{-\frac{1}{2}(x-a)^2} , \qquad \varphi_2(x) = \frac{1}{\pi^{1/4}} e^{-\frac{1}{2}(x+a)^2} \tag{3.1.16}$$

mit den Eigenschaften $(\varphi_i, \varphi_i) = 1$ und $(\varphi_1, \varphi_2) = \frac{1}{\sqrt{\pi}} \int dx e^{-x^2 - a^2} = e^{-a^2}$; dafür folgt aus (3.1.14) für den Erwartungswert der Dichte

---

[1] Die dem Zustand (3.1.9) mit (3.1.13) entsprechende Schrödingersche Zweiteilchenwellenfunktion lautet $\frac{\varphi_1(x_1)\varphi_2(x_2) + \varphi_2(x_1)\varphi_1(x_2)}{\sqrt{2}(1 + |(\varphi_1, \varphi_2)|^2)^{1/2}}$.

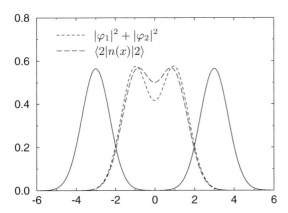

Abb. 3.2. Dichte für einen Zwei-Boson-Zustand. Durchgezogen ist der Fall $a = 3$: $|\varphi_1|^2 + |\varphi_2|^2$ und $\langle n(\mathbf{x}) \rangle$ sind wegen der fehlenden Überlappung nicht voneinander zu unterscheiden. Kurz und lang gestrichelt ist der Fall $a = 1$: hier ist $\langle 2| \, n(\mathbf{x}) \, |2 \rangle$ für kleine Abstände gegenüber $\varphi_1^2 + \varphi_2^2$ erhöht

$$\langle 2| \, n(\mathbf{x}) \, |2 \rangle = \frac{1}{\sqrt{\pi}(1 + e^{-2a^2})} \left\{ e^{-(x-a)^2} + e^{-(x+a)^2} + 2e^{-2a^2} e^{-x^2} \right\} .$$

$$(3.1.17)$$

Die gesamte Dichte

$$\int d^3x \, \langle 2| \, n(\mathbf{x}) \, |2 \rangle = 2$$

ist gleich der Zahl der Teilchen. In Abb. 3.2 ist $\langle 2| \, n(\mathbf{x}) \, |2 \rangle$ für die Abstände $a = 3$ und 1 dargestellt. Für den kleineren Abstand überlappen sich die Wellenfunktionen und die Teilchendichte ist gegenüber unabhängigen Teilchen für kleine x erhöht.

Photonen-Korrelation

Photonen sind das ideale Beispiel von untereinander nicht wechselwirkenden Teilchen. Tatsächlich wurde in Photonenkorrelationsexperimenten die Tendenz von Bosonen, sich nahe zu kommen, beobachtet.[2] Diese Korrelationseffekte lassen sich aufgrund von Paarkorrelationen der Form (3.1.8) theoretisch verstehen.[3] Da klassische elektromagnetische Wellen, wie sie aus der klassischen Maxwell-Theorie folgen, kohärente Zustände aus Photonen sind, ist es nicht verwunderlich, daß diese Korrelationseffekte auch aus der Klassischen Elektrodynamik folgen.[4]

---

[2] R. Hanbury Brown and R.G. Twiss, Nature **177**, 27 (1956), **178**, 1447 (1956)

[3] E.M. Purcell, Nature **178**, 1449 (1956)

[4] Einige Diskussionen der Hanbury-Brown und Twiss-Experimente finden sich in C. Kittel, *Elementary Statistical Physics*, S. 123, J. Wiley, New York 1958 und G. Baym, *Lectures on Quantum Mechanics*, S. 431, W.A. Benjamin, London, 1973

3.2 Schwach wechselwirkendes, verdünntes Bose-Gas

3.2.1 Quantenflüssigkeiten und Bose-Einstein-Kondensation

Die wichtigste Bose-Flüssigkeit ist He^4 mit Spin $S = 0$. Ein weiterer Repräsentant ist spin-polarisierter atomarer Wasserstoff, der aber bisher nicht für genügend lange Zeit in ausreichender Dichte herstellbar ist. Alle anderen atomaren Bosonen kristallisieren wegen ihrer größeren Masse und stärkeren Wechselwirkung schon bei Temperaturen weit oberhalb eines möglichen suprafluiden Übergangs. He^4 bleibt bei gewöhnlichen Drücken bis $T = 0$ flüssig und geht bei der Lambda-Temperatur $T_\lambda = 2.18$ K in den suprafluiden Zustand über (Abb. 3.3). Die normalflüssige und die supraflüssige Phase bezeichnet man auch als He I und He II. Damit He^4 kristallisiert, muß es einem Druck von mindestens 25 bar ausgesetzt werden. Obwohl im Gegensatz zu Fermi-Flüssigkeiten, die in He^3 und jedem Metall realisiert sind, Bose-Flüssigkeiten selten sind, lohnt sich deren eingehendes Studium wegen ihrer faszinierenden Eigenschaften. Der Suprafluidität entsprechende supraleitende Zustände treten auch in Fermion-Systemen (He^3, Elektronen in Metallen und in einer Reihe von oxidischen HTC Perowskiten) durch Paarbildung auf, wobei dann die Fermionenpaare der Bose-Statistik genügen. Reales Helium zeigt neben den Schwierigkeiten einer dichten Flüssigkeit außerdem noch Quanteneffekte. In einem *idealen* (d.h. nicht wechselwirkendem) *Bose-Gas* findet unterhalb von $T_c(v) = \frac{2\pi\hbar^2/m}{[v\cdot 2.61]^{2/3}}$ (für die Masse und Dichte von He^4 ergibt sich 3.14K) Bose-

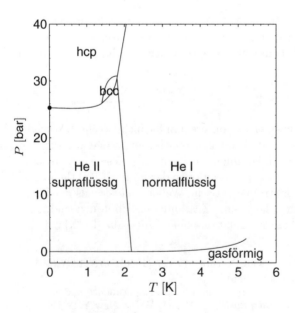

Abb. 3.3. Das Phasendiagramm von He^4. Die festen Phasen sind: hcp (hexagonal dicht gepackt) und bcc (kubisch raumzentriert). Der flüssige Bereich teilt sich in eine normale (He I) und eine suprafluide (He II) Phase

Einstein-Kondensation statt[5]. Der Einteilchen-Grundzustand wird makroskopisch besetzt, verbunden mit dem Verschwinden des chemischen Potentials $\mu \to 0$.

Das tatsächliche Potential von He^4-Atomen ist näherungsweise ein Lennard-Jones-Potential

$$V(r) = 4\epsilon \left[\left(\frac{\sigma}{r} \right)^{12} - \left(\frac{\sigma}{r} \right)^6 \right] \tag{3.2.1}$$

$$\epsilon = 1.411 \times 10^{-15} \text{erg}$$

$$\sigma = 2.556 \text{Å} .$$

Es besteht aus einem abstoßenden (hard-core) Anteil und einem anziehendem Teil. Das Potential (3.2.1) ist bei kleinen Abständen äquivalent einem Potential fast idealer harter Kugeln mit Durchmesser von 2 Å. Dem würde ein Molvolumen bei fcc dichtester Kugelpackung von 12 cm^3 entsprechen. Das tatsächliche Molvolumen bei $P = 30$ bar ist 26 cm^3. Der Grund für das große Molvolumen liegt in den großen Amplituden der quantenmechanischen Nullpunktsschwankungen. In der flüssigen Phase ist $V_M = 27$ cm^3. Man bezeichnet He^4 und He^3 in ihren jeweiligen Phasen auch als Quantenflüssigkeiten oder Quantenkristalle.

Anmerkung:
Bose-Einstein-Kondensation wurde 70 Jahre nach ihrer Vorhersage in einem Gas aus etwa 2000 spin-polarisierten ^{87}Rb-Atomen, die in einer Quadrupol-Falle eingeschlossen waren, beobachtet.[6] [7] Die Übergangstemperatur liegt bei 170×10^{-9}K. Zunächst würde man einwenden, daß Alkaliatome für niedere Temperaturen einen Festkörper bilden sollten; es kann jedoch selbst bei Temperaturen im Nanokelvinbereich ein metastabiler gasförmiger Zustand aufrechterhalten werden.

Ein ähnliches Experiment wurde mit einem Gas aus 2×10^5 spinpolarisierten ^{7}Li-Atomen durchgeführt.[8] In diesem Fall liegt die Kondensationstemperatur bei $T_c \approx 400 \times 10^{-9}$K. In ^{87}Rb ist die s-Wellen-Streulänge positiv, während sie in ^{7}Li negativ ist. Dennoch kommt es in ^{7}Li nicht zu einem Kollaps der Gasphase in die flüssige oder feste Phase, jedenfalls nicht in der räumlich inhomogenen Falle.[8] Auch in Natrium wurde in einer Probe von 5×10^5 Atomen bei einer Dichte von 10^{14}cm^{-3} Bose-Einstein-Kondensation unterhalb 2μK beobachtet.[9]

Schließlich konnte auch in atomarem Wasserstoff ein Kondensat von mehr als 10^8 Atomen mit einer Übergangstemperatur von ungefähr 50μK für bis zu 5 sec aufrechterhalten werden.[10]

---

[5] Siehe z.B. F. Schwabl, *Statistische Mechanik*, 2. Aufl., Springer, Berlin Heidelberg, 2004, Abschn. 4.4. In späteren Zitaten wird dieses Buch mit SM abgekürzt.

[6] M.H. Andersen, J.R. Enscher, M.R. Matthews, C.E. Wieman, and E. A. Cornell, Science **269**, 198 (1995)

[7] Siehe auch G.P. Collins, Physics Today, August 1995, 17

[8] C.C. Bradley, C.A. Sackett, J.J. Tollett, and R.G. Hulet, Phys. Rev. Lett. **75**, 1687 (1995)

[9] K. B. Davis, M.-O. Mewes, M.R. Andrews, N.J. van Druten, D.S. Durfee, D.M. Kurn, and W. Ketterle, Phys. Rev. Lett. **75**, 2969 (1995)

[10] D. Kleppner, Th. Greytak et al., Phys. Rev. Lett. **81**, 3811 (1998)

3.2.2 Bogoliubov-Theorie
des schwach wechselwirkenden Bose-Gases

Der Hamilton-Operator lautet in der Impulsdarstellung

$$H = \sum_{\mathbf{k}} \frac{k^2}{2m} a_{\mathbf{k}}^\dagger a_{\mathbf{k}} + \frac{1}{2V} \sum_{\mathbf{k},\mathbf{p},\mathbf{q}} V_{\mathbf{q}} a_{\mathbf{k}+\mathbf{q}}^\dagger a_{\mathbf{p}-\mathbf{q}}^\dagger a_{\mathbf{p}} a_{\mathbf{k}}, \tag{3.2.2}$$

dabei ist $\hbar = 1$ gesetzt. Dieser Hamilton-Operator ist noch ganz allgemein, im folgenden werden aber Näherungen gemacht, die die Gültigkeit der Theorie auf verdünnte, schwach wechselwirkende Bose-Gase einschränken. Die Erzeugungs- und Vernichtungsoperatoren $a_{\mathbf{k}}^\dagger$ und $a_{\mathbf{k}}$ erfüllen die Bose-Vertauschungsrelationen und $V_{\mathbf{q}}$ ist die Fourier-Transformierte der Zweiteilchenwechselwirkung

$$V_{\mathbf{q}} = \int d^3x \, e^{-i\mathbf{q}\mathbf{x}} V(\mathbf{x}). \tag{3.2.3}$$

Bei tiefen Temperaturen wird eine Bose-Einstein-Kondensation in die ($\mathbf{k} = 0$)-Mode stattfinden, d.h. es wird in Analogie zum idealen Bose-Gas angenommen, daß im Grundzustand[11] $|0\rangle$ der Einteilchenzustand mit $\mathbf{k} = 0$ makroskopisch besetzt ist,

$$N_0 = \langle 0| a_0^\dagger a_0 |0\rangle \lesssim N, \tag{3.2.4a}$$

und somit auch die Zahl der angeregten Teilchen

$$N - N_0 \ll N_0 \lesssim N \tag{3.2.4b}$$

ist. Wir können deshalb die Wechselwirkung der angeregten Teilchen untereinander vernachlässigen und uns auf die Wechselwirkung der angeregten Teilchen mit den kondensierten Teilchen beschränken

$$H = \sum_{\mathbf{k}} \frac{k^2}{2m} a_{\mathbf{k}}^\dagger a_{\mathbf{k}} + \frac{1}{2V} V_0 a_0^\dagger a_0^\dagger a_0 a_0 + \frac{1}{V} {\sum_{\mathbf{k}}}' (V_0 + V_{\mathbf{k}}) a_0^\dagger a_0 a_{\mathbf{k}}^\dagger a_{\mathbf{k}}$$

$$+ \frac{1}{2V} {\sum_{\mathbf{k}}}' V_{\mathbf{k}} (a_{\mathbf{k}}^\dagger a_{-\mathbf{k}}^\dagger a_0 a_0 + a_0^\dagger a_0^\dagger a_{\mathbf{k}} a_{-\mathbf{k}}) + \mathcal{O}(a_{\mathbf{k}}^3). \tag{3.2.5}$$

Der Strich an der Summe schließt den Wert $\mathbf{k} = 0$ aus. Drei Operatoren a_0 bzw. $a_0^\dagger$ zusammen mit $a_{\mathbf{k}\neq 0}$ kommen wegen Impulserhaltung nicht vor.

Die Wirkung von a_0 und $a_0^\dagger$ auf den Zustand mit N_0 Teilchen im Kondensat ist

$$\begin{aligned} a_0 |N_0, \ldots\rangle &= \sqrt{N_0} |N_0 - 1, \ldots\rangle \\ a_0^\dagger |N_0, \ldots\rangle &= \sqrt{N_0 + 1} |N_0 + 1, \ldots\rangle . \end{aligned} \tag{3.2.6}$$

---

[11] Mit $|0\rangle$ ist der Grundzustand der N Bosonen gemeint und nicht der Vakuumzustand bezüglich der $a_{\mathbf{k}}$, in dem kein Boson vorhanden wäre. Es wird sich zeigen, daß $|0\rangle$ der Vakuumzustand für noch einzuführende Operatoren $\alpha_{\mathbf{k}}$ ist.

Wegen der enormen Zahl $N_0 \propto 10^{23}$ entspricht beides der Multiplikation mit $\sqrt{N_0}$. Außerdem ist physikalisch klar, daß die Herausnahme oder das Hinzufügen eines Teilchens zum Kondensat die physikalischen Eigenschaften des Systems in keiner Weise ändert. Im Vergleich dazu ist die Wirkung des Kommutators

$$a_0 a_0^\dagger - a_0^\dagger a_0 = 1$$

vernachlässigbar, d.h. die Operatoren

$$a_0 = a_0^\dagger = \sqrt{N_0} \tag{3.2.7}$$

werden durch eine c-Zahl genähert. Dann wird aus dem Hamilton-Operator

$$
\begin{aligned}
H = {\sum_{\mathbf{k}}}' \frac{k^2}{2m} a_\mathbf{k}^\dagger a_\mathbf{k} &+ \frac{1}{2V} N_0^2 V_0 \\
&+ \frac{N_0}{V} {\sum_{\mathbf{k}}}' [(V_0 + V_\mathbf{k}) a_\mathbf{k}^\dagger a_\mathbf{k} + \frac{1}{2} V_\mathbf{k} (a_\mathbf{k}^\dagger a_{-\mathbf{k}}^\dagger + a_\mathbf{k} a_{-\mathbf{k}})] + \dots .
\end{aligned}
\tag{3.2.8}
$$

Der Wert von N_0 ist im gegenwärtigen Stadium noch unbekannt, er stellt sich entsprechend der Dichte (Teilchenzahl bei vorgegebenem Volumen) und der Wechselwirkung ein. Wir drücken N_0 durch die gesamte Teilchenzahl N und die Zahl der Teilchen in angeregten Zuständen aus

$$N = N_0 + {\sum_{\mathbf{k}}}' a_\mathbf{k}^\dagger a_\mathbf{k} . \tag{3.2.9}$$

Dann wird z.B. der Term

$$\frac{V_0}{2V} N_0^2 = \frac{V_0}{2V} N^2 - \frac{N V_0}{V} {\sum_{\mathbf{k}}}' a_\mathbf{k}^\dagger a_\mathbf{k} + \frac{V_0}{2V} {\sum_{\mathbf{k},\mathbf{k}'}}' a_\mathbf{k}^\dagger a_\mathbf{k} a_{\mathbf{k}'}^\dagger a_{\mathbf{k}'} . \tag{3.2.10}$$

Daraus folgt der Hamilton-Operator

$$
\begin{aligned}
H = {\sum_{\mathbf{k}}}' \frac{k^2}{2m} a_\mathbf{k}^\dagger a_\mathbf{k} &+ \frac{N}{V} {\sum_{\mathbf{k}}}' V_\mathbf{k} a_\mathbf{k}^\dagger a_\mathbf{k} + \frac{N^2}{2V} V_0 \\
&+ \frac{N}{2V} {\sum_{\mathbf{k}}}' V_\mathbf{k} \left(a_\mathbf{k}^\dagger a_{-\mathbf{k}}^\dagger + a_\mathbf{k} a_{-\mathbf{k}} \right) + H' .
\end{aligned}
\tag{3.2.11}
$$

Der Operator H' enthält Terme mit vier Erzeugungs- oder Vernichtungsoperatoren und diese sind von der Größenordnung n'^2, wo $n' = \frac{N-N_0}{V}$ die Dichte der Teilchen außerhalb des Kondensats ist. Die Bogoliubov-Näherung, die darin besteht, diese anharmonischen Terme zu vernachlässigen, ist dann gut, wenn $n' \ll n$. Aus der späteren Berechnung von n' wird sich zeigen, daß diese Bedingung gerade für das verdünnte, schwach wechselwirkende Bose-Gas erfüllt ist.

Wenn H' vernachlässigt wird, haben wir eine quadratische Form, die noch diagonalisiert werden muß. Die Transformation erfolgt analog zur Theorie antiferromagnetischer Magnonen. Es wird der Ansatz[12]

$$a_{\mathbf{k}} = u_{\mathbf{k}}\alpha_{\mathbf{k}} + v_{\mathbf{k}}\alpha^{\dagger}_{-\mathbf{k}}$$
$$a^{\dagger}_{\mathbf{k}} = u_{\mathbf{k}}\alpha^{\dagger}_{\mathbf{k}} + v_{\mathbf{k}}\alpha_{-\mathbf{k}}$$
(3.2.12)

mit reellen symmetrischen Koeffizienten eingeführt, mit der Forderung, daß die Operatoren α ebenfalls Bose-Vertauschungsrelationen besitzen

$$[\alpha_{\mathbf{k}}, \alpha_{\mathbf{k}'}] = [\alpha^{\dagger}_{\mathbf{k}}, \alpha^{\dagger}_{\mathbf{k}'}] = 0, [\alpha_{\mathbf{k}}, \alpha^{\dagger}_{\mathbf{k}'}] = \delta_{\mathbf{k}\mathbf{k}'} .$$
(3.2.13)

Diese sind erfüllt, wenn

$$u^2_{\mathbf{k}} - v^2_{\mathbf{k}} = 1.$$
(3.2.14)

Beweis:

$$[a_{\mathbf{k}}, a_{\mathbf{k}'}] = u_{\mathbf{k}}v_{\mathbf{k}'}\delta_{\mathbf{k},-\mathbf{k}'} + v_{\mathbf{k}}u_{\mathbf{k}'}(-\delta_{\mathbf{k},-\mathbf{k}'}) = 0$$
$$\left[a_{\mathbf{k}}, a^{\dagger}_{\mathbf{k}'}\right] = u_{\mathbf{k}}u_{\mathbf{k}'}\delta_{\mathbf{k}\mathbf{k}'} + v_{\mathbf{k}}v_{\mathbf{k}'}(-\delta_{\mathbf{k}\mathbf{k}'}) = (u^2_{\mathbf{k}} - v^2_{\mathbf{k}})\delta_{\mathbf{k}\mathbf{k}'} .$$

Die Umkehrung der Transformation (3.2.12) lautet (siehe Aufgabe 3.3)

$$\alpha_{\mathbf{k}} = u_{\mathbf{k}}a_{\mathbf{k}} - v_{\mathbf{k}}a^{\dagger}_{-\mathbf{k}}$$
$$\alpha^{\dagger}_{\mathbf{k}} = u_{\mathbf{k}}a^{\dagger}_{\mathbf{k}} - v_{\mathbf{k}}a_{-\mathbf{k}} .$$
(3.2.15)

Mit der Nebenrechnung

$$a^{\dagger}_{\mathbf{k}}a_{\mathbf{k}} = u^2_{\mathbf{k}}\alpha^{\dagger}_{\mathbf{k}}\alpha_{\mathbf{k}} + v^2_{\mathbf{k}}\alpha_{-\mathbf{k}}\alpha^{\dagger}_{-\mathbf{k}} + u_{\mathbf{k}}v_{\mathbf{k}}(\alpha^{\dagger}_{\mathbf{k}}\alpha^{\dagger}_{-\mathbf{k}} + \alpha_{\mathbf{k}}\alpha_{-\mathbf{k}})$$
$$a^{\dagger}_{\mathbf{k}}a^{\dagger}_{-\mathbf{k}} = u^2_{\mathbf{k}}\alpha^{\dagger}_{\mathbf{k}}\alpha^{\dagger}_{-\mathbf{k}} + v^2_{\mathbf{k}}\alpha_{\mathbf{k}}\alpha_{-\mathbf{k}} + u_{\mathbf{k}}v_{\mathbf{k}}(\alpha^{\dagger}_{\mathbf{k}}\alpha_{\mathbf{k}} + \alpha_{-\mathbf{k}}\alpha^{\dagger}_{-\mathbf{k}})$$
$$a_{\mathbf{k}}a_{-\mathbf{k}} = u^2_{\mathbf{k}}\alpha_{\mathbf{k}}\alpha_{-\mathbf{k}} + v^2_{\mathbf{k}}\alpha^{\dagger}_{\mathbf{k}}\alpha^{\dagger}_{-\mathbf{k}} + u_{\mathbf{k}}v_{\mathbf{k}}(\alpha^{\dagger}_{-\mathbf{k}}\alpha_{-\mathbf{k}} + \alpha_{\mathbf{k}}\alpha^{\dagger}_{\mathbf{k}})$$

ergibt sich für den Hamilton-Operator

$$H = \frac{1}{2V}N^2V_0 +$$
$$+ \sum_{\mathbf{k}}{}' \left(\frac{k^2}{2m} + nV_{\mathbf{k}}\right) \left[u^2_{\mathbf{k}}\alpha^{\dagger}_{\mathbf{k}}\alpha_{\mathbf{k}} + v^2_{\mathbf{k}}\alpha_{\mathbf{k}}\alpha^{\dagger}_{\mathbf{k}} + u_{\mathbf{k}}v_{\mathbf{k}}(\alpha^{\dagger}_{\mathbf{k}}\alpha^{\dagger}_{-\mathbf{k}} + \alpha_{\mathbf{k}}\alpha_{-\mathbf{k}})\right]$$
$$+ \frac{N}{2V}\sum_{\mathbf{k}}{}' V_{\mathbf{k}} \left[(u^2_{\mathbf{k}} + v^2_{\mathbf{k}}) \left(\alpha^{\dagger}_{\mathbf{k}}\alpha^{\dagger}_{-\mathbf{k}} + \alpha_{\mathbf{k}}\alpha_{-\mathbf{k}}\right) + 2u_{\mathbf{k}}v_{\mathbf{k}}(\alpha^{\dagger}_{\mathbf{k}}\alpha_{\mathbf{k}} + \alpha_{\mathbf{k}}\alpha^{\dagger}_{\mathbf{k}})\right] .$$
(3.2.16)

Damit die nichtdiagonalen Terme verschwinden, muß

$$(\frac{k^2}{2m} + nV_{\mathbf{k}})u_{\mathbf{k}}v_{\mathbf{k}} + \frac{n}{2}V_{\mathbf{k}}(u^2_{\mathbf{k}} + v^2_{\mathbf{k}}) = 0$$
(3.2.17)

---

[12] Man nennt diese Transformation Bogoliubov-Transformation. Diese Diagonalisierungsmethode wurde ursprünglich von T. Holstein und H. Primakoff (Phys. Rev. **58**, 1098 (1940)) für komplizierte Spinwellen-Hamilton-Operatoren eingeführt und von N.N. Bogoliubov (J. Phys. (U.S.S.R.) **11**, 23 (1947)) wiederentdeckt.

sein. Zusammen mit $u_{\mathbf{k}}^2 - v_{\mathbf{k}}^2 = 1$ aus Gl. (3.2.14) hat man nun ein Gleichungs-system, das die Berechnung von $u_{\mathbf{k}}^2$ und $v_{\mathbf{k}}^2$ erlaubt. Es ist zweckmäßig, die Definition

$$\omega_{\mathbf{k}} \equiv \left[\left(\frac{k^2}{2m} + nV_{\mathbf{k}}\right)^2 - (nV_{\mathbf{k}})^2\right]^{1/2} = \left[\left(\frac{k^2}{2m}\right)^2 + \frac{nk^2V_{\mathbf{k}}}{m}\right]^{1/2} \quad (3.2.18)$$

einzuführen. Man findet (Aufgabe 3.4) aus Gl. (3.2.14) und (3.2.17) für $u_{\mathbf{k}}^2$ und $v_{\mathbf{k}}^2$

$$
\begin{aligned}
u_{\mathbf{k}}^2 &= \frac{\omega_{\mathbf{k}} + \left(\frac{k^2}{2m} + nV_{\mathbf{k}}\right)}{2\omega_{\mathbf{k}}} \ , \\[2mm]
v_{\mathbf{k}}^2 &= \frac{-\omega_{\mathbf{k}} + \left(\frac{k^2}{2m} + nV_{\mathbf{k}}\right)}{2\omega_{\mathbf{k}}} \ ,
\end{aligned}
\quad (3.2.19)
$$

$$u_{\mathbf{k}}v_{\mathbf{k}} = -\frac{nV_{\mathbf{k}}}{2\omega_{\mathbf{k}}} \ , \qquad v_{\mathbf{k}}^2 = \frac{(nV_{\mathbf{k}})^2}{2\omega_{\mathbf{k}}(\omega_{\mathbf{k}} + \frac{k^2}{2m} + nV_{\mathbf{k}})} \ .$$

Setzt man (3.2.19) in den Hamilton-Operator ein, so ergibt sich

$$H = \underbrace{\frac{N^2}{2V}V_0 - \frac{1}{2}\sum_{\mathbf{k}}{}'(\frac{k^2}{2m} + nV_{\mathbf{k}} - \omega_{\mathbf{k}}) +}_{\text{Grundzustandsenergie } E_0} \underbrace{\sum_{\mathbf{k}}{}' \omega_{\mathbf{k}}\alpha_{\mathbf{k}}^{\dagger}\alpha_{\mathbf{k}}}_{\substack{\text{Summe von Oszillatoren} \\ \sim \text{Quasiteilchen}}} \ . \quad (3.2.20)$$

Der Hamilton-Operator besteht aus der Grundzustandsenergie und einer Summe von Oszillatoren der Energie $\omega_{\mathbf{k}}$. Die Anregungen, die durch die $\alpha_{\mathbf{k}}^{\dagger}$ erzeugt werden, nennt man *Quasiteilchen*.

Der *Grundzustand* $|0\rangle$ des Systems ist durch die Forderung festgelegt, daß keine Quasiteilchen angeregt sind

$$\alpha_{\mathbf{k}}|0\rangle = 0 \quad \text{für alle } \mathbf{k}. \quad (3.2.21)$$

Nun können wir die Zahl der Teilchen (nicht Quasiteilchen) außerhalb des Kondensats berechnen

$$N' = \langle 0|\sum_{\mathbf{k}}{}' a_{\mathbf{k}}^{\dagger}a_{\mathbf{k}}|0\rangle = \langle 0|\sum_{\mathbf{k}}{}' v_{\mathbf{k}}^2\alpha_{\mathbf{k}}\alpha_{\mathbf{k}}^{\dagger}|0\rangle = \sum_{\mathbf{k}}{}' v_{\mathbf{k}}^2 \ . \quad (3.2.22)$$

Für ein Kontakt-Potential $V(\mathbf{x}) = \lambda\delta(\mathbf{x})$ folgt mit Gl. (3.2.18) und (3.2.19)

$$n' \equiv \frac{N'}{V} = \frac{m^{3/2}}{3\pi^2}(\lambda n)^{3/2} \ . \quad (3.2.23)$$

Der Entwicklungsparameter ist λn, d.h. gleich der Stärke des Potentials mal der Dichte. Ist dieser Entwicklungsparameter klein, ergibt sich in konsisten-ter Weise eine geringe Dichte von Teilchen außerhalb des Kondensats. Die Abhängigkeit von λn ist nichtanalytisch, kann nicht um $\lambda n = 0$ entwickelt werden. Diese Ergebnisse für kondensierte Bose-Systeme können nicht durch simple Störungstheorie für den Ausgangs-Hamilton-Operator (3.2.2) erhalten werden. Die Zahl der Teilchen im Kondensat ist $N_0 = N - n'V$. Ihre Temperaturabhängigkeit $N_0(T)$ wird in Aufgabe 3.5 berechnet.

Die Grundzustandsenergie (3.2.20) setzt sich zusammen aus einem Term, der die Wechselwirkungsenergie wäre, falls alle Teilchen im Kondensat wären und einem negativen Term. Durch die Besetzung von $\mathbf{k} \neq 0$ Boson-Zuständen im Grundzustand (siehe (3.2.22)) erhöht sich zwar die kinetische Energie, aber die potentielle Energie verringert sich.

Angeregte Zustände des Systems erhält man durch Anwendung von $\alpha_{\mathbf{k}}^{\dagger}$ auf den Grundzustand $|0\rangle$. Deren Energie ist $\omega_{\mathbf{k}}$. Für kleine $\mathbf{k}$ findet man aus (3.2.18)

$$\omega_{\mathbf{k}} = ck \quad \text{mit} \quad c = \sqrt{\frac{nV_0}{m}}. \tag{3.2.24}$$

Also sind die langwelligen Anregungen Phononen mit linearer Dispersion.

Dieser Wert der Schallgeschwindigkeit folgt auch aus der Kompressibilität $\kappa = -\frac{1}{V}\frac{\partial V}{\partial P}$:

$$c = \frac{1}{\sqrt{\rho\kappa}} = \sqrt{\frac{\partial P}{\partial \rho}} \tag{3.2.25}$$

Hier ist $\rho = mn$ die Massendichte und der Druck ist bei Temperatur Null durch

$$P = -\frac{\partial E_0}{\partial V} \tag{3.2.26}$$

gegeben. Für große k erhält man aus Gl. (3.2.18)

$$\omega_{\mathbf{k}} = \frac{k^2}{2m} + nV_{\mathbf{k}}. \tag{3.2.27}$$

Dies entspricht der Dispersionsrelation von freien Teilchen, deren Energie durch ein mittleres Potential $nV_{\mathbf{k}}$ verschoben ist (siehe Abb. 3.4). Ein Vergleich mit dem experimentellen Anregungsspektrum von He[4] wäre wegen der Beschränkung auf schwache Wechselwirkung und kleine Dichte ungerechtfertigt, insbesondere der Versuch, das Rotonenminimum (Abschn. 3.2.3) aus der k-Abhängigkeit des Potentials zu erklären, da dies Potentialstärken außerhalb des Gültigkeitsbereichs der Theorie erfordern würde (siehe Aufgabe 3.6).

Wenn $\alpha_{\mathbf{k}}^{\dagger}$ auf einen Zustand angewandt wird, sagt man, ein Quasiteilchen mit dem Wellenvektor $\mathbf{k}$ wird erzeugt. Wir zeigen noch, daß die Anregung eines Quasiteilchens für kleine $\mathbf{k}$ einer Dichtewelle entspricht. Dazu betrachten wir den Operator der Teilchenzahldichte

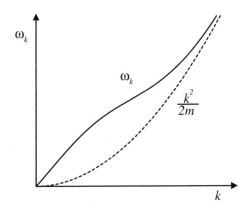

Abb. 3.4. Anregungen des schwach wechselwirkenden Bose-Gases

$$\hat{n}_{\mathbf{k}} = \sum_{\mathbf{p}} a^{\dagger}_{\mathbf{p}} a_{\mathbf{p+k}} \approx \sqrt{N_0}(a^{\dagger}_{-\mathbf{k}} + a_{\mathbf{k}}) \tag{3.2.28}$$

unter der Annahme makroskopischer Besetzung des Zustandes mit Wellenzahl Null. Aus Gl. (3.2.12) folgt

$$a_{\mathbf{k}} + a^{\dagger}_{-\mathbf{k}} = (u_{\mathbf{k}} + v_{\mathbf{k}})(\alpha_{\mathbf{k}} + \alpha^{\dagger}_{-\mathbf{k}})$$

und somit

$$\hat{n}_{\mathbf{k}} = A_{\mathbf{k}} \left(\alpha_{\mathbf{k}} + \alpha^{\dagger}_{-\mathbf{k}} \right) . \tag{3.2.29}$$

Die Amplitude $A_{\mathbf{k}}$ hat aufgrund von Gl. (3.2.19) die Gestalt

$$A_{\mathbf{k}} \equiv \sqrt{N_0}(u_{\mathbf{k}} + v_{\mathbf{k}}) = k\sqrt{\frac{N_0}{2m\omega_{\mathbf{k}}}} .$$

Für den Dichteoperator erhält man aus (3.2.29)

$$n(\mathbf{x}) = \tilde{\rho}(\mathbf{x}) + \tilde{\rho}^{\dagger}(\mathbf{x}) \tag{3.2.30a}$$

mit $\tilde{\rho}(\mathbf{x}) = \sum_{\mathbf{k}} A_{\mathbf{k}} e^{i\mathbf{kx}} \alpha_{\mathbf{k}}$. Daraus folgt

$$\tilde{\rho}(\mathbf{x}) \left(\alpha^{\dagger}_{\mathbf{k}} |0\rangle \right) = \sum_{\mathbf{k'}} e^{i\mathbf{k'x}} A_{\mathbf{k'}} \alpha_{\mathbf{k'}} \alpha^{\dagger}_{\mathbf{k}} |0\rangle = e^{i\mathbf{kx}} A_{\mathbf{k}} |0\rangle . \tag{3.2.30b}$$

Für einen *kohärenten Zustand* von *Quasiteilchenanregungen* mit der Wellenzahl $\mathbf{k}$

$$|c_{\mathbf{k}}\rangle = e^{-|c_{\mathbf{k}}|^2/2} \sum_{n=0}^{\infty} \frac{\left(c_{\mathbf{k}} \alpha^{\dagger}_{\mathbf{k}} \right)^n}{n!} |0\rangle \tag{3.2.31a}$$

erhält man $\tilde{\rho}(\mathbf{x}) |c_{\mathbf{k}}\rangle = A_{\mathbf{k}} c_{\mathbf{k}} e^{i\mathbf{kx}} |c_{\mathbf{k}}\rangle$. Daraus folgt für den Erwartungswert der Dichte ($c_{\mathbf{k}} = |c_{\mathbf{k}}| e^{-i\delta_{\mathbf{k}}}$)

$$\langle c_{\mathbf{k}}| n(\mathbf{x}) |c_{\mathbf{k}}\rangle = 2A_{\mathbf{k}} |c_{\mathbf{k}}| \cos(\mathbf{kx} - \delta_{\mathbf{k}}) , \tag{3.2.31b}$$

also stellt ein derartiger kohärenter Zustand eine Dichtewelle dar.

Anmerkungen:

(i) Phasenübergänge zweiter Ordnung sind verbunden mit einer gebrochenen Symmetrie. In dem geläufigen Fall eines Heisenberg-Ferromagneten ist es die Invarianz des Hamilton-Operators gegenüber der Rotation aller Spins. In der ferromagnetischen Phase, in der eine endliche Magnetisierung vorliegt, z.B. in z-Richtung orientiert, ist die Rotationsinvarianz gebrochen. Im Fall der Bose-Einstein-Kondensation ist die Eichinvarianz gebrochen, d. h. die Invarianz des Hamilton-Operators gegenüber der Transformation des Feldoperators

$$\psi(\mathbf{x}) \to \psi'(\mathbf{x}) = \psi(\mathbf{x})e^{i\alpha} \tag{3.2.32}$$

mit einer Phase α. Im Grundzustand $|0\rangle$ ist $\langle 0| \psi(\mathbf{x}) |0\rangle \neq 0$ und die Phase (willkürlich) auf $\alpha = 0$ fixiert.

(ii) Für Potentiale mit endlicher Reichweite, wie z.B. das Kastenpotential aus Aufgabe 3.6, fällt dessen Fourier-Transformierte mit ansteigender Wellenzahl k ab, sodaß die Grundzustandsenergie E_0 aus Gl. (3.2.20) endlich ist. Für das δ-Potential ist die Fourier-Transformierte konstant, was zu einer Divergenz an der oberen Integrationsgrenze führt. Um zu erreichen, daß die Grundzustandsenergie E_0 auch für das effektive Kontaktpotential endlich ist, muß dessen Stärke λ durch die (endliche) Streulänge a ersetzt werden. Die Streulänge ist durch λ in zweiter Ordnung Bornscher Näherung durch

$$a = \frac{m}{4\pi\hbar^2}\lambda \left\{ 1 - \frac{\lambda}{V}\sum_{\mathbf{k}}{}' \frac{m}{k^2} + \mathcal{O}(\lambda^2)\right\}$$

oder umgekehrt

$$\lambda = \frac{4\pi\hbar^2 a}{m} \left\{ 1 + \frac{4\pi\hbar^2 a}{V}\sum_{\mathbf{k}}{}' \frac{1}{k^2} + \mathcal{O}(a^2)\right\} \tag{3.2.33}$$

gegeben (Aufgabe 3.8). Setzt man dies in (3.2.16) ein, so sind in dieser und allen weiteren Formeln V_0 und $V_{\mathbf{k}}$

$$V_0 \to \frac{4\pi\hbar^2 a}{m} \left\{ 1 + \frac{4\pi\hbar^2 a}{V}\sum_{\mathbf{k}}{}' \frac{1}{k^2}\right\} \tag{3.2.34a}$$

und

$$V_{\mathbf{k}} \to \frac{4\pi\hbar^2 a}{m} \tag{3.2.34b}$$

ersetzt. Bei der Wechselwirkung der angeregten Teilchen genügt es, nur den Zusammenhang in erster Ordnung in a mitzunehmen. Der Wert der Grundzustandsenergie ist dann

$$E_0 = \frac{2\pi\hbar^2}{m}\frac{aN^2}{V} \left\{ 1 + \frac{128}{15\sqrt{\pi}}\left(\frac{a^3 N}{V}\right)^{1/2}\right\}. \tag{3.2.35}$$

*3.2.3 Suprafluidität

Suprafluidität bedeutet die Eigenschaft einer Flüssigkeit, Körper umströmen zu können, ohne diese mitzuziehen oder auch, daß sich Körper durch die Flüssigkeit bewegen, ohne abgebremst zu werden. Dabei darf eine bestimmte kritische Geschwindigkeit, welche wir nun mit dem Quasiteilchen-Spektrum in Verbindung bringen, nicht überschritten werden.

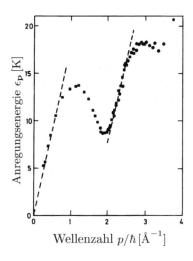

Wellenzahl $p/\hbar\,[\text{Å}^{-1}]$

Abb. 3.5. Die Quasiteilchenanregungen in suprafluidem He^4. Phononen und Rotonen nach Henshaw und Woods[13].

Reales Helium hat die in Abb. 3.5 angegebenen, mittels Neutronenstreuung bestimmten Anregungen. Das Anregungsspektrum zeigt folgende Charakteristika. Für kleine p variiert die Anregungsenergie linear mit dem Impuls

$$\epsilon_{\mathbf{p}} = cp \,. \tag{3.2.36a}$$

In diesem Bereich heißen die Anregungen Phononen; deren Schallgeschwindigkeit ist $c = 238\,\text{m/sec}$. Als zweites Charakteristikum hat das Anregungsspektrum ein Minimum bei $p_0 = 1.91\,\text{Å}^{-1}\hbar$. In diesem Bereich heißen die Anregungen Rotonen und können durch

$$\epsilon_{\mathbf{p}} = \Delta + \frac{(|\mathbf{p}| - p_0)^2}{2\mu} \tag{3.2.36b}$$

dargestellt werden, mit der effektiven Masse $\mu = 0.16\,m_{\text{He}}$ und der Lücke $\Delta/k = 8.6\,\text{K}$.

Die Kondensation von Helium und die daraus folgende Quasiteilchen-Dispersionsrelation ((3.2.36a,b), Abb. 3.5) hat entscheidende Konsequenzen für das

---

[13] D.G. Henshaw and A.D. Woods, Phys. Rev. **121**, 1266 (1961)

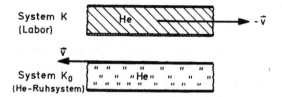

dynamische Verhalten von He^4 in der He II-Phase. Es folgt hieraus die Suprafluidität und das Zwei-Flüssigkeitsmodell. Um dies einzusehen, betrachten wir die Strömung von Helium in einer Röhre in zwei verschiedenen Inertialsystemen. Im System K ist die Röhre in Ruhe und die Flüssigkeit strömt mit der Geschwindigkeit $-\mathbf{v}$. Im System K_0 sei das Helium in Ruhe, während die Röhre die Geschwindigkeit $\mathbf{v}$ besitzt (Siehe Abb. 3.6).

Die Gesamt-Energien (E, E_0) und die Gesamt-Impulse $(\mathbf{P}, \mathbf{P}_0)$ in den beiden Systemen (K,K_0) hängen durch eine Galilei-Transformation

$$\mathbf{P} = \mathbf{P}_0 - M\mathbf{v} \tag{3.2.37a}$$

$$E = E_0 - \mathbf{P}_0 \cdot \mathbf{v} + \frac{M\mathbf{v}^2}{2} \tag{3.2.37b}$$

zusammen. Dabei bedeuten

$$\sum_i \mathbf{p}_i = \mathbf{P} \,, \quad \sum_i \mathbf{p}_{i0} = \mathbf{P}_0 \,, \quad \sum_i m = M \,.$$

Man zeigt (3.2.37a,b), indem man die Galilei-Transformation für die einzelnen Teilchen

$$\mathbf{x}_i = \mathbf{x}_{i0} - \mathbf{v}t$$
$$\mathbf{p}_i = \mathbf{p}_{i0} - m\mathbf{v}$$

anwendet.

$$\mathbf{P} = \sum \mathbf{p}_i = \sum (\mathbf{p}_{i0} - m\mathbf{v}) = \mathbf{P}_0 - M\mathbf{v} \,.$$

Die Energie transformiert sich folgendermaßen

$$E = \sum_i \frac{1}{2m}\mathbf{p}_i^2 + \sum_{\langle i,j \rangle} V(\mathbf{x}_i - \mathbf{x}_j)$$

$$= \sum_i \frac{m}{2}\left(\frac{\mathbf{p}_{i0}}{m} - \mathbf{v}\right)^2 + \sum_{\langle i,j \rangle} V(\mathbf{x}_{i0} - \mathbf{x}_{j0})$$

$$= \sum_i \frac{\mathbf{p}_{i0}^2}{2m} - \mathbf{P}_0 \cdot \mathbf{v} + \frac{M}{2}\mathbf{v}^2 + \sum_{\langle i,j \rangle} V(\mathbf{x}_{i0} - \mathbf{x}_{j0})$$

$$= E_0 - \mathbf{P}_0 \cdot \mathbf{v} + \frac{M}{2}\mathbf{v}^2 \,.$$

In einer gewöhnlichen Flüssigkeit wird jede anfänglich vorhandene Strömung durch Reibungsverluste abgebremst. Vom System K_0 aus betrachtet bedeutet dies, daß in der Flüssigkeit Anregungen auftreten, die sich mit der Wand mitbewegen, so daß nach und nach mehr und mehr der Flüssigkeit mit der bewegten Röhre mitgezogen wird. Von K aus betrachtet bedeutet dieser Vorgang, daß die Strömung der Flüssigkeit abgebremst wird. Damit derartige Anregungen überhaupt auftreten können, muß sich die Energie der Flüssigkeit dabei vermindern. Wir müssen nun untersuchen, ob für das spezielle Anregungsspektrum von He II, Abb. 3.5, die strömende Flüssigkeit durch Bildung von Anregungen ihre Energie vermindern kann.

Ist es energetisch günstig, Quasiteilchen anzuregen? Wir betrachten zuerst Helium bei der Temperatur $T = 0$, also im Grundzustand. Im Grundzustand sind Energie und Impuls im System K_0 durch

$$E_0^g \quad \text{und} \quad \mathbf{P}_0 = 0 \tag{3.2.38a}$$

gegeben. Daraus folgt für diese Größen im System K

$$E^g = E_0^g + \frac{M\mathbf{v}^2}{2} \quad \text{und} \quad \mathbf{P} = -M\mathbf{v} \,. \tag{3.2.38b}$$

Wenn ein Quasiteilchen mit Impuls $\mathbf{p} = \hbar\mathbf{k}$ und Energie $\epsilon(\mathbf{p}) = \hbar\omega_\mathbf{k}$ angeregt ist, haben die Energie und der Impuls im System K_0 die Werte

$$E_0 = E_0^g + \epsilon(\mathbf{p}) \quad \text{und} \quad \mathbf{P}_0 = \mathbf{p} \,, \tag{3.2.38c}$$

woraus nach Gl. (3.2.37a,b) für die Energie im System K

$$E = E_0^g + \epsilon(\mathbf{p}) - \mathbf{p} \cdot \mathbf{v} + \frac{M\mathbf{v}^2}{2} \quad \text{und} \quad \mathbf{P} = \mathbf{p} - M\mathbf{v} \tag{3.2.38d}$$

folgt. Die Anregungsenergie im System K (im Ruhesystem der Röhre) ist deshalb

$$\Delta E = \epsilon(\mathbf{p}) - \mathbf{p} \cdot \mathbf{v} \,. \tag{3.2.39}$$

ΔE ist die Energieänderung der Flüssigkeit durch das Auftreten einer Anregung in K. Nur wenn $\Delta E < 0$ ist, verliert die strömende Flüssigkeit Energie. Da $\epsilon - \mathbf{p}\mathbf{v}$ am kleinsten ist, wenn $\mathbf{p} \| \mathbf{v}$ ist, muß die Ungleichung

$$v > \frac{\epsilon}{p} \tag{3.2.40a}$$

erfüllt sein, damit eine Anregung auftritt. Aus (3.2.40a) und dem experimentellen Anregungsspektrum ergibt sich die kritische Geschwindigkeit (Abb. 3.7)

$$v_c = \left(\frac{\epsilon}{p}\right)_{\min} \approx 60\,\text{m/sec} \,. \tag{3.2.40b}$$

Wenn die Strömungsgeschwindigkeit kleiner als v_c ist, werden keine Quasiteilchen angeregt, und die Flüssigkeit strömt ungebremst durch die Röhre. Dieses Phänomen nennt man Suprafluidität. Das Auftreten einer endlichen kritischen Geschwindigkeit ist eng mit der Form des Anregungsspektrums verknüpft, das bei $\mathbf{p} = 0$ endliche Gruppengeschwindigkeit besitzt und überall größer als Null ist (Abb. 3.7).

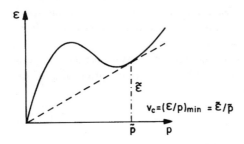

Abb. 3.7. Quasiteilchen und kritische Geschwindigkeit.

Der Wert (3.2.40b) der kritischen Geschwindigkeit wird bei der Bewegung von Ionen in He II beobachtet. Die kritische Geschwindigkeit für die Strömungen in Kapillaren ist viel kleiner als v_c, da schon bei geringerer Geschwindigkeit Wirbel entstehen; diese Anregungen haben wir hier nicht betrachtet.

Aufgaben zu Kapitel 3

3.1 Gegeben sei der bosonische 2-Teilchen Zustand

$$|2\rangle = \int d^3x_1 \int d^3x_2 \varphi(\mathbf{x}_1, \mathbf{x}_2)\psi^\dagger(\mathbf{x}_1)\psi^\dagger(\mathbf{x}_2)|0\rangle \ .$$

a) Bestätigen Sie die Normierungsbedingung (3.1.10).
b) Verifizieren Sie das Resultat (3.1.14) für den Erwartungswert $\langle 2| n(\mathbf{x}) |2\rangle$ unter der Voraussetzung $\varphi(\mathbf{x}_1, \mathbf{x}_2) \propto \varphi_1(\mathbf{x}_1)\varphi_2(\mathbf{x}_2)$.

3.2 Das Heisenberg-Modell eines Ferromagneten wird durch den folgenden Hamilton-Operator definiert

$$H = -\frac{1}{2} \sum_{\mathbf{l}, \mathbf{l}'} J(|\mathbf{l} - \mathbf{l}'|)\mathbf{S}_\mathbf{l} \cdot \mathbf{S}_{\mathbf{l}'} \ ,$$

wobei $\mathbf{l}$ und $\mathbf{l}'$ nächste Nachbarn in einem kubischen Gitter sind. Durch die *Holstein-Primakoff-Transformation*

$$S_i^+ = \sqrt{2S}\varphi(\hat{n}_i)a_i \ ,$$
$$S_i^- = \sqrt{2S}a_i^\dagger\varphi(\hat{n}_i) \ ,$$
$$S_i^z = S - \hat{n}_i \ ,$$

mit $S_i^\pm = S_i^x \pm S_i^y$, $\varphi(\hat{n}_i) = \sqrt{1 - \hat{n}_i/2S}$, $\hat{n}_i = a_i^\dagger a_i$ und $[a_i, a_j^\dagger] = \delta_{ij}$, sowie $[a_i, a_j] = 0$ wird der Hamilton-Operator auf Bose-Operatoren a_i transformiert.

a) Zeigen Sie, daß die Vertauschungsrelationen für die Spinoperatoren erfüllt sind.

b) Stellen Sie den Hamilton-Operator bis in 2.ter Ordnung (harmonischer Näherung) durch die Boseoperatoren a_i dar, indem Sie die Wurzeln in den obigen Transformationen als Abkürzungen für die Reihenentwicklung auffassen.

c) Diagonalisieren Sie H (durch eine Fourier-Transformation) und bestimmen Sie die Dispersionsrelation der Spinwellen (= Magnonen).

3.3 Bestätigen Sie die Umkehrtransformation (3.2.15) der Bogoliubov-Transformation.

3.4 Mittels der Bogoliubov-Transformation läßt sich der Hamilton-Operator des schwach wechselwirkenden Bose-Gases auf Diagonalgestalt bringen. Dabei findet man die Bedingung (3.2.17).

$$\left(\frac{k^2}{2m} + nV_{\mathbf{k}}\right) u_{\mathbf{k}}v_{\mathbf{k}} + \frac{n}{2}V_{\mathbf{k}}\left(u_{\mathbf{k}}^2 + v_{\mathbf{k}}^2\right) = 0 \,.$$

Bestätigen Sie die Resultate (3.2.18) und (3.2.19).

3.5 Berechnen Sie für eine Kontaktwechselwirkung, $V_{\mathbf{k}} = \lambda$, die Temperaturabhängigkeit der Teilchendichte $N_0(T)$ des Kondensats.

a) Gehen Sie dazu so vor, daß sie zunächst den thermodynamischen Mittelwert des Teilchenzahloperators $\hat{N} = \sum_{\mathbf{k}} a_{\mathbf{k}}^\dagger a_{\mathbf{k}}$ durch Umschreiben auf die Quasiteilchen-Operatoren $\alpha_{\mathbf{k}}$ berechnen. Man findet (im Kontinuumlimes: $\frac{1}{V}\sum_{\mathbf{k}} \to \int \frac{d^3k}{(2\pi)^3}$)

$$N = N_0(T) + 2\frac{(mn\lambda)^{3/2}}{\pi^2}\left(\frac{1}{6} + U_1(\gamma)\right) \,,$$

wobei $\gamma = \beta \frac{k_0^2}{2m}$, $k_0^2 = 4mn\lambda$, $\beta = 1/kT$, k die Boltzmannkonstante, und

$$U_n(\gamma) = \int_0^\infty dy \frac{x^n}{e^{\gamma y} - 1}, \quad \text{mit } y = x\sqrt{x^2 + 1} \text{ ist.}$$

b) Zeigen Sie, daß im Limes tiefer Temperaturen die Verarmung des Kondensats quadratisch mit der Temperatur zunimmt

$$\frac{N_0(T)}{V} = \frac{N_0(0)}{V} - \frac{m}{12c}(kT)^2 \,,$$

wobei $c = \sqrt{\frac{n\lambda}{m}}$. Diskutieren Sie auch den Grenzfall hoher Temperaturen und vergleichen Sie das so erhaltene Resultat mit den Ergebnissen aus der Theorie der Bose-Einstein Kondensation wechselwirkungsfreier Bosonen unterhalb der Übergangstemperatur.

Lit.: R.A. Ferrell, N. Menyhárd, H. Schmidt, F. Schwabl and P. Szépfalusy. Ann. Phys. (N.Y.) **47**, 565 (1968); Phys. Rev. Lett. **18**, 891 (1967); Phys. Letters **24A**, 493 (1967); K. Kehr, Z. Phys. **221**, 291 (1969).

3.6 a) Bestimmen Sie das Anregungsspektrum $\omega_{\mathbf{k}}$ des schwach wechselwirkenden Bose-Gases für ein sphärisches Kastenpotential $V(\mathbf{x}) = \lambda'\Theta(R - |\mathbf{x}|)$. Analysieren Sie den Grenzfall $R \to 0$ und vergleichen Sie das Resultat mit dem Anregungsspektrum für eine Kontaktwechselwirkung, $V_{\mathbf{k}} = \lambda$. Der Vergleich ergibt $\lambda = \frac{4\pi}{3}\lambda'R^3$.

b) Bestimmen Sie den Parameterbereich von $k_0 R$, wobei $k_0^2 = 4mn\lambda$, in dem im Anregungsspektrum ein „Rotonen-Minimum" auftritt. Diskutieren Sie, inwiefern dieser Parameterbereich innerhalb oder außerhalb des Gültigkeitsbereiches der Bogoliubov-Theorie schwach wechselwirkender Bosonen liegt.

Anleitung: Schreiben Sie das Spektrum auf dimensionslose Größen $x = k/k_0$ und $y = k_0 R$ um und diskutieren Sie die Ableitung des Spektrums nach x. Die Bedingung für das Verschwinden der Ableitung soll graphisch diskutiert werden.

3.7 Zeigen Sie, daß aus (3.2.11) der Hamilton-Operator (3.2.16) und daraus (3.2.20) folgt.

3.8 *Grundzustandsenergie für Bosonen mit Kontakt-Wechselwirkung*

Gegeben sei ein System von N identischen Bosonen der Masse m, die über ein Zweiteilchen-Kontaktpotential miteinander wechselwirken,

$$H = \sum_{\alpha=1}^{N} \frac{p_i^2}{2m} + \lambda \sum_{i<j} \delta(\mathbf{x}_i - \mathbf{x}_j) .$$

Mittels der Bogoliubov-Transformation läßt sich der Hamilton-Operator im Limes schwacher Wechselwirkung auf die folgende Form bringen,

$$H = \frac{N^2}{2V}\lambda - \frac{1}{2}{\sum_{\mathbf{k}}}' \left(\frac{k^2}{2m} + n\lambda - \omega_{\mathbf{k}} \right) + {\sum_{\mathbf{k}}}' \omega_{\mathbf{k}} \alpha_{\mathbf{k}}^\dagger \alpha_{\mathbf{k}} .$$

Die Grundzustandsenergie

$$E_0 = \frac{N^2\lambda}{2V} - {\sum_{\mathbf{k}}}' \left(\frac{k^2}{2m} + n\lambda - \omega_{\mathbf{k}} \right)$$

divergiert an der oberen Integrationsgrenze (UV-Divergenz). Ursache dafür ist die unphysikalische Form der Kontaktwechselwirkung. Die Divergenz wird durch Einführung der physikalischen Streulänge a beseitigt [L.D. Landau und E.M. Lifschitz, *Lehrbuch der Theoretischen Physik*, Band IX, E.M. Lifschitz und L.P. Pitajewski, *Statistische Physik*, Teil 2 (Akademie-Verlag, Berlin, 1984) §6], die die s-Wellen-Streuung an einem kurzreichweitigen Potential beschreibt. Zeigen Sie, daß die Streuamplitude f von Teilchen im Kondensat in erster Ordnung Störungstheorie gegeben ist durch

$$a := -f(\mathbf{k}_1 = \mathbf{k}_2 = \mathbf{k}_3 = \mathbf{k}_4 = 0) = \frac{m}{4\pi\hbar^2}\lambda \left\{ 1 - \frac{\lambda}{V}{\sum_{\mathbf{k}}}' \frac{m}{k^2} + \mathcal{O}(\lambda^2) \right\} .$$

Eliminieren Sie λ aus dem Ausdruck für die Grundzustandsenergie zugunsten von a. Zeigen Sie, daß die Grundzustandsenergie für kleine Werte von a/r_0, wobei $r_0 = (N/V)^{-1/3}$ der mittlere Teilchenabstand ist, durch

$$E_0 = N\frac{2\pi\hbar^2 an}{m} \left\{ 1 + \frac{128}{15\sqrt{\pi}} \left(\frac{a}{r_0} \right)^{3/2} \right\}$$

gegeben ist. Berechnen Sie daraus das chemische Potential $\mu = \frac{\partial E_0}{\partial N}$ und die Schallgeschwindigkeit c

$$c = \sqrt{\frac{\partial P}{\partial \rho}} , \quad \rho = mn , \quad P = -\frac{\partial E_0}{\partial V} .$$

4. Korrelationsfunktionen, Streuung und Response

Im folgenden untersuchen wir die dynamischen Eigenschaften von Vielteilchensystemen auf mikroskopischer, quantenmechanischer Basis. Zunächst werden wir experimentell relevante Größen wie den Streuquerschnitt für inelastische Streuung und die dynamische Suszeptibilität, die die Reaktion des Systems auf zeitlich veränderliche Felder angibt, durch mikroskopische Ausdrücke – dynamische Korrelationsfunktionen – darstellen. Dann werden wir die allgemeinen Eigenschaften dieser Korrelationsfunktionen und Zusammenhänge unter ihnen herleiten, die aus der Symmetrie des Systems, aus der Kausalität und den spezifischen Definitionen durch Gleichgewichtserwartungswerte folgen. Schließlich werden wir Korrelationsfunktionen für einige physikalisch relevante Modelle berechnen.

4.1 Streuung und Response

Zunächst schicken wir einige Bemerkungen über die physikalischen Motivationen zu diesem Kapitel voraus. Legt man an ein Vielteilchen-System (Festkörper, Flüssigkeit, Gas) ein zeitabhängiges Feld $Ee^{i(\mathbf{kx}-\omega t)}$ an, so wird dadurch eine „Polarisation" (Abb. 4.1)

$$P(\mathbf{k},\omega)e^{i(\mathbf{kx}-\omega t)} + P(2\mathbf{k},2\omega)e^{2i(\mathbf{kx}-\omega t)} + \ldots \tag{4.1.1}$$

induziert. Der erste Term hat dieselbe Periodizität wie das erregende Feld, darüber hinaus treten wegen nichtlinearer Effekte auch harmonische Oberschwingungen auf. Die lineare Suszeptibilität ist definiert durch

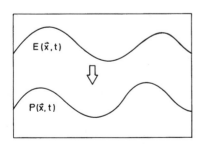

Abb. 4.1. Äußeres Feld $E(\mathbf{x},t)$ induziert Polarisation $P(\mathbf{x},t)$.

$$\chi(\mathbf{k},\omega) = \lim_{E \to 0} \frac{P(\mathbf{k},\omega)}{E} \; ; \tag{4.1.2}$$

sie ist eine Eigenschaft der ungestörten Probe und muß allein durch Größen, die das Vielteilchensystem charakterisieren, darstellbar sein. In diesem Kapitel werden wir allgemeine mikroskopische Ausdrücke für derartige Suszeptibilitäten herleiten.

Eine andere Möglichkeit um Informationen über ein Vielteilchensystem zu erhalten, sind *Streuexperimente* mit Teilchen. Die Wellenlänge dieser Teilchen muß vergleichbar mit den Strukturen sein, die man auflösen will, und deren Energie muß von derselben Größenordnung sein wie die Anregungsenergien der Quasiteilchen, die man messen will. Ein wichtiges Mittel ist die *Neutronenstreuung*, denn thermische Neutronen, wie man sie aus Kernreaktoren gewinnt, erfüllen gerade diese Bedingungen für Experimente an Festkörpern.[1] Da Neutronen neutral sind, ist ihre Wechselwirkung mit den Kernen kurzreichweitig, sie dringen im Unterschied zu Elektronen tief in das Innere des Festkörpers ein. Darüber hinaus ermöglicht das magnetische Moment der Neutronen über die Dipolwechselwirkung mit den Momenten des Festkörpers die Untersuchung magnetischer Eigenschaften.

Wir betrachten zunächst einen ganz allgemeinen Streuvorgang und werden dann später auf Neutronenstreuung spezialisieren. Die Berechnung des inelastischen *Streuquerschnitts* erfolgt folgendermaßen. Gegeben sei ein Vielteilchensystem wie z.B. ein Festkörper oder eine Flüssigkeit, die durch den Hamilton-Operator H_0 beschrieben werde. Die Teilchen der Substanz werden durch $\mathbf{x}_\alpha$ dargestellt, wobei diese Koordinaten $\mathbf{x}_\alpha$ auch für andere Freiheitsgrade als die Ortskoordinaten stehen mögen. An dieser Substanz werden Teilchen, z.B. Neutronen oder Elektronen gestreut, deren Masse sei m, die Ortskoordinate $\mathbf{x}$ und der Spin m_s.

Der gesamte Hamilton-Operator lautet dann

$$H = H_0 + \frac{\mathbf{p}^2}{2m} + W(\{\mathbf{x}_\alpha\}, \mathbf{x}) \; . \tag{4.1.3}$$

Er setzt sich aus dem Hamilton-Operator der Substanz H_0, der kinetischen Energie des streuenden Teilchens und der Wechselwirkung von Substanz mit Teilchen $W(\{\mathbf{x}_\alpha\}, \mathbf{x})$ zusammen. In zweiter Quantisierung bezüglich des Streuteilchens lautet der Hamilton-Operator

$$
\begin{aligned}
H &= H_0 + \frac{\mathbf{p}^2}{2m} + \sum_{\mathbf{k}'\mathbf{k}''\sigma'\sigma''} a^\dagger_{\mathbf{k}'\sigma'} a_{\mathbf{k}''\sigma''} \\
&\quad \times \frac{1}{V} \int d^3x \, e^{-i(\mathbf{k}'-\mathbf{k}'')\mathbf{x}} W^{\sigma'\sigma''}(\{\mathbf{x}_\alpha\}, \mathbf{x}) \\
&= H_0 + \frac{\mathbf{p}^2}{2m} + \sum_{\mathbf{k}'\mathbf{k}''\sigma'\sigma''} a^\dagger_{\mathbf{k}'\sigma'} a_{\mathbf{k}''\sigma''} W^{\sigma'\sigma''}_{\mathbf{k}'-\mathbf{k}''}(\{\mathbf{x}_\alpha\}) \; ,
\end{aligned} \tag{4.1.4}
$$

---

[1] Die Wellenlänge von Neutronen hängt mit der Energie über $\lambda(\text{nm}) = \frac{0.0286}{\sqrt{E(\text{eV})}}$ zusammen, deshalb ist $\lambda = 0.18\,\text{nm}$ für $E = 25\,\text{meV} \,\hat{=}\, 290\,\text{K}$.

wo $a_{\mathbf{k}'\sigma'}^{\dagger}$ $(a_{\mathbf{k}''\sigma''})$ ein Streuteilchen erzeugt (vernichtet). Die Eigenzustände von H_0 seien $|n\rangle$, d.h.

$$H_0 |n\rangle = E_n |n\rangle \ . \tag{4.1.5}$$

In der in Abb. 4.2 skizzierten Streusituation fällt ein Teilchen mit Wellenzahl $\mathbf{k}_1$ und Spin m_{s1} ein und die Substanz ist im Zustand $|n_1\rangle$. Das heißt der Anfangszustand des Gesamtsystems ist $|\mathbf{k}_1, m_{s1}, n_1\rangle$. Entsprechend ist der Endzustand $|\mathbf{k}_2, m_{s2}, n_2\rangle$. Durch die Wechselwirkung des Teilchens mit der Substanz wird es abgelenkt, d.h. die Richtung des Impulses geändert und bei inelastischer Streuung auch der Wert der Wellenzahl (des Impulses) geändert. Wenn die Wechselwirkung vom Spin abhängt, kann auch die Spinquantenzahl geändert werden.

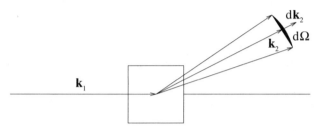

Abb. 4.2. Inelastische Streuung, Impulsübertrag $\mathbf{k} = \mathbf{k}_1 - \mathbf{k}_2$, Energieübertrag $\hbar\omega = \frac{\hbar^2}{2m}(k_1^2 - k_2^2)$

Die Übergangswahrscheinlichkeit pro Zeiteinheit ergibt sich aus der goldenen Regel[2]

$$\Gamma(\mathbf{k}_1, m_{s1}, n_1 \rightarrow \mathbf{k}_2, m_{s2}, n_2)$$
$$= \frac{2\pi}{\hbar} |\langle \mathbf{k}_2, m_{s2}, n_2| W |\mathbf{k}_1, m_{s1}, n_1\rangle|^2 \, \delta(E_{n_1} - E_{n_2} + \hbar\omega) \ . \tag{4.1.6}$$

Hier ist

$$\hbar\omega = \frac{\hbar^2}{2m}(k_1^2 - k_2^2) \tag{4.1.7a}$$

und

$$\mathbf{k} = \mathbf{k}_1 - \mathbf{k}_2 \tag{4.1.7b}$$

der Energie- und Impulsübertrag des Teilchens an das System, und

$$\epsilon = \frac{\hbar^2 \mathbf{k}_2^2}{2m} \tag{4.1.7c}$$

---

[2] Siehe z.B. QM I, Gl. (16.40)

ist die Endenergie des Teilchens. Das Matrixelement in der goldenen Regel wird

$$\langle \mathbf{k}_2, m_{s2}, n_2 | W | \mathbf{k}_1, m_{s1}, n_1 \rangle = W_{\mathbf{k}_2 - \mathbf{k}_1}^{\sigma' \sigma''}(\{\mathbf{x}_\alpha\}) . \tag{4.1.8}$$

Die Verteilung der Anfangszustände sei $p(n_1)$ mit $\sum_{n_1} p(n_1) = 1$ und die Verteilung der Spinzustände des Neutrons $p_s(m_{s1})$ mit $\sum_{m_{s1}} p_s(m_{s1}) = 1$. Falls nur $\mathbf{k}_2$ gemessen und der Spin nicht analysiert wird, ist die interessierende Übergangswahrscheinlichkeit

$$\Gamma(\mathbf{k}_1 \to \mathbf{k}_2) = \sum_{n_2 n_1} \sum_{m_{s1} m_{s2}} p(n_1) p_s(m_{s1}) \Gamma(\mathbf{k}_1, m_{s1}, n_1 \to \mathbf{k}_2, m_{s2}, n_2) .$$

$$\tag{4.1.9}$$

Der doppelt differentielle Streuquerschnitt (Wirkungsquerschnitt) pro Atom ist durch

$$\frac{d^2\sigma}{d\Omega d\epsilon} d\Omega d\epsilon = \frac{\text{Wahrscheinlichkeit für Übergang in } d\Omega d\epsilon/s}{\text{Anzahl der Streuer} \times \text{Fluß der einfallenden Teilchen}}$$

$$\tag{4.1.10}$$

Hier ist $d\Omega$ das Raumwinkelelement, in das gestreut wird, und der Fluß der einfallenden Teilchen ist gleich dem Betrag der Stromdichte der einfallenden Teilchen. Die Anzahl der Streuer ist N, das Normierungsvolumen ist L^3. Die Zustände der einfallenden Teilchen sind

$$\psi_{\mathbf{k}_1}(\mathbf{x}) = \frac{1}{L^{3/2}} e^{i\mathbf{k}_1 \mathbf{x}} . \tag{4.1.11}$$

Daraus folgt für die Stromdichte

$$\mathbf{j}(\mathbf{x}) = \frac{-i\hbar}{2m}(\psi^* \boldsymbol{\nabla}\psi - (\boldsymbol{\nabla}\psi^*)\psi) = \frac{\hbar \mathbf{k}_1}{mL^3} , \tag{4.1.12}$$

und für den doppelt differentiellen Streuquerschnitt

$$\frac{d^2\sigma}{d\Omega d\epsilon} d\Omega d\epsilon = \frac{1}{N} \frac{mL^3}{\hbar k_1} \Gamma(\mathbf{k}_1 \to \mathbf{k}_2) \left(\frac{L}{2\pi}\right)^3 d^3 k_2 , \tag{4.1.13}$$

denn die Zahl der Endzustände, d.h. der Werte von $\mathbf{k}_2$ im Intervall $d^3 k_2$ ist $\left(\frac{L}{2\pi}\right)^3 d^3 k_2$. Mit $\epsilon = \frac{\hbar^2 k_2^2}{2m}$ folgt $d\epsilon = \hbar^2 k_2 \, dk_2/m$ und $d^3 k_2 = \frac{m}{\hbar^2} k_2 \, d\epsilon \, d\Omega$.

Deshalb folgt

$$
\frac{d^2\sigma}{d\Omega d\epsilon} = \left(\frac{m}{2\pi\hbar^2}\right)^2 \frac{k_2}{k_1} \frac{L^6}{N} \tag{4.1.14}
$$

$$
\times \sum_{\substack{n_1,n_2 \\ m_{s1},m_{s2}}} p(n_1)p_s(m_{s1}) \left| \langle \mathbf{k}_1, m_{s1}, n_1 | W | \mathbf{k}_2, m_{s2}, n_2 \rangle \right|^2 \delta(E_{n_1} - E_{n_2} + \hbar\omega) \, .
$$

Wir betrachten nun den Spezialfall der Neutronenstreuung und untersuchen die Streuung von Neutronen an Kernen. Die Reichweite der Kernkräfte ist $R \approx 10^{-12}$cm und deshalb ist für thermische Neutronen $k_1 R \approx 10^{-4} \ll 1$, so daß nur s-Wellenstreuung auftritt. In diesem Fall kann die Wechselwirkung durch ein effektives Pseudopotential

$$
W(\{\mathbf{x}_\alpha\}, \mathbf{x}) = \frac{2\pi\hbar^2}{m} \sum_{\alpha=1}^{N} a_\alpha \delta(\mathbf{x}_\alpha - \mathbf{x}) \tag{4.1.15}
$$

mit den Streulängen a_α der Kerne dargestellt werden, das in Bornscher Näherung zu verwenden ist. Dann ergibt sich

$$
\frac{d^2\sigma}{d\Omega d\epsilon} = \frac{k_2}{k_1} \frac{1}{N} \sum_{n_1 n_2} p(n_1) \left| \sum_{\alpha=1}^{N} a_\alpha \langle n_1 | \mathrm{e}^{-\mathrm{i}\mathbf{k}\mathbf{x}_\alpha} | n_2 \rangle \right|^2 \delta(E_{n_1} - E_{n_2} + \hbar\omega) \, . \tag{4.1.16}
$$

Hier wurde

$$
\begin{aligned}
\langle \mathbf{k}_1 | W | \mathbf{k}_2 \rangle &= \frac{2\pi\hbar^2}{mL^3} \int d^3x \, \mathrm{e}^{-\mathrm{i}\mathbf{k}_1\mathbf{x}} \sum_\alpha a_\alpha \delta(\mathbf{x} - \mathbf{x}_\alpha) \mathrm{e}^{\mathrm{i}\mathbf{k}_2\mathbf{x}} \\
&= \frac{2\pi\hbar^2}{mL^3} \sum_\alpha a_\alpha \mathrm{e}^{-\mathrm{i}(\mathbf{k}_1 - \mathbf{k}_2)\mathbf{x}_\alpha}
\end{aligned} \tag{4.1.17}
$$

und die Unabhängigkeit der Wechselwirkung vom Spin benützt. Der Ausdruck (4.1.16) ist explizit ausgeschrieben von der Struktur

$$
\sum_{\alpha\beta} a_\alpha a_\beta \langle \ldots \mathrm{e}^{-\mathrm{i}\mathbf{k}\mathbf{x}_\alpha} \ldots \rangle \langle \ldots \mathrm{e}^{\mathrm{i}\mathbf{k}\mathbf{x}_\beta} \ldots \rangle \delta(E_{n_1} - E_{n_2} + \hbar\omega) \tag{4.1.16'}
$$

und muß noch über die Isotope mit verschiedener Streulänge gemittelt werden. Dabei wird angenommen, daß diese statistisch unabhängig von der Lage verteilt sind:

$$
\bar{a} = \frac{1}{N} \sum_{\alpha=1}^{N} a_\alpha \, , \quad \overline{a^2} = \frac{1}{N} \sum_{\alpha=1}^{N} a_\alpha^2
$$

$$
\overline{a_\alpha a_\beta} = \begin{cases} \overline{a}^2 & \text{für } \alpha \neq \beta \\ \overline{a^2} & \text{für } \alpha = \beta \end{cases} = \overline{a}^2 + \delta_{\alpha\beta}(\overline{a^2} - \overline{a}^2) \tag{4.1.18}
$$

Daraus ergibt sich die Zerlegung des Streuquerschnitts in einen kohärenten und einen inkohärenten Teil[3]

$$\frac{d^2\sigma}{d\Omega d\epsilon} = A_{koh} S_{koh}(\mathbf{k}, \omega) + A_{ink} S_{ink}(\mathbf{k}, \omega) \ . \tag{4.1.19a}$$

Darin bedeuten

$$A_{koh} = \bar{a}^2 \frac{k_2}{k_1} \quad , \quad A_{ink} = (\overline{a^2} - \bar{a}^2)\frac{k_2}{k_1} \tag{4.1.19b}$$

und

$$
\begin{aligned}
S_{koh}(\mathbf{k}, \omega) &= \frac{1}{N} \sum_{\alpha\beta} \sum_{n_1 n_2} p(n_1) \langle n_1 | e^{-i\mathbf{k}\mathbf{x}_\alpha} | n_2 \rangle \langle n_2 | e^{i\mathbf{k}\mathbf{x}_\beta} | n_1 \rangle \\
&\quad \times \delta(E_{n_1} - E_{n_2} + \hbar\omega) \ , \\
S_{ink}(\mathbf{k}, \omega) &= \frac{1}{N} \sum_{\alpha} \sum_{n_1 n_2} p(n_1) \left| \langle n_1 | e^{-i\mathbf{k}\mathbf{x}_\alpha} | n_2 \rangle \right|^2 \\
&\quad \times \delta(E_{n_1} - E_{n_2} + \hbar\omega) \ ;
\end{aligned}
\tag{4.1.20}
$$

die Indizes stehen für kohärent und inkohärent.

Im kohärenten Anteil werden die Amplituden, die von verschiedenen Atomen herrühren, superponiert. Es treten hier Interferenzterme auf und es ist darin Information über die Korrelation von verschiedenen Atomen enthalten. Im inkohärenten Streuquerschnitt werden die von verschiedenen Atomen herrührenden Intensitäten superponiert. Es treten hier keine Interferenzterme auf, man erhält daraus Information über die Autokorrelation, d.h. der Korrelation eines Teilchens mit sich selbst. Für das weitere bemerken wir zunächst, daß für Systeme im Gleichgewicht

$$p(n_1) = \frac{e^{-\beta E_{n_1}}}{Z} \tag{4.1.21a}$$

entsprechend der Dichtematrix im kanonischen Ensemble[4]

$$\rho = e^{-\beta H_0}/Z \ , \ Z = \mathrm{Sp}\, e^{-\beta H_0} \tag{4.1.21b}$$

gilt. Zur weiteren Auswertung wird die Darstellung der Deltafunktion

$$\delta(\omega) = \int \frac{dt}{2\pi} e^{i\omega t} \tag{4.1.22}$$

verwendet. Der kohärente Streuquerschnitt enthält den Faktor

$$
\begin{aligned}
\frac{1}{\hbar} \int \frac{dt}{2\pi} & e^{i(E_{n_1} - E_{n_2} + \hbar\omega)t/\hbar} \langle n_1 | e^{-i\mathbf{k}\mathbf{x}_\alpha} | n_2 \rangle \\
&= \frac{1}{2\pi\hbar} \int dt\, e^{i\omega t} \langle n_1 | e^{iH_0 t/\hbar} e^{-i\mathbf{k}\mathbf{x}_\alpha} e^{-iH_0 t/\hbar} | n_2 \rangle \tag{4.1.23} \\
&= \frac{1}{2\pi\hbar} \int dt\, e^{i\omega t} \langle n_1 | e^{-i\mathbf{k}\mathbf{x}_\alpha(t)} | n_2 \rangle \ . \tag{4.1.24}
\end{aligned}
$$

---

[3] z.B. L. van Hove, Phys. Rev. **95**, 249 (1954)

[4] Zum Beispiel SM, Abschn. 2.6; $\beta = 1/kT$ mit der Boltzmannkonstanten k und der Temperatur T.

Dann folgt unter Verwendung der Vollständigkeitsrelation $\sum_{n_2} |n_2\rangle \langle n_2| = 1$

$$S_{\substack{\mathrm{koh} \\ \mathrm{ink}}}(\mathbf{k}, \omega) = \int \frac{dt}{2\pi\hbar} e^{i\omega t} \frac{1}{N} \sum_{\alpha\beta} \left\langle e^{-i\mathbf{k}\mathbf{x}_\alpha(t)} e^{i\mathbf{k}\mathbf{x}_\beta(0)} \right\rangle \begin{pmatrix} 1 \\ \delta_{\alpha\beta} \end{pmatrix} . \tag{4.1.25}$$

Die Korrelationsfunktionen in (4.1.25) werden mit der Dichtematrix des Vielteilchensystems (4.1.21) berechnet und der thermische Mittelwert eines Operators O ist

$$\langle O \rangle = \sum_n \frac{e^{-\beta H_0}}{Z} \langle n| O |n\rangle = \mathrm{Sp}(\rho O) . \tag{4.1.26}$$

Man bezeichnet $S_{\mathrm{koh(ink)}}(\mathbf{k}, \omega)$ als kohärente (inkohärente) dynamische Strukturfunktion. Beide enthalten einen elastischen ($\omega = 0$) und einen inelastischen ($\omega \neq 0$) Anteil. Unter Verwendung des Dichteoperators

$$\rho(\mathbf{x}, t) = \sum_{\alpha=1}^N \delta(\mathbf{x} - \mathbf{x}_\alpha(t)) \tag{4.1.27}$$

und dessen Fourier-Transformierter

$$\rho_{\mathbf{k}}(t) = \frac{1}{\sqrt{V}} \int d^3x e^{-i\mathbf{k}\mathbf{x}} \rho(\mathbf{x}, t) = \frac{1}{\sqrt{V}} \sum_{\alpha=1}^N e^{-i\mathbf{k}\mathbf{x}_\alpha(t)} \tag{4.1.28}$$

folgt aus (4.1.25)

$$S_{\mathrm{koh}}(\mathbf{k}, \omega) = \int \frac{dt}{2\pi\hbar} e^{i\omega t} \frac{V}{N} \langle \rho_{\mathbf{k}}(t) \rho_{-\mathbf{k}}(0) \rangle . \tag{4.1.29}$$

Der kohärente Streuquerschnitt ist also durch die Fourier-Transformierte der Dichte-Dichte Korrelationsfunktion darstellbar, wo $\hbar\mathbf{k}$ der Impulsübertrag und $\hbar\omega$ der Energieübertrag des Neutrons an das System sind. Eine wichtige Anwendung ist die Streuung an Festkörpern zur Bestimmung der Gitterdynamik. Die Ein-Phonon-Streuung ergibt als Funktion der Frequenz ω Resonanzen an den Stellen $\pm\omega_{t_1}(\mathbf{k})$, $\pm\omega_{t_2}(\mathbf{k})$ und $\pm\omega_l(\mathbf{k})$, der Frequenzen der beiden transversalen und des longitudinalen Phonons. Die Breite der Resonanzen ist durch die Lebensdauer der Phononen bestimmt. Der Hintergrund rührt von der Mehrphononenstreuung her (siehe Abschn. 4.7(i) und Aufgabe 4.5). Die Intensität der einzelnen Phonon-Linien hängt über das Skalarprodukt von $\mathbf{k}$ und den Polarisationsvektoren der Phononen und dem sog. Debye-Waller Faktor auch von der Streugeometrie ab. Als schematisches Beispiel für die Gestalt des Streuquerschnitts ist in Abb. 4.3 S_{koh} für festes $\mathbf{k}$ als Funktion der Frequenz ω dargestellt. Die Resonanzen bei endlichen Frequenzen rühren von einem der beiden transversalen und dem longitudinalen akustischen Phonon her, außerdem sieht man einen quasielastischen Peak bei

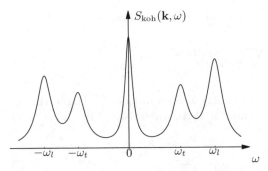

Abb. 4.3. Kohärenter Streuquerschnitt als Funktion von ω für festen Impulsübertrag **k**. Resonanzen (Peaks) an den Stellen der transversalen ($\pm\omega_t(\mathbf{k})$) und longitudinalen ($\pm\omega_l(\mathbf{k})$) Phononfrequenzen und bei $\omega = 0$.

$\omega = 0$. Quasielastische Peaks können von Unordnung und von Relaxations- und Diffusionsvorgängen (Abschn. 4.7(ii)) herrühren.

Aus dem kohärenten Streuquerschnitt können direkt Informationen über Dichteanregungen, wie Phononen in Festkörpern und Flüssigkeiten, gewonnen werden. Der inkohärente Anteil ist eine Summe von Streuintensitäten der einzelnen Streuer. Aus diesem können Informationen über die Autokorrelationen gewonnen werden.

Für andere Streuexperimente (mit Photonen, Elektronen oder Atomen) gelten entsprechende Darstellungen des Streuquerschnitts durch Korrelationsfunktionen des Vielteilchensystems. Wir wollen uns hier nicht weiter mit den detaillierten Eigenschaften des differentiellen Streuquerschnitts beschäftigen. Diese Vorbemerkungen sollen primär als zusätzliche Motivation für die folgenden Abschnitte dienen. Wir werden im folgenden sehen, daß die Korrelationsfunktionen und die Suszeptibilitäten miteinander zusammenhängen. Aufgrund der Kausalität werden wir Dispersionsrelationen, aus Zeitumkehrinvarianz und Translationsinvarianz Symmetriebeziehungen und aus dem statischen Limes und den Vertauschungsrelationen Summenregeln herleiten.

4.2 Dichtematrix, Korrelationsfunktionen

Den Hamilton-Operator des Vielteilchen-Systems bezeichnen wir mit H_0 und setzen diesen als zeitunabhängig voraus. Die formale Lösung der Schrödinger–Gleichung

$$i\hbar\frac{\partial}{\partial t}\,|\psi,t\rangle = H_0\,|\psi,t\rangle \tag{4.2.1}$$

ist dann

$$|\psi,t\rangle = U_0(t,t_0)\,|\psi,t_0\rangle \quad . \tag{4.2.2}$$

Wegen der Zeitunabhängigkeit von H_0 ist der unitäre Operator $U_0(t, t_0)$ (mit $U_0(t_0, t_0) = 1$) durch

$$U_0(t, t_0) = e^{-iH_0(t-t_0)/\hbar} \qquad (4.2.3)$$

gegeben.

Der Heisenberg-Zustand

$$|\psi_H\rangle = U_0^\dagger(t, t_0)|\psi, t\rangle = |\psi, t_0\rangle \qquad (4.2.4)$$

ist zeitunabhängig und die zu den Schrödinger-Operatoren $A, B, ..$ gehörigen Heisenberg–Operatoren

$$A(t) = U_0^\dagger(t, t_0)AU_0(t, t_0) = e^{iH_0(t-t_0)/\hbar}Ae^{-iH_0(t-t_0)/\hbar} \qquad (4.2.5)$$

genügen der Bewegungsgleichung (Heisenberg Bewegungsgleichung)

$$\frac{d}{dt}A(t) = \frac{i}{\hbar}[H_0, A(t)] \quad . \qquad (4.2.6)$$

Die Dichtematrix des kanonischen Ensembles ist

$$\rho = \frac{e^{-\beta H_0}}{Z}$$

mit der kanonischen Zustandssumme

$$Z = \mathrm{Sp}\ e^{-\beta H_0} \ , \qquad (4.2.7)$$

und die des großkanonischen Ensembles

$$\rho = \frac{e^{-\beta(H_0 - \mu N)}}{Z_G} \qquad (4.2.8)$$

mit der großkanonischen Zustandssumme

$$Z_G = \mathrm{Sp}\, e^{-\beta(H_0 - \mu N)}$$

$$= \sum_N \sum_m e^{-\beta(E_m(N) - \mu N)} \left[\equiv \sum_n e^{-\beta(E_n - N_n \mu)} \right] \quad .$$

Da H_0 eine Bewegungskonstante ist, sind diese Dichtematrizen zeitunabhängig, wie es für Gleichgewichtsdichtematrizen sein muß. Die Mittelwerte in diesen Ensembles sind durch

$$\langle O \rangle = \mathrm{Sp}(\rho O) \qquad (4.2.9)$$

definiert. Insbesondere wollen wir nun Korrelationsfunktionen untersuchen

$$\begin{aligned}
C(t, t') &= \langle A(t)B(t')\rangle \\
&= \mathrm{Sp}(\rho\, e^{iH_0t/\hbar}Ae^{-iH_0t/\hbar}e^{iH_0t'/\hbar}Be^{-iH_0t'/\hbar}) \\
&= \mathrm{Sp}(\rho\, e^{iH_0(t-t')/\hbar}Ae^{-iH_0(t-t')/\hbar}B) \\
&= C(t - t', 0) \quad .
\end{aligned} \qquad (4.2.10)$$

Ohne Beschränkung der Allgemeinheit haben wir $t_0 = 0$ gesetzt, und die zyklische Invarianz der Spur und $[\rho, H_0] = 0$ benützt. Die Korrelationsfunktionen hängen nur von der Zeitdifferenz ab; Gleichung (4.2.10) drückt die *zeitliche Translationsinvarianz* aus.

Die folgenden *Definitionen* erweisen sich als zweckmäßig:

$$G^>_{AB}(t) = \langle A(t)B(0) \rangle \quad , \tag{4.2.11a}$$

$$G^<_{AB}(t) = \langle B(0)A(t) \rangle \quad . \tag{4.2.11b}$$

Deren Fourier–Transformation ist durch

$$G^{\gtrless}_{AB}(\omega) = \int dt \; e^{i\omega t} G^{\gtrless}_{AB}(t) \tag{4.2.12}$$

definiert. Indem wir (4.2.5) in (4.2.12) einsetzen, als Basis Energieeigenzustände verwenden und mit $\mathbb{1} = \sum_m |m\rangle \langle m|$ Zwischenzustände einschieben, erhalten wir die folgenden *Spektraldarstellungen* für $G^{\gtrless}_{AB}(\omega)$

$$G^>_{AB}(\omega) = \frac{2\pi}{Z} \sum_{n,m} e^{-\beta(E_n - \mu N_n)} \langle n| A |m\rangle \langle m| B |n\rangle$$
$$\times \delta \left(\frac{E_n - E_m}{\hbar} + \omega \right) \tag{4.2.13a}$$

$$G^<_{AB}(\omega) = \frac{2\pi}{Z} \sum_{n,m} e^{-\beta(E_n - \mu N_n)} \langle n| B |m\rangle \langle m| A |n\rangle$$
$$\times \delta \left(\frac{E_m - E_n}{\hbar} + \omega \right) . \tag{4.2.13b}$$

Hieraus lesen wir die beiden Relationen

$$G^>_{AB}(-\omega) = G^<_{BA}(\omega) \tag{4.2.14a}$$

$$G^<_{AB}(\omega) = G^>_{AB}(\omega) e^{-\beta\hbar\omega} \tag{4.2.14b}$$

ab. Zur Herleitung der ersten Relation vergleicht man $G^>_{AB}(-\omega)$ mit (4.2.13a). Zur Herleitung der zweiten Relation vertauscht man in (4.2.13b) n mit m und verwendet die δ–Funktion. Die letzte Relation gilt immer im kanonischen Ensemble und im großkanonischen dann, wenn die Operatoren A und B die Teilchenzahl nicht ändern. Erhöht hingegen B die Teilchenzahl um Δn_B, dann ist $N_m - N_n = \Delta n_B$ und (4.2.14b) ist durch

$$G^<_{AB}(\omega) = G^>_{AB}(\omega) e^{-\beta(\hbar\omega - \mu\Delta n_B)} \tag{4.2.14b'}$$

zu ersetzen.

Indem man in (4.2.14a,b) $A = \rho_{\mathbf{k}}$ und $B = \rho_{-\mathbf{k}}$ einsetzt, folgt für die Dichte-Dichte-Korrelationsfunktion die Beziehung

$$S_{\mathrm{koh}}(\mathbf{k}, -\omega) = \mathrm{e}^{-\beta\hbar\omega} S_{\mathrm{koh}}(-\mathbf{k}, \omega) \quad . \tag{4.2.15}$$

Für spiegelungsinvariante Systeme gilt $S(\mathbf{k}, \omega) = S(-\mathbf{k}, \omega)$, so daß schließlich

$$S_{\mathrm{koh}}(\mathbf{k}, -\omega) = \mathrm{e}^{-\beta\hbar\omega} S_{\mathrm{koh}}(\mathbf{k}, \omega) \tag{4.2.16}$$

folgt. Diese Beziehung besagt, daß abgesehen vom Faktor $\frac{k_2}{k_1}$ in (4.1.19) die *Anti-Stokes-Linien* (Energieabgabe des Streuobjekts) um $\mathrm{e}^{-\beta\hbar\omega}$ schwächer als die *Stokes-Linien* (Energieaufnahme) sind[5]. Im Grenzfall $T \to 0$ geht $S_{\mathrm{koh}}(\mathbf{k}, \omega < 0) \to 0$, denn dann ist das System im Grundzustand und kann keine Energie an das Streuteilchen abgeben. Die obige Beziehung drückt das sogenannte detaillierte Gleichgewicht aus (Abb. 4.4):

$$\begin{aligned} W_{n\to n'} P_n^e &= W_{n'\to n} P_{n'}^e \qquad \text{oder} \\ W_{n\to n'} &= W_{n'\to n} \mathrm{e}^{-\beta(E_{n'} - E_n)} \quad . \end{aligned} \tag{4.2.17}$$

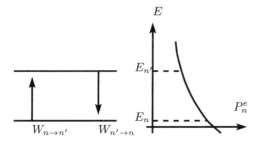

Abb. 4.4. Zum detaillierten Gleichgewicht

Hier bedeuten $W_{n\to n'}$ und $W_{n'\to n}$ die Übergangswahrscheinlichkeiten von Niveau n in n' und umgekehrt und P_n^e und $P_{n'}^e$ sind die Gleichgewichtsbesetzungswahrscheinlichkeiten. Detailliertes Gleichgewicht besagt, daß diese Größen so verknüpft sind, daß sich die Besetzungswahrscheinlichkeiten aufgrund der Übergangsprozesse nicht ändern.

4.3 Dynamische Suszeptibilität

Nun wollen wir einen mikroskopischen Ausdruck für die dynamische Suszeptibilität herleiten. Dazu lassen wir auf unser System eine äußere Kraft $F(t)$ einwirken, die an den Operator B koppelt.[6] Der Hamilton-Operator hat dann

---

[5] Durch Messung des Verhältnisses von Stokes- und Anti-Stokes-Linien bei der Raman Streuung kann die Temperatur eines Systems bestimmt werden.

[6] Physikalische Kräfte sind reell und Observable, wie z.B. die Dichte $\rho(\mathbf{x})$, werden durch hermitesche Operatoren dargestellt. Dennoch betrachten wir die Korrelationfunktionen auch für nichthermitesche Operatoren, wie z .B. $\rho_{\mathbf{k}}$ ($\rho_{\mathbf{k}}^\dagger = \rho_{-\mathbf{k}}$), da man auch an den Eigenschaften einzelner Fourierkomponenten interessiert ist. $F(t)$ ist eine c-Zahl.

die Gestalt

$$H = H_0 + H'(t) \qquad (4.3.1a)$$

$$H'(t) = -F(t)B \quad . \qquad (4.3.1b)$$

Für $t \leq t_0$ sei die Kraft $F(t) = 0$, und das System befinde sich im Gleichgewicht. Es interessiert uns die Antwort auf die Störung (4.3.1b). Der Mittelwert von A zur Zeit t ist durch

$$\langle A(t) \rangle = \text{Sp}(\rho_S(t)A) = \text{Sp}(U(t,t_0)\,\rho_S(t_0)\,U^\dagger(t,t_0)\,A) \qquad (4.3.2)$$

$$= \text{Sp}(\rho_S(t_0)\,U^\dagger(t,t_0)\,A\,U(t,t_0))$$

$$= \text{Sp}(\frac{\mathrm{e}^{-\beta H_0}}{Z}\,U^\dagger(t,t_0)\,A\,U(t,t_0))$$

gegeben, wobei die Notation $\langle A(t) \rangle$ als Mittelwert des Heisenberg-Operators (4.2.5) zu verstehen ist. Hier wurde der Zeitentwicklungsoperator $U(t,t_0)$ für den gesamten Hamilton-Operator H eingeführt, die Lösung

$$\rho_S(t) = U(t,t_0)\rho_S(t_0)U^\dagger(t,t_0)$$

der von-Neumann-Gleichung

$$\dot{\rho}_S = -\frac{\mathrm{i}}{\hbar}[H, \rho_S]$$

eingesetzt und ausgehend von der Schrödinger-Darstellung wurde unter Verwendung der zyklischen Invarianz der Spur zur Heisenberg-Darstellung übergegangen. Im letzten Glied der Gleichungskette (4.3.2) tritt die Heisenberg-Darstellung des Operators A auf. Außerdem haben wir vorausgesetzt, daß zur Zeit t_0 eine kanonische Gleichgewichtsdichtematrix vorliegt.

Der Zeitentwicklungsoperator $U(t,t_0)$ läßt sich störungstheoretisch in der *Wechselwirkungsdarstellung* berechnen. Dazu benötigen wir die Bewegungsgleichung für $U(t,t_0)$. Aus

$$\mathrm{i}\hbar\frac{d}{dt}\,|\psi,t\rangle = H\,|\psi,t\rangle$$

folgt

$$\mathrm{i}\hbar\frac{d}{dt}U(t,t_0)\,|\psi_0\rangle = HU(t,t_0)\,|\psi_0\rangle$$

also

$$\left(\mathrm{i}\hbar\frac{d}{dt}U(t,t_0) - HU(t,t_0)\right)|\psi_0\rangle = 0$$

für jedes $|\psi_0\rangle$, woraus sich die Bewegungsgleichung

$$\mathrm{i}\hbar\frac{d}{dt}U(t,t_0) = HU(t,t_0) \qquad (4.3.3)$$

ergibt. Darin setzen wir den Ansatz

$$U(t, t_0) = e^{-iH_0(t-t_0)/\hbar} U'(t, t_0) \tag{4.3.4}$$

ein. Das ergibt

$$i\hbar \frac{d}{dt} U' = e^{iH_0(t-t_0)/\hbar}(-H_0 + H)U ,$$

also

$$i\hbar \frac{d}{dt} U'(t, t_0) = H'_I(t)U'(t, t_0) \quad , \tag{4.3.5}$$

wo die Wechselwirkungsdarstellung von H'

$$H'_I(t) = e^{iH_0(t-t_0)/\hbar} H'(t) e^{-iH_0(t-t_0)/\hbar} \tag{4.3.6}$$

eingeführt wurde. Die Integration von (4.3.5) liefert für den Zeitentwicklungs-operator in der Wechselwirkungsdarstellung $U'(t, t_0)$ die Integralgleichung

$$U'(t, t_0) = 1 + \frac{1}{i\hbar} \int_{t_0}^{t} dt' H'_I(t')U'(t', t_0) \tag{4.3.7}$$

und deren Iteration

$$U'(t, t_0) = 1 + \frac{1}{i\hbar} \int_{t_0}^{t} dt' H'_I(t')$$

$$+ \frac{1}{(i\hbar)^2} \int_{t_0}^{t} dt' \int_{t_0}^{t'} dt'' H'_I(t')H'_I(t'') + \dots \tag{4.3.8}$$

$$= T \exp\left(-\frac{i}{\hbar} \int_{t_0}^{t} dt' H'_I(t')\right) \quad .$$

Hier bedeutet T den Zeitordnungsoperator. Die zweite Darstellung von (4.3.8) wird im Augenblick nicht benötigt und wird im Teil III näher besprochen.

Für die lineare Antwort benötigen wir nur die ersten beiden Terme in (4.3.8). Setzen wir diese in (4.3.2) ein, ergibt sich in erster Ordnung in $F(t)$

$$\langle A(t) \rangle = \langle A \rangle_0 + \frac{1}{i\hbar} \int_{t_0}^{t} dt' \left\langle \left[e^{iH_0(t-t_0)/\hbar} A e^{-iH_0(t-t_0)/\hbar}, H'_I(t') \right] \right\rangle_0$$

$$= \langle A \rangle_0 - \frac{1}{i\hbar} \int_{t_0}^{t} dt' \langle [A(t), B(t')] \rangle_0 F(t') \quad . \tag{4.3.9}$$

Der Index 0 weist darauf hin, daß der Erwartungswert mit der Dichtematrix $e^{-\beta H_0}/Z$ des ungestörten Systems berechnet wird. Im ersten Term wurde die zyklische Invarianz der Spur

$$\langle A(t) \rangle_0 = \mathrm{Sp}\left(\frac{e^{-\beta H_0}}{Z} e^{-iH_0(t-t_0)/\hbar} A e^{iH_0(t-t_0)/\hbar}\right) = \langle A \rangle_0$$

benützt. Wir verlegen nun den Ausgangszeitpunkt, zu dem sich das System im Gleichgewicht mit der Dichtematrix $e^{-\beta H_0}/Z$ befindet, auf einen weit zurückliegenden Zeitpunkt. Wir führen also den Limes $t_0 \to -\infty$ durch, was uns allerdings nicht hindert $F(t')$ erst zu einem späteren Zeitpunkt einzuschalten, und erhalten für die Änderung des Erwartungswertes durch die Störung

$$\Delta\langle A(t)\rangle = \langle A(t)\rangle - \langle A\rangle_0 = \int_{-\infty}^{\infty} dt' \chi_{AB}(t-t')F(t') \quad . \tag{4.3.10}$$

Hier wurde die *dynamische Suszeptibilität*, oder *lineare Responsefunktion*

$$\chi_{AB}(t-t') = \frac{i}{\hbar}\Theta(t-t')\langle[A(t),B(t')]\rangle_0 \tag{4.3.11}$$

eingeführt, die durch den Erwartungswert des Kommutators der beiden Heisenberg-Operatoren $A(t)$ und $B(t')$ (bezüglich des Hamilton-Operators H_0) gegeben ist. Die Stufenfunktion kommt von der oberen Integrationsgrenze in (4.3.9) und drückt die Kausalität aus. Innerhalb des Gleichgewichtserwartungswertes können wir

$$A(t) \to e^{iH_0t/\hbar}Ae^{-iH_0t/\hbar} \text{ und } B(t) \to e^{iH_0t/\hbar}Be^{-iH_0t/\hbar}$$

ersetzen. Gl. (4.3.10) bestimmt die Auswirkung einer an B koppelnden Kraft auf die Observable A in erster Ordnung in der Kraft.

Wir definieren noch die *Fourier-Transformation* der *dynamischen Suszeptibilität*

$$\chi_{AB}(z) = \int_{-\infty}^{\infty} dt\, e^{izt}\chi_{AB}(t) \quad , \tag{4.3.12}$$

wo z komplex sein kann (siehe Abschnitt 4.4). Um deren physikalische Bedeutung zu finden, betrachten wir eine langsam eingeschaltete ($\epsilon \to 0, \epsilon > 0$), periodische Störung

$$H' = -\left(BF_\omega e^{-i\omega t'} + B^\dagger F_\omega^* e^{i\omega t'}\right)e^{\epsilon t'} \quad . \tag{4.3.13}$$

Für diese folgt aus (4.3.10) und (4.3.12)

$$\Delta\langle A(t)\rangle = \int_{-\infty}^{\infty} dt' \left(\chi_{AB}(t-t')F_\omega e^{-i\omega t'} + \chi_{AB^\dagger}(t-t')F_\omega^* e^{i\omega t'}\right)e^{\epsilon t'}$$

$$= \chi_{AB}(\omega)F_\omega e^{-i\omega t} + \chi_{AB^\dagger}(-\omega)F_\omega^* e^{i\omega t} \quad . \tag{4.3.14}$$

Der im Zwischenschritt auftretende Faktor $e^{\epsilon t}$ kann wegen $\epsilon \to 0$ als 1 gesetzt werden. Die Wirkung der periodischen Störung (4.3.13) auf $\Delta\langle A(t)\rangle$ ist somit proportional zur Kraft samt ihrer Periodizität und zur Fouriertransformierten Suszeptibilität. Resonanzen in der Suszeptibilität äußern sich in einer starken Reaktion auf die Kraft bei der entsprechenden Frequenz.

4.4 Dispersionsrelationen

Die *Kausalität* bedingt, daß eine Antwort des Systems nur durch eine zeitlich vorhergehende Störung hervorgerufen wird. Dies äußert sich in der Sprungfunktion von Gl. (4.3.11), d.h.

$$\chi_{AB}(t) = 0 \quad \text{für } t < 0 \quad . \tag{4.4.1}$$

Daraus folgt der *Satz*: $\chi_{AB}(z)$ ist analytisch in der oberen Halbebene.
Beweis. χ_{AB} ist nur für $t > 0$ verschieden von Null und dort endlich. Deshalb garantiert der Faktor $e^{-\text{Im } zt}$ die Konvergenz des Fourierintegrals (4.3.12).

Für z in der oberen Halbebene können wir $\chi_{AB}(z)$ wegen der Analytizität mittels des Cauchy–Integralsatzes in der Form schreiben

$$\chi_{AB}(z) = \frac{1}{2\pi i} \int_C dz' \frac{\chi_{AB}(z')}{z' - z} \quad . \tag{4.4.2}$$

Hier ist C eine geschlossene Kurve im Analytizitätsgebiet. Wir wählen für C den in Abb. 4.5 dargestellten Weg, längs der reellen Achse und einem Halbkreis in der oberen Halbebene, beides ausgedehnt ins Unendliche.

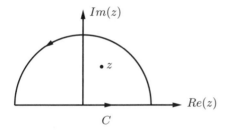

Abb. 4.5. Integrationsweg C zur Herleitung der Dispersionsrelation

Wir setzen nun voraus, daß $\chi_{AB}(z)$ im Unendlichen stark genug abfällt, so daß der Halbkreis nichts beiträgt, dann ist

$$\chi_{AB}(z) = \frac{1}{2\pi i} \int_{-\infty}^{\infty} dx' \frac{\chi_{AB}(x')}{x' - z} \quad . \tag{4.4.3}$$

Für reelles z folgt aus (4.4.3)

$$\chi_{AB}(x) = \lim_{\epsilon \to 0} \chi_{AB}(x + i\epsilon) = \lim_{\epsilon \to 0} \int \frac{dx'}{2\pi i} \frac{\chi_{AB}(x')}{x' - x - i\epsilon}$$

$$= \int \frac{dx'}{2\pi i} \left[\text{P} \frac{1}{x' - x} + i\pi \delta(x' - x) \right] \chi_{AB}(x') \ ,$$

d.h.

$$\chi_{AB}(x) = \frac{1}{\pi i} \text{P} \int dx' \frac{\chi_{AB}(x')}{x' - x} \quad . \tag{4.4.4}$$

Hier tritt der Cauchysche Hauptwert

$$P \int dx' \frac{f(x')}{x' - x} \equiv \lim_{\epsilon \to 0} \left(\int_{-\infty}^{x-\epsilon} dx' + \int_{x+\epsilon}^{\infty} dx' \right) \frac{f(x')}{x' - x}$$

auf. Daraus folgen die sogenannten *Dispersions-Relationen* (auch Kramers–Kronig–Relationen genannt)

$$\text{Re } \chi_{AB}(\omega) = \frac{1}{\pi} P \int d\omega' \frac{\text{Im } \chi_{AB}(\omega')}{\omega' - \omega} \tag{4.4.5a}$$

und

$$\text{Im } \chi_{AB}(\omega) = -\frac{1}{\pi} P \int d\omega' \frac{\text{Re } \chi_{AB}(\omega')}{\omega' - \omega} \quad . \tag{4.4.5b}$$

Diese Zusammenhänge zwischen dem Realteil und dem Imaginärteil der Suszeptibilität sind eine Folge der Kausalität.

4.5 Spektraldarstellung

Wir definieren[7] die dissipative Antwort

$$\chi''_{AB}(t) = \frac{1}{2\hbar} \langle [A(t), B(0)] \rangle \tag{4.5.1a}$$

und

$$\chi''_{AB}(\omega) = \int_{-\infty}^{\infty} dt \, e^{i\omega t} \chi''_{AB}(t) \quad . \tag{4.5.1b}$$

Mit der Fourier-Darstellung der Sprungfunktion

$$\Theta(t) = \lim_{\epsilon \to 0^+} \int_{-\infty}^{\infty} \frac{d\omega}{2\pi} e^{-i\omega t} \frac{i}{\omega + i\epsilon} \tag{4.5.2}$$

finden wir

$$\begin{aligned}
\chi_{AB}(\omega) &= \int dt \, e^{i\omega t} \, \Theta(t) \, 2i \, \chi''_{AB}(t) \\
&= \frac{1}{\pi} \int_{-\infty}^{\infty} d\omega' \frac{\chi''_{AB}(\omega')}{\omega' - \omega - i\epsilon} \\
&= \frac{1}{\pi} P \int d\omega' \frac{\chi''_{AB}(\omega')}{\omega' - \omega} + i\chi''_{AB}(\omega) \quad ,
\end{aligned} \tag{4.5.3}$$

---

[7] Hier und im folgenden lassen wir den Index 0 am Erwartungswert wieder weg. Mit $\langle \ \rangle$ ist der Erwartungswert bezüglich des Gesamt–System–Hamilton–Operators H_0, ohne äußere Störung gemeint.

wobei in Ausdrücken wie nach dem zweiten Gleichheitszeichen immer der Grenzwert $\epsilon \to 0^+$ gemeint ist. Damit ist die folgende Zerlegung von $\chi_{AB}(\omega)$,

$$\chi_{AB}(\omega) = \chi'_{AB}(\omega) + i\chi''_{AB}(\omega) \ , \tag{4.5.4}$$

mit

$$\chi'_{AB}(\omega) = \frac{1}{\pi} P \int d\omega' \frac{\chi''_{AB}(\omega')}{\omega' - \omega} \tag{4.5.5}$$

gewonnen. Wenn $\chi''_{AB}(\omega)$ reell ist, dann ist nach (4.5.5) auch $\chi'_{AB}(\omega)$ reell, und (4.5.4) stellt die Zerlegung in Real- und Imaginärteil dar. Die Beziehung (4.5.5) ist dann identisch mit der Dispersionsrelation (4.4.5a). Die Frage der Reellität von $\chi''_{AB}(\omega)$ wird im Abschnitt 4.8.2 geklärt.

4.6 Fluktuations–Dissipations–Theorem

Mit den Definitionen (4.5.1b) und (4.2.11) finden wir

$$\chi''_{AB}(\omega) = \frac{1}{2\hbar} \left(G^>_{AB}(\omega) - G^<_{AB}(\omega) \right) \quad , \tag{4.6.1a}$$

woraus sich mit Gleichung (4.2.14b)

$$\chi''_{AB}(\omega) = \frac{1}{2\hbar} G^>_{AB}(\omega) \left(1 - e^{-\beta\hbar\omega} \right) \tag{4.6.1b}$$

ergibt. Diese Relation von $G^>$ und χ'' nennt man *Fluktuations–Dissipations–Theorem*. Zusammen mit der Relation (4.5.3) ergibt sich für die dynamische Suszeptibilität

$$\chi_{AB}(\omega) = \frac{1}{2\pi\hbar} \int_{-\infty}^{\infty} d\omega' \frac{G^>_{AB}(\omega')(1 - e^{-\beta\hbar\omega'})}{\omega' - \omega - i\epsilon} \quad . \tag{4.6.2}$$

Klassischer Grenzfall $\beta\hbar\omega \ll 1$: Unter dem klassischen Grenzfall versteht man denjenigen Frequenz- und Temperaturbereich, für den die Bedingung $\beta\hbar\omega \ll 1$ erfüllt ist. Dann vereinfacht sich das Fluktuations-Dissipations-Theorem (4.6.1) zu

$$\chi''_{AB}(\omega) = \frac{\beta\omega}{2} G^>_{AB}(\omega) \quad . \tag{4.6.3}$$

Aus Gl. (4.6.2) erhält man im klassischen Grenzfall (d.h. $G^>_{AB}(\omega') \neq 0$ nur für $\beta\hbar|\omega'| \ll 1$)

$$\chi_{AB}(0) = \beta \int \frac{d\omega'}{2\pi} G^>_{AB}(\omega') = \beta G^>_{AB}(t = 0) \quad . \tag{4.6.4}$$

Die statische Suszeptibilität ($\omega = 0$) ist im klassischen Grenzfall gegeben durch die gleichzeitige Korrelationsfunktion von A und B dividiert durch kT.

Der Name Fluktuations–Dissipations–Theorem für (4.6.1) liegt nahe, weil $G_{AB}(\omega)$ ein Maß für die Korrelation von Fluktuationen von A und B ist, während χ''_{AB} die Dissipation beschreibt.

Daß χ'' mit *Dissipation* zu tun hat, sieht man wie folgt. Für eine Störung der Form

$$H' = \Theta(t)\left(A^\dagger F e^{-i\omega t} + A F^* e^{i\omega t}\right) \quad , \tag{4.6.5}$$

wo F eine c-Zahl ist, ist nach der goldenen Regel die Übergangsrate pro Zeiteinheit vom Zustand n in den Zustand m

$$\begin{aligned}
\Gamma_{n\to m} = \frac{2\pi}{\hbar}\bigl\{ &\delta(E_m - E_n - \hbar\omega)|\langle m|\, A^\dagger F\, |n\rangle|^2 \\
&+\delta(E_m - E_n + \hbar\omega)|\langle m|\, A F^*\, |n\rangle|^2\bigr\} \, .
\end{aligned} \tag{4.6.6}$$

Die Leistung der äußeren Kraft (= die pro Zeiteinheit absorbierte Energie) ist dann unter Verwendung von (4.6.1a) und (4.2.13a)

$$\begin{aligned}
W &= \sum_{n,m} \frac{e^{-\beta E_n}}{Z}\Gamma_{n\to m}(E_m - E_n) \\
&= \frac{2\pi}{\hbar}\hbar\omega\frac{1}{2\pi\hbar}\left(G^>_{AA^\dagger}(\omega) - G^<_{AA^\dagger}(\omega)\right)|F|^2 \\
&= 2\omega\chi''_{AA^\dagger}(\omega)|F|^2 \quad ,
\end{aligned} \tag{4.6.7}$$

wobei für die Anfangszustände eine kanonische Verteilung angenommen wurde. Damit ist gezeigt, daß $\chi''_{AA^\dagger}(\omega)$ die Energieabsorption und damit die Stärke der Dissipation bestimmt. Bei Frequenzen, für die $\chi''_{AA^\dagger}(\omega)$ groß ist, also in der Nähe von Resonanzen, ist die Absorption pro Zeiteinheit ebenfalls groß.

Anmerkung: Falls die Erwartungswerte der Operatoren A und B endlich sind, kann es in manchen Relationen vorteilhaft sein, statt dessen die Operatoren $\hat{A}(t) \equiv A(t) - \langle A\rangle$ und $\hat{B}(t) = B(t) - \langle B\rangle$ zu verwenden, um Beiträge proportional zu $\delta(\omega)$ zu vermeiden; z.B.: $\rho(\mathbf{x},t)$ oder $\rho_{\mathbf{k}=0}(t)$. Da sich der Kommutator nicht ändert, gilt $\chi_{AB}(t) = \chi_{\hat{A}\hat{B}}(t)$, $\chi''_{AB}(t) = \chi''_{\hat{A}\hat{B}}(t)$, usw.

4.7 Anwendungsbeispiele

Um konkrete Formen von Response- und Korrelations–Funktionen vor Augen zu haben, geben wir diese für drei typische Beispiele, nämlich für einen harmonischen Kristall, für Diffusionsdynamik und für einen gedämpften harmonischen Oszillator an.

(i) **Harmonischer Kristall.** Als erstes, quantenmechanisches Beispiel berechnen wir die Suszeptibilität für die Auslenkungen eines harmonischen Kristalls. Der Einfachheit halber betrachten wir ein Bravais-Gitter, in dem also pro Elementarzelle ein Atom vorliegt. Wir schicken hier zunächst einige Angaben aus der in der Festkörperphysik[8] behandelten Gitterdynamik voraus. Die Atome und Gitterpunkte werden durch Vektoren $\mathbf{n} = (n_1, n_2, n_3)$ aus natürlichen Zahlen $n_i = 1, \ldots, N_i$ durchnumeriert, wobei die Zahl der Gitterpunkte $N = N_1 N_2 N_3$ ist. Die kartesischen Koordinaten werden durch den Index $i = 1, 2, 3$ charakterisiert. Die Gleichgewichtslagen der Gitterpunkte seien $\mathbf{a_n}$ und der Ortsvektor des Atoms $\mathbf{n}$ sei $\mathbf{x_n} = \mathbf{a_n} + \mathbf{u_n}$, wo $\mathbf{u_n}$ die Auslenkungen von den Gleichgewichtslagen bedeuten. Letztere kann man durch Normalkoordinaten $Q_{\mathbf{k},\lambda}$ darstellen

$$u_{\mathbf{n}}^i(t) = \frac{1}{\sqrt{NM}} \sum_{\mathbf{k},\lambda} e^{i\mathbf{k}\mathbf{a_n}} \epsilon^i(\mathbf{k}, \lambda) Q_{\mathbf{k},\lambda}(t) \,, \tag{4.7.1}$$

wo N die Zahl der Atome, M deren Masse, $\mathbf{k}$ die Wellenzahl und $\epsilon^i(\mathbf{k}, \lambda)$ die Komponenten der drei Polarisationsvektoren bedeuten, $\lambda = 1, 2, 3$. Die Normalkoordinaten kann man durch Erzeugungs- und Vernichtungsoperatoren $a_{\mathbf{k},\lambda}^\dagger$ und $a_{\mathbf{k},\lambda}$ für *Phononen* mit der Wellenzahl $\mathbf{k}$ und Polarisation λ ausdrücken

$$Q_{\mathbf{k},\lambda}(t) = \sqrt{\frac{\hbar}{2\omega_{\mathbf{k},\lambda}}} \left(a_{\mathbf{k},\lambda}(t) + a_{-\mathbf{k},\lambda}^\dagger(t) \right) \tag{4.7.2}$$

mit den drei akustischen Phononenfrequenzen $\omega_{\mathbf{k},\lambda}$. Hier wird die Heisenberg-Darstellung

$$a_{\mathbf{k},\lambda}(t) = e^{-i\omega_{\mathbf{k},\lambda} t} a_{\mathbf{k},\lambda}(0) \tag{4.7.3}$$

verwendet. Der Hamilton-Operator nimmt nach dieser Transformation die Form

$$H = \sum_{\mathbf{k},\lambda} \hbar\omega_{\mathbf{k},\lambda} (a_{\mathbf{k},\lambda}^\dagger a_{\mathbf{k},\lambda} + \frac{1}{2}) \tag{4.7.4}$$

$(a_{\mathbf{k},\lambda} \equiv a_{\mathbf{k},\lambda}(0))$ an. Aus den Vertauschungsrelationen der $\mathbf{x_n}$ und ihrer adjungierten Impulse erhält man für die Erzeugungs- und Vernichtungsoperatoren die üblichen Kommutatoren:

$$\left[a_{\mathbf{k},\lambda}, a_{\mathbf{k}',\lambda'}^\dagger \right] = \delta_{\lambda\lambda'} \delta_{\mathbf{k}\mathbf{k}'}$$
$$[a_{\mathbf{k},\lambda}, a_{\mathbf{k}',\lambda'}] = \left[a_{\mathbf{k},\lambda}^\dagger, a_{\mathbf{k}',\lambda'}^\dagger \right] = 0 \,. \tag{4.7.5}$$

---

[8] Siehe z.B. Ch. Kittel, *Quantum Theory of Solids*, 2nd rev. print, J. Wiley, New York, 1987

Die dynamische Suszeptibilität für die Auslenkungen ist durch

$$\chi^{ij}(\mathbf{n} - \mathbf{n}', t) = \frac{i}{\hbar}\Theta(t)\Big\langle \big[u_\mathbf{n}^i(t), u_{\mathbf{n}'}^j(0)\big]\Big\rangle \tag{4.7.6}$$

definiert und läßt sich durch

$$\chi''^{ij}(\mathbf{n} - \mathbf{n}', t) = \frac{1}{2\hbar}\Big\langle \big[u_\mathbf{n}^i(t), u_{\mathbf{n}'}^j(0)\big]\Big\rangle \tag{4.7.7}$$

ausdrücken

$$\chi^{ij}(\mathbf{n} - \mathbf{n}', t) = 2i\Theta(t)\chi''^{ij}(\mathbf{n} - \mathbf{n}', t) . \tag{4.7.8}$$

Unter der Phonon-Korrelationsfunktion verstehen wir

$$D^{ij}(\mathbf{n} - \mathbf{n}', t) = \Big\langle u_\mathbf{n}^i(t)u_{\mathbf{n}'}^j(0)\Big\rangle . \tag{4.7.9}$$

In diesen Größen wurde Translationsinvarianz vorausgesetzt, d. h. man betrachtet entweder einen unendlich großen Kristall oder einen endlichen mit periodischen Randbedingungen. Für die interessierenden physikalischen Größen ist diese Idealisierung ohne Belang. Die Translationsinvarianz hat zur Folge, daß (4.7.6) und (4.7.7) nur von der Differenz $\mathbf{n} - \mathbf{n}'$ abhängen. Die Berechnung von $\chi''^{ij}(\mathbf{n} - \mathbf{n}', t)$ führt unter Verwendung von (4.7.1), (4.7.2), (4.7.3) und (4.7.5) auf

$$\chi''^{ij}(\mathbf{n} - \mathbf{n}', t) = \frac{1}{2\hbar}\frac{1}{NM}\sum_{\substack{\mathbf{k},\lambda \\ \mathbf{k}',\lambda'}} e^{i\mathbf{k}\mathbf{a_n}+i\mathbf{k}'\mathbf{a_{n'}}}\epsilon^i(\mathbf{k},\lambda)\epsilon^j(\mathbf{k}',\lambda')$$

$$\times \frac{\hbar}{\sqrt{4\omega_{\mathbf{k},\lambda}\omega_{\mathbf{k}',\lambda'}}}\Big\langle\Big[\big(a_{\mathbf{k},\lambda}e^{-i\omega_{\mathbf{k},\lambda}t} + a_{-\mathbf{k},\lambda}^\dagger e^{i\omega_{\mathbf{k},\lambda}t}\big), \big(a_{\mathbf{k}',\lambda'} + a_{-\mathbf{k}',\lambda'}^\dagger\big)\Big]\Big\rangle$$

$$= \frac{1}{4NM}\sum_{\mathbf{k},\lambda}e^{i\mathbf{k}(\mathbf{a_n}-\mathbf{a_{n'}})}\epsilon^i(\mathbf{k},\lambda)\epsilon^{*j}(\mathbf{k},\lambda)\frac{1}{\omega_{\mathbf{k},\lambda}}\big(e^{-i\omega_{\mathbf{k},\lambda}t} - e^{i\omega_{\mathbf{k},\lambda}t}\big) .$$

$$\tag{4.7.10}$$

Im weiteren verwenden wir, daß für Bravais-Gitter die Polarisationsvektoren reell sind.[9] Daraus ergibt sich für (4.7.6)

$$\chi^{ij}(\mathbf{n} - \mathbf{n}', t) = \frac{1}{NM}\sum_{\mathbf{k},\lambda}e^{i\mathbf{k}(\mathbf{a_n}-\mathbf{a_{n'}})}\frac{\epsilon^i(\mathbf{k},\lambda)\epsilon^j(\mathbf{k},\lambda)}{\omega_{\mathbf{k},\lambda}}\sin\omega_{\mathbf{k},\lambda}t\,\Theta(t)$$

$$\tag{4.7.11}$$

und für die zeitliche Fourier-Transformierte

---

[9] In Nicht–Bravais–Gittern enthält die Einheitszelle $r \geq 2$ Atome (Ionen). Die Zahl der Phononenzweige ist $3r$, d.h. $\lambda = 1, \ldots, 3r$. Außerdem sind die Polarisationsvektoren $\epsilon(\mathbf{k}, \lambda)$ i.a. komplex, und in den Ergebnissen (4.7.11) bis (4.7.18) ist der zweite Faktor $\epsilon^j(\ldots, \lambda)$ durch $\epsilon^{j*}(\ldots, \lambda)$ zu ersetzen.

$$\chi^{ij}(\mathbf{n}-\mathbf{n}',\omega) = \frac{1}{NM} \sum_{\mathbf{k},\lambda} e^{i\mathbf{k}(\mathbf{a_n}-\mathbf{a_{n'}})} \frac{\epsilon^i(\mathbf{k},\lambda)\epsilon^j(\mathbf{k},\lambda)}{\omega_{\mathbf{k},\lambda}} \int_0^\infty dt\, e^{i\omega t} \sin \omega_{\mathbf{k},\lambda} t \;.$$

$$(4.7.12)$$

Unter Verwendung von (QM I, Gleichungen (A-22), (A-23), (A-24))

$$\int_0^\infty ds\, e^{isz} = 2\pi\delta_+(z) = \left[\pi\delta(z) + iP\left(\frac{1}{z}\right)\right] = i\lim_{\epsilon\to 0} \frac{1}{z+i\epsilon}$$

$$\int_0^\infty ds\, e^{-isz} = 2\pi\delta_-(z) = \left[\pi\delta(z) - iP\left(\frac{1}{z}\right)\right] = -i\lim_{\epsilon\to 0} \frac{1}{z-i\epsilon}$$

$$(4.7.13)$$

folgt für reelle z

$$\chi^{ij}(\mathbf{n}-\mathbf{n}',\omega) = \lim_{\epsilon\to 0} \frac{1}{2NM} \sum_{\mathbf{k},\lambda} e^{i\mathbf{k}(\mathbf{a_n}-\mathbf{a_{n'}})} \frac{\epsilon^i(\mathbf{k},\lambda)\epsilon^j(\mathbf{k},\lambda)}{\omega_{\mathbf{k},\lambda}}$$

$$\times \left\{ \frac{1}{\omega+\omega_{\mathbf{k},\lambda}+i\epsilon} - \frac{1}{\omega-\omega_{\mathbf{k},\lambda}+i\epsilon} \right\}$$

$$(4.7.14a)$$

und für die räumliche Fourier-Transformation

$$\chi^{ij}(\mathbf{q},\omega) = \sum_{\mathbf{n}} e^{-i\mathbf{q}\mathbf{a_n}} \chi^{ij}(\mathbf{n},\omega) = \frac{1}{2M} \sum_{\lambda} \frac{\epsilon^i(\mathbf{q},\lambda)\epsilon^j(\mathbf{q},\lambda)}{\omega_{\mathbf{q},\lambda}}$$

$$\times \left\{ \frac{1}{\omega+\omega_{\mathbf{q},\lambda}+i\epsilon} - \frac{1}{\omega-\omega_{\mathbf{q},\lambda}+i\epsilon} \right\} \;.$$

$$(4.7.14b)$$

Für die Zerlegungen

$$\chi^{ij}(\mathbf{n}-\mathbf{n}',\omega) = \chi'^{ij}(\mathbf{n}-\mathbf{n}',\omega) + i\chi''^{ij}(\mathbf{n}-\mathbf{n}',\omega) \qquad (4.7.15a)$$

und

$$\chi^{ij}(\mathbf{q},\omega) = \chi'^{ij}(\mathbf{q},\omega) + i\chi''^{ij}(\mathbf{q},\omega) \qquad (4.7.15b)$$

folgt hieraus

$$\chi'^{ij}(\mathbf{n}-\mathbf{n}',\omega) = \frac{1}{2NM} \sum_{\mathbf{k},\lambda} e^{i\mathbf{k}(\mathbf{a_n}-\mathbf{a_{n'}})} \frac{\epsilon^i(\mathbf{k},\lambda)\epsilon^j(\mathbf{k},\lambda)}{\omega_{\mathbf{k},\lambda}}$$

$$\times \left\{ P\left(\frac{1}{\omega+\omega_{\mathbf{k},\lambda}}\right) - P\left(\frac{1}{\omega-\omega_{\mathbf{k},\lambda}}\right) \right\}$$

$$(4.7.16a)$$

$$\chi'^{ij}(\mathbf{q},\omega) = \sum_{\mathbf{n}} e^{-i\mathbf{q}\mathbf{a_n}} \chi^{ij}(\mathbf{n},\omega)$$

$$= \frac{1}{2M} \sum_{\lambda} \frac{\epsilon^i(\mathbf{q},\lambda)\epsilon^j(\mathbf{q},\lambda)}{\omega_{\mathbf{q},\lambda}}$$

$$\times \left\{ P\left(\frac{1}{\omega+\omega_{\mathbf{q},\lambda}}\right) - P\left(\frac{1}{\omega-\omega_{\mathbf{q},\lambda}}\right) \right\}$$

$$(4.7.16b)$$

$$\chi''^{ij}(\mathbf{n} - \mathbf{n}', \omega) = \frac{\pi}{2NM} \sum_{\mathbf{k},\lambda} e^{i\mathbf{k}(\mathbf{a_n} - \mathbf{a_{n'}})} \frac{\epsilon^i(\mathbf{k}, \lambda)\epsilon^j(\mathbf{k}, \lambda)}{\omega_{\mathbf{k},\lambda}}$$

$$\times [\delta(\omega - \omega_{\mathbf{k},\lambda}) - \delta(\omega + \omega_{\mathbf{k},\lambda})] \qquad (4.7.17a)$$

$$\chi''^{ij}(\mathbf{q}, \omega) = \sum_{\mathbf{n}} e^{-i\mathbf{q}\mathbf{a_n}} \chi''^{ij}(\mathbf{n}, \omega)$$

$$= \frac{\pi}{2M} \sum_{\lambda} \frac{\epsilon^i(\mathbf{q}, \lambda)\epsilon^j(\mathbf{q}, \lambda)}{\omega_{\mathbf{q},\lambda}}$$

$$\times [\delta(\omega - \omega_{\mathbf{q},\lambda}) - \delta(\omega + \omega_{\mathbf{q},\lambda})] \ . \qquad (4.7.17b)$$

Die Phonon-Korrelationsfunktion (Gl.(4.7.9)) kann man entweder direkt berechnen oder mittels des Fluktuations-Dissipationstheorems aus $\chi''^{ij}(\mathbf{n} - \mathbf{n}', \omega)$ bestimmen:

$$D^{ij}(\mathbf{n} - \mathbf{n}', \omega) = 2\hbar \frac{e^{\beta\hbar\omega}}{e^{\beta\hbar\omega} - 1} \chi''^{ij}(\mathbf{n} - \mathbf{n}', \omega)$$

$$= 2\hbar \left[1 + n(\omega)\right] \chi''^{ij}(\mathbf{n} - \mathbf{n}', \omega)$$

$$= \frac{\pi\hbar}{NM} \sum_{\mathbf{k},\lambda} e^{i\mathbf{k}(\mathbf{a_n} - \mathbf{a_{n'}})} \frac{\epsilon^i(\mathbf{k}, \lambda)\epsilon^j(\mathbf{k}, \lambda)}{\omega_{\mathbf{k},\lambda}} \qquad (4.7.18a)$$

$$\times \left\{(1 + n_{\mathbf{k},\lambda})\delta(\omega - \omega_{\mathbf{k},\lambda}) - n_{\mathbf{k},\lambda}\delta(\omega + \omega_{\mathbf{k},\lambda})\right\} \ ,$$

analog folgt

$$D^{ij}(\mathbf{q}, \omega) = 2\hbar \left[1 + n(\omega)\right] \chi''^{ij}(\mathbf{q}, \omega)$$

$$= \frac{\pi\hbar}{M} \sum_{\lambda} \frac{\epsilon^i(\mathbf{q}, \lambda)\epsilon^j(\mathbf{q}, \lambda)}{\omega_{\mathbf{q},\lambda}} \qquad (4.7.18b)$$

$$\times \left\{(1 + n_{\mathbf{q},\lambda})\delta(\omega - \omega_{\mathbf{q},\lambda}) - n_{\mathbf{q},\lambda}\delta(\omega + \omega_{\mathbf{q},\lambda})\right\} \ .$$

Hier bedeutet

$$n_{\mathbf{q},\lambda} = \left\langle a_{\mathbf{q},\lambda}^\dagger a_{\mathbf{q},\lambda} \right\rangle = \frac{1}{e^{\beta\hbar\omega_{\mathbf{q},\lambda}} - 1} \qquad (4.7.19)$$

die mittlere thermische Besetzungszahl für Phononen mit der Wellenzahl $\mathbf{q}$ und Polarisation λ. Die Phonon-Resonanzen in $D^{ij}(\mathbf{q}, \omega)$ sind scharfe δ-artige Spitzen, für ein bestimmtes $\mathbf{q}$ an den Stellen $\pm\omega_{\mathbf{q},\lambda}$. Die Entwicklung der Dichte-Dichte-Korrelationsfunktion, welche den inelastischen Neutronenstreuquerschnitt bestimmt, enthält als einen Beitrag die Phonon-Korrelationsfunktion (4.7.18b). Die Anregungen des Vielteilchensystems (hier die Phononen) äußern sich als Resonanzen im Streuquerschnitt. In der Realität wechselwirken die Phononen miteinander und auch mit anderen Anregungen des Systems wie z.B. mit den Elektronen in einem Metall. Dies führt zur Dämpfung der Phononen. Dann ist im wesentlichen die Größe ϵ durch eine endliche Dämpfungskonstante $\gamma(\mathbf{q}, \lambda)$ ersetzt. Die Phononresonanzen in (4.7.18) bekommen dann eine endliche Breite. Siehe Abb. 4.3 und Aufgabe 4.5.

(ii) **Diffusion.** Die Diffusionsgleichung für $M(\mathbf{x}, t)$ lautet

$$\dot{M}(\mathbf{x}, t) = D\nabla^2 M(\mathbf{x}, t) \quad , \tag{4.7.20}$$

wobei D die Diffusionskonstante ist, und $M(\mathbf{x}, t)$ zum Beispiel die Magnetisierungsdichte eines Paramagneten darstellen kann. Aus (4.7.20) findet man leicht[10,11]

$$\chi(\mathbf{q}, \omega) = \chi(\mathbf{q})\frac{iDq^2}{\omega + iDq^2}$$

$$\chi'(\mathbf{q}, \omega) = \chi(\mathbf{q})\frac{(Dq^2)^2}{\omega^2 + (Dq^2)^2}$$

$$\chi''(\mathbf{q}, \omega) = \chi(\mathbf{q})\frac{Dq^2\omega}{\omega^2 + (Dq^2)^2} \tag{4.7.21}$$

$$G^>(\mathbf{q}, \omega) = \chi(\mathbf{q})\frac{2\hbar\omega}{1 - e^{-\beta\hbar\omega}}\frac{Dq^2}{\omega^2 + (Dq^2)^2} \quad .$$

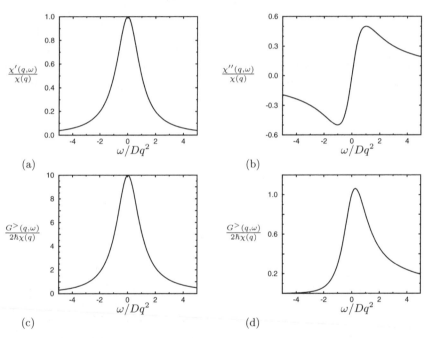

(a)   (b)   (c)   (d)

Abb. 4.6. Diffusionsdynamik: (a) Realteil, (b) Imaginärteil der dynamischen Suszeptibilität (4.7.21). In (c) und (d) ist $G^>$ dividiert durch die statische Suszeptibilität als Funktion von $\frac{\omega}{Dq^2}$ dargestellt; (c) für $\beta\hbar Dq^2 = 0.1$ und (d) für $\beta\hbar Dq^2 = 1$.

---

[10] $M(\mathbf{x}, t)$ ist eine makroskopische Größe, aus der Kenntnis ihrer Dynamik kann auf die Suszeptibilität zurückgeschlossen werden (Beispiel 4.1). Entsprechendes gilt für den Oszillator Q (siehe Beispiel 4.2).

[11] Hier wurde auch $\chi' = \mathrm{Re}\,\chi$, $\chi'' = \mathrm{Im}\,\chi$ benützt, was nach Abschnitt 4.8 für $Q^\dagger = Q$ und $M_{-\mathbf{q}} = M_{\mathbf{q}}^\dagger$ gilt.

In Abb. 4.6 sind $\chi'(\mathbf{q}, \omega), \chi''(\mathbf{q}, \omega)$ und $G^>(\mathbf{q}, \omega)$ dargestellt. Man erkennt, daß $\chi'(\mathbf{q}, \omega)$ eine symmetrische und $\chi''(\mathbf{q}, \omega)$ eine antisymmetrische Funktion von ω ist. In $G^>(\mathbf{q}, \omega)$ geht auch der Wert von $\beta\hbar Dq^2$ ein, dieser ist in Abb. 4.6c als $\beta\hbar Dq^2 = 0.1$ genommen. Um das unterschiedliche Gewicht des Stokes- und Anti-Stokes-Anteils hervorzuheben, ist in Abb. 4.6d der Wert $\beta\hbar Dq^2 = 1$ genommen. Dabei ist zu betonen, daß dies für Diffusionsdynamik unrealistisch ist, denn im hydrodynamischen Bereich sind die Frequenzen immer kleiner als kT.

(iii) **Gedämpfter Oszillator.** Als nächstes betrachten wir einen gedämpften *harmonischer Oszillator*

$$m \left[\frac{d^2}{dt^2} + \gamma\frac{d}{dt} + \omega_0^2 \right] Q = 0 \tag{4.7.22}$$

mit der Masse m, der Frequenz ω_0 und der Dämpfungskonstanten γ.

Wenn man in der Bewegungsgleichung (4.7.22) auf der rechten Seite eine äußere Kraft K hinzufügt, erhält man im statischen Grenzfall $\frac{Q}{K} = 1/m\omega_0^2$. Da dieses Verhältnis die statische Suszeptibilität definiert, hängt die Eigenfrequenz des Oszillators mit seiner Masse m und der statischen Suszeptibilität χ folgendermaßen zusammen $\omega_0^2 = \frac{1}{m\chi}$. Man findet aus der Bewegungsgleichung (4.7.22) mit einer periodischen frequenzabhängigen äußeren Kraft für die dynamische Suszeptibilität[10,11] $\chi(\omega)$ und für $G^>(\omega)$

$$\begin{aligned} \chi(\omega) &= \frac{1/m}{-\omega^2 + \omega_0^2 - \mathrm{i}\omega\gamma} \\ \chi'(\omega) &= \frac{1}{m} \frac{-\omega^2 + \omega_0^2}{(-\omega^2 + \omega_0^2)^2 + \omega^2\gamma^2} \\ \chi''(\omega) &= \frac{1}{m} \frac{\omega\gamma}{(-\omega^2 + \omega_0^2)^2 + \omega^2\gamma^2} \\ G^>(\omega) &= \frac{2\hbar\omega}{m(1 - \mathrm{e}^{-\beta\hbar\omega})} \frac{\gamma}{(-\omega^2 + \omega_0^2)^2 + \omega^2\gamma^2} \end{aligned} \tag{4.7.23}$$

Diese Größen sind, jeweils dividiert durch $\chi = 1/m\omega_0^2$, in Abb. 4.7 als Funktion von ω/ω_0 dargestellt, wobei für das Verhältnis von Dämpfungskonstante und Oszillationsfrequenz $\gamma/\omega_0 = 0.4$ angenommen wurde. Man sieht, daß χ' und χ'' symmetrisch bzw. antisymmetrisch sind. In Abb. 4.7c ist $G^>(\omega)$ bei $\beta\hbar\omega_0 = 0.1$ und in Abb. 4.7d bei $\beta\hbar\omega_0 = 1$ aufgetragen. Wie in Abb. 4.6c,d wird die Asymmetrie bei Erniedrigung der Temperatur deutlich. Den Unterschied zwischen den Intensitäten der Stokes– und der Anti-Stokes-Linie kann man verwenden um z.B. bei Raman–Streuung die Temperatur einer Probe zu bestimmen.

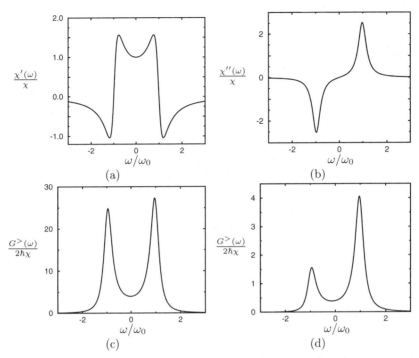

Abb. 4.7. $\chi'(\omega), \chi''(\omega)$ und $G^>(\omega)$ für den harmonischen Oszillator $\frac{\gamma}{\omega_0} = 0.4$. In (c) ist $\beta\hbar\omega_0 = 0.1$ und in (d) $\beta\hbar\omega_0 = 1.0$.

*4.8 Symmetrieeigenschaften

4.8.1 Allgemeine Symmetrierelationen

Man sieht aus den beiden Abbildungen, daß $\chi'(\omega)$ symmetrisch ist, $\chi''(\omega)$ antisymmetrisch und daß in $G^>(\omega)$ die Stokes-Linien stärker ausgeprägt sind als die Anti-Stokes-Linien. Wir wollen nun allgemein untersuchen, unter welchen Voraussetzungen diese Symmetrieeigenschaften gelten. Die hier zu besprechenden Symmetrieeigenschaften sind entweder rein formaler Natur und eine unmittelbare Folge der Definitionen, der üblichen Eigenschaften von Kommutatoren zusammen mit den Dispersionsrelationen und den Beziehungen (4.2.14a,b) oder sie sind physikalischer Natur und folgen aus den Symmetrieeigenschaften des Hamilton-Operators wie Translationsinvarianz, Rotationsinvarianz, Spiegelungssymmetrie und Invarianz gegen Zeitumkehr. Aus (4.6.1b) und (4.2.14b) folgt

$$\chi''_{AB}(-\omega) = \frac{1}{2\hbar}G^>_{AB}(-\omega)\left[1 - e^{\beta\hbar\omega}\right] = \frac{1}{2\hbar}e^{-\beta\hbar\omega}G^>_{BA}(\omega)\left[1 - e^{\beta\hbar\omega}\right]$$

$$(4.8.1a)$$

und nochmaliger Vergleich mit (4.6.1b) ergibt

$$\chi''_{AB}(-\omega) = -\chi''_{BA}(\omega) \quad .$$ (4.8.1b)

Diese Relation folgt auch aus der Antisymmetrie des Kommutators, siehe Gl. (4.8.12b).

Wenn $B = A^\dagger$, dann sind die Korrelationsfunktionen $G^{\lessgtr}_{AA^\dagger}(\omega)$ reell.

Beweis:

$$G^>_{AA^\dagger}(\omega)^* = \left[\int_{-\infty}^{\infty} dt\, e^{i\omega t} \langle A(t) A^\dagger(0) \rangle \right]^* = \int_{-\infty}^{\infty} dt\, e^{-i\omega t} \langle A(0) A^\dagger(t) \rangle$$

$$= \int_{-\infty}^{\infty} dt\, e^{-i\omega t} \langle A(-t) A^\dagger(0) \rangle = \int_{-\infty}^{\infty} dt\, e^{i\omega t} \langle A(t) A^\dagger(0) \rangle$$

$$= G^>_{AA^\dagger}(\omega) \; .$$

(4.8.2)

Für $B = A^\dagger$ sind auch $\chi'_{AA^\dagger}(\omega)$ und $\chi''_{AA^\dagger}(\omega)$ reell und ergeben die Zerlegung von $\chi_{AA^\dagger}$ in Real- und Imaginärteil

$$\text{Im } \chi_{AA^\dagger} = \chi''_{AA^\dagger} \quad , \quad \text{Re } \chi_{AA^\dagger} = \chi'_{AA^\dagger} \quad .$$ (4.8.3)

Diese Eigenschaften werden von der Dichte–Dichte–Korrelationsfunktion erfüllt.

Die *Definitionen* von *Dichte-Korrelations-* und *-Responsefunktion* lauten:

$$S(\mathbf{k}, \omega) = \int_{-\infty}^{\infty} dt\, e^{i\omega t} S(\mathbf{k}, t) = \int dt\, d^3x\, e^{-i(\mathbf{k}\mathbf{x} - \omega t)} S(\mathbf{x}, t) \; ,$$ (4.8.4a)

wobei

$$S(\mathbf{x}, t) = \langle \rho(\mathbf{x}, t) \rho(0, 0) \rangle$$ (4.8.4b)

die Korrelation des Dichteoperators (4.1.27) bezeichnet. Mit (4.1.28) folgt

$$S(\mathbf{k}, t) = \langle \rho_{\mathbf{k}}(t) \rho_{-\mathbf{k}}(0) \rangle \; .$$ (4.8.4c)

Entsprechend ist die Suszeptibilität durch $\chi(\mathbf{k}, \omega)$ bzw.

$$\chi''(\mathbf{k}, \omega) = \int_{-\infty}^{\infty} dt\, e^{i\omega t} \frac{1}{2\hbar} \langle [\rho_{\mathbf{k}}(t), \rho_{-\mathbf{k}}(0)] \rangle \; ,$$ (4.8.5)

definiert. Der Zusammenhang der Dichte–Korrelationsfunktion mit $S_{\text{koh}}(\mathbf{k}, \omega)$ lautet

$$S(\mathbf{k}, \omega) = \frac{N}{V} 2\pi\hbar S_{\text{koh}}(\mathbf{k}, \omega) \quad . \tag{4.8.6}$$

Weitere Symmetrieeigenschaften ergeben sich, wenn räumliche *Spiegelungs–Symmetrie* vorliegt. Da dann $\chi''(-\mathbf{k}, \omega) = \chi''(\mathbf{k}, \omega)$ gilt, folgt aus (4.8.1b)

$$\chi''(\mathbf{k}, -\omega) = -\chi''(\mathbf{k}, \omega) \quad . \tag{4.8.7a}$$

Also ist χ'' ungerade in ω und wegen (4.8.3) reell. Dementsprechend ist $\chi'(\mathbf{k}, \omega)$ gerade:

$$\chi'(\mathbf{k}, -\omega) = \chi'(\mathbf{k}, \omega) \quad . \tag{4.8.7b}$$

Dies sieht man unter Verwendung der Dispersionsrelation, da

$$\chi'(\mathbf{k}, -\omega) = P \int_{-\infty}^{\infty} \frac{d\omega'}{\pi} \frac{\chi''(\mathbf{k}, \omega')}{\omega' + \omega} = -P \int_{-\infty}^{\infty} \frac{d\omega'}{\pi} \frac{\chi''(\mathbf{k}, -\omega')}{\omega' + \omega}$$

$$= P \int_{-\infty}^{\infty} \frac{d\omega'}{\pi} \frac{\chi''(\mathbf{k}, \omega')}{\omega' - \omega} = \chi'(\mathbf{k}, \omega) \ . \tag{4.8.8}$$

Für spiegelungsinvariante Systeme kann die Dichte-Suszeptibilität nach (4.6.1a) und (4.2.14a) in der Form

$$\chi''(\mathbf{k}, \omega) = \frac{1}{2\hbar} \left(S(\mathbf{k}, \omega) - S(\mathbf{k}, -\omega) \right) \tag{4.8.9}$$

dargestellt werden. Setzt man dies in die Dispersionsrelation ein, findet man

$$\chi'(\mathbf{k}, \omega) = \frac{1}{2\hbar\pi} P \int_{-\infty}^{\infty} d\omega' S(\mathbf{k}, \omega') \left[\frac{1}{\omega' - \omega} - \frac{1}{-\omega' - \omega} \right]$$

$$= \frac{1}{\hbar\pi} P \int_{-\infty}^{\infty} d\omega' \frac{\omega' S(\mathbf{k}, \omega')}{\omega'^2 - \omega^2} \ . \tag{4.8.10}$$

Daraus folgt das asymptotische Verhalten

$$\lim_{\omega \to 0} \chi'(\mathbf{k}, \omega) = \frac{1}{\hbar\pi} P \int_{-\infty}^{\infty} d\omega' \frac{S(\mathbf{k}, \omega')}{\omega'} \tag{4.8.11a}$$

$$\lim_{\omega \to \infty} \omega^2 \chi'(\mathbf{k}, \omega) = -\frac{1}{\hbar\pi} \int_{-\infty}^{\infty} d\omega' \omega' S(\mathbf{k}, \omega') \quad . \tag{4.8.11b}$$

4.8.2 Symmetrieeigenschaften der Responsefunktion für hermitesche Operatoren

4.8.2.1 Hermitesche Operatoren

Beispiele für hermitesche Operatoren sind die Dichte $\rho(\mathbf{x}, t)$ und die Impulsdichte $\mathbf{P}(\mathbf{x}, t)$. Für allgemeine und insbesondere auch für hermitesche Operatoren A und B gelten die folgenden Symmetrierelationen

$$\chi''_{AB}(t - t') = -\chi''_{BA}(t' - t) \tag{4.8.12a}$$

$$\chi''_{AB}(\omega) = -\chi''_{BA}(-\omega) \quad . \tag{4.8.12b}$$

Dies folgt aus der Antisymmetrie des Kommutators. Die Fourier–transformierte Relation ist identisch mit der ersten Relation dieses Abschnitts. Ebenfalls liest man unmittelbar aus der Definition (4.5.1a)

$$\chi''_{AB}(t - t')^* = -\chi''_{AB}(t - t') \tag{4.8.13a}$$

ab, d.h. $\chi''_{AB}(t - t')$ ist imaginär (der Kommutator zweier hermitescher Operatoren ist antihermitesch) und

$$\chi''_{AB}(\omega)^* = -\chi''_{AB}(-\omega) \quad . \tag{4.8.13b}$$

Zusammengesetzt ergeben (4.8.12) und (4.8.13)

$$\chi''_{AB}(t - t')^* = +\chi''_{BA}(t' - t) \tag{4.8.14a}$$

und

$$\chi''_{AB}(\omega)^* = \chi''_{BA}(\omega) \quad . \tag{4.8.14b}$$

Zwischenbemerkung: Sowohl bei der Korrelationsfunktion als auch bei der Suszeptibilität bedingt die Translationsinvarianz

$$G^{\gtrless}_{A(\mathbf{x})B(\mathbf{x}')} = G^{\gtrless}_{AB}(\mathbf{x} - \mathbf{x}', \ldots) \tag{4.8.15a}$$

und die Rotationsinvarianz

$$G^{\gtrless}_{A(\mathbf{x})B(\mathbf{x}')} = G^{\gtrless}_{AB}(|\mathbf{x} - \mathbf{x}'|, \ldots) \quad . \tag{4.8.15b}$$

Deshalb folgt aus (4.8.14b) für räumlich translations– und rotationsinvariante Systeme, daß

$$\chi''_{A(\mathbf{x})A(\mathbf{x}')}(\omega) = \chi''_{AA}(|\mathbf{x} - \mathbf{x}'|, \omega) \tag{4.8.16}$$

reell und antisymmetrisch in ω ist.

Für unterschiedliche Operatoren bestimmt das Verhalten unter der *Zeitumkehrtransformation*, ob χ'' reell ist oder nicht.

4.8.2.2 Zeitumkehr, räumliche und zeitliche Translationen

Zeitumkehrinvarianz

Ein Operator $A(\mathbf{x}, t)$ transformiert sich unter der Zeitumkehroperation (Abschn. 11.4.2.3) folgendermaßen

$$A(\mathbf{x}, t) \rightarrow A'(\mathbf{x}, t) = \mathcal{T} A(\mathbf{x}, t) \mathcal{T}^{-1} = \epsilon_A A(\mathbf{x}, -t) \,. \tag{4.8.17}$$

ϵ_A heißt Signatur und nimmt folgende Werte an:

$\epsilon_A = \ \ 1$ (z.B. für Ort und elektrisches Feld)

$\epsilon_A = -1$ (z.B. für Geschwindigkeit, Drehimpuls und Magnetfeld).

Für den Erwartungswert eines Operators B findet man

$$\langle \alpha | \, B \, | \alpha \rangle = \langle \mathcal{T} B \alpha | \mathcal{T} \alpha \rangle = \langle \mathcal{T} B \mathcal{T}^{-1} \mathcal{T} \alpha | \mathcal{T} \alpha \rangle$$

$$= \langle \mathcal{T} \alpha | \, (\mathcal{T} B \mathcal{T}^{-1})^\dagger \, | \mathcal{T} \alpha \rangle \,. \tag{4.8.18a}$$

Unter Verwendung von (4.8.17) ergibt sich

$$(\mathcal{T}[A(\mathbf{x}, t), B(\mathbf{x}', t')] \mathcal{T}^{-1})^\dagger = \epsilon_A \epsilon_B [A(\mathbf{x}, -t), B(\mathbf{x}', -t')]^\dagger$$

$$= -\epsilon_A \epsilon_B [A(\mathbf{x}, -t), B(\mathbf{x}', -t')] \,. \tag{4.8.18b}$$

Daraus erhält man für zeitumkehrinvariante Hamilton-Operatoren

$$\chi''_{AB}(t - t') = -\epsilon_A \epsilon_B \chi''_{AB}(t' - t) \tag{4.8.19a}$$

und

$$\chi''_{AB}(\omega) = -\epsilon_A \epsilon_B \chi''_{AB}(-\omega) = \epsilon_A \epsilon_B \chi''_{BA}(\omega) \quad . \tag{4.8.19b}$$

Wenn $\epsilon_A = \epsilon_B$ ist, dann ist $\chi''_{AB}(\omega)$ symmetrisch bei Vertauschung von A und B, ungerade in ω und reell. Wenn $\epsilon_A = -\epsilon_B$ ist, dann ist $\chi''_{AB}(\omega)$ antisymmetrisch unter Vertauschung von A und B, gerade in ω und imaginär. Wenn ein Magnetfeld vorhanden ist, muß bei einer Zeitumkehrtransformation dessen Richtung umgekehrt werden

$$\chi''_{AB}(\omega; \mathbf{B}) = \epsilon_A \epsilon_B \chi''_{BA}(\omega; -\mathbf{B})$$

$$= -\epsilon_A \epsilon_B \chi''_{AB}(-\omega; -\mathbf{B}). \tag{4.8.20}$$

Schließlich bemerken wir noch, daß aus (4.8.13b) und (4.5.3)

$$\chi^*_{AB}(\omega) = \chi_{AB}(-\omega) \tag{4.8.21}$$

folgt. Diese Relation garantiert, daß der Response (4.3.14) reell ist.

Translationsinvarianz von Korrelationsfunktion

$$
\begin{aligned}
f(\mathbf{x}, t; \mathbf{x}', t') &\equiv \langle A(\mathbf{x}, t) B(\mathbf{x}', t') \rangle \\
&= \langle T_{\mathbf{a}}^{-1} T_{\mathbf{a}} A(\mathbf{x}, t) T_{\mathbf{a}}^{-1} T_{\mathbf{a}} B(\mathbf{x}', t') T_{\mathbf{a}}^{-1} T_{\mathbf{a}} \rangle \\
&= \langle T_{\mathbf{a}}^{-1} A(\mathbf{x} + \mathbf{a}, t) B(\mathbf{x}' + \mathbf{a}, t') T_{\mathbf{a}} \rangle
\end{aligned}
$$

Wenn die Dichtematrix ρ mit $T_{\mathbf{a}}$ kommutiert, $[T_{\mathbf{a}}, \rho] = 0$, dann folgt wegen der zyklischen Invarianz der Spur

$$
\begin{aligned}
\langle A(\mathbf{x}, t) B(\mathbf{x}', t') \rangle &= \langle A(\mathbf{x} + \mathbf{a}, t) B(\mathbf{x}' + \mathbf{a}, t') \rangle \tag{4.8.22} \\
&= f(\mathbf{x} - \mathbf{x}', t; 0, t') \quad,
\end{aligned}
$$

wo im letzten Schritt $\mathbf{a} = -\mathbf{x}'$ gesetzt wurde. Also ergibt räumliche und zeitliche Translationsinvarianz zusammen

$$
f(\mathbf{x}, t; \mathbf{x}', t') = f(\mathbf{x} - \mathbf{x}', t - t') \quad. \tag{4.8.23}
$$

Rotationsinvarianz

Ein System kann translationsinvariant sein, ohne rotationsinvariant zu sein. Wenn Rotationsinvarianz vorliegt, dann ist (mit einer beliebigen Drehmatrix D)

$$
f(\mathbf{x} - \mathbf{x}', t - t') = f(D(\mathbf{x} - \mathbf{x}'), t - t') = f(|\mathbf{x} - \mathbf{x}'|, t - t') \tag{4.8.24}
$$

unabhängig von der Richtung.

Fourier–Transformation für *translationsinvariante* Systeme ergibt

$$
\begin{aligned}
\tilde{f}(\mathbf{k}, t; \mathbf{k}', t') &= \int d^3 x \, d^3 x' \mathrm{e}^{-\mathrm{i}\mathbf{k}\mathbf{x} - \mathrm{i}\mathbf{k}'\mathbf{x}'} f(\mathbf{x}, t; \mathbf{x}', t') \\
&= \int d^3 x \, d^3 x' \mathrm{e}^{-\mathrm{i}\mathbf{k}\mathbf{x} - \mathrm{i}\mathbf{k}'\mathbf{x}'} f(\mathbf{x} - \mathbf{x}', t - t')
\end{aligned}
$$

Mit der Substitution $\mathbf{y} = \mathbf{x} - \mathbf{x}'$ folgt

$$
\begin{aligned}
&= \int d^3 x' \int d^3 y \, \mathrm{e}^{-\mathrm{i}\mathbf{k}(\mathbf{y}+\mathbf{x}') - \mathrm{i}\mathbf{k}'\mathbf{x}'} f(\mathbf{y}, t - t') \\
&= (2\pi)^3 \delta^{(3)}(\mathbf{k} + \mathbf{k}') \tilde{f}(\mathbf{k}, t - t') \quad.
\end{aligned}
$$

Falls Rotationsinvarianz vorliegt, ist

$$
\tilde{f}(\mathbf{k}, t - t') = \tilde{f}(|\mathbf{k}|, t - t') \quad. \tag{4.8.25}
$$

4.8.2.3 Klassischer Grenzfall

Wir hatten im klassischen Grenzfall(Gl. (4.6.3),(4.6.4)) gefunden ($\hbar\omega \ll kT$):

$$
\chi_{AB}''(\omega) = \frac{\beta\omega}{2} G_{AB}^{>}(\omega) \quad \text{und} \tag{4.8.26a}
$$

$$
\chi_{AB}(0) = \beta G_{AB}^{>}(t = 0) \quad. \tag{4.8.26b}
$$

Aus der Zeitumkehrrelation (4.8.19b) für $\chi_{AB}''(\omega)$ folgt

$$G_{AB}^{>}(-\omega) = \epsilon_A \epsilon_B G_{AB}^{>}(\omega) \quad . \tag{4.8.27}$$

Wenn $\epsilon_A = \epsilon_B$ ist, dann ist $G_{AB}^{>}(\omega)$ symmetrisch in ω , reell und symmetrisch bei Vertauschung von A und B. (Letzteres folgt aus dem Fluktuations–Dissipations–Theorem und der Symmetrie von $\chi_{AB}''(\omega)$). Wenn $\epsilon_A = -\epsilon_B$ ist, dann ist $G_{AB}^{>}$ ungerade in ω, antisymmetrisch bei Vertauschung von A und B und imaginär.

Für $\epsilon_A = \epsilon_B$ ist (4.8.26a) äquivalent zu

$$\mathrm{Im}\,\chi_{AB}(\omega) = \frac{\beta\omega}{2} G_{AB}^{>}(\omega) \quad . \tag{4.8.28}$$

Die halbseitige Fourier-Transformierte (Laplace-Transformation) von $G_{AB}^{>}(t)$ erfüllt

$$
\begin{aligned}
G_{AB}^{H}(\omega) &\equiv \int_0^\infty dt\, \mathrm{e}^{\mathrm{i}\omega t} G_{AB}^{>}(t) \\
&= \int_0^\infty dt\, \mathrm{e}^{\mathrm{i}\omega t} \int_{-\infty}^\infty \frac{d\omega'}{2\pi} \mathrm{e}^{-\mathrm{i}\omega' t} G_{AB}^{>}(\omega') \\
&= \int_{-\infty}^\infty dt\, \mathrm{e}^{\mathrm{i}\omega t} \int_{-\infty}^\infty \frac{d\omega''}{2\pi} \frac{\mathrm{i}\,\mathrm{e}^{-\mathrm{i}\omega'' t}}{\omega'' + \mathrm{i}\epsilon} \int_{-\infty}^\infty \frac{d\omega'}{2\pi} \mathrm{e}^{-\mathrm{i}\omega' t} G_{AB}^{>}(\omega') \\
&= -\frac{\mathrm{i}}{2\pi} \int_{-\infty}^\infty d\omega' \frac{G_{AB}^{>}(\omega')}{\omega' - \omega - \mathrm{i}\epsilon} \\
&= -\frac{\mathrm{i}}{2\pi} \frac{2}{\beta} \int_{-\infty}^\infty d\omega' \frac{\chi_{AB}''(\omega')}{\omega'(\omega' - \omega - \mathrm{i}\epsilon)} \\
&= -\frac{\mathrm{i}}{\pi\beta} \int_{-\infty}^\infty d\omega' \chi_{AB}''(\omega') \left(\frac{1}{\omega'} - \frac{1}{\omega' - \omega - \mathrm{i}\epsilon} \right) \frac{1}{-\omega - \mathrm{i}\epsilon} \\
&= \frac{\mathrm{i}}{\beta\omega} (\chi_{AB}(0) - \chi_{AB}(\omega)) \quad .
\end{aligned}
\tag{4.8.29}
$$

4.8.2.4 Kubo-Relaxationsfunktion

Für die Darstellung des Abklingens der Auslenkung $\Delta\langle A(t)\rangle$ nach dem Abschalten der äußeren Kraft ist die Kubo-Relaxationsfunktion nützlich; siehe SM Anhang H.

Die *Kubo-Relaxationsfunktion* zweier Operatoren A und B ist durch

$$\phi_{AB}(t) = \frac{\mathrm{i}}{\hbar} \int_t^\infty dt'\, \langle [A(t'), B(0)] \rangle\, \mathrm{e}^{-\epsilon t'} \tag{4.8.30}$$

definiert, und ihre halbseitige Fourier-Transformation ist durch

$$\phi_{AB}(\omega) = \int_0^\infty dt\, \mathrm{e}^{\mathrm{i}\omega t} \phi_{AB}(t) \tag{4.8.31}$$

gegeben. Sie hängt mit der dynamischen Suszeptibilität über

$$\phi_{AB}(t=0) = \chi_{AB}(\omega = 0) \tag{4.8.32a}$$

und

$$\phi_{AB}(\omega) = \frac{1}{i\omega}(\chi_{AB}(\omega) - \chi_{AB}(0)) \tag{4.8.32b}$$

zusammen. Die erste Relation folgt durch Vergleich von (4.3.12) mit (4.8.31) und die zweite durch kurze Rechnung (Beispiel 4.6). Gl. (4.8.29) besagt somit, daß im klassischen Grenzfall

$$\phi_{AB}(\omega) = \beta G_{AB}^{H}(\omega) \tag{4.8.33}$$

gilt.

4.9 Summenregeln

4.9.1 Allgemeine Struktur von Summenregeln

Wir gehen aus von der Definition (4.5.1a,b)

$$\frac{1}{\hbar}\langle[A(t), B(0)]\rangle = \int \frac{d\omega}{\pi} e^{-i\omega t} \chi_{AB}''(\omega) \tag{4.9.1}$$

und leiten n-mal nach der Zeit ab

$$\frac{1}{\hbar}\left\langle\left[\frac{d^n}{dt^n}A(t), B(0)\right]\right\rangle = \int \frac{d\omega}{\pi}(-i\omega)^n e^{-i\omega t}\chi_{AB}''(\omega) \ .$$

Setzen wir wiederholt die Heisenberg–Gleichung ein, so ergibt sich für $t = 0$

$$\int \frac{d\omega}{\pi}\omega^n \chi_{AB}''(\omega) = \frac{i^n}{\hbar}\left\langle\left[\frac{d^n}{dt^n}A(t)\Big|_{t=0}, B(0)\right]\right\rangle$$
$$= \frac{1}{\hbar^{n+1}}\langle[[\ldots[A, H_0],\ldots, H_0], B]\rangle. \tag{4.9.2}$$

Die rechte Seite beinhaltet einen n-fachen Kommutator von A mit H_0. Wenn diese Kommutatoren auf einfache Ausdrücke führen, hat man durch (4.9.2) Aussagen über Momente des dissipativen Teils der Suszeptibilität. Man nennt derartige Relationen Summenregeln.

f-Summenregel: Ein wichtiges Beispiel ist die *f*-Summenregel für die Dichte–Dichte–Suszeptibilität, die unter Verwendung von (4.8.9) als Summenregel für die Korrelationsfunktion dargestellt werden kann

$$\int \frac{d\omega}{2\pi}\omega\chi''(\mathbf{k}, \omega) = \int \frac{d\omega}{2\pi\hbar}\omega S(\mathbf{k}, \omega) = \frac{i}{2\hbar}\langle[\dot{\rho}_{\mathbf{k}}(t), \rho_{-\mathbf{k}}(t)]\rangle \ .$$

Der Kommutator auf der rechten Seite kann mit $\dot{\rho}_{\mathbf{k}} = i\mathbf{k}\cdot\mathbf{j}_{\mathbf{k}}$ berechnet werden, woraus sich für nur koordinatenabhängige Potentiale die Standardform der f-Summenregel

$$\int \frac{d\omega}{2\pi} \frac{\omega}{\hbar} S(\mathbf{k}, \omega) = \frac{k^2}{2m} n \tag{4.9.3}$$

ergibt, wo $n = \frac{N}{V}$ die Teilchenzahldichte bedeutet.

Es gibt auch noch Summenregeln, die sich ergeben, weil in vielen Fällen[12] im Grenzfall $\mathbf{k} \to 0$ und $\omega \to 0$ die dynamische Suszeptibilität in die aus der Gleichgewichtsstatistik berechnete übergehen muß.

Kompressibilitätssummenregel: Als Beispiel geben wir unter Benützung von (4.8.11a) die Kompressibilitätssummenregel für die Dichte–Responsefunktion an:

$$\lim_{k \to 0} P \int \frac{d\omega}{\pi} \frac{1}{\hbar} \frac{S(\mathbf{k}, \omega)}{\omega} = n \left(\frac{\partial n}{\partial P} \right)_T = n^2 \kappa_T \quad . \tag{4.9.4}$$

Dabei haben wir die aus (4.8.26b) und der Thermodynamik[13] herrührende Beziehung

$$\chi'(0,0) = \frac{1}{V} \left(\frac{\partial N}{\partial \mu} \right)_{T,V} = -\frac{N^2}{V^3} \left(\frac{\partial V}{\partial P} \right)_{T,N}$$

$$= -n^3 \left(\frac{\partial \frac{1}{n}}{\partial P} \right)_{T,N} = n \left(\frac{\partial n}{\partial P} \right)_{T,N}$$

verwendet.

Der *statische Formfaktor* ist durch

$$S(\mathbf{k}) = \langle \rho_{\mathbf{k}} \rho_{-\mathbf{k}} \rangle \tag{4.9.5}$$

definiert. Dieser bestimmt die elastische Streuung und hängt mit $S(\mathbf{k}, \omega)$ über

$$\int \frac{d\omega}{2\pi} S(\mathbf{k}, \omega) = S(\mathbf{k}) \tag{4.9.6}$$

zusammen. Der statische Formfaktor $S(\mathbf{k})$ kann durch Röntgenstreuung bestimmt werden.

Mit (4.9.3), (4.9.4) und (4.9.6) haben wir drei Summenregeln für die Dichte-Korrelationsfunktion. Die Summenregeln geben exakte Zusammenhänge zwischen $S(\mathbf{k}, \omega)$ und statischen Größen. Wenn diese statischen Größen theoretisch oder aus Experimenten bekannt sind und Vorstellungen über die Form von $S(\mathbf{k}, \omega)$ vorhanden sind, so kann man die darin auftretenden Parameter aus solchen Summenregeln bestimmen. Wir erläutern dies am Beispiel der Anregungen in suprafluidem Helium.

---

[12] P.C. Kwok, T.D. Schultz, J. Phys. **C2**, 1196 (1969)

[13] Siehe z.B. L.D. Landau, E.M. Lifschitz, *Lehrbuch der Theoretischen Physik V, Statistische Physik*, Akademie-Verlag, Berlin, 1966; F. Schwabl, *Statistische Mechanik*, Springer Verlag, Berlin, 2000, Gl. (3.2.10)

4.9.2 Anwendung auf die Anregungen in He II

Wir nähern $S(\mathbf{q}, \omega)$ durch eine unendlich scharfe Dichte–Resonanz (Phonon, Roton) und setzen $T = 0$ voraus, so daß nur der Stokes-Teil vorhanden ist

$$S(\mathbf{q}, \omega) = Z_{\mathbf{q}} \delta(\omega - \epsilon_{\mathbf{q}}/\hbar) \quad . \tag{4.9.7}$$

Einsetzen in die f-Summenregel (4.9.3) und den Formfaktor (4.9.6) ergibt

$$\epsilon_{\mathbf{q}} = \frac{\hbar^2 n q^2}{2m S(\mathbf{q})} \quad . \tag{4.9.8}$$

Die f-Summenregel (4.9.3) und Kompressibilitätssummenregel (4.9.4) geben im Grenzfall $q \to 0$

$$\epsilon_{\mathbf{q}} = \hbar s_T q = \hbar \sqrt{\frac{1}{m} \left(\frac{\partial P}{\partial n} \right)_T} \, q \; , \; Z_{\mathbf{q}} = \frac{\pi \hbar n q}{m s_T} \; , \; S(\mathbf{q}) = \frac{\hbar n q}{2 m s_T} \; , \tag{4.9.9}$$

wo die isotherme Schallgeschwindigkeit $s_T = \sqrt{\left(\frac{\partial P}{\partial n} \right)_T / m}$ eingeführt wurde. Der Zusammenhang (4.9.8) zwischen der Energie der Anregungen und dem statischen Formfaktor stammt ursprünglich von Feynman[14]. In Abb. 4.8 sind experimentelle Ergebnisse für diese beiden Größen dargestellt. Bei kleinen q steigt $S(\mathbf{q})$ linear mit q an, so daß sich die lineare Dispersionsrelation im Phononen–Bereich ergibt. Das Maximum von $S(\mathbf{q})$ bei $q \approx 2 \text{Å}^{-1}$ führt zum Rotonen-Minimum.

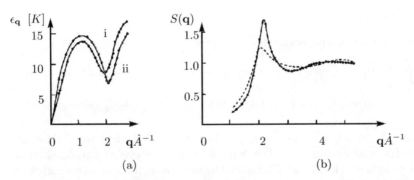

Abb. 4.8. (a) Die Anregungen von He II bei tiefen Temperaturen: (i) unter Dampfdruck, (ii) bei $25,3 \, atm$. (b) Der statische Formfaktor [15]

[14] R. Feynman, Phys. Rev. B **94**, 262 (1954)
[15] D.G. Henshaw, Phys. Rev. **119**, 9 (1960); D.G. Henshaw and A.D.B. Woods, Phys. Rev. **121**, 1266 (1961)

Aufgaben zu Kapitel 4

4.1 Bestätigen Sie Gl (4.7.21), indem Sie zu der Diffusionsgleichung (4.7.20) ein äußeres Magnetfeld $H(\mathbf{x}, t)$ hinzufügen.

4.2 Bestimmen Sie für den klassischen, gedämpften, harmonischen Oszillator,

$$\left(\frac{d^2}{dt^2} + \gamma \frac{d}{dt} + \omega_0^2 \right) Q(t) = K(t)/m \,.$$

folgende Funktionen: $\chi(\omega)$, $\chi'(\omega)$ $\chi''(\omega)$ und $G^>(\omega)$.
Anleitung: Lösen Sie die Bewegungsgleichung im Fourier-Raum und bestimmen Sie die dynamische Suszeptibilität aus $\chi(\omega) = \frac{dQ(\omega)}{dK(\omega)}$.

4.3 Beweisen Sie die f–Summenregel,

$$\int \frac{d\omega}{2\pi} \omega \chi''(\mathbf{k}, \omega) = \int \frac{d\omega}{2\pi\hbar} \omega S(\mathbf{k}, \omega) = \frac{k^2}{2m} n$$

für die Dichte-Dichte-Korrelationsfunktion.
Anleitung: Berechnen Sie $\frac{i}{2\hbar} \langle [\dot{\rho}_{\mathbf{k}}, \rho_{-\mathbf{k}}] \rangle$.

4.4 Zeigen Sie, daß $G^>_{AB}(\omega)$, $G^<_{AB}(\omega)$, $\chi'_{AB}(\omega)$ und $\chi''_{AB}(\omega)$ für $B = A^\dagger$ reell sind.

4.5 Zeigen Sie, daß der kohärente Neutronenstreuquerschnitt für harmonische Phononen Gl. (4.1.9) und (4.7.1) ff. durch

$$S_{\text{koh}}(\mathbf{k}, \omega) = e^{-2W} \frac{1}{N} \sum_{\mathbf{n}, \mathbf{m}} e^{-i(\mathbf{a_n} - \mathbf{a_m})\mathbf{k}} \int_{-\infty}^{\infty} \frac{dt}{2\pi\hbar} e^{i\omega t} e^{\langle \mathbf{ku_n}(t) \mathbf{ku_m}(0) \rangle} \qquad (4.9.10)$$

geschrieben werden kann, mit dem Debye-Waller-Faktor

$$e^{-2W} = e^{-\langle (\mathbf{ku_n}(0))^2 \rangle} \,. \qquad (4.9.11)$$

Entwickeln Sie die letzte Exponentialfunktion in $S_{\text{koh}}(\mathbf{k}, \omega)$ in eine Taylor-Reihe. Der Term nullter Ordnung führt zu elastischer Streuung, der Term erster Ordnung zur Einphononenstreuung und die Terme höherer Ordnung zu Multiphononenstreuung.

4.6 Zeigen Sie die Relation (4.8.32b) durch geeignete partielle Integration, und indem Sie vorraussetzen, daß $\phi_{AB}(t = \infty) = 0$ ist.

Literatur zu Teil I

A.A. Abrikosov, L.P. Gorkov and I.E. Dzyaloshinski, *Methods of Quantum Field Theorie in Statistical Physics*, Prentice Hall, Englewood Cliffs, 1963.

L.E. Ballentine, *Quantum Mechanics*, Prentice Hall, Englewood Cliffs, 1990

G. Baym, *Lectures on Quantum Mechanics*, W.A. Benjamin, Inc., London 1973

K. Elk und W. Gasser, *Die Methode der Greenschen Funktionen in der Festkörper-physik*, Akademie Verlag, Berlin, 1979

A.L. Fetter and J.D. Walecka, *Quantum Theory of Many-Particle Systems*, McGraw Hill Book Company, New York, 1971

A. Griffin, *Excitations in a Bose-condensed Liquid*, Cambridge University Press, Cambridge, 1993

G.D. Mahan, *Many-Particle Physics*, Plenum Press, New York, 1983

P.C. Martin, *Measurements and Correlation Functions*, Gordon and Breach, New York, 1968

P. Nozières and D. Pines, *The Theory of Quantum Liquids*, Volume I, Normal Fermi Liquids, W.A. Benjamin , 1966

P. Nozières and D. Pines, *The Theory of Quantum Liquids*, Volume II, Superfluid Bose Liquids, Addison-Wesley, New York, 1990

J.J. Sakurai, *Modern Quantum Mechanics*, Addison-Wesley, Redwood City, 1985

E.P. Wigner, *Group Theory* and its applications to the Quantum Mechanics of Atomic Spectra, Academic Press, New York, 1959

J.M. Ziman, *Elements of Advanced Quantum Theory*, Cambridge At the University Press, 1969

Teil II

Relativistische Wellengleichungen

5. Aufstellung von relativistischen Wellengleichungen

5.1 Einleitung

Die Quantentheorie basiert auf den folgenden Axiomen[1]:

1. Der Zustand eines Systems wird beschrieben durch einen Zustandsvektor $|\psi\rangle$ in einem linearen Raum.

2. Die Observablen werden durch hermitesche Operatoren A... dargestellt, wobei Funktionen von Observablen durch die entsprechenden Funktionen der Operatoren dargestellt werden.

3. Der Mittelwert einer Observablen im Zustand $|\psi\rangle$ ist durch $\langle A \rangle = \langle\psi| A |\psi\rangle$ gegeben.

4. Die Zeitentwicklung wird durch die Schrödinger-Gleichung mit dem Hamilton-Operator H bestimmt

$$i\hbar\frac{\partial |\psi\rangle}{\partial t} = H |\psi\rangle \ . \tag{5.1.1}$$

5. Bei einer Messung von A geht der ursprüngliche Zustand, wenn der Eigenwert a_n gemessen wurde, in den Eigenzustand $|n\rangle$ von A über.

Betrachten wir die Schrödinger-Gleichung für ein freies Teilchen in Ortsdarstellung

$$i\hbar\frac{\partial \psi}{\partial t} = -\frac{\hbar^2}{2m}\boldsymbol{\nabla}^2\psi \ , \tag{5.1.2}$$

so ist wegen der unterschiedlichen Ordnungen der zeitlichen und räumlichen Ableitungen offensichtlich, daß diese Gleichung nicht Lorentz-kovariant ist, d.h. daß sie ihre Struktur bei Übergang von einem Inertialsystem zu einem anderen ändert.

In dem Bemühen, eine relativistische Quantenmechanik zu formulieren, hat man zunächst versucht, mittels des Korrespondenzprinzips eine relativistische Wellengleichung aufzustellen, die die Schrödinger-Gleichung ersetzen sollte. Die erste derartige Gleichung war die von Schrödinger (1926)[2],

---

[1] Siehe QM I, Abschn. 8.3.

[2] E. Schrödinger, Ann. Physik **81**, 109 (1926)

Gordon (1926)[3] und Klein (1927)[4] aufgestellte skalare Wellengleichung zweiter Ordnung, die nun den Namen Klein-Gordon-Gleichung trägt. Diese Gleichung wurde verworfen, weil negative Wahrscheinlichkeitsdichten auftraten. Von Dirac wurde 1928 die nach ihm benannte Dirac-Gleichung aufgestellt[5], die Teilchen mit Spin 1/2 beschreibt. Mittels dieser Gleichung können viele Einteilcheneigenschaften von Fermionen beschrieben werden. Die Dirac-Gleichung besitzt ebenso wie die Klein-Gordon-Gleichung Lösungen mit negativer Energie, die im Rahmen einer Wellenmechanik zu Schwierigkeiten führen (siehe unten). Um Übergänge eines Elektrons in beliebig tief liegende Zustände negativer Energie zu verhindern, hat Dirac (1930)[6] postuliert, daß die Zustände mit negativer Energie alle besetzt sind. Löcher in diesen besetzten Zuständen stellen Teilchen mit entgegengesetzter Ladung (Antiteilchen) dar. Dies führt notgedrungen auf eine Vielteilchentheorie oder quantisierte Feldtheorie. Durch die Uminterpretation der Klein-Gordon-Gleichung von Pauli und Weisskopf[7] als Grundlage einer Feldtheorie beschreibt diese Mesonen mit Spin Null, z.B. π-Mesonen. Die auf der Dirac-Gleichung und Klein-Gordon-Gleichung beruhenden Feldtheorien entsprechen den Maxwell-Gleichungen für das Strahlungsfeld bzw. der d'Alembert-Gleichung für das Viererpotential.

Die Schrödinger-Gleichung, sowie die übrigen Axiome der Quantentheorie, bleiben ungeändert. Nur der Hamilton-Operator ist geändert und stellt eine quantisierte Feldtheorie dar. Die elementaren Teilchen sind Anregungen der Felder (Mesonen, Elektronen, Photonen, etc.).

Aus didaktischen Gründen werden wir der historischen Entwicklung folgen und nicht sofort von der Quantenfeldtheorie ausgehen. Zum einen scheint es begrifflich einfacher, die Eigenschaften der Dirac-Gleichung mit der Interpretation als Einteilchen-Wellengleichung zu untersuchen. Zum anderen benötigt man genau diese Einteilchen-Lösungen als Basiszustände bei der Entwicklung der Feldoperatoren. Für niedrige Energien kann von Zerfallsprozessen abgesehen werden, deshalb ergibt dann die quantisierte Feldtheorie die gleichen physikalischen Vorhersagen wie die elementare Einteilchentheorie.

5.2 Klein-Gordon-Gleichung

5.2.1 Aufstellung mittels des Korrespondenzprinzips

Zur Aufstellung relativistischer Wellengleichungen erinnern wir an das Korrespondenzprinzip[8]. Durch die Ersetzung von klassischen Größen durch Ope-

[3] W. Gordon, Z. Physik **40**, 117 (1926)

[4] O. Klein, Z. Physik **41**, 407 (1927)

[5] P.A.M. Dirac, Proc. Roy. Soc. (London) **A117**, 610 (1928); ibid. **A118**, 351 (1928)

[6] P.A.M. Dirac, Proc. Roy. Soc. (London) **A126**, 360 (1930)

[7] W. Pauli u. V. Weisskopf, Helv. Phys. Acta **7**, 709 (1934)

[8] Siehe z.B. QM I, Seite 26, Abschn. 2.5.1

ratoren

Energie $E \longrightarrow i\hbar \dfrac{\partial}{\partial t}$

und

Impuls $\mathbf{p} \longrightarrow \dfrac{\hbar}{i} \boldsymbol{\nabla}$ (5.2.1)

erhielten wir aus der nichtrelativistischen Energie eines freien Teilchens,

$$E = \frac{\mathbf{p}^2}{2m} \, ,$$ (5.2.2)

die freie, zeitabhängige *Schrödinger-Gleichung*

$$i\hbar \frac{\partial}{\partial t}\psi = -\frac{\hbar^2 \boldsymbol{\nabla}^2}{2m}\psi \, .$$ (5.2.3)

Diese Gleichung ist offensichtlich nicht Lorentz-kovariant wegen der unterschiedlichen Potenzen der zeitlichen und räumlichen Ableitungen.

Wir erinnern zunächst an einige Fakten der speziellen Relativitätstheorie.[9],[10] Wir verwenden dabei folgende Konventionen: Die Komponenten der Raum-Zeit Vierervektoren werden durch griechische Indizes gekennzeichnet, die Komponenten von räumlichen Dreiervektoren durch lateinische Indizes oder durch die kartesischen Koordinaten x, y, z. Außerdem verwenden wir die Einsteinsche Summenkonvention: über doppelt auftretende griechische Indizes, einem kontravarianten und einem kovarianten, wird summiert, desgleichen bei lateinischen Indizes. Ausgehend von $x^\mu(s) = (ct, \mathbf{x})$, der kontravarianten Vierervektor-Darstellung der Weltlinie als Funktion der Eigenzeit s, ergibt sich die Vierergeschwindigkeit $\dot{x}^\mu(s)$. Das Differential der Eigenzeit ist durch $ds = \sqrt{1 - (v/c)^2}\, dx^0$ mit dx^0 verknüpft, wo

$$\mathbf{v} = c\,(d\mathbf{x}/dx^0)$$ (5.2.4a)

die Geschwindigkeit ist. Daraus ergibt sich für den Viererimpuls

$$p^\mu = mc\dot{x}^\mu(s) = \frac{1}{\sqrt{1 - (v/c)^2}} \begin{pmatrix} mc \\ m\mathbf{v} \end{pmatrix} = \text{Viererimpuls} = \begin{pmatrix} E/c \\ \mathbf{p} \end{pmatrix} \, .$$
(5.2.4b)

Nach dem letzten Gleichheitszeichen wurde verwendet, daß nach der relativistischen Dynamik $p^0 = mc/\sqrt{1 - (v/c)^2}$ die kinetische Energie des Teilchens

---

[9] Eine umfassende, moderne Darstellung der speziellen Relativitätstheorie, welche die selbe Bezeichnungsweise verwendet, findet sich in R.U. Sexl und H.K. Urbantke, *Relativität, Gruppen, Teilchen*, 3. Aufl., Springer, Wien, 1992.

[10] Die wichtigsten Eigenschaften der Lorentz-Gruppe werden in Abschn. 6.1 zusammengestellt.

bedeutet. Folglich transformieren sich nach der speziellen Relativitätstheorie die Energie E und die Impulse p_x, p_y, p_z als Komponenten eines kontravarianten Vierervektors

$$p^\mu = \left(p^0, p^1, p^2, p^3\right) = \left(\frac{E}{c}, p_x, p_y, p_z\right) . \tag{5.2.5a}$$

Mit dem metrischen Tensor

$$g_{\mu\nu} = \begin{pmatrix} 1 & 0 & 0 & 0 \\ 0 & -1 & 0 & 0 \\ 0 & 0 & -1 & 0 \\ 0 & 0 & 0 & -1 \end{pmatrix} \tag{5.2.6}$$

ergeben sich die kovarianten Komponenten

$$p_\mu = g_{\mu\nu}p^\nu = \left(\frac{E}{c}, -\mathbf{p}\right) . \tag{5.2.5b}$$

Das invariante Skalarprodukt des Viererimpulses ist nach Gl. (5.2.4b) durch

$$p_\mu p^\mu = \frac{E^2}{c^2} - \mathbf{p}^2 = m^2 c^2 \tag{5.2.7}$$

gegeben, mit der Ruhemasse m und der Lichtgeschwindigkeit c.

Aus der aus (5.2.7) folgenden Energie-Impuls-Beziehung

$$E = \sqrt{\mathbf{p}^2 c^2 + m^2 c^4} \tag{5.2.8}$$

käme man nach dem *Korrespondenzprinzip* (5.2.1) zunächst auf folgende *Wellengleichung*

$$i\hbar\frac{\partial}{\partial t}\psi = \sqrt{-\hbar^2 c^2 \mathbf{\nabla}^2 + m^2 c^4}\,\psi . \tag{5.2.9}$$

Eine offensichtliche Schwierigkeit dieser Gleichung besteht in der Wurzel aus der räumlichen Ableitung; deren Entwicklung führt auf unendlich hohe Ableitungen. Die Zeit und der Ort treten unsymmetrisch auf.

Deshalb gehen wir stattdessen von der quadrierten Relation

$$E^2 = \mathbf{p}^2 c^2 + m^2 c^4 \tag{5.2.10}$$

aus und erhalten

$$-\hbar^2\frac{\partial^2}{\partial t^2}\psi = (-\hbar^2 c^2 \mathbf{\nabla}^2 + m^2 c^4)\psi . \tag{5.2.11}$$

Diese Gleichung kann noch in kompakterer und offensichtlich Lorentz-kovarianter Form *(handwritten: $(\partial_\mu \partial^\mu - \lambda^{-2})\psi = 0$)*

$$\left(\partial_\mu \partial^\mu + \left(\frac{mc}{\hbar}\right)^2\right)\psi = 0 \qquad \text{*(handwritten: $[\Box - \lambda^{-2}]\psi = 0 \mid \cdot \psi^x$)}\quad (5.2.11')$$

(handwritten: $\cdot\,\psi^x$, $=(\cdot)^x \Rightarrow \text{konjugL}$)

geschrieben werden. Dabei ist x^μ der raum-zeitliche Ortsvektor

$$x^\mu = (x^0 = ct, \mathbf{x})$$

und der kovariante Vektor   *(handwritten: $\lambda = \frac{\hbar}{mc}$ Compton WL)*

$$\partial_\mu = \frac{\partial}{\partial x^\mu}$$

ist die vierdimensionale Verallgemeinerung des Gradientenvektors. Der d'Alembert-Operator $\Box \equiv \partial_\mu \partial^\mu$ ist, wie aus der Elektrodynamik bekannt ist, invariant gegenüber Lorentz-Transformationen. Außerdem tritt hier die Compton-Wellenlänge $\hbar/mc$ des Teilchens mit Masse m auf. Man nennt (5.2.11') Klein-Gordon-Gleichung. Sie wurde von Schrödinger und von Gordon und Klein aufgestellt und untersucht.

Wir wollen nun die wichtigsten Eigenschaften der Klein-Gordon-Gleichung untersuchen.

5.2.2 Kontinuitätsgleichung

Zur Herleitung einer Kontinuitätsgleichung multipliziert man (5.2.11') mit ψ^*

$$\psi^* \left(\partial_\mu \partial^\mu + \left(\frac{mc}{\hbar}\right)^2\right)\psi = 0$$

und zieht davon die komplex konjugierte Gleichung

$$\psi \left(\partial_\mu \partial^\mu + \left(\frac{mc}{\hbar}\right)^2\right)\psi^* = 0$$

ab. Das ergibt

$$\psi^* \partial_\mu \partial^\mu \psi - \psi \partial_\mu \partial^\mu \psi^* = 0$$
$$\partial_\mu (\psi^* \partial^\mu \psi - \psi \partial^\mu \psi^*) = 0 \,.$$

Multipliziert man noch mit $\frac{\hbar}{2mi}$, damit die Stromdichte gleich der nichtrelativistischen ist, so erhält man

(handwritten label: Dichte)   *(handwritten label: Stromdichte)*

$$\frac{\partial}{\partial t}\left(\frac{i\hbar}{2mc^2}\left(\psi^* \frac{\partial \psi}{\partial t} - \psi \frac{\partial \psi^*}{\partial t}\right)\right) + \nabla \cdot \left(\frac{\hbar}{2mi}[\psi^* \nabla \psi - \psi \nabla \psi^*]\right) = 0 \,.$$

(handwritten: $\partial_t (\quad \rho \quad) \quad + \text{div}(\quad j \quad)$)

$$(5.2.12)$$

Dies hat die Form einer *Kontinuitätsgleichung*

$$\dot\rho + \operatorname{div}\mathbf{j} = 0 \,, \qquad\qquad (5.2.12')$$

mit der Dichte

$$\rho = \frac{i\hbar}{2mc^2} \left(\psi^* \frac{\partial \psi}{\partial t} - \psi \frac{\partial \psi^*}{\partial t} \right) \tag{5.2.13a}$$

und der Stromdichte

$$\mathbf{j} = \frac{\hbar}{2mi} \left(\psi^* \boldsymbol{\nabla} \psi - \psi \boldsymbol{\nabla} \psi^* \right) . \tag{5.2.13b}$$

ρ ist nicht positiv definit und kann deshalb nicht die Bedeutung einer Wahrscheinlichkeitsdichte haben, sondern eventuell der Ladungsdichte e $\rho(\mathbf{x}, t)$. Die Klein-Gordon-Gleichung ist eine Differentialgleichung zweiter Ordnung in t, deshalb können die Anfangswerte von ψ und $\frac{\partial \psi}{\partial t}$ unabhängig vorgegeben werden, so daß ρ als Funktion von $\mathbf{x}$ sowohl positiv wie auch negativ sein kann.

5.2.3 Freie Lösungen der Klein-Gordon-Gleichung

Man nennt (5.2.11) freie Klein-Gordon-Gleichung zur Unterscheidung von Verallgemeinerungen, die auch äußere Potentiale oder elektromagnetische Felder (siehe Abschnitt 5.3.5) enthalten. Es gibt zwei freie Lösungen in Form von ebenen Wellen

$$\psi(\mathbf{x}, t) = e^{i(Et - \mathbf{p} \cdot \mathbf{x})/\hbar}$$
$$E = \pm \sqrt{\mathbf{p}^2 c^2 + m^2 c^4} . \tag{5.2.14}$$

Es treten hier positive und negative Energien auf, die Energie ist nach unten nicht beschränkt. Diese skalare Theorie enthält den Spin nicht und könnte nur Teilchen mit Spin 0 beschreiben.

Die Klein-Gordon-Gleichung wurde deshalb zunächst wieder verworfen, weil das primäre Ziel war, eine Theorie für das Elektron zu entwickeln. Dirac[5] hatte statt dessen eine Differentialgleichung erster Ordnung mit positiver Dichte aufgestellt, wie schon in der Einleitung erwähnt wurde. Es wird sich später herausstellen, daß auch diese Lösungen mit negativer Energie hat. Die nicht besetzten Zustände negativer Energie beschreiben Antiteilchen. Als quantisierte Feldtheorie beschreibt die Klein-Gordon-Gleichung Mesonen[7]. Das hermitesche skalare Klein-Gordon-Feld beschreibt neutrale Mesonen mit Spin 0. Das nichthermitesche pseudoskalare Klein-Gordon-Feld beschreibt geladene Mesonen und ihre Antiteilchen mit Spin 0. Wir werden deshalb zunächst eine Wellengleichung für Spin-1/2-Fermionen aufstellen und die Klein-Gordon-Gleichung erst wieder im Zusammenhang mit der Bewegung im Coulomb-Potential (π^--Mesonen) aufgreifen.

5.3 Dirac-Gleichung

5.3.1 Aufstellung der Dirac-Gleichung

Es soll nun versucht werden, eine Wellengleichung der Form

$$\mathrm{i}\hbar\frac{\partial\psi}{\partial t} = \left(\frac{\hbar c}{\mathrm{i}}\alpha^k\partial_k + \beta mc^2\right)\psi \equiv H\psi \qquad Dirac\ gl \qquad (5.3.1)$$

zu finden. Räumliche Komponenten werden durch lateinische Indizes gekennzeichnet, wobei über doppelt vorkommende Indizes summiert wird. Die zweite Ableitung $\frac{\partial^2}{\partial t^2}$ in der Klein-Gordon-Gleichung führte zu einer Dichte $\rho = \left(\psi^*\frac{\partial}{\partial t}\psi - \text{c.c.}\right)$. Damit die Dichte positiv wird, gehen wir nun von einer Dgl. 1. Ordnung aus. Die Forderung der relativistischen Kovarianz bedingt, daß dann auch die räumlichen Ableitungen nur von 1. Ordnung sind. Der Dirac-Hamilton-Operator H ist linear im Impulsoperator und in der Ruhenergie. Die Koeffizienten in (5.3.1) können nicht einfach Zahlen sein, da sonst die Gleichung nicht einmal forminvariant (mit den gleichen Koeffizienten) gegenüber räumlichen Drehungen wäre. α^k und β müssen hermitesche Matrizen sein, damit H hermitesch ist und eine positive, erhaltene Wahrscheinlichkeitsdichte existiert. D.h. α^k, β sind $N \times N$ Matrizen und

$$\psi = \begin{pmatrix} \psi_1 \\ \vdots \\ \psi_N \end{pmatrix} \quad \text{ein } N-\text{komponentiger Spaltenvektor .}$$

Wir stellen an die Gleichung (5.3.1) die folgenden Forderungen:

(i) Die Komponenten von ψ müssen die Klein-Gordon-Gleichung erfüllen, so daß ebene Wellen die relativistische Beziehung $E^2 = p^2c^2 + m^2c^4$ erfüllen.

(ii) Es existiert ein erhaltener Viererstrom, dessen nullte Komponente eine positive Dichte ist.

(iii) Die Gleichung muß Lorentz-kovariant sein. Das bedeutet, daß die Gleichung in Bezugssystemen, die durch eine Poincaré-Transformation verbunden sind, die gleiche Form hat.

Die so resultierende Gleichung (5.3.1) wird nach ihrem Entdecker *Dirac-Gleichung* genannt. Wir müssen nun sehen, welche Konsequenzen sich aus den Bedingungen (i) - (iii) ergeben. Zunächst wird die Bedingung (i) betrachtet. Die zweifache Anwendung von H ergibt

$$2\times H \Rightarrow \quad -\hbar^2\frac{\partial^2}{\partial t^2}\psi = -\hbar^2c^2\sum_{ij}\frac{1}{2}\left(\alpha^i\alpha^j + \alpha^j\alpha^i\right)\partial_i\partial_j\psi$$

$$+\frac{\hbar mc^3}{\mathrm{i}}\sum_{i=1}^3\left(\alpha^i\beta + \beta\alpha^i\right)\partial_i\psi + \beta^2m^2c^4\psi . \qquad (5.3.2)$$

Hier haben wir den ersten Term auf der rechten Seite wegen $\partial_i \partial_j = \partial_j \partial_i$ symmetrisiert. Der *Vergleich mit der Klein-Gordon-Gleichung* (5.2.11′) führt auf die drei Bedingungen

1) $\quad \alpha^i \alpha^j + \alpha^j \alpha^i = 2\delta^{ij} \mathbb{1} \, ,$ $\hspace{4cm}$ (5.3.3a)

2) $\quad \alpha^i \beta + \beta \alpha^i = 0 \, ,$ $\hspace{4.5cm}$ (5.3.3b)

3) $\quad \alpha^{i\,2} = \beta^2 = \mathbb{1} \, .$ $\hspace{4.5cm}$ (5.3.3c)

5.3.2 Kontinuitätsgleichung

Wir definieren den zu ψ adjungierten Zeilenvektor

$$\psi^\dagger := (\psi_1^*, \dots, \psi_N^*) \, .$$

Nun multiplizieren wir die Dirac-Gleichung von links mit $\psi^\dagger$ und erhalten

$$i\hbar \psi^\dagger \frac{\partial \psi}{\partial t} = \frac{\hbar c}{i} \psi^\dagger \alpha^i \partial_i \psi + mc^2 \psi^\dagger \beta \psi \, . \tag{5.3.4a}$$

Die dazu komplex konjugierte Relation lautet

$$-i\hbar \frac{\partial \psi^\dagger}{\partial t} \psi = -\frac{\hbar c}{i} \left(\partial_i \psi^\dagger \right) \alpha^{i\dagger} \psi + mc^2 \psi^\dagger \beta^\dagger \psi \, . \tag{5.3.4b}$$

Die Differenz der beiden Gleichungen ergibt

$$\frac{\partial}{\partial t} \left(\psi^\dagger \psi \right) = -c \left(\left(\partial_i \psi^\dagger \right) \alpha^{i\dagger} \psi + \psi^\dagger \alpha^i \partial_i \psi \right) + \frac{imc^2}{\hbar} \left(\psi^\dagger \beta^\dagger \psi - \psi^\dagger \beta \psi \right) \, . \tag{5.3.5}$$

Damit dies die Form einer Kontinuitätsgleichung annimmt, müssen die Matrizen α und β hermitesch sein, d.h.

$$\alpha^{i\dagger} = \alpha^i \, , \quad \beta^\dagger = \beta \, . \qquad \text{hermitisch : Selbstadjungiert} \tag{5.3.6}$$

Dann erfüllen die *Dichte*

$$\rho \equiv \psi^\dagger \psi = \sum_{\alpha=1}^{N} \psi_\alpha^* \psi_\alpha \qquad \text{pos. def.} \tag{5.3.7a}$$

und die *Stromdichte*

$$j^k \equiv c \psi^\dagger \alpha^k \psi \tag{5.3.7b}$$

die *Kontinuitätsgleichung*

$$\frac{\partial}{\partial t}\rho + \text{div}\,\mathbf{j} = 0 \,. \tag{5.3.8}$$

Mit der nullten Komponente von j^μ,

$$j^0 \equiv c\rho \,, \tag{5.3.9}$$

können wir die Viererstromdichte

$$j^\mu \equiv (j^0, j^k) \tag{5.3.9'}$$

definieren und die Kontinuitätsgleichung in der Gestalt

$$\partial_\mu j^\mu = \frac{1}{c}\frac{\partial}{\partial t}j^0 + \frac{\partial}{\partial x^k}j^k = 0 \tag{5.3.10}$$

schreiben. Die in (5.3.7a) definierte Dichte ist positiv definit und kann vorläufig im Rahmen der Einteilchentheorie als Wahrscheinlichkeitsdichte interpretiert werden.

5.3.3 Eigenschaften der Dirac-Matrizen

Die Matrizen α^k, β antikommutieren und ihr Quadrat ist 1 (Gl. (5.3.3a-c)). Aus $(\alpha^k)^2 = \beta^2 = \mathbb{1}$ folgt, daß die Matrizen α^k und β nur die Eigenwerte ± 1 besitzen.

Wir können nun (5.3.3b) in der Form

$$\alpha^k = -\beta\alpha^k\beta$$

schreiben. Benützt man die zyklische Invarianz der Spur, so erhält man

$$\text{Sp}\,\alpha^k = -\text{Sp}\,\beta\alpha^k\beta = -\text{Sp}\,\alpha^k\beta^2 = -\text{Sp}\,\alpha^k \,.$$

Hieraus und aus einer äquivalenten Rechnung für β erhält man

$$\text{Sp}\,\alpha^k = \text{Sp}\,\beta = 0 \,. \tag{5.3.11}$$

Die Anzahl der positiven und negativen Eigenwerte muß deshalb gleich sein, also ist N gerade. $N = 2$ genügt nicht, denn die 2×2 Matrizen $\mathbb{1}$, σ_x, σ_y, σ_z enthalten nur 3 antikommutierende Matrizen. $N = 4$ ist die kleinstmögliche Dimension, in der die algebraische Struktur (5.3.3a,b,c) realisierbar ist.

Eine spezielle Darstellung der Matrizen ist

$$\alpha^i = \begin{pmatrix} 0 & \sigma^i \\ \sigma^i & 0 \end{pmatrix} \,, \quad \beta = \begin{pmatrix} \mathbb{1} & 0 \\ 0 & -\mathbb{1} \end{pmatrix} \,, \tag{5.3.12}$$

4×4 Matrizen

wobei die 4×4 Matrizen aus den Pauli-Matrizen

$$\sigma^1 = \begin{pmatrix} 0 & 1 \\ 1 & 0 \end{pmatrix}, \quad \sigma^2 = \begin{pmatrix} 0 & -i \\ i & 0 \end{pmatrix}, \quad \sigma^3 = \begin{pmatrix} 1 & 0 \\ 0 & -1 \end{pmatrix} \tag{5.3.13}$$

und der zweidimensionalen Einheitsmatrix aufgebaut sind. Es ist leicht einzusehen, daß (5.3.12) die Beziehungen (5.3.3a-c) erfüllen:

$$\text{z.B.} \quad \alpha^i \beta + \beta \alpha^i = \begin{pmatrix} 0 & -\sigma^i \\ \sigma^i & 0 \end{pmatrix} + \begin{pmatrix} 0 & \sigma^i \\ -\sigma^i & 0 \end{pmatrix} = 0 \,.$$

Die Dirac-Gleichung (5.3.1) in Verbindung mit den Matrizen (5.3.12) wird *Standarddarstellung* der Dirac-Gleichung genannt. Man bezeichnet ψ als Viererspinor oder kurz Spinor (manchmal auch Bispinor, insbesondere dann, wenn ψ durch zwei Zweierspinoren dargestellt wird). $\psi^\dagger$ heißt *hermitesch adjungierter* Spinor. Im Abschnitt 6.2.1 wird gezeigt, daß Spinoren spezifische Transformationseigenschaften unter Lorentz-Transformationen besitzen.

5.3.4 Die Dirac-Gleichung in kovarianter Form

Um zu erreichen, daß zeitliche und räumliche Ableitungen mit Matrizen mit ähnlichen algebraischen Eigenschaften multipliziert sind, multiplizieren wir die Dirac-Gleichung (5.3.1) mit β/c und erhalten

$$-i\hbar\beta\partial_0\psi - i\hbar\beta\alpha^i\partial_i\psi + mc\psi = 0 \,. \tag{5.3.14}$$

Nun definieren wir neue Dirac-Matrizen

$$\gamma^0 \equiv \beta$$
$$\gamma^i \equiv \beta\alpha^i \,. \tag{5.3.15}$$

Diese besitzen die folgenden Eigenschaften

γ^0 ist hermitesch und $(\gamma^0)^2 = \mathbb{1}$. Dagegen ist γ^k antihermitesch.

$(\gamma^k)^\dagger = -\gamma^k$ und $(\gamma^k)^2 = -\mathbb{1}$.

Beweis:

$$\left(\gamma^k\right)^\dagger = \alpha^k\beta = -\beta\alpha^k = -\gamma^k \,,$$

$$\left(\gamma^k\right)^2 = \beta\alpha^k\beta\alpha^k = -\mathbb{1} \,.$$

Diese Relationen führen zusammen mit

$$\gamma^0\gamma^k + \gamma^k\gamma^0 = \beta\beta\alpha^k + \beta\alpha^k\beta = 0 \qquad \text{und}$$

$$\gamma^k\gamma^l + \gamma^l\gamma^k = \beta\alpha^k\beta\alpha^l + \beta\alpha^l\beta\alpha^k = 0 \quad \text{für } k \neq l$$

auf die grundlegende algebraische Struktur der Dirac-Matrizen

$$\gamma^\mu\gamma^\nu + \gamma^\nu\gamma^\mu = 2g^{\mu\nu}\mathbb{1} \ . \tag{5.3.16}$$

Die *Dirac-Gleichung* (5.3.14) nimmt nun die Gestalt

$$\left(-i\gamma^\mu\partial_\mu + \frac{mc}{\hbar}\right)\psi = 0 \tag{5.3.17}$$

an. Es ist zweckmäßig, die von Feynman eingeführte, verkürzte Schreibweise zu verwenden:

$$\not{v} \equiv \gamma \cdot v \equiv \gamma^\mu v_\mu = \gamma_\mu v^\mu = \gamma^0 v^0 - \boldsymbol{\gamma}\mathbf{v} \ . \tag{5.3.18}$$

Hier steht v^μ für einen beliebigen Vektor. Der Schrägstrich (Englisch "slash") bedeutet die skalare Multiplikation mit γ_μ. Nach dem dritten Gleichheitszeichen haben wir noch die kovarianten Komponenten der γ-Matrizen eingeführt

$$\gamma_\mu = g_{\mu\nu}\gamma^\nu \ . \tag{5.3.19}$$

Die Dirac-Gleichung nimmt in dieser Notation die kompakte Form

$$\left(-i\not{\partial} + \frac{mc}{\hbar}\right)\psi = 0 \tag{5.3.20}$$

an. Schließlich geben wir noch die γ-Matrizen in der speziellen Darstellung (5.3.12) an. Aus (5.3.12) und (5.3.15) folgt

$$\gamma^0 = \begin{pmatrix} \mathbb{1} & 0 \\ 0 & -\mathbb{1} \end{pmatrix} \ , \quad \gamma^i = \begin{pmatrix} 0 & \sigma^i \\ -\sigma^i & 0 \end{pmatrix} \ . \tag{5.3.21}$$

Bemerkung. Eine zu (5.3.21) äquivalente Darstellung der γ-Matrizen, die ebenfalls die algebraischen Relationen (5.3.16) erfüllt, erhält man durch

$$\gamma \rightarrow M\gamma M^{-1} \ ,$$

wo M eine beliebige nichtsinguläre Matrix ist. Andere gebräuchliche Darstellungen sind die Majorana-Darstellung und die chirale Darstellung (siehe Abschnitt 11.3, Bemerkung (ii) und Gl. (11.6.12a-c).

5.3.5 Nichtrelativistischer Grenzfall und Kopplung an das elektromagnetische Feld

5.3.5.1 Ruhende Teilchen

Für die Betrachtung dieses Grenzfalls ist als Ausgangspunkt die Form (5.3.1) besonders geeignet. Wir betrachten zuerst ein freies, *ruhendes* Teilchen, dessen Wellenzahl also $\mathbf{k} = 0$ ist. Dann fallen die räumlichen Ableitungen in der Dirac-Gleichung weg und diese vereinfacht sich zu

$$i\hbar\frac{\partial\psi}{\partial t} = \beta mc^2\psi \ . \tag{5.3.17'}$$

Diese Gleichung besitzt die folgenden vier Lösungen

$$\psi_1^{(+)} = e^{-\frac{imc^2}{\hbar}t}\begin{pmatrix}1\\0\\0\\0\end{pmatrix} \ , \quad \psi_2^{(+)} = e^{-\frac{imc^2}{\hbar}t}\begin{pmatrix}0\\1\\0\\0\end{pmatrix} \ ,$$

$$\tag{5.3.22}$$

$$\psi_1^{(-)} = e^{\frac{imc^2}{\hbar}t}\begin{pmatrix}0\\0\\1\\0\end{pmatrix} \ , \quad \psi_2^{(-)} = e^{\frac{imc^2}{\hbar}t}\begin{pmatrix}0\\0\\0\\1\end{pmatrix} \ .$$

Die Lösungen $\psi_1^{(+)}$ und $\psi_2^{(+)}$ haben positive Energie, während die Lösungen $\psi_1^{(-)}$ und $\psi_2^{(-)}$ negative Energie haben. Die Interpretation der Lösungen negativer Energie müssen wir auf später verschieben. Wir betrachten zunächst die Lösungen mit positiver Energie.

5.3.5.2 Kopplung an das elektromagnetische Feld

Wir wollen nun gleich einen Schritt weitergehen und die Kopplung an das *elektromagnetische Feld* betrachten, um dann die Pauli-Gleichung herzuleiten. Analog zur nichtrelativistischen Theorie wird der kanonische Impuls $\mathbf{p}$ durch den kinetischen Impuls $\left(\mathbf{p} - \frac{e}{c}\mathbf{A}\right)$ ersetzt, und es tritt das skalare elektrische Potential als $e\Phi$ zur Ruhenergie im Dirac-Hamilton-Operator hinzu

$$i\hbar\frac{\partial\psi}{\partial t} = \left(c\boldsymbol{\alpha}\cdot\left(\mathbf{p} - \frac{e}{c}\mathbf{A}\right) + \beta mc^2 + e\Phi\right)\psi \ . \tag{5.3.23}$$

Hier ist e die Ladung des Teilchens, d.h. $e = -e_0$ für das Elektron. Am Ende dieses Abschnitts werden wir (5.3.23) auch ausgehend von (5.3.17) aufstellen.

5.3.5.3 Nichtrelativistischer Grenzfall, Pauli-Gleichung

Zur Betrachtung des *nichtrelativistischen Grenzfalls* verwenden wir die explizite Darstellung (5.3.12) der Dirac-Matrizen und zerlegen den Vierer-Spinor in zwei zweikomponentige Spaltenvektoren $\tilde{\varphi}$ und $\tilde{\chi}$

$$\psi \equiv \begin{pmatrix}\tilde{\varphi}\\\tilde{\chi}\end{pmatrix} \ . \tag{5.3.24}$$

$$i\hbar\frac{\partial}{\partial t}\begin{pmatrix}\tilde{\varphi}\\\tilde{\chi}\end{pmatrix} = c\begin{pmatrix}\boldsymbol{\sigma}\cdot\boldsymbol{\pi}\,\tilde{\chi}\\\boldsymbol{\sigma}\cdot\boldsymbol{\pi}\,\tilde{\varphi}\end{pmatrix} + e\Phi\begin{pmatrix}\tilde{\varphi}\\\tilde{\chi}\end{pmatrix} + mc^2\begin{pmatrix}\tilde{\varphi}\\-\tilde{\chi}\end{pmatrix} \ , \tag{5.3.25}$$

wo

$$\boldsymbol{\pi} = \mathbf{p} - \frac{e}{c}\mathbf{A} \tag{5.3.26}$$

der Operator des kinetischen Impulses ist.

Im nichtrelativistischen Grenzfall ist die Ruheenergie mc^2 die größte Energie im Problem. Deshalb zerlegen wir zur Auffindung der Lösungen mit der positiven Energie

$$\begin{pmatrix} \tilde{\varphi} \\ \tilde{\chi} \end{pmatrix} = \mathrm{e}^{-\frac{imc^2}{\hbar}t} \begin{pmatrix} \varphi \\ \chi \end{pmatrix}, \tag{5.3.27}$$

wo $\begin{pmatrix} \varphi \\ \chi \end{pmatrix}$ zeitlich nur langsam variieren und exakt der Gleichung

$$i\hbar\frac{\partial}{\partial t}\begin{pmatrix} \varphi \\ \chi \end{pmatrix} = c\begin{pmatrix} \boldsymbol{\sigma}\cdot\boldsymbol{\pi}\,\chi \\ \boldsymbol{\sigma}\cdot\boldsymbol{\pi}\,\varphi \end{pmatrix} + e\Phi\begin{pmatrix} \varphi \\ \chi \end{pmatrix} - 2mc^2\begin{pmatrix} 0 \\ \chi \end{pmatrix} \tag{5.3.25'}$$

genügen. In der zweiten Gleichung können wir $\hbar\dot{\chi}$ und $e\Phi\chi$ gegenüber $2mc^2\chi$ vernachlässigen und diese durch

$$\chi = \frac{\boldsymbol{\sigma}\cdot\boldsymbol{\pi}}{2mc}\varphi \tag{5.3.28}$$

näherungsweise lösen. Daraus sieht man, daß im nichtrelativistischen Grenzfall χ gegenüber φ um einen Faktor von der Größenordnung $\sim v/c$ kleiner ist. Man bezeichnet deshalb φ als große und χ als kleine Komponenten des Spinors.

Setzen wir (5.3.28) in die erste Gleichung von (5.3.25') ein, so ergibt sich

$$i\hbar\frac{\partial\varphi}{\partial t} = \left(\frac{1}{2m}(\boldsymbol{\sigma}\cdot\boldsymbol{\pi})(\boldsymbol{\sigma}\cdot\boldsymbol{\pi}) + e\Phi\right)\varphi. \tag{5.3.29}$$

Zur weiteren Auswertung benützen [11] wir die aus [12] $\sigma^i\sigma^j = \delta_{ij} + i\epsilon^{ijk}\sigma^k$ folgende Gleichung

$$\boldsymbol{\sigma}\cdot\mathbf{a}\,\boldsymbol{\sigma}\cdot\mathbf{b} = \mathbf{a}\cdot\mathbf{b} + i\boldsymbol{\sigma}\cdot(\mathbf{a}\times\mathbf{b}),$$

woraus sich

$$\boldsymbol{\sigma}\cdot\boldsymbol{\pi}\,\boldsymbol{\sigma}\cdot\boldsymbol{\pi} = \boldsymbol{\pi}^2 + i\boldsymbol{\sigma}\cdot\boldsymbol{\pi}\times\boldsymbol{\pi} = \boldsymbol{\pi}^2 - \frac{e\hbar}{c}\boldsymbol{\sigma}\cdot\mathbf{B}$$

---

[11] Hier ist ε^{ijk} der vollständig antisymmetrische Tensor dritter Stufe

$$\varepsilon^{ijk} = \begin{cases} 1 \text{ für gerade Permutationen von (123)} \\ -1 \text{ für ungerade Permutationen von (123)} \\ 0 \text{ sonst} \end{cases}$$

[12] QM I, Gl.(9.18a)

ergibt. Dabei wurde[13]

$$(\boldsymbol{\pi} \times \boldsymbol{\pi})^i \varphi = -\mathrm{i}\hbar \left(\frac{-e}{c} \right) \varepsilon^{ijk} \left(\partial_j A^k - A^k \partial_j \right) \varphi$$

$$= \mathrm{i}\frac{\hbar e}{c} \varepsilon^{ijk} \left(\partial_j A^k \right) \varphi = \mathrm{i}\frac{\hbar e}{c} B^i \varphi$$

mit $B^i = \varepsilon^{ijk}\partial_j A^k$ verwendet. Diese Umformung kann auch sehr leicht in der Form

$$\boldsymbol{\nabla} \times \mathbf{A}\varphi + \mathbf{A} \times \boldsymbol{\nabla}\varphi = \boldsymbol{\nabla} \times \mathbf{A}\,\varphi - \boldsymbol{\nabla}\varphi \times \mathbf{A} = (\boldsymbol{\nabla} \times \mathbf{A})\,\varphi$$

durchgeführt werden. Somit ergibt sich schließlich

$$\mathrm{i}\hbar\frac{\partial\varphi}{\partial t} = \left[\frac{1}{2m} \left(\mathbf{p} - \frac{e}{c}\mathbf{A} \right)^2 - \frac{e\hbar}{2mc}\boldsymbol{\sigma} \cdot \mathbf{B} + e\varPhi \right] \varphi \ . \tag{5.3.29'}$$

Dieses Ergebnis ist identisch mit der aus der nichtrelativistischen Quantenmechanik bekannten[14] *Pauli-Gleichung* für den Pauli-Spinor φ. Die beiden Komponenten von φ beschreiben den Spin des Elektrons. Außerdem kommt automatisch das richtige gyromagnetische Verhältnis $g = 2$ für das Elektron heraus. Um dies zu sehen, brauchen wir nur die aus der nichtrelativistischen Wellenmechanik bekannten Schritte zu wiederholen. Gegeben sei ein homogenes Magnetfeld $\mathbf{B}$ und dessen Darstellung durch das Vektorpotential $\mathbf{A}$:

$$\mathbf{B} = \mathrm{rot}\,\mathbf{A} \ , \quad \mathbf{A} = \frac{1}{2}\mathbf{B} \times \mathbf{x} \ . \tag{5.3.30a}$$

Führt man den Bahndrehimpuls $\mathbf{L}$ und den Spin $\mathbf{S}$ über

$$\mathbf{L} = \mathbf{x} \times \mathbf{p} \ , \quad \mathbf{S} = \frac{1}{2}\hbar\boldsymbol{\sigma} \tag{5.3.30b}$$

ein, so folgt [15],[16] für (5.3.30a)

$$\mathrm{i}\hbar\frac{\partial\varphi}{\partial t} = \left(\frac{\mathbf{p}^2}{2m} - \frac{e}{2mc}(\mathbf{L} + 2\mathbf{S}) \cdot \mathbf{B} + \frac{e^2}{2mc^2}\mathbf{A}^2 + e\varPhi \right) \varphi \ . \tag{5.3.31}$$

Die Eigenwerte der Projektion des Spinoperators, $\mathbf{S}\hat{\mathbf{e}}$ auf einen beliebigen Einheitsvektor $\hat{\mathbf{e}}$ sind $\pm\hbar/2$. Die Wechselwirkung mit dem elektromagnetischen Feld ist nach (5.3.31) von der Form

---

[13] Vektoren wie $\mathbf{E}$, $\mathbf{B}$ und äußere Produkte, die nur als Dreiervektoren definiert sind, schreiben wir in Komponentenform immer mit oberen Indizes, ebenso den ε-Tensor. Über doppelt vorkommende Indizes wird hier ebenfalls summiert.

[14] Siehe z.B. QM I, Kap. 9

[15] Siehe z.B. QM I, Kap. 9

[16] Man findet $-\mathbf{p}\cdot\mathbf{A} - \mathbf{A}\cdot\mathbf{p} = -2\mathbf{A}\cdot\mathbf{p} = -2\frac{1}{2}(\mathbf{B} \times \mathbf{x})\cdot\mathbf{p} = -(\mathbf{x} \times \mathbf{p})\cdot\mathbf{B} = -\mathbf{L}\cdot\mathbf{B}$, da $(\mathbf{p}\cdot\mathbf{A}) = \frac{\hbar}{\mathrm{i}}(\boldsymbol{\nabla}\cdot\mathbf{A}) = 0$ ist.

$$H_{\text{int}} = -\boldsymbol{\mu} \cdot \mathbf{B} + \frac{e^2}{2mc^2}\mathbf{A}^2 + e\Phi \, , \tag{5.3.32}$$

wobei sich das magnetische Moment

$$\boldsymbol{\mu} = \boldsymbol{\mu}_{\text{Bahn}} + \boldsymbol{\mu}_{\text{Spin}} = \frac{e}{2mc}(\mathbf{L} + 2\mathbf{S}) \tag{5.3.33}$$

aus dem Bahn- und dem Spinanteil zusammensetzt. Das Spin-Moment ist von der Größe

$$\boldsymbol{\mu}_{\text{Spin}} = g\frac{e}{2mc}\mathbf{S} \tag{5.3.34}$$

mit dem gyromagnetischen Faktor (auch Landé-Faktor)

$$g = 2 \, . \tag{5.3.35}$$

Für das Elektron kann $\frac{e}{2mc} = -\frac{\mu_B}{\hbar}$ durch das Bohrsche Magneton $\mu_B = \frac{e_0\hbar}{2mc} = 0.927 \times 10^{-20}\text{erg/G}$ ausgedrückt werden.

Wir sind nun in der Lage, die Näherungen dieses Abschnitts zu rechtfertigen. Die Lösung φ von (5.3.31) hat ein Zeitverhalten, charakterisiert durch die Larmor-Frequenz oder für $e\Phi = \frac{-Ze_0^2}{r}$ durch die Rydberg-Energie (Ry $\propto mc^2\alpha^2$, mit der Feinstrukturkonstanten $\alpha = e_0^2/\hbar c$). Für das Wasserstoffatom und andere nichtrelativistische Atome (kleine Ladungszahl Z) ist mc^2 sehr viel größer als diese beiden Energien und die vorhin eingeführten Näherungen in der Bewegungsgleichung für χ sind für solche Atome gerechtfertigt.

5.3.5.4 Ergänzung zur Ankopplung an das elektromagnetische Feld

Wir wollen nun die Dirac-Gleichung in einem äußeren Feld noch in anderer Weise aufstellen, und leiten diesen Abschnitt mit einigen Bemerkungen zur relativistischen Notation ein. Der *Impulsoperator* in kovarianter und kontravarianter Form lautet

$$p_\mu = i\hbar\partial_\mu \quad \text{und} \quad p^\mu = i\hbar\partial^\mu \, . \tag{5.3.36}$$

Dabei ist $\partial_\mu = \frac{\partial}{\partial x^\mu}$ und $\partial^\mu = \frac{\partial}{\partial x_\mu}$. Das bedeutet für zeitliche und räumliche Komponenten

$$p^0 = p_0 = i\hbar\frac{\partial}{\partial ct} \, , \quad p^1 = -p_1 = i\hbar\frac{\partial}{\partial x_1} = \frac{\hbar}{i}\frac{\partial}{\partial x^1} \, . \tag{5.3.37}$$

Die Kopplung an das elektromagnetische Feld wird durch die Ersetzung

$$p_\mu \to p_\mu - \frac{e}{c}A_\mu \tag{5.3.38}$$

bewirkt, wobei $A^\mu = (\Phi, \mathbf{A})$ das Viererpotential ist. Man nennt die dabei entstehende – in der Elektrodynamik wohlbekannte – Struktur seit dem Studium anderer Eichtheorien *minimale Kopplung*.

Dies bedeutet

$$i\hbar \frac{\partial}{\partial x^\mu} \rightarrow i\hbar \frac{\partial}{\partial x^\mu} - \frac{e}{c} A_\mu \tag{5.3.39}$$

oder in Komponenten

$$\begin{cases} i\hbar \dfrac{\partial}{\partial t} \rightarrow i\hbar \dfrac{\partial}{\partial t} - e\Phi \\[2mm] \dfrac{\hbar}{i} \dfrac{\partial}{\partial x^i} \rightarrow \dfrac{\hbar}{i} \dfrac{\partial}{\partial x^i} + \dfrac{e}{c} A_i = \dfrac{\hbar}{i} \dfrac{\partial}{\partial x^i} - \dfrac{e}{c} A^i \ . \end{cases} \tag{5.3.39'}$$

Für die räumlichen Komponenten ist dies identisch mit der Ersetzung $\frac{\hbar}{i}\boldsymbol{\nabla} \rightarrow \frac{\hbar}{i}\boldsymbol{\nabla} - \frac{e}{c}\mathbf{A}$ bzw. $\mathbf{p} \rightarrow \mathbf{p} - \frac{e}{c}\mathbf{A}$. In der nicht kovarianten Darstellung der Dirac-Gleichung führt die Substitution (5.3.39') sofort wieder auf die Gleichung (5.3.23).

Führt man (5.3.39) in die Dirac-Gleichung (5.3.17) ein, erhält man

$$\left(-\gamma^\mu \left(i\hbar\partial_\mu - \frac{e}{c} A_\mu \right) + mc \right) \psi = 0 \ , \tag{5.3.40}$$

die Dirac-Gleichung in relativistisch kovarianter Form in Gegenwart eines elektromagnetischen Feldes.

Bemerkungen:

(i) Gleichung (5.3.23) folgt unmittelbar indem man (5.3.40), d.h.

$$\gamma^0 \left(i\hbar\partial_0 - \frac{e}{c} A_0 \right) \psi = -\gamma^i \left(i\hbar\partial_i - \frac{e}{c} A_i \right) \psi + mc\psi$$

mit γ^0 multipliziert:

$$i\hbar\partial_0\psi = \alpha^i \left(-i\hbar\partial_i - \frac{e}{c} A^i \right) \psi + \frac{e}{c} A_0\psi + mc\beta\psi$$

$$i\hbar\frac{\partial}{\partial t}\psi = c\boldsymbol{\alpha} \cdot \left(\mathbf{p} - \frac{e}{c}\mathbf{A} \right) \psi + e\Phi\psi + mc^2\beta\psi \ .$$

(ii) Die minimale Kopplung, d.h. die Ersetzung von Ableitungen durch Ableitungen minus Viererpotential hat die Invarianz der Dirac-Gleichung (5.3.40) gegenüber Eichtransformationen (erster Art) zur Folge:

$$\psi(x) \rightarrow e^{-i\frac{e}{\hbar c}\alpha(x)}\psi(x) \ , \qquad A_\mu(x) \rightarrow A_\mu(x) + \partial_\mu\alpha(x) \ .$$

(iii) Für Elektronen ist $m = m_e$, und die charakteristische Länge in der Dirac-Gleichung ist gleich der Compton-Wellenlänge des Elektrons

$$\lambdabar_c = \frac{\hbar}{m_e c} = 3.8 \times 10^{-11} \text{cm} \ .$$

Aufgaben zu Kapitel 5

5.1 Zeigen Sie, daß die Matrizen (5.3.12) die algebraischen Relationen (5.3.3a-c) erfüllen.

5.2 Zeigen Sie, daß aus (5.3.12) die Darstellung (5.3.21) folgt.

5.3 Teilchen im homogenen Magnetfeld.
Bestimmen Sie die aus der Dirac-Gleichung folgenden Energieniveaus für ein (relativistisches) Teilchen der Masse m und Ladung e in einem homogenen Magnetfeld **B**. Wählen Sie die Eichung $A^0 = A^1 = A^3 = 0,\ A^2 = Bx$.

6. Lorentz-Transformationen und Kovarianz der Dirac-Gleichung

In diesem Kapitel werden die Transformationseigenschaften der Spinoren unter Lorentz-Transformationen untersucht, welche aus der Lorentz-Kovarianz der Dirac-Gleichung folgen. Zunächst werden einige als bekannt vorausgesetzte Eigenschaften der Lorentz-Transformation zusammengestellt. Der an der Lösung konkreter Probleme interessierte Leser kann die folgenden Abschnitte übergehen und sich sofort Abschn. 6.3 und den folgenden Kapiteln zuwenden.

6.1 Lorentz-Transformationen

Die kontravarianten und kovarianten Komponenten des Ortsvektors lauten

$$
\begin{array}{llllll}
x^\mu & : & x^0 = ct\,, & x^1 = x\,, & x^2 = y\,, & x^3 = z & \text{kontravariant} \\
x_\mu & : & x_0 = ct\,, & x_1 = -x\,, & x_2 = -y\,, & x_3 = -z & \text{kovariant}\,.
\end{array}
\tag{6.1.1}
$$

Der metrische Tensor ist durch

$$
g = (g_{\mu\nu}) = (g^{\mu\nu}) = \begin{pmatrix} 1 & 0 & 0 & 0 \\ 0 & -1 & 0 & 0 \\ 0 & 0 & -1 & 0 \\ 0 & 0 & 0 & -1 \end{pmatrix}
\tag{6.1.2a}
$$

definiert und verknüpft ko- und kontravariante Komponenten

$$
x_\mu = g_{\mu\nu} x^\nu\,, \qquad x^\mu = g^{\mu\nu} x_\nu\,.
\tag{6.1.3}
$$

Wir bemerken auch

$$
g^\mu{}_\nu = g^{\mu\sigma} g_{\sigma\nu} \equiv \delta^\mu{}_\nu
\tag{6.1.2b}
$$

d.h.

$$
(g^\mu{}_\nu) = (\delta^\mu{}_\nu) = \begin{pmatrix} 1 & 0 & 0 & 0 \\ 0 & 1 & 0 & 0 \\ 0 & 0 & 1 & 0 \\ 0 & 0 & 0 & 1 \end{pmatrix}\,.
$$

Die Definition des d'Alembert-Operators lautet

$$\Box = \frac{1}{c^2}\frac{\partial^2}{\partial t^2} - \sum_{i=1}^{3}\frac{\partial^2}{\partial x^{i\,2}} = \partial_\mu\partial^\mu = g_{\mu\nu}\partial^\mu\partial^\nu \;. \tag{6.1.4}$$

Inertialsysteme sind Bezugssysteme, in denen sich kräftefreie Teilchen gleichförmig bewegen. Die Lorentz-Transformationen geben an, wie sich die Koordinaten zweier Inertialsysteme ineinander transformieren.

Die Koordinaten zweier gleichförmig bewegter Bezugssysteme müssen durch eine lineare Transformation zusammenhängen. Deshalb besitzen die inhomogenen Lorentz-Transformationen (auch Poincaré-Transformationen) die Gestalt

$$x'^\mu = \Lambda^\mu{}_\nu x^\nu + a^\mu \;, \tag{6.1.5}$$

mit reellen $\Lambda^\mu{}_\nu$ und a^μ.

Bemerkungen:

(i) *Zur Linearität der Lorentz-Transformation*:
Seien x' und x die Koordinaten eines Ereignisses in den Inertialsystemen I' und I. Zunächst könnte man für die Transformation

$$x' = f(x)$$

ansetzen. Kräftefreie Teilchen bewegen sich in I und I' gleichförmig, d.h. ihre Weltlinien sind Geraden (dies ist die Definition von Inertialsystemen). Die Transformationen, die Geraden in Geraden überführen, sind Affinitäten, also von der Form (6.1.5). Die Geradengleichung in Parameterdarstellung $x^\mu = e^\mu s + d^\mu$ wird durch eine solche affine Transformation wieder in eine Geradengleichung übergeführt.

(ii) *Relativitätsprinzip*: Die Naturgesetze sind in allen Inertialsystemen gleich. (Es gibt kein ausgezeichnetes, "absolutes"Bezugssystem.)
Aus der *Forderung der Invarianz des d'Alembert-Operators* (6.1.4) ergibt sich

$$\Lambda^\lambda{}_\mu g^{\mu\nu}\Lambda^\rho{}_\nu = g^{\lambda\rho} \;, \tag{6.1.6a}$$

oder kurz, in Matrixform,

$$\Lambda g \Lambda^T = g \;. \tag{6.1.6b}$$

Beweis: $\partial_\mu \equiv \dfrac{\partial}{\partial x^\mu} = \dfrac{\partial x'^\lambda}{\partial x^\mu}\dfrac{\partial}{\partial x'^\lambda} = \Lambda^\lambda{}_\mu \partial'_\lambda$

$$\partial_\mu g^{\mu\nu}\partial_\nu = \Lambda^\lambda{}_\mu \partial'_\lambda g^{\mu\nu}\Lambda^\rho{}_\nu \partial'_\rho \overset{!}{=} \partial'_\lambda g^{\lambda\rho}\partial'_\rho$$
$$\Rightarrow \Lambda^\lambda{}_\mu g^{\mu\nu}\Lambda^\rho{}_\nu = g^{\lambda\rho} \;.$$

Die Beziehungen (6.1.6a,b) definieren die Lorentz-Transformationen.

Definition: Poincaré-Gruppe $\equiv$ {inhomogene Lorentz-Transformation, $a^\mu \neq 0$}

Die Gruppe der homogenen Lorentz-Transformationen enthält alle Elemente mit $a^\mu = 0$.

Eine inhomogene Lorentz-Transformation kann man kurz durch (Λ, a) charakterisieren, z.B. :

Translationsgruppe $\quad (1, a)$

Drehgruppe $\qquad\quad (D, 0)$.

Aus der Definitionsgleichung (6.1.6a,b) folgen zwei wichtige Charakteristika der Lorentz-Transformationen:

(i) Aus der Definitionsgleichung (6.1.6a) folgt $(\det \Lambda)^2 = 1$, also

$$\det \Lambda = \pm 1 \ . \tag{6.1.7}$$

(ii) Nun betrachten wir das Matrixelement $\lambda = 0$, $\rho = 0$ der Definitionsgleichung (6.1.6a)

$$\Lambda^0{}_\mu g^{\mu\nu} \Lambda^0{}_\nu = 1 = (\Lambda^0{}_0)^2 - \sum_k (\Lambda^0{}_k)^2 = 1 \ .$$

Daraus folgt

$$\Lambda^0{}_0 \geq 1 \qquad \text{oder} \qquad \Lambda^0{}_0 \leq -1 \ . \tag{6.1.8}$$

Das Vorzeichen der Determinante von Λ und das Vorzeichen von $\Lambda^0{}_0$ können zur Klassifizierung der Elemente der Lorentz-Gruppe verwendet werden (Tabelle 6.1). Die Lorentz-Transformationen können folgendermaßen zur Lorentz-Gruppe $\mathcal{L}$, deren Untergruppen oder Untermengen zusammengefaßt

Tabelle 6.1. Klassifikation der Elemente der Lorentz-Gruppe

		sgn $\Lambda^0{}_0$	$\det \Lambda$
eigentlich orthochron	$L_+^\uparrow$	1	1
uneigentlich orthochron*	$L_-^\uparrow$	1	-1
Zeitspiegelungsartig**	$L_-^\downarrow$	-1	-1
Raum-Zeit-spiegelungsartig***	$L_+^\downarrow$	-1	1

$\quad$ * Raumspiegelung $\qquad$ ** Zeitspiegelung $\qquad$ *** Raum-Zeit-Spiegelung

$$P = \begin{pmatrix} 1 & 0 & 0 & 0 \\ 0 & -1 & 0 & 0 \\ 0 & 0 & -1 & 0 \\ 0 & 0 & 0 & -1 \end{pmatrix} \quad T = \begin{pmatrix} -1 & 0 & 0 & 0 \\ 0 & 1 & 0 & 0 \\ 0 & 0 & 1 & 0 \\ 0 & 0 & 0 & 1 \end{pmatrix} \quad PT = \begin{pmatrix} -1 & 0 & 0 & 0 \\ 0 & -1 & 0 & 0 \\ 0 & 0 & -1 & 0 \\ 0 & 0 & 0 & -1 \end{pmatrix} \tag{6.1.9}$$

werden (z.B. bedeutet $\mathcal{L}_+^\downarrow$ die Menge aller Elemente $L_+^\downarrow$):

$\mathcal{L}$ Lorentz-Gruppe (L.G.)

$\mathcal{L}_+^\uparrow$ eingeschränkte L.G. (ist Untergruppe und Normalteiler)

$\mathcal{L}^\uparrow = \mathcal{L}_+^\uparrow \cup \mathcal{L}_-^\uparrow$ orthochrone L.G.

$\mathcal{L}_+ = \mathcal{L}_+^\uparrow \cup \mathcal{L}_+^\downarrow$ eigentliche Lorentz-Gruppe

$\mathcal{L}_0 = \mathcal{L}_+^\uparrow \cup \mathcal{L}_-^\downarrow$ orthochrone L.G.

$$\mathcal{L}_-^\uparrow = P \cdot \mathcal{L}_+^\uparrow$$

$$\mathcal{L}_-^\downarrow = T \cdot \mathcal{L}_+^\uparrow$$

$$\mathcal{L}_+^\downarrow = P \cdot T \cdot \mathcal{L}_+^\uparrow$$

Die letzten drei Untermengen von $\mathcal{L}$ bilden keine Untergruppen.

$$\mathcal{L} = \mathcal{L}^\uparrow \cup T\mathcal{L}^\uparrow = \mathcal{L}_+^\uparrow \cup P\mathcal{L}_+^\uparrow \cup T\mathcal{L}_+^\uparrow \cup PT\mathcal{L}_+^\uparrow \tag{6.1.10}$$

$\mathcal{L}^\uparrow$ ist Untergruppe und Normalteiler von $\mathcal{L}$; $T\mathcal{L}^\uparrow$ ist Nebenklasse zu $\mathcal{L}^\uparrow$.
$\mathcal{L}_+^\uparrow$ ist Untergruppe und Normalteiler von $\mathcal{L}$; $P\mathcal{L}_+^\uparrow$, $T\mathcal{L}_+^\uparrow$, $PT\mathcal{L}_+^\uparrow$ sind Nebenklassen zu $\mathcal{L}_+^\uparrow$. Auch $\mathcal{L}^\uparrow$, $\mathcal{L}_+$ und $\mathcal{L}_0$ sind Normalteiler in $\mathcal{L}$ mit den Faktorgruppen (E, P), (E, P, T, PT) und (E, T).
Eine beliebige Lorentz-Transformation ist entweder eigentlich und orthochron oder kann als Produkt eines Elements der eigentlich-orthochronen Lorentz-Gruppe mit einer der diskreten Transformationen P, T oder PT geschrieben werden.

$\mathcal{L}_+^\uparrow$ Die *eingeschränkte Lorentz-Gruppe* = die *eigentliche orthochrone L.G.*
besteht aus allen Elementen mit det $\Lambda = 1$ und $\Lambda^0{}_0 \geq 1$, dazu gehören:

(a) Drehungen
(b) Lorentz-Transformationen im engeren Sinn (= Transformationen, bei denen Raum und Zeit transformiert werden). Der Prototyp ist

$$L_1(\eta) = \begin{pmatrix} L^0{}_0 & L^0{}_1 & 0 & 0 \\ L^1{}_0 & L^1{}_1 & 0 & 0 \\ 0 & 0 & 1 & 0 \\ 0 & 0 & 0 & 1 \end{pmatrix} = \begin{pmatrix} \cosh\eta & -\sinh\eta & 0 & 0 \\ -\sinh\eta & \cosh\eta & 0 & 0 \\ 0 & 0 & 1 & 0 \\ 0 & 0 & 0 & 1 \end{pmatrix}$$

$$= \begin{pmatrix} \frac{1}{\sqrt{1-\beta^2}} & -\frac{\beta}{\sqrt{1-\beta^2}} & 0 & 0 \\ -\frac{\beta}{\sqrt{1-\beta^2}} & \frac{1}{\sqrt{1-\beta^2}} & 0 & 0 \\ 0 & 0 & 1 & 0 \\ 0 & 0 & 0 & 1 \end{pmatrix}, \tag{6.1.11}$$

mit $\tanh\eta = \beta$. Bei dieser Lorentz-Transformation bewegt sich das Inertialsystem I' gegenüber I mit der Geschwindigkeit $v = c\beta$ in x^1-Richtung.

6.2 Lorentz-Kovarianz der Dirac-Gleichung

6.2.1 Die Lorentz-Kovarianz und Transformation von Spinoren

Das *Relativitätsprinzip* besagt: Die Naturgesetze sind in allen Inertialsystemen gleich.

Wir betrachten zwei Inertialsysteme I und I' mit den Raum-Zeit-Koordinaten x und x'. Die Wellenfunktion eines Teilchens sei in diesen beiden Systemen durch ψ und ψ' gegeben. Die Poincaré-Transformation zwischen I und I' sei

$$x' = \Lambda x + a \ . \tag{6.2.1}$$

Die Wellenfunktion ψ' muß aus ψ rekonstruierbar sein. Das bedeutet, daß zwischen ψ' und ψ ein lokaler Zusammenhang gelten muß

$$\psi'(x') = F(\psi(x)) = F(\psi(\Lambda^{-1}(x' - a))) \ . \tag{6.2.2}$$

Das Relativitätsprinzip zusammen mit dem funktionalen Zusammenhang (6.2.2) bedingt die Forderung der *Lorentz-Kovarianz*: Die Dirac-Gleichung in I wird durch (6.2.1) und (6.2.2) in eine Dirac-Gleichung in I' transformiert. (Die Dirac-Gleichung ist forminvariant gegenüber Poincaré-Transformationen.) Damit sowohl ψ wie auch ψ' der linearen Dirac-Gleichung genügen können, muß der funktionale Zusammenhang linear sein, d.h.

$$\begin{aligned} \psi'(x') &= S(\Lambda)\psi(x) \\ &= S(\Lambda)\psi(\Lambda^{-1}(x' - a)) \ . \end{aligned} \tag{6.2.3}$$

$S(\Lambda)$ ist eine 4×4 Matrix, mit der der Spinor ψ zu multiplizieren ist. Wir werden $S(\Lambda)$ im folgenden bestimmen. In Komponenten lautet die Transformation

$$\psi'_\alpha(x') = \sum_{\beta=1}^{4} S_{\alpha\beta}(\Lambda)\psi_\beta(\Lambda^{-1}(x' - a)) \ . \tag{6.2.3'}$$

Die Lorentz-Kovarianz der Dirac-Gleichung bedeutet, daß ψ' der Gleichung

$$(-i\gamma^\mu \partial'_\mu + m)\psi'(x') = 0 \qquad (c = 1,\ \hbar = 1) \tag{6.2.4}$$

genügt, wobei

$$\partial'_\mu = \frac{\partial}{\partial x'^\mu} \ .$$

Die γ-Matrizen ändern sich bei der Lorentz-Transformation nicht. Um S zu bestimmen, müssen wir die Dirac-Gleichungen im gestrichenen und ungestrichenen Koordinatensystem ineinander überführen. Die Dirac-Gleichung im ungestrichenen Koordinatensystem

$$(-i\gamma^\mu \partial_\mu + m)\psi(x) = 0 \tag{6.2.5}$$

kann mittels

$$\frac{\partial}{\partial x^\mu} = \frac{\partial x'^\nu}{\partial x^\mu} \frac{\partial}{\partial x'^\nu} = \Lambda^\nu{}_\mu \partial'_\nu$$

und

$$S^{-1}\psi'(x') = \psi(x)$$

in die Form

$$(-i\gamma^\mu \Lambda^\nu{}_\mu \partial'_\nu + m)S^{-1}(\Lambda)\psi'(x') = 0 \tag{6.2.6}$$

gebracht werden. Nach Multiplikation von links mit S erhält man[1]

$$-iS\Lambda^\nu{}_\mu \gamma^\mu S^{-1} \partial'_\nu \psi'(x') + m\psi'(x') = 0 \ . \tag{6.2.6'}$$

Aus dem Vergleich von (6.2.6′) mit (6.2.4) folgt, daß die Dirac-Gleichung forminvariant unter Lorentz-Transformationen ist, wenn $S(\Lambda)$ die folgende Bedingungsgleichung erfüllt

$$S(\Lambda)^{-1}\gamma^\nu S(\Lambda) = \Lambda^\nu{}_\mu \gamma^\mu \ . \tag{6.2.7}$$

Man kann zeigen (siehe folgender Abschnitt), daß diese Gleichung nicht-singuläre Lösungen für $S(\Lambda)$ hat.[2] Eine Wellenfunktion, die sich bei einer Lorentz-Transformation nach $\psi' = S\psi$ transformiert, heißt *vierkomponentiger Lorentz-Spinor*.

6.2.2 Bestimmung der Darstellung $S(\Lambda)$

6.2.2.1 Infinitesimale Lorentztransformationen

Wir betrachten zunächst *infinitesimale (eigentliche, orthochrone) Lorentz–Transformationen*

$$\Lambda^\nu{}_\mu = g^\nu{}_\mu + \Delta\omega^\nu{}_\mu \tag{6.2.8a}$$

mit infinitesimalen und antisymmetrischen $\Delta\omega^{\nu\mu}$

$$\Delta\omega^{\nu\mu} = -\Delta\omega^{\mu\nu} \ . \tag{6.2.8b}$$

Diese Gleichung besagt, daß $\Delta\omega^{\nu\mu}$ nur 6 unabhängige, nicht verschwindende Elemente haben kann.

---

[1] Es sei daran erinnert, daß es sich bei $\Lambda^\nu{}_\mu$ um Matrixelemente handelt, die natürlich mit den γ-Matrizen vertauschen.

[2] Die Existenz eines solchen $S(\Lambda)$ folgt aus der Tatsache, daß die $\Lambda^\nu{}_\mu \gamma^\nu$ wegen Gl. (6.1.6a) ebenfalls die Antikommutationsregeln (5.3.16) der γ-Matrizen erfüllen und dem Paulischen Fundamentaltheorem (Eigenschaft 7 auf Seite 148). Wir werden diese Transformationen unten explizit bestimmen.

Diese Transformationen erfüllen die Definitionsrelation für Lorentz-Transformationen

$$\Lambda^\lambda{}_\mu g^{\mu\nu} \Lambda^\rho{}_\nu = g^{\lambda\rho} \,, \tag{6.1.6a}$$

wie man durch Einsetzen von (6.2.8) in diese Gleichung sieht:

$$g^\lambda{}_\mu g^{\mu\nu} g^\rho{}_\nu + \Delta\omega^{\lambda\rho} + \Delta\omega^{\rho\lambda} + O\left((\Delta\omega)^2\right) = g^{\lambda\rho} \,. \tag{6.2.9}$$

Jedes der 6 unabhängigen Elemente von $\Delta\omega^{\mu\nu}$ erzeugt eine infinitesimale Lorentz-Transformation. Wir betrachten typische Spezialfälle:

$$\Delta\omega^0{}_1 = -\Delta\omega^{01} = -\Delta\beta :$$ Transformation auf ein Koordi- $\qquad$ (6.2.10)
natensystem, das sich mit Geschwindigkeit $c\Delta\beta$ in x-Richtung bewegt

$$\Delta\omega^1{}_2 = -\Delta\omega^{12} = \Delta\varphi :$$ Transformation auf ein Koordi- $\qquad$ (6.2.11)
natensystem, das um den Winkel $\Delta\varphi$ um die z-Achse gedreht ist. (Siehe Abb. 6.1)

Die räumlichen Komponenten werden bei dieser *passiven* Transformation folgendermaßen transformiert

$$\begin{array}{l} x'^1 = x^1 + \Delta\varphi x^2 \\ x'^2 = -\Delta\varphi x^1 + x^2 \\ x'^3 = x^3 \end{array} \quad \text{bzw.} \quad \mathbf{x}' = \mathbf{x} + \begin{pmatrix} 0 \\ 0 \\ -\Delta\varphi \end{pmatrix} \times \mathbf{x} = \mathbf{x} + \begin{vmatrix} \mathbf{e}_1 & \mathbf{e}_2 & \mathbf{e}_3 \\ 0 & 0 & -\Delta\varphi \\ x^1 & x^2 & x^3 \end{vmatrix}$$
$$\tag{6.2.12}$$

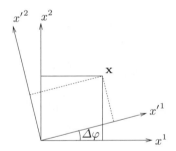

Abb. 6.1. Infinitesimale Drehung, passive Transformation

S muß in eine Potenzreihe in $\Delta\omega^{\nu\mu}$ entwickelbar sein. Wir schreiben

$$S = \mathbb{1} + \tau \,, \quad S^{-1} = \mathbb{1} - \tau \,, \tag{6.2.13}$$

wo τ ebenfalls infinitesimal, also von Ordnung $O(\Delta\omega^{\nu\mu})$ ist. Wir setzen in die Gleichung für S ein,
$S^{-1}\gamma^\mu S = \Lambda^\mu{}_\nu \gamma^\nu$, und erhalten

$$(\mathbb{1} - \tau)\gamma^\mu(\mathbb{1} + \tau) = \gamma^\mu + \gamma^\mu\tau - \tau\gamma^\mu = \gamma^\mu + \Delta\omega^\mu{}_\nu \gamma^\nu \,, \tag{6.2.14}$$

woraus die Bestimmungsgleichung für τ

$$\gamma^\mu \tau - \tau \gamma^\mu = \Delta\omega^\mu{}_\nu \gamma^\nu \tag{6.2.14'}$$

folgt. τ ist daraus bis auf ein additives Vielfaches von $\mathbb{1}$ eindeutig bestimmt. Betrachten wir zwei Lösungen von (6.2.14'), so kommutiert die Differenz der beiden Lösungen mit allen γ^μ, muß also proportional zu $\mathbb{1}$ sein (siehe Abschn. 6.2.5, Eigenschaft 6). Diese Mehrdeutigkeit wird durch die Normierungsbedingung $\det S = 1$ beseitigt. Aufgrund derer gilt in erster Ordnung in $\Delta\omega^{\mu\nu}$

$$\det S = \det(\mathbb{1} + \tau) = \det \mathbb{1} + \mathrm{Sp}\,\tau = 1 + \mathrm{Sp}\,\tau = 1 \, . \tag{6.2.15}$$

Daraus folgt

$$\mathrm{Sp}\,\tau = 0 \, . \tag{6.2.16}$$

Gleichung (6.2.14') und (6.2.16) haben die Lösung

$$\tau = \frac{1}{8}\Delta\omega^{\mu\nu}(\gamma_\mu\gamma_\nu - \gamma_\nu\gamma_\mu) = -\frac{\mathrm{i}}{4}\Delta\omega^{\mu\nu}\sigma_{\mu\nu} \, , \tag{6.2.17}$$

wobei die Definition

$$\sigma_{\mu\nu} = \frac{\mathrm{i}}{2}[\gamma_\mu, \gamma_\nu] \tag{6.2.18}$$

eingeführt wurde. Man zeigt (6.2.17) indem man den Kommutator von τ mit γ^μ berechnet; das Verschwinden der Spur ist durch die allgemeinen Eigenschaften der γ-Matrizen garantiert (Eigenschaft 3, Abschn. 6.2.5).

6.2.2.2 Drehung um die z-Achse

Wir betrachten zunächst die in Gl. (6.2.11) dargestellte Drehung R_3 um die z-Achse. Nach (6.2.11) und (6.2.17) ist

$$\tau(R_3) = \frac{\mathrm{i}}{2}\Delta\varphi\sigma_{12} \quad ,$$

und mit

$$\sigma^{12} = \sigma_{12} = \frac{\mathrm{i}}{2}[\gamma_1, \gamma_2] = \mathrm{i}\gamma_1\gamma_2 = \mathrm{i}\begin{pmatrix} 0 & \sigma^1 \\ -\sigma^1 & 0 \end{pmatrix}\begin{pmatrix} 0 & \sigma^2 \\ -\sigma^2 & 0 \end{pmatrix} = \begin{pmatrix} \sigma^3 & 0 \\ 0 & \sigma^3 \end{pmatrix} \tag{6.2.19}$$

folgt

$$S = 1 + \frac{\mathrm{i}}{2}\Delta\varphi\sigma^{12} = 1 + \frac{\mathrm{i}}{2}\Delta\varphi \begin{pmatrix} \sigma^3 & 0 \\ 0 & \sigma^3 \end{pmatrix} . \tag{6.2.20}$$

Aus der infinitesimalen Drehung können wir durch Zusammensetzen die Transformationsmatrix S für eine *endliche Drehung* um den Winkel ϑ bestimmen, indem wir die endliche Drehung in N Teilschritte ϑ/N zerlegen

$$\psi'(x') = S\psi(x) = \lim_{N\to\infty} \left(1 + \frac{\mathrm{i}}{2N}\vartheta\sigma^{12} \right)^N \psi(x)$$

$$= \mathrm{e}^{\frac{\mathrm{i}}{2}\vartheta\sigma^{12}}\psi$$

$$= \left(\cos\frac{\vartheta}{2} + \mathrm{i}\sigma^{12}\sin\frac{\vartheta}{2} \right)\psi(x) . \tag{6.2.21}$$

Für die Koordinaten und andere Vierervektoren bedeutet diese zusammengesetzte Transformation

$$x' = \lim_{N\to\infty} \left(\mathbb{1} + \frac{\vartheta}{N} \begin{pmatrix} 0 & 0\,0\,0 \\ 0 & 0\,1\,0 \\ 0 & -1\,0\,0 \\ 0 & 0\,0\,0 \end{pmatrix} \right) \cdots \left(\mathbb{1} + \frac{\vartheta}{N} \begin{pmatrix} 0 & 0\,0\,0 \\ 0 & 0\,1\,0 \\ 0 & -1\,0\,0 \\ 0 & 0\,0\,0 \end{pmatrix} \right) x$$

$$= \exp\left\{ \vartheta \begin{pmatrix} 0 & 0\,0\,0 \\ 0 & 0\,1\,0 \\ 0 & -1\,0\,0 \\ 0 & 0\,0\,0 \end{pmatrix} \right\} x = \begin{pmatrix} 1 & 0 & 0 & 0 \\ 0 & \cos\vartheta & \sin\vartheta & 0 \\ 0 & -\sin\vartheta & \cos\vartheta & 0 \\ 0 & 0 & 0 & 1 \end{pmatrix} x , \tag{6.2.22}$$

also tatsächlich die übliche Drehmatrix mit Winkel ϑ. Die Transformation S für Drehungen (Gl. (6.2.21)) ist *unitär* ($S^{-1} = S^\dagger$). Aus (6.2.21) sieht man

$$S(2\pi) = -\mathbb{1} \tag{6.2.23a}$$

$$S(4\pi) = \mathbb{1} . \tag{6.2.23b}$$

Die Tatsache, daß Spinoren nicht bei einer Drehung um 2π sondern erst bei einer Drehung um 4π wieder ihren Ausgangswert einnehmen, wird in Neutroneninterferenzexperimenten beobachtet [3]. Wir weisen auf die Analogie zur Transformation von Pauli-Spinoren unter Drehungen

$$\varphi'(x') = \mathrm{e}^{\frac{\mathrm{i}}{2}\boldsymbol{\omega}\cdot\boldsymbol{\sigma}}\varphi(x) \tag{6.2.24}$$

hin.

---

[3] H. Rauch et al, Phys. Lett. **54A**, 425 (1975); S.A. Werner et al, Phys. Rev. Lett. **35**, 1053 (1975); beschrieben auch in J.J. Sakurai, *Modern Quantum Mechanics*, S.162, Addison-Wesley, Red Wood City (1985).

6.2.2.3 Lorentz-Transformation längs der x^1-Richtung

Nach Gl. (6.2.10)

$$\Delta\omega^{01} = \Delta\beta \tag{6.2.25}$$

und (6.2.17) ist

$$\tau(L_1) = \frac{1}{2}\Delta\beta\gamma_0\gamma_1 = \frac{1}{2}\Delta\beta\alpha_1 \ . \tag{6.2.26}$$

Nun können wir daraus S für eine endliche Lorentz-Transformation längs der x^1-Achse bestimmen. Für die Geschwindigkeit $\frac{v}{c}$ ist $\tanh\eta = \frac{v}{c}$.
Die Zerlegung von η in N Teilschritte $\frac{\eta}{N}$ führt auf folgende Transformation der Koordinaten und anderer Vierervektoren

$$x'^{\mu} = \lim_{N\to\infty} \left(g + \frac{\eta}{N}I\right)^{\mu}_{\ \nu_1} \left(g + \frac{\eta}{N}I\right)^{\nu_1}_{\ \nu_2} \cdots \left(g + \frac{\eta}{N}I\right)^{\nu_{N-1}}_{\ \nu} x^{\nu}$$

$$g^{\mu}_{\ \nu} = \delta^{\mu}_{\ \nu} \ ,$$

$$I^{\nu}_{\ \mu} = \begin{pmatrix} 0 & -1 & 0 & 0 \\ -1 & 0 & 0 & 0 \\ 0 & 0 & 0 & 0 \\ 0 & 0 & 0 & 0 \end{pmatrix}, \quad I^2 = \begin{pmatrix} 1 & 0 & 0 & 0 \\ 0 & 1 & 0 & 0 \\ 0 & 0 & 0 & 0 \\ 0 & 0 & 0 & 0 \end{pmatrix}, \quad I^3 = I$$

$$x' = e^{\eta I} x = \left(1 + \eta I + \frac{1}{2!}\eta^2 I^2 + \frac{1}{3!}\eta^3 I + \frac{1}{4!}I^2 \ldots \right) x$$

$$x'^{\mu} = \left(1 - I^2 + I^2 \cosh\eta + I \sinh\eta\right)^{\mu}_{\ \nu} x^{\nu}$$

$$= \begin{pmatrix} \cosh\eta & -\sinh\eta & 0 & 0 \\ -\sinh\eta & \cosh\eta & 0 & 0 \\ 0 & 0 & 1 & 0 \\ 0 & 0 & 0 & 1 \end{pmatrix} \begin{pmatrix} x^0 \\ x^1 \\ x^2 \\ x^3 \end{pmatrix} . \tag{6.2.27}$$

Die N-fache Anwendung der infinitesimalen Lorentz-Transformation

$$L_1\left(\frac{\eta}{N}\right) = \mathbb{1} + \frac{\eta}{N}I$$

führt im Limes großer N somit auf die Lorentz-Transformation (6.1.11)

$$L_1(\eta) = e^{\eta I} = \begin{pmatrix} \cosh\eta & -\sinh\eta & 0 & 0 \\ -\sinh\eta & \cosh\eta & 0 & 0 \\ 0 & 0 & 1 & 0 \\ 0 & 0 & 0 & 1 \end{pmatrix} . \tag{6.2.27'}$$

Wir bemerken, daß sich die N infinitesimalen Schritte um $\frac{\eta}{N}$ zu η addieren und nicht etwa einfach die infinitesimalen Geschwindigkeiten. Dies entspricht der Tatsache, daß bei Zusammensetzung zweier Lorentztransformationen sich die beiden η und nicht die Geschwindigkeiten addieren.

Wir berechnen nun die zugehörige Spinor-Transformation

$$S(L_1) = \lim_{N \to \infty} \left(1 + \frac{1}{2}\frac{\eta}{N}\alpha_1\right)^N = e^{\frac{\eta}{2}\alpha_1}$$
$$= \mathbb{1}\cosh\frac{\eta}{2} + \alpha_1\sinh\frac{\eta}{2} \quad . \tag{6.2.28}$$

Für Lorentz-Transformationen im engeren Sinne ist S *hermitesch* ($(S(L_1)^\dagger = S(L_1)$).

Für *allgemeine infinitesimale Transformationen*, charakterisiert durch infinitesimale antisymmetrische $\Delta\omega^{\mu\nu}$ gilt nach (6.2.17)

$$S(\Lambda) = \mathbb{1} - \frac{i}{4}\sigma_{\mu\nu}\Delta\omega^{\mu\nu} \quad . \tag{6.2.29a}$$

Daraus folgt die endliche Transformation

$$S(\Lambda) = e^{-\frac{i}{4}\sigma_{\mu\nu}\omega^{\mu\nu}} \tag{6.2.29b}$$

mit $\omega^{\mu\nu} = -\omega^{\nu\mu}$ und die Lorentz-Transformation lautet $\Lambda = e^\omega$, wobei die Matrixelemente von ω gleich $\omega^\mu{}_\nu$ sind. Beispielsweise kann eine Drehung um den Winkel ϑ um eine beliebige Drehachse $\hat{\mathbf{n}}$ durch

$$S = e^{\frac{i}{2}\vartheta\hat{\mathbf{n}}\cdot\boldsymbol{\Sigma}} \tag{6.2.29c}$$

dargestellt werden, wo

$$\boldsymbol{\Sigma} = \begin{pmatrix} \boldsymbol{\sigma} & 0 \\ 0 & \boldsymbol{\sigma} \end{pmatrix} \tag{6.2.29d}$$

ist.

6.2.2.4 Raumspiegelung, Parität

Die Lorentz-Transformation, die einer Raumspiegelung entspricht, wird durch

$$\Lambda^\mu{}_\nu = \begin{pmatrix} 1 & 0 & 0 & 0 \\ 0 & -1 & 0 & 0 \\ 0 & 0 & -1 & 0 \\ 0 & 0 & 0 & -1 \end{pmatrix} \tag{6.2.30}$$

dargestellt. Das zugehörige S wird nach Gl. (6.2.7) aus

$$S^{-1}\gamma^\mu S = \Lambda^\mu{}_\nu\gamma^\nu = \sum_{\nu=1}^{4} g^{\mu\nu}\gamma^\nu = g^{\mu\mu}\gamma^\mu \quad , \tag{6.2.31}$$

bestimmt, wo über μ nicht summiert wird. Man sieht sofort, daß die Lösung von (6.2.31), die wir in diesem Fall mit P bezeichnen, durch

$$S = P \equiv e^{i\varphi}\gamma^0 \quad . \tag{6.2.32}$$

gegeben ist. Hier ist $e^{i\varphi}$ ein unbeobachtbarer Phasenfaktor. Für diesen wird konventionell einer der vier Werte ± 1, $\pm i$ gesetzt; dann geben vier Spiegelungen die Einheit $\mathbb{1}$. Die Spinoren transformieren sich unter einer Raumspiegelung gemäß

$$\psi'(x') \equiv \psi'(\mathbf{x}',t) = \psi'(-\mathbf{x},t) = \mathrm{e}^{\mathrm{i}\varphi}\gamma^0\psi(x) = \mathrm{e}^{\mathrm{i}\varphi}\gamma^0\psi(-\mathbf{x}',t) \ . \qquad (6.2.33)$$

Die gesamte Raumspiegelungs(Paritäts)transformation für Spinoren wird mit

$$\mathcal{P} = \mathrm{e}^{\mathrm{i}\varphi}\gamma^0\mathcal{P}^{(0)} \qquad\qquad (6.2.33')$$

bezeichnet, wobei $\mathcal{P}^{(0)}$ die Raumspiegelung $\mathbf{x} \to -\mathbf{x}$ bewirkt. Aus $\gamma^0 \equiv \beta = \begin{pmatrix} \mathbb{1} & 0 \\ 0 & -\mathbb{1} \end{pmatrix}$ ist ersichtlich, daß die Ruhezustände positiver und negativer Energie (Gl. (5.3.22)) Eigenzustände von P sind - mit entgegengesetzten Eigenwerten, d.h. entgegengesetzten Paritäten. *Das bedeutet, daß die inneren Paritäten für Teilchen und Antiteilchen entgegengesetzt sind.*

6.2.3 Weitere Eigenschaften der S

Für die Berechnung der Transformation von Bilinearformen wie $j^\mu(x)$ benötigen wir einen Zusammenhang zwischen der adjungierten Transformation $S^\dagger$ und S^{-1}.

Behauptung:

$$S^\dagger\gamma^0 = b\gamma^0 S^{-1} \quad , \qquad\qquad (6.2.34\mathrm{a})$$

wobei

$$b = \pm 1 \quad \text{für} \quad \Lambda^{00} \begin{cases} \geq +1 \\ \leq -1 \end{cases} . \qquad\qquad (6.2.34\mathrm{b})$$

Beweis. Wir gehen aus von Gl. (6.2.7)

$$S^{-1}\gamma^\mu S = \Lambda^\mu{}_\nu \gamma^\nu \ , \qquad \Lambda^\mu{}_\nu \text{ reell,} \qquad\qquad (6.2.35)$$

und schreiben die adjungierte Relation auf

$$(\Lambda^\mu{}_\nu \gamma^\nu)^\dagger = S^\dagger \gamma^{\mu\dagger} S^{\dagger -1} \ . \qquad\qquad (6.2.36)$$

Die hermitesch adjungierte Matrix kann am kürzesten durch

$$\gamma^{\mu\dagger} = \gamma^0 \gamma^\mu \gamma^0 \qquad\qquad (6.2.37)$$

ausgedrückt werden. Dies beinhaltet unter Verwendung der Antikommutationsrelationen $\gamma^{0\dagger} = \gamma^0$, $\gamma^{k\dagger} = -\gamma^k$. Wir setzen diese Relation auf der linken und der rechten Seite von Gl. (6.2.36) ein und multiplizieren mit γ^0 von links und rechts

$$\gamma^0 \Lambda^\mu{}_\nu \gamma^0 \gamma^\nu \gamma^0 \gamma^0 \gamma^0 = \gamma^0 S^\dagger \gamma^0 \gamma^\mu \gamma^0 S^{\dagger -1} \gamma^0$$

$$\Lambda^\mu{}_\nu \gamma^\nu = S^{-1}\gamma^\mu S = \gamma^0 S^\dagger \gamma^0 \gamma^\mu (\gamma^0 S^\dagger \gamma^0)^{-1} \ ,$$

da $(\gamma^0)^{-1} = \gamma^0$. Außerdem wurde auf der linken Seite $\Lambda^\mu{}_\nu \gamma^\nu = S^{-1}\gamma^\mu S$ ersetzt. Nun multiplizieren wir mit S und S^{-1}

$$\gamma^\mu = S\gamma^0 S^\dagger \gamma^0 \gamma^\mu (\gamma^0 S^\dagger \gamma^0)^{-1} S^{-1} \equiv (S\gamma^0 S^\dagger \gamma^0)\gamma^\mu (S\gamma^0 S^\dagger \gamma^0)^{-1}$$

Also kommutiert $S\gamma^0 S^\dagger \gamma^0$ mit allen γ^μ und ist deshalb ein Vielfaches der Einheitsmatrix

$$S\gamma^0 S^\dagger \gamma^0 = b\,\mathbb{1} \quad , \tag{6.2.38}$$

woraus auch

$$S\gamma^0 S^\dagger = b\gamma^0 \tag{6.2.39}$$

und die gesuchte Relation[4]

$$S^\dagger \gamma^0 = b(S\gamma^0)^{-1} = b\gamma^0 S^{-1} \tag{6.2.34a}$$

folgt. Da $(\gamma^0)^\dagger = \gamma^0$ und $S\gamma^0 S^\dagger$ hermitesch sind, erhält man durch Adjungieren von (6.2.39) $S\gamma^0 S^\dagger = b^*\gamma^0$, woraus

$$b^* = b \tag{6.2.40}$$

folgt, also ist b reell. Verwendet man, daß die Normierung von S durch $\det S = 1$ festgelegt wurde, erhält man durch Berechnung der Determinante von Gl. (6.2.39) $b^4 = 1$. Daraus folgt zusammen mit (6.2.40)

$$b = \pm 1 \; . \tag{6.2.41}$$

Die Bedeutung des Vorzeichens in (6.2.41) erkennt man, wenn

$$S^\dagger S = S^\dagger \gamma^0 \gamma^0 S = b\gamma^0 S^{-1}\gamma^0 S = b\gamma^0 \Lambda^0{}_\nu \gamma^\nu$$
$$= b\Lambda^0{}_0\,\mathbb{1} + \sum_{k=1}^{3} b\Lambda^0{}_k \underbrace{\gamma^0 \gamma^k}_{\alpha^k} \tag{6.2.42}$$

betrachtet wird. $S^\dagger S$ hat positiv definite Eigenwerte, wie man aus dem Folgenden erkennt. Zunächst ist $\det S^\dagger S = 1$ gleich dem Produkt aller Eigenwerte, und diese müssen deshalb alle verschieden von Null sein. Weiters ist $S^\dagger S$ hermitesch und für seine Eigenfunktionen gilt $S^\dagger S\psi_a = a\psi_a$, woraus

$$a\psi_a^\dagger \psi_a = \psi_a^\dagger S^\dagger S\psi_a = (S\psi_a)^\dagger S\psi_a > 0$$

folgt und somit $a > 0$. Da die Spur von $S^\dagger S$ gleich der Summe aller Eigenwerte ist, folgt daraus und aus Gl. (6.2.42) unter Verwendung von $\mathrm{Sp}\,\alpha^k = 0$

---

[4] Anmerkung: Für die Lorentz-Transformation $L_+^\uparrow$ (L.T. im engeren Sinn und Drehungen) und für Raumspiegelungen kann diese Relation mit $b = 1$ aus den expliziten Darstellungen abgeleitet werden.

$$0 < \mathrm{Sp}\,(S^\dagger S) = 4b\Lambda^0{}_0 \; .$$

Also ist $b\Lambda^0{}_0 > 0$. Folglich gilt der Zusammenhang zwischen den Vorzeichen von Λ^{00} und b:

$$\begin{aligned}
\Lambda^{00} &\geq 1 \quad \text{für} \quad b = 1 \\
\Lambda^{00} &\leq -1 \quad \text{für} \quad b = -1 \; .
\end{aligned} \qquad (6.2.34\text{b})$$

Für Lorentz-Transformationen, die den Zeitsinn nicht ändern, ist $b = 1$, für solche, die ihn ändern ist $b = -1$.

6.2.4 Transformation von Bilinearformen

Der *adjungierte* Spinor ist durch

$$\bar\psi = \psi^\dagger \gamma^0 \qquad (6.2.43)$$

definiert. Es sei daran erinnert, daß man $\psi^\dagger$ als hermitesch adjungierten Spinor bezeichnet. Die zusätzliche Einführung von $\bar\psi$ ist zweckmäßig, weil sich darin Größen wie z.B. die Stromdichte kompakt schreiben lassen. Daraus ergibt sich das folgende Transformationsverhalten unter einer Lorentz-Transformation.

$$\psi' = S\psi \Longrightarrow \psi'^\dagger = \psi^\dagger S^\dagger \Longrightarrow \bar\psi' = \psi^\dagger S^\dagger \gamma^0 = b\,\psi^\dagger \gamma^0 S^{-1} \; ,$$

also

$$\bar\psi' = b\,\bar\psi S^{-1} \; . \qquad (6.2.44)$$

Die Stromdichte (5.3.7) lautet mit obiger Definition

$$j^\mu = c\,\psi^\dagger \gamma^0 \gamma^\mu \psi = c\,\bar\psi \gamma^\mu \psi \qquad (6.2.45)$$

und transformiert sich deshalb wie

$$j'^\mu = c\,b\,\bar\psi S^{-1} \gamma^\mu S\psi = \Lambda^\mu{}_\nu c\,b\,\bar\psi \gamma^\nu \psi = b\Lambda^\mu{}_\nu j^\nu \; . \qquad (6.2.46)$$

Also transformiert sich j^μ wie ein Vektor für Lorentz-Transformationen ohne Zeitspiegelung. Desgleichen sieht man sofort aus (6.2.3) und (6.2.44), daß sich $\bar\psi(x)\psi(x)$ wie ein Skalar transformiert:

$$\begin{aligned}
\bar\psi'(x')\psi'(x') &= b\bar\psi(x')S^{-1}S\psi(x') \\
&= b\,\bar\psi(x)\psi(x) \; .
\end{aligned} \qquad (6.2.47\text{a})$$

Wir stellen hier das Transformationsverhalten der wichtigsten bilinearen Größen unter *orthochronen Lorentz-Transformationen*, also solchen, die den *Zeitsinn nicht ändern*, zusammen:

$$\bar{\psi}'(x')\psi'(x') = \bar{\psi}(x)\psi(x) \qquad \text{Skalar} \qquad (6.2.47a)$$

$$\bar{\psi}'(x')\gamma^\mu\psi'(x') = \Lambda^\mu{}_\nu\bar{\psi}(x)\gamma^\nu\psi(x) \qquad \text{Vektor} \qquad (6.2.47b)$$

$$\bar{\psi}'(x')\sigma^{\mu\nu}\psi'(x') = \Lambda^\mu{}_\rho\Lambda^\nu{}_\sigma\bar{\psi}(x)\sigma^{\rho\sigma}\psi(x) \qquad \text{antisymmetrischer}$$

$$\text{Tensor} \qquad (6.2.47c)$$

$$\bar{\psi}'(x')\gamma_5\gamma^\mu\psi'(x') = (\det\Lambda)\Lambda^\mu{}_\nu\bar{\psi}(x)\gamma_5\gamma^\nu\psi(x) \quad \text{Pseudovektor} \qquad (6.2.47d)$$

$$\bar{\psi}'(x')\gamma_5\psi'(x') = (\det\Lambda)\bar{\psi}(x)\gamma_5\psi(x) \qquad \text{Pseudoskalar}, \qquad (6.2.47e)$$

wo $\gamma_5 = i\gamma^0\gamma^1\gamma^2\gamma^3$ ist. Wir erinnern daran, daß $\det\Lambda = \pm 1$ ist; für Raumspiegelungen ist das Vorzeichen -1.

6.2.5 Eigenschaften der γ-Matrizen

Wir erinnern an die Definition von γ^5 im letzten Abschnitt:

$$\gamma_5 \equiv \gamma^5 \equiv i\gamma^0\gamma^1\gamma^2\gamma^3 \qquad (6.2.48)$$

und weisen darauf hin, daß diese Definition in der Literatur nicht einheitlich ist. In der Standarddarstellung (5.3.21) der Dirac-Matrizen hat γ^5 die Form

$$\gamma^5 = \begin{pmatrix} 0 & \mathbb{1} \\ \mathbb{1} & 0 \end{pmatrix}. \qquad (6.2.48')$$

Die Matrix γ^5 erfüllt die Relationen

$$\{\gamma^5, \gamma^\mu\} = 0 \qquad (6.2.49a)$$

und

$$(\gamma^5)^2 = \mathbb{1}. \qquad (6.2.49b)$$

Durch Bildung von Produkten aus den γ^μ kann man 16 linear unabhängige 4×4 Matrizen konstruieren. Diese sind

$$\Gamma^S = \mathbb{1} \qquad (6.2.50a)$$

$$\Gamma^V_\mu = \gamma_\mu \qquad (6.2.50b)$$

$$\Gamma^T_{\mu\nu} = \sigma_{\mu\nu} = \frac{i}{2}[\gamma_\mu, \gamma_\nu] \qquad (6.2.50c)$$

$$\Gamma^A_\mu = \gamma_5\gamma_\mu \qquad (6.2.50d)$$

$$\Gamma^P = \gamma_5. \qquad (6.2.50e)$$

Die oberen Indizes weisen auf Skalar, Vektor, Tensor, Axialvektor (= Pseudovektor) und Pseudoskalar hin.

Diese Matrizen haben die folgenden *Eigenschaften*[5]:

1. $(\Gamma^a)^2 = \pm\mathbb{1}$ (6.2.51a)

2. Für jedes Γ^a außer $\Gamma^S \equiv \mathbb{1}$ existiert ein Γ^b, so daß

$$\Gamma^a \Gamma^b = -\Gamma^b \Gamma^a \; .$$ (6.2.51b)

3. Für $a \neq S$ gilt $\mathrm{Sp}\,\Gamma^a = 0$.   (6.2.51c)
   Beweis: $\mathrm{Sp}\,\Gamma^a(\Gamma^b)^2 = -\mathrm{Sp}\,\Gamma^b\Gamma^a\Gamma^b = -\mathrm{Sp}\,\Gamma^a(\Gamma^b)^2$
   Da $(\Gamma^b)^2 = \pm 1$ folgt $\mathrm{Sp}\,\Gamma^a = -\mathrm{Sp}\,\Gamma^a$ und somit die Behauptung.

4. Zu jedem Paar Γ^a, Γ^b $a \neq b$ gibt es ein $\Gamma^c \neq \mathbb{1}$, so daß $\Gamma_a\Gamma_b = \beta\Gamma_c$, $\beta = \pm1$, $\pm$i.
   Beweis durch Betrachtung der Γ.

5. Die Matrizen Γ^a sind linear unabhängig.
   Angenommen $\sum\limits_a x_a\Gamma^a = 0$ mit komplexen Koeffizienten x_a. Zunächst erhält man aus 3.

$$\mathrm{Sp}\sum_a x_a\Gamma^a = x_S = 0 \; .$$

   Multiplikation mit Γ_a und Verwendung der Eigenschaften 1. und 4. zeigt, daß nachfolgende Spurbildung auf $x_a = 0$ führt.

6. Falls eine 4×4 Matrix X mit jedem γ^μ kommutiert, dann ist $X \propto \mathbb{1}$.

7. Gegeben sind zwei Sätze von γ-Matrizen, γ und γ', die beide

$$\{\gamma^\mu, \gamma^\nu\} = 2g^{\mu\nu}$$

erfüllen. Dann existiert ein nichtsinguläres M

$$\gamma'^\mu = M\gamma^\mu M^{-1} \; ,$$ (6.2.51d)

und M ist eindeutig bis auf einen konstanten Faktor (Paulis Fundamentaltheorem).

6.3 Lösungen der Dirac-Gleichung für freie Teilchen

6.3.1 Spinoren mit endlichem Impuls

Wir suchen nun die Lösungen der freien Dirac-Gleichung Gl. (5.3.1) oder (5.3.17)

$$(-i\partial\!\!\!/ + m)\psi(x) = 0 \; .$$ (6.3.1)

Hier und im folgenden wird $\hbar = c = 1$ gesetzt.

---

[5] Nur ein Teil dieser Eigenschaften wird hier bewiesen, die restlichen Ableitungen sind den Übungsaufgaben vorbehalten.

Für ruhende Teilchen lauten diese Lösungen nach Gl. (5.3.22)

$$\psi^{(+)}(x) = u_r(m, \mathbf{0}) \, e^{-imt} \qquad\qquad r = 1, 2$$
$$\psi^{(-)}(x) = v_r(m, \mathbf{0}) \, e^{imt} \tag{6.3.2}$$

jeweils für positive und negative Energie mit

$$u_1(m, \mathbf{0}) = \begin{pmatrix} 1 \\ 0 \\ 0 \\ 0 \end{pmatrix}, \; u_2(m, \mathbf{0}) = \begin{pmatrix} 0 \\ 1 \\ 0 \\ 0 \end{pmatrix},$$

$$v_1(m, \mathbf{0}) = \begin{pmatrix} 0 \\ 0 \\ 1 \\ 0 \end{pmatrix}, \; v_2(m, \mathbf{0}) = \begin{pmatrix} 0 \\ 0 \\ 0 \\ 1 \end{pmatrix}, \tag{6.3.3}$$

wobei die Normierung auf 1 festgelegt wurde. Diese Lösungen der Dirac-Gleichung sind Eigenfunktionen des Dirac-Hamilton-Operators H mit Eigenwerten $\pm m$ und auch des Operators (der schon in Gl. (6.2.19) eingeführten Matrix)

$$\sigma^{12} = \frac{i}{2}[\gamma^1, \gamma^2] = \begin{pmatrix} \sigma^3 & 0 \\ 0 & \sigma^3 \end{pmatrix} \tag{6.3.4}$$

mit Eigenwerten $+1$ (für $r = 1$) und -1 (für $r = 2$). Später wird gezeigt, daß σ^{12} mit dem Spin zusammenhängt.

Nun suchen wir die Lösungen der Dirac-Gleichung für endlichen Impuls und machen für diese Lösungen den Ansatz[6]

$$\psi^{(+)}(x) \;=\; u_r(k) \, e^{-ik \cdot x} \qquad \text{positive Energie} \tag{6.3.5a}$$
$$\psi^{(-)}(x) \;=\; v_r(k) \, e^{ik \cdot x} \qquad \text{negative Energie} \tag{6.3.5b}$$

mit $k^0 > 0$. Da (6.3.5a,b) auch die Klein-Gordon-Gleichung erfüllen müssen, wissen wir aus (5.2.14), daß

$$k_\mu k^\mu = m^2 \,, \tag{6.3.6}$$

oder

$$E \equiv k^0 = \left(\mathbf{k}^2 + m^2\right)^{1/2} \,, \tag{6.3.7}$$

wobei wir für k^0 auch E schreiben; d.h. k ist der Viererimpuls eines Teilchens mit Masse m.

Die Spinoren $u_r(k)$ und $v_r(k)$ könnten wir durch eine Lorentz-Transformation aus den Spinoren (6.3.3) für ruhende Teilchen gewinnen. Transformieren

---

[6] Wir schreiben für den Viererimpuls k und die Viererkoordinaten x und deren Skalarprodukt $k \cdot x$.

wir nämlich auf ein Koordinatensystem, das sich gegenüber dem Ruhesystem mit der Geschwindigkeit $-\mathbf{v}$ bewegt, so erhalten wir aus den Ruhelösungen die freien Wellenfunktionen von Elektronen mit Geschwindigkeit $\mathbf{v}$. Es ist jedoch naheliegender, die Lösungen direkt aus der Dirac-Gleichung zu bestimmen. Einsetzen von (6.3.5a,b) in die Dirac-Gleichung (6.3.1) ergibt

$$(\not{k} - m)u_r(k) = 0 \quad \text{und} \quad (\not{k} + m)v_r(k) = 0 \; . \tag{6.3.8}$$

Weiters gilt

$$\not{k}\not{k} = k_\mu \gamma^\mu k_\nu \gamma^\nu = k_\mu k_\nu \frac{1}{2}\{\gamma^\mu, \gamma^\nu\} = k_\mu k_\nu g^{\mu\nu} \; . \tag{6.3.9}$$

Deshalb folgt nach Gl.(6.3.6)

$$(\not{k} - m)(\not{k} + m) = k^2 - m^2 = 0 \; . \tag{6.3.10}$$

Also braucht man nur $(\not{k} + m)$ auf die $u_r(m, \mathbf{0})$ und $(\not{k} - m)$ auf die $v_r(m, \mathbf{0})$ anzuwenden, um dadurch Lösungen $u_r(k)$ und $v_r(k)$ von (6.3.8) zu erhalten. Offen ist noch die Normierung; diese muß so gewählt werden, daß sie im Einklang mit der Lösung (6.3.3) ist, und daß sich $\bar{\psi}\psi$ wie ein Skalar transformiert (Gl. (6.2.47a). Wie wir unten bestätigen werden, wird dies durch den Faktor $1/\sqrt{2m(m + E)}$ erreicht:

$$u_r(k) = \frac{\not{k} + m}{\sqrt{2m(m + E)}}u_r(m, \mathbf{0}) = \begin{pmatrix} \left(\dfrac{E + m}{2m}\right)^{1/2} \chi_r \\[2ex] \dfrac{\boldsymbol{\sigma} \cdot \mathbf{k}}{(2m(m + E))^{1/2}} \chi_r \end{pmatrix} \tag{6.3.11a}$$

$$v_r(k) = \frac{-\not{k} + m}{\sqrt{2m(m + E)}}v_r(m, \mathbf{0}) = \begin{pmatrix} \dfrac{\boldsymbol{\sigma} \cdot \mathbf{k}}{(2m(m + E))^{1/2}} \chi_r \\[2ex] \left(\dfrac{E + m}{2m}\right)^{1/2} \chi_r \end{pmatrix} \; . \tag{6.3.11b}$$

Dabei ist $u_r(m, \mathbf{0}) = \binom{\chi_r}{0}$ und $v_r(m, \mathbf{0}) = \binom{0}{\chi_r}$ dargestellt mit $\chi_1 = \binom{1}{0}$ und $\chi_2 = \binom{0}{1}$.

Bei der Berechnung wurde

$$\not{k}\begin{pmatrix} \chi_r \\ 0 \end{pmatrix} = \left[k^0 \begin{pmatrix} \mathbb{1} & 0 \\ 0 & -\mathbb{1} \end{pmatrix} - k^i \begin{pmatrix} 0 & \sigma^i \\ -\sigma^i & 0 \end{pmatrix}\right] \begin{pmatrix} \chi_r \\ 0 \end{pmatrix}$$

$$= \begin{pmatrix} k^0 \chi_r \\ 0 \end{pmatrix} + \begin{pmatrix} 0 \\ k^i \sigma^i \chi_r \end{pmatrix} = \begin{pmatrix} E\chi_r \\ \mathbf{k} \cdot \boldsymbol{\sigma}\chi_r \end{pmatrix} \text{ und}$$

$$-\not{k}\begin{pmatrix} 0 \\ \chi_r \end{pmatrix} = \begin{pmatrix} 0 \\ k^0 \chi_r \end{pmatrix} + \begin{pmatrix} k^i \sigma^i \chi_r \\ 0 \end{pmatrix} \; , \; r = 1, 2 \; ,$$

verwendet.

Aus (6.3.11a,b) folgt für die adjungierten Spinoren nach Definition (6.2.43)

$$\bar{u}_r(k) = \bar{u}_r(m, \mathbf{0}) \frac{\not{k} + m}{\sqrt{2m(m+E)}} \qquad (6.3.12a)$$

$$\bar{v}_r(k) = \bar{v}_r(m, \mathbf{0}) \frac{-\not{k} + m}{\sqrt{2m(m+E)}} \,. \qquad (6.3.12b)$$

Beweis: $\bar{u}_r(k) = u_r^\dagger(k)\gamma^0 = u_r^\dagger(m, \mathbf{0}) \frac{(\gamma^{\mu\dagger} k_\mu + m)\gamma^0}{\sqrt{2m(m+E)}} = u_r^\dagger(m, \mathbf{0}) \frac{\gamma^0(\gamma^\mu k_\mu + m)}{\sqrt{2m(m+E)}}$,

da $\gamma^{\mu\dagger} = \gamma^0 \gamma^\mu \gamma^0$ und $(\gamma^0)^2 = \mathbb{1}$

Außerdem genügen die adjungierten Spinoren den Gleichungen

$$\bar{u}_r(k)\,(\not{k} - m) = 0 \qquad (6.3.13a)$$

und

$$\bar{v}_r(k)\,(\not{k} + m) = 0 \,, \qquad (6.3.13b)$$

wie man aus (6.3.10) und (6.3.12a,b) oder (6.3.8) sieht.

6.3.2 Orthogonalitätsrelationen und Dichte

Für spätere Anwendungen werden eine Reihe von formalen Eigenschaften der vorhin gefundenen Lösungen benötigt. Aus Gl. (6.3.11) und (6.2.37) folgt

$$\bar{u}_r(k)u_s(k) = \bar{u}_r(m, \mathbf{0}) \frac{(\not{k} + m)^2}{2m(m+E)} u_s(m, \mathbf{0}) \,. \qquad (6.3.14a)$$

Mit

$$\begin{aligned}
\bar{u}_r(m, \mathbf{0})(\not{k} + m)^2 u_s(m, \mathbf{0}) &= \bar{u}_r(m, \mathbf{0})(\not{k}^2 + 2m\not{k} + m^2)u_s(m, \mathbf{0}) \\
&= \bar{u}_r(m, \mathbf{0})(2m^2 + 2m\not{k})u_s(m, \mathbf{0}) \\
&= \bar{u}_r(m, \mathbf{0})(2m^2 + 2mk^0\gamma^0)u_s(m, \mathbf{0}) \\
&= 2m(m+E)\bar{u}_r(m, \mathbf{0})u_s(m, \mathbf{0}) \\
&= 2m(m+E)\delta_{rs} \,,
\end{aligned} \qquad (6.3.14b)$$

$$\begin{aligned}
\bar{u}_r(k)v_s(k) &= \bar{u}_r(m, \mathbf{0}) \frac{\not{k}^2 - m^2}{2m(m+E)} v_s(m, \mathbf{0}) \\
&= \bar{u}_r(m, \mathbf{0})\, 0\, v_s(m, \mathbf{0}) = 0
\end{aligned} \qquad (6.3.14c)$$

und einer ähnlichen Rechnung für $v_r(k)$ folgen aus (6.3.14a-b) die

Orthogonalitätsrelationen

$$\begin{aligned}
\bar{u}_r(k)\,u_s(k) &= \delta_{rs} & \bar{u}_r(k)\,v_s(k) &= 0 \\
\bar{v}_r(k)\,v_s(k) &= -\delta_{rs} & \bar{v}_r(k)\,u_s(k) &= 0.
\end{aligned} \qquad (6.3.15)$$

Bemerkungen:

(i) Diese Normierung bleibt invariant gegenüber orthochronen Lorentz–Transformationen:

$$\bar{u}'_r u'_s = u_r^\dagger S^\dagger \gamma^0 S u_s = u_r^\dagger \gamma^0 S^{-1} S u_s = \bar{u}_r u_s = \delta_{rs} \; . \qquad (6.3.16)$$

(ii) Für diese Spinoren ist $\bar{\psi}(x)\psi(x)$ ein Skalar:

$$\bar{\psi}^{(+)}(x)\psi^{(+)}(x) = \mathrm{e}^{\mathrm{i}k\cdot x}\bar{u}_r(k)u_r(k)\mathrm{e}^{-\mathrm{i}kx} = 1 \; , \qquad (6.3.17)$$

ist unabhängig von k und deshalb unabhängig vom Bezugssystem.

Allgemein gilt für eine Superposition aus Lösungen mit positiver Energie:

$$\psi^{(+)}(x) = \sum_{r=1}^{2} c_r u_r \; , \text{ mit } \sum_{r=1}^{2} |c_r|^2 = 1 \qquad (6.3.18a)$$

die Relation

$$\bar{\psi}^{(+)}(x)\psi^{(+)}(x) = \sum_{r,s} \bar{u}_r(k)u_s(k)c_r^* c_s = \sum_{r=1}^{2} |c_r|^2 = 1 \; . \qquad (6.3.18b)$$

Analoge Beziehungen gelten für die $\psi^{(-)}$.

(iii) Bestimmt man $u_r(k)$ durch Lorentz-Transformation um $-\mathbf{v}$, ergeben sich genau die vorhergehenden Spinoren. Als aktive Transformation betrachtet hat man $u_r(m,\mathbf{0})$ auf die Geschwindigkeit $\mathbf{v}$ transformiert. Man bezeichnet eine solche Transformation als "boost" (Aufschwung).

Die *Dichte* für eine ebene Welle ($c = 1$) ist $\rho = j^0 = \bar{\psi}\gamma^0\psi$. Dies ist keine Lorentz-Invariante, da sie Nullkomponente eines Vierervektors ist:

$$\begin{aligned}
\bar{\psi}_r^{(+)}(x)\gamma^0 \psi_s^{(+)}(x) &= \bar{u}_r(k)\gamma^0 u_s(k) \\
&= \bar{u}_r(k)\frac{\{\slashed{k},\gamma^0\}}{2m} u_s(k) = \frac{E}{m}\delta_{rs} \qquad (6.3.19a)
\end{aligned}$$

$$\begin{aligned}
\bar{\psi}_r^{(-)}(x)\gamma^0 \psi_s^{(-)}(x) &= \bar{v}_r(k)\gamma^0 v_s(k) \\
&= -\bar{v}_r(k)\frac{\{\slashed{k},\gamma^0\}}{2m} v_s(k) = \frac{E}{m}\delta_{rs} \; . \qquad (6.3.19b)
\end{aligned}$$

In den Zwischenschritten wurde $u_s(k) = (\slashed{k}/m)u_s(k)$, $\bar{u}_s(k) = \bar{u}_s(k)(\slashed{k}/m)$ (Gl. (6.3.8) und (6.3.13)) etc. verwendet.

Anmerkung. Die Spinoren sind so normiert, daß die Dichte im Ruhesystem eins ist. Bei einer Lorentz-Transformation muß die Dichte mal dem Volumen konstant bleiben. Das Volumen wird um den Faktor $\sqrt{1-\beta^2}$ verkleinert, deshalb muß sich die Dichte um den Faktor $\frac{1}{\sqrt{1-\beta^2}} = \frac{E}{m}$ vergrößern.

Nun setzen wir die Gleichungskette (6.3.19) fort.

Für $\quad \psi_r^{(+)}(x) = e^{-i(k^0 x^0 - \mathbf{k} \cdot \mathbf{x})} u_r(k)$

und $\quad \psi_s^{(-)}(x) = e^{i(k^0 x^0 + \mathbf{k} \cdot \mathbf{x})} v_s(\tilde{k})$

$$(6.3.20)$$

mit dem Viererimpuls $\tilde{k} = (k^0, -\mathbf{k})$ erhält man

$$\bar{\psi}_r^{(-)}(x)\gamma^0 \, \psi_s^{(+)}(x) = e^{-2ik^0 x^0} \bar{v}_r(\tilde{k})\gamma^0 \, u_s(k)$$

$$= \frac{1}{2} e^{-2ik^0 x^0} \bar{v}_r(\tilde{k}) \left(-\frac{\tilde{k\!\!\!/}}{m}\gamma^0 + \gamma^0 \frac{k\!\!\!/}{m} \right) u_s(k) \quad (6.3.19c)$$

$$= 0 \, ,$$

da sich die Nullsummanden kompensieren und $\{k_i\gamma^i, \gamma^0\} = 0$ ist. In diesem Sinne sind Zustände mit positiver und negativer Energie orthogonal für entgegengesetzte Energien und gleiche Impulse.

6.3.3 Projektionsoperatoren

Die Operatoren

$$\Lambda_\pm(k) = \frac{\pm k\!\!\!/ + m}{2m} \tag{6.3.21}$$

projizieren auf die Spinoren positiver bzw. negativer Energie:

$$\begin{aligned} \Lambda_+ u_r(k) &= u_r(k) & \Lambda_- v_r(k) &= v_r(k) \\ \Lambda_+ v_r(k) &= 0 & \Lambda_- u_r(k) &= 0 \quad . \end{aligned} \tag{6.3.22}$$

Deshalb können die Projektionsoperatoren $\Lambda_\pm(k)$ auch in der Form

$$\Lambda_+(k) = \sum_{r=1,2} u_r(k) \otimes \bar{u}_r(k)$$

$$\Lambda_-(k) = -\sum_{r=1,2} v_r(k) \otimes \bar{v}_r(k) \tag{6.3.23}$$

dargestellt werden. Das Tensorprodukt $\otimes$ ist durch

$$(a \otimes \bar{b})_{\alpha\beta} = a_\alpha \bar{b}_\beta \tag{6.3.24}$$

definiert. In Matrixform lautet das Tensorprodukt eines Spinors a und eines adjungierten Spinors $\bar{b}$

$$\begin{pmatrix} a_1 \\ a_2 \\ a_3 \\ a_4 \end{pmatrix} (\bar{b}_1, \bar{b}_2, \bar{b}_3, \bar{b}_4) = \begin{pmatrix} a_1\bar{b}_1 & a_1\bar{b}_2 & a_1\bar{b}_3 & a_1\bar{b}_4 \\ a_2\bar{b}_1 & a_2\bar{b}_2 & a_2\bar{b}_3 & a_2\bar{b}_4 \\ a_3\bar{b}_1 & a_3\bar{b}_2 & a_3\bar{b}_3 & a_3\bar{b}_4 \\ a_4\bar{b}_1 & a_4\bar{b}_2 & a_4\bar{b}_3 & a_4\bar{b}_4 \end{pmatrix} \, .$$

Die Projektionsoperatoren haben die folgenden Eigenschaften:

$$\Lambda_{\pm}^2(k) = \Lambda_{\pm}(k) \tag{6.3.25a}$$

$$\mathrm{Sp}\,\Lambda_{\pm}(k) = 2 \tag{6.3.25b}$$

$$\Lambda_+(k) + \Lambda_-(k) = 1 \;. \tag{6.3.25c}$$

Beweis:

$$\Lambda_{\pm}(k)^2 = \frac{(\pm \not{k} + m)^2}{4m^2} = \frac{\not{k}^2 \pm 2\not{k}m + m^2}{4m^2} = \frac{m^2 \pm 2\not{k}m + m^2}{4m^2}$$

$$= \frac{2m(\pm \not{k} + m)}{4m^2} = \Lambda_{\pm}(k)$$

$$\mathrm{Sp}\Lambda_{\pm}(k) = \frac{4m}{2m} = 2$$

Die Behauptung, daß $\Lambda_{\pm}$ auf die Zustände positiver und negativer Energie projizieren, sieht man in beiden Darstellungen (6.3.21) und (6.3.22), durch Anwendung auf die Zustände $u_r(k)$ und $v_r(k)$. Ein weiterer wichtiger Projektionsoperator, $P(n)$, der im Ruhsystem auf die Spinorientierung n projiziert, wird in Aufgabe 6.15 besprochen.

Aufgaben zu Kapitel 6

6.1 Beweisen Sie die Gruppeneigenschaften der Poincaré-Gruppe.

6.2 Zeigen Sie, daß sich $\partial^\mu \equiv \partial/\partial x_\mu$ ($\partial_\mu \equiv \partial/\partial x^\mu$) wie ein kontravarianter (kovarianter) Vektor transformiert, indem Sie die Transformationseigenschaften von x_μ benutzen.

6.3 Zeigen Sie, daß die N-fache Anwendung der infinitesimalen Drehung im Minkowski-Raum (Gl. (6.2.22))

$$\Lambda = 1 + \frac{\vartheta}{N}\begin{pmatrix} 0 & 0 & 0 & 0 \\ 0 & 0 & 1 & 0 \\ 0 & -1 & 0 & 0 \\ 0 & 0 & 0 & 0 \end{pmatrix}$$

im Limes $N \to \infty$ auf eine Drehung um die z-Achse mit Drehwinkel ϑ führt (letzter Schritt in Gl. (6.2.22)).

6.4 Leiten Sie die quadratische Form der Dirac-Gleichung

$$\left[\left(\mathrm{i}\hbar\partial - \frac{e}{c}A\right)^2 - \frac{\mathrm{i}\hbar e}{c}\left(\boldsymbol{\alpha}\boldsymbol{E} + \mathrm{i}\boldsymbol{\Sigma}\boldsymbol{B}\right) - m^2c^2\right]\psi = 0$$

für den Fall äußerer elektromagnetischer Felder ab. Geben Sie das Ergebnis unter Verwendung des Feldstärke-Tensors $F_{\mu\nu} = A_{\mu,\nu} - A_{\nu,\mu}$ und auch in expliziter Abhängigkeit von $\boldsymbol{E}$ und $\boldsymbol{B}$ an.

Anleitung: Multiplizieren Sie die Dirac–Gleichung von links mit $\gamma^\nu \left(i\hbar\partial_\nu - \frac{e}{c}A_\nu \right) +$ mc und bringen Sie den so erhaltenen Ausdruck unter Verwendung der Vertauschungsrelationen für die γ–Matrizen auf die quadratische Form in der Feldstärkeformulierung

$$\left[\left(i\hbar\partial - \frac{e}{c}A \right)^2 - \frac{\hbar e}{2c}\sigma^{\mu\nu}F_{\mu\nu} - m^2c^2 \right] \psi = 0 .$$

Die Behauptung ergibt sich durch Auswertung des Ausdrucks $\sigma^{\mu\nu}F_{\mu\nu}$ unter Verwendung der expliziten Gestalt des Feldstärketensors als Funktion der Felder $\boldsymbol{E}$ und $\boldsymbol{B}$.

6.5 Betrachten Sie die quadratische Form der Dirac-Gleichung aus Aufgabe 6.4 mit den Feldern $\boldsymbol{E} = E_0\,(1,0,0)$ und $\boldsymbol{B} = B\,(0,0,1)$, wobei $E_0/Bc \leq 1$ sein soll. Wählen Sie die Eichung $\boldsymbol{A} = B\,(0,x,0)$ und lösen Sie die Gleichung mit dem Ansatz

$$\psi(x) = \mathrm{e}^{-iEt/\hbar}\mathrm{e}^{i(k_y y + k_z z)}\varphi(x)\Phi ,$$

wobei Φ ein zeit- und koordinatenunabhängiger Viererspinor ist. Berechnen Sie die Energieeigenwerte für ein Elektron. Zeigen Sie, daß die Lösung mit der aus Aufgabe 5.3 übereinstimmt, wenn Sie den nichtrelativistischen Grenzfall bzw. $E_0/Bc \ll 1$ betrachten.

Hinweis: Mit dem obigen Ansatz für ψ erhält man für die quadratische Dirac-Gleichung die Gestalt

$$[K(x, \partial_x)\mathbb{1} + M]\,\varphi(x)\Phi = 0 ,$$

wobei $K(x, \partial_x)$ ein Operator ist, der konstante Beiträge, ∂_x und x enthält. Die Matrix M ist unabhängig von ∂_x und x; sie hat die Eigenschaft $M^2 \propto \mathbb{1}$. Dies legt für den Bispinor Φ den Ansatz $\Phi = (\mathbb{1} + \lambda M)\Phi_0$ nahe. Bestimmen Sie λ und die Eigenwerte von M. Mit diesen Eigenwerten geht die Matrix-Differentialgleichung in eine gewöhnliche Differentialgleichung vom Oszillator-Typ über.

6.6 Zeigen Sie, daß mit

$$\tau = \frac{1}{8}\Delta\omega^{\mu\nu}(\gamma_\mu\gamma_\nu - \gamma_\nu\gamma_\mu)$$

die Gleichung (6.2.14$'$)

$$[\gamma^\mu, \tau] = \Delta\omega^{\mu\nu}\gamma_\nu$$

erfüllt ist.

6.7 Zeigen Sie die Gültigkeit von $\gamma^{\mu\dagger} = \gamma^0\gamma^\mu\gamma^0$.

6.8 Zeigen Sie, daß die Relation

$$S^\dagger\gamma^0 = b\gamma^0 S^{-1}$$

für die im Text angegebenen expliziten Darstellungen der Elemente der Poincaré-Gruppe (Drehung, Lorentz-Transformation im engeren Sinn, Raumspiegelung) mit $b = 1$ erfüllt ist.

6.9 Zeigen Sie, daß $\bar\psi(x)\gamma_5\psi(x)$ ein Pseudoskalar, $\bar\psi(x)\gamma_5\gamma^\mu\psi(x)$ ein Pseudovektor und $\bar\psi(x)\sigma^{\mu\nu}\psi(x)$ ein Tensor ist.

6.10 Eigenschaften der Matrizen Γ^a.
Ausgehend von den Definitionen (6.2.50a-e) sind folgende Eigenschaften dieser Matrizen zu beweisen:
(i) Zu jedem Γ^a (außer Γ^S) gibt es ein Γ^b, so daß $\Gamma^a\Gamma^b = -\Gamma^b\Gamma^a$ gilt.
(ii) Zu jedem Paar Γ^a, Γ^b, $(a \neq b)$ gibt es ein $\Gamma^c \neq \mathbb{1}$, so daß $\Gamma^a\Gamma^b = \beta\Gamma^c$ mit $\beta = \pm1$, $\pm i$ ist.

6.11 Zeigen Sie: falls eine 4×4-Matrix X mit allen γ^μ kommutiert, dann ist diese Matrix X proportional zur Einheitsmatrix.
Anleitung: Jede 4×4 Matrix kann nach Aufgabe 1 als Linearkombination der 16 Matrizen Γ^a (Basis!) dargestellt werden.

6.12 Beweisen Sie den Fundamentalsatz für Dirac-Matrizen: Zu zwei 4-dimensionalen Darstellungen γ_μ und γ'_μ der Dirac-Algebra, die beide die Relation

$$\{\gamma_\mu, \gamma_\nu\} = 2g_{\mu\nu}$$

erfüllen, existiert eine nicht singuläre Transformation M, so daß

$$\gamma'_\mu = M\gamma_\mu M^{-1}$$

gilt. M ist eindeutig bis auf einen konstanten Vorfaktor bestimmt.

6.13 Bestimmen Sie aus der Lösung der feldfreien Dirac-Gleichung im Ruhesystem die vier Spinoren $\psi^\pm(x)$ eines sich mit der Geschwindigkeit $\mathbf{v}$ bewegenden Teilchens, indem Sie eine Lorentz-Transformation (in ein mit der Geschwindigkeit $-\mathbf{v}$ bewegtes Koordinatensystem) auf die Lösungen im Ruhesystem anwenden.

6.14 Beweisen Sie die Richtigkeit der in Gl. (6.3.22) angegebenen Darstellungen für $\Lambda_\pm(k)$, indem Sie von

$$\Lambda_+(k) = \sum_{r=1,2} u_r(k) \otimes \bar u_r(k), \qquad \Lambda_-(k) = -\sum_{r=1,2} v_r(k) \otimes \bar v_r(k)$$

ausgehen.

6.15 (i) Mit der Definition $P(n) = \frac{1}{2}(1 + \gamma_5 \not{n})$ ist unter den Voraussetzungen $n^2 = -1$ und $n_\mu k^\mu = 0$ zu zeigen, daß

(a) $[\Lambda_\pm(k), P(n)] = 0$,

(b) $\Lambda_+(k)P(n) + \Lambda_-(k)P(n) + \Lambda_+(k)P(-n) + \Lambda_-(k)P(-n) = 1$,

(c) $Sp\left[\Lambda_\pm(k)P(\pm n)\right] = 1$,

(d) $P(n)^2 = P(n)$

erfüllt ist.
(ii) Betrachten Sie den Spezialfall $n = (0, \hat e_z)$ mit $P(n) = \frac{1}{2}\begin{pmatrix} 1+\sigma^3 & 0 \\ 0 & 1-\sigma^3 \end{pmatrix}$.

7. Drehimpuls – Bahndrehimpuls und Spin

In der nichtrelativistischen Quantenmechanik hat sich erwiesen, daß der Drehimpuls-Operator Erzeugende von Drehungen ist, mit dem Hamilton-Operator drehinvarianter Systeme kommutiert[1] und deshalb für die Lösung derartiger Probleme eine besondere Rolle spielt. Deshalb schicken wir dem nächsten Kapitel – Bewegung im Coulomb-Potential – eine eingehende Untersuchung des Drehimpulses in der relativistischen Quantenmechanik voraus.

7.1 Passive und aktive Transformationen

Im nichtrelativistischen Grenzfall hatten wir für die Zustände mit positiver Energie die Pauli-Gleichung mit dem Landé-Faktor $g = 2$ hergeleitet (Abschnitt 5.3.5). Daraus hatten wir geschlossen, daß die Dirac-Gleichung Teilchen mit Spin $S = 1/2$ beschreibt. Wir wollen jetzt den Drehimpuls, anknüpfend an das Transformationsverhalten von Spinoren unter Drehungen, allgemein untersuchen.

Wir fügen zunächst eine Zwischenbemerkung über aktive und passive Transformationen ein. Es sei ein Zustand Z gegeben, der im System I durch den Spinor $\psi(x)$ beschrieben wird. Vom System I' aus betrachtet, das durch die Lorentz-Transformation

$$x' = \Lambda x \tag{7.1.1}$$

aus I hervorgeht, ist der Spinor

$$\psi'(x') = S\psi(\Lambda^{-1}x') \qquad \text{passiv mit } \Lambda \tag{7.1.2a}$$

Man bezeichnet eine derartige Transformation als *passive Transformation*. Ein und derselbe Zustand wird von zwei verschiedenen Koordinatensystemen aus betrachtet, was wir in Abb. 7.1 durch $\psi(x) \mathrel{\hat{=}} \psi'(x')$ andeuten.

Man kann andererseits auch den Zustand transformieren, und den dabei entstehenden Zustand Z' wie den ursprünglichen Zustand Z von ein und demselben Koordinatensystem aus betrachten. Man spricht dann von einer *aktiven Transformation*. Für Vektoren und Skalare ist anschaulich klar, was

---

[1] Siehe QM I, Abschn. 5.1.

unter ihrer aktiven Transformation (Rotation, Lorentz-Transformation) zu verstehen ist. Die aktive Transformation eines Vektors mit der Transformation Λ entspricht der passiven Transformation des Koordinatensystems mit Λ^{-1}. Für Spinoren wird die aktive Transformation genau in dieser Weise definiert (Siehe Abb. 7.1).

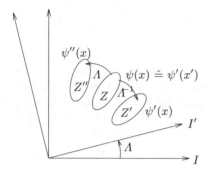

Abb. 7.1. Schematische Darstellung der passiven und aktiven Transformation eines Spinors; die umrandete Region soll den Bereich charakterisieren, in dem der Spinor endlich ist.

Der Zustand Z', der durch die Transformation Λ^{-1} entsteht, sieht in I genauso aus wie Z von I' aus betrachtet, d.h.

$$\psi'(x) = S\psi(\Lambda^{-1}x) \qquad \text{aktiv mit } \Lambda^{-1} \ . \tag{7.1.2b}$$

Der Zustand Z'', der aus Z durch die aktive Transformation Λ entsteht, sieht definitionsgemäß in I' so aus wie Z in I, d.h. hat die Form $\psi(x')$. Da I aus I' durch die Lorentztransformation Λ^{-1} entsteht, hat der Spinor Z'' in I die Gestalt

$$\psi''(x) = S^{-1}\psi(\Lambda x) \qquad \text{aktiv mit } \Lambda \ . \tag{7.1.2c}$$

7.2 Drehungen und Drehimpuls

Unter der infinitesimalen Lorentz-Transformation

$$\Lambda^\mu{}_\nu = g^\mu{}_\nu + \Delta\omega^\mu{}_\nu \ , \quad (\Lambda^{-1})^\mu{}_\nu = g^\mu{}_\nu - \Delta\omega^\mu{}_\nu \tag{7.2.1}$$

transformiert sich ein Spinor $\psi(x)$ wie

$$\psi'(x') = S\psi(\Lambda^{-1}x') \qquad \text{passiv um } \Lambda \tag{7.2.2a}$$

oder

$$\psi'(x) = S\psi(\Lambda^{-1}x) \qquad \text{aktiv um } \Lambda^{-1} . \tag{7.2.2b}$$

Wir setzen unsere Ergebnisse aus Abschnitt 6.2.2.1 (Gl. (6.2.8) und (6.2.13)) ein

$$\psi'(x) = (\mathbb{1} - \frac{\mathrm{i}}{4} \Delta\omega^{\mu\nu}\sigma_{\mu\nu})\psi(x^\rho - \Delta\omega^\rho{}_\nu x^\nu) . \tag{7.2.3}$$

Die Taylor-Entwicklung des Spinors ergibt $(1 - \Delta\omega^\mu{}_\nu x^\nu \partial_\mu)\,\psi(x)$, so daß

$$\psi'(x) = (\mathbb{1} + \Delta\omega^{\mu\nu}(-\frac{\mathrm{i}}{4}\sigma_{\mu\nu} + x_\mu\partial_\nu))\,\psi(x) \tag{7.2.3'}$$

ist. Nun betrachten wir den Spezialfall von Drehungen um $\Delta\varphi$, die durch

$$\Delta\omega^{ij} = -\epsilon^{ijk}\Delta\varphi^k \tag{7.2.4}$$

dargestellt werden (die Richtung von $\Delta\varphi$ legt die Drehachse und $|\Delta\varphi|$ den Drehwinkel fest). Benützt man außerdem (siehe Gl. (6.2.19))

$$\sigma^{ij} = \sigma_{ij} = \epsilon^{ijk}\Sigma^k \quad , \quad \Sigma^k = \begin{pmatrix} \sigma^k & 0 \\ 0 & \sigma^k \end{pmatrix} , \tag{7.2.5}$$

so ergibt sich für (7.2.3')

$$\begin{aligned} \psi'(x) &= \left(1 + \Delta\omega^{ij}\left(-\frac{\mathrm{i}}{4}\epsilon^{ijk}\Sigma^k + x_i\partial_j\right)\right)\psi(x) \\ &= \left(1 - \epsilon^{ij\bar{k}}\Delta\varphi^{\bar{k}}\left(-\frac{\mathrm{i}}{4}\epsilon^{ijk}\Sigma^k - x^i\partial_j\right)\right)\psi(x) \\ &= \left(1 - \Delta\varphi^{\bar{k}}\left(-\frac{\mathrm{i}}{4}2\delta_{k\bar{k}}\Sigma^k - \epsilon^{ij\bar{k}}x^i\partial_j\right)\right)\psi(x) \\ &= \left(1 + \mathrm{i}\Delta\varphi^k\left(\frac{1}{2}\Sigma^k + \epsilon^{kij}x^i\frac{1}{\mathrm{i}}\partial_j\right)\right)\psi(x) \\ &\equiv \left(1 + \mathrm{i}\Delta\varphi^k J^k\right)\psi(x) . \end{aligned} \tag{7.2.6}$$

Hier wurde der Gesamtdrehimpuls

$$J^k = \epsilon^{kij}x^i\frac{1}{\mathrm{i}}\partial_j + \frac{1}{2}\Sigma^k \tag{7.2.7}$$

definiert. Mit $\hbar$ hinzugefügt lautet dieser Operator

$$\mathbf{J} = \mathbf{x} \times \frac{\hbar}{\mathrm{i}}\boldsymbol{\nabla}\mathbb{1} + \frac{\hbar}{2}\boldsymbol{\Sigma} , \tag{7.2.7'}$$

und ist also die Summe aus Bahndrehimpuls $\mathbf{L} = \mathbf{x} \times \mathbf{p}$ und Spin $\frac{\hbar}{2}\boldsymbol{\Sigma}$.

Der Gesamtdrehimpuls (= Bahndrehimpuls + Spin) ist Erzeugende von Drehungen: für einen endlichen Winkel φ^k erhält man durch Zusammensetzen aus infinitesimalen Drehungen

$$\psi'(x) = e^{i\varphi^k J^k} \psi(x) \,. \tag{7.2.8}$$

Der Operator J^k kommutiert mit dem Hamilton-Operator der Dirac-Gleichung mit einem drehinvarianten Potential $\Phi(\mathbf{x}) = \Phi(|\mathbf{x}|)$

$$[H, J^i] = 0 \,. \tag{7.2.9}$$

Dieses Ergebnis kann man leicht durch explizite Berechnung des Kommutators (siehe Übungsbeispiel 7.1) verifizieren.

Wir betrachten hier allgemeine Folgerungen aus dem Drehverhalten für die Struktur von Vertauschungsrelationen des Drehimpulses mit anderen Operatoren, aus der sich (7.2.9) als Spezialfall ergibt. Wir gehen aus von einem Operator A, dessen Wirkung auf ψ_1 der Spinor ψ_2 sein möge

$$A\psi_1(x) = \psi_2(x) \,,$$

daraus folgt

$$e^{i\varphi^k J^k} A \, e^{-i\varphi^k J^k} \left(e^{i\varphi^k J^k} \psi_1(x) \right) = \left(e^{i\varphi^k J^k} \psi_2(x) \right)$$

bzw.

$$e^{i\varphi^k J^k} A \, e^{-i\varphi^k J^k} \psi_1'(x) = \psi_2'(x) \,.$$

Also ist der Operator im gedrehten Bezugssystem

$$A' = e^{i\varphi^k J^k} A \, e^{-i\varphi^k J^k} \,. \tag{7.2.10}$$

Entwickeln für infinitesimale Drehungen ($\varphi^k \to \Delta\varphi^k$) ergibt

$$A' = A - i\Delta\varphi^k [A, J^k] \,. \tag{7.2.11}$$

Die folgenden Spezialfälle sind von besonderem Interesse:

(i) A sei ein skalarer (drehinvarianter) Operator. Dann ist $A' = A$, und es folgt aus (7.2.11)

$$[A, J^k] = 0 \,. \tag{7.2.12}$$

Der Hamilton-Operator eines rotationsinvarianten Systems (inklusive eines rotationsinvarianten $\Phi(\mathbf{x}) = \Phi(|\mathbf{x}|)$) ist ein Skalar; daraus folgt (7.2.9). In rotationsinvarianten Problemen gibt es also einen erhaltenen Drehimpuls.

(ii) Für den Operator A werden die Komponenten des Dreiervektors $\mathbf{v}$ eingesetzt. Als Vektor transformiert sich $\mathbf{v}$ gemäß $v'^i = v^i + \epsilon^{ijk}\,\Delta\varphi^j\,v^k$. Komponentenweises Gleichsetzen mit (7.2.11) $v^i + \epsilon^{ijk}\Delta\varphi^j v^k = v^i + \frac{i}{\hbar}\Delta\varphi^j\left[J^j, v^i\right]$ zeigt

$$[J^i, v^j] = i\hbar\,\epsilon^{ijk}\,v^k \tag{7.2.13}$$

Die Vertauschungsrelation (7.2.13) impliziert unter anderem

$$\left[J^i, J^j\right] = i\hbar\epsilon^{ijk}J^k \tag{7.2.14a}$$

$$\left[J^i, L^j\right] = i\hbar\epsilon^{ijk}L^k \quad . \tag{7.2.14b}$$

Von der expliziten Darstellung $\Sigma^k = \begin{pmatrix} \sigma^k & 0 \\ 0 & \sigma^k \end{pmatrix}$ ist klar, daß die Eigenwerte der 4×4 Matrizen Σ^k zweifach entartet sind und die Werte ±1 annehmen. Der Drehimpuls $\mathbf{J}$ ist die Summe aus dem Bahndrehimpuls $\mathbf{L}$ und einem inneren Drehimpuls, dem Spin $\mathbf{S}$, mit den Eigenwerten der Komponenten $\pm\frac{1}{2}$. Also besitzen Teilchen, die der Dirac-Gleichung gehorchen, den Spin $S = 1/2$. Der Operator $\left(\frac{\hbar}{2}\boldsymbol{\Sigma}\right)^2 = \frac{3}{4}\hbar^2\mathbb{1}$ hat als Eigenwerte $\frac{3\hbar^2}{4}$. Die Eigenwerte von $\mathbf{L}^2$ und L^3 sind $\hbar^2 l(l+1)$ und $\hbar m_l$, wo $l = 0, 1, 2, \ldots$ und m_l die Werte $-l, -l+1, \ldots, l-1, l$ annimmt. Folglich sind die Eigenwerte von $\mathbf{J}^2$ $\hbar^2 j(j+1)$, wo $j = l \pm \frac{1}{2}$ für $l \neq 0$ und $j = \frac{1}{2}$ für $l = 0$ ist. Die Eigenwerte von J^3 sind $\hbar m_j$, wo m_j in ganzzahligen Schritten zwischen $-j$ und j liegt. Die Operatoren $\mathbf{J}^2, \mathbf{L}^2, \boldsymbol{\Sigma}^2$ und J^3 können gleichzeitig diagonalisiert werden. Die Bahndrehimpulsoperatoren L^i und die Spinoperatoren Σ^i erfüllen für sich die Drehimpulsvertauschungsrelationen.

Anmerkung: Man könnte sich fragen, wieso der Dirac-Hamilton-Operator, eine 4×4-Matrix, ein Skalar sein kann. Um dies einzusehen, muß man nur zur Transformation (6.2.6′) zurückkehren.
Der transformierte Hamilton-Operator inklusive eines Zentralpotentials $\Phi(|\mathbf{x}|)$

$$(-i\gamma^\nu\,\partial'_\nu + m + e\Phi(|\mathbf{x}'|)) = S(-i\gamma^\nu\,\partial_\nu + m + e\Phi(|\mathbf{x}|))S^{-1}$$

hat für Drehungen in beiden Systemen die gleiche Gestalt. Die Eigenschaft "Skalar" beinhaltet die Invarianz gegen Drehungen, und ist nicht notwendigerweise auf einkomponentige drehinvariante Funktionen beschränkt.

Aufgaben zu Kapitel 7

7.1 Zeigen Sie durch explizite Berechnung des Kommutators, daß der Gesamtdrehimpuls

$$\mathbf{J} = \mathbf{x} \times \mathbf{p}\,\mathbb{1} + \frac{\hbar}{2}\boldsymbol{\Sigma}$$

mit dem Dirac-Hamilton-Operator für ein Zentralpotential

$$H = c\left(\sum_{k=1}^{3} \alpha^k p^k + \beta mc\right) + e\Phi(|\mathbf{x}|)$$

kommutiert.

8. Bewegung im Coulomb-Potential

In diesem Kapitel bestimmen wir die Energie-Eigenzustände im Coulomb-Potential. Zunächst wird der einfachere Fall, die Klein-Gordon-Gleichung studiert. Im zweiten Teil wird der noch wichtigere Fall (Wasserstoffatom), die Dirac-Gleichung exakt gelöst.

8.1 Klein-Gordon-Gleichung mit elektromagnetischem Feld

8.1.1 Ankopplung an das elektromagnetische Feld

Die Ankopplung des elektromagnetischen Feldes in der Klein-Gordon-Gleichung

$$-\hbar^2 \frac{\partial^2 \psi}{\partial t^2} = -\hbar^2 c^2 \nabla^2 \psi + m^2 c^4 \psi \,,$$

d.h. die Substitution

$$i\hbar \frac{\partial}{\partial t} \longrightarrow i\hbar \frac{\partial}{\partial t} - e\Phi \,, \qquad \frac{\hbar}{i} \nabla \longrightarrow \frac{\hbar}{i} \nabla - \frac{e}{c} \mathbf{A} \,,$$

führt auf die Klein-Gordon-Gleichung im elektromagnetischen Feld

$$\left(i\hbar \frac{\partial}{\partial t} - e\Phi \right)^2 \psi = c^2 \left(\frac{\hbar}{i} \nabla - \frac{e}{c} \mathbf{A} \right)^2 \psi + m^2 c^4 \psi. \tag{8.1.1}$$

Wir bemerken, daß nun die erhaltene Viererstromdichte

$$j_\nu = \frac{i\hbar e}{2m} \left(\psi^* \partial_\nu \psi - \psi \partial_\nu \psi^* \right) - \frac{e^2}{mc} A_\nu \psi^* \psi \tag{8.1.2}$$

lautet, mit der Kontinuitätsgleichung

$$\partial_\nu j^\nu = 0 \,. \tag{8.1.3}$$

Somit tritt z.B. in j^0 das skalare Potential $A^0 = c\Phi$ auf.

8.1.2 Klein-Gordon-Gleichung im Coulomb-Feld

Wir setzen voraus, daß $\mathbf{A}$ und Φ zeitunabhängig sind und suchen nun *stationäre Lösungen* mit positiver Energie

$$\psi(\mathbf{x}, t) = e^{-iEt/\hbar} \psi(\mathbf{x}) \quad \text{mit} \quad E > 0. \tag{8.1.4}$$

Dann ergibt sich aus (8.1.1) die zeitunabhängige Klein-Gordon-Gleichung

$$(E - e\Phi)^2 \psi = c^2 \left(\frac{\hbar}{i} \boldsymbol{\nabla} - \frac{e}{c} \mathbf{A} \right)^2 \psi + m^2 c^4 \psi \,. \tag{8.1.5}$$

Für ein *sphärisch symmetrisches Potential* $\Phi(\mathbf{x}) \longrightarrow \Phi(r)$ ($r = |\mathbf{x}|$) und $\mathbf{A} = 0$ folgt

$$\left(-\hbar^2 c^2 \nabla^2 + m^2 c^4 \right) \psi(\mathbf{x}) = (E - e\Phi(r))^2 \psi(\mathbf{x}). \tag{8.1.6}$$

Der Separationsansatz in sphärischen Polarkoordinaten

$$\psi(r, \vartheta, \varphi) = R(r) Y_{\ell m}(\vartheta, \varphi) \,, \tag{8.1.7}$$

wobei die $Y_{\ell m}(\vartheta, \varphi)$ die aus der nichtrelativistischen Quantenmechanik[1] bekannte Kugelfunktionen sind, führt analog zur nichtrelativistischen Theorie auf die Differentialgleichung

$$\left(-\frac{1}{r} \frac{d}{dr} \frac{d}{dr} r + \frac{\ell(\ell+1)}{r^2} \right) R = \frac{(E - e\Phi(r))^2 - m^2 c^4}{\hbar^2 c^2} R. \tag{8.1.8}$$

Zunächst betrachten wir den nichtrelativistischen Grenzfall. Wenn wir $E = mc^2 + E'$ setzen und annehmen, daß $E' - e\Phi$ gegenüber mc^2 vernachlässigbar ist, ergibt sich aus (8.1.8) die nichtrelativistische, radiale Schrödinger-Gleichung, denn dann wird die rechte Seite von (8.1.8)

$$\frac{1}{\hbar^2 c^2} \left((mc^2)^2 + 2mc^2(E' - e\Phi(r)) + (E' - e\Phi(r))^2 - m^2 c^4 \right) R(r)$$
$$\approx \frac{2m}{\hbar^2} (E' - e\Phi(r)) R(r) \,. \tag{8.1.9}$$

Für ein π^--*Meson* im *Coulomb-Feld* eines Z-fach geladenen Kerns ist

$$e\Phi(r) = -\frac{Ze_0^2}{r} \,. \tag{8.1.10a}$$

Mit der Feinstrukturkonstanten $\alpha = \frac{e_0^2}{\hbar c}$ folgt aus (8.1.8)

$$\left[-\frac{1}{r} \frac{d}{dr} \frac{d}{dr} r + \frac{\ell(\ell+1) - Z^2\alpha^2}{r^2} - \frac{2Z\alpha E}{\hbar c r} - \frac{E^2 - m^2 c^4}{\hbar^2 c^2} \right] R = 0 \,. \tag{8.1.10b}$$

---

[1] QM I, Kap. 5

Anmerkung:

Die Masse des Pi-Mesons ist $m_{\pi^-} = 273m_e$ und die Lebensdauer $\tau_{\pi^-} = 2.55 \times 10^{-8}$ sec. Da die mit der Unschärferelation abschätzbare klassische Umlaufszeit[1] ungefähr $T \approx \frac{a_{\pi^-}}{\Delta v} \approx \frac{m_{\pi^-} a_{\pi^-}^2}{\hbar} = \frac{m_e^2}{m_{\pi^-}} \frac{a^2}{\hbar} \approx 10^{-21}$ sec ist, kann man trotz der endlichen Lebensdauer des π^- von wohldefinierten stationären Energieeigenzuständen sprechen. Selbst die Lebenszeit eines angeregten Zustands (siehe QM I, Abschn. 16.4.3) $\Delta T \approx T\alpha^{-3} \approx 10^{-15}$ ist noch sehr viel kürzer als τ_{π^-}.

Die Substitutionen

$$\sigma^2 = \frac{4(m^2 c^4 - E^2)}{\hbar^2 c^2} \ , \ \gamma = Z\alpha \ , \ \lambda = \frac{2E\gamma}{\hbar c\sigma} \ , \ \rho = \sigma r \qquad (8.1.11\text{a-d})$$

führen in Gl. (8.1.10b) auf

$$\left[\frac{d^2}{d(\rho/2)^2} + \frac{2\lambda}{\rho/2} - 1 - \frac{\ell(\ell+1) - \gamma^2}{(\rho/2)^2} \right] \rho R(\rho) = 0 \ . \qquad (8.1.12)$$

Diese Gleichung hat genau die Gestalt der nichtrelativistischen Schrödinger-Gleichung für die Funktion $u = \rho R$, nur ist in letzterer

$$\rho_0 \longrightarrow 2\lambda \qquad (8.1.13\text{a})$$
$$\ell(\ell+1) \longrightarrow \ell(\ell+1) - \gamma^2 \equiv \ell'(\ell'+1) \qquad (8.1.13\text{b})$$

zu ersetzen. Dabei ist i.a. ℓ' nicht ganzzahlig.

Anmerkung:

Eine derartige Abänderung des Zentrifugalterms findet man auch in der klassischen, relativistischen Mechanik. Dies führt dort dazu, daß die Kepler-Bahnen nicht mehr geschlossen sind. Statt der Ellipsen hat man Rosettenbahnen.

Die radiale Schrödinger-Gleichung (8.1.12) kann man nun in bekannter Weise wie im nichtrelativistischen Fall lösen: Aus (8.1.12) findet man für $R(\rho)$ in den Grenzfällen $\rho \to 0$ und $\rho \to \infty$ das Verhalten $\rho^{\ell'}$ bzw. $e^{-\rho/2}$. Das führt auf den Ansatz

$$\rho R(\rho) = \left(\frac{\rho}{2} \right)^{\ell'+1} e^{-\rho/2} w(\rho/2) . \qquad (8.1.14)$$

Die neue Differentialgleichung für $w(\rho)$ (Gl. (6.19) aus QM I) wird durch einen Potenzreihenansatz gelöst. Die aus der Differentialgleichung folgende Rekursionsrelation ist so beschaffen, daß sie auf eine Funktion $\sim e^\rho$ führt. Zusammen mit (8.1.14) wäre die Funktion $R(\rho)$ nicht normierbar, es sei denn, die Potenzreihe bricht ab. Die Bedingung, daß die Potenzreihe für $w(\rho)$ abbricht, liefert[2]

---

[2] Vergl. QM I, Gl. (6.23).

$$\rho_0 = 2(N + \ell' + 1)$$

d.h.

$$\lambda = N + \ell' + 1, \tag{8.1.15}$$

wo N die radiale Quantenzahl $N = 0, 1, 2, \ldots$ bedeutet. Um daraus die Energieeigenwerte bestimmen zu können, muß man zuerst mittels der Gleichungen (8.1.11a und d) die Hilfsgröße σ eliminieren

$$\frac{4E^2\gamma^2}{\hbar^2 c^2 \lambda^2} = \frac{4(m^2 c^4 - E^2)}{\hbar^2 c^2},$$

woraus sich für die Energieniveaus

$$E = mc^2 \left(1 + \frac{\gamma^2}{\lambda^2}\right)^{-\frac{1}{2}} \tag{8.1.16}$$

ergibt. Es ist hier die positive Wurzel zu nehmen, da der Reskalierungsfaktor $\sigma > 0$ ist, und wegen $\lambda > 0$ aus (8.1.11c) $E > 0$ folgt. Damit geht die Energie dieser Lösungen für verschwindende Anziehung ($\gamma \to 0$) gegen die Ruheenergie $E = mc^2$. Für die weitere Diskussion müssen wir ℓ' aus der quadratischen Definitionsgleichung (8.1.13b) berechnen

$$\ell' = -\frac{1}{2} \pm \sqrt{\left(\ell + \frac{1}{2}\right)^2 - \gamma^2}. \tag{8.1.17}$$

Wir werden uns unten davon überzeugen, daß nur das $+$ Zeichen zulässig ist, d.h.

$$\lambda = N + \frac{1}{2} + \sqrt{\left(\ell + \frac{1}{2}\right)^2 - \gamma^2}$$

und

$$E = \frac{mc^2}{\sqrt{1 + \dfrac{\gamma^2}{\left[N + \frac{1}{2} + \sqrt{\left(\ell + \frac{1}{2}\right)^2 - \gamma^2}\right]^2}}}. \tag{8.1.18}$$

Zum Angleich an die nichtrelativistische Notation führen wir die *Hauptquantenzahl*

$$n = N + \ell + 1$$

ein, womit (8.1.18) zu

$$E = \frac{mc^2}{\sqrt{1 + \dfrac{\gamma^2}{\left[n - \left(\ell + \frac{1}{2}\right) + \sqrt{\left(\ell + \frac{1}{2}\right)^2 - \gamma^2}\right]^2}}}. \tag{8.1.18'}$$

wird. Die Hauptquantenzahl durchläuft die Werte $n = 1, 2, \ldots$; zu vorgegebenem n sind die Bahndrehimpulsquantenzahlen $\ell = 0, 1, \ldots n - 1$ möglich.
Die in der nichtrelativistischen Theorie vorhandene *Entartung* bezüglich des
Drehimpulses ist hier aufgehoben. Die Entwicklung von (8.1.18′) in eine Potenzreihe in γ^2 liefert:

$$E = mc^2 \left[1 - \frac{\gamma^2}{2n^2} - \frac{\gamma^4}{2n^4} \left(\frac{n}{\ell + \frac{1}{2}} - \frac{3}{4} \right) \right] + \mathcal{O}(\gamma^6)$$

$$= mc^2 - \frac{\text{Ry}}{n^2} - \frac{\text{Ry}\gamma^2}{n^3} \left(\frac{1}{\ell + \frac{1}{2}} - \frac{3}{4n} \right) + \mathcal{O}(\text{Ry}\gamma^4) , \tag{8.1.19}$$

mit

$$\text{Ry} = \frac{mc^2 (Z\alpha)^2}{2} = \frac{mZ^2 e^4}{2\hbar^2} .$$

Der erste Term ist die Ruheenergie, der zweite Term die nichtrelativistische
Rydberg-Formel und der dritte Term ist die relativistische Korrektur. Sie ist
identisch mit der störungstheoretischen Korrektur durch die relativistische ki-
netische Energie, die zum Stör-Hamilton-Operator $H_1 = -\frac{\left(\mathbf{p}^2\right)^2}{8m^3 c^2}$ führt (siehe
QM I, Gl. (12.5))[3]. Durch diese Korrektur wird die Entartung in ℓ aufgeho-
ben:

$$E_{\ell=0} - E_{\ell=n-1} = -\frac{4\text{Ry}\gamma^2}{n^3} \frac{n-1}{2n-1} . \tag{8.1.20}$$

Die Bindungsenergie E_b erhält man aus (8.1.18′) bzw. (8.1.19) indem man
die Ruheenergie abzieht

$$E_b = E - mc^2 .$$

Ergänzungen:

(i) Nun müssen wir noch begründen, warum die Lösungen ℓ' mit negativem
Vorzeichen der Wurzel in Gl. (8.1.17) auszuschließen sind. Zunächst erwarten
wir, daß die Lösungen stetig in die nichtrelativistischen übergehen sollten,
und daß es deshalb zu jedem ℓ nur einen Eigenwert gibt. Für den Moment
werden die beiden sich aus (8.1.17) ergebenden Werte für ℓ' mit $\ell'_{\pm}$ bezeichnet.
Es gibt mehrere Argumente zum Ausschluß der negativer Wurzel.
Die Lösung zu ℓ'_- kann man ausschließen wegen der Forderung, daß die kinetische Energie endlich ist (es geht hier nur um die untere Grenze, da der
Faktor $\mathrm{e}^{-\rho/2}$ die Konvergenz an der oberen garantiert):

$$T \sim - \int dr\, r^2 \frac{\partial^2 R}{\partial^2 r} \cdot R \sim \int dr\, r^2 \left(\frac{\partial R}{\partial r} \right)^2$$

$$\sim \int dr\, r^2 \left(r^{\ell'-1} \right)^2 \sim \int dr\, r^{2\ell'} .$$

---

[3] Siehe auch Bemerkung (ii) in Abschnitt 10.1.2

Dafür muß $\ell' > -\frac{1}{2}$ sein und deshalb ist nur ℓ'_+ zulässig. Man kann auch statt der kinetischen Energie die Stromdichte betrachten. Gäbe es die Lösungen zu ℓ'_+ und ℓ'_-, dann wären auch lineare Superpositionen der Art $\psi = \psi_{\ell'_+} + \mathrm{i}\psi_{\ell'_-}$ möglich. Die radiale Stromdichte für diese Wellenfunktion ist

$$j_r = \frac{\hbar}{2mi}\left(\psi^*\frac{\partial}{\partial r}\psi - \left(\frac{\partial}{\partial r}\psi^*\right)\psi\right)$$

$$= \frac{\hbar}{2mi}2\mathrm{i}\left(\psi_{\ell'_+}\frac{\partial}{\partial r}\psi_{\ell'_-} - \psi_{\ell'_-}\frac{\partial}{\partial r}\psi_{\ell'_+}\right) \sim r^{\ell'_+ + \ell'_- - 1} = \frac{1}{r^2}\;.$$

Die Stromdichte divergierte wie $\frac{1}{r^2}$ für $r \to 0$. Der Strom durch die Oberfläche einer beliebig kleinen Kugel um den Ursprung wäre dann $\int d\Omega r^2 j_r =$ konstant, unabhängig von r. Es müßte eine Quelle oder Senke für die Teilchenstromdichte am Ursprung geben. Die Lösung ℓ'_+ muß auf jeden Fall bleiben, weil diese in die nichtrelativistische übergeht, und die Lösung zu ℓ'_- scheidet aus.

Man kann diese Folgerung bestätigen, indem man das Problem für einen endlich ausgedehnten Kern, für den das elektrostatische Potential bei $r = 0$ endlich ist, löst. Diejenige Lösung, die bei $r = 0$ endlich ist, geht in diejenige Lösung des $\frac{1}{r}$-Problems über, die zum Vorzeichen + gehört.

(ii) Damit ℓ' und die Energieeigenwerte reell sind, muß nach Gl. (8.1.17)

$$\ell + \frac{1}{2} > Z\alpha \tag{8.1.21a}$$

sein (Siehe Abb. 8.1). Diese Bedingung ist am einschränkensten für s-Zustände, $\ell = 0$:

$$Z < \frac{1}{2\alpha} = \frac{137}{2} = 68.5\;. \tag{8.1.21b}$$

Für $\gamma > \frac{1}{2}$ wäre $\ell' = -\frac{1}{2} + \mathrm{i}s'$, $s' = \sqrt{\gamma^2 - \frac{1}{4}}$ komplex. Dies hätte komplexe Energieeigenwerte zur Folge und es wäre $R(r) \sim r^{-\frac{1}{2}}e^{\pm\mathrm{i}s'\log r}$, d.h. die Lösung würde für $r \to 0$ unendlich oft oszillieren und das Matrixelement der kinetischen Energie wäre divergent.

Die Abänderung des Zentrifugalterms in $(\ell(\ell+1) - (Z\alpha)^2)\frac{1}{r^2}$ kommt von der relativistischen Massenerhöhung. Qualitativ nimmt die Geschwindigkeit bei Annäherung an das Zentrum nicht so stark zu wie nichtrelativistisch und deshalb wird die Zentrifugalabstoßung verringert. Für das anziehende $\left(-\frac{1}{r^2}\right)$-Potential spiralen die Teilchen nach der klassischen Mechanik in das Zentrum. Wenn $Z\alpha > \ell + \frac{1}{2} > \sqrt{\ell(\ell+1)}$ ist, dann wird das quantenmechanische System instabil. Die Bedingung $Z\alpha < \frac{1}{2}$ kann auch in der Form $Z\frac{e_0^2}{\hbar/m_{\pi^-}c} < \frac{1}{2}m_{\pi^-}c^2$ geschrieben werden, d.h. die Coulomb-Energie beim Abstand einer Compton-Wellenlänge $\frac{\hbar}{m_{\pi^-}c} = 1.4 \times 10^{-13}$ cm vom Ursprung sollte kleiner als $\frac{1}{2}m_{\pi^-}c^2$ sein.

Die Lösungen zum $\left(-\frac{Ze_0^2}{r}\right)$-Potential werden für $Z > 68$ unsinnig. Nun gibt es Kerne mit höherer Ladungszahl und die Bewegung eines π^--Mesons müßte durch die Klein-Gordon-Gleichung beschreibbar sein. Man muß jedoch beachten, daß reale Kerne einen endlichen Radius haben, und für solche existieren Bindungszustände auch für große Z.

Der Bohrsche Radius für π^- ist $a_{\pi^-} = \frac{\hbar^2}{Zm_{\pi^-}e_0^2} = \frac{m_e}{m_{\pi^-}} \frac{a}{Z} \approx \frac{2\times 10^{-11}}{Z}$ cm, wo $a = 0.5 \times 10^{-8}$ cm, der Bohrsche Radius des Elektrons und $m_{\pi^-} = 270 m_e$ eingesetzt wurde. Der Vergleich mit dem Kernradius $R_K = 1.5 \times 10^{-13} A^{1/3}$ cm zeigt, daß die Ausdehnung des Kerns nicht zu vernachlässigen ist[4].

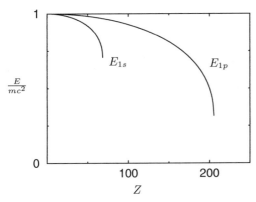

Abb. 8.1. Punktförmiger Atomkern, E_{1s} und E_{1p} nach Gl. (8.1.18) als Funktion von Z. Die Kurven enden bei dem durch (8.1.21a) gegebenen Z. Für größere Z wären die Energien komplex.

Beim quantitativen Vergleich der Theorie mit dem Experiment an π-mesonischen Atomen muß noch den folgenden Korrekturen Rechnung getragen werden:

(α) Die Masse m_π ist durch die reduzierte Masse zu ersetzen $\mu = \frac{m_\pi M}{m_\pi + M}$.

(β) Wie schon vorhin betont, muß die Endlichkeit des Kernradius berücksichtigt werden.

(γ) Es muß die Vakuumpolarisation berücksichtigt werden. Hierunter versteht man, daß das zwischen Kern und π-Meson ausgetauschte Photon virtuell in ein Elektron-Positron-Paar zerfällt, das sich schließlich wieder in ein Photon vereinigt. (Siehe Abb. 8.2)

(δ) Da der Bohrsche Radius für das π^-, wie oben abgeschätzt, etwa um einen Faktor $1/300$ kleiner als der des Elektrons ist, und somit die Aufenthaltswahrscheinlichkeit der Pionwellenfunktion im Kernbereich beträchtlich ist, muß man auch eine Korrektur für die starke Wechselwirkung zwischen Kern und π^- berücksichtigen.

---

[4] Die im Röntgenbereich liegenden Übergangsenergien für π-mesonische Atome wurden in D.A. Jenkins u. R. Kunselman, Phys. Rev. Lett. **17**, 1148 (1966) bestimmt und mit dem Ergebnis aus der Klein-Gordon-Gleichung verglichen.

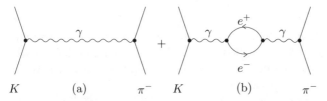

Abb. 8.2. Die elektromagnetische Wechselwirkung kommt durch Austausch eines Photons (γ) zwischen Kern (K) und π-Meson (π^-) zustande. (a) direkter Austausch, (b) mit Vakuumpolarisation, bei der ein virtuelles Elektron (e^-) – Positron (e^+) – Paar entsteht.

8.2 Dirac-Gleichung für das Coulomb-Potential

Im vorliegenden Abschnitt werden wir die Dirac-Gleichung für ein Elektron im Coulomb-Potential

$$V(r) = -\frac{Ze_0^2}{r} \tag{8.2.1}$$

exakt lösen. Aus

$$i\hbar\frac{\partial\psi(\mathbf{x},t)}{\partial t} = \left(c\boldsymbol{\alpha} \cdot \left(\mathbf{p} - \frac{e}{c}\mathbf{A}\right) + \beta mc^2 + e\Phi\right)\psi(\mathbf{x},t) \tag{8.2.2}$$

folgt für $\mathbf{A} = 0$ und $e\Phi \equiv -\frac{Ze_0^2}{r} \equiv V(r)$ der Dirac-Hamilton-Operator

$$H = c\boldsymbol{\alpha} \cdot \mathbf{p} + \beta mc^2 + V(r) \tag{8.2.3}$$

und mit $\psi(\mathbf{x},t) = e^{-iEt/\hbar}\psi(\mathbf{x})$ die zeitunabhängige Dirac-Gleichung

$$(c\boldsymbol{\alpha} \cdot \mathbf{p} + \beta mc^2 + V(r))\psi(\mathbf{x}) = E\psi(\mathbf{x}) . \tag{8.2.4}$$

Es wird sich auch hier als zweckmäßig erweisen, H in sphärischen Polarkoordinaten darzustellen. Dazu wollen wir zunächst alle Symmetrieeigenschaften von H ausnützen.

Der Gesamtdrehimpuls $\mathbf{J}$ aus Gl. (7.2.7′)

$$\mathbf{J} = \mathbf{L}\mathbb{1} + \frac{\hbar}{2}\boldsymbol{\Sigma} \tag{8.2.5}$$

kommutiert mit H. Folglich gibt es gemeinsame Eigenzustände von H, $\mathbf{J}^2$ und J_z.

Anmerkungen:

(i)   Die Operatoren L_z, Σ_z und $\mathbf{L}^2$ kommutieren nicht mit H.

(ii)   Für $\boldsymbol{\Sigma} = \begin{pmatrix} \boldsymbol{\sigma} & 0 \\ 0 & \boldsymbol{\sigma} \end{pmatrix}$ folgt, daß $\left(\frac{\hbar}{2}\boldsymbol{\Sigma}\right)^2 = \frac{3\hbar^2}{4}\mathbb{1} = \frac{1}{2}\left(1 + \frac{1}{2}\right)\hbar^2\,\mathbb{1}$ diagonal ist.

(iii) $\mathbf{L}^2, \boldsymbol{\Sigma}^2$ und $\mathbf{L}\cdot\boldsymbol{\Sigma}$ sind ebenso wie H Skalare und kommutieren also mit $\mathbf{J}$.

Als notwendige Vorbereitung für die exakte Lösung der Dirac-Gleichung besprechen wir zunächst die zweikomponentigen Pauli-Spinoren. Die Pauli-Spinoren, die man aus der nichtrelativistischen Quantenmechanik[5] kennt, sind gemeinsame Eigenzustände von $\mathbf{J}^2, J_z$ und $\mathbf{L}^2$ mit den zugehörigen Quantenzahlen j, m und ℓ, wobei nun $\mathbf{J} = \mathbf{L} + \frac{\hbar}{2}\boldsymbol{\sigma}$ der Gesamtdrehimpuls-operator im Raum der zweidimensionalen Spinoren ist. Aus den Produktzu-ständen

$$
\begin{array}{ll}
|\ell, m_j + 1/2\rangle\,|\downarrow\rangle & \\
|\ell, m_j - 1/2\rangle\,|\uparrow\rangle & \text{bzw.}
\end{array}
\qquad
\begin{array}{l}
Y_{\ell, m_j + \frac{1}{2}}\begin{pmatrix} 0 \\ 1 \end{pmatrix} \\
Y_{\ell, m_j - \frac{1}{2}}\begin{pmatrix} 1 \\ 0 \end{pmatrix}
\end{array}
\tag{8.2.6}
$$

(im Diracschen Ketraum bzw. in der Ortsdarstellung) bildet man Linearkom-binationen, die Eigenzustände von $\mathbf{J}^2, J_z$ und $\mathbf{L}^2$ sind. Ausgehend von einem bestimmten ℓ erhält man

$$
\varphi_{jm_j}^{(+)} = \begin{pmatrix} \sqrt{\frac{\ell + m_j + 1/2}{2\ell + 1}}\, Y_{\ell, m_j - 1/2} \\[2mm] \sqrt{\frac{\ell - m_j + 1/2}{2\ell + 1}}\, Y_{\ell, m_j + 1/2} \end{pmatrix} \quad \text{zu} \quad j = \ell + \tfrac{1}{2} \quad \text{und}
$$

$$
\varphi_{jm_j}^{(-)} = \begin{pmatrix} \sqrt{\frac{\ell - m_j + 1/2}{2\ell + 1}}\, Y_{\ell, m_j - 1/2} \\[2mm] -\sqrt{\frac{\ell + m_j + 1/2}{2\ell + 1}}\, Y_{\ell, m_j + 1/2} \end{pmatrix} \quad \text{zu} \quad j = \ell - \tfrac{1}{2} \qquad . \tag{8.2.7}
$$

Die dabei auftretenden Koeffizienten sind die Clebsch-Gordan-Koeffizienten. Gegenüber QM I enthalten die Spinoren $\varphi_{jm_j}^{(-)}$ einen Faktor -1. ℓ durchläuft die Werte $\ell = 0, 1, 2, \ldots$, während j und m_j halbzahlig sind. Zu $\ell = 0$ gibt es nur die Zustände $\varphi_{jm_j}^{(+)} \equiv \varphi_{\frac{1}{2}m_j}^{(+)}$. Die Zustände $\varphi_{jm_j}^{(-)}$ existieren nur für $\ell > 0$, da $l = 0$ ein negatives j ergäbe. Die Kugelfunktionen erfüllen

$$
Y_{\ell, m}^* = (-1)^m\, Y_{\ell, -m}. \tag{8.2.8}
$$

Die von $\varphi_{jm_j}^{(\pm)}$ erfüllten Eigenwertgleichungen sind (von nun an $\hbar = 1$):

$$
\mathbf{J}^2 \varphi_{jm_j}^{(\pm)} = j(j+1)\varphi_{jm_j}^{(\pm)} \quad , \quad j = \frac{1}{2}, \frac{3}{2}, \ldots
$$

$$
\mathbf{L}^2 \varphi_{jm_j}^{(\pm)} = \ell(\ell+1)\varphi_{jm_j}^{(\pm)} \quad , \quad \text{mit } \ell = j \mp \frac{1}{2} \tag{8.2.9}
$$

$$
J_z \varphi_{jm_j}^{(\pm)} = m_j \varphi_{jm_j}^{(\pm)} \quad , \quad m_j = -j, \ldots, j \; .
$$

---

[5] QM I, Kapitel 10, Addition von Drehimpulsen

Außerdem gilt

$$
\mathbf{L} \cdot \boldsymbol{\sigma} \varphi_{jm_j}^{(\pm)} = \left(\mathbf{J}^2 - \mathbf{L}^2 - \frac{3}{4} \right) \varphi_{jm_j}^{(\pm)}
$$

$$
= \left(j(j+1) - \ell(\ell+1) - \frac{3}{4} \right) \varphi_{jm_j}^{(\pm)} \tag{8.2.10}
$$

$$
= \left\{ \begin{matrix} \ell \\ -\ell-1 \end{matrix} \right\} \varphi_{jm_j}^{(\pm)}
$$

$$
= \left\{ \begin{matrix} -1 + (j+1/2) \\ -1 - (j+1/2) \end{matrix} \right\} \varphi_{jm_j}^{(\pm)} \quad \text{für } j = \ell \pm \frac{1}{2}.
$$

Die folgende Definition erweist sich als zweckmäßig

$$
K = (1 + \mathbf{L} \cdot \boldsymbol{\sigma}) \tag{8.2.11}
$$

wobei nach Gl. (8.2.10) die Eigenwertgleichung

$$
K \varphi_{jm_j}^{(\pm)} = \pm \left(j + \frac{1}{2} \right) \varphi_{jm_j}^{(\pm)} \equiv k \varphi_{jm_j}^{(\pm)} \tag{8.2.12}
$$

gilt. Die Parität von $Y_{\ell m}$ ist aus

$$
Y_{\ell m}(-\mathbf{x}) = (-1)^\ell Y_{\ell m}(\mathbf{x}) \tag{8.2.13}
$$

absehbar. Zu jedem der Werte von j $(\frac{1}{2}, \frac{3}{2}, \dots)$ gibt es zwei Pauli-Spinoren $\varphi_{jm_j}^{(+)}$ und $\varphi_{jm_j}^{(-)}$, deren Bahndrehimpulse ℓ sich um 1 unterscheiden und die deshalb entgegengesetzte Parität haben. Wir führen die Notation

$$
\varphi_{jm_j}^\ell = \begin{cases} \varphi_{jm_j}^{(+)} & \ell = j - \frac{1}{2} \\ \\ \varphi_{jm_j}^{(-)} & \ell = j + \frac{1}{2} \end{cases} \tag{8.2.14}
$$

ein. Statt des Index $(\pm)$ gibt man das ℓ an, aus dem durch Addition (Subtraktion) von $\frac{1}{2}$ die Quantenzahl j entsteht. Nach Gl. (8.2.13) hat $\varphi_{jm_j}^\ell$ die Parität $(-1)^\ell$, d.h.

$$
\varphi_{jm_j}^\ell(-\mathbf{x}) = (-1)^\ell \, \varphi_{jm_j}^\ell(\mathbf{x}). \tag{8.2.15}
$$

Bemerkung: Es gilt der folgende Zusammenhang

$$
\varphi_{jm_j}^{(+)} = \frac{\boldsymbol{\sigma} \cdot \mathbf{x}}{r} \, \varphi_{jm_j}^{(-)}. \tag{8.2.16}
$$

Begründung: Der Operator, der $\varphi_{jm_j}^{(+)}$ aus $\varphi_{jm_j}^{(-)}$ erzeugt, muß ein skalarer Operator ungerader Parität sein. Außerdem ist wegen des Unterschieds $\Delta \ell = 1$ die Ortsabhängigkeit von der Form $Y_{1,m}(\vartheta, \varphi)$ also proportional zu $\mathbf{x}$. Es muß daher $\mathbf{x}$ mit einem Pseudovektor multipliziert werden. Der einzige ortsunabhängige Pseudovektor ist $\boldsymbol{\sigma}$. Der formale Beweis von (8.2.16) wird der Übungsaufgabe 8.2 überlassen.

Der Dirac–Hamilton–Operator für das Coulomb–Potential ist auch invariant gegen Raumspiegelungen, also gegenüber der gesamten Operation (Gl. (6.2.33′))

$$\mathcal{P} = \beta \, \mathcal{P}^{(0)}$$

wo $\mathcal{P}^{(0)}$ eine Raumspiegelung $\mathbf{x} \to -\mathbf{x}$ bewirkt[6]. Man überzeugt sich davon direkt, indem man $\beta\mathcal{P}^{(0)}H$ ausrechnet und dabei $\beta\boldsymbol{\alpha} = -\boldsymbol{\alpha}\beta$ verwendet:

$$
\begin{aligned}
\beta\mathcal{P}^{(0)} &\left[\frac{1}{i}\boldsymbol{\alpha}\cdot\boldsymbol{\nabla} + \beta m - \frac{Z\alpha}{r} \right] \psi(\mathbf{x}) \\
&= \beta \left[\frac{1}{i}\boldsymbol{\alpha}(-\boldsymbol{\nabla}) + \beta m - \frac{Z\alpha}{r} \right] \psi(-\mathbf{x}) \\
&= \left[\frac{1}{i}\boldsymbol{\alpha}\cdot\boldsymbol{\nabla} + \beta m - \frac{Z\alpha}{r} \right] \beta\mathcal{P}^{(0)}\psi(\mathbf{x}) \; .
\end{aligned}
\tag{8.2.17}
$$

Folglich kommutiert $\beta\mathcal{P}^{(0)}$ mit H

$$[\beta\mathcal{P}^{(0)}, H] = 0 \; . \tag{8.2.17′}$$

Da $(\beta\mathcal{P}^{(0)})^2 = 1$ ist, besitzt $\beta\mathcal{P}^{(0)}$ die Eigenwerte ± 1. Man kann deshalb gerade und ungerade Eigenzustände von $\beta\mathcal{P}^{(0)}$ und H konstruieren

$$\beta\mathcal{P}^{(0)}\psi^{(\pm)}_{jm_j}(\mathbf{x}) = \beta\psi^{(\pm)}_{jm_j}(-\mathbf{x}) = \pm\psi^{(\pm)}_{jm_j}(\mathbf{x}) \; . \tag{8.2.18}$$

Es sei bemerkt, daß der Pseudovektor $\mathbf{J}$ mit $\beta\mathcal{P}^{(0)}$ kommutiert.

Zur Lösung von (8.2.4) versuchen wir, die Viererspinoren aus Pauli-Spinoren zusammenzusetzen. Wenn in den beiden oberen Komponenten $\varphi^\ell_{jm_j}$ steht, muß man in den unteren Komponenten wegen β das andere zu j gehörige ℓ nehmen, deshalb nach (8.2.16) $\boldsymbol{\sigma}\cdot\hat{\mathbf{x}}\varphi^\ell_{jm_j}$. Das ergibt als Lösungsansatz die Vierer-Spinoren[7]

$$\psi^\ell_{jm_j} = \begin{pmatrix} \dfrac{iG_{\ell j}(r)}{r}\varphi^\ell_{jm_j} \\[2mm] \dfrac{F_{\ell j}(r)}{r}(\boldsymbol{\sigma}\cdot\hat{\mathbf{x}})\varphi^\ell_{jm_j} \end{pmatrix} \; . \tag{8.2.19}$$

Diese Spinoren haben die Parität $(-1)^\ell$, weil

$$
\begin{aligned}
\beta P\psi^\ell_{jm_j}(\mathbf{x}) = \beta\psi^\ell_{jm_j}(-\mathbf{x}) &= \beta\begin{pmatrix} \dots(-1)^\ell\,\varphi^\ell_{jm_j} \\ \dots(-1)^{\ell+1}\boldsymbol{\sigma}\cdot\hat{\mathbf{x}}\,\varphi^\ell_{jm_j} \end{pmatrix} \\
&= (-1)^\ell\,\psi^\ell_{jm_j}(\mathbf{x}) \; .
\end{aligned}
\tag{8.2.20}
$$

---

[6] Es kann dies auch aus der Kovarianz der Dirac–Gleichung und der Invarianz von $\frac{1}{r}$ unter Raumspiegelungen gefolgert werden (Abschn. 6.2.2.4).

[7] Da $[\mathbf{J}, \boldsymbol{\sigma}\cdot\mathbf{x}] = 0$, ist klar, daß $\mathbf{J}^2 \psi^\ell_{jm_j} = j(j+1)\,\psi^\ell_{jm_j}$, $J_z\psi^\ell_{jm_j} = m\,\psi^\ell_{jm_j}$ gilt.

Die Faktoren $\frac{1}{r}$ und i werden sich später als zweckmäßig erweisen.

Der Dirac-Hamilton-Operator lautet in Matrixschreibweise

$$H = \begin{pmatrix} m - \frac{Z\alpha}{r} & \boldsymbol{\sigma}\cdot\mathbf{p} \\ \boldsymbol{\sigma}\cdot\mathbf{p} & -m - \frac{Z\alpha}{r} \end{pmatrix} . \tag{8.2.21}$$

Für die Berechnung von $H\psi_{jm}^{\ell}$ benötigen wir folgende Größen[8]:

$$\begin{aligned}
\boldsymbol{\sigma}\cdot\mathbf{p}\, f(r)\, \varphi_{jm_j}^{\ell} &= \boldsymbol{\sigma}\cdot\hat{\mathbf{x}}\,\boldsymbol{\sigma}\cdot\hat{\mathbf{x}}\,\boldsymbol{\sigma}\cdot\mathbf{p}\, f(r)\, \varphi_{jm_j}^{\ell} \\
&= \frac{\boldsymbol{\sigma}\cdot\hat{\mathbf{x}}}{r}\left(\mathbf{x}\cdot\mathbf{p} + i\boldsymbol{\sigma}\cdot\mathbf{L}\right) f(r)\, \varphi_{jm_j}^{\ell} \\
&= -i\frac{\boldsymbol{\sigma}\cdot\hat{\mathbf{x}}}{r}\left\{ r\frac{\partial f(r)}{\partial r} + \left(1 \mp \left(j + \frac{1}{2}\right)\right) f(r) \right\} \varphi_{jm_j}^{\ell}
\end{aligned}$$

für $j = \ell \pm 1/2$

$$\tag{8.2.22a}$$

und

$$(\boldsymbol{\sigma}\cdot\mathbf{p})(\boldsymbol{\sigma}\cdot\hat{\mathbf{x}})\, f(r)\, \varphi_{jm_j}^{\ell} = -\frac{i}{r}\left[r\frac{\partial}{\partial r} + 1 \pm \left(j + \frac{1}{2}\right) \right] f(r)\, \varphi_{jm_j}^{\ell} \tag{8.2.22b}$$

für $j = \ell \pm 1/2$.

Durch (8.2.22a,b) ist der winkelabhängige Teil des Impulsoperators eliminiert, analog der kinetischen Energie in der nichtrelativistischen Quantenmechanik. Setzt man nun (8.2.19), (8.2.21) und (8.2.22) in die zeitunabhängige Dirac-Gleichung (8.2.4) ein, erhält man für die Radialanteile

$$\left(E - m + \frac{Z\alpha}{r}\right) G_{\ell j}(r) = -\frac{dF_{\ell j}(r)}{dr} \mp \left(j + \frac{1}{2}\right)\frac{F_{\ell j}(r)}{r}$$

für $j = \ell \pm 1/2$

$$\left(E + m + \frac{Z\alpha}{r}\right) F_{\ell j}(r) = \frac{dG_{\ell j}(r)}{dr} \mp \left(j + \frac{1}{2}\right)\frac{G_{\ell j}(r)}{r}$$

für $j = \ell \pm 1/2$.

$$\tag{8.2.23}$$

Zur Lösung dieses Gleichungssystems führt man die Substitutionen

$$\begin{aligned}
\alpha_1 &= m + E &, \quad \alpha_2 &= m - E &, \quad \sigma &= \sqrt{m^2 - E^2} = \sqrt{\alpha_1\alpha_2} \\
\rho &= r\sigma &, \quad k &= \pm\left(j + \frac{1}{2}\right) &, \quad \gamma &= Z\alpha
\end{aligned}$$

$$\tag{8.2.24}$$

---

[8] $\boldsymbol{\sigma}\cdot\mathbf{a}\,\boldsymbol{\sigma}\cdot\mathbf{b} = \mathbf{a}\cdot\mathbf{b} + i\boldsymbol{\sigma}\cdot\mathbf{a}\times\mathbf{b}, \Rightarrow \boldsymbol{\sigma}\cdot\hat{\mathbf{x}}\,\boldsymbol{\sigma}\cdot\hat{\mathbf{x}} = 1$

$\mathbf{p}\cdot\frac{\mathbf{x}}{r} = \frac{1}{i}\boldsymbol{\nabla}\cdot\frac{\mathbf{x}}{r} = \frac{1}{i}\left(\frac{3}{r} - \mathbf{x}\cdot\frac{\mathbf{x}}{r^3}\right) = -\frac{2i}{r}$

ein, wobei $E < m$ für die Bindungszustände vorausgesetzt wird und erhält

$$\left(\frac{d}{d\rho} + \frac{k}{\rho}\right) F - \left(\frac{\alpha_2}{\sigma} - \frac{\gamma}{\rho}\right) G = 0$$
$$\left(\frac{d}{d\rho} - \frac{k}{\rho}\right) G - \left(\frac{\alpha_1}{\sigma} + \frac{\gamma}{\rho}\right) F = 0 \ . \tag{8.2.25}$$

Aus diesen Gleichungen sieht man, indem man die erste Gleichung differenziert und in die zweite einsetzt, daß sich für große ρ normierbare Lösungen F und G wie $e^{-\rho}$ verhalten. Deshalb wird der Ansatz

$$F(\rho) = f(\rho)e^{-\rho}, G(\rho) = g(\rho)e^{-\rho} \tag{8.2.26}$$

in (8.2.25) eingeführt, welcher auf

$$f' - f + \frac{kf}{\rho} - \left(\frac{\alpha_2}{\sigma} - \frac{\gamma}{\rho}\right) g = 0$$
$$g' - g - \frac{kg}{\rho} - \left(\frac{\alpha_1}{\sigma} + \frac{\gamma}{\rho}\right) f = 0 \ . \tag{8.2.27}$$

führt. Zur Lösung des Gleichungssystems (8.2.27) macht man den folgenden Potenzreihenansatz:

$$g = \rho^s(a_0 + a_1\rho + \dots) \ , \ a_0 \neq 0$$
$$f = \rho^s(b_0 + b_1\rho + \dots) \ , \ b_0 \neq 0 \ . \tag{8.2.28}$$

Es ist hier für g und f die gleiche Potenz angesetzt. Unterschiedliche Potenzen würden verschwindende a_0 und b_0 ergeben, wie man durch Einsetzen in (8.2.27) im Grenzfall $\rho \to 0$ sieht. Damit die Lösung bei $\rho = 0$ endlich ist, müßte s größer oder gleich 1 sein. Nach der Erfahrung mit der Klein-Gordon-Gleichung sind wir darauf vorbereitet, s etwas kleiner als 1 zuzulassen.
Einsetzen des Potenzreihenansatzes in (8.2.27) und Vergleich der Koeffizienten von $\rho^{s+\nu-1}$ ergibt für $\nu > 0$:

$$(s + \nu + k)b_\nu - b_{\nu-1} + \gamma a_\nu - \frac{\alpha_2}{\sigma} a_{\nu-1} = 0 \tag{8.2.29a}$$

$$(s + \nu - k)a_\nu - a_{\nu-1} - \gamma b_\nu - \frac{\alpha_1}{\sigma} b_{\nu-1} = 0 \ . \tag{8.2.29b}$$

Für $\nu = 0$ ergibt sich

$$(s + k)b_0 + \gamma a_0 = 0$$
$$(s - k)a_0 - \gamma b_0 = 0 \ . \tag{8.2.30}$$

Wir haben hier ein System von Rekursionsrelationen vorliegen. Die Koeffizienten a_0 und b_0 sind verschieden von Null, wenn die Determinante ihrer Koeffizienten in (8.2.30) verschwindet, also

$$s = \pm \left(k^2 - \gamma^2\right)^{1/2} .$$ (8.2.31)

Wegen des Verhaltens der Wellenfunktion am Ursprung nehmen wir das Plus-Zeichen. s hängt nur von k^2 ab, also nur von j. Deshalb werden letztlich die beiden zu j gehörigen Zustände mit entgegengesetzter Parität den gleichen Energiewert haben. Man erhält eine Beziehung zwischen a_ν und b_ν, indem man die erste Rekursionsrelation mit σ, die zweite mit α_2 multipliziert und subtrahiert

$$b_\nu[\sigma(s + \nu + k) + \alpha_2\gamma] = a_\nu[\alpha_2(s + \nu - k) - \sigma\gamma] ,$$ (8.2.32)

wobei $\alpha_1\alpha_2 = \sigma^2$ benutzt wurde.

Wir überzeugen uns im folgenden davon, daß die Potenzreihen ohne Abbruch zu divergierenden Lösungen führen. Dazu untersuchen wir das asymptotische Verhalten der Lösung. Für große ν (und dies ist auch für das Verhalten bei großen r maßgeblich) folgt aus (8.2.32) $\sigma\nu b_\nu = \alpha_2\nu a_\nu$, also

$$b_\nu = \frac{\alpha_2}{\sigma} a_\nu$$

und aus der ersten Rekursionsrelation (8.2.29a)

$$\nu b_\nu - b_{\nu-1} + \gamma a_\nu - \frac{\alpha_2}{\sigma} a_{\nu-1} = 0 ,$$

woraus schließlich

$$b_\nu = \frac{2}{\nu} b_{\nu-1} , \quad a_\nu = \frac{2}{\nu} a_{\nu-1}$$

und für die Reihe

$$\sum_\nu a_\nu \rho^\nu \sim \sum_\nu b_\nu \rho^\nu \sim \sum_\nu \frac{(2\rho)^\nu}{\nu!} \sim e^{2\rho}$$

folgt. Die beiden Reihen würden sich asymptotisch wie $e^{2\rho}$ verhalten. Damit die Lösung (8.2.26) für große ρ beschränkt ist, müssen die Reihen abbrechen. Wegen des Zusammenhangs (8.2.32) ist mit $a_\nu = 0$ auch $b_\nu = 0$ und nach den Rekursionsrelationen (8.2.29) sind auch alle weiteren Koeffizienten Null, da die Determinante dieses Gleichungssystems für $\nu > 0$ nicht verschwindet. Wir wollen annehmen, daß die beiden ersten verschwindenden Koeffizienten $a_{N+1} = b_{N+1} = 0$ seien. Dann ergeben beide Rekursionsrelationen (8.2.29a,b) die Abbruchbedingung

$$\alpha_2 a_N = -\sigma b_N , \quad N = 0, 1, 2, \dots .$$ (8.2.33)

Man nennt N die „radiale Quantenzahl". Nun setzen wir in Gl. (8.2.32) $\nu = N$ und setzen die Abbruchbedingung (8.2.33) ein

$$b_N \left[\sigma(s + N + k) + \alpha_2\gamma + \sigma(s + N - k) - \frac{\sigma^2}{\alpha_2}\gamma\right] = 0$$

d.h. mit Gl. (8.2.24)

$$2\sigma(s+N) = \gamma(\alpha_1 - \alpha_2) = 2E\gamma \ . \tag{8.2.34}$$

Daraus erhalten wir E und sehen auch, daß $E > 0$ ist. Auch die Größe σ enthält nach Gl. (8.2.24) die Energie E. Wir fügen im folgenden wieder $\hbar$ und c ein und erhalten aus (8.2.34)

$$2(m^2 c^4 - E^2)^{1/2} (s+N) = 2E\gamma \ .$$

Wenn man diese Gleichung nach E auflöst, erhält man sofort für die *Energieniveaus*:

$$E = mc^2 \left[1 + \frac{\gamma^2}{(s+N)^2}\right]^{-\frac{1}{2}} \ . \tag{8.2.35}$$

Wir müssen nun noch die zur Hauptquantenzahl N zulässigen (nach Gl. (8.2.12) ganzzahligen) Werte von k bestimmen. Für $N = 0$ ergibt sich aus der Rekursionsrelation (8.2.30)

$$\frac{b_0}{a_0} = -\frac{\gamma}{s+k}$$

und aus der Abbruchbedingung (8.2.33)

$$\frac{b_0}{a_0} = -\frac{\alpha_2}{\sigma} < 0 \ .$$

Da nach Gl. (8.2.31) $s < |k|$ ist, folgt aus der ersten Beziehung

$$\frac{b_0}{a_0} \begin{cases} < 0 \ \text{für } k > 0 \\ > 0 \ \text{für } k < 0 \end{cases} ,$$

während aus der zweiten Bedingung immer $\frac{b_0}{a_0} < 0$ folgt, d.h. für $k < 0$ ergibt sich ein Widerspruch. Für $N = 0$ kann k deshalb nur positiv ganzzahlig sein. Für $N > 0$ sind alle positiv und negativ ganzzahligen Werte von k zulässig. Mit der Definition der *Hauptquantenzahl*

$$n = N + |k| = N + j + \frac{1}{2} \tag{8.2.36}$$

und dem Wert $s = \sqrt{k^2 - \gamma^2}$, aus Gl. (8.2.31), erhält man aus (8.2.35) für die Energieniveaus

$$E_{n,j} = mc^2 \left[1 + \left(\frac{Z\alpha}{n - |k| + \sqrt{k^2 - (Z\alpha)^2}}\right)^2\right]^{-\frac{1}{2}}$$

$$= mc^2 \left[1 + \left(\frac{Z\alpha}{n - (j + \frac{1}{2}) + \sqrt{(j + \frac{1}{2})^2 - (Z\alpha)^2}}\right)^2\right]^{-\frac{1}{2}} \ . \tag{8.2.37}$$

Bevor wir das allgemeine Ergebnis diskutieren, geben wir den nichtrelativistischen Grenzfall mit den führenden Korrekturen an, welcher aus (8.2.37) durch Entwicklung nach $Z\alpha$ folgt:

$$E_{n,j} = mc^2 \left\{ 1 - \frac{Z^2\alpha^2}{2n^2} - \frac{(Z\alpha)^4}{2n^3} \left(\frac{1}{j+\frac{1}{2}} - \frac{3}{4n} \right) + \mathcal{O}((Z\alpha)^6) \right\} .$$

(8.2.38)

Der letzte Ausdruck stimmt mit der störungstheoretischen Berechnung der relativistischen Korrekturen überein (QM I, Gl. (12.5)).

Wir besprechen nun das aus (8.2.37) folgende Termschema und die darin enthaltenen Entartungen. Zur Klassifizierung der Niveaus bemerken wir: Die in Gl. (8.2.12) eingeführte Quantenzahl $k = \pm \left(j + \frac{1}{2} \right)$ gehört zu den Pauli-Spinoren $\varphi_{jm_j}^{(\pm)} = \varphi_{jm_j}^{\ell = j \mp \frac{1}{2}}$. Anstatt k verwendet man traditionell die Quantenzahl ℓ. Positivem k ist folglich das kleinere der beiden Werte von ℓ zugeordnet, die zu dem betrachteten j gehören. Die Quantenzahl k durchläuft die Werte $k = \pm 1, \pm 2, \ldots$, und die Hauptquantenzahl n durchläuft die Werte $n = 1, 2, \ldots$. Wir erinnern daran, daß zu $N = 0$ die Quantenzahl k positiv sein muß, also nach Gl. (8.2.36) $k = n$ und folglich $\ell = n - 1$, sowie $j = n - \frac{1}{2}$. In der Tabelle 8.1 sind die Werte der Quantenzahlen $k, j, j + \frac{1}{2}$ und ℓ für eine vorgegebene Hauptquantenzahl n zusammengefaßt.

k	± 1	± 2	...	$\pm(n-1)$	n
j	1/2	3/2			$n - 1/2$
$j + 1/2$	1	2			n
ℓ	0	1		$n - 2$	$n - 1$
	1	2		$n - 1$	

Tabelle 8.1. Werte der Quantenzahlen $k, j, j + \frac{1}{2}$ und ℓ für vorgegebene Hauptquantenzahl n

n	N	$|k|$	k	j	ℓ	
1	0	1	1	1/2	0	$1S_{1/2}$
2	1	1	$+1$	1/2	0	$2S_{1/2}$
	1	1	-1	1/2	1	$2P_{1/2}$
	0	2	2	3/2	1	$2P_{3/2}$
3	2	1	1	1/2	0	$3S_{1/2}$
	2	1	-1	1/2	1	$3P_{1/2}$
	1	2	2	3/2	1	$3P_{3/2}$
	1	2	-2	3/2	2	$3D_{3/2}$
	0	3	3	5/2	2	$3D_{5/2}$

Tabelle 8.2. Die Werte der Quantenzahlen; Hauptquantenzahl n, radiale Quantenzahl N, k, Drehimpuls j und ℓ

In Tabelle 8.2 sind die Quantenzahlen für $n = 1, 2$ und 3 und die Energieniveaus in der spektroskopischen Notation $n\,L_j$ angegeben. Es sei betont, daß der Bahndrehimpuls $\mathbf{L}$ nicht erhalten ist, und die Quantenzahl ℓ eigentlich nur als Ersatz von k bzw. zur Charakterisierung der Parität eingeführt wurde.

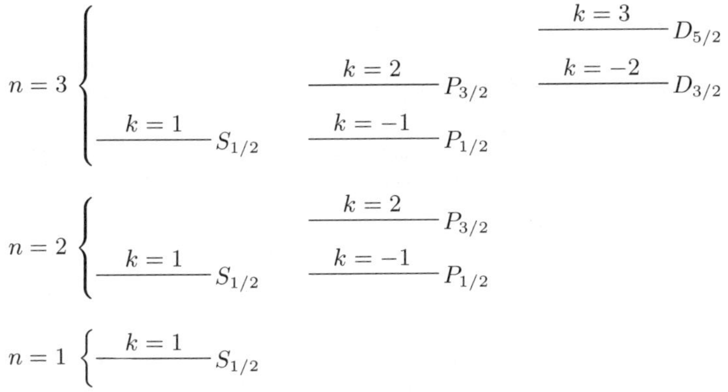

$n = 3$
$$\begin{array}{llll} & & & \underline{\quad k=3 \quad}\, D_{5/2} \\ & & \underline{\quad k=2 \quad}\, P_{3/2} & \underline{\quad k=-2 \quad}\, D_{3/2} \\ \underline{\quad k=1 \quad}\, S_{1/2} & & \underline{\quad k=-1 \quad}\, P_{1/2} & \end{array}$$

$n = 2$
$$\begin{array}{ll} & \underline{\quad k=2 \quad}\, P_{3/2} \\ \underline{\quad k=1 \quad}\, S_{1/2} & \underline{\quad k=-1 \quad}\, P_{1/2} \end{array}$$

$n = 1$ $\left\{ \underline{\quad k=1 \quad}\, S_{1/2} \right.$

Abb. 8.3. Das Termschema von Wasserstoff nach der Dirac-Gleichung für die Werte der Hauptquantenzahl $n = 1, 2$ und 3.

In Abb. 8.3 ist das Termschema des relativistischen Wasserstoffatoms nach Gl. (8.2.37) für die Werte der Hauptquantenzahl $n = 1, 2$ und 3 dargestellt. Die Niveaus $2S_{1/2}$ und $2P_{1/2}$, sowie $3S_{1/2}$ und $3P_{1/2}$, sowie $3P_{3/2}$ und $3D_{3/2}$ usw. sind entartet. Diese Paare entarteter Niveaus gehören zu entgegengesetzten Eigenwerten des Operators $K = 1 + \mathbf{L}\cdot\boldsymbol{\sigma}$, z.B. hat $2P_{3/2}$ den Wert $k = 2$, während $2D_{3/2}$ den Wert $k = -2$ besitzt. Die einzigen nicht entarteten Niveaus sind $1S_{1/2}$, $2P_{3/2}$, $3D_{5/2}$ usw. Dies sind gerade die niedrigsten Niveaus zu festem j oder die Niveaus mit radialer Quantenzahl $N = 0$, für die in dem Gl. (8.2.35) folgenden Absatz gezeigt wurde, daß das zugehörige k nur positiv sein kann. Die niedrigsten Energieniveaus sind in Tabelle 8.3 angegeben. Die

Tabelle 8.3. Die niedrigsten Energieniveaus

	n	ℓ	j	$E_{n,j}/mc^2$
$1S_{1/2}$	1	0	$\frac{1}{2}$	$\sqrt{1 - (Z\alpha)^2}$
$2S_{1/2}$	2	0	$\frac{1}{2}$	$\sqrt{\frac{1 + \sqrt{1 - (Z\alpha)^2}}{2}}$
$2P_{1/2}$	2	1	$\frac{1}{2}$	$\sqrt{\frac{1 + \sqrt{1 - (Z\alpha)^2}}{2}}$
$2P_{3/2}$	2	1	$\frac{3}{2}$	$\frac{1}{2}\sqrt{4 - (Z\alpha)^2}$

Energieeigenwerte für $N = 0$ sind nach Gl. (8.2.37) und (8.2.36)

$$E = mc^2 \left[1 + \frac{\gamma^2}{k^2 - \gamma^2}\right]^{-\frac{1}{2}} = mc^2 \left[1 + \frac{\gamma^2}{n^2 - \gamma^2}\right]^{-\frac{1}{2}} = mc^2 \sqrt{1 - \gamma^2/n^2} \ .$$
$$(8.2.39)$$

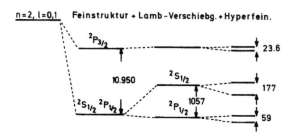

Abb. 8.4. Aufspaltung der Energieniveaus des Wasserstoffatoms in MHz auf Grund der relativistischen Terme (Feinstruktur, (Abb. 8.3)), der Lamb-Verschiebung und der Hyperfeinstruktur.

In Abb. 8.4 ist das Niveau $n = 2$, $l = 1$ nach der Schrödinger-Gleichung und die Aufspaltung nach der Dirac-Theorie (Gl. (8.2.37)) –als *Feinstruktur* bezeichnet– dargestellt. Darüber hinaus sind weitere kleinere Aufspaltungen aufgrund der Lamb-Verschiebung und der Hyperfeinstruktur[9] gezeichnet. Es sei noch bemerkt, daß alle Niveaus noch eine $(2j + 1)$-fache Entartung wegen der Unabhängigkeit von der Quantenzahl m_j besitzen. Diese Entartung ist eine allgemeine Folge der Rotationsinvarianz des Hamilton-Operators (siehe die analoge Überlegung in QM I, Abschn. 6.3). Die Feinstrukturaufspaltung zwischen dem $2P_{3/2}$ und den $2P_{1/2}$ und $2S_{1/2}$ Niveaus beträgt $10950 \, \text{MHz} \hat{=} 0.45 \times 10^{-4} \text{eV}$.

Wie schon bemerkt, ist es zur Klassifizierung der Niveaus üblich, die nichtrelativistische Bezeichnungsweise zu verwenden. Man gibt n, j und ℓ an, wo ℓ der Index des Pauli-Spinors ist, der hier eigentlich nur ein Charakteristikum der Parität ist.

Die $2 S_{1/2}$ und $2 P_{1/2}$ -Zustände sind entartet, so wie in erster Ordnung Störungstheorie. Dies ist nicht überraschend, da sie die beiden Eigenzustände entgegengesetzter Parität zum selben N und j sind. Der $2 P_{3/2}$-Zustand hat eine höhere Energie als der $2 P_{1/2}$-Zustand. Die Energiedifferenz rührt von der *Feinstrukturaufspaltung* durch die Spin-Bahn-Wechselwirkung her. Generell liegen bei festem n die Zustände mit größerem j energetisch höher.

Die Grundzustandsenergie

$$E_1 = mc^2 \sqrt{1 - (Z\alpha)^2} = mc^2 \left(1 - \frac{(Z\alpha)^2}{2} - \frac{(Z\alpha)^4}{8} \cdots\right) \qquad (8.2.40)$$

ist zweifach entartet, mit den beiden normierten Spinoren

---

[9] Abschn. 9.2.2 und QM I, Kap. 12

$$\psi_{n=1,j=\frac{1}{2},m_j=\frac{1}{2}}(r,\vartheta,\varphi) = \frac{(2mZ\alpha)^{3/2}}{\sqrt{4\pi}} \sqrt{\frac{1+\bar{\gamma}}{2\Gamma(1+2\bar{\gamma})}} (2mZ\alpha r)^{\bar{\gamma}-1}$$

$$\times\, \mathrm{e}^{-mZ\alpha r} \begin{pmatrix} 1 \\ 0 \\ \frac{\mathrm{i}(1-\bar{\gamma})}{Z\alpha}\cos\vartheta \\ \frac{\mathrm{i}(1-\bar{\gamma})}{Z\alpha}\sin\vartheta\,\mathrm{e}^{\mathrm{i}\varphi} \end{pmatrix} \qquad (8.2.41\mathrm{a})$$

$$\psi_{n=1,j=\frac{1}{2},m_j=-\frac{1}{2}}(r,\vartheta,\varphi) = \frac{(2mZ\alpha)^{3/2}}{\sqrt{4\pi}} \sqrt{\frac{1+\bar{\gamma}}{2\Gamma(1+2\bar{\gamma})}} (2mZ\alpha r)^{\bar{\gamma}-1}$$

$$\times\, \mathrm{e}^{-mZ\alpha r} \begin{pmatrix} 0 \\ 1 \\ \frac{\mathrm{i}(1-\bar{\gamma})}{Z\alpha}\sin\vartheta\,\mathrm{e}^{-\mathrm{i}\varphi} \\ \frac{-\mathrm{i}(1-\bar{\gamma})}{Z\alpha}\cos\vartheta \end{pmatrix} \qquad (8.2.41\mathrm{b})$$

mit $\bar{\gamma} = \sqrt{1-Z^2\alpha^2}$ und der Gammafunktion $\Gamma(x)$. Die Normierung ist auf $\int d^3x\,\psi_{n=1,j=\frac{1}{2},m_j=\pm\frac{1}{2}}^{\dagger}(\vartheta,\varphi)\psi_{n=1,j=\frac{1}{2},m_j=\pm\frac{1}{2}}(\vartheta,\varphi) = 1$ fixiert. Die beiden Spinoren besitzen die Quantenzahlen $m_j = +1/2$ und $m_j = -1/2$. Sie sind aufgebaut aus Bahndrehimpulseigenfunktionen Y_{00} in den beiden Komponenten 1 und 2 und $Y_{1,m=0,\pm1}$ in den Komponenten 3 und 4. Im nichtrelativistischen Grenzfall $\alpha \to 0, \bar{\gamma} \to 1, \frac{1-\bar{\gamma}}{Z\alpha} \longrightarrow 0$ reduzieren sich diese Lösungen auf die Schrödinger-Wellenfunktionen multipliziert mit Pauli-Spinoren in den beiden oberen Komponenten.

Die Lösung (8.2.41) weist eine schwache Singularität $r^{\bar{\gamma}-1} = r^{\sqrt{1-Z^2\alpha^2}-1}$ $\approx r^{-Z^2\alpha^2/2}$ auf. Diese macht sich allerdings nur in einer winzigen Region bemerkbar

$$r < \frac{1}{2mZ\alpha}\,\mathrm{e}^{-\frac{2}{Z^2\alpha^2}} = \frac{10^{-16300/Z^2}}{2mZ\alpha} \qquad .$$

Außerdem tritt in realen Kernen bei Berücksichtigung des endlichen Kernradius diese Singularität nicht auf. Für $Z\alpha > 1$ wird $\bar{\gamma}$ imaginär, dann werden die Lösungen oszillierend, aber alle realen Kerne erfüllen $Z\alpha < 1$ und darüberhinaus verschiebt sich diese Schranke für ausgedehnte Kerne.

Aufgaben zu Kapitel 8

8.1 Weisen Sie nach, daß die Relation

$$(\boldsymbol{\sigma} \cdot \mathbf{p})(\boldsymbol{\sigma} \cdot \hat{\mathbf{x}}) f(r) \varphi^\ell_{jm_j} = -\frac{\mathrm{i}}{r} \left[r \frac{\partial}{\partial r} + 1 \pm \left(j + \frac{1}{2} \right) \right] f(r) \varphi^\ell_{jm_j}$$

gilt.

8.2 Zeigen Sie die Richtigkeit der im Zusammenhang mit der Lösung der Dirac-Gleichung für das Wasserstoffatom angegebenen Beziehung, Gl. (8.2.16),

$$\varphi^{(+)}_{jm_j} = \frac{\boldsymbol{\sigma} \cdot \mathbf{x}}{r} \, \varphi^{(-)}_{jm_j} \,.$$

Hinweis: Verwenden Sie, daß $\varphi^{(-)}_{jm_j}$ Eigenfunktion von $\boldsymbol{\sigma} \cdot \mathbf{L}$ ist, und berechnen Sie den Kommutator $\left[\boldsymbol{\sigma} \cdot \mathbf{L}, \frac{\boldsymbol{\sigma} \cdot \mathbf{x}}{r} \right]$ (Ergebnis: $\frac{2}{r} \left(r^2 \, \boldsymbol{\sigma} \cdot \boldsymbol{\nabla} - (\boldsymbol{\sigma} \cdot \mathbf{x})(\mathbf{x} \cdot \boldsymbol{\nabla}) - \boldsymbol{\sigma} \cdot \mathbf{x} \right)$) oder den Antikommutator.

8.3 Leiten Sie die Rekursionsrelationen (8.2.29a,b) für die Koeffizienten a_ν und b_ν her.

8.4 Berechnen Sie die Grundzustands-Spinoren des Wasserstoffatoms aus der Dirac-Gleichung.

8.5 Ein geladenes Teilchen bewegt sich in einem homogenen elektromagnetischen Feld $\mathbf{B} = (0, 0, B)$ und $\mathbf{E} = (E_0, 0, 0)$. Wählen Sie die Eichung $\mathbf{A} = (0, Bx, 0)$ und geben Sie die Energie-Niveaus an, indem Sie von der Klein-Gordon-Gleichung ausgehen.

9. Foldy-Wouthuysen-Transformation und Relativistische Korrekturen

9.1 Die Foldy-Wouthuysen-Transformation

9.1.1 Problemstellung

Es ist auch für andere elektrostatische Potentiale als das Coulomb-Potential wichtig, die relativistischen Korrekturen berechnen zu können. Gerade für Kerne mit hoher Ladungszahl, bei denen die relativistischen Korrekturen wichtig werden, ist deren Ausdehnung nicht vernachlässigbar, und man hat deshalb Abweichungen vom $1/r$ Potential. Durch die kanonische Transformation von Foldy und Wouthuysen[1] wird die Dirac-Gleichung in zwei entkoppelte zweikomponentige Gleichungen übergeführt. Die Gleichung für die Komponenten 1 und 2 geht dabei im nichtrelativistischen Grenzfall in die Pauli-Gleichung über und enthält darüber hinaus Zusatzterme, die relativistische Korrekturen beinhalten. Die Energien für diese Komponenten sind positiv. Die Gleichung für die Komponenten 3 und 4 beschreibt die Zustände negativer Energie.

Aus den expliziten Lösungen der früheren Abschnitte ist ersichtlich, daß für positive Energie die Spinorkomponenten 1 und 2 groß und die Komponenten 3 und 4 klein sind. Wir suchen eine Transformation, die die kleinen und großen Komponenten der Spinoren voneinander entkoppelt. In der Behandlung des nichtrelativistischen Grenzfalls (Abschnitt 5.3.5) hatten wir diese Entkopplung durch Elimination der kleinen Komponenten erreicht. Jetzt wollen wir diesen Grenzfall systematisch untersuchen und dabei die relativistischen Korrekturen herleiten. Der Dirac–Hamilton–Operator enthält nach einer in der Literatur üblichen Klassifikation zwei Arten von Termen: „Ungerade" Operatoren sind Operatoren, die große und kleine Komponenten koppeln (α^i, γ^i, γ_5); „Gerade" Operatoren sind Operatoren, die große und kleine Komponenten nicht koppeln ($\mathbb{1}$, β, $\boldsymbol{\Sigma}$).

Die kanonische (unitäre) Transformation, die die gewünschte Entkopplung leisten soll, wird in der Form

$$\psi = \mathrm{e}^{-\mathrm{i}S}\psi' \tag{9.1.1}$$

---

[1] L.L. Foldy und S.A. Wouthuysen, Phys. Rev. **78**, 29 (1950)

angesetzt, wobei im allgemeinen Fall S zeitabhängig sein kann. Dann folgt aus der Dirac–Gleichung

$$i\partial_t\psi = i\partial_t e^{-iS}\psi' = ie^{-iS}\partial_t\psi' + i\left(\partial_t e^{-iS}\right)\psi' = H\psi = He^{-iS}\psi' \quad (9.1.2a)$$

und somit die Bewegungsgleichung für ψ'

$$i\partial_t\psi' = \left(e^{iS}(H - i\partial_t)e^{-iS}\right)\psi' \equiv H'\psi' \quad (9.1.2b)$$

mit dem Hamilton–Operator nach der Foldy–Wouthuysen–Transformation

$$H' = e^{iS}(H - i\partial_t)e^{-iS} \; . \quad (9.1.2c)$$

Die Zeitableitung auf der rechten Seite der letzten Gleichung wirkt nur auf e^{-iS}. Man versucht S so zu konstruieren, daß H' keine ungeraden Operatoren enthält. Für freie Teilchen kann man eine exakte Transformation finden, während man sonst auf eine Reihenentwicklung nach $\frac{1}{m}$ angewiesen ist, und in sukzessiven Transformationen diese Bedingung Ordnung für Ordnung in $\frac{1}{m}$ erfüllt. Jeder Potenz in $\frac{1}{m}$ entspricht tatsächlich ein Faktor $\frac{p}{mc} \sim \frac{v}{c}$; das ist im atomaren Bereich ungefähr gleich der Sommerfeldschen Feinstrukturkonstante α, da nach der Heisenbergschen Unschärferelation $\frac{v}{c} \approx \frac{\hbar}{cm\Delta x} \approx \frac{\hbar}{cma} = \alpha$ ist.

9.1.2 Transformation für freie Teilchen

Für freie Teilchen vereinfacht sich der Dirac–Hamilton–Operator zu

$$H = \boldsymbol{\alpha} \cdot \mathbf{p} + \beta m \quad (9.1.3)$$

mit dem Impulsoperator $\mathbf{p} = -i\boldsymbol{\nabla}$. Da $\{\boldsymbol{\alpha}, \beta\} = 0$ ist, ist das Problem analog dazu, eine unitäre Transformation zu finden, die den Pauli–Hamilton–Operator

$$H = \sigma_x B_x + \sigma_z B_z \quad (9.1.4a)$$

auf Diagonalform bringt, so daß im transformierten H nur $\mathbb{1}$ und σ_z vorkommen. Dies erreicht man durch die Drehung um einen durch $(B_x, B_y, 0)$ bestimmten Winkel ϑ_0 um die y-Achse

$$e^{\frac{1}{2}\sigma_y\vartheta_0} = e^{\frac{1}{2}\sigma_z\sigma_x\vartheta_0} \; . \quad (9.1.4b)$$

Diese Gleichung legt den Ansatz

$$e^{\pm iS} = e^{\pm\beta\frac{\boldsymbol{\alpha}\cdot\mathbf{p}}{|\mathbf{p}|}\vartheta(\mathbf{p})} = \cos\vartheta \pm \frac{\beta\,\boldsymbol{\alpha}\cdot\mathbf{p}}{|\mathbf{p}|}\sin\vartheta \quad (9.1.5)$$

nahe, wobei S hier zeitunabhängig ist. Die letzte Relation ergibt sich aus der Taylor-Entwicklung der e-Potenz und aus

$$(\boldsymbol{\alpha}\cdot\mathbf{p})^2 = \alpha^i\alpha^j\, p^i p^j = \frac{1}{2}\{\alpha^i, \alpha^j\}\, p^i p^j = \delta^{ij} p^i p^j = \mathbf{p}^2 \qquad (9.1.6a)$$

$$(\beta\,\boldsymbol{\alpha}\cdot\mathbf{p})^2 = \beta\,\boldsymbol{\alpha}\cdot\mathbf{p}\,\beta\,\boldsymbol{\alpha}\cdot\mathbf{p} = -\beta^2(\boldsymbol{\alpha}\cdot\mathbf{p})^2 = -\mathbf{p}^2\ . \qquad (9.1.6b)$$

Setzt man (9.1.5) in (9.1.2c) ein, so erhält man für H':

$$\begin{aligned}
H' &= e^{\beta\frac{\boldsymbol{\alpha}\cdot\mathbf{p}}{|\mathbf{p}|}\vartheta}(\boldsymbol{\alpha}\cdot\mathbf{p}+\beta m)\left(\cos\vartheta - \frac{\beta\,\boldsymbol{\alpha}\cdot\mathbf{p}}{|\mathbf{p}|}\sin\vartheta\right)\\
&= e^{\beta\frac{\boldsymbol{\alpha}\cdot\mathbf{p}}{|\mathbf{p}|}\vartheta}\left(\cos\vartheta + \frac{\beta\,\boldsymbol{\alpha}\cdot\mathbf{p}}{|\mathbf{p}|}\sin\vartheta\right)(\boldsymbol{\alpha}\cdot\mathbf{p}+\beta m)\\
&= e^{2\beta\frac{\boldsymbol{\alpha}\cdot\mathbf{p}}{|\mathbf{p}|}\vartheta}(\boldsymbol{\alpha}\cdot\mathbf{p}+\beta m) = \left(\cos 2\vartheta + \frac{\beta\,\boldsymbol{\alpha}\cdot\mathbf{p}}{|\mathbf{p}|}\sin 2\vartheta\right)(\boldsymbol{\alpha}\cdot\mathbf{p}+\beta m)\\
&= \boldsymbol{\alpha}\cdot\mathbf{p}\left(\cos 2\vartheta - \frac{m}{|\mathbf{p}|}\sin 2\vartheta\right) + \beta m\left(\cos 2\vartheta + \frac{|\mathbf{p}|}{m}\sin 2\vartheta\right)\ . \qquad (9.1.7)
\end{aligned}$$

Die Forderung, daß die ungeraden Terme verschwinden, liefert die Bedingung $\mathrm{tg}\, 2\vartheta = \frac{|\mathbf{p}|}{m}$, woraus

$$\sin 2\vartheta = \frac{\mathrm{tg}\, 2\vartheta}{(1+\mathrm{tg}^2 2\vartheta)^{1/2}} = \frac{p}{(m^2+p^2)^{1/2}}\ , \qquad \cos 2\vartheta = \frac{m}{(m^2+p^2)^{1/2}}$$

folgt. Setzt man dies in Gl. (9.1.7) ein, erhält man schließlich

$$H' = \beta m\left(\frac{m}{E} + \frac{\mathbf{p}\cdot\mathbf{p}}{mE}\right) = \beta\sqrt{\mathbf{p}^2+m^2}\ . \qquad (9.1.8)$$

Damit ist H' in Diagonalform gebracht. Die Diagonalkomponenten sind nicht-lokale[2] Hamilton-Operatoren $\pm\sqrt{\mathbf{p}^2+m^2}$. Beim ersten Versuch (Abschn. 5.2.1) eine nichtrelativistische Theorie zu konstruieren, bei der die Zeit-ableitung von erster Ordnung ist, stießen wir auf den Operator $\sqrt{\mathbf{p}^2+m^2}$. Die Ersetzung von $\sqrt{\mathbf{p}^2+m^2}$ durch lineare Operatoren führt zwingend auf eine vierkomponentige Theorie und neben positiven zu negativen Energien. Auch H' enthält noch den Charakter der vierkomponentigen Theorie über die Abhängigkeit von der Matrix β, welche für die oberen und unteren bei-den Komponenten unterschiedlich ist. Diese Transformation ist nur für freie Teilchen exakt möglich.

9.1.3 Wechselwirkung mit elektromagnetischem Feld

Interessant ist natürlich vor allem der Fall von endlichen elektromagnetischen Feldern. Wir nehmen an, daß die Potentiale $\mathbf{A}$ und Φ vorgegeben seien, dann lautet der Dirac–Hamilton–Operator

$$\begin{aligned}
H &= \boldsymbol{\alpha}\cdot(\mathbf{p}-e\mathbf{A}) + \beta m + e\Phi \qquad (9.1.9a)\\
&= \beta m + \mathcal{E} + \mathcal{O}\ . \qquad (9.1.9b)
\end{aligned}$$

---

[2] Nichtlokal, weil Ableitungen beliebig hoher Ordnung auftreten. In einer diskre-tisierten Theorie bedeutet n-te Ableitung eine Wechselwirkung zwischen Gitter-plätzen, die n Einheiten voneinander entfernt sind.

Hier haben wir die Zerlegung in einen Term proportional zu β, einen geraden (even) Term $\mathcal{E}$ und einen ungeraden (odd) Term $\mathcal{O}$ eingeführt:

$$\mathcal{E} = e\Phi \quad \text{und} \quad \mathcal{O} = \boldsymbol{\alpha}(\mathbf{p} - e\mathbf{A}) \ . \tag{9.1.10}$$

Diese haben unterschiedliche Vertauschungseigenschaften mit β:

$$\beta\mathcal{E} = \mathcal{E}\beta \ , \quad \beta\mathcal{O} = -\mathcal{O}\beta \ . \tag{9.1.11}$$

Aus der Struktur der Lösung im feldfreien Fall (9.1.5) ist bekannt, daß dort für kleine ϑ, also im nichtrelativistischen Grenzfall,

$$\mathrm{i}S = \beta \frac{\boldsymbol{\alpha} \cdot \mathbf{p}}{|\mathbf{p}|} \vartheta \sim \beta\boldsymbol{\alpha} \frac{\mathbf{p}}{2m}$$

ist. Wir erwarten deshalb, daß sukzessive Transformationen dieser Art auf eine Entwicklung in $\frac{1}{m}$ führen werden. Zur Berechnung von H' verwenden wir die Baker–Hausdorff–Identität[3]

$$\begin{aligned}
H' &= H + \mathrm{i}[S, H] + \frac{\mathrm{i}^2}{2}[S, [S, H]] + \frac{\mathrm{i}^3}{6}[S, [S, [S, H]]] + \\
&\quad + \frac{\mathrm{i}^4}{24}[S, [S, [S, [S, H]]]] - \dot{S} - \frac{\mathrm{i}}{2}[S, \dot{S}] - \frac{\mathrm{i}^2}{6}[S, [S, \dot{S}]] \ ,
\end{aligned} \tag{9.1.12}$$

die nur bis zur benötigten Ordnung aufgeschrieben wurde. Die ungeraden Terme werden bis zur Ordnung m^{-2} eliminiert, während die geraden bis zur Ordnung m^{-3} berechnet werden.

In Analogie zur Vorgangsweise bei freien Teilchen wird nach der Bemerkung im vorigen Absatz für S angesetzt:

$$S = -\mathrm{i}\beta\mathcal{O}/2m \ . \tag{9.1.13}$$

Für den zweiten Term in (9.1.12) ergibt sich

$$\mathrm{i}[S, H] = -\mathcal{O} + \frac{\beta}{2m}[\mathcal{O}, \mathcal{E}] + \frac{1}{m}\beta\mathcal{O}^2 \ , \tag{9.1.14}$$

wobei die einfachen Zwischenrechnungen

$$\begin{aligned}
[\beta\mathcal{O}, \beta] &= \beta\mathcal{O}\beta - \beta\beta\mathcal{O} = -2\mathcal{O} \\
[\beta\mathcal{O}, \mathcal{E}] &= \beta[\mathcal{O}, \mathcal{E}] \\
[\beta\mathcal{O}, \mathcal{O}] &= \beta\mathcal{O}^2 - \mathcal{O}\beta\mathcal{O} = 2\beta\mathcal{O}^2
\end{aligned} \tag{9.1.15}$$

verwendet wurden.

Bevor wir die höheren Kommutatoren berechnen, sei an dieser Stelle schon festgehalten, daß durch den ersten Term in (9.1.14) der Term $\mathcal{O}$ in H kompensiert wird. Das Ziel, den ungeraden Operator $\mathcal{O}$ wegzutransformieren, ist

---

[3] $\mathrm{e}^A B \mathrm{e}^{-A} = B + [A, B] + \ldots + \frac{1}{n!}[A, [A, \ldots, [A, B] \ldots]] + \ldots$

damit erreicht; es treten zwar neue ungerade Terme auf, wie z.B. der zweite Term in (9.1.14), aber diese haben einen zusätzlichen Faktor m^{-1}. Wir kommen nun zu den weiteren Termen in (9.1.12).

Der zusätzliche Kommutator mit iS kann mittels (9.1.14), (9.1.15) und (9.1.11) sofort angeschrieben werden

$$\frac{\mathrm{i}^2}{2}[S,[S,H]] = -\frac{\beta\mathcal{O}^2}{2m} - \frac{1}{8m^2}[\mathcal{O},[\mathcal{O},\mathcal{E}]] - \frac{1}{2m^2}\mathcal{O}^3 ,$$

ebenso

$$\frac{\mathrm{i}^3}{3!}[S,[S,[S,H]]] = \frac{\mathcal{O}^3}{6m^2} - \frac{1}{6m^3}\beta\mathcal{O}^4 - \frac{\beta}{48m^3}[\mathcal{O},[\mathcal{O},[\mathcal{O},\mathcal{E}]]] .$$

Bei den ungeraden Operatoren genügt es, bis m^{-2} zu gehen, deshalb kann hier der dritte Term auf der rechten Seite weggelassen werden. Die nächsten Beiträge zu (9.1.12) schreiben wir nur bis zur benötigten Ordnung in $1/m$ an:

$$\frac{\mathrm{i}^4}{4!}[S,[S,[S,[S,H]]]] = \frac{\beta\mathcal{O}^4}{24m^3}$$

$$-\dot{S} = \frac{\mathrm{i}\beta\dot{\mathcal{O}}}{2m}$$

$$-\frac{\mathrm{i}}{2}[S,\dot{S}] = -\frac{\mathrm{i}}{8m^2}[\mathcal{O},\dot{\mathcal{O}}] .$$

Insgesamt erhält man für H':

$$H' = \beta m + \beta\left(\frac{\mathcal{O}^2}{2m} - \frac{\mathcal{O}^4}{8m^3}\right) + \mathcal{E} - \frac{1}{8m^2}[\mathcal{O},[\mathcal{O},\mathcal{E}]] - \frac{\mathrm{i}}{8m^2}[\mathcal{O},\dot{\mathcal{O}}]$$
$$+ \frac{\beta}{2m}[\mathcal{O},\mathcal{E}] - \frac{\mathcal{O}^3}{3m^2} + \frac{\mathrm{i}\beta\dot{\mathcal{O}}}{2m} \equiv \beta m + \mathcal{E}' + \mathcal{O}' . \qquad (9.1.16)$$

Hier werden $\mathcal{E}$ und alle geraden Potenzen von $\mathcal{O}$ zu einem neuen geraden Term $\mathcal{E}'$ und die ungeraden Potenzen zu einem neuen ungeraden Term $\mathcal{O}'$ zusammengefaßt. Die ungeraden Terme treten nur mehr in Ordnung von mindestens $\frac{1}{m}$ auf. Um sie weiter zu reduzieren, wenden wir eine weitere Foldy-Wouthuysen-Transformation an

$$S' = \frac{-\mathrm{i}\beta}{2m}\mathcal{O}' = \frac{-\mathrm{i}\beta}{2m}\left(\frac{\beta}{2m}[\mathcal{O},\mathcal{E}] - \frac{\mathcal{O}^3}{3m^2} + \frac{\mathrm{i}\beta\dot{\mathcal{O}}}{2m}\right) . \qquad (9.1.17)$$

Diese Transformation ergibt

$$H'' = \mathrm{e}^{\mathrm{i}S'}(H' - \mathrm{i}\partial_t)\mathrm{e}^{-\mathrm{i}S'} = \beta m + \mathcal{E}' + \frac{\beta}{2m}[\mathcal{O}',\mathcal{E}'] + \frac{\mathrm{i}\beta\dot{\mathcal{O}}'}{2m} \qquad (9.1.18)$$
$$\equiv \beta m + \mathcal{E}' + \mathcal{O}'' .$$

Da $\mathcal{O}'$ von der Ordnung $1/m$ ist, treten in $\mathcal{O}''$ nur mehr Terme von der Ordnung $1/m^2$ auf. Durch diese Transformation entstehen auch weitere gerade Terme, die aber alle von höherer Ordnung sind. Zum Beispiel $\beta\mathcal{O}'^2/2m = \beta e^2\mathbf{E}^2/8m^3 \sim \beta e^4/m^3r^4 \sim \mathrm{Ry}\,\alpha^4$.

Durch die Transformation

$$S'' = \frac{-\mathrm{i}\beta\mathcal{O}''}{2m} \tag{9.1.19}$$

eliminiert man auch den ungeraden Term $\mathcal{O}'' \sim O\left(\frac{1}{m^2}\right)$. Das Ergebnis ist der Operator

$$
\begin{aligned}
H''' &= \mathrm{e}^{\mathrm{i}S''}(H'' - \mathrm{i}\partial_t)\mathrm{e}^{-\mathrm{i}S''} = \beta m + \mathcal{E}' \\
&= \beta\left(m + \frac{\mathcal{O}^2}{2m} - \frac{\mathcal{O}^4}{8m^3}\right) + \mathcal{E} - \frac{1}{8m^2}\left[\mathcal{O}, [\mathcal{O}, \mathcal{E}] + \mathrm{i}\dot{\mathcal{O}}\right] ,
\end{aligned}
\tag{9.1.20}
$$

der nur mehr aus geraden Termen besteht.

Um den Hamilton–Operator H''' in seine endgültige Form zu bringen, müssen wir (9.1.10) einsetzen und für die einzelnen Terme folgende Umformungen durchführen:

2. Term von H''':

$$\frac{\mathcal{O}^2}{2m} = \frac{1}{2m}(\boldsymbol{\alpha}\cdot(\mathbf{p} - e\mathbf{A}))^2 = \frac{1}{2m}(\mathbf{p} - e\mathbf{A})^2 - \frac{e}{2m}\boldsymbol{\Sigma}\cdot\mathbf{B} , \tag{9.1.21a}$$

da

$$
\begin{aligned}
\alpha^i\alpha^j &= \alpha^i\beta^2\alpha^j = -\gamma^i\gamma^j = -\frac{1}{2}\left(\{\gamma^i, \gamma^j\} + [\gamma^i, \gamma^j]\right) = -g^{ij} + \mathrm{i}\varepsilon^{ijk}\Sigma^k \\
&= \delta^{ij} + \mathrm{i}\varepsilon^{ijk}\Sigma^k
\end{aligned}
$$

und der gemischte Term mit ε^{ijk}

$$
\begin{aligned}
-e\left(p^iA^j + A^ip^j\right)\mathrm{i}\varepsilon^{ijk}\Sigma^k &= -\mathrm{i}e\left((p^iA^j) + A^jp^i + A^ip^j\right)\varepsilon^{ijk}\Sigma^k \\
&= -e\left(\partial_iA^j\right)\varepsilon^{ijk}\Sigma^k = -e\,\mathbf{B}\cdot\boldsymbol{\Sigma}
\end{aligned}
$$

ergibt.

5. Term von H''':

Zunächst ergibt die Berechnung des zweiten Arguments des Kommutators

$$
\begin{aligned}
\left([\mathcal{O}, \mathcal{E}] + \mathrm{i}\dot{\mathcal{O}}\right) &= [\alpha^i(p^i - eA^i), e\Phi] - \mathrm{i}e\alpha^i\dot{A}^i \\
&= -\mathrm{i}e\alpha^i\left(\partial_i\Phi + \dot{A}^i\right) = \mathrm{i}e\alpha^iE^i .
\end{aligned}
$$

Es bleibt somit die Berechnung von

$$
\begin{aligned}
[\mathcal{O}, \boldsymbol{\alpha}\cdot\mathbf{E}] &= \alpha^i\alpha^j(p^i - eA^i)E^j - \alpha^jE^j\alpha^i(p^i - eA^i) \\
&= (p^i - eA^i)E^i - E^i(p^i - eA^i) \\
&\quad + \mathrm{i}\varepsilon^{ijk}\Sigma^k(p^i - eA^i)E^j - \mathrm{i}\varepsilon^{jik}\Sigma^kE^j(p^i - eA^i) \\
&= (p^iE^i) + \boldsymbol{\Sigma}\cdot\boldsymbol{\nabla}\times\mathbf{E} - 2\mathrm{i}\boldsymbol{\Sigma}\cdot\mathbf{E}\times(\mathbf{p} - e\mathbf{A}) .
\end{aligned}
$$

Somit lautet der 5. Term in H'''

$$-\frac{ie}{8m^2}[\mathcal{O}, \boldsymbol{\alpha} \cdot \mathbf{E}] = -\frac{e}{8m^2} \operatorname{div} \mathbf{E} - \frac{ie}{8m^2} \boldsymbol{\Sigma} \cdot \boldsymbol{\nabla} \times \mathbf{E}$$
$$-\frac{e}{4m^2} \boldsymbol{\Sigma} \cdot \mathbf{E} \times (\mathbf{p} - e\mathbf{A}) \, .$$
(9.1.21b)

Setzt man (9.1.10) und (9.1.21a,b) in (9.1.20) ein, so erhält man den endgültigen Ausdruck für H'''

$$H''' = \beta \left(m + \frac{(\mathbf{p} - e\mathbf{A})^2}{2m} - \frac{1}{8m^3}[(\mathbf{p} - e\mathbf{A})^2 - e\boldsymbol{\Sigma} \cdot \mathbf{B}]^2 \right) + e\Phi$$
$$-\frac{e}{2m}\beta\boldsymbol{\Sigma} \cdot \mathbf{B} - \frac{ie}{8m^2} \boldsymbol{\Sigma} \cdot \operatorname{rot} \mathbf{E}$$
(9.1.22)
$$-\frac{e}{4m^2} \boldsymbol{\Sigma} \cdot \mathbf{E} \times (\mathbf{p} - e\mathbf{A}) - \frac{e}{8m^2} \operatorname{div} \mathbf{E} \, .$$

Der Hamilton-Operator H''' enthält keine ungeraden Operatoren mehr, folglich werden die Komponenten 1 und 2 nicht mit den Komponenten 3 und 4 gekoppelt. Die Eigenfunktionen von H''' können durch zweikomponentige Spinoren in den oberen und unteren Komponenten von ψ' dargestellt werden, die positiven und negativen Energien entsprechen. Für $\psi' = \binom{\varphi}{0}$ nimmt die Dirac-Gleichung in Foldy-Wouthuysen-Darstellung die Form

$$i\frac{\partial\varphi}{\partial t} = \left\{ m + e\Phi + \frac{1}{2m}(\mathbf{p} - e\mathbf{A})^2 - \frac{e}{2m}\boldsymbol{\sigma} \cdot \mathbf{B} - \frac{\mathbf{p}^4}{8m^3} \right.$$
$$\left. -\frac{e}{4m^2}\boldsymbol{\sigma} \cdot \mathbf{E} \times (\mathbf{p} - e\mathbf{A}) - \frac{e}{8m^2} \operatorname{div} \mathbf{E} \right\} \varphi$$
(9.1.23)

an. Hier ist φ ein zweikomponentiger Spinor, und die Gleichung ist identisch mit der Pauli-Gleichung zuzüglich der relativistischen Korrekturen. Die ersten vier Terme auf der rechten Seite von (9.1.23) sind: Ruheenergie, Potential, kinetische Energie und Kopplung des magnetischen Moments $\boldsymbol{\mu} = \frac{e}{2m}\boldsymbol{\sigma} = 2\frac{e}{2m}\mathbf{S}$ an das Magnetfeld $\mathbf{B}$. Wie im Abschnitt 5.3.5.2 ausführlich besprochen ergibt sich der gyromagnetische Faktor (Landé–Faktor) aus der Dirac–Gleichung zu $g = 2$. Die drei folgenden Terme sind die relativistischen Korrekturen, die wir im folgenden Abschnitt diskutieren werden.

Bemerkung. In Gl. (9.1.23) ist nur der führende Term, der aus $\mathcal{O}^4$ folgt und in (9.1.22) noch enthalten ist, nämlich $\mathbf{p}^4$ angegeben. Der Gesamtausdruck ist

$$-\frac{\beta}{8m^3}\mathcal{O}^4 = -\frac{\beta}{8m^3}((\mathbf{p} - e\mathbf{A})^2 - e\boldsymbol{\Sigma}\mathbf{B})^2 = -\frac{\beta}{8m^3}[(\mathbf{p} - e\mathbf{A})^4 + e^2\mathbf{B}^2 +$$
$$+ e\boldsymbol{\Sigma} \cdot \triangle\mathbf{B} - 2e\boldsymbol{\Sigma} \cdot \mathbf{B}(\mathbf{p} - e\mathbf{A})^2 - 2ie\sigma_j\boldsymbol{\nabla}B_j(\mathbf{p} - e\mathbf{A})] \, .$$

Auch wurde beim Übergang von (9.1.22) nach (9.1.23) $\operatorname{rot}\mathbf{E} = 0$ vorausgesetzt.

9.2 Relativistische Korrekturen und Lamb–Verschiebung

9.2.1 Relativistische Korrekturen

Wir besprechen nun die relativistischen Korrekturen, die sich aus (9.1.22) bzw. (9.1.23) ergeben. Sei $\mathbf{E} = -\boldsymbol{\nabla}\Phi(r) = -\frac{1}{r}\frac{\partial\Phi}{\partial r}\mathbf{x}$ und $\mathbf{A} = 0$, dann ist rot $\mathbf{E} = 0$ und

$$\boldsymbol{\Sigma}\cdot\mathbf{E}\times\mathbf{p} = -\frac{1}{r}\frac{\partial\Phi}{\partial r}\boldsymbol{\Sigma}\cdot\mathbf{x}\times\mathbf{p} = -\frac{1}{r}\frac{\partial\Phi}{\partial r}\boldsymbol{\Sigma}\cdot\mathbf{L}\ . \tag{9.2.1}$$

Es treten in Gl. (9.1.23) drei Korrekturterme auf

$$H_1 = -\frac{(\mathbf{p}^2)^2}{8m^3} \qquad\qquad \textit{relativistische Massenkorrektur} \tag{9.2.2a}$$

$$H_2 = \frac{e}{4m^2}\frac{1}{r}\frac{\partial\Phi}{\partial r}\,\boldsymbol{\sigma}\cdot\mathbf{L} \qquad\qquad \textit{Spin-Bahn-Kopplung} \tag{9.2.2b}$$

$$H_3 = -\frac{e}{8m^2}\,\mathrm{div}\,\mathbf{E} = \frac{e}{8m^2}\boldsymbol{\nabla}^2\Phi(\mathbf{x}) \qquad \textit{Darwin-Term.} \tag{9.2.2c}$$

Zusammen ($V = e\Phi$) führen diese auf den Stör–Hamilton–Operator

$$H_1 + H_2 + H_3 = -\frac{(\mathbf{p}^2)^2}{8m^3c^2} + \frac{1}{4m^2c^2}\frac{1}{r}\frac{\partial V}{\partial r}\boldsymbol{\sigma}\cdot\mathbf{L} + \frac{\hbar^2}{8m^2c^2}\boldsymbol{\nabla}^2 V(\mathbf{x})\ . \tag{9.2.2d}$$

Die Größenordnung all dieser Korrekturen erhält man mittels der Heisenbergschen Unschärferelation

$$\mathrm{Ry}\times\left(\frac{p}{mc}\right)^2 = \mathrm{Ry}\left(\frac{v}{c}\right)^2 = \mathrm{Ry}\,\alpha^2 = mc^2\alpha^4\ ,$$

wobei $\alpha = e_0^2$ $(= e_0^2/\hbar c)$ die Feinstrukturkonstante ist. Der Hamilton–Operator (9.2.2d) bewirkt die Feinstruktur der Atomniveaus. Die störungstheoretische Berechnung der Energieverschiebung für wasserstoffartige Atome mit Z-fach geladenem Kern wurde in QM I, Kap. 12 dargestellt; das Ergebnis in erster Ordnung Störungstheorie ist

$$\Delta E_{n,j=\ell\pm\frac{1}{2},\ell} = \frac{\mathrm{Ry}\,Z^2}{n^2}\frac{(Z\alpha)^2}{n^2}\left\{\frac{3}{4} - \frac{n}{j+\frac{1}{2}}\right\}\ . \tag{9.2.3}$$

Die Energieeigenwerte hängen neben n nur von j ab. Demnach sind die ($n = 2$)–Niveaus $^2S_{1/2}$ und $^2P_{1/2}$ entartet. Diese Entartung ist auch in der exakten Lösung der Dirac-Gleichung vorhanden (siehe (8.2.37) und Abb. 8.3). Mit der Bestimmung der relativistischen Störterme H_1, H_2 und H_3 aus der Dirac–Theorie ist somit die störungstheoretische Berechnung der Feinstrukturkorrekturen $\mathcal{O}(\alpha^2)$ auf eine einheitliche Basis gestellt.

Bemerkungen:

(i) Die heuristische Interpretation der relativistischen Korrekturen wurde in QM I, Kap. 12 besprochen. Der Term H_1 folgt aus der Entwicklung der relativistischen kinetischen Energie $\sqrt{\mathbf{p}^2 + m^2}$. Den Term H_2 kann man sich verständlich machen, indem man in das Ruhesystem des Elektrons transformiert. Dessen Spin spürt das Magnetfeld, das von dem dann um das Elektron kreisenden Kern erzeugt wird. Den Term H_3 kann man durch die Zitterbewegung des Elektrons mit einer Amplitude $\delta x = \hbar c/m$ interpretieren.

(ii) Das Auftreten der zusätzlichen Wechselwirkungsterme in der Foldy-Wouthuysen-Darstellung kann man folgendermaßen verstehen. Die Analyse der Transformation von der Dirac-Darstellung ψ auf ψ' zeigt, daß der Zusammenhang nicht lokal ist[4]

$$\psi'(\mathbf{x}) = \int d^3x'\, K(\mathbf{x}, \mathbf{x}')\psi(\mathbf{x}') \; ,$$

wobei der Kern in dem Integral $K(\mathbf{x}, \mathbf{x}')$ so beschaffen ist, daß $\psi'(\mathbf{x})$ an der Stelle $\mathbf{x}$ sich aus Beiträgen zusammensetzt, die von ψ aus einer Umgebung der Ausdehnung von der Größenordnung der Compton-Wellenlänge des Teilchens λ_c um den Punkt $\mathbf{x}$ stammen. Somit geht ein in der ursprünglichen Darstellung scharf lokalisierter Spinor in der Foldy-Wouthuysen-Darstellung in einen Spinor über, welcher einem über eine endliche Region ausgedehnten Teilchen zu entsprechen scheint. Dies gilt auch umgekehrt. Das effektive Potential, das auf einen Spinor in der Foldy-Wouthuysen-Darstellung an der Stelle $\mathbf{x}$ wirkt, setzt sich zusammen aus Beiträgen des ursprünglichen Potentials $\mathbf{A}(\mathbf{x})$, $\Phi(\mathbf{x})$ gemittelt über eine Umgebung um $\mathbf{x}$. Das gesamte Potential hat deshalb die Form einer Multipolentwicklung des ursprünglichen Potentials. Aus dieser Sicht sind die Wechselwirkung des magnetischen Moments, die Spin-Bahn-Wechselwirkung und der Darwin-Term verständlich.

(iii) Da die Foldy-Wouthuysen-Transformation im allgemeinen zeitabhängig ist, ist im allgemeinen der Erwartungswert von H''' verschieden vom Erwartungswert von H. Falls $\mathbf{A}(\mathbf{x})$ und $\Phi(\mathbf{x})$ zeitunabhängig sind, d.h. zeitunabhängige elektromagnetische Felder, dann ist auch S zeitunabhängig, und dann sind die Matrixelemente des Dirac-Hamilton-Operators und insbesondere dessen Erwartungswert in den beiden Darstellungen gleich.

(iv) Eine alternative Methode[5] zur Herleitung der relativistischen Korrekturen geht aus von der Resolvente $R = \frac{1}{H - mc^2 - z}$ des Dirac-Hamilton-Operators H. Diese ist analytisch in $\frac{1}{c}$ um $c = \infty$ und kann nach $\frac{1}{c}$ entwickelt werden. In nullter Ordnung erhält man den Pauli–Hamilton-Operator und in $\mathcal{O}(\frac{1}{c^2})$ die relativistischen Korrekturen.

9.2.2 Abschätzung der Lamb–Verschiebung

Es gibt noch zwei weitere Effekte, die zu Verschiebungen und Aufspaltungen von Energieniveaus in Atomen führen. Das sind die vom Magnetfeld des Kerns herrührende Hyperfeinwechselwirkung (siehe QM I, Kap. 12), und die

---

[4] Foldy, Wouthuysen, op. cit., S. 183
[5] F. Gesztesy, B. Thaller u. H. Grosse, Phys. Rev. Lett. **50**, 625 (1983)

Lamb–Verschiebung, die im folgenden in einer vereinfachten Theorie dargestellt wird.[6]

Die Nullpunktschwankungen des quantisierten Strahlungsfeldes koppeln
an das im Atom gebundene Elektron, so daß der Ort des Elektrons schwankt,
und es das Coulomb-Potential des Kerns etwas verschmiert sieht. Dieser Effekt ist qualitativ ähnlich dem Darwin-Term, nur ist das Schwankungsquadrat des Elektronenortes kleiner: Wir betrachten die Änderung des Potentials
durch eine kleine Verschiebung $\delta\mathbf{x}$

$$V(\mathbf{x} + \delta\mathbf{x}) = V(\mathbf{x}) + \delta\mathbf{x}\,\boldsymbol{\nabla}V(\mathbf{x}) + \frac{1}{2}\delta x_i \delta x_j \nabla_i \nabla_j V(\mathbf{x}) + \dots \quad . \tag{9.2.4}$$

Unter der Voraussetzung, daß die Mittelung über diese Schwankungen $\langle \delta\mathbf{x} \rangle = 0$ ist, erhalten wir ein Zusatzpotential

$$\Delta H_{\text{Lamb}} = \langle V(\mathbf{x} + \delta\mathbf{x}) - V(\mathbf{x}) \rangle = \frac{1}{6}\langle (\delta\mathbf{x})^2 \rangle \boldsymbol{\nabla}^2 V(\mathbf{x})$$

$$= \frac{1}{6}\langle (\delta\mathbf{x})^2 \rangle\, 4\pi\, Z\alpha\hbar c\, \delta^{(3)}(\mathbf{x}) \; . \tag{9.2.5}$$

Der Mittelwert $\langle\,\rangle$ ist als quantenmechanischer Mittelwert im Vakuumzustand
des Strahlungsfeldes zu verstehen. In erster Ordnung Störungstheorie werden
durch (9.2.5) nur s-Wellen beeinflußt, die eine Energieverschiebung der Größe

$$\Delta E_{\text{Lamb}} = \frac{2\pi Z\alpha\hbar c}{3}\langle (\delta\mathbf{x})^2 \rangle\, |\psi_{n,\ell=0}(0)|^2$$

$$= \frac{(2mcZ\alpha)^3}{12\hbar^2}\frac{Z\alpha c}{n^3}\langle (\delta\mathbf{x})^2 \rangle\delta_{\ell,0} \tag{9.2.6}$$

erfahren, wobei $\psi_{n,\ell=0}(0) = \frac{1}{\sqrt{\pi}}\left(\frac{macZ}{n\hbar}\right)^{3/2}$ eingesetzt wurde. Die Verschiebung der $p, d, \dots$ Elektronen ist wegen des Verschwindens von $\psi(0)$ selbst
bei Berücksichtigung des endlichen Radius des Kerns gegenüber den s-Wellen
erheblich kleiner. Genaugenommen ist der Kern ausgedehnt, und es sind auch
nicht alle Effekte, die zur Lamb-Verschiebung beitragen, von der Form ΔV,
wie in dieser vereinfachten Theorie.

Wir müssen nun $\langle (\delta\mathbf{x})^2 \rangle$ abschätzen, d.h. $\delta\mathbf{x}$ mit den Schwankungen des
Strahlungsfeldes in Verbindung bringen. Dazu gehen wir von der nichtrelati-
vistischen Heisenberg-Gleichung für das Elektron aus:

$$m\,\delta\ddot{\mathbf{x}} = e\mathbf{E} \; . \tag{9.2.7}$$

Die Fouriertransformation

$$\delta\mathbf{x}(t) = \int\limits_{-\infty}^{\infty} \frac{d\omega}{2\pi}\, \mathrm{e}^{-i\omega t}\delta\mathbf{x}_\omega \tag{9.2.8}$$

ergibt

---

[6] Die hier dargestellte einfache Abschätzung der Lamb–Verschiebung folgt T.A.
Welton, Phys. Rev. **74**, 1157 (1948).

$$\langle(\delta\mathbf{x}(t))^2\rangle = \int\limits_{-\infty}^{\infty}\frac{d\omega}{2\pi}\int\limits_{-\infty}^{\infty}\frac{d\omega'}{2\pi}\langle\delta\mathbf{x}_\omega\delta\mathbf{x}_{\omega'}\rangle\,. \tag{9.2.9}$$

Wegen der zeitlichen Translationsinvarianz ist dieses Schwankungsquadrat unabhängig von der Zeit und kann deshalb bei $t=0$ berechnet werden. Aus Gl. (9.2.7) folgt

$$\delta\mathbf{x}_\omega = -\frac{e}{m}\frac{\mathbf{E}_\omega}{\omega^2}\,. \tag{9.2.10}$$

Für das Strahlungsfeld verwenden wir die Coulomb Eichung, auch transversale Eichung, div $\mathbf{A} = 0$. Dann gilt wegen der Abwesenheit von Quellen

$$\mathbf{E}(t) = -\frac{1}{c}\dot{\mathbf{A}}(0,t)\,. \tag{9.2.11}$$

Das Vektorpotential des Strahlungsfeldes kann durch Erzeugungs– (Vernichtungs–)operatoren $a^\dagger_{\mathbf{k},\lambda}(a_{\mathbf{k},\lambda})$ für Photonen mit dem Wellenzahlvektor $\mathbf{k}$, der Polarisation λ und dem Polarisationsvektor $\varepsilon_{\mathbf{k},\lambda}(\lambda = 1,2)$ dargestellt werden[7]

$$\mathbf{A}(\mathbf{x},t)=\sum_{\mathbf{k},\lambda}\sqrt{\frac{\hbar\,2\pi c}{Vk}}\left(a_{\mathbf{k},\lambda}\varepsilon_{\mathbf{k},\lambda}e^{i(\mathbf{kx}-ckt)} + a^\dagger_{\mathbf{k},\lambda}\varepsilon^*_{\mathbf{k},\lambda}e^{-i(\mathbf{kx}-ckt)}\right). \tag{9.2.12}$$

Die Polarisationsvektoren sind orthogonal zu $\mathbf{k}$ und zueinander. Aus (9.2.12) folgt für die Zeitableitung und das Fourier–transformierte elektrische Feld

$$-\frac{1}{c}\dot{\mathbf{A}}(0,t) = \frac{1}{c}\sum_{\mathbf{k},\lambda}\sqrt{\frac{\hbar\,2\pi c}{Vk}}\,ick\left(a_{\mathbf{k},\lambda}\varepsilon_{\mathbf{k},\lambda}e^{-ickt} - a^\dagger_{\mathbf{k},\lambda}\varepsilon^*_{\mathbf{k},\lambda}e^{ickt}\right)$$

und

$$\begin{aligned}\mathbf{E}_\omega &= \int\limits_{-\infty}^{\infty} dt\,e^{i\omega t}\mathbf{E}(t)\\[2mm]
&=i\sum_{\mathbf{k},\lambda}\sqrt{\frac{\hbar(2\pi)^3kc}{V}}\left(a_{\mathbf{k},\lambda}\varepsilon_{\mathbf{k},\lambda}\delta(\omega - ck) - a^\dagger_{\mathbf{k},\lambda}\varepsilon^*_{\mathbf{k},\lambda}\delta(\omega + ck)\right)\end{aligned} \tag{9.2.13}$$

Nun kann unter Verwendung von (9.2.9), (9.2.10) und (9.2.13) das Schwankungsquadrat des Ortes des Elektrons berechnet werden

$$\begin{aligned}\langle(\delta\mathbf{x}(t))^2\rangle &= \int\frac{d\omega\,d\omega'}{(2\pi)^2}\frac{e^2}{m^2}\frac{1}{\omega^2{\omega'}^2}\langle\mathbf{E}_\omega\mathbf{E}_{\omega'}\rangle\\[2mm]
&= -\frac{e^2}{m^2}\left\langle\sum_{\mathbf{k},\lambda}\sum_{\mathbf{k}',\lambda'}\frac{\hbar\,2\pi\,ck}{V(ck)^2(ck')^2}\left(a_{\mathbf{k},\lambda}\varepsilon_{\mathbf{k},\lambda} - a^\dagger_{\mathbf{k},\lambda}\varepsilon^*_{\mathbf{k},\lambda}\right)\right.\\[2mm]
&\qquad\left.\times\left(a_{\mathbf{k}',\lambda'}\varepsilon_{\mathbf{k}',\lambda'} - a^\dagger_{\mathbf{k}',\lambda'}\varepsilon^*_{\mathbf{k}',\lambda'}\right)\right\rangle\,.\end{aligned}$$

---

[7] QM I, Abschnitt 16.4.2

Der Erwartungswert ist nur dann endlich, wenn das gleiche Photon, das vernichtet wird, auch erzeugt wird. Wir setzen außerdem voraus, daß sich das Strahlungsfeld im Grundzustand, d.h. im Vakuumzustand $|0\rangle$ befindet, dann folgt mit $a_{\mathbf{k},\lambda} a^{\dagger}_{\mathbf{k},\lambda} = 1 + a^{\dagger}_{\mathbf{k},\lambda} a_{\mathbf{k},\lambda}$ und $a_{\mathbf{k},\lambda} |0\rangle = 0$

$$
\begin{aligned}
\langle (\delta\mathbf{x}(t))^2 \rangle &= \frac{e^2}{m^2} \int \frac{d^3k}{(2\pi)^2} \frac{\hbar}{(ck)^3} \sum_{\lambda=1,2} \left\langle a_{\mathbf{k},\lambda} a^{\dagger}_{\mathbf{k},\lambda} + a^{\dagger}_{\mathbf{k},\lambda} a_{\mathbf{k},\lambda} \right\rangle \\
&= \frac{2}{\pi} \frac{e^2}{\hbar c} \left(\frac{\hbar}{mc} \right)^2 \int \frac{dk}{k} ,
\end{aligned}
\tag{9.2.14}
$$

wo auch $\frac{1}{V} \sum_{\mathbf{k}} \rightarrow \int \frac{d^3k}{(2\pi)^3}$ ersetzt wurde. Das Integral $\int_0^\infty dk \frac{1}{k}$ ist ultraviolett– $(k \rightarrow \infty)$ und infrarot– $(k \rightarrow 0)$ divergent.

Tatsächlich gibt es physikalische Gründe, die Integration bei einer unteren und einer oberen Grenze (cutoff) abzuschneiden. Die obere Grenze ist in Wirklichkeit endlich, wenn man auf relativistische Effekte Bedacht nimmt. Die Divergenz an der unteren Grenze wird automatisch vermieden, wenn man das Elektron statt mit der freien Bewegungsgleichung (9.2.7) quantenmechanisch unter Bedachtnahme auf die diskrete Atomstruktur behandelt. Die qualitative Abschätzung der beiden Grenzen, beginnend mit der oberen, läuft folgendermaßen. Wegen der Zitterbewegung des Elektrons ist dessen Schwerpunkt über ein Gebiet von der Größe der Compton-Wellenlänge ausgedehnt. Licht, dessen Wellenlänge kleiner ist als die Compton-Wellenlänge, führt im Mittel zu keiner Verschiebung des Elektrons, weil innerhalb einer Compton-Wellenlänge genausoviele Wellenberge wie Wellentäler liegen. Deshalb ist die obere Abschneidewellenzahl durch die Compton-Wellenlänge $\frac{1}{m}$, beziehungsweise die zugehörige Energie m gegeben. Für die untere Grenze liegt es nahe, den Bohrschen Radius anzunehmen $(Z\alpha m)^{-1}$, bzw. die zugehörige Wellenzahl $Z\alpha m$. Das gebundene Elektron wird durch Wellenlängen, die größer als $a = (Z\alpha m)^{-1}$ sind, nicht beeinflußt. Die Mindestfrequenz für induzierte Oszillationen ist $Z\alpha m$. Eine andere plausible Möglichkeit wäre die Rydberg-Energie $Z^2\alpha^2 m$ und die zugehörige Länge $(Z^2\alpha^2 m)^{-1}$, die typische Wellenlänge des bei einem optischen Übergang ausgesandten Lichts. Lichtschwankungen mit größerer Wellenlänge werden keinen Einfluß auf das gebundene Elektron haben.

Die komplette quantenelektrodynamische Theorie ist natürlich frei von derartigen heuristischen Argumentationen. Nimmt man die erste Abschätzung der unteren Abschneidefrequenz, folgt

$$
\int\limits_{\omega_{\min}}^{\omega_{\max}} d\omega \frac{1}{\omega} = \int\limits_{Z\alpha m}^{m} d\omega \frac{1}{\omega} = \log \frac{1}{Z\alpha} ,
$$

und damit aus Gl. (9.2.6) und (9.2.14)

$$\Delta E_{\text{Lamb}} = \frac{(2mc\,Z\alpha)^3}{12\hbar^2} \frac{Z\alpha c}{n^3} \frac{2}{\pi} \frac{e^2}{\hbar c} \left(\frac{\hbar}{mc}\right)^2 \log\frac{1}{Z\alpha} \delta_{\ell,0}$$

$$= \frac{8Z^4\alpha^3}{3\pi n^3} \log\frac{1}{Z\alpha} \frac{1}{2}\alpha^2 mc^2 \delta_{\ell,0} \;.$$

(9.2.15)

Das entspricht einer Frequenzverschiebung[8]

$$\Delta\nu_{\text{Lamb}} = 667\,\text{MHz} \quad \text{für} \quad n=2,\; Z=1,\; \ell=0 \;.$$

Die experimentell beobachtete Verschiebung[9] ist 1057.862 ± 0.020 MHz. Die komplette quantenelektrodynamische Theorie der strahlungstheoretischen Korrekturen ergibt 1057.864 ± 0.014 MHz.[10] Gegenüber dem Darwin-Term sind die Strahlungskorrekturen um einen Faktor $\alpha\log\frac{1}{\alpha}$ kleiner. Die vollständigen Strahlungskorrekturen enthalten auch $\alpha(Z\alpha)^4$-Terme, die numerisch etwas kleiner sind. Auch Niveaus mit $\ell \neq 0$ werden – allerdings weniger – verschoben als die s-Niveaus.

Die Quantenelektrodynamik berechnet die strahlungstheoretischen Korrekturen mit einer eindrucksvollen Genauigkeit[10,11]. Auch dort treten in der Theorie zunächst Divergenzen auf. Und zwar gibt die Ankopplung an das quantisierte Strahlungsfeld eine Energieverschiebung des Elektrons, die (im nichtrelativistischen Grenzfall) proportional zu $\mathbf{p}^2$ ist, d.h. das Strahlungsfeld erhöht die Masse des Elektrons. Meßbar ist jedoch nicht die nackte Masse, sondern nur die diesen Kopplungseffekt enthaltende physikalische (renormierte) Masse. Derartige Massenverschiebungen gibt es für das freie und für das gebundene Elektron, beide sind divergent. Man muß nun die Theorie dergestalt umformulieren, daß nur mehr die renormierte Masse auftritt. Dann findet man für das gebundene Elektron noch eine endliche Energieverschiebung, die Lamb-Verschiebung[11]. Bei dieser Rechnung von Bethe, die nichtrelativistisch ist und nur den oben beschriebenen Selbstenergie-Effekt des Elektrons enthält, ergibt sich ein unterer cutoff von 16.6 Ry und eine Lamb–Verschiebung von 1040 MHz. Als Kuriosität erinnern wir an die beiden vor Gl.(9.2.15) gegebenen Abschätzungen der unteren Abschneidewellenzahl; wenn man das geometrische Mittel dieser beiden nimmt, erhält man für $Z=1$ als logarithmischen Faktor in (9.2.15) $\log\frac{2}{16.55\,\alpha^2}$, was wiederum $\Delta E = 1040$ MHz ergibt.

[8] T.A. Welton, Phys. Rev. **74**, 1157 (1948)

[9] Die erste experimentelle Beobachtung stammt von W.E. Lamb, Jr. and R.C. Retherford, Phys. Rev. **72**, 241 (1947), verfeinert in S. Triebwasser, E.S. Dayhoff und W.E. Lamb, Phys. Rev. **89**, 98 (1953)

[10] N.M. Kroll and W.E. Lamb, Phys. Rev. **75**, 388 (1949); J.B. French and V.F. Weisskopf, Phys. Rev. **75**, 1240 (1949); G.W. Erickson, Phys. Rev. Lett. **27**, 780 (1972); P.J. Mohr, Phys. Rev. Lett. **34**, 1050 (1975); siehe auch Itzykson and Zuber, op. cit p. 358

[11] Die erste theoretische (nichtrelativistische) Berechnung der Lamb–Verschiebung stammt von H.A. Bethe, Phys. Rev. **72**, 339 (1947). Siehe auch S.S. Schweber, *An Introduction to Relativistic Quantum Field Theory*, Harper & Row, New York 1961, p. 524.; V.F. Weisskopf, Rev. Mod. Phys. **21**, 305 (1949)

Abschließend kann man sagen, daß die präzise theoretische Erklärung der Lamb–Verschiebung einen Triumph der Quantenfeldtheorie darstellt.

Aufgaben zu Kapitel 9

9.1 Verifizieren Sie die im Text angegebenen Ausdrücke für

$$\frac{i}{2}[S,[S,H]] \ , \quad \frac{i^3}{6}[S,[S,[S,H]]] \ , \quad \frac{1}{24}[S,[S,[S,[S,H]]]] \tag{9.2.16}$$

mit $H = \boldsymbol{\alpha}(\mathbf{p} - e\mathbf{A}) + \beta m + e\Phi$ und $S = -\frac{i}{2m}\beta\mathcal{O}$, wobei $\mathcal{O} \equiv \boldsymbol{\alpha}(\mathbf{p} - e\mathbf{A})$.

9.2 In dieser Aufgabe wird für die Klein–Gordon Gl. eine zur Foldy-Wouthuysen analoge Transformation ausgeführt, die auf die relativistischen Korrekturen führt.
(a) Zeigen Sie, daß sich die Klein-Gordon-Gleichung

$$\frac{\partial^2 \varphi}{\partial t^2} = (\nabla^2 - m^2)\varphi$$

mit Hilfe der Substitutionen

$$\theta = \frac{1}{2}\left(\varphi + \frac{i}{m}\frac{\partial \varphi}{\partial t}\right) \quad \text{und} \quad \chi = \frac{1}{2}\left(\varphi - \frac{i}{m}\frac{\partial \varphi}{\partial t}\right)$$

in eine Matrixgleichung

$$i\frac{\partial \Phi}{\partial t} = H_0 \Phi$$

überführen läßt, wobei $\Phi = \begin{pmatrix}\theta \\ \chi\end{pmatrix}$ und $H_0 = -\begin{pmatrix}1 & 1 \\ -1 & -1\end{pmatrix}\frac{\nabla^2}{2m} + \begin{pmatrix}1 & 0 \\ 0 & -1\end{pmatrix}m$ ist.
(b) Unter Verwendung der minimalen Kopplung ($p \to \pi = p - eA$) ergibt sich die Klein-Gordon-Gleichung in Zweikomponenten-Formulierung für Teilchen im elektromagnetischen Feld

$$i\frac{\partial \Phi}{\partial t} = \left\{-\begin{pmatrix}1 & 1 \\ -1 & -1\end{pmatrix}\frac{\pi^2}{2m} + \begin{pmatrix}1 & 0 \\ 0 & -1\end{pmatrix}m + eV(x)\right\}\Phi(x) \ .$$

(c) Diskutieren Sie den nicht-relativistischen Grenzfall dieser Gleichung und vergleichen Sie mit den entsprechenden Resultaten für die Dirac-Gleichung.
Hinweis: Der Hamilton-Operator der Klein-Gordon-Gleichung unter Punkt (b) läßt sich auf die Form $H = \mathcal{O} + \mathcal{E} + \eta m$ bringen mit $\eta = \begin{pmatrix}1 & 0 \\ 0 & -1\end{pmatrix}$,

$\mathcal{O} = \rho\frac{\pi^2}{2m} = \begin{pmatrix}0 & 1 \\ -1 & 0\end{pmatrix}\frac{\pi^2}{2m}$, und $\mathcal{E} = eV + \eta\frac{\pi^2}{2m}$. Zeigen Sie in Analogie zur Vorgehensweise bei der Dirac-Gleichung, daß sich im Fall statischer äußerer Felder über eine Foldy-Wouthuysen-Transformation $\Phi' = e^{iS}\Phi$ die genäherte Schrödinger-Gleichung $i\frac{\partial \Phi'}{\partial t} = H'\Phi'$ mit

$$H' = \eta\left(m + \frac{\pi^2}{2m} - \frac{\pi^4}{8m^3} + \dots\right) + eV + \frac{1}{32m^4}[\pi^2,[\pi^2,eV]] + \dots$$

ergibt. Der dritte und fünfte Term ergeben die führenden relativistischen Korrekturen. Zur Größe siehe Gl. (8.1.19) und Bemerkung (ii) in Abschn. 10.1.2.

10. Physikalische Interpretation der Lösungen der Dirac-Gleichung

Die Dirac-Gleichung in der bisherigen Interpretation als Wellengleichung enthält einige grundsätzlich unannehmbare Züge. Die Gleichung besitzt Lösungen mit negativer Energie und für ruhende Teilchen Lösungen mit negativer Ruhemasse. Die kinetische Energie in diesen Zuständen ist negativ; das Teilchen bewegt sich entgegengesetzt zur Bewegung in den üblichen Zuständen positiver Energie. So wird ein Teilchen mit der Ladung eines Elektrons durch das Feld eines Protons abgestoßen (Die Matrix β mit den negativen Matrixelementen β_{33} und β_{44} multipliziert m und die kinetische Energie, nicht jedoch den Potentialterm $e\Phi$ in Gl. (9.1.9).). Diese Zustände sind in dieser Form in der Natur nicht realisiert. Das Hauptproblem ist natürlich deren negative Energie, die unterhalb der tatsächlichen niedrigsten Energie der Zustände mit positiver Ruheenergie liegt. Deshalb sollte es Strahlungsübergänge, begleitet von der Emission von Lichtquanten, von den Zuständen positiver Energie zu negativer Energie geben. Die Zustände positiver Energie wären instabil, weil es unendlich viele Zustände negativer Energie gibt, in die sie unter Lichtemission übergehen könnten – es sei denn, diese Zustände wären alle besetzt.

Man kann diese Zustände nicht einfach mit dem Argument, sie seien in der Natur nicht realisiert, ausschließen. Die positiven Zustände für sich bilden keinen vollständigen Satz von Lösungen. Dies hat folgende physikalische Konsequenz: Wenn bei einer äußeren Einwirkung wie etwa bei einer Messung das Elektron in einen beliebigen Zustand gebracht wird, wird dieser in aller Regel eine Kombination von positiven und negativen Energien sein. Insbesondere dann, wenn ein Elektron in eine Region lokalisiert wird, die kleiner als seine Compton-Wellenlänge ist, werden die Zustände negativer Energie stark beitragen.

10.1 Wellenpakete und Zitterbewegung

In den vorhergehenden Abschnitten haben wir vornehmlich Eigenzustände des Dirac-Hamilton-Operators untersucht, d.h. stationäre Zustände. Nun wollen wir allgemeine Lösungen der zeitabhängigen Dirac-Gleichung studieren. Dazu gehen wir analog zur nichtrelativistischen Theorie vor und betrachten Superpositionen von stationären Zuständen für freie Teilchen. Es wird sich dabei zeigen, daß derartige Wellenpakete Eigenschaften besitzen, die im Vergleich zur nichtrelativistischen Theorie ungewöhnlich erscheinen (siehe Abschn. 10.1.2).

10.1.1 Superposition von Zuständen positiver Energie

Zuerst werden wir nur Zustände mit positiver Energie superponieren

$$\psi^{(+)}(x) = \int \frac{d^3p}{(2\pi)^3} \frac{m}{E} \sum_{r=1,2} b(p,r) u_r(p) e^{-ipx} \tag{10.1.1}$$

und die Eigenschaften derartiger Wellenpakete untersuchen. Hier sind $u_r(p)$ die freien Spinoren positiver Energie und $b(p,r)$ sind komplexe Amplituden. Der Faktor $\frac{m}{(2\pi)^3 E}$ ist im Hinblick auf eine einfache Normierungsbedingung eingesetzt.

Wir bemerken am Rande, daß $\frac{d^3p}{E}$ ein Lorentz-invariantes Maß ist, wobei wie immer $E = \sqrt{\mathbf{p}^2 + m^2}$ bedeutet. Dazu führen wir die Umformung

$$\int d^3p \frac{1}{E} = \int d^3p \int_0^\infty dp_0 \frac{\delta(p_0 - E)}{E} = \int d^3p \int_0^\infty dp_0\, 2\delta(p_0^2 - E^2)$$

$$= \int d^3p \int_{-\infty}^\infty dp_0\, \delta(p_0^2 - E^2) = \int d^4p\, \delta(p^2 - m^2) \tag{10.1.2}$$

durch. Sowohl d^4p wie auch die δ-Funktion sind Lorentz-kovariant. Es transformiert $d^4p = \det \Lambda\, d^4p' = \pm d^4p'$ wie ein Pseudoskalar, wo die Jacobi-Determinante $\det \Lambda$ für eigentliche Lorentz-Transformationen 1 ist.

Die zu (10.1.1) gehörige Dichte ist durch

$$j^{(+)0}(t,\mathbf{x}) = \psi^{(+)\dagger}(t,\mathbf{x})\psi^{(+)}(t,\mathbf{x}) \tag{10.1.3a}$$

gegeben. Die über den gesamten Raum integrierte Dichte

$$\int d^3x\, j^{(+)0}(t,\mathbf{x}) = \int d^3x \int \frac{d^3p\, d^3p'}{(2\pi)^6} \frac{m^2}{EE'} \sum_{r,r'} b^*(p,r)\, b(p',r')$$

$$\times u_r^\dagger(p) u_{r'}(p') e^{i(E-E')t - i(\mathbf{p}-\mathbf{p}')\mathbf{x}} \tag{10.1.3b}$$

$$= \sum_r \int \frac{d^3p}{(2\pi)^3} \frac{m}{E} |b(p,r)|^2 = 1$$

wird im Sinne einer Wahrscheinlichkeitsdichte auf den Wert 1 normiert, wobei $\int d^3x\, e^{i(\mathbf{p}-\mathbf{p}')\mathbf{x}} = (2\pi)^3\, \delta^{(3)}(\mathbf{p}-\mathbf{p}')$ und die Orthogonalitätsrelation (6.3.19a)[1]

---

[1] $u_r^\dagger(p)\, u_{r'}(p) = \bar{u}_r(p)\gamma^0 u_{r'}(p) = \frac{E}{m} \delta_{rr'}$

benützt wurden, und die Zeitabhängigkeit wegfällt. Die totale Dichte ist zeitunabhängig. Aus dieser Gleichung ist die Normierung der Amplituden $b(p, r)$ festgelegt.

Als nächstes berechnen wir den Gesamtstrom, der durch

$$\mathbf{J}^{(+)} = \int d^3x\, \mathbf{j}^{(+)}(t, \mathbf{x}) = \int d^3x\, \psi^{(+)\dagger}(t, \mathbf{x})\boldsymbol{\alpha}\, \psi^{(+)}(t, \mathbf{x}) \tag{10.1.4}$$

definiert ist. Analog zur Nullkomponente erhält man

$$\begin{aligned}
\mathbf{J}^{(+)} &= \int \frac{d^3x}{(2\pi)^6} \iint d^3p\, d^3p'\, \frac{m^2}{E E'} \sum_{r, r'} b^*(p, r)b(p', r') \\
&\quad \times u_r^{\dagger}(p)\boldsymbol{\alpha}\, u_{r'}(p')\mathrm{e}^{\mathrm{i}(E - E')t - \mathrm{i}(\mathbf{p} - \mathbf{p}')\mathbf{x}} \\
&= \int \frac{d^3p}{(2\pi)^3} \sum_{r, r'} \frac{m^2}{E^2} b^*(p, r)b(p, r')u_r^{\dagger}(p)\boldsymbol{\alpha}\, u_{r'}(p) \ .
\end{aligned} \tag{10.1.4'}$$

Für die weitere Auswertung benötigen wir die Gordon-Identität (siehe Aufgabe 10.1)

$$\bar{u}_r(p)\gamma^\mu\, u_{r'}(q) = \frac{1}{2m}\bar{u}_r(p)\left[(p + q)^\mu + \mathrm{i}\sigma^{\mu\nu}(p - q)_\nu\right]u_{r'}(q) \ . \tag{10.1.5}$$

Zusammen mit den Orthonormalitätsgleichungen der u_r, $\bar{u}_r(k)u_s(k) = \delta_{rs}$, Gl. (6.3.15) folgt aus (10.1.4')

$$\mathbf{J}^{(+)} = \sum_r \int \frac{d^3p}{(2\pi)^3} \frac{m}{E} |b(p, r)|^2 \frac{\mathbf{p}}{E} = \left\langle \frac{\mathbf{p}}{E} \right\rangle \ . \tag{10.1.6}$$

Das bedeutet, daß der totale Strom gleich dem Mittelwert der Gruppengeschwindigkeit

$$\mathbf{v}_G = \frac{\partial E}{\partial \mathbf{p}} = \frac{\partial \sqrt{\mathbf{p}^2 + m^2}}{\partial \mathbf{p}} = \frac{\mathbf{p}}{E} \tag{10.1.7}$$

ist. Soweit gibt es keine gegenüber der nichtrelativistischen Quantenmechanik ungewöhnlichen Züge.

10.1.2 Allgemeines Wellenpaket

Wenn wir allerdings von einem allgemeinen Wellenpaket ausgehen und dieses nach dem vollständigen System von Lösungen der freien Dirac-Gleichung entwickeln, dann treten auch Zustände negativer Energie auf. Der Anfangsspinor sei die Gauß-Funktion

$$\psi(0, \mathbf{x}) = \frac{1}{(2\pi d^2)^{3/4}} \mathrm{e}^{\mathrm{i}\mathbf{x}\mathbf{p}_0 - \mathbf{x}^2/4d^2}\, w \ , \tag{10.1.8}$$

wobei beispielsweise $w = \binom{\varphi}{0}$, also zum Zeitpunkt Null nur Anteile mit positiver Energie vorkommen und d die lineare Ausdehnung des Pakets charakterisiert. Der allgemeinste Spinor kann durch die folgende Superposition dargestellt werden

$$\psi(t, \mathbf{x}) = \int \frac{d^3p}{(2\pi)^3} \frac{m}{E} \sum_r \left(b(p, r) u_r(p) e^{-ipx} + d^*(p, r) v_r(p) e^{ipx} \right) .$$

(10.1.9)

Wir benötigen noch die Fourier-Transformation der im Anfangsspinor (10.1.8) auftretenden Gauß-Funktion

$$\int d^3x \, e^{i\mathbf{x}\mathbf{p}_0 - \mathbf{x}^2/4d^2 - i\mathbf{p}\cdot\mathbf{x}} = (4\pi d^2)^{3/2} e^{-(\mathbf{p}-\mathbf{p}_0)^2 d^2} .$$

(10.1.10)

Zur Bestimmung der Entwicklungkoeffizienten $b(p, r)$ und $d(p, r)$ bilden wir die Fourier-Transformation zur Zeit $t = 0$ von $\psi(0, \mathbf{x})$ und setzen dabei (10.1.8) und (10.1.10) auf der linken Seite (10.1.9) ein

$$(8\pi d^2)^{3/4} e^{-(\mathbf{p}-\mathbf{p}_0)^2 d^2} w = \frac{m}{E} \sum_r (b(p, r) u_r(p) + d^*(\tilde{p}, r) v_r(\tilde{p})) , \quad (10.1.11)$$

wo $\tilde{p} = (p^0, -\mathbf{p})$. Die Orthogonalitätsrelationen (6.3.19a-c)

$$\bar{u}_r(k)\gamma^0 u_s(k) = \frac{E}{m}\delta_{rs} = u_r^\dagger(k)\,u_s(k)$$

$$\bar{v}_r(k)\gamma^0 v_s(k) = \frac{E}{m}\delta_{rs} = v_r^\dagger(k)\,v_s(k)$$

$$\bar{v}_r(\tilde{k})\gamma^0 u_s(k) = \quad 0 \quad = v_r^\dagger(\tilde{k})\,u_s(k)$$

liefern nach Multiplikation von (10.1.11) mit $u_r^\dagger(p)$ und $v_r^\dagger(\tilde{p})$ die Fourier-Amplituden

$$b(p, r) = (8\pi d^2)^{3/4} \, e^{-(\mathbf{p}-\mathbf{p}_0)^2 d^2} \, u_r^\dagger(p)w$$
$$d^*(\tilde{p}, r) = (8\pi d^2)^{3/4} \, e^{-(\mathbf{p}-\mathbf{p}_0)^2 d^2} \, v_r^\dagger(\tilde{p})w ,$$

(10.1.12)

die beide endlich sind.

Damit ist die eingangs gemachte Feststellung gezeigt, daß ein allgemeines Wellenpaket Komponenten positiver und negativer Energie enthält; wir wollen nun die physikalischen Konsequenzen derartiger Wellenpakete studieren. Zunächst betrachten wir der Einfachheit halber ein nicht laufendes Wellenpaket, also $\mathbf{p}_0 = 0$. Einige der Änderungen, die sich aus $\mathbf{p}_0 \neq 0$ ergeben, werden nach Gl. (10.1.14b) besprochen.

Da $w = \binom{\varphi}{0}$ vorausgesetzt wurde, folgt aus der Darstellung (6.3.11a,b) für die Spinoren freier Teilchen u_r und v_r das Verhältnis $d^*(p, r)/b(p, r) \sim \frac{|\mathbf{p}|}{m+E}$.

Wenn die Ausdehnung des Pakets groß ist, $d \gg \frac{1}{m}$, dann ist $|\mathbf{p}| \lesssim d^{-1} \ll m$ und deshalb $d^*(p) \ll b(p)$. In diesem Fall sind Negativ-Energiekomponenten unwesentlich.

Falls wir jedoch das Teilchen stärker als die Compton-Wellenlänge lokalisieren wollen, $d \ll \frac{1}{m}$, dann spielen die Lösungen mit negativer Energie eine wichtige Rolle:

$$|\mathbf{p}| \sim d^{-1} \gg m ,$$

d.h. $d^*/b \sim 1$.

Die *Normierung*

$$\int d^3x \, \psi^\dagger(t,\mathbf{x})\psi(t,\mathbf{x}) = \int \frac{d^3p}{(2\pi)^3} \frac{m}{E} \sum_r \left(|b(p,r)|^2 + |d(p,r)|^2 \right) = 1$$

ist aufgrund der Kontinuitätsgleichung unabhängig von der Zeit.
Der Gesamtstrom für den Spinor (10.1.9) lautet

$$
\begin{aligned}
J^i(t) = \int \frac{d^3p}{(2\pi)^3} \frac{m}{E} \Bigg\{ &\frac{p^i}{E} \sum_r \left[|b(p,r)|^2 + |d(p,r)|^2 \right] \\
&+ i \sum_{r,r'} \Big[b^*(\tilde{p},r)d^*(p,r')e^{2iEt}\bar{u}_r(\tilde{p})\sigma^{i0}v_{r'}(p) \\
&- b(\tilde{p},r)d(p,r')e^{-2iEt}\bar{v}_{r'}(p)\sigma^{i0}u_r(\tilde{p}) \Big] \Bigg\} .
\end{aligned}
\tag{10.1.13}
$$

Der erste Term ist ein zeitunabhängiger Beitrag zum Strom. Der zweite Term enthält Oszillationen mit Frequenzen, die größer als $\frac{2mc^2}{\hbar} = 2 \times 10^{21}\mathrm{sec}^{-1}$ sind. Man bezeichnet diese oszillierende Bewegung als *Zitterbewegung*.

Bei der Herleitung wurde neben der Gordon Identität (10.1.5) auch

$$\bar{u}_r(\tilde{p})\gamma^\mu v_{r'}(q) = \frac{1}{2m}\bar{u}_r(\tilde{p})\left[(\tilde{p}-q)^\mu + i\sigma^{\mu\nu}(\tilde{p}+q)_\nu \right] v_{r'}(q) \tag{10.1.14a}$$

verwendet, woraus

$$
\begin{aligned}
u_r^\dagger(\tilde{p})\alpha^i v_{r'}(p) &= \bar{u}_r(\tilde{p})\gamma^i v_{r'}(p) \\
&= \frac{1}{2m}\left[(\tilde{p}^i - p^i)\bar{u}_r(\tilde{p})v_r(p) + \bar{u}_r(\tilde{p})\,\sigma^{i\nu}\,(\tilde{p}+p)_\nu v_{r'}(p) \right]
\end{aligned}
\tag{10.1.14b}
$$

folgt.
Für den Anfangsspinor (10.1.8) mit $w = \binom{\varphi}{0}$ und $\mathbf{p}_0 = 0$ trägt der erste Term von (10.1.14b) nicht zu $J^i(t)$ in (10.1.13) bei. Falls der Spinor w auch Komponenten 3 und 4 enthält, oder $\mathbf{p}_0 \neq 0$ ist, kommt es auch zu Zitterbewegungsanteilen vom ersten Term aus (10.1.14b) Es ergibt sich ein Zusatzterm (siehe Übungsaufgabe 10.2) zu (10.1.13)

$$\Delta J^i(t) = \int \frac{d^3p}{(2\pi)^3} \frac{m}{E} (8\pi d^2)^{3/2} e^{-2(\mathbf{p}-\mathbf{p}_0)^2 d^2} e^{2iEt} p^i w^\dagger \frac{1}{2m^2} (\mathbf{p}^2 - m\mathbf{p}\boldsymbol{\gamma})\gamma_0 w \ .$$

$$(10.1.13')$$

Die *Amplitude* der *Zitterbewegung* erhält man aus dem Mittelwert von $\mathbf{x}$

$$\langle \mathbf{x} \rangle = \int d^3x\, \psi^\dagger(t,\mathbf{x})\, \mathbf{x}\, \psi(t,\mathbf{x})$$

$$= \int d^3x\, \psi^\dagger(0,\mathbf{x}) e^{iHt}\, \mathbf{x}\, e^{-iHt} \psi(0,\mathbf{x}) \ . \qquad (10.1.15a)$$

Zur Berechnung von $\langle \mathbf{x} \rangle$ bestimmen wir zunächst die zeitliche Änderung von $\langle \mathbf{x} \rangle$, denn diese läßt sich mit dem schon berechneten Strom in Verbindung bringen

$$\frac{d}{dt}\langle \mathbf{x} \rangle = \frac{d}{dt} \int d^3x\, \psi^\dagger(0,\mathbf{x}) e^{iHt}\, \mathbf{x}\, e^{-iHt} \psi(0,\mathbf{x})$$

$$= \int d^3x\, \psi^\dagger(t,\mathbf{x})\, i\,[H,\mathbf{x}]\, \psi(t,\mathbf{x}) \qquad (10.1.15b)$$

$$= \int d^3x\, \psi^\dagger(t,\mathbf{x})\, \boldsymbol{\alpha}\, \psi(t,\mathbf{x}) \equiv \mathbf{J}(t) \ .$$

Bei der Berechnung des Kommutators wurde $H = \boldsymbol{\alpha} \cdot \frac{1}{i}\boldsymbol{\nabla} + \beta m$ eingesetzt. Die Integration dieser Relation über die Zeit zwischen 0 und t ergibt ohne (10.1.13')

$$\langle x^i \rangle = \langle x^i \rangle_{t=0} + \int \frac{d^3p}{(2\pi)^3} \frac{mp^i}{E^2} \sum_r \left[|b(p,r)|^2 + |d(p,r)|^2 \right] t$$

$$+ \sum_{r,r'} \int \frac{d^3p}{(2\pi)^3} \frac{m}{2E^2} \Big[b^*(\tilde{p},r)d^*(p,r') e^{2iEt} \bar{u}_r(\tilde{p})\sigma^{i0} v_{r'}(p) \qquad (10.1.16)$$

$$+ b(\tilde{p},r)d(p,r') e^{-2iEt} \bar{v}_{r'}(p)\sigma^{i0} u_r(\tilde{p}) \Big] \ .$$

Der Mittelwert von x^i enthält Oszillationen mit der Amplitude $\sim \frac{1}{E} \sim \frac{1}{m} \sim \frac{\hbar}{mc} = 3.9 \times 10^{-11}$ cm. Die Zitterbewegung kommt von der Interferenz von Komponenten mit positiver und negativer Energie.

Bemerkungen:

(i) Falls ein Spinor neben Zuständen mit positiver Energie auch Zustände mit negativer Energie enthält, kommt es zur Zitterbewegung. Wenn man Bindungszustände nach freien Lösungen entwickelt, enthalten diese auch Anteile negativer Energie. Beispiel: Grundzustand des Wasserstoffatoms (Gl. 8.2.41)

(ii) Eine Zitterbewegung gibt es auch in der Klein-Gordon-Gleichung. Auch dort erhält man für Wellenpakete, die enger als die Compton-Wellenlänge $\lambda_{c\,\pi^-} = \frac{\hbar c}{m_{\pi^-}}$ lokalisiert sind, Beiträge von Lösungen mit negativer Energie, die über eine Ausdehnung $\lambda_{c\,\pi^-}$ schwanken. Die Energieverschiebung in einem Coulomb-Potential (Darwin-Term) ist jedoch im Vergleich zu Spin $\frac{1}{2}$ Teilchen um einen Faktor α kleiner. (Siehe Übungsbeispiel 9.2)[2].

*10.1.3 Allgemeine Lösung der freien Dirac-Gleichung im Heisenberg-Bild

Das Auftreten der Zitterbewegung kann man auch sehen, indem man die Dirac-Gleichung im Heisenberg-Bild löst. Heisenberg-Operatoren sind über

$$O(t) = e^{iHt/\hbar} O e^{-iHt/\hbar} \tag{10.1.17}$$

definiert, woraus die Bewegungsgleichung

$$\frac{dO(t)}{dt} = \frac{1}{i\hbar} [O(t), H] \tag{10.1.18}$$

folgt. Wir setzen voraus, daß das Teilchen frei sein möge, d.h. $\mathbf{A} = 0$, $\Phi = 0$. Der Impuls kommutiert in diesem Fall mit

$$H = c\,\boldsymbol{\alpha} \cdot \mathbf{p} + \beta mc^2 \tag{10.1.19}$$

$$\frac{d\mathbf{p}(t)}{dt} = 0 \ , \tag{10.1.20}$$

woraus $\mathbf{p}(t) = \mathbf{p} = \text{const}$ folgt. Weiters sieht man

$$\mathbf{v}(t) = \frac{d\mathbf{x}(t)}{dt} = \frac{1}{i\hbar}[\mathbf{x}(t), H] = c\,\boldsymbol{\alpha}(t) \tag{10.1.21a}$$

und

$$\frac{d\boldsymbol{\alpha}}{dt} = \frac{1}{i\hbar}[\boldsymbol{\alpha}(t), H] = \frac{2}{i\hbar}(c\mathbf{p} - H\boldsymbol{\alpha}(t)) \ . \tag{10.1.21b}$$

Da $H = \text{const}$ (zeitunabhängig) ist, folgt die Lösung der letzten Gleichung

$$\mathbf{v}(t) = c\,\boldsymbol{\alpha}(t) = cH^{-1}\mathbf{p} + e^{\frac{2iHt}{\hbar}}\left(\boldsymbol{\alpha}(0) - cH^{-1}\mathbf{p}\right) \ . \tag{10.1.22}$$

Die Integration von (10.1.22) ergibt

$$\mathbf{x}(t) = \mathbf{x}(0) + \frac{c^2\mathbf{p}}{H}t + \frac{\hbar c}{2iH}\left(e^{\frac{2iHt}{\hbar}} - 1\right)\left(\boldsymbol{\alpha}(0) - \frac{c\mathbf{p}}{H}\right) \ . \tag{10.1.23}$$

---

[2] Eine didaktische Diskussion dieser Phänomene findet man in H. Feshbach and F. Villars, Rev. Mod. Phys. **30**, 24 (1985).

Für freie Teilchen gilt

$$\alpha H + H\alpha = 2c\mathbf{p} \,,$$

woraus

$$\left(\alpha - \frac{c\mathbf{p}}{H}\right) H + H \left(\alpha - \frac{c\mathbf{p}}{H}\right) = 0 \tag{10.1.24}$$

folgt. Die Lösung (10.1.23) enthält neben dem Anfangswert $\mathbf{x}(0)$, einen Term linear in t, der der Bewegung mit der Gruppengeschwindigkeit entspricht und einem oszillierenden Term, der die Zitterbewegung darstellt. Bei der Berechnung des Mittelwerts $\int \psi^{\dagger}(0, \mathbf{x})\mathbf{x}(t)\psi(0, \mathbf{x})d^3x$ kommt es auf die Matrixelemente des Operators $\boldsymbol{\alpha}(0) - \frac{c\mathbf{p}}{H}$ an. Dieser Operator besitzt nur zwischen Zuständen mit gleichem Impuls nichtverschwindende Matrixelemente. Das Verschwinden des Antikommutators (10.1.24) bedingt darüber hinaus, daß die Energien entgegengesetzt sein müssen. Daraus folgt, daß die Zitterbewegung von der Interferenz von Zuständen positiver und negativer Energie herrührt.

*10.1.4 Klein-Paradoxon, Potentialschwelle

Eines der einfachsten exakt lösbaren Probleme in der nichtrelativistischen Quantenmechanik ist die Bewegung in Gegenwart einer Potentialschwelle (Abb. 10.1). Wenn die Energie E der von links einlaufenden ebenen Welle kleiner als die Höhe V_0 der Potentialschwelle ist, also $E < V_0$, dann wird die Welle reflektiert und dringt in den klassisch unzugänglichen Bereich nur exponentiell wie $e^{-\kappa x^3}$ ein, mit $\kappa = \sqrt{2m(V_0 - E)}$; also umso weniger je größer die Energiedifferenz $V_0 - E$ ist. Auch die Lösung der Dirac-Gleichung ist leicht zu finden, enthält jedoch einige Überraschungen.

Wir nehmen an, daß von links eine ebene Welle mit positiver Energie einfalle. Die Lösung im Gebiet I setzt sich nach Abseparation der gemeinsamen Zeitabhängigkeit e^{-iEt} aus der einfallenden Lösung

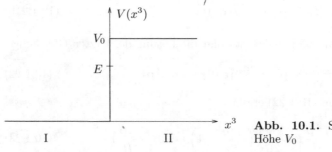

Abb. 10.1. Stufenpotential der Höhe V_0

$$\psi_{\text{ein}}(x^3) = e^{ikx^3} \begin{pmatrix} 1 \\ 0 \\ \frac{k}{E+m} \\ 0 \end{pmatrix} \tag{10.1.25}$$

und der reflektierten Lösung

$$\psi_{\text{refl}}(x^3) = a\,e^{-ikx^3} \begin{pmatrix} 1 \\ 0 \\ \frac{-k}{E+m} \\ 0 \end{pmatrix} + b\,e^{-ikx^3} \begin{pmatrix} 0 \\ 1 \\ 0 \\ \frac{k}{E+m} \end{pmatrix} \tag{10.1.26}$$

zusammen, $\psi_{\text{I}}(x^3) = \psi_{\text{ein}}(x^3) + \psi_{\text{refl}}(x^3)$. Der zweite Term stellt eine reflektierte ebene Welle mit entgegengesetztem Spin dar, der sich als Null erweisen wird. Entsprechend machen wir im Gebiet II für die durchgehende (transmittierte) Welle den Ansatz

$$\psi_{\text{II}}(x^3) \equiv \psi_{\text{trans}}(x^3) = c\,e^{iqx^3} \begin{pmatrix} 1 \\ 0 \\ \frac{q}{E-V_0+m} \\ 0 \end{pmatrix} + d\,e^{iqx^3} \begin{pmatrix} 0 \\ 1 \\ 0 \\ \frac{-q}{E-V_0+m} \end{pmatrix}.$$
$$\tag{10.1.27}$$

Dabei ist dort die Wellenzahl (der Impuls)

$$q = \sqrt{(E - V_0)^2 - m^2} \tag{10.1.28}$$

und die Koeffizienten a, b, c, d sind aus der Stetigkeit von ψ an der Schwelle zu bestimmen. Die Lösung muß natürlich stetig sein, anderenfalls ergäbe sich bei Einsetzen in die Dirac-Gleichung ein Beitrag proportional zu $\delta(x^3)$. Aus der Stetigkeitsbedingung $\psi_{\text{I}}(0) = \psi_{\text{II}}(0)$ folgt

$$1 + a = c\,, \tag{10.1.29a}$$

$$1 - a = rc\,, \quad \text{mit} \quad r \equiv \frac{q}{k} \frac{E+m}{E-V_0+m}\,, \tag{10.1.29b}$$

und

$$b = d = 0\,. \tag{10.1.29c}$$

Die letzte, von den Komponenten 2 und 4 folgende Relation, besagt, daß der Spin nicht umgeklappt wird.

Solange $|E - V_0| < m$, d.h. $-m + V_0 < E < m + V_0$, ist, ist die Wellenzahl rechts der Schwelle, q, imaginär, und die Lösung fällt dort exponentiell ab. Insbesondere, wenn $E, V_0 \ll m$ sind, ist die Lösung $\psi_{\text{trans}} \sim e^{-|q|x^3} \sim e^{-mx^3}$ innerhalb einiger Compton-Wellenlängen lokalisiert.

Wenn jedoch V_0, die Höhe der Schwelle, vergrößert wird, so daß schließlich $V_0 \geq E + m$ ist, dann wird nach Gl. (10.1.28) q reell und man erhält eine oszillierende durchgehende ebene Welle. Dies ist ein Beispiel für das Kleinsche Paradoxon.

Den Ursprung dieses zunächst überraschenden Ergebnisses kann man sich folgendermaßen klar machen. Im Bereich I liegen die Lösungen mit positiver Energie im Intervall $E > m$, die Lösungen mit negativer Energie im Intervall $E < -m$. Im Bereich II liegen die Lösungen mit positiver Energie im Intervall $E > m + V_0$ und die mit negativer Energie im Intervall $E < -m + V_0$. Das bedeutet, daß für $V_0 > m$ die Lösungen zu „negativer" Energie ebenfalls positive Energie besitzen. Und wenn schließlich V_0 so groß ist, daß $V_0 > 2m$ wird (siehe Abb. 10.2), dann ist die Energie der Lösungen mit „negativer" Energie des Gebietes II schließlich größer als m, liegt also im Energiebereich der Lösungen mit positiver Energie des Raumgebietes I. Die im Anschluß an Gl. (10.1.29c) gefundene Bedingung für das Auftreten der oszillierenden Lösungen war $V_0 \geq E+m$, wobei die Energie im Bereich I $E > m$ erfüllt. Dies fällt mit obigen Überlegungen zusammen. Statt der vollständigen Reflexion und des exponentiellen Eindringens in eine klassisch nicht zugängliche Region hat man für $E > 2m$ einen Übergang in Zustände negativer Energie.

Für die durchgehende und die reflektierte Stromdichte erhält man

$$\frac{j_{\text{trans}}}{j_{\text{ein}}} = \frac{4r}{(1+r)^2} \, , \quad \frac{j_{\text{refl}}}{j_{\text{ein}}} = \left(\frac{1-r}{1+r} \right)^2 = 1 - \frac{j_{\text{trans}}}{j_{\text{ein}}} \, . \qquad (10.1.30)$$

Nun ist nach Gl. (10.1.29b) $r < 0$ für positives q und folglich ist der reflektierte Fluß größer als der einfallende.

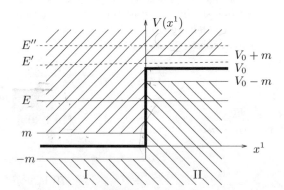

Abb. 10.2. Stufenpotential und Energiebereiche für $V_0 > 2m$. Stufenpotential (dick) und Energiebereiche mit positiver und negativer Energie (nach rechts und nach links geneigt schraffiert). Die Energien E und E' liegen links der Schwelle im Bereich positiver Energie. Rechts der Schwelle liegt E' im verbotenen Gebiet, also ist die Lösung exponentiell abfallend. E liegt im Gebiet der Lösungen mit negativer Energie. Die Energie E'' liegt sowohl links wie rechts im Gebiet positiver Energie.

Wählt man für q in (10.1.28) die positive Wurzel, ist nach Gl. (10.1.29b) $r < 0$, und folglich der nach links auslaufende Fluß größer als der (von links) einfallende. Dies rührt daher, daß für $V_0 > E$ die Gruppengeschwindigkeit

$$v_0 = \frac{1}{E - V_0} q$$

entgegengesetzt zu q ist. D.h. Wellenpakete derartiger Lösungen enthalten auch ein von rechts auf die Schwelle einfallendes Wellenpaket.

Wählt man für q in (10.1.28) die negative Wurzel, dann ist $r > 0$, und man erhält echtes Reflexionsverhalten[3].

10.2 Löcher–Theorie

Wir wollen nun eine vorläufige Interpretation der Zustände negativer Energie aufstellen. Positive Energiezustände stimmen exzellent mit dem Experiment überein. Können wir Zustände negativer Energie ignorieren? Die Antwort lautet: nein. Denn ein beliebiges Wellenpaket enthält auch Anteile negativer Energie v_r. Selbst wenn wir von Spinoren mit positiver Energie, u_r, ausgehen, dann kann es wegen der Wechselwirkung mit dem Strahlungsfeld Übergänge in Zustände negativer Energie geben (siehe Abb. 10.3). Atome und damit die uns umgebende Materie wären nicht stabil.

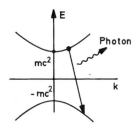

Abb. 10.3. Energieeigenwerte der Dirac-Gleichung und denkbare Übergänge

Von Dirac wurde 1930 folgender Ausweg vorgeschlagen. Alle Zustände negativer Energie sind besetzt. Dann können Teilchen mit positiver Energie wegen des Pauli-Verbots, das die Mehrfachbesetzung untersagt, nicht in die Zustände negativer Energie übergehen. Der Vakuum-Zustand besteht in diesem Bild aus einem unendlichen See von Teilchen, die sich in Zuständen negativer Energie befinden (Abb. 10.4).

---

[3] H.G. Dosch, J.H.D. Jensen and V.L. Müller, Physica Norvegica **5**, 151 (1971); B. Thaller, *The Dirac Equation*, Springer, Berlin, 1992, S. 120,307; W. Greiner, *Theoretische Physik*, Bd. 6, Relativistische Quantenmechanik Wellengleichungen, Harry Deutsch, Frankfurt, 1987.

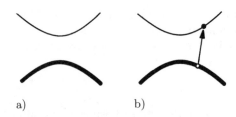

Abb. 10.4. Aufgefüllte Zustände negativer Energie (fett gezeichnete Linie) a) Vakuumzustand b) angeregter Zustand

Einen angeregten Zustand dieses Vakuums erhält man folgendermaßen: ein Elektron negativer Energie geht in einen positiven Energiezustand über und hinterläßt ein *Loch* mit der Ladung $-(-e_0) = e_0$! (Abb. 10.4 b)). Dies hat sofort eine interessante Konsequenz. Nehmen wir an, daß wir ein Teilchen negativer Energie aus dem Vakuum-Zustand entfernen. Dann bleibt ein Loch über. Im Vergleich zum Vakuum hat dieser Zustand positive Ladung und positive Energie. Die Abwesenheit eines Zustandes negativer Energie stellt ein *Antiteilchen* dar. Für das Elektron ist dies das *Positron*.
Betrachten wir etwa den Spinor mit negativer Energie

$$v_{r=1}(p')\mathrm{e}^{\mathrm{i}p'x} = v_1(p')\mathrm{e}^{\mathrm{i}(E_{\mathbf{p}'}t - \mathbf{p}'\mathbf{x})} \; .$$

Dies ist ein Eigenzustand mit Energieeigenwert $-E_{\mathbf{p}'}$, Impuls $-\mathbf{p}'$ und Spin im Ruhesystem $\frac{1}{2}\Sigma^3$ $1/2$. Wenn dieser Zustand *nicht besetzt* ist, ist ein Positron mit der Energie $E_{\mathbf{p}'}$ und dem Impuls $\mathbf{p}'$ und dem Spin $\frac{1}{2}\Sigma^3$ $-1/2$ vorhanden. Siehe die analoge Situation bei den Anregungen eines entarteten idealen Elektronengases am Ende von Abschnitt 2.1.1.

Man kann sich diesen Sachverhalt auch durch die Anregung eines Elektron-Zustandes durch ein Photon klar machen: Durch das γ-Quant mit Energie $\hbar\omega$ und dem Impuls $\hbar\mathbf{k}$ wird ein Elektron negativer Energie in einen Zustand positiver Energie gebracht (Abb. 10.5). Tatsächlich ist dieser Prozeß der Paar-erzeugung aus Gründen der Energie- und Impulserhaltung nur in Gegenwart eines Potentials möglich. Wir betrachten die Energie- und Impuls-Bilanz dieses Prozesses.

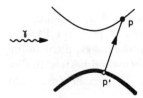

Abb. 10.5. Das Photon γ regt ein Elektron aus einem Zustand negativer Energie in einen Zustand positiver Energie an, d.h. $\gamma \to \mathrm{e}^+ + \mathrm{e}^-$.

Energie-Bilanz des Paarerzeugungsprozesses:

$$\hbar\omega = E_{\text{El. pos. Energie}} - E_{\text{El. neg. Energie}}$$
$$= E_{\mathbf{p}} - (-E_{\mathbf{p}'}) = E_{\text{El.}} + E_{\text{Pos.}} \tag{10.2.1}$$

Die Energie des Elektrons ist $E_{\text{El.}} = \sqrt{\mathbf{p}^2 c^2 + m^2 c^4}$ und die Energie des Positrons $E_{\text{Pos.}} = \sqrt{\mathbf{p}'^2 c^2 + m^2 c^4}$. Die *Impuls-Bilanz* beträgt

$$\hbar\mathbf{k} - \mathbf{p}' = \mathbf{p} \qquad \text{oder} \qquad \hbar\mathbf{k} = \mathbf{p} + \mathbf{p}' , \tag{10.2.2}$$

d.h. Impuls des Photons = (Impuls des Elektrons) + (Impuls des Positrons). Diese vorläufige Interpretation der Dirac-Theorie birgt jedoch eine Reihe von Problemen: Der Grundzustand (Vakuumzustand) hat unendlich hohe (negative) Energie. Man muß sich fragen, welche Rolle die Wechselwirkung der Teilchen in den besetzten Zuständen negativer Energie spielt. Auch liegt in der bisherigen Behandlung eine Asymmetrie zwischen Elektron und Positron vor. Würde man von der Dirac-Gleichung des Positrons ausgehen, müßte man dessen negativ-Energie-Zustände besetzen und die Elektronen wären Löcher in dem Positronen-See. Auf jeden Fall liegt unvermeidbar ein Vielteilchensystem vor.[4] Eine adäquate Beschreibung wird erst durch die Quantisierung des Dirac-Feldes möglich.

Die ursprüngliche Intention war, die Dirac-Gleichung als Verallgemeinerung der Schrödinger-Gleichung zu sehen und den Spinor ψ als eine Art Wellenfunktion zu interpretieren. Dies führt jedoch zu unüberwindbaren Schwierigkeiten. Schon das Konzept einer Wahrscheinlichkeitsverteilung für die Lokalisierung eines Teilchens an einem bestimmten Raumpunkt ist in der relativistischen Theorie unbrauchbar. Damit verbunden ist auch das Faktum, daß sich die störenden Züge der Dirac-Einteilchentheorie gerade dann manifestieren, wenn man das Teilchen in einen ganz kleinen (Compton-Wellenlänge) Raumbereich lokalisiert. Man kann diese Schwierigkeiten sehr leicht mit Hilfe der Unschärferelation plausibel machen. Wenn man ein Teilchen auf ein Gebiet mit der Ausdehnung Δx einschränkt, hat es nach der Heisenbergschen Unschärfe-Relation eine Impulsunschärfe $\Delta p > \hbar \Delta x^{-1}$. Falls nun $\Delta x < \frac{\hbar}{mc}$ ist, so wird seine Impuls- und damit auch Energieunschärfe

$$\Delta E \approx c\Delta p > mc^2 .$$

Die Energie des einen Teilchens reicht in dieser Situation aus, um mehrere Teilchen zu erzeugen. Auch dies ist ein Hinweis, daß die Einteilchentheorie durch eine Vielteilchentheorie, also eine Quantenfeldtheorie ersetzt werden muß.

Bevor wir uns der endgültigen Darstellung durch eine quantisierte Feldtheorie zuwenden, werden wir zunächst noch Symmetrieeigenschaften der

---

[4] Das einfache Bild der Löchertheorie darf nur mit Vorsicht verwendet werden. Siehe z.B. den Artikel von Gary Taubes, Science **275**, 148 (1997) über spontane Positronemission.

Dirac-Gleichung untersuchen unter Bedachtnahme auf den Zusammenhang zwischen Lösungen positiver und negativer Energie mit Teilchen und Anti-teilchen.

Aufgaben zu Kapitel 10

10.1 Beweisen Sie die Gordon-Identität (10.1.5), die besagt, daß für zwei Lösungen der freien Dirac-Gleichung zu positiver Energie, $u_r(p)$ und $u_{r'}(p)$ gilt

$$\bar{u}_r(p)\,\gamma^\mu u_{r'}(q) = \frac{1}{2m}\bar{u}_r(p)[(p+q)^\mu + i\sigma^{\mu\nu}(p-q)_\nu]u_{r'}(q) \ .$$

10.2 Leiten Sie Gl. (10.1.13) und den Zusatzterm (10.1.13') ab.

10.3 Verifizieren Sie die Lösung für das Stufenpotential zum Kleinschen Parado-xon. Diskutieren Sie die Art der Lösungen für die in Abb. 10.2 eingezeichneten Energiewerte E' und E''. Zeichnen Sie ein der Abb. 10.2 entsprechendes Diagramm für eine Potentialhöhe $0 < V_0 < m$.

11. Symmetrien und weitere Eigenschaften der Dirac-Gleichung

*11.1 Aktive und passive Transformationen, Transformation von Vektoren

In diesem und den folgenden Abschnitten sollen die Symmetrieeigenschaften der Dirac-Gleichung in Anwesenheit eines elektromagnetischen Potentials untersucht werden. Dazu erinnern wir zunächst an das in Abschnitt 7.1 dargestellte Transformationsverhalten von Spinoren bei passiven und aktiven Transformationen. Anschließend wenden wir uns der Transformation des Viererpotentials zu und untersuchen die Transformation des Dirac-Hamilton-Operators.

Gegeben sei eine Lorentz-Transformation

$$x' = \Lambda x + a \tag{11.1.1}$$

vom Koordinatensystem I in das Koordinatensystem I'. Nach Gl. (7.1.2a) transformiert sich ein Spinor $\psi(x)$ bei einer passiven Transformation wie

$$\psi'(x') = S\psi(\Lambda^{-1}x') \, , \tag{11.1.2a}$$

dabei haben wir nur die homogene Transformation aufgeschrieben.
Bei einer *aktiven* Transformation mit Λ^{-1} entsteht der Spinor (Gl. (7.1.2b))

$$\psi'(x) = S\psi(\Lambda^{-1}x) \, . \tag{11.1.2b}$$

Der Zustand Z'', der aus Z durch die aktive Transformation Λ entsteht, sieht definitionsgemäß in I' so aus wie der Zustand Z in I, d.h. $\psi(x')$. Da I aus I' durch die Lorentz-Transformation Λ^{-1} entsteht, ist (Gl. (7.1.2c))

$$\psi''(x) = S^{-1}\psi(\Lambda x) \, . \tag{11.1.2c}$$

Bei einer passiven Transformation um Λ transformiert sich der Spinor nach (11.1.2a), bei einer aktiven Transformation um Λ transformiert sich der Zustand nach (11.1.2c)[1].

---

[1] Bei inhomogenen Transformationen (Λ, a) ist $(\Lambda, a)^{-1} = (\Lambda^{-1}, -\Lambda^{-1}a)$ und in den Argumenten von Gl. (11.1.2a-c) $\Lambda x \to \Lambda x + a$ und $\Lambda^{-1}x \to \Lambda^{-1}(x - a)$ zu ersetzen.

Wir betrachten nun die Transformation von *Vektorfeldern*, wie z.B. das Viererpotential des elektromagnetischen Feldes:

Die *passive Transformation* der Komponenten eines Vektors $A^\mu(x)$ bei einer Lorentz-Transformation $x'^\mu = \Lambda^\mu{}_\nu x^\nu$ hat die Gestalt

$$A'^\mu(x') = \Lambda^\mu{}_\nu A^\nu(x) \equiv \Lambda^\mu{}_\nu A^\nu(\Lambda^{-1}x') \ . \tag{11.1.3a}$$

Die Umkehrung der Lorentz-Transformation findet man folgendermaßen:

$$\Lambda^\lambda{}_\mu g^{\mu\nu} \Lambda^\rho{}_\nu = g^{\lambda\rho} \Longrightarrow \Lambda^{\lambda\nu} \Lambda_{\rho\nu} = \delta^\lambda{}_\rho \Longrightarrow \Lambda_\lambda{}^\nu \Lambda^\rho{}_\nu = \delta_\lambda{}^\rho \ .$$

Da die rechtsinverse Matrix gleich der linksinversen ist, folgt hieraus und aus Gl. (11.1.1)

$$\Lambda^\mu{}_\nu \Lambda_\mu{}^\sigma = \delta^\sigma{}_\nu \Longrightarrow \Lambda_\mu{}^\sigma x'^\mu = \Lambda_\mu{}^\sigma \Lambda^\mu{}_\nu x^\nu = x^\sigma \ ,$$

also schließlich die Umkehrung der Lorentz-Transformation

$$x^\sigma = \Lambda_\mu{}^\sigma x'^\mu \ . \tag{11.1.4}$$

Bei einer *aktiven Transformation* wird der gesamte Raum samt den Vektorfeldern transformiert und von dem ursprünglichen Koordinatensystem I aus betrachtet. Bei einer Transformation mit Λ ist das dabei entstehende Vektorfeld von I' aus betrachtet von der Form $A^\mu(x')$ (Siehe Abb. 11.1). Das aktiv um Λ transformierte Feld, das wir mit $A''^\mu(x)$ bezeichnen, hat deshalb die Gestalt

$$A''^\mu(x) = \Lambda^{-1}{}^\mu{}_\nu A^\nu(\Lambda x) = \Lambda_\nu{}^\mu A^\nu(\Lambda x) \quad \text{in } I \ . \tag{11.1.3c}$$

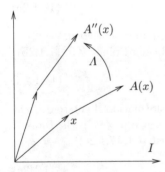

Abb. 11.1. Aktive Transformation eines Vektors mit der Lorentz-Transformation Λ

Der Vollständigkeit halber geben wir auch die aktive Transformation mit der Lorentz-Transformation Λ^{-1} an, welche auf

$$A'^\mu(x) = \Lambda^\mu{}_\nu A^\nu(x) \tag{11.1.3b}$$

führt.

Wir untersuchen nun die *Transformation der Dirac-Gleichung* in Anwesenheit eines elektromagnetischen Feldes A_μ unter einer *passiven Lorentz-Transformation:* Ausgehend von der Dirac-Gleichung im System I

$$\left(\gamma^\mu(i\partial_\mu - eA_\mu(x)) - m\right)\psi(x) = 0 \tag{11.1.5a}$$

erhält man die transformierte Gleichung im System I'

$$\left(\gamma^\mu(i\partial'_\mu - eA'_\mu(x')) - m\right)\psi'(x') = 0 . \tag{11.1.5b}$$

Man zeigt (11.1.5b), indem man in (11.1.5a) die Transformationen

$$\partial_\mu \equiv \frac{\partial}{\partial x^\mu} = \Lambda^\nu{}_\mu \partial'_\nu ; \quad A_\mu(x) = \Lambda^\nu{}_\mu A'_\nu(x') \quad \text{und} \quad \psi(x) = S^{-1}\psi'(x')$$

einsetzt, so erhält man

$$\left(\gamma^\mu \Lambda^\nu{}_\mu(i\partial'_\nu - eA'_\nu(x')) - m\right) S^{-1}\psi'(x') = 0 .$$

Multiplikation mit S

$$\left(S\gamma^\mu \Lambda^\nu{}_\mu S^{-1}(i\partial'_\nu - eA'_\nu(x')) - m\right)\psi'(x') = 0$$

und Verwendung von $\gamma^\mu \Lambda^\nu{}_\mu = S^{-1}\gamma^\nu S$ ergibt schließlich die Behauptung

$$\left(\gamma^\nu(i\partial'_\nu - eA'_\nu(x')) - m\right)\psi'(x') = 0 .$$

Transformation der Dirac-Gleichung unter einer *aktiven Lorentz-Transformation*

$$\psi''(x) = S^{-1}\psi(\Lambda x) \tag{11.1.2c}$$

$$A''^\mu(x) = \Lambda_\nu{}^\mu A^\nu(\Lambda x) : \tag{11.1.3c}$$

Ausgehend von

$$\left(\gamma^\mu(i\partial_\mu - eA_\mu(x)) - m\right)\psi(x) = 0 \tag{11.1.5a}$$

nehmen wir diese Gleichung an der Stelle $x' = \Lambda x$ unter Beachtung von $\frac{\partial}{\partial x'^\mu} = \frac{\partial x^\nu}{\partial x'^\mu}\frac{\partial}{\partial x^\nu} = \Lambda_\mu{}^\nu \partial_\nu$

$$\left(\gamma^\mu(i\Lambda_\mu{}^\nu \partial_\nu - eA_\mu(\Lambda x)) - m\right)\psi(\Lambda x) = 0 .$$

Multiplizieren mit $S^{-1}(\Lambda)$

$$\left(S^{-1}\gamma^\mu S(i\Lambda_\mu{}^\nu \partial_\nu - eA_\mu(\Lambda x)) - m\right)S^{-1}\psi(\Lambda x) = 0 ,$$

und Benützung von $S^{-1}\gamma^\mu S \Lambda_\mu{}^\nu = \Lambda^\mu{}_\sigma \gamma^\sigma \Lambda_\mu{}^\nu = \gamma^\sigma \delta_\sigma{}^\nu$ und Gl. (11.1.4) ergibt

$$\left(\gamma^\nu(\mathrm{i}\partial_\nu - eA''_\nu(x)) - m\right)\psi''(x) = 0 \; . \tag{11.1.6}$$

Wenn $\psi(x)$ die Dirac-Gleichung im Potential $A_\mu(x)$ erfüllt, dann erfüllt der transformierte Spinor $\psi''(x)$ die Dirac-Gleichung im transformierten Potential $A''_\mu(x)$.

Im allgemeinen ist die transformierte Gleichung von der Ausgangsgleichung verschieden. Die beiden sind nur dann gleich, wenn $A''_\mu(x) = A_\mu(x)$. Dann genügen $\psi(x)$ und $\psi''(x)$ derselben Bewegungsgleichung. Die Bewegungsgleichung bleibt invariant unter jeder Lorentz-Transformation L, die das äußere Potential ungeändert läßt. Zum Beispiel bleibt ein radialsymmetrisches Potential invariant gegenüber Drehungen.

11.2 Invarianz und Erhaltungssätze

11.2.1 Allgemeine Transformation

Wir schreiben die Transformation $\psi''(x) = S^{-1}\psi(\Lambda x)$ in der Form

$$\psi'' = T\psi \; , \tag{11.2.1}$$

wo der Operator T sowohl die Wirkung der Matrix S wie auch die Transformation der Koordinaten beinhaltet. Die Aussage, daß die Dirac-Gleichung sich unter einer aktiven Lorentz-Transformation wie oben (Gl. (11.1.6)) transformiert, besagt, daß für den Operator

$$\mathcal{D}(A) \equiv \gamma^\mu(\mathrm{i}\partial_\mu - eA_\mu) \; , \tag{11.2.2}$$

$$T\mathcal{D}(A)T^{-1} = \mathcal{D}(A'') \tag{11.2.3}$$

gilt, weil

$$(\mathcal{D}(A) - m)\psi = 0 \Longrightarrow T(\mathcal{D}(A) - m)\psi = T(\mathcal{D}(A) - m)T^{-1}T\psi$$
$$= (\mathcal{D}(A'') - m)T\psi = 0$$

ist. Da der transformierte Spinor $T\psi$ der Dirac-Gleichung $(\mathcal{D}(A'') - m)T\psi = 0$ genügt und dieser Zusammenhang für jeden beliebigen Spinor gilt, folgt (11.2.3).

Falls A bei der betrachteten Lorentz-Transformation ungeändert bleibt, $A'' = A$, folgt aus (11.2.3), daß T mit $\mathcal{D}(A)$ kommutiert:

$$[T, \mathcal{D}(A)] = 0 \; . \tag{11.2.4}$$

Den Operator T kann man für die einzelnen Transformationen konstruieren.

11.2.2 Drehungen

Für *Drehungen* haben wir bereits in Kap. 7 gefunden[2], daß

$$T = e^{-i\varphi^k J^k}$$

$$\mathbf{J} = \frac{\hbar}{2}\boldsymbol{\Sigma} + \mathbf{x} \times \frac{\hbar}{i}\boldsymbol{\nabla} \,. \tag{11.2.5}$$

Der Gesamtdrehimpuls $\mathbf{J}$ ist die Erzeugende von Drehungen.

Nimmt man ein infinitesimales φ^k, dann folgt nach Entwicklung der Exponentialfunktion aus (11.2.2) und (11.2.4), daß für rotationsinvariantes Potential A

$$[\mathcal{D}(A), \mathbf{J}] = 0 \,. \tag{11.2.6}$$

Da $[i\gamma^0\partial_t, \gamma^i\gamma^k] = 0$ und $[i\gamma^0\partial_t, \mathbf{x} \times \boldsymbol{\nabla}] = 0$ sind, folgt aus (11.2.6)

$$[\mathbf{J}, H] = 0 \,, \tag{11.2.7}$$

wo H der Dirac-Hamilton-Operator ist.

11.2.3 Translationen

Bei *Translationen* ist $S = \mathbb{1}$ und

$$\psi''(x) = \psi(x + a) = e^{a^\mu \partial_\mu}\psi(x) \,, \tag{11.2.8}$$

also ist der Translationsoperator

$$T \equiv e^{-ia^\mu i\partial_\mu} = e^{-ia^\mu p_\mu} \,, \tag{11.2.9}$$

wo $p_\mu = i\partial_\mu$ der Impulsoperator ist. Der Impuls ist die Erzeugende von Translationen. Die *Translationsinvarianz* eines Problems bedingt

$$[\mathcal{D}(A), p_\mu] = 0 \tag{11.2.10}$$

und wegen $[i\gamma^0\partial_t, p_\mu] = 0$ ist

$$[p_\mu, H] = 0 \,. \tag{11.2.11}$$

---

[2] Der Vorzeichenunterschied gegenüber Kap. 7 ergibt sich, weil dort die aktive Transformation Λ^{-1} betrachtet wurde.

11.2.4 Raumspiegelung (Paritätstransformation)

Wir besprechen noch die *Paritätstransformation*. Die Paritätsoperation P, dargestellt durch den Paritätsoperator $\mathcal{P}$ ist mit einer räumlichen Inversion verbunden. Wir bezeichnen mit $\mathcal{P}^{(0)}$ den Bahn-Paritätsoperator, der eine räumliche Inversion bewirkt

$$\mathcal{P}^{(0)}\psi(t, \mathbf{x}) = \psi(t, -\mathbf{x}) \,. \tag{11.2.12}$$

Für den gesamten Paritätsoperator fanden wir in Abschn. 6.2.2.4 wir bis auf einen willkürlichen Phasenfaktor

$$\mathcal{P} = \gamma^0 \mathcal{P}^{(0)} \,. \tag{11.2.13}$$

Es ist $\mathcal{P}^\dagger = \mathcal{P}$ und $\mathcal{P}^2 = 1$.

Wenn $A^\mu(x)$ invariant gegenüber Inversion ist, folgt für den Dirac-Hamilton-Operator H

$$[\mathcal{P}, H] = 0 \,. \tag{11.2.14}$$

Es gibt noch zwei weitere diskrete Symmetrien der Dirac-Gleichung, die Ladungskonjugation und die Zeitumkehrinvarianz.

11.3 Ladungskonjugation

Die Löchertheorie legt nahe, daß es zum Elektron ein Antiteilchen gibt, das Positron, das 1933 von C.D. Anderson experimentell entdeckt wurde. Das Positron ist ebenfalls ein Fermion mit Spin 1/2 und sollte für sich der Dirac-Gleichung mit $e \to -e$ genügen. Es muß deshalb ein Zusammenhang zwischen den Lösungen negativer Energie zu negativer Ladung und den Lösungen positiver Energie zu positiver Ladung bestehen. Diese weitere Symmetrietransformation der Dirac-Gleichung heißt Ladungskonjugation C.
Die Dirac-Gleichung des Elektrons lautet

$$(i\partial\!\!\!/ - e A\!\!\!/ - m)\psi = 0 \,, \qquad e = -e_0 \,, \ e_0 = 4.8 \times 10^{-10} \text{esu} \tag{11.3.1}$$

und die Dirac-Gleichung für entgegengesetzt geladene Teilchen

$$(i\partial\!\!\!/ + e A\!\!\!/ - m)\psi_c = 0 \,. \tag{11.3.2}$$

Wir suchen eine Transformation, die ψ in ψ_c überführt. Zunächst führen wir eine komplexe Konjugation durch; welche sich auf die beiden ersten Terme in (11.3.1) wie

$$(i\partial_\mu)^* = -i\partial_\mu \tag{11.3.3a}$$
$$(A_\mu)^* = A_\mu \tag{11.3.3b}$$

auswirkt, da das elektromagnetische Feld reell ist. Es wird sich vor allem im nächsten Abschnitt als zweckmäßig erweisen, einen Operator K_0 zu definieren, der die komplexe Konjugation der ihm folgenden Operatoren und Spinoren bewirkt. In dieser Notation lauten (11.3.3a,b)

$$K_0 \mathrm{i}\partial_\mu = -\mathrm{i}\partial_\mu K_0 \quad \text{und} \quad K_0 A_\mu = A_\mu K_0 \,. \tag{11.3.3'}$$

Wenn man das komplex konjugierte der Dirac-Gleichung nimmt, erhält man deshalb

$$\left(-(\mathrm{i}\partial_\mu + eA_\mu)\gamma^{\mu *} - m\right)\psi^*(x) = 0 \,. \tag{11.3.4}$$

Damit ist im Vergleich zu Gl. (11.3.1) das Vorzeichen der Ladung geändert, aber auch das Vorzeichen des Massenterms. Wir suchen eine nichtsinguläre Matrix $C\gamma^0$ mit der Eigenschaft

$$C\gamma^0 \gamma^{\mu *}(C\gamma^0)^{-1} = -\gamma^\mu \,. \tag{11.3.5}$$

Mit Hilfe dieser Matrix folgt aus (11.3.4)

$$\begin{aligned} &C\gamma^0 \left(-(\mathrm{i}\partial_\mu + eA_\mu)\gamma^{\mu *} - m\right)(C\gamma^0)^{-1}C\gamma^0\psi^* \\ &= (\mathrm{i}\slashed{\partial} + e\slashed{A} - m)(C\gamma^0\psi^*) = 0 \,. \end{aligned} \tag{11.3.6}$$

Der Vergleich mit (11.3.2) zeigt, daß

$$\psi_c = C\gamma^0\psi^* = C\bar{\psi}^T \tag{11.3.7}$$

ist, da

$$\bar{\psi}^T = (\psi^\dagger \gamma^0)^T = \gamma^{0 T}\psi^{\dagger T} = \gamma^0 \psi^* \,. \tag{11.3.8}$$

Die Gleichung (11.3.5) kann auch umgeformt werden in

$$C^{-1}\gamma^\mu C = -\gamma^{\mu T} \,. \tag{11.3.5'}$$

In der Standard-Darstellung ist $\gamma^{0 T} = \gamma^0$, $\gamma^{2 T} = \gamma^2$, $\gamma^{1 T} = -\gamma^1$, $\gamma^{3 T} = -\gamma^3$, also kommutiert C mit γ^1 und γ^3 und antikommutiert mit γ^0 und γ^2. Daraus folgt

$$C = \mathrm{i}\gamma^2\gamma^0 = -C^{-1} = -C^\dagger = -C^T \,, \tag{11.3.9}$$

sodaß auch

$$\psi_c = \mathrm{i}\gamma^2\psi^* \tag{11.3.7'}$$

gilt. Die gesamte Operation der Ladungskonjugation

$$\mathcal{C} = C\gamma_0 K_0 = \mathrm{i}\gamma^2 K_0 \tag{11.3.7''}$$

besteht aus der komplexen Konjugation K_0 und der Multiplikation mit $C\gamma_0$.

Wenn $\psi(x)$ die Bewegung eines Dirac-Teilchens mit der Ladung e im Potential $A_\mu(x)$ beschreibt, dann beschreibt ψ_c die Bewegung eines Teilchens mit Ladung $-e$ im selben Potential $A_\mu(x)$.

Beispiel: freies Teilchen, $A_\mu = 0$

$$\psi_1^{(-)} = \frac{1}{(2\pi)^{3/2}} \begin{pmatrix} 0 \\ 0 \\ 1 \\ 0 \end{pmatrix} e^{imt} \tag{11.3.10}$$

$$\left(\psi_1^{(-)}\right)_c = C\gamma^0 \left(\psi_1^{(-)}\right)^* = i\gamma^2 \left(\psi_1^{(-)}\right)^* = \frac{1}{(2\pi)^{3/2}} \begin{pmatrix} 0 \\ 1 \\ 0 \\ 0 \end{pmatrix} e^{-imt} = \psi_2^{(+)} \tag{11.3.10'}$$

Der ladungskonjugierte Zustand hat entgegengesetzten Spin.

Wir betrachten nun einen allgemeineren Zustand mit Impuls k und Polarisation längs n [3]. Dieser erfüllt hinsichtlich der Projektionsoperatoren die Eigenschaft

$$\psi = \frac{\varepsilon \not{k} + m}{2m} \frac{1 + \gamma_5 \not{n}}{2} \psi , \quad k^0 > 0 \tag{11.3.11}$$

mit $\varepsilon = \pm 1$ für das Vorzeichen der Energie. Wenn man darauf die Ladungskonjugation anwendet, ergibt sich

$$\psi_c = C\bar{\psi}^T = C\gamma^0 \left(\frac{\varepsilon \not{k} + m}{2m}\right)^* \left(\frac{1 + \gamma_5 \not{n}}{2}\right)^* \psi^* \tag{11.3.11'}$$

$$= C\gamma_0 \left(\frac{\varepsilon \not{k}^* + m}{2m}\right) (C\gamma_0)^{-1} C\gamma_0 \left(\frac{1 + \gamma_5 \not{n}^*}{2}\right) (C\gamma_0)^{-1} C\gamma_0 \psi^*$$

$$= \left(\frac{-\varepsilon \not{k} + m}{2m}\right) \left(\frac{1 + \gamma_5 \not{n}}{2}\right) \psi_c ,$$

wo $\gamma_5^* = \gamma_5$ und $\{C\gamma_0, \gamma_5\} = 0$ benützt wurde. ψ_c ist durch die gleichen Vierervektoren k und n charakterisiert wie ψ, aber das Vorzeichen der Energie hat sich umgekehrt. Da der Projektionsoperator $\frac{1}{2}(1 + \gamma_5 \not{n})$ auf Spin $\pm\frac{1}{2}$ längs $\check{n}$ projiziert, je nach Vorzeichen der Energie, wird bei der Ladungskonjugation der Spin umgekehrt. Bezüglich des Impulses sei noch bemerkt, daß die komplexe Konjugation für freie Spinoren $e^{-ikx} \to e^{ikx}$ ergibt, d.h.

---

[3] $\not{n} = \gamma^\mu n_\mu$, n_μ raumartiger Einheitsvektor $n^2 = n^\mu n_\mu = -1$ und $n_\mu k^\mu = 0$.
$P(n) = \frac{1}{2}(1 + \gamma_5 \not{n})$ projiziert auf positiv-Energie-Spinor $u(k,n)$, der im Ruhesystem längs $\check{n}$ polarisiert ist und auf negativ-Energie-Spinor $v(k,n)$, der längs $-\check{n}$ polarisiert ist.
$k = \Lambda \check{k}$, $n = \Lambda \check{n}$, $\check{k} = (m,0,0,0)$, $\check{n} = (0,\mathbf{n})$ (Siehe Anhang C). Die Projektionsoperatoren $\Lambda_\pm(k) \equiv (\pm \not{k} + m)/2m$ wurden in Gl. (6.3.21) eingeführt.

der Impuls **k** wird in $-\mathbf{k}$ transformiert. Soweit haben wir die Transformation der Spinoren besprochen. Im Bild der Löchertheorie, die in der Quantenfeld-theorie ihre mathematische Darstellung findet, entspricht der Nichtbesetzung eines Spinors negativer Energie ein Antiteilchen positiver Energie mit genau entgegengesetzten Quantenzahlen dieses Spinors (Abschn. 10.2). Folglich werden bei der Ladungskonjugation der Quanten die Teilchen und Antiteilchen ineinander transformiert, mit der gleichen Energie, dem gleichen Spin und entgegengesetzter Ladung.

Bemerkungen:

(i) Offensichtlich ist die Dirac-Gleichung invariant unter gleichzeitiger Transformation von ψ und A

$$\psi \longrightarrow \psi_c = \eta_c C \bar{\psi}^T$$
$$A_\mu \longrightarrow A_\mu^c = -A_\mu \, .$$

Die Viererstromdichte j_μ transformiert sich unter Ladungskonjugation wie

$$j_\mu = \bar{\psi}\gamma_\mu\psi \longrightarrow j_\mu^c = \bar{\psi}_c\gamma_\mu\psi_c = \bar{\psi}^* C^\dagger \gamma_0 \gamma_\mu C \bar{\psi}^T$$
$$= \psi^T \gamma^0 (-C) \gamma^0 \gamma_\mu C \bar{\psi}^T = \psi^T C \gamma_\mu C \bar{\psi}^T = \psi^T \gamma_\mu^T \bar{\psi}^T$$
$$= \psi_\alpha (\gamma_\mu)_{\beta\alpha} \gamma_{\beta\rho}^0 \psi_\rho^* = \psi_\rho^* \gamma_{\rho\beta}^0 (\gamma_\mu)_{\beta\alpha} \psi_\alpha = \bar{\psi}\gamma_\mu\psi$$

Man erhält also für das C-Zahl Dirac-Feld $j_\mu^c = j_\mu$. In der quantisierten Form werden ψ und $\bar{\psi}$ antikommutierende Felder, was zu einem extra Minus führt

$$j_\mu^c = -j_\mu \, . \tag{11.3.12}$$

Dann bleibt bei der kombinierten Ladungskonjugation $ej \cdot A$ invariant. Die Form der Ladungskonjugationstransformation hängt von der Darstellung ab, wie wir am Beispiel der Majorana-Darstellung explizit sehen werden.

(ii) Unter einer *Majorana-Darstellung* versteht man eine Darstellung der γ-Matrizen mit den Eigenschaften, daß γ^0 imaginär und antisymmetrisch ist und die γ^k imaginär und symmetrisch sind. In einer Majorana-Darstellung ist die Dirac-Gleichung

$$(i\gamma^\mu \partial_\mu - m)\psi = 0$$

eine reelle Gleichung. Wenn ψ eine Lösung ist, dann ist auch

$$\psi_c = \psi^* \tag{11.3.13}$$

eine Lösung. In der Majorana-Darstellung ist die zu ψ ladungskonjugierte Lösung bis auf einen willkürlichen Phasenfaktor durch (11.3.13) gegeben, denn aus der Dirac-Gleichung mit Feld

$$(\gamma^\mu(i\partial_\mu - eA_\mu) - m)\psi = 0 \tag{11.3.14}$$

folgt

$$(\gamma^\mu(i\partial_\mu + eA_\mu) - m)\psi_c = 0 \, . \tag{11.3.14'}$$

Der Spinor ψ ist Lösung mit Feld zu Ladung e und der Spinor ψ_c ist Lösung zur Ladung $-e$. Ein Spinor, der reell ist, d.h.

$$\psi^* = \psi \,,$$

heißt Majorana-Spinor. Ein Dirac-Spinor besteht aus zwei Majorana-Spinoren. Ein Beispiel einer Majorana-Darstellung ist der Satz von Matrizen

$$\gamma_0 = \begin{pmatrix} 0 & \sigma^2 \\ \sigma^2 & 0 \end{pmatrix} \,, \quad \gamma_1 = i \begin{pmatrix} 0 & \sigma^1 \\ \sigma^1 & 0 \end{pmatrix} \,,$$

$$\gamma_2 = i \begin{pmatrix} \mathbb{1} & 0 \\ 0 & -\mathbb{1} \end{pmatrix} \,, \quad \gamma_3 = i \begin{pmatrix} 0 & \sigma^3 \\ \sigma^3 & 0 \end{pmatrix} \,. \tag{11.3.15}$$

Ein anderes Beispiel ist in Aufgabe 11.2 dargestellt.

11.4 Zeitumkehr (Bewegungsumkehr)

Man sollte diese diskrete Symmetrietransformation besser Bewegungsumkehrtransformation nennen, es hat sich jedoch der Ausdruck Zeitumkehrtransformation eingebürgt, so daß wir ihn hier auch verwenden. Es sei betont, daß die Zeitumkehrtransformation kein Zurücklaufen in negative Zeitrichtung bewirkt, obwohl diese Transformation unter anderem die Änderung des Zeitarguments eines Zustands $t \to -t$ beinhaltet. Man benötigt keine in der Zeit zurücklaufenden Uhren, um Zeitumkehr und die Invarianz einer Theorie unter dieser Transformation zu untersuchen; tatsächlich handelt es sich um Bewegungsumkehr. In der Quantenmechanik kommt eine formale Schwierigkeit hinzu, man benötigt zur Beschreibung der Zeitumkehr antiunitäre Operatoren. In diesem Abschnitt wird die Zeitumkehrtransformation zunächst für die klassische Mechanik und die nichtrelativistische Quantenmechanik und dann für die Dirac-Gleichung untersucht.

11.4.1 Bewegungsumkehr in der klassischen Physik

Wir betrachten ein klassisches, zeitlich translationsinvariantes System, welches durch verallgemeinerte Koordinaten q und Impulse p beschrieben werde, die zeitunabhängige Hamilton-Funktion sei $H(q,p)$. Dann sind die Hamiltonschen Bewegungsgleichungen

$$\dot{q} = \frac{\partial H(q,p)}{\partial p}$$

$$\dot{p} = -\frac{\partial H(q,p)}{\partial q} \,. \tag{11.4.1}$$

Wir setzen voraus, daß zum Anfangszeitpunkt $t = 0$ die Werte der generalisierten Koordinaten und Impulse (q_0, p_0) seien. Die Lösung $q(t), p(t)$ der Hamiltonschen Bewegungsgleichungen muß also die Anfangsbedingungen

$$q(0) = q_0$$
$$p(0) = p_0$$
$$(11.4.2)$$

erfüllen. Zu der späteren Zeit $t = t_1 > 0$ möge die Lösung die Werte

$$q(t_1) = q_1 \, , \quad p(t_1) = p_1 \qquad (11.4.3\text{a})$$

annehmen. Der zur Zeit t_1 *bewegungsumgekehrte Zustand* ist durch

$$q'(t_1) = q_1 \, , \quad p'(t_1) = -p_1 \qquad (11.4.3\text{b})$$

definiert. Falls das System nach dieser Bewegungsumkehr seinen Weg wieder zurückläuft und schließlich nach der weiteren Zeit t_1 den bewegungsumgekehrten Anfangszustand erreicht, nennt man es *zeitumkehrinvariant* oder bewegungsumkehrinvariant (Siehe Abb. 11.2). Die Überprüfung der Zeitumkehrinvarianz erfordert kein Zurücklaufen in der Zeit. Es kommen in der Definition nur Bewegungen in positiver Zeitrichtung vor. Ob Zeitumkehrinvarianz vorliegt, kann deshalb experimentell überprüft werden.

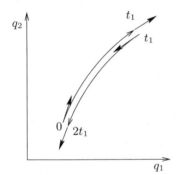

Abb. 11.2. Bewegungsumkehr: Versetzt gezeichnete Trajektorien im Ortsraum: $(0, t_1)$ vor Bewegungsumkehr, $(t_1, 2t_1)$ nach Bewegungsumkehr

Wir wollen nun die Bedingung für Zeitumkehrinvarianz untersuchen und die Lösung für den bewegungsumgekehrten Anfangszustand finden. Wir definieren die Funktionen

$$q'(t) = q(2t_1 - t)$$
$$p'(t) = -p(2t_1 - t) \, . \qquad (11.4.4)$$

Offensichtlich erfüllen diese Funktionen die Anfangsbedingungen

$$q'(t_1) = q(t_1) = q_1 \qquad (11.4.5)$$

und

$$p'(t_1) = -p(t_1) = -p_1 \, . \qquad (11.4.6)$$

Zur Zeit $2t_1$ werden die Werte

$$q'(2t_1) = q(0) = q_0$$
$$p'(2t_1) = -p(0) = -p_0 \qquad (11.4.7)$$

angenommen, also die bewegungsumgekehrten Anfangswerte. Schließlich erfüllen sie die Bewegungsgleichungen[4]

$$\dot{q}'(t) = -\dot{q}(2t_1 - t) = -\frac{\partial H(q(2t_1 - t), p(2t_1 - t))}{\partial p(2t_1 - t)}$$

$$= \frac{\partial H(q'(t), -p'(t))}{\partial p'(t)} \qquad (11.4.8a)$$

$$\dot{p}'(t) = \dot{p}(2t_1 - t) = -\frac{\partial H(q(2t_1 - t), p(2t_1 - t))}{\partial q(2t_1 - t)}$$

$$= -\frac{\partial H(q'(t), -p'(t))}{\partial q'(t)}. \qquad (11.4.8b)$$

Die Bewegungsgleichungen der Funktionen $q'(t), p'(t)$ werden nach Gl. (11.4.8a,b) durch eine Hamilton-Funktion $\bar{H}$ beschrieben, welche aus der ursprünglichen durch Ersetzung von $p \to -p$ hervorgeht:

$$\bar{H} = H(q, -p) . \qquad (11.4.9)$$

Die meisten Hamilton-Funktionen sind quadratisch in p (z.B. von Teilchen in einem äußeren Potential, die über Potentiale wechselwirken) und sind deshalb invariant gegenüber Bewegungsumkehr. Für diese ist $\bar{H} = H(q, p)$, und $q'(t), p'(t)$ genügen den ursprünglichen Bewegungsgleichungen und entwickeln sich vom bewegungsumgekehrten Ausgangswert $(q_1, -p_1)$ in den bewegungsumgekehrten Anfangswert $(q_0, -p_0)$ der ursprünglichen Lösung $(q(t), p(t))$. Das bedeutet, daß derartige klassische Systeme zeitumkehrinvariant sind.

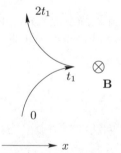

Abb. 11.3. Bewegungsumkehr in Gegenwart eines senkrecht zur Zeichenebene orientierten Magnetfeldes **B**. In dieser Zeichnung wird die Bewegungsumkehr zu dem Zeitpunkt durchgeführt, bei dem sich das Teilchen genau in x-Richtung bewegt.

---

[4] Der Punkt bedeutet die Ableitung nach dem gesamten Argument, z.B. $\dot{q}(2t_1 - t) \equiv \frac{\partial q(2t_1 - t)}{\partial (2t_1 - t)}$.

Die Bewegungsumkehrinvarianz trifft in dieser einfachen Form nicht zu für die Bewegung von Teilchen im Magnetfeld und auch bei anderen Kräften, die linear in der Geschwindigkeit sind. Man kann sich dies leicht anhand der Abb. 11.3 klarmachen: Geladene Teilchen laufen in einem homogenen Magnetfeld auf Kreisen, in einem dem Vorzeichen der Ladung entsprechenden Bewegungssinn. Bei Bewegungsumkehr läuft deshalb das Teilchen nicht auf dem ursprünglichen Kreis zurück, sondern setzt seine Bahn auf dem oberen Kreisabschnitt fort. In Gegenwart eines Magnetfeldes muß man, um Bewegungsumkehrinvarianz zu erhalten, auch die Richtung des äußeren Magnetfeldes umkehren:

$$\mathbf{B} \to -\mathbf{B} \, , \tag{11.4.10}$$

wie man anhand der Skizze oder der folgenden Rechnung sieht. Die Hamilton-Funktion ohne Feld sei $H = H(\mathbf{x}, \mathbf{p})$ in kartesischen Koordinaten, und sie sei invariant gegenüber Zeitumkehr. Dann ist die Hamilton-Funktion im elektromagnetischen Feld

$$H = H(\mathbf{x}, \mathbf{p} - \frac{e}{c}\mathbf{A}(\mathbf{x})) + e\Phi(\mathbf{x}) \, , \tag{11.4.11}$$

wo $\mathbf{A}$ das Vektorpotential und Φ das skalare Potential sind. Diese Hamilton-Funktion ist nicht invariant unter der Transformation (11.4.4). Die Hamilton-Funktion (11.4.11) ist jedoch gegenüber der allgemeinen Transformation

$$\mathbf{x}'(t) = \mathbf{x}(2t_1 - t) \tag{11.4.12a}$$
$$\mathbf{p}'(t) = -\mathbf{p}(2t_1 - t) \tag{11.4.12b}$$
$$\mathbf{A}'(\mathbf{x}, t) = -\mathbf{A}(\mathbf{x}, 2t_1 - t) \tag{11.4.12c}$$
$$\Phi'(\mathbf{x}, t) = \Phi(\mathbf{x}, 2t_1 - t) \tag{11.4.12d}$$

invariant. Die Gleichungen (11.4.12c) und (11.4.12d) implizieren eine Vorzeichenänderung des Magnetfeldes, aber nicht des elektrischen Feldes, wie man aus

$$\mathbf{B} = \text{rot}\,\mathbf{A} \to \text{rot}\,\mathbf{A}' = -\mathbf{B}$$
$$\mathbf{E} = -\boldsymbol{\nabla}\Phi + \frac{1}{c}\frac{\partial}{\partial t}\mathbf{A}(\mathbf{x}, t) \to -\boldsymbol{\nabla}\Phi' + \frac{1}{c}\frac{\partial}{\partial t}\mathbf{A}'(\mathbf{x}, t)$$
$$= -\boldsymbol{\nabla}\Phi + \frac{1}{c}\frac{\partial}{\partial(2t_1 - t)}\mathbf{A}(\mathbf{x}, 2t_1 - t) = \mathbf{E} \tag{11.4.13a}$$

sieht. Wir bemerken noch am Rande, daß bei Zutreffen der Lorentz-Bedingung

$$\frac{1}{c}\frac{\partial}{\partial t}\Phi + \boldsymbol{\nabla}\mathbf{A} = 0 \, , \tag{11.4.13b}$$

diese auch für die bewegungsumgekehrten Potentiale gilt.

Bemerkung. In der vorhergehenden Darstellung gingen wir von der Bewegung im Zeitintervall $[0, t_1]$ aus und ließen den bewegungsumgekehrten Vorgang daran anschließend im Zeitintervall $[t_1, 2t_1]$ ablaufen. Genausogut können wir die ursprüngliche Bewegung im Zeitintervall $[-t_1, t_1]$ betrachten und als Gegenstück den bewegungsumgekehrten Zeitablauf ebenfalls zwischen $-t_1$ und t_1:

$$q''(t) = q(-t)$$
$$p''(t) = -p(-t) \tag{11.4.14}$$

mit den Anfangsbedingungen

$$q''(-t_1) = q(t_1)\,,$$
$$p''(-t_1) = -p(t_1) \tag{11.4.15}$$

und den Endwerten

$$q''(t_1) = q(-t_1)\,,$$
$$p''(t_1) = -p(-t_1)\,. \tag{11.4.16}$$

$(q''(t), p''(t))$ unterscheidet sich von $(q'(t), p'(t))$ aus Gl. (11.4.4) nur um eine Zeittranslation um $2t_1$; der Zeitablauf ist ebenfalls in positiver Zeitrichtung, von $-t_1$ nach t_1.

11.4.2 Zeitumkehr in der Quantenmechanik

11.4.2.1 Zeitumkehr in der Ortsdarstellung

Nach diesen Vorbereitungen bezüglich der klassischen Mechanik wenden wir uns der nichtrelativistischen Quantenmechanik (in der Ortsdarstellung) zu, beschrieben durch die Wellenfunktion $\psi(\mathbf{x}, t)$, die der Schrödinger-Gleichung

$$\mathrm{i}\frac{\partial \psi(\mathbf{x}, t)}{\partial t} = H\psi(\mathbf{x}, t) \tag{11.4.17}$$

genügt. Wir nehmen an, daß die Anfangsbedingung für $\psi(\mathbf{x}, t)$ zur Zeit 0 durch $\psi_0(\mathbf{x})$ gegeben sei, d.h.

$$\psi(\mathbf{x}, 0) = \psi_0(\mathbf{x})\,. \tag{11.4.18}$$

Diese Anfangsbedingung bestimmt $\psi(\mathbf{x}, t)$ zu jeder späteren Zeit t. Es ist zwar möglich, aus der Schrödinger-Gleichung auch $\psi(\mathbf{x}, t)$ zu früheren Zeiten zu berechnen, aber dies ist im allgemeinen nicht von Interesse. Denn die Aussage, daß zur Zeit 0 die Wellenfunktion $\psi_0(\mathbf{x})$ vorliegt, impliziert, daß eine Messung vorgenommen wurde, welche in aller Regel den vorher vorliegenden Zustand verändert hat. Zur Zeit $t_1 > 0$ möge sich die Wellenfunktion

$$\psi(\mathbf{x}, t_1) \equiv \psi_1(\mathbf{x}) \tag{11.4.19}$$

ergeben. Wie sieht das bewegungsumgekehrte System aus, so daß sich ein Anfangszustand $\psi_1(\mathbf{x})$ nach der Zeit t_1 in $\psi_0(\mathbf{x})$ entwickelt? Die Funktion $\psi(\mathbf{x}, 2t_1 - t)$ genügt wegen der Zeitableitung erster Ordnung nicht der Schrödinger-Gleichung. Wenn wir jedoch noch zusätzlich das komplex konjugierte der Wellenfunktion bilden

$$\psi'(\mathbf{x}, t) = \psi^*(\mathbf{x}, 2t_1 - t) \equiv K_0 \psi(\mathbf{x}, 2t_1 - t) , \tag{11.4.20}$$

erfüllt diese die Differentialgleichung

$$\mathrm{i}\frac{\partial \psi'(\mathbf{x}, t)}{\partial t} = H^* \psi'(\mathbf{x}, t) \tag{11.4.21}$$

und die Randbedingungen

$$\psi'(\mathbf{x}, t_1) = \psi_1^*(\mathbf{x}) \tag{11.4.22a}$$

$$\psi'(\mathbf{x}, 2t_1) = \psi_0^*(\mathbf{x}) . \tag{11.4.22b}$$

Beweis. Unter Weglassung des Ortsarguments[5]

$$\mathrm{i}\frac{\partial \psi'(t)}{\partial t} = \mathrm{i}\frac{\partial \psi^*(2t_1 - t)}{\partial t} = -K_0 \mathrm{i}\frac{\partial \psi(2t_1 - t)}{\partial t} = K_0 \mathrm{i}\frac{\partial \psi(2t_1 - t)}{\partial(-t)}$$

$$= K_0 H \psi(2t_1 - t) = H^* \psi^*(2t_1 - t) = H^* \psi'(t) .$$

Hier ist H^* der komplex konjugierte Hamilton-Operator, was nicht notwendigerweise identisch mit $H^\dagger$ ist, z.B. gilt für den Impuls-Operator

$$\left(\frac{\hbar}{\mathrm{i}}\boldsymbol{\nabla}\right)^\dagger = \frac{\hbar}{\mathrm{i}}\boldsymbol{\nabla} , \text{ aber } \left(\frac{\hbar}{\mathrm{i}}\boldsymbol{\nabla}\right)^* = -\frac{\hbar}{\mathrm{i}}\boldsymbol{\nabla} . \tag{11.4.23}$$

Wenn der Hamilton-Operator quadratisch in $\mathbf{p}$ ist, ist $H^* = H$ und somit ist dann das System *zeitumkehrinvariant*.

Wir berechnen nun die *Erwartungswerte* von Impuls, Ort und Drehimpuls (der obere Index gibt die Zeit an, der untere Index die Wellenfunktion):

$$\langle\mathbf{p}\rangle_\psi^t = (\psi, \mathbf{p}\psi) = \int d^3x \, \psi^* \frac{\hbar}{\mathrm{i}}\boldsymbol{\nabla}\psi \tag{11.4.24a}$$

$$\langle\mathbf{x}\rangle_\psi^t = (\psi, \mathbf{x}\psi) = \int d^3x \, \psi^*(\mathbf{x}, t)\mathbf{x}\psi(\mathbf{x}, t) \tag{11.4.24b}$$

$$\langle\mathbf{p}\rangle_{\psi'}^t = (\psi^*, \mathbf{p}\psi^*) = \int d^3x \, \psi \frac{\hbar}{\mathrm{i}}\boldsymbol{\nabla}\psi^*$$

$$= -\left(\int d^3x \, \psi^* \frac{\hbar}{\mathrm{i}}\boldsymbol{\nabla}\psi\right)^* = -\langle\mathbf{p}\rangle_\psi^{2t_1 - t} \tag{11.4.24c}$$

$$\langle\mathbf{x}\rangle_{\psi'}^t = \langle\mathbf{x}\rangle_\psi^{2t_1 - t} \tag{11.4.24d}$$

---

[5] Der Operator K_0 bewirkt die komplexe Konjugation.

$$\langle \mathbf{L} \rangle^t_{\psi'} = \int d^3x\, \psi\, \mathbf{x} \times \frac{\hbar}{i}\boldsymbol{\nabla}\psi^*$$

$$= -\left(\int d^3x\, \psi^*\, \mathbf{x} \times \frac{\hbar}{i}\boldsymbol{\nabla}\psi\right)^* = -\langle \mathbf{L} \rangle^{2t_1-t}_{\psi} \ . \tag{11.4.24e}$$

Diese Ergebnisse entsprechen genau den klassischen. Der Ortsmittelwert des bewegungsinvertierten Zustandes läuft die Bahn zurück, der Impulsmittelwert hat das entgegengesetzte Vorzeichen.

Auch hier können wir $\psi(\mathbf{x}, t)$ im Intervall $[-t_1, t_1]$ nehmen und

$$\psi'(\mathbf{x}, t) = K_0\psi(\mathbf{x}, -t) \tag{11.4.25}$$

ebenfalls im Intervall $[-t_1, t_1]$, entsprechend der klassischen Darstellung (11.4.14). Im weiteren werden wir die Zeitumkehrtransformation in dieser kompakteren Weise darstellen. Der Zeitsinn ist immer positiv.

Da $K_0^2 = 1$ ist, gilt $K_0^{-1} = K_0$. Wegen der Eigenschaft (11.4.23), und weil die Ortskoordinaten reell sind, gilt für $\mathbf{x}$, $\mathbf{p}$ und $\mathbf{L}$ das folgende Transformationsverhalten

$$K_0\mathbf{x}K_0^{-1} = \mathbf{x} \tag{11.4.25'c}$$

$$K_0\mathbf{p}K_0^{-1} = -\mathbf{p} \tag{11.4.25'd}$$

$$K_0\mathbf{L}K_0^{-1} = -\mathbf{L} \ . \tag{11.4.25'e}$$

11.4.2.2 Antilineare und Antiunitäre Operatoren

Die Transformation $\psi \to \psi'(t) = K_0\psi(-t)$ ist nicht unitär.

Definition: Ein Operator A heißt *antilinear*, wenn

$$A(\alpha_1\psi_1 + \alpha_2\psi_2) = \alpha_1^*A\psi_1 + \alpha_2^*A\psi_2 \ . \tag{11.4.26}$$

Definition: Ein Operator A heißt *antiunitär*, wenn er antilinear ist und wenn

$$(A\psi, A\varphi) = (\varphi, \psi) \tag{11.4.27}$$

ist. K_0 ist offensichtlich antilinear

$$K_0(\alpha_1\psi_1 + \alpha_2\psi_2) = \alpha_1^*K_0\psi_1 + \alpha_2^*K_0\psi_2 \ ,$$

außerdem gilt

$$(K_0\psi, K_0\varphi) = (\psi^*, \varphi^*) = \int d^3x\, \psi\varphi^* = (\varphi, \psi) \ , \tag{11.4.28}$$

also ist K_0 antiunitär.

Wenn U unitär ist, $UU^\dagger = U^\dagger U = 1$, dann ist UK_0 antiunitär, wie man folgendermaßen sieht:

$$UK_0(\alpha_1\psi_1 + \alpha_2\psi_2) = U(\alpha_1^* K_0\psi_1 + \alpha_2^* K_0\psi_2) = \alpha_1^* UK_0\psi_1 + \alpha_2^* UK_0\psi_2$$

$$(UK_0\psi, UK_0\varphi) = (K_0\psi, U^\dagger UK_0\varphi) = (K_0\psi, K_0\varphi) = (\varphi, \psi) \ .$$

Es gilt auch die Umkehrung: Jeder antiunitäre Operator kann in der Form $A = UK_0$ dargestellt werden.

Beweis: Es gilt $K_0^2 = 1$. Gegeben sei ein antiunitärer Operator A; wir definieren $U = AK_0$. Der Operator U erfüllt

$$U(\alpha_1\psi_1 + \alpha_2\psi_2) = AK_0(\alpha_1\psi_1 + \alpha_2\psi_2) = A(\alpha_1^* K_0\psi_1 + \alpha_2^* K_0\psi_2)$$
$$= (\alpha_1 AK_0\psi_1 + \alpha_2 AK_0\psi_2) = (\alpha_1 U\psi_1 + \alpha_2 U\psi_2) \ ,$$

also ist U linear. Außerdem gilt

$$(U\varphi, U\psi) = (AK_0\varphi, AK_0\psi) = (A\varphi^*, A\psi^*) = (\psi^*, \varphi^*) = \int d^3x \, \psi\varphi^*$$
$$= (\varphi, \psi) \ ,$$

also ist U unitär. Aus $U = AK_0$ folgt $A = UK_0$, womit die Behauptung bewiesen ist.

Anmerkungen:

(i) Bei antilinearen Operatoren wie z.B. K_0 ist es empfehlenswert in der Ortsdarstellung zu arbeiten. Wenn man die Diracsche Bra-Ket-Notation verwendet, muß man beachten, daß die Wirkung von der Basis abhängt. Sei $|a\rangle = \int d^3\xi\,|\boldsymbol{\xi}\rangle\,\langle\boldsymbol{\xi}|a\rangle$, dann folgt in der Ortsdarstellung unter der *Festsetzung* $K_0\,|\boldsymbol{\xi}\rangle = |\boldsymbol{\xi}\rangle$

$$K_0\,|a\rangle = \int d^3\xi\,(K_0\,|\boldsymbol{\xi}\rangle)\,\langle\boldsymbol{\xi}|a\rangle^* = \int d^3\xi\,|\boldsymbol{\xi}\rangle\,\langle\boldsymbol{\xi}|a\rangle^* \qquad (11.4.29)$$

Daraus folgt für die Impulseigenzustände

$$K_0\,|\mathbf{p}\rangle = \int d^3\xi\,|\boldsymbol{\xi}\rangle\,\langle\boldsymbol{\xi}|\mathbf{p}\rangle^* = |-\mathbf{p}\rangle \ ,$$

da $\langle\boldsymbol{\xi}|\mathbf{p}\rangle = e^{i\mathbf{p}\boldsymbol{\xi}}$ und $\langle\boldsymbol{\xi}|\mathbf{p}\rangle^* = e^{-i\mathbf{p}\boldsymbol{\xi}}$ ist. Wenn man eine andere Basis wählt, z.B. $|n\rangle$ und in dieser $K_0\,|n\rangle = |n\rangle$ postuliert, dann ist $K_0\,|a\rangle$ verschieden von dem in der Basis der Ortseigenfunktionen gefundenen. Sofern wir überhaupt in diesem Zusammenhang der Zeitumkehr die Dirac-Notation verwenden, so legen wir die Ortsbasisfunktionen zugrunde.

(ii) Weiters ist die Wirkung von antiunitären Operatoren nur auf die Ket-Vektoren definiert. Es gilt hier nicht wie bei linearen Operatoren

$$\langle a|\,(L\,|b\rangle) = (\langle a|\,L)\,|b\rangle = \langle a|\,L\,|b\rangle \ .$$

Dies rührt daher, daß ein Bra-Vektor als lineares Funktional auf den Ket-Vektoren definiert ist.[6]

---

[6] Siehe z.B. QM I, Abschn. 8.2, Fußnote 2.

11.4.2.3 Zeitumkehroperator $\mathcal{T}$ im linearen Zustandsraum

A. Allgemeine Eigenschaften, Spin 0

In diesem und dem nächsten Abschnitt stellen wir die Zeitumkehrtransformation im linearen Zustandsraum der Ket- und Bra-Vektoren dar, da diese häufig in der Quantenstatistik Verwendung findet. Es wird dabei die Bedingung der Zeitumkehr allgemein analysiert und auch Teilchen mit Spin betrachtet. Es wird sich erneut erweisen, daß es keine unitäre Transformation geben kann, die Zeitumkehr (Bewegungsumkehr) bewirkt. Wir bezeichnen den Zeitumkehroperator mit $\mathcal{T}$. Die Forderung der Zeitumkehrinvarianz besagt

$$e^{-iHt}\mathcal{T}\,|\psi(t)\rangle = \mathcal{T}\,|\psi(0)\rangle \tag{11.4.30}$$

d.h.

$$e^{-iHt}\mathcal{T}e^{-iHt}\,|\psi(0)\rangle = \mathcal{T}\,|\psi(0)\rangle\ ,$$

d.h. führt man eine Bewegungsumkehr zur Zeit t durch und läßt das System dann noch ein weiteres Zeitintervall t laufen, dann ist der resultierende Zustand identisch mit dem zur Zeit 0 bewegungsumgekehrten Zustand. Da Gl. (11.4.30) für jedes beliebige $|\psi(0)\rangle$ gilt, folgt

$$e^{-iHt}\mathcal{T}e^{-iHt} = \mathcal{T}$$

und daraus

$$e^{-iHt}\mathcal{T} = \mathcal{T}e^{iHt}\ . \tag{11.4.31}$$

Differenziert man (11.4.31) nach der Zeit und setzt $t = 0$, so erhält man

$$\mathcal{T}iH = -iH\mathcal{T}\ . \tag{11.4.32}$$

Man kann zunächst fragen, ob es auch einen unitären Operator $\mathcal{T}$ geben kann, der (11.4.32) erfüllt. Wäre $\mathcal{T}$ unitär und damit auch linear, so könnte man auf der linken Seite i vor $\mathcal{T}$ ziehen und erhielte

$$\mathcal{T}H + H\mathcal{T} = 0\ .$$

Dann wäre für jede Energieeigenfunktion ψ_E mit

$$H\psi_E = E\psi_E$$

auch

$$H\mathcal{T}\psi_E = -E\mathcal{T}\psi_E$$

erfüllt. Es gäbe dann zu jedem positiven E eine Lösung $\mathcal{T}\psi_E$ mit Eigenwert $(-E)$. Die Energie wäre nicht nach unten beschränkt, denn es gibt auf jeden Fall Zustände beliebig hoher positiver Energie. Die Möglichkeit, daß es einen unitären Operator $\mathcal{T}$ gibt, der (11.4.31) erfüllt, scheidet aus. Da nach einem Theorem von Wigner[7] Symmetrietransformationen entweder unitär oder an-

---

[7] E.P. Wigner, *Group Theory and its Applications to Quantum Mechanics*, Academic Press, p. 233; V. Bargmann, J. of Math. Phys. **5**, 862 (1964)

tiunitär sind, folgt daß $\mathcal{T}$ nur antiunitär sein kann, dann ist $\mathcal{T}iH = -i\mathcal{T}H$ und

$$\mathcal{T}H - H\mathcal{T} = 0 \ . \tag{11.4.33}$$

Wir betrachten nun ein Matrixelement eines linearen Operators B:

$$\begin{aligned}
\langle\alpha|\, B\, |\beta\rangle &= \langle B^\dagger\alpha|\beta\rangle = \langle\mathcal{T}\beta|\mathcal{T}B^\dagger\alpha\rangle \\
&= \langle\mathcal{T}\beta|\mathcal{T}B^\dagger\mathcal{T}^{-1}\mathcal{T}\alpha\rangle = \langle\mathcal{T}\beta|\,\mathcal{T}B^\dagger\mathcal{T}^{-1}\,|\mathcal{T}\alpha\rangle \\
\text{oder}\quad & \\
&= \langle\alpha|B\beta\rangle = \langle\mathcal{T}B\beta|\mathcal{T}\alpha\rangle = \langle\mathcal{T}B\mathcal{T}^{-1}\mathcal{T}\beta|\mathcal{T}\alpha\rangle \\
&= \langle\mathcal{T}\beta|\,\mathcal{T}B\mathcal{T}^{-1}\,|\mathcal{T}\alpha\rangle \tag{11.4.34}
\end{aligned}$$

Wenn wir annehmen, daß B hermitesch ist, und

$$\mathcal{T}B\mathcal{T}^{-1} = \varepsilon_B B \ , \quad \text{wo } \varepsilon_B \ \pm 1 \text{ ist,} \tag{11.4.35}$$

was durch die Resultate (11.4.24a-e) aus der Wellenmechanik nahegelegt wird, so folgt

$$\langle\alpha|\, B\, |\beta\rangle = \varepsilon_B \langle\mathcal{T}\beta|\, B\, |\mathcal{T}\alpha\rangle \ .$$

Man nennt ε_B die Signatur des Operators B. Nehmen wir das Diagonalelement

$$\langle\alpha|\, B\, |\alpha\rangle = \varepsilon_B \langle\mathcal{T}\alpha|\, B\, |\mathcal{T}\alpha\rangle \ .$$

Vergleich mit (11.4.24c-e) und (11.4.25'c-e) gibt die Transformation der Operatoren

$$\mathcal{T}\,\mathbf{x}\,\mathcal{T}^{-1} = \mathbf{x} \tag{11.4.36a}$$
$$\mathcal{T}\,\mathbf{p}\,\mathcal{T}^{-1} = -\mathbf{p} \tag{11.4.36b}$$
$$\mathcal{T}\,\mathbf{L}\,\mathcal{T}^{-1} = -\mathbf{L} \ , \tag{11.4.36c}$$

d.h. $\varepsilon_\mathbf{x} = 1$, $\varepsilon_\mathbf{p} = -1$ und $\varepsilon_\mathbf{L} = -1$. Die letzte Beziehung folgt auch aus den ersten beiden.

Bemerkung. Stellt man die Beziehungen (11.4.36) als Forderung an den Operator $\mathcal{T}$ voran, so erhält man durch Transformation des Kommutators $[x,p] = i$

$$\mathcal{T}i\mathcal{T}^{-1} = \mathcal{T}\,[x,p]\,\mathcal{T}^{-1} = [x,-p] = -i \ .$$

Daraus folgt

$$\mathcal{T}\,i\,\mathcal{T}^{-1} = -i \ ,$$

was bedeutet, daß $\mathcal{T}$ antilinear ist.

Wir untersuchen nun die Wirkung von $\mathcal{T}$ auf die Ortseigenzustände $|\boldsymbol{\xi}\rangle$, die durch

$$\mathbf{x}\,|\boldsymbol{\xi}\rangle = \boldsymbol{\xi}\,|\boldsymbol{\xi}\rangle$$

definiert sind, wobei $\boldsymbol{\xi}$ reell ist. Wendet man auf diese Gleichung $\mathcal{T}$ an und benützt (11.4.36a), so erhält man

$$\mathbf{x}\mathcal{T}\,|\boldsymbol{\xi}\rangle = \boldsymbol{\xi}\mathcal{T}\,|\boldsymbol{\xi}\rangle \ .$$

Folglich ist bei gleicher Normierung $\mathcal{T}\,|\boldsymbol{\xi}\rangle$ gleich $|\boldsymbol{\xi}\rangle$ bis auf einen Phasenfaktor. Diesen fixieren wir auf 1:

$$\mathcal{T}\,|\boldsymbol{\xi}\rangle = |\boldsymbol{\xi}\rangle \ . \tag{11.4.37}$$

Dann gilt für einen beliebigen Zustand $|\psi\rangle$ wegen der Antiunitarität

$$\begin{aligned}
\mathcal{T}\,|\psi\rangle &= \mathcal{T}\int d^3\xi\,\psi(\boldsymbol{\xi})\,|\boldsymbol{\xi}\rangle = \int d^3\xi\,\psi^*(\boldsymbol{\xi})\mathcal{T}\,|\boldsymbol{\xi}\rangle \\
&= \int d^3\xi\,\psi^*(\boldsymbol{\xi})\,|\boldsymbol{\xi}\rangle \ .
\end{aligned} \tag{11.4.38}$$

Folglich ist der Operator $\mathcal{T}$ äquivalent zu K_0 (vergl. Gl. (11.4.29)):

$$\mathcal{T} = K_0 \ . \tag{11.4.39}$$

Aus (11.4.38) folgt für die Impulseigenzustände

$$\begin{aligned}
|\mathbf{p}\rangle &= \int d^3\xi\,e^{i\mathbf{p}\boldsymbol{\xi}}\,|\boldsymbol{\xi}\rangle \\
\mathcal{T}\,|\mathbf{p}\rangle &= \int d^3\xi\,e^{-i\mathbf{p}\boldsymbol{\xi}}\,|\boldsymbol{\xi}\rangle = |-\mathbf{p}\rangle \ .
\end{aligned} \tag{11.4.40}$$

B. Nichtrelativistische Spin-$\frac{1}{2}$-Teilchen

Soweit haben wir nur spinlose Teilchen betrachtet. Nun erweitern wir die Theorie auf Spin-$\frac{1}{2}$-Teilchen. Wir fordern für den Spinoperator

$$\mathcal{T}\mathbf{S}\mathcal{T}^{-1} = -\mathbf{S} \tag{11.4.41}$$

in Analogie zum Bahndrehimpuls. Dann transformiert sich auch der Gesamtdrehimpuls

$$\mathbf{J} = \mathbf{L} + \mathbf{S} \tag{11.4.42}$$

entsprechend

$$\mathcal{T}\mathbf{J}\mathcal{T}^{-1} = -\mathbf{J} \ . \tag{11.4.43}$$

Wir behaupten, daß für Spin-$\frac{1}{2}$ der Operator $\mathcal{T}$ durch

$$
\begin{aligned}
\mathcal{T} &= \mathrm{e}^{-\mathrm{i}\pi S_y/\hbar} K_0 \\
&= \mathrm{e}^{-\mathrm{i}\pi\sigma_y/2} K_0 = \left(\cos\frac{\pi}{2} - \mathrm{i}\sin\frac{\pi}{2}\sigma_y\right) K_0 \\
&= -\mathrm{i}\frac{2S_y}{\hbar} K_0
\end{aligned}
\tag{11.4.44}
$$

gegeben ist. Die Richtigkeit der Behauptung erweist sich dadurch, daß Gl. (11.4.41) in der Form $\mathcal{T}\mathbf{S} = -\mathbf{S}\mathcal{T}$ erfüllt wird: für die x und z Komponente

$$
-\mathrm{i}\sigma_y K_0\sigma_{x,z} = -\mathrm{i}\sigma_y\sigma_{x,z} K_0 = +\mathrm{i}\sigma_{x,z}\sigma_y K_0 = -\sigma_{x,z}(-\mathrm{i}\sigma_y K_0)
$$

und die y-Komponente

$$
-\mathrm{i}\sigma_y K_0\sigma_y = +\mathrm{i}\sigma_y\sigma_y K_0 = -\sigma_y(-\mathrm{i}\sigma_y K_0) \ .
$$

Für die zweifache Anwendung von $\mathcal{T}$ folgt aus (11.4.44)

$$
\begin{aligned}
\mathcal{T}^2 &= -\mathrm{i}\sigma_y K_0(-\mathrm{i}\sigma_y K_0) = -\mathrm{i}\sigma_y\mathrm{i}(-\sigma_y)K_0^2 = +\mathrm{i}^2\sigma_y^2 \\
&= -1 \ .
\end{aligned}
\tag{11.4.45}
$$

Für spinlose Teilchen ist $\mathcal{T}^2 = K_0^2 = 1$.

Für N Teilchen ist die Zeitumkehrtransformation durch das direkte Produkt

$$
\mathcal{T} = \mathrm{e}^{-\mathrm{i}\pi S_y^{(1)}/\hbar} \ldots \mathrm{e}^{-\mathrm{i}\pi S_y^{(N)}/\hbar} K_0
\tag{11.4.46}
$$

gegeben, wo $S_y^{(n)}$ die y-Komponente des Spinoperators des n-ten Teilchens ist. Das Quadrat von $\mathcal{T}$ ist durch

$$
\mathcal{T}^2 = (-1)^N
\tag{11.4.45'}
$$

gegeben.

In diesem Zusammenhang ist das *Theorem von Kramers*[8] erwähnenswert, welches besagt: Die Energieniveaus eines Systems mit einer ungeraden Zahl von Elektronen sind mindestens zweifach entartet, wenn Zeitumkehrinvarianz vorliegt, also kein magnetisches Feld vorhanden ist.
Beweis: Aus $(\mathcal{T}\psi, \mathcal{T}\varphi) = (\varphi, \psi)$ folgt

$$
(\mathcal{T}\psi, \psi) = (\mathcal{T}\psi, \mathcal{T}^2\psi) = -(\mathcal{T}\psi, \psi) \ .
$$

Also ist $(\mathcal{T}\psi, \psi) = 0$, d.h. $\mathcal{T}\psi$ und ψ sind aufeinander orthogonal. Außerdem folgt aus

$$
H\psi = E\psi
$$

---

[8] H.A. Kramers, Koninkl. Ned. Wetenschap. Proc. **33**, 959 (1930)

und (11.4.33)

$$H(\mathcal{T}\psi) = E(\mathcal{T}\psi) \,.$$

Die Zustände ψ und $\mathcal{T}\psi$ gehören zur gleichen Energie. Diese beiden Zustände sind auch verschieden, denn wäre $\mathcal{T}\psi = \alpha\psi$ folgte $\mathcal{T}^2\psi = \alpha^*\mathcal{T}\psi = |\alpha|^2 \psi$ im Widerspruch zu der Tatsache $\mathcal{T}^2 = -1$. Wie kompliziert die auf die Elektronen wirkenden elektrischen Felder auch sein mögen, für ungerade Zahl von Elektronen bleibt mindestens diese Entartung, die man als Kramers-Entartung bezeichnet. Für eine gerade Zahl von Elektronen ist $\mathcal{T}^2 = 1$ und diese Entartung ist nicht vorhanden, Entartungen können nur aufgrund von räumlicher Symmetrie entstehen.

11.4.3 Zeitumkehrinvarianz der Dirac-Gleichung

Wir wenden uns jetzt unserem eigentlichen Thema, der Zeitumkehrinvarianz der Dirac-Gleichung, zu. Durch die Zeitumkehrtransformation $\mathcal{T} = \hat{T}\mathcal{T}^{(0)}$, wo $\mathcal{T}^{(0)}$ die Operation $t \to -t$ und $\hat{T}$ eine noch zu bestimmende Transformation bedeuten, wird dem Spinor $\psi(\mathbf{x}, t)$ ein Spinor

$$\psi'(\mathbf{x}, t) = \hat{T}\mathcal{T}^{(0)}\psi(\mathbf{x}, t) = \hat{T}\psi(\mathbf{x}, -t) \tag{11.4.47}$$

zugeordnet, der ebenfalls der Dirac-Gleichung genügt. Falls der Spinor zur Zeit $-t_1$ von der Form $\psi(\mathbf{x}, -t_1)$ ist und sich aufgrund der Dirac-Gleichung zur Zeit t_1 zu $\psi(\mathbf{x}, t_1)$ entwickelt, dann geht der Spinor $\psi'(\mathbf{x}, -t_1) = \hat{T}\psi(\mathbf{x}, t_1)$ zur Zeit $-t_1$ in den Spinor $\psi'(\mathbf{x}, t_1) = \hat{T}\psi(\mathbf{x}, -t_1)$ zur Zeit t_1 über (Siehe Abb. 11.4). Aus der Dirac-Gleichung

$$\mathrm{i}\frac{\partial\psi(\mathbf{x}, t)}{\partial t} = \big(\boldsymbol{\alpha} \cdot (-\mathrm{i}\boldsymbol{\nabla} - e\mathbf{A}(\mathbf{x}, t)) + \beta m + eA_0(\mathbf{x}, t)\big)\psi(\mathbf{x}, t) \tag{11.4.48}$$

folgt durch Anwendung von $\mathcal{T}^{(0)}$, d.h. $t \to -t$,

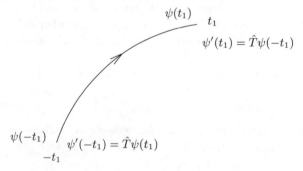

Abb. 11.4. Illustration zur Zeitumkehr, Spinoren ψ und ψ' unter Weglassen des Ortsarguments

$$\mathrm{i}\frac{\partial\psi(\mathbf{x},-t)}{\partial(-t)} = \big(\boldsymbol{\alpha}\cdot(-\mathrm{i}\boldsymbol{\nabla} - e\mathbf{A}(\mathbf{x},-t)) + \beta m + eA_0(\mathbf{x},-t)\big)\psi(\mathbf{x},-t)\,.$$

$$(11.4.49)$$

Da in der Wellenmechanik die Zeitumkehrtransformation durch eine Komplex-Konjugation bewirkt wurde, setzen wir

$$\hat{T} = \hat{T}_0 K_0$$

mit noch zu bestimmendem $\hat{T}_0$. Nun wenden wir $\hat{T}$ auf Gleichung (11.4.3) an, dabei bewirkt K_0 die Ersetzung von i in $-$i, und man erhält

$$\mathrm{i}\frac{\partial\psi'(\mathbf{x},t)}{\partial t} = \hat{T}\big(\boldsymbol{\alpha}\cdot(-\mathrm{i}\boldsymbol{\nabla} - e\mathbf{A}(\mathbf{x},-t)) + \beta m + eA_0(\mathbf{x},-t)\big)\hat{T}^{-1}\psi'(\mathbf{x},t)\,.$$

$$(11.4.49')$$

Das in dieser Gleichung auftretende, bewegungsumgekehrte Vektorpotential wird durch Stromdichten erzeugt, die gegenüber den ursprünglichen ungestrichenen Stromdichten ihre Richtung geändert haben. Das bedeutet, daß das Vektorpotential sein Vorzeichen ändert, während die Nullkomponente sich bei Bewegungsumkehr nicht ändert

$$\mathbf{A}'(\mathbf{x},t) = -\mathbf{A}(\mathbf{x},-t)\,, \quad A'^0(\mathbf{x},t) = A^0(\mathbf{x},-t)\,. \qquad (11.4.50)$$

Man erhält deshalb die Dirac-Gleichung für $\psi'(\mathbf{x},t)$

$$\mathrm{i}\frac{\partial\psi'(\mathbf{x},t)}{\partial t} = \big(\boldsymbol{\alpha}\cdot(-\mathrm{i}\boldsymbol{\nabla} - e\mathbf{A}'(\mathbf{x},t)) + \beta m + eA_0'(\mathbf{x},t)\big)\psi'(\mathbf{x},t) \qquad (11.4.51)$$

genau dann, wenn $\hat{T}$ die Bedingungsgleichungen

$$\hat{T}\boldsymbol{\alpha}\hat{T}^{-1} = -\boldsymbol{\alpha} \quad \text{und} \quad \hat{T}\beta\hat{T}^{-1} = \beta \qquad (11.4.52)$$

erfüllt. Dabei ist die Wirkung von K_0 auf i im Impulsoperator berücksichtigt. Mit $\hat{T} = \hat{T}_0 K_0$ folgt aus der letzten Gleichung

$$\hat{T}_0\boldsymbol{\alpha}^*\hat{T}_0^{-1} = -\boldsymbol{\alpha} \quad \text{und} \quad \hat{T}_0\beta\hat{T}_0^{-1} = \beta\,, \qquad (11.4.52')$$

wobei wir die Standarddarstellung für die Dirac-Matrizen zugrunde legen, in der β reell ist. Da α_1, α_3 reell und α_2 imaginär sind, gilt

$$\begin{aligned}
\hat{T}_0\alpha_1\hat{T}_0^{-1} &= -\alpha_1 \\
\hat{T}_0\alpha_2\hat{T}_0^{-1} &= \alpha_2 \\
\hat{T}_0\alpha_3\hat{T}_0^{-1} &= -\alpha_3 \\
\hat{T}_0\beta\hat{T}_0^{-1} &= \beta\,,
\end{aligned} \qquad (11.4.52'')$$

was auch in der Form

$$\{\hat{T}_0, \alpha_1\} = \{\hat{T}_0, \alpha_3\} = 0$$
$$\left[\hat{T}_0, \alpha_2\right] = \left[\hat{T}_0, \beta\right] = 0 \tag{11.4.52'''}$$

geschrieben werden kann. Aus (11.4.52'') findet man die Darstellung

$$\hat{T}_0 = -\mathrm{i}\alpha_1\alpha_3 \tag{11.4.53}$$

und damit

$$\hat{T} = -\mathrm{i}\alpha_1\alpha_3 K_0 = \mathrm{i}\gamma^1\gamma^3 K_0 \ . \tag{11.4.53'}$$

Der Faktor i in (11.4.53) und (11.4.53') ist willkürlich.

Beweis: $\hat{T}_0$ erfüllt (11.4.52'''), da z.B. $\{\hat{T}_0, \alpha_1\} = \alpha_1\alpha_3\alpha_1 + \alpha_1\alpha_1\alpha_3 = 0$.

Die gesamte Zeitumkehrtransformation,

$$\mathcal{T} = \hat{T}^0 K_0 \mathcal{T}^{(0)} \ ,$$

kann somit in der Form

$$\begin{aligned}\psi'(\mathbf{x}, t) &= \mathrm{i}\gamma^1\gamma^3 K_0 \psi(\mathbf{x}, -t) = \mathrm{i}\gamma^1\gamma^3 \psi^*(\mathbf{x}, -t) = \mathrm{i}\gamma^1\gamma^3\gamma^0 \bar{\psi}^T(\mathbf{x}, -t) \\ &= \mathrm{i}\gamma^2\gamma^5 \bar{\psi}^T(\mathbf{x}, -t)\end{aligned} \tag{11.4.47'}$$

geschrieben werden und $\psi'(\mathbf{x}, t)$ genügt, wie gewünscht, der Dirac-Gleichung

$$\mathrm{i}\frac{\partial \psi'(\mathbf{x}, t)}{\partial t} = \left(\boldsymbol{\alpha} \cdot (-\mathrm{i}\boldsymbol{\nabla} - e\mathbf{A}'(\mathbf{x}, t)) + \beta m + eA_0'(\mathbf{x}, t)\right)\psi'(\mathbf{x}, t) \ . \tag{11.4.51'}$$

Aus (11.4.47') folgt für die Transformation der *Stromdichte* unter Zeitumkehr

$$j'^\mu = \bar{\psi}'(x, t)\gamma^\mu \psi'(x, t) = \bar{\psi}(x, -t)\gamma_\mu \psi(x, -t) \ . \tag{11.4.54}$$

Die räumlichen Komponenten der Stromdichte ändern das Vorzeichen. Gl. (11.4.54) und (11.4.50) zeigen, daß die d'Alembert-Gleichung für das elektromagnetische Potential $\partial^\nu \partial_\nu A_\mu = j_\mu$ unter Zeitumkehr invariant ist.

Um zu sehen, welche physikalischen Eigenschaften ein zeitumgekehrter Spinor besitzt, betrachten wir einen freien Spinor

$$\psi = \left(\frac{e\!\!\!/\,p + m}{2m}\right)\left(\frac{\mathbb{1} + \gamma_5 n\!\!\!/}{2}\right)\psi \tag{11.4.55}$$

mit Impuls p und Spinorientierung n (im Ruhesystem). Die Anwendung der Zeitumkehroperation ergibt

$$\mathcal{T}\psi = \mathcal{T}\left(\frac{\epsilon\not p + m}{2m}\right)\left(\frac{\mathbb{1}+\gamma_5\not n}{2}\right)\psi$$

$$= \hat{T}_0\left(\frac{\epsilon\not p^* + m}{2m}\right)\left(\frac{\mathbb{1}+\gamma_5\not n^*}{2}\right)\psi^*(\mathbf{x},-t) \tag{11.4.56}$$

$$= \left(\frac{\epsilon\not{\tilde p} + m}{2m}\right)\left(\frac{\mathbb{1}+\gamma_5\not{\tilde n}}{2}\right)\mathcal{T}\psi\,,$$

wobei $\tilde p = (p^0, -\mathbf{p})$ und $\tilde n = (n_0, -\mathbf{n})$ ist. Hier wurde (11.4.52') benützt. Der Spinor $\mathcal{T}\psi$ hat entgegengesetzt gerichteten räumlichen Impuls $-\mathbf{p}$ und entgegengesetzt orientierten Spin $-\mathbf{n}$.

Es sind somit alle diskreten Symmetrietransformationen der Dirac-Gleichung besprochen. Wir wollen nun die gemeinsame Wirkung von der Paritätstransformation $\mathcal{P}$, der Ladungskonjugation $\mathcal{C}$ und der Zeitumkehr $\mathcal{T}$ untersuchen. Die sukzessive Anwendung dieser Operationen auf einen Spinor $\psi(x)$ ergibt

$$\psi_{\mathrm{PCT}}(x') = \mathcal{PC}\gamma_0 K_0\hat{T}_0 K_0\psi(x',-t')$$

$$= \gamma^0\mathrm{i}\gamma^2\gamma^0\gamma^0 K_0\mathrm{i}\gamma^1\gamma^3 K_0\psi(-x') \tag{11.4.57}$$

$$= \mathrm{i}\gamma^5\psi(-x')$$

Wenn man sich die Struktur von γ^5 vergegenwärtigt (Gl. (6.2.48')) ist klar, daß als Konsequenz des Transformationsteils $\mathcal{C}$ ein Negativ-Energie-Elektronspinor in einen Positiv-Energie-Positronspinor transformiert wird. Dies wird verdeutlicht, indem man von einem Spinor mit negativer Energie und einer bestimmten Spinorientierung $(-n)$ ausgeht, der somit die Projektionsrelation

$$\psi(x) = \left(\frac{-\not p + m}{2m}\right)\left(\frac{\mathbb{1}+\gamma_5\not n}{2}\right)\psi(x) \tag{11.4.58}$$

erfüllt.
Da $\{\gamma^5,\gamma^\mu\} = 0$ ist, folgt aus (11.4.57) und (11.4.58)

$$\psi_{\mathrm{PCT}}(x') = \mathrm{i}\gamma^5\psi(-x') = \mathrm{i}\left(\frac{\not p + m}{2m}\right)\left(\frac{\mathbb{1}-\gamma_5\not n}{2}\right)\gamma_5\psi_{\mathrm{PCT}}(-x')$$

$$= \left(\frac{\not p + m}{2m}\right)\left(\frac{\mathbb{1}-\gamma_5\not n}{2}\right)\psi_{\mathrm{PCT}}(x') \tag{11.4.59}$$

Wenn $\psi(x)$ ein Elektronspinor mit negativer Energie ist, dann ist $\psi_{\mathrm{PCT}}(x)$ ein Positronspinor positiver Energie. Die Spinorientierung bleibt ungeändert.[9]

---

[9] Um daraus ein Transformationsverhalten der Quanten zu erhalten, muß man beachten, daß im Sinne der Löchertheorie Positronen unbesetzte Elektronenzustände mit negativer Energie sind. Somit transformieren sich unter CPT Elektronen in Positronen mit ungeändertem Impuls und entgegengesetztem Spin.

Im Hinblick auf die erste Zeile von Gl. (11.4.59) kann man einen Positron-spinor mit positiver Energie als einen Elektronspinor mit negativer Energie, der mit $i\gamma_5$ multipliziert ist und sich in Raum und Zeit rückwärts bewegt, auffassen. Dies hat ein Äquivalent in der Diagrammatik der Störungstheorie (Siehe Abb. 11.5).

Elektron   Positron

Abb. 11.5. Feynman-Propagatoren für Elektronen (Pfeil in positiver Zeitrichtung (nach oben)) und Positronen (Pfeil in negativer Zeitrichtung)

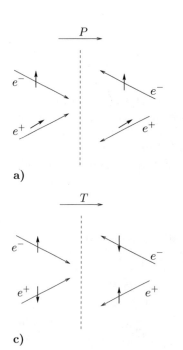

a)

c)

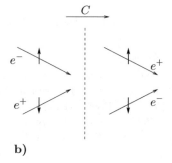

b)

Abb. 11.6. Die Wirkung der **a)** Paritätstransformation P, **b)** Ladungskonjugation C und Zeitumkehrtransformation T auf einen Elektron- und Positronzustand. Die langen Pfeile geben die Impulse an, die kurzen die Spinorientierungen. Es ist hier nicht die Transformation der Spinoren dargestellt, sondern der Teilchen und Antiteilchen im Sinne der Löchertheorie bzw. der Quantenfeldtheorie.

In Abb. 11.6,a-c ist die Wirkungsweise der diskreten Transformationen P, C und T auf ein Elektron und ein Positron dargestellt. Nach der Dirac-Theorie besitzen Elektron und Positron entgegengesetzte Parität. Die Wirkung einer Paritätstransformation auf einen Zustand aus freien Elektronen und Positronen besteht in der Umkehr aller Impulse, keiner Änderung des

Spins und der Multiplikation mit (-1) für jedes Positron (Abb. 11.6a). Bis zum Jahre 1956 war man der Meinung, daß eine Raumspiegelung auf fundamentaler mikroskopischer Ebene, die also rechtshändige Koordinatensysteme in linkshändige transformiert, zur gleichen physikalischen Welt mit den gleichen physikalischen Gesetzen führen würde. Im Jahre 1956 haben Lee und Yang[10] überzeugende Gründe für die Verletzung der Paritätserhaltung in Kernzerfällen durch die schwache Wechselwirkung aufgedeckt. Durch die von ihnen vorgeschlagenen Experimente[11] zeigte sich eindeutig, daß beim β-Zerfall von Kernen und dem Zerfall des π-Mesons die Parität nicht erhalten ist. Der Hamilton-Operator der schwachen Wechselwirkung muß daher neben den üblichen skalaren Termen auch pseudoskalare Terme enthalten, welche das Vorzeichen bei der Inversion aller Koordinaten ändern. In Abb. 11.7 ist das am β-Zerfalls-Experiment von radioaktiven ^{60}Co-Kernen in ^{60}Ni von Wu et al. illustriert. Bei diesem Prozeß zerfällt ein Neutron innerhalb des Kerns in ein Proton, ein Elektron und ein Neutrino. Nur das Elektron (β-Teilchen) ist leicht zu beobachten. Die Kerne besitzen einen endlichen Spin und ein magnetisches Moment, welches durch ein Magnetfeld orientiert werden kann. Es zeigt sich, daß die Elektronen vorzugsweise entgegengesetzt zum Spin des Kerns emittiert werden. Das grundlegende experimentelle Faktum ist: Die Richtung der Geschwindigkeit der β-Teilchen $\mathbf{v}_\beta$ (ein polarer Vektor) wird durch die Richtung des die Kerne polarisierenden Magnetfeldes $\mathbf{B}$ (ein axialer Vektor) bestimmt. Da die Raumspiegelung P das Magnetfeld $\mathbf{B}$ nicht ändert, während sie $\mathbf{v}_\beta$ umdreht, ist diese Tatsache mit einer universellen Inversionssymmetrie unvereinbar. Durch die schwache Wechselwirkung ist die Parität nicht erhalten. Bei allen Vorgängen, die nur die starke und die elektromagnetische Wechselwirkung beinhalten, ist die Parität erhalten.[12]

Bei der Ladungskonjugation werden Elektronen und Positronen vertauscht, die Impulse und Spins bleiben dabei ungeändert (Abb. 11.6b). Dies kommt dadurch zustande, daß bei der Ladungskonjugation nach Gl. (11.3.7′,11.3.11′) der Spinor in einen mit entgegengesetztem Impuls und Spin transformiert wird. Da das Antiteilchen (Loch) nach Abschn. 10.2 der Nichtbesetzung eines derartigen Zustands entspricht, hat es nochmals entgegengesetzte Werte, also insgesamt den Impuls und Spin des ursprünglichen Teilchens. Auch die in der freien Dirac-Theorie vorhandene Ladungskonjugationsinvarianz ist in der Natur nicht streng gültig, sondern wird durch die schwache Wechselwirkung verletzt.[12]

---

[10] T.D. Lee und C.N. Yang Phys. Rev. **104**, 254 (1956)

[11] C.S. Wu, E. Ambler, R.W. Hayward, D.D. Hoppes und R.P. Hudson, Phys. Rev. **105**, 1413 (1957); R.L. Garwin, L.M. Ledermann und M. Weinrich, Phys. Rev. **105**, 1415 (1957)

[12] Experimente zur Invarianz der elektromagnetischen und starken Wechselwirkung unter C, P und CP und deren Verletzung durch die schwache Wechselwirkung werden in D.H. Perkins, Introduction to High Energy Physics, 2nd ed., Addison-Wesley, London, 1982 eingehend diskutiert.

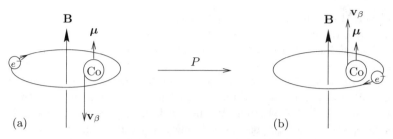

Abb. 11.7. Schematische Darstellung des β-Zerfalls-Experiments von Wu et al. zur Paritätsverletzung. Die Figur zeigt den in einer Ringspule zirkulierenden Strom, der das Magnetfeld **B** erzeugt, welches das magnetische Moment μ des Kobalt-Kerns und den damit verbundenen Drehimpuls **I** orientiert sowie die Geschwindigkeit $\mathbf{v}_\beta$ des β-Teilchens (Elektrons). Die β-Teilchen werden vorzugsweise entgegengesetzt zur Richtung von μ emittiert. D.h. die Konfiguration **(a)** entspricht der experimentellen Beobachtung. Die gespiegelte Konfiguration **(b)** wird nicht beobachtet.

Die Zeitumkehr-Transformation dreht Impulse und Spins um (Abb. 11.6c). Die freie Dirac-Theorie ist invariant gegen diese Transformation. In der Natur gilt die Zeitumkehrinvarianz bei nahezu allen Reaktionen, wobei zu beachten ist, daß durch Zeitumkehr der Anfangs- und Endzustand vertauscht werden. In den Zerfällen von neutralen K-Mesonen wurden die T-Invarianz verletzenden Effekte erstmalig experimentell entdeckt.

Die Invarianzen C, P und T sind in der Natur alle einzeln verletzt.[12] In einer relativistischen Feldtheorie mit beliebiger Wechselwirkung muß jedoch das Produkt $\Theta = CPT$ eine Invarianz-Transformation sein. Dieses Theorem, das sog. PCT-Theorem[13,14], kann aus den allgemeinen Axiomen der Quantenfeldtheorie hergeleitet[15] werden. Das PCT-Theorem impliziert, daß Teilchen und Antiteilchen die gleiche Masse haben und instabile Teilchen gleiche Lebensdauer haben, wobei die Zerfallsraten für bestimmte Zerfallskanäle für Teilchen und Antiteilchen nicht unbedingt gleich groß sein müssen.

*11.4.4 Racah-Zeitspiegelung

Wir suchen nun die Spinortransformation, die der reinen Zeitspiegelung entspricht, die nach Gl. (6.1.9) durch die Lorentztransformation

---

[13] G. Lüders, Dan. Mat. Fys. Medd. **28**, 5 (1954); Ann. Phys. (N.Y.) **2**, 1 (1957); W. Pauli, in „*Niels Bohr and the development of physics*", Hrsg. W. Pauli, L. Rosenfeld und V. Weisskopf, McGraw Hill, New York, 1955

[14] Die Lagrange-Dichte einer Quantenfeldtheorie mit den in Abschn. 12.2 genannten Eigenschaften transformiert sich unter Θ wie $\mathcal{L}(x) \to \mathcal{L}(-x)$, sodaß die Wirkung S invariant ist.

[15] R.F. Streater und A.S. Wightman *PCT, Spin Statistics and all that*, W.A. Benjamin, New York, 1964; siehe auch Itzykson, Zuber, op. cit., S. 158.

$$\Lambda^{\mu}_{\ \nu} = \begin{pmatrix} -1\,0\,0\,0 \\ 0\,1\,0\,0 \\ 0\,0\,1\,0 \\ 0\,0\,0\,1 \end{pmatrix} \tag{11.4.60}$$

beschrieben wird. Man sieht leicht, daß die Bedingung für die Spinortransformation (6.2.7)

$$\gamma^{\mu} S_R = \Lambda^{\mu}_{\ \nu} S_R \gamma^{\nu}$$

durch

$$S_R = \gamma_1 \gamma_2 \gamma_3 \tag{11.4.61}$$

erfüllt wird.[16] Die Transformation für den Spinor und seinen Adjungierten hat deshalb die Form

$$\psi' = S_R \psi$$
$$\bar{\psi}' = \psi^{\dagger} S_R^{\dagger} \gamma^0 = -\psi^{\dagger} \gamma^0 S_R^{-1} = -\bar{\psi} S_R^{-1} \ , \tag{11.4.62}$$

in Übereinstimmung mit dem allgemeinen Ergebnis, Gl. (6.2.34b), $b = -1$ für Zeitspiegelung, wobei $S_R^{-1} = -\gamma_3 \gamma_2 \gamma_1$ ist. Für die Stromdichte findet man deshalb das Transformationsverhalten

$$(\bar{\psi}\gamma^{\mu}\psi)' = -\Lambda^{\mu}_{\ \nu} \bar{\psi}\gamma^{\nu}\psi \ . \tag{11.4.63}$$

Also transformiert sich j^{μ} wie ein Pseudovektor unter der Racah-Zeitspiegelung. Hingegen transformiert sich das Vektorpotential $A^{\mu}(x)$ wie

$$A'^{\mu}(x') = \Lambda^{\mu}_{\ \nu} A^{\nu}(\Lambda^{-1}x) \ . \tag{11.4.64}$$

Deshalb ist die Feldgleichung für das Strahlungsfeld

$$\partial_{\nu}\partial^{\nu} A^{\mu} = 4\pi e j^{\mu} \tag{11.4.65}$$

nicht invariant unter dieser Zeitspiegelung.
Man kann die Racah-Transformation mit der Ladungskonjugation kombinieren:

$$\psi'(\mathbf{x}, t) = S_R \psi_c(\mathbf{x}, -t) = S(T)\bar{\psi}^T(\mathbf{x}, -t) \ . \tag{11.4.66}$$

Dabei ist die Transformationsmatrix $S(T)$ mit S_R und $C \equiv \mathrm{i}\gamma^2\gamma^0$ verknüpft

$$S(T) = S_R C = \gamma_1 \gamma_2 \gamma_3 \mathrm{i}\gamma^2\gamma^0 = \mathrm{i}\gamma^2\gamma_5 \ .$$

Dies ist die Bewegunsgsumkehrtransformation (=Zeitumkehrtransformation), Gl. (11.4.47'). Die Dirac-Gleichung ist invariant gegenüber dieser Transformation.

---

[16] Man nennt S_R den Racah-Zeitspiegelungsoperator, siehe J.M. Jauch und F. Rohrlich, *The Theory of Photons and Electrons*, S. 88, Springer, New York, 1980.

*11.5 Helizität

Der *Helizitätsoperator* ist durch

$$h(\hat{\mathbf{k}}) = \boldsymbol{\Sigma} \cdot \hat{\mathbf{k}} \tag{11.5.1}$$

definiert, wo $\hat{\mathbf{k}} = \mathbf{k}/|\mathbf{k}|$ der Einheitsvektor in Richtung des räumlichen Impulses des Spinors ist.

$\boldsymbol{\Sigma} \cdot \hat{\mathbf{k}}$ kommutiert mit dem Dirac-Hamilton-Operator, deshalb gibt es gemeinsame Eigenzustände[17] von $\boldsymbol{\Sigma} \cdot \hat{\mathbf{k}}$ und H. Der Helizitätsoperator $h(\hat{\mathbf{k}})$ hat die Eigenschaft $h^2(\hat{\mathbf{k}}) = 1$ und besitzt deshalb die Eigenwerte ± 1. Die Eigenzustände der Helizität mit Eigenwert $+1$ (Spin parallel zu $\mathbf{k}$) nennt man rechtshändig (rechtsschraubend), die mit -1 (Spin antiparallel zu $\mathbf{k}$) linkshändig (linksschraubend). Man kann sich Zustände mit positiver und negativer Helizität anschaulich als rechtsschraubende und linksschraubende Systeme vorstellen.

Die Wirkung des Helizitätsoperators auf den freien Spinor $u_r(k)$ aus Gl. (6.3.11a) ist

$$\boldsymbol{\Sigma} \cdot \hat{\mathbf{k}}\, u_r(k) = \boldsymbol{\Sigma} \cdot \hat{\mathbf{k}} \begin{pmatrix} \left(\dfrac{E+m}{2m}\right)^{\frac{1}{2}} \varphi_r \\[2ex] \dfrac{\boldsymbol{\sigma} \cdot \mathbf{k}}{[2m(m+E)]^{\frac{1}{2}}} \varphi_r \end{pmatrix}$$

$$= \begin{pmatrix} \left(\dfrac{E+m}{2m}\right)^{\frac{1}{2}} \boldsymbol{\sigma} \cdot \hat{\mathbf{k}}\, \varphi_r \\[2ex] \dfrac{\boldsymbol{\sigma} \cdot \mathbf{k}}{[2m(m+E)]^{\frac{1}{2}}} \boldsymbol{\sigma} \cdot \hat{\mathbf{k}}\, \varphi_r \end{pmatrix} \tag{11.5.2}$$

mit $\varphi_1 = \begin{pmatrix} 1 \\ 0 \end{pmatrix}$ und $\varphi_2 = \begin{pmatrix} 0 \\ 1 \end{pmatrix}$ und einem analogen Ausdruck für die Spinoren $v_r(k)$. Die Pauli-Spinoren φ_r sind Eigenzustände von σ_z, deshalb sind die $u_r(k)$ und $v_r(k)$ im Ruhesystem Eigenzustände von Σ_z (siehe Gl. (6.3.4)).

Als einfachen Spezialfall betrachten wir nun freie Spinoren mit Wellenzahlvektor längs der z-Achse. Dann ist $\mathbf{k} = (0, 0, k)$ und der Helizitätsoperator wird

$$\boldsymbol{\Sigma} \cdot \hat{\mathbf{k}} = \Sigma_z \quad \text{und} \quad \boldsymbol{\sigma} \cdot \hat{\mathbf{k}} = \sigma_z \,. \tag{11.5.3}$$

Weiters sieht man aus Gl. (11.5.2), daß die Spinoren $u_r(k)$ und $v_r(k)$ Eigenzustände des Helizitätsoperators sind. Nach Gl. (6.3.11a) und (6.3.11b) lauten die Spinoren für $\mathbf{k} = (0, 0, k)$, d.h. $k' = (\sqrt{k^2 + m^2}, 0, 0, k)$ (Zur Unterscheidung von der z-Komponente wird der Vierervektor hier mit k' bezeichnet):

---

[17] Im Gegensatz zur nichtrelativistischen Pauli-Gleichung ist es jedoch nicht möglich, freie Lösungen der Dirac-Gleichung zu finden, die Eigenfunktionen von $\boldsymbol{\Sigma} \cdot \hat{\mathbf{n}}$ mit einem beliebig orientierten Einheitsvektor $\hat{\mathbf{n}}$ sind, da $\boldsymbol{\Sigma} \cdot \hat{\mathbf{n}}$ außer für $\hat{\mathbf{n}} = \pm\hat{\mathbf{k}}$ nicht mit dem freien Dirac-Hamilton-Operator kommutiert.

$$u^{(R)}(k') = u_1(k') = \mathcal{N} \begin{pmatrix} 1 \\ 0 \\ \frac{k}{E+m} \\ 0 \end{pmatrix} , \ u^{(L)}(k') = u_2(k') = \mathcal{N} \begin{pmatrix} 0 \\ 1 \\ 0 \\ \frac{-k}{E+m} \end{pmatrix} ,$$

$$v^{(R)}(k') = v_1(k') = \mathcal{N} \begin{pmatrix} \frac{-k}{E+m} \\ 0 \\ 1 \\ 0 \end{pmatrix} , \ v^{(L)}(k') = v_2(k') = \mathcal{N} \begin{pmatrix} 0 \\ \frac{k}{E+m} \\ 0 \\ 1 \end{pmatrix} ,$$

$$(11.5.4)$$

mit $\mathcal{N} = \left(\frac{E+m}{2m}\right)^{1/2}$, und sie erfüllen

$$\Sigma_z u_r(k') = \pm u_r(k') \ \text{für} \ r = \begin{cases} 1 & R \\ 2 & L \end{cases}$$

$$\Sigma_z v_r(k') = \pm v_r(k') \ \text{für} \ r = \begin{cases} 1 & R \\ 2 & L \end{cases} .$$

$$(11.5.5)$$

Die Buchstaben R und L weisen auf R rechtshändig polarisiert (= positive Helizität) und L linkshändig polarisiert (=negative Helizität) hin.

Für $\mathbf{k}$ in beliebiger Richtung erhält man die Eigenzustände $u^{(R)}, u^{(L)}$ mit Eigenwert $+1, -1$ durch Drehung der Spinoren (11.5.4). Die Drehung erfolgt um den Winkel $\vartheta = \arccos \frac{k_z}{|\mathbf{k}|}$ um die durch den Vektor $(-k_y, k_x, 0)$ festgelegte Drehachse. Eine derartige Drehung dreht die z-Achse in Richtung von $\mathbf{k}$. Die zugehörige Spinortransformation lautet nach (6.2.21) und (6.2.29c)

$$S = \exp\left(-\mathrm{i}\frac{\vartheta}{2}(-k_y \Sigma_x + k_x \Sigma_y)/\sqrt{k_x^2 + k_y^2}\right)$$

$$= \mathbb{1}\cos\frac{\vartheta}{2} + \mathrm{i}\frac{k_y \Sigma_x - k_x \Sigma_y}{\sqrt{k_x^2 + k_y^2}}\sin\frac{\vartheta}{2} .$$

$$(11.5.6)$$

Folglich lauten die *Helizitätseigenzustände* positiver Energie für Wellenzahl $\mathbf{k}$

$$u^{(R)}(k) = \mathcal{N} \begin{pmatrix} \cos\frac{\vartheta}{2} \\ \frac{(k_x+\mathrm{i}k_y)}{\sqrt{k^2-k_z^2}}\sin\frac{\vartheta}{2} \\ \frac{|\mathbf{k}|}{E+m}\cos\frac{\vartheta}{2} \\ \frac{|\mathbf{k}|}{E+m}\frac{k_x+\mathrm{i}k_y}{\sqrt{k^2-k_z^2}}\sin\frac{\vartheta}{2} \end{pmatrix} = \frac{\mathcal{N}}{\sqrt{2(\hat{k}_z+1)}} \begin{pmatrix} \hat{k}_z + 1 \\ \hat{k}_x + \mathrm{i}\hat{k}_y \\ \frac{|\mathbf{k}|}{E+m}(\hat{k}_z+1) \\ \frac{|\mathbf{k}|}{E+m}(\hat{k}_x+\mathrm{i}\hat{k}_y) \end{pmatrix}$$

$$(11.5.7)$$

und

$$u^{(L)}(k) = \mathcal{N} \begin{pmatrix} \frac{-k_x+ik_y}{\sqrt{k^2-k_z^2}} \sin \frac{\vartheta}{2} \\ \cos \frac{\vartheta}{2} \\ -\frac{|\mathbf{k}|}{E+m} \frac{-k_x+ik_y}{\sqrt{k^2-k_z^2}} \sin \frac{\vartheta}{2} \\ -\frac{|\mathbf{k}|}{E+m} \cos \frac{\vartheta}{2} \end{pmatrix}$$

$$= \frac{\mathcal{N}}{\sqrt{2(\hat{k}_z+1)}} \begin{pmatrix} -\hat{k}_x + i\hat{k}_y \\ \hat{k}_z + 1 \\ -\frac{|\mathbf{k}|}{E+m}(-\hat{k}_x + i\hat{k}_y) \\ -\frac{|\mathbf{k}|}{E+m}(\hat{k}_z + 1) \end{pmatrix} .$$

Entsprechende Ausdrücke erhält man für die Spinoren mit negativer Energie (Beispiel 11.4).

*11.6 Fermionen mit Masse Null (Neutrinos)

Neutrinos sind Spin-$\frac{1}{2}$-Teilchen und wurden über lange Zeit als masselos angesehen. Es existiert nun zunehmende experimentelle Evidenz, daß sie eine sehr kleine endliche Masse besitzen. Unter Vernachlässigung dieser Masse, was für genügend große Impulse zulässig ist, stellen wir hier die Standardbeschreibung durch die *masselose Dirac-Gleichung*

$$\not{p}\psi = 0 \tag{11.6.1}$$

dar, wo $p_\mu = i\partial_\mu$ der Impulsoperator ist. Zwar wäre es möglich, die Lösungen als Grenzfall $m \to 0$ aus den ebenen Wellen (6.3.11a,b) oder den Helizitätseigenzuständen der massiven Dirac-Gleichung zu erhalten. Es muß nur der Faktor $1/\sqrt{m}$ abgespalten werden und eine von (6.3.19a) und (6.3.19b) unterschiedliche Normierung, z.B.

$$\begin{aligned} \bar{u}_r(k)\gamma^0 u_s(k) &= 2E\delta_{rs} \\ \bar{v}_r(k)\gamma^0 v_s(k) &= 2E\delta_{rs} \end{aligned} \tag{11.6.2}$$

eingeführt werden. Es ist allerdings von Interesse, die masselose Dirac-Gleichung direkt zu lösen und deren spezielle Eigenschaften zu studieren. Wir können schon jetzt bemerken, daß in der Darstellung durch die Matrizen $\boldsymbol{\alpha}$ und β (5.3.1) im masselosen Fall β überhaupt nicht auftritt. Drei antikommutierende Matrizen könnte man aber auch durch die zweidimensionale Darstellung der Pauli-Matrizen realisieren, eine Tatsache, die sich auch in der Struktur von (11.6.1) wiederspiegelt.

Zur Lösung von (11.6.1) multiplizieren wir die Dirac-Gleichung mit

$$\gamma^5\gamma^0 = -i\gamma^1\gamma^2\gamma^3 .$$

Mit der Nebenrechnung

$$\gamma^5\gamma^0\gamma^1 = -i\gamma^1\gamma^2\gamma^3\gamma^1 = -i\gamma^1\gamma^1\gamma^2\gamma^3 = +i\gamma^2\gamma^3 = \sigma^{23} = \Sigma^1 \,,$$
$$\gamma^5\gamma^0\gamma^3 = -i\gamma^1\gamma^2\gamma^3\gamma^3 = i\gamma^1\gamma^2 = \sigma^{12} = \Sigma^3 \,, \gamma^5\gamma^0\gamma^0 = \gamma^5 \,,$$
$$(-p^i\Sigma^i + p_0\gamma^5)\psi = 0$$

erhält man

$$\boldsymbol{\Sigma} \cdot \mathbf{p}\,\psi = p^0\gamma^5\psi \,. \tag{11.6.3}$$

Wenn man in (11.6.3) ebene Wellen mit positiver (negativer) Energie

$$\psi(x) = e^{\mp ikx}\psi(k) = e^{\mp i(k^0 x^0 - \mathbf{k}\cdot\mathbf{x})}\psi(k) \tag{11.6.4}$$

einsetzt, ergibt sich

$$\boldsymbol{\Sigma} \cdot \mathbf{k}\psi(k) = k^0\gamma^5\psi(k) \,. \tag{11.6.5}$$

Aus (11.6.1) folgt $p\!\!\!/^2\psi(x) = 0$ und daraus $k^2 = 0$ oder $k^0 = E = |\mathbf{k}|$ für Lösungen positiver (negativer) Energie. Mit dem Einheitsvektor $\hat{\mathbf{k}} = \mathbf{k}/|\mathbf{k}|$ nimmt (11.6.5) die Gestalt

$$\boldsymbol{\Sigma} \cdot \hat{\mathbf{k}}\psi(k) = \pm\gamma^5\psi(k) \tag{11.6.6}$$

an. Die mit allen γ^μ antikommutierende Matrix γ^5 kommutiert mit $\boldsymbol{\Sigma}$ und hat deshalb gemeinsame Eigenfunktionen mit dem Helizitätsoperator $\boldsymbol{\Sigma} \cdot \hat{\mathbf{k}}$. Man nennt γ^5 auch *Chiralitätsoperator*. Da $(\gamma^5)^2 = 1$ hat γ^5 die Eigenwerte ± 1, und da $\mathrm{Sp}\,\gamma^5 = 0$ ist, sind sie zweifach entartet. Die Lösungen von Gl. (11.6.6) können deshalb in der Form

$$\psi(x) = \begin{cases} e^{-ikx}\ u_\pm(k) \\ e^{ikx}\ v_\pm(k) \end{cases} \text{ mit } k^2 = 0, k^0 = |\mathbf{k}| > 0 \tag{11.6.7}$$

geschrieben werden, wo die $u_\pm$ $(v_\pm)$ Eigenzustände des Chiralitätsoperators sind

$$\gamma^5 u_\pm(k) = \pm u_\pm(k) \quad \text{und} \quad \gamma^5 v_\pm(k) = \pm v_\pm(k) \,. \tag{11.6.8}$$

Man sagt, die Spinoren u_+ und v_+ haben *positive Chiralität* (sind rechtshändig), die Spinoren u_- und v_- haben *negative Chiralität* (sind linkshändig). Wenn man die Standarddarstellung $\gamma_5 = \begin{pmatrix} 0 & \mathbb{1} \\ \mathbb{1} & 0 \end{pmatrix}$ zugrunde legt, folgt aus (11.6.8)

$$u_\pm(k) = \frac{1}{\sqrt{2}}\begin{pmatrix} a_\pm(k) \\ \pm a_\pm(k) \end{pmatrix} \,, \quad v_\pm(k) = \frac{1}{\sqrt{2}}\begin{pmatrix} b_\pm(k) \\ \pm b_\pm(k) \end{pmatrix} \,. \tag{11.6.9}$$

Setzt man (11.6.9) in die Dirac-Gleichung (11.6.6) ein, erhält man Bestimmungsgleichungen für $a_\pm(k)$

$$a_\pm(k) = \pm\boldsymbol{\sigma} \cdot \hat{\mathbf{k}}a_\pm(k) \ . \tag{11.6.10}$$

Deren Lösungen sind (Übungsaufgabe 11.7)

$$a_+(k) = \begin{pmatrix} \cos\frac{\vartheta}{2} \\ \sin\frac{\vartheta}{2}e^{i\varphi} \end{pmatrix} \tag{11.6.11a}$$

$$a_-(k) = \begin{pmatrix} -\sin\frac{\vartheta}{2}e^{-i\varphi} \\ \cos\frac{\vartheta}{2} \end{pmatrix} \ . \tag{11.6.11b}$$

wo ϑ und φ die Polarwinkel von $\hat{\mathbf{k}}$ sind. Diese Lösungen sind im Einklang mit dem $m \to 0$ Grenzfall der in (11.5.7) gefundenen Helizitätseigenzustände. Die Lösungen zu negativer Energie $v_\pm(k)$ kann man aus den $u_\pm(k)$ durch Ladungskonjugation gewinnen (Gl. (11.3.7) und (11.3.8))

$$v_+(k) = C\bar{u}_-^T(k) = i\gamma^2 u_-^*(k) = -u_+(k) \tag{11.6.11c}$$

$$v_-(k) = C\bar{u}_+^T(k) = i\gamma^2 u_+^*(k) = -u_-(k) \tag{11.6.11d}$$

d.h. in (11.6.9) $b_\pm(k) = -a_\pm(k)$.

Es ist in diesem Zusammenhang von Interesse, von der Standarddarstellung der Dirac-Matrizen zur *chiralen Darstellung* überzugehen, die man durch die Transformation

$$\psi^{ch} = U^\dagger\psi \tag{11.6.12a}$$

$$\gamma^{\mu ch} = U^\dagger\gamma^\mu U \tag{11.6.12b}$$

$$U = \frac{1}{\sqrt{2}}(1 + \gamma^5) \tag{11.6.12c}$$

erhält (Übungsaufgabe 11.8):

$$\gamma^{0ch} \equiv \beta^{ch} = -\gamma^5 = \begin{pmatrix} 0 & -\mathbb{1} \\ -\mathbb{1} & 0 \end{pmatrix} \tag{11.6.13a}$$

$$\gamma^{kch} = \gamma^k = \begin{pmatrix} 0 & \sigma^k \\ -\sigma^k & 0 \end{pmatrix} \tag{11.6.13b}$$

$$\gamma^{5ch} = \gamma^0 = \begin{pmatrix} \mathbb{1} & 0 \\ 0 & -\mathbb{1} \end{pmatrix} \tag{11.6.13c}$$

$$\alpha^{kch} = \begin{pmatrix} 0 & \sigma^k \\ \sigma^k & 0 \end{pmatrix} \tag{11.6.13d}$$

$$\sigma_{0i}^{ch} = \frac{i}{2}\left[\gamma_0^{ch}, \gamma_i^{ch}\right] = \frac{1}{i}\begin{pmatrix} \sigma^i & 0 \\ 0 & -\sigma^i \end{pmatrix} \tag{11.6.13e}$$

$$\sigma_{ij}^{ch} = \frac{i}{2}\left[\gamma_i^{ch}, \gamma_j^{ch}\right] = \epsilon^{ijk}\begin{pmatrix} \sigma^k & 0 \\ 0 & \sigma^k \end{pmatrix} \tag{11.6.13f}$$

In der chiralen Darstellung sind (11.6.13e und f) im Raum der Bispinoren diagonal, d.h. die oberen Komponenten (1,2) und die unteren Komponenten (3,4) eines Spinors transformieren sich unabhängig unter Lorentztransformationen im engeren Sinn und unter Drehungen (siehe (6.2.29b)). Das bedeutet, daß die vierdimensionale Darstellung der eingeschränkten Lorentz-Gruppe $\mathcal{L}_+^\uparrow$ in zwei zweidimensionale Darstellungen reduzibel ist. Genauer, die Darstellung[18] der Gruppe SL(2,C) ist in die beiden nichtäquivalenten Darstellungen $D^{(\frac{1}{2},0)}$ und $D^{(0,\frac{1}{2})}$ reduzierbar. Wenn die Paritätstransformation P, die durch $\mathcal{P} = e^{i\varphi}\gamma^{0ch}\mathcal{P}^0$ gegeben ist (siehe (6.2.32)), als Symmetrieelement vorhanden ist, dann ist die vierdimensionale Darstellung nicht mehr reduzibel, d.h. irreduzibel.

In der *chiralen Darstellung* nimmt die Dirac-Gleichung die Gestalt

$$(-i\partial_0 + i\sigma^k\partial_k)\psi_2^{ch} - m\psi_1^{ch} = 0$$
$$(-i\partial_0 - i\sigma^k\partial_k)\psi_1^{ch} - m\psi_2^{ch} = 0 \tag{11.6.14}$$

an, wo $\psi^{ch} = \begin{pmatrix}\psi_1^{ch}\\\psi_2^{ch}\end{pmatrix}$ gesetzt wurde. Die Gl. (11.6.14) sind identisch mit den auf anderem Weg erhaltenen Gl. (A.7). Für $m = 0$ entkoppeln die beiden Gleichungen und man erhält

$$(i\partial_0 - i\sigma^k\partial_k)\psi_2^{ch} \equiv (p_0 + \boldsymbol{\sigma}\cdot\mathbf{p})\psi_2^{ch} = 0 \tag{11.6.15a}$$

und

$$(i\partial_0 + i\sigma^k\partial_k)\psi_1^{ch} = 0 . \tag{11.6.15b}$$

Dies sind die beiden *Weyl-Gleichungen*. Wenn man diese mit (5.3.1) vergleicht, sieht man, daß in (11.6.15) eine zweidimensionale Darstellung der α-Matrizen vorliegt. Wie schon am Anfang des Abschnitts erwähnt wurde, kann bei fehlendem β die Algebra der Dirac-α-Matrizen

$$\{\alpha_i,\alpha_j\} = 2\delta_{ij}$$

durch die drei Paulischen σ^i-Matrizen realisiert werden. Die beiden Gleichungen (11.6.15a,b) sind einzeln nicht paritätsinvariant und wurden in der historischen Entwicklung zunächst nicht weiter betrachtet. Tatsächlich weiß man seit den Experimenten von Wu et al.[19], daß in der schwachen Wechselwirkung die Parität nicht erhalten ist. Da der Chiralitätsoperator in der chiralen

---

[18] Die Gruppe SL(2,C) ist homomorph zur Gruppe $\mathcal{L}_+^\uparrow$ entsprechend der Zweiwertigkeit der Spinordarstellungen. Als gruppentheoretische Literatur sei R.U. Sexl und H.K. Urbantke, *Relativität, Gruppen, Teilchen*, 3. Aufl., Springer, Wien (1992), V. Heine, *Group Theory in Quantum Mechanics*, Pergamon Press, Oxford (1960) und R.F. Streater and A.S. Wightman, *PCT, Spin Statistics and all that*, Benjamin, Reading (1964) empfohlen.

[19] Siehe Referenzen auf Seite 237.

Darstellung von der Form $\chi_5^{ch} = \begin{pmatrix} \mathbb{1} & 0 \\ 0 & -\mathbb{1} \end{pmatrix}$ ist, haben Spinoren der Gestalt $\psi = \begin{pmatrix} \psi_1^{ch} \\ 0 \end{pmatrix}$ positive und Spinoren der Form $\psi = \begin{pmatrix} 0 \\ \psi_2^{ch} \end{pmatrix}$ negative Chiralität.

Experimentell zeigt sich, daß in der Natur nur Neutrinos mit negativer Chiralität existieren. Das bedeutet, daß die erste der beiden Gleichungen (11.6.15) für die Realität relevant ist. Die Lösungen dieser Gleichung sind von der Form $\psi_2^{ch(+)}(x) = e^{-ik\cdot x}u(k)$ und $\psi_2^{ch(-)}(x) = e^{ik\cdot x}v(k)$ mit $k_0 > 0$, wo nun u und v zweikomponentige Spinoren sind. Der erste Zustand hat positive Energie und, wie direkt aus (11.6.15a) ersichtlich ist, negative Helizität, da der Spin antiparallel zu $\mathbf{k}$ ist. Wir nennen diesen Zustand *Neutrino*-Zustand und stellen ihn bildlich durch eine Linksschraube dar (Abb. 11.8a). Von den Lösungen (11.6.9) ist dies die Lösung $u_-(k)$. Der Impuls wird durch den geraden Pfeil dargestellt.

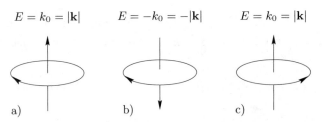

$$E = k_0 = |\mathbf{k}| \qquad E = -k_0 = -|\mathbf{k}| \qquad E = k_0 = |\mathbf{k}|$$

a)   b)   c)

Abb. 11.8. (a) Neutrinozustand mit negativer Helizität, (b) Neutrinozustand mit negativer Energie und positiver Helizität, (c) Antineutrino mit positiver Helizität

Die Lösung mit negativer Energie $\psi_2^{ch(-)}$ hat Impuls $-\mathbf{k}$, also positive Helizität, wir stellen sie durch die Rechtsschraube (Abb. 11.8b) dar. Dieser Lösung entspricht $v_-(k)$ aus Gl. (11.6.9). In einer löchertheoretischen Interpretation ist das *Antineutrino* durch einen unbesetzten Zustand $v_-(k)$ dargestellt, es hat deshalb entgegengesetzten Impuls $(+\mathbf{k})$ und entgegengesetzten Spin, die Helizität bleibt also positiv (Abb. 11.8c). Neutrinos haben negative Helizität und ihre Antiteilchen, die Antineutrinos, positive Helizität. Bei Elektronen und anderen massiven Teilchen wäre es nicht möglich, daß sie nur in einer bestimmten Helizität vorlägen. Selbst wenn zunächst eine bestimmte Helizität vorliegt, kann man im Ruhesystem des Elektrons den Spin umdrehen, oder bei gleichbleibendem Spin das Elektron in entgegengesetzte Richtung beschleunigen, also die entgegengesetzte Helizität erzeugen. Da sich masselose Teilchen mit Lichtgeschwindigkeit bewegen, haben sie kein Ruhesystem, für diese ist der Impuls $\mathbf{k}$ eine ausgezeichnete Richtung.

In Abb. 11.9 ist die Wirkung einer Paritätsoperation auf einen Neutrinozustand illustriert. Da bei der Paritätsoperation der Impuls umgekehrt wird, der Spin aber gleich bleibt, entsteht ein Zustand positiver Energie mit positiver Helizität; diese existieren, wie betont, in der Natur nicht.

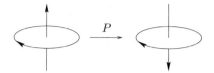

Abb. 11.9. Die Wirkung einer Paritätstransformation auf einen Neutrinozustand.

Die Ladungskonjugation C verbindet die Zustände mit positiver und negativer Chiralität und ändert das Vorzeichen der Energie. (Obwohl Neutrinos natürlich keine Ladung haben, gibt es diese Operation.) Da in der Natur nur linkshändige, aber keine rechtshändigen Neutrinos existieren, liegt keine Invarianz gegenüber C vor. Da aber auch die Paritätsoperation P die zwei Arten von Lösungen verbindet,

$$\psi^{ch}(t, \mathbf{x}) \to \gamma^0 \psi^{ch}(t, -\mathbf{x}) \,,$$

(in der chiralen Darstellung ist γ^0 nichtdiagonal), bleibt die Weyl-Gleichung gegenüber CP invariant. In der chiralen Darstellung lautet die Matrix C

$$C = \begin{pmatrix} -\mathrm{i}\sigma_2 & 0 \\ 0 & \mathrm{i}\sigma_2 \end{pmatrix} = \begin{pmatrix} -1 & 0 & 0 & 0 \\ 0 & 1 & 0 & 0 \\ 0 & 0 & 1 & 0 \\ 0 & 0 & 0 & -1 \end{pmatrix} \,.$$

Deshalb ist die Wirkung von CP

$$\psi^{ch\,CP}(t, \mathbf{x}) = \eta C \psi^{ch\,*}(t, -\mathbf{x}) = \mp \mathrm{i}\eta\sigma_2 \psi^{ch\,*}(t, -\mathbf{x})$$

für Chiralität $\gamma^5 = \pm 1$.

Aufgaben zu Kapitel 11

11.1 Zeigen Sie, daß aus (11.3.5) die Bestimmungsgleichung (11.3.5$'$) folgt.

11.2 In Majorana-Darstellungen der Dirac-Gleichung sind die γ-Matrizen – hier durch Index M für Majorana gekennzeichnet – rein imaginär

$$\gamma_M^{\mu\,*} = -\gamma_M^\mu \,, \ \mu = 0, 1, 2, 3.$$

Eine spezielle Majorana-Darstellung ergibt sich durch die unitäre Transformation

$$\gamma_M^\mu = U \gamma^\mu U^\dagger$$

mit $U = U^\dagger = U^{-1} = \frac{1}{\sqrt{2}} \gamma^0 \left(\mathbb{1} + \gamma^2 \right).$

(a) Zeigen Sie

$$\gamma_M^0 = \gamma^0\gamma^2 = \begin{pmatrix} 0 & \sigma^2 \\ \sigma^2 & 0 \end{pmatrix} \qquad \gamma_M^1 = \gamma^2\gamma^1 = \begin{pmatrix} i\sigma^3 & 0 \\ 0 & i\sigma^3 \end{pmatrix}$$

$$\gamma_M^2 = -\gamma^2 = \begin{pmatrix} 0 & -\sigma^2 \\ \sigma^2 & 0 \end{pmatrix} \qquad \gamma_M^3 = \gamma^2\gamma^3 = \begin{pmatrix} -i\sigma^1 & 0 \\ 0 & -i\sigma^1 \end{pmatrix} .$$

(b) In Gl. (11.3.14′) wurde gezeigt, daß in Majorana-Darstellungen die Ladungs-konjugationstransformation (abgesehen von einem willkürlichen Phasenfaktor) die Form $\psi_M^C = \psi_M^\star$ hat. Zeigen Sie, daß aus (Gl. (11.3.7′))

$$\psi^C = i\gamma^2\psi$$

durch Anwendung der Transformation U

$$\psi_M^C = -i\psi_M$$

folgt.

11.3 Zeigen Sie, daß für die Vierer-Stromdichte j^μ in der Dirac-Theorie unter einer Zeitumkehroperation $\mathcal{T}$ gilt

$$j'^{\,\mu}(\mathbf{x}, t) = j_\mu(\mathbf{x}, -t) .$$

11.4 Bestimmen Sie die Helizitätseigenzustände mit negativer Energie,
(a) indem Sie wie in (11.5.7) eine Lorentztransformation auf (11.5.4) anwenden.
(b) indem Sie die Eigenwertgleichung zum Helizitätsoperator $\boldsymbol{\Sigma} \cdot \hat{\mathbf{k}}$ lösen und entsprechende Linearkombinationen der Energieeigenzustände (6.3.11b) bilden.

11.5 Zeigen Sie, daß $\boldsymbol{\Sigma} \cdot \hat{\mathbf{k}}$ mit $(\gamma^\mu k_\mu \pm m)$ kommutiert.

11.6 Zeigen Sie die Richtigkeit von Gl. (11.5.7).

11.7 Zeigen Sie, daß (11.6.11) die Gleichung (11.6.10) erfüllt.

11.8 Zeigen Sie die Richtigkeit von (11.6.13).

Literatur zu Teil II

H.A. Bethe and R. Jackiw, *Intermediate Quantum Mechanics*, Benjamin, London, 1968

J.D. Bjorken und S.D. Drell, *Relativistische Quantenmechanik*, Bibliogr. Institut, Mannheim, 1966

C. Itzykson and J.-B.Zuber, *Quantum Field Theory*, McGraw Hill, New York, 1980

A. Messiah, *Quantenmechanik*, Bd. II, 3. Auflage, De Gruyter, 1990

W. Pauli, *Die allgemeinen Prinzipien der Wellenmechanik*, in Handbuch der Physik, Band V, Teil 1, Springer, Berlin, 1958

J.J. Sakurai, *Advanced Quantum Mechanics*, Addison-Wesley Publishing Company, London, 1967

S.S. Schweber, *An Introduction to Relativistic Quantum Field Theory*, Harper & Row, New York, 1961

Teil III

Relativistische Felder

12. Quantisierung von relativistischen Feldern

Dieses Kapitel ist den relativistischen Quantenfeldern gewidmet. Dazu untersuchen wir zuerst ein System von gekoppelten Oszillatoren, für welche die Quantisierungseigenschaften bekannt sind. Im Kontinuumsgrenzfall dieses Oszillatorsystems resultiert die Bewegungsgleichung einer schwingenden Saite in einem harmonischen Potential, welche in ihrer Form identisch mit der Klein–Gordon–Gleichung ist. Mit der quantisierten Bewegungsgleichung der Saite und deren Verallgemeinerung auf drei Dimensionen liegt ein Beispiel einer quantisierten Feldtheorie vor. Die dabei auftretende Quantisierungsvorschrift läßt sich auch auf nichtmaterielle Felder übertragen. Die Felder und die hierzu konjugierten Impulsfelder werden kanonischen Vertauschungsrelationen unterworfen. Man spricht deshalb von kanonischer Quantisierung. Zur Verallgemeinerung auf beliebige Felder werden dann die Eigenschaften allgemeiner klassischer relativistischer Felder untersucht, insbesondere werden die aus den Symmetrieeigenschaften folgenden Erhaltungssätze abgeleitet (Noether–Theorem).

12.1 Gekoppelte Oszillatoren, lineare Kette, Gitterschwingungen

12.1.1 Lineare Kette von gekoppelten Oszillatoren

12.1.1.1 Diagonalisierung des Hamilton–Operators

Wir betrachten N Teilchen mit der Masse m, deren Gleichgewichtslagen sich auf einem periodischen linearen Gitter mit Gitterabstand (Gitterkonstante) a befinden mögen. Die Auslenkungen in Kettenrichtung aus den Gleichgewichtslagen a_n werden mit $q_1, \ldots, q_N$ (Abb.12.1a) und die Impulse mit $p_1, \ldots, p_N$ bezeichnet. Jedes der Teilchen möge sich in einem harmonischen Potential befinden, und auch untereinander seien nächste Nachbarn harmonisch gekoppelt (Abb.12.1b). Dann lautet der Hamilton-Operator

$$H = \sum_{n=1}^{N} \frac{1}{2m} p_n^2 + \frac{m\Omega^2}{2} (q_n - q_{n-1})^2 + \frac{m\Omega_0^2}{2} q_n^2 . \qquad (12.1.1)$$

Abb. 12.1. Lineare Kette a) Auslenkung der Massenpunkte (große Punkte) von den Gleichgewichtslagen (kleine Punkte)   b) Potentiale und Wechselwirkungen (schematisch durch Federn dargestellt)

Hier charakterisiert Ω^2 die Stärke der harmonischen Kopplung zwischen nächsten Nachbarn und Ω_0^2 das harmonische Potential der einzelnen Teilchen (siehe Abb.12.1b). Da wir letztlich am Grenzfall eines unendlich ausgedehnten Systems interessiert sein werden, in welchem die Randbedingungen keine Rolle spielen, nehmen wir deshalb die einfachsten, nämlich periodische Randbedingungen an, d.h. $q_0 = q_N$. Die x-Koordinaten x_n sind dargestellt durch $x_n = a_n + q_n = na + q_n$ und aus den Vertauschungsrelationen $[x_n, p_m] = i\delta_{nm}$ etc. ($\hbar = 1$) folgen die kanonischen Vertauschungsrelationen (12.1.2) für die q_n und p_n

$$[q_n, p_m] = i\delta_{nm} , \qquad [q_n, q_m] = 0 , \qquad [p_n, p_m] = 0 . \tag{12.1.2}$$

In der *Heisenberg-Darstellung,*

$$q_n(t) = e^{iHt} q_n e^{-iHt} , \tag{12.1.3a}$$
$$p_n(t) = e^{iHt} p_n e^{-iHt} , \tag{12.1.3b}$$

ergeben sich die beiden Bewegungsgleichungen

$$\dot{q}_n(t) = \frac{1}{m} p_n(t) \tag{12.1.4a}$$

und

$$\dot{p}_n(t) = m\ddot{q}_n(t) \tag{12.1.4b}$$
$$= m\Omega^2(q_{n+1}(t) + q_{n-1}(t) - 2q_n(t)) - m\Omega_0^2 \, q_n(t) .$$

Wegen der periodischen Randbedingungen liegt ein translationsinvariantes Problem (invariant gegen Translation um a) vor. Der Hamilton–Operator kann deshalb durch die Transformation (Fourier–Summe)

$$q_n = \frac{1}{(mN)^{1/2}} \sum_k e^{ika_n} Q_k \tag{12.1.5a}$$

$$p_n = \left(\frac{m}{N}\right)^{1/2} \sum_k e^{-ika_n} P_k \tag{12.1.5b}$$

diagonalisiert werden. Man nennt Q_k und P_k *Normalkoordinaten* und *Normalimpulse.* Wir müssen nun die möglichen Werte von k bestimmen. Dazu verwenden wir periodische Randbedingungen, welche $q_0 = q_N$ verlangen, d.h. $1 = e^{ikaN}$; deshalb ist $kaN = 2\pi\ell$, also

$$k = \frac{2\pi\ell}{Na} \tag{12.1.6}$$

mit ganzzahligem ℓ. Dabei sind die Werte $k = \frac{2\pi(\ell\pm N)}{Na} = \frac{2\pi\ell}{Na} \pm \frac{2\pi}{a}$ äquivalent zu $k = \frac{2\pi\ell}{Na}$, da für diese k-Werte die Phasenfaktoren e^{ikan} und damit q_n und p_n gleich sind; deshalb reduzieren sich die möglichen k-Werte wie folgt:

für gerades N : $-\dfrac{N}{2} < \ell \leq \dfrac{N}{2}$, $\ell = 0, \pm 1, \ldots, \pm\dfrac{N-2}{2}, \dfrac{N}{2}$

für ungerades N : $-\dfrac{N-1}{2} \leq \ell \leq \dfrac{N-1}{2}$, $\ell = 0, \pm 1, \ldots, \pm\dfrac{N-1}{2}$.

In der Festkörperphysik nennt man das so eingeschränkte Intervall von k auch erste Brillouin–Zone. Die Fourier–Koeffizienten in (12.1.5) erfüllen Orthogonalitäts- und Vollständigkeitsrelationen.
Orthogonalitätsrelation :

$$\frac{1}{N} \sum_{n=1}^{N} e^{ikan} e^{-ik'an} = \Delta(k - k') \tag{12.1.7a}$$

$$= \begin{cases} 1 \text{ für } k - k' = \dfrac{2\pi}{a} h, \ h \text{ ganzzahlig} \\ 0 \text{ sonst.} \end{cases}$$

In dieser Form gilt die Orthogonalitätsrelation für beliebiges $k = \frac{2\pi\ell}{Na}$. Bei Beschränkung der k-Werte auf die erste Brillouin-Zone wird das verallgemeinerte Kronecker–Delta $\Delta(k - k') = \delta_{kk'}$.
Vollständigkeitsrelation:

$$\frac{1}{N} \sum_{k} e^{-ikan} e^{ikan'} = \delta_{nn'} . \tag{12.1.7b}$$

Hier ist die Summationsvariable k auf die erste Brillouin–Zone beschränkt. (Beweise in Übungsaufgabe 12.1). Die Umkehrung von (12.1.5) lautet:

$$Q_k = \sqrt{\frac{m}{N}} \sum_{n} e^{-ikan} q_n \tag{12.1.8a}$$

$$P_k = \frac{1}{\sqrt{mN}} \sum_{n} e^{ikan} p_n . \tag{12.1.8b}$$

Da die Operatoren q_n und p_n hermitesch sind, folgt

$$Q_k^\dagger = Q_{-k} , \quad P_k^\dagger = P_{-k} . \tag{12.1.9}$$

Bemerkung. Für gerades N sind $\ell = \frac{N}{2}$ und $-\frac{N}{2}$ äquivalent, es trat deshalb nur $\frac{N}{2}$ auf. Für $k = \frac{2\pi}{Na} \cdot \frac{N}{2} = \frac{\pi}{a}$ ist $Q_k = Q_k^\dagger$, also hermitesch und ebenso P_k, da $e^{i\frac{\pi}{a}an} = e^{i\pi n} = (-1)^n$.

Die Vertauschungsrelationen der Normalkoordinaten und -impulse erhält man aus (12.1.2) mit dem Ergebnis

$$[Q_k, P_{k'}] = i\delta_{kk'} , \qquad [Q_k, Q_{k'}] = 0 , \qquad [P_k, P_{k'}] = 0 . \qquad (12.1.10)$$

Einsetzen der Transformation auf Normalkoordinaten (12.1.5a,b) in (12.1.1) ergibt für den Hamilton-Operator

$$H = \frac{1}{2} \sum_k \left(P_k P_k^\dagger + \omega_k^2 Q_k Q_k^\dagger \right) \qquad (12.1.11)$$

mit dem Quadrat der Schwingungsfrequenz

$$\omega_k^2 = \Omega^2 \left(2\sin\frac{ka}{2} \right)^2 + \Omega_0^2 \qquad (12.1.12)$$

(Übungsaufgabe 12.3). Man nennt $(\Omega a)^2$ Steifigkeitskonstante.

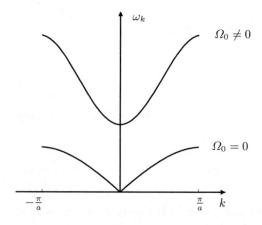

Abb. 12.2. Die Phononfrequenzen für $\Omega_0 \neq 0$ und $\Omega_0 = 0$.

Im Fourier-Raum ergeben sich also ungekoppelte Oszillatoren mit der Frequenz $\omega_k = \sqrt{\omega_k^2}$, allerdings sind die Terme in (12.1.11) von der Gestalt $Q_k Q_{-k}$ etc., es sind also noch die Oszillatoren zur Wellenzahl k und $-k$ miteinander verknüpft. Die Frequenz als Funktion von k (Dispersionrelation) ist in Abb. 12.2 dargestellt. In der Sprache der Gitterschwingungen hat man für $\Omega_0 = 0$ akustische Phononen und für endliches Ω_0 optische Phononen. Zur Diagonalisierung von H, Gl.(12.1.11), führt man *Erzeugungs-* und *Vernichtungsoperatoren*

$$a_k = \frac{1}{\sqrt{2\omega_k}} \left(\omega_k Q_k + iP_k^\dagger \right) \tag{12.1.13a}$$

$$a_k^\dagger = \frac{1}{\sqrt{2\omega_k}} \left(\omega_k Q_k^\dagger - iP_k \right) \tag{12.1.13b}$$

ein. Die Umkehrung dieser Transformation ist durch

$$Q_k = \frac{a_k + a_{-k}^\dagger}{\sqrt{2\omega_k}} \tag{12.1.14a}$$

und

$$P_k = -i\sqrt{\frac{\omega_k}{2}} \left(a_{-k} - a_k^\dagger \right) \tag{12.1.14b}$$

gegeben. Aus den Vertauschungsrelationen für die Normalkoordinaten (12.1.10) folgt (Aufgabe 12.5)

$$[a_k, a_{k'}^\dagger] = \delta_{k,k'} , \quad [a_k, a_{k'}] = [a_k^\dagger, a_{k'}^\dagger] = 0 . \tag{12.1.15}$$

Indem man (12.1.14a,b) in (12.1.11) einsetzt, erhält man

$$H = \sum_k \omega_k \left(a_k^\dagger a_k + \frac{1}{2} \right) , \tag{12.1.16}$$

einen Hamilton–Operator von N nicht gekoppelten Oszillatoren, die Summation erstreckt sich über alle N Wellenzahlen in der ersten Brillouin–Zone, da

$$\begin{aligned}
H &= \frac{1}{2} \sum_k \frac{\omega_k}{2} (a_{-k} - a_k^\dagger)(a_{-k}^\dagger - a_k) + \frac{\omega_k^2}{2\omega_k}(a_k + a_{-k}^\dagger)(a_k^\dagger + a_{-k}) \\
&= \frac{1}{4} \sum_k \omega_k (a_{-k} a_{-k}^\dagger + a_k^\dagger a_k + a_k a_k^\dagger + a_{-k}^\dagger a_{-k} \\
&\quad - a_{-k} a_k - a_k^\dagger a_{-k}^\dagger + a_k a_{-k} + a_{-k}^\dagger a_k^\dagger) \\
&= \frac{1}{2} \sum_k \omega_k (a_k^\dagger a_k + a_k a_k^\dagger) = \sum_k \omega_k \left(a_k^\dagger a_k + \frac{1}{2} \right) .
\end{aligned} \tag{12.1.17}$$

Die Energieeigenzustände und Eigenwerte für jeden einzelnen dieser Oszillatoren sind bekannt. Die Grundzustandsenergie des Oszillators mit der Wellenzahl k ist $\frac{1}{2}\omega_k$. Den n-ten angeregten Zustand des Oszillators mit der Wellenzahl k erhält man durch n-fache Anwendung des Operators $a_k^\dagger$, und die Energie ist $(n_k + \frac{1}{2})\,\omega_k$. Der Umstand, daß die Eigenwerte des Hamilton-Operators ganzzahlige Vielfache der Eigenfrequenzen sind, führt ganz natürlich auf eine Teilchen-Interpretation, obwohl es sich nicht um materielle Teilchen, sondern nur um Anregungszustände (Quasiteilchen) handelt. Wir nennen diese Quanten im Fall der hier vorliegenden elastischen Kette Phononen. Die Besetzungszahlen sind $0, 1, 2, \ldots$, also sind die Quanten Bosonen. Der Operator

$a_k^\dagger$ erzeugt ein Phonon mit Wellenzahl k und Frequenz (Energie) ω_k, während a_k ein Phonon mit Wellenzahl k und Frequenz (Energie) ω_k vernichtet.

Die Eigenzustände des Hamilton–Operators (12.1.17) sind folglich von der folgenden Form. Im Grundzustand $|0\rangle$, der durch die Bestimmungsgleichung

$$a_k |0\rangle = 0, \text{ für alle } k , \tag{12.1.18a}$$

festgelegt ist, sind keine Phononen vorhanden, und seine Energie ist

$$E_0 = \sum_k \frac{1}{2}\omega_k , \tag{12.1.18b}$$

die Nullpunktsenergie. Ein allgemeiner Multiphononenzustand hat die Gestalt

$$
\begin{aligned}
|n_{k_1}, n_{k_2}, \ldots, n_{k_N}\rangle &= \frac{1}{\sqrt{n_{k_1}! n_{k_2}! \ldots n_{k_N}!}} \\
&\times \left(a_{k_1}^\dagger\right)^{n_{k_1}} \left(a_{k_2}^\dagger\right)^{n_{k_2}} \ldots \left(a_{k_N}^\dagger\right)^{n_{k_N}} |0\rangle
\end{aligned}
\tag{12.1.19a}
$$

und die Energie

$$E = \sum_k n_k \omega_k + E_0 . \tag{12.1.19b}$$

Die Besetzungszahlen nehmen die Werte $n_k = 0, 1, 2, \ldots$ an und k läuft über die N Werte aus der ersten Brillouinschen Zone; die n_k sind nach oben unbeschränkt. Der Operator $\hat{n}_k = a_k^\dagger a_k$ ist der Besetzungszahloperator für Phononen mit der Wellenzahl k.

Aus

$$[\hat{n}_k, a_k] = -a_k \quad \text{und} \quad [\hat{n}_k, a_k^\dagger] = a_k^\dagger \tag{12.1.19c}$$

folgt

$$
\begin{aligned}
a_{k_i} |\ldots, n_{k_i}, \ldots\rangle &= \sqrt{n_{k_i}} |\ldots, n_{k_i} - 1, \ldots\rangle , \\
a_{k_i}^\dagger |\ldots, n_{k_i}, \ldots\rangle &= \sqrt{n_{k_i} + 1} |\ldots, n_{k_i} + 1, \ldots\rangle .
\end{aligned}
\tag{12.1.19d}
$$

Bemerkung. Es sei betont, daß die Vertauschungsrelationen (12.1.2) und (12.1.15) auch in Gegenwart von nichtlinearen Termen im Hamilton-Operator gültig sind, da sie eine Folge der allgemeinen kanonischen Vertauschungsrelationen von Orts- und Impulskoordinaten sind.

12.1.1.2 Dynamik

Mit Gl.(12.1.16) wurde der Hamilton-Operator der linearen Kette diagonalisiert. Tatsächlich ist H zeitunabhängig, so daß die diversen Darstellungen von H Gl.(12.1.1), (12.1.11) und (12.1.16) zu jedem Zeitpunkt gelten. Wir können nun die wesentlichen Aspekte der Dynamik am einfachsten im Heisenberg-Bild beschreiben. Ausgehend von

$$
\begin{aligned}
q_n &= \frac{1}{\sqrt{mN}} \sum_k \mathrm{e}^{\mathrm{i}kan} Q_k = \frac{1}{\sqrt{mN}} \sum_k \frac{1}{\sqrt{2\omega_k}} \mathrm{e}^{\mathrm{i}kan} (a_k + a_{-k}^\dagger) \\
&= \sum_k \frac{1}{\sqrt{2\omega_k mN}} \left(\mathrm{e}^{\mathrm{i}ka_n} a_k + \mathrm{e}^{-\mathrm{i}ka_n} a_k^\dagger \right)
\end{aligned}
\tag{12.1.20}
$$

definiert man den Heisenberg–Operator

$$
q_n(t) = \mathrm{e}^{\mathrm{i}Ht} q_n(0) \, \mathrm{e}^{-\mathrm{i}Ht} = \mathrm{e}^{\mathrm{i}Ht} q_n \, \mathrm{e}^{-\mathrm{i}Ht} \; .
\tag{12.1.21}
$$

Indem man die Bewegungsgleichung löst oder

$$
\begin{aligned}
\mathrm{e}^{\mathrm{i}Ht} a_k \, \mathrm{e}^{-\mathrm{i}Ht} &= a_k + [\mathrm{i}Ht, a_k] + \frac{1}{2!}[\mathrm{i}Ht, [\mathrm{i}Ht, a_k]] + \ldots \\
&= a_k + [\mathrm{i}\omega_k t \, a_k^\dagger a_k, a_k] + \frac{1}{2!}[\mathrm{i}Ht, [\mathrm{i}Ht, a_k]] + \ldots \\
&= a_k - \mathrm{i}\omega_k t a_k + \frac{1}{2!}[\mathrm{i}\omega_k t a_k^\dagger a_k, -\mathrm{i}\omega_k t a_k] + \ldots \\
&= a_k \left(1 - \mathrm{i}\omega_k t + \frac{1}{2!}(-\mathrm{i}\omega_k t)^2 + \ldots \right) \\
&= a_k \mathrm{e}^{-\mathrm{i}\omega_k t}
\end{aligned}
\tag{12.1.22}
$$

benutzt, erhält man für die Zeitabhängigkeit der Auslenkungen

$$
q_n(t) = \sum_k \frac{1}{\sqrt{2\omega_k mN}} \left(\mathrm{e}^{\mathrm{i}(kan - \omega_k t)} a_k + \mathrm{e}^{-\mathrm{i}(kan - \omega_k t)} a_k^\dagger \right) \; .
\tag{12.1.23}
$$

In ihrer Struktur ist diese Lösung identisch mit der klassischen, die Amplituden sind hier jedoch die Vernichtungs- und Erzeugungsoperatoren. Wir werden die Bedeutung der Lösung erst im Kontinuumsgrenzfall diskutieren, den wir nun einführen werden.

12.1.2 Kontinuumsgrenzfall, schwingende Saite

Wir betrachten nun den Kontinuumsgrenzfall der schwingenden Kette. In diesem Grenzfall gehen der Gitterabstand $a \to 0$ und die Zahl der Oszillatoren $N \to \infty$, wobei die Länge der Saite $L = aN$ endlich bleibt (Abb. 12.3). Die Dichte $\rho = \frac{m}{a}$ und die Steifigkeitskonstante $v^2 = (\Omega a)^2$ müssen ebenfalls konstant bleiben. Die Positionen der Gitterpunkte $x = na$ sind dann kontinuierlich verteilt. Außerdem führen wir die Definitionen

$$
q(x) = q_n \left(\frac{m}{a} \right)^{1/2}
\tag{12.1.24a}
$$

$$
p(x) = p_n (ma)^{-1/2}
\tag{12.1.24b}
$$

Abb. 12.3. Zum Kontinuumsgrenzfall der linearen Kette

ein. Aus der Bewegungsgleichung (12.1.4b)

$$\ddot{q}_n = \Omega^2(q_{n+1} + q_{n-1} - 2q_n) - \Omega_0^2\, q_n$$

wird

$$\ddot{q}(x,t) = \Omega^2 a^2 \frac{(q(x+a,t) - q(x,t)) - (q(x,t) - q(x-a,t))}{a^2}$$
$$- \Omega_0^2 q(x,t) \tag{12.1.25}$$

und im Limes $a \to 0$ folgt

$$\ddot{q}(x,t) - v^2 \frac{\partial^2}{\partial x^2} q(x,t) + \Omega_0^2\, q(x,t) = 0 \,. \tag{12.1.26}$$

Diese Gleichung ist in ihrer Form identisch mit der eindimensionalen Klein–Gordon–Gleichung. Für $\Omega_0 = 0$, also ohne dem harmonischen Potential, ist Gl.(12.1.26) die aus der klassischen Mechanik bekannte Schwingungsgleichung einer Saite.

Der Hamilton–Operator (12.1.1) nimmt im Kontinuumsgrenzfall die Gestalt

$$H = \lim_{a \to 0, N \to \infty} \sum_n \left(\frac{1}{2m}p_n^2 + \frac{m\Omega^2}{2}(q_n - q_{n-1})^2 + \frac{m\Omega_0^2}{2}q_n^2 \right)$$

$$= \lim_{a \to 0, N \to \infty} \sum_n a \left(\frac{1}{2ma}p_n^2 + \frac{m\Omega^2}{2a}a^2 \left(\frac{q_n - q_{n-1}}{a} \right)^2 + \frac{m\Omega_0^2}{2a}q_n^2 \right)$$

$$= \int\limits_0^L dx\, \frac{1}{2} \left[p(x)^2 + v^2 \left(\frac{\partial q}{\partial x} \right)^2 + \Omega_0^2\, q(x)^2 \right] \tag{12.1.27}$$

an, wobei $\sum_n a \ldots \to \int\limits_0^L dx \ldots$ übergeht. Die Kommutatoren der Auslenkungen und Impulse erhält man aus (12.1.2) und (12.1.24a,b):

$$[q(x), p(x')] = \lim_{a \to 0, N \to \infty} \left(\frac{m}{a} \right)^{1/2} (ma)^{-1/2} [q_n, p_{n'}]$$
$$= \lim_{a \to 0, N \to \infty} i\frac{\delta_{nn'}}{a} = i\delta(x - x') \tag{12.1.28a}$$

und

$$[q(x), q(x')] = [p(x), p(x')] = 0 \,. \tag{12.1.28b}$$

Als nächstes leiten wir die Normalkoordinatendarstellung her. Aus (12.1.6) folgt

$$k = \frac{2\pi\ell}{L} , \quad \text{wo } \ell \text{ ganzzahlig ist mit } -\infty \le \ell \le \infty . \tag{12.1.29}$$

Der Fourier–Raum bleibt im Kontinuumsgrenzfall bei endlicher Länge der Saite diskret, die Zahl der Wellenzahlen und damit der Normalkoordinaten ist unendlich. Aus Gl. (12.1.5a,b) folgt

$$q(x) = \frac{1}{L^{1/2}} \sum_k e^{ikx} Q_k \tag{12.1.30a}$$

$$p(x) = \frac{1}{L^{1/2}} \sum_k e^{-ikx} P_k \tag{12.1.30b}$$

und aus (12.1.11)

$$H = \sum_k \frac{1}{2} \left(P_k\, P_k^\dagger + \omega_k^2 Q_k\, Q_k^\dagger \right) , \tag{12.1.31}$$

wobei sich (12.1.12) im Grenzfall $a \to 0$ auf

$$\omega_k^2 = v^2 k^2 + \Omega_0^2 \tag{12.1.32}$$

reduziert. Die Vertauschungsrelationen der Normalkoordinaten (12.1.10) bleiben unverändert

$$[Q_k, P_{k'}] = i\delta_{kk'} , \quad [Q_k, Q_{k'}] = 0 , \quad [P_k, P_{k'}] = 0 . \tag{12.1.33}$$

Entsprechend ist die Transformation auf Erzeugungs- und Vernichtungsoperatoren (12.1.14a,b), sowie der Hamilton–Operator in diesen Größen (12.1.16) unverändert. Die Darstellung des Auslenkungsfeldes durch Erzeugungs- und Vernichtungsoperatoren nimmt nun die Gestalt

$$\begin{aligned}
q(x) &= \frac{1}{L^{1/2}} \sum_k e^{ikx} \frac{a_k + a_{-k}^\dagger}{\sqrt{2\omega_k}} \\
&= \frac{1}{L^{1/2}} \sum_k \left(e^{ikx} a_k + e^{-ikx} a_k^\dagger \right) \frac{1}{\sqrt{2\omega_k}}
\end{aligned} \tag{12.1.34}$$

an, und aus (12.1.23) folgt für dessen Zeitabhängigkeit

$$q(x,t) = \frac{1}{L^{1/2}} \sum_k \left(e^{i(kx - \omega_k t)} a_k + e^{-i(kx - \omega_k t)} a_k^\dagger \right) \frac{1}{\sqrt{2\omega_k}} . \tag{12.1.35}$$

Schließlich lautet der Hamilton–Operator

$$H = \sum_k \omega_k \left(a_k^\dagger a_k + \frac{1}{2} \right) , \tag{12.1.36}$$

welcher positiv definit ist. Die in (12.1.35) auftretenden Funktionen $e^{i(kx-\omega_k t)}$ und $e^{-i(kx-\omega_k t)}$ sind die Lösungen der freien Feldgleichungen (12.1.26), die wir im Zusammenhang mit der Klein–Gordon–Gleichung als Lösungen mit positiver und negativer Energie interpretiert hatten. In der quantisierten Theorie treten diese Lösungen als Entwicklungsfunktionen der Feldoperatoren zu den Vernichtungsoperatoren und den Erzeugungsoperatoren auf. Das Vorzeichen der Frequenzabhängigkeit hat keine Bedeutung für den Wert der Energie. Diese wird durch den Hamilton-Operator (12.1.36) bestimmt, welcher positiv definit ist, es gibt keine Zustände mit negativer Energie. Die direkte Analogie zur schwingenden Saite bezieht sich auf das reelle Klein–Gordon Feld, das komplexe wird in Gl. (12.1.46a,b) und in Abschnitt (13.2) behandelt.

12.1.3 Verallgemeinerung auf drei Dimensionen, Zusammenhang mit dem Klein–Gordon–Feld

12.1.3.1 Verallgemeinerung auf drei Dimensionen

Es ist nun einfach, die bisherigen Ergebnisse auf drei Dimensionen zu verallgemeinern. Wir betrachten ein diskretes, dreidimensionales, kubisches Gitter. Wir legen dabei kein elastisches Gitter zugrunde, welches dreidimensionale Auslenkungsvektoren hätte, sondern nehmen an, daß die Auslenkungen nur eindimensional (skalar) seien. Dann ist im Kontinuumsgrenzfall die eindimensionale Koordinate x durch den dreidimensionalen Ortsvektor $\mathbf{x}$ zu ersetzen

$$x \to \mathbf{x} \,,$$

und die Feldgleichung für die Auslenkung $q(\mathbf{x}, t)$ lautet

$$\ddot{q}(\mathbf{x}, t) - v^2 \Delta q(\mathbf{x}, t) + \Omega_0^2 \, q(\mathbf{x}, t) = 0 \,. \tag{12.1.37}$$

Wenn wir hierin die Substitutionen

$$v \to c \,, \quad \frac{\Omega_0^2}{v^2} \to m^2 \,, \quad (\mathbf{x}, t) \equiv x \,, \quad \text{und} \quad q(\mathbf{x}, t) \to \phi(x) \tag{12.1.38}$$

einführen, erhalten wir

$$\partial_\mu \partial^\mu \phi(x) + m^2 \phi(x) = 0 \tag{12.1.39}$$

also genau die Klein–Gordon–Gleichung (5.2.11'). Die Darstellung der Lösung der Klein–Gordon–Gleichung durch Erzeugungs- und Vernichtungsoperatoren (12.1.35), die Vertauschungsrelationen (12.1.15), (12.1.28) und der Hamilton–Operator (12.1.36) lassen sich unmittelbar auf drei Dimensionen übertragen:

$$\phi(\mathbf{x}, t) = \frac{1}{L^{3/2}} \sum_{\mathbf{k}} \frac{1}{\sqrt{2\omega_{\mathbf{k}}}} \left(e^{i(\mathbf{k}\mathbf{x}-\omega_{\mathbf{k}}t)} a_{\mathbf{k}} + e^{-i(\mathbf{k}\mathbf{x}-\omega_{\mathbf{k}}t)} a_{\mathbf{k}}^\dagger \right) \tag{12.1.40}$$

$$\equiv \phi^+(x) + \phi^-(x) \,,$$

$$[a_{\mathbf{k}}, a_{\mathbf{k}'}^{\dagger}] = \delta_{\mathbf{k},\mathbf{k}'} , \qquad [a_{\mathbf{k}}, a_{\mathbf{k}'}] = [a_{\mathbf{k}}^{\dagger}, a_{\mathbf{k}'}^{\dagger}] = 0, \tag{12.1.41a}$$

$$[\phi(\mathbf{x}, t), \dot{\phi}(\mathbf{x}', t)] = \mathrm{i}\delta^{(3)}(\mathbf{x} - \mathbf{x}'),$$
$$[\phi(\mathbf{x}, t), \phi(\mathbf{x}', t)] = [\dot{\phi}(\mathbf{x}, t), \dot{\phi}(\mathbf{x}', t)] = 0, \tag{12.1.41b}$$

und

$$H = \sum_{\mathbf{k}} \omega_{\mathbf{k}} \left(a_{\mathbf{k}}^{\dagger} a_{\mathbf{k}} + \frac{1}{2} \right) . \tag{12.1.42}$$

Inspiriert durch diese mechanische Analogie kommen wir zu einer völligen Neuinterpretation der Klein–Gordon–Gleichung. Während in Abschnitt 5.2 versucht wurde, die Klein–Gordon–Gleichung als relativistischen Ersatz für die Schrödinger–Gleichung einzuführen, und deren Lösungen als Wahrscheinlichkeitsamplituden entsprechend der Schrödingerschen Wellenfunktion im Ortsraum zu interpretieren, ist nun $\phi(\mathbf{x}, t)$ keine Wellenfunktion sondern ein Operator im *Fock-Raum*. Dieser Feldoperator wird dargestellt als Superposition der Einteilchenlösungen der Klein-Gordon-Gleichung mit Amplituden, die selbst Operatoren sind, und die die Bedeutung von Erzeugungs- und Vernichtungsoperatoren der durch das Feld beschriebenen Quanten (Elementarteilchen) haben. Unter Fock-Raum versteht man den aus den Multi-Boson-Zuständen

$$\left(a_{\mathbf{k}_1}^{\dagger} \right)^{n_{\mathbf{k}_1}} \left(a_{\mathbf{k}_2}^{\dagger} \right)^{n_{\mathbf{k}_2}} \ldots |0\rangle \tag{12.1.43a}$$

aufgebauten Zustandsraum, wobei $|0\rangle$ der Grundzustand ($\equiv$ Vakuumzustand) des Feldes ist. Die Energie dieses Zustandes ist

$$E = \sum_{\mathbf{k}} \hbar\omega_{\mathbf{k}} \left(n_{\mathbf{k}} + \frac{1}{2} \right) . \tag{12.1.43b}$$

In Gleichung (12.1.40) wurde der Feldoperator in Teile positiver (negativer) Frequenz $\phi^+(x)(\phi^-(x))$ zerlegt. Diese Bezeichnungsweise lehnt sich noch an die Lösungen positiver (negativer) Energie an. Wegen der Hermitezität des Feldoperators $\phi(x)$ ist $\phi^{+\dagger} = \phi^-$ und es tritt in der Entwicklung (12.1.40) die Summe von $a_{\mathbf{k}}$ und $a_{\mathbf{k}}^{\dagger}$ auf. Dieses hermitesche (reelle) Klein–Gordon–Feld beschreibt ungeladene Mesonen, wie die weitere Untersuchung zeigen wird.

12.1.3.2 Grenzfall unendlichen Volumens

Bislang haben wir ein endliches Volumen mit der linearen Abmessung L zu Grunde gelegt. Bei der Formulierung relativistisch invarianter Theorien ist es notwendig die Theorie im gesamten Raum zu betrachten. Wir führen deshalb den Grenzübergang $L \to \infty$ durch. In diesem Grenzfall rücken die bisher diskreten Werte von **k** beliebig nahe zusammen und es wird dann auch **k** eine kontinuierliche Variable. Die bisherigen Summen über **k** werden gemäß

$$\sum_{\mathbf{k}} \left(\frac{2\pi}{L}\right)^3 \cdots \rightarrow \int \frac{d^3k}{(2\pi)^3} \cdots$$

durch Integrale ersetzt. Mit der Definition

$$a(\mathbf{k}) = \left(\frac{L}{2\pi}\right)^{\frac{3}{2}} a_{\mathbf{k}}$$

erhält man aus (12.1.39) für den Feldoperator

$$\phi(\mathbf{x},t) = \int\limits_{-\infty}^{\infty} \frac{d^3k}{(2\pi)^{3/2}} \frac{1}{\sqrt{2\omega_{\mathbf{k}}}} \left(e^{i(\mathbf{kx}-\omega_{\mathbf{k}}t)} a(\mathbf{k}) + e^{-i(\mathbf{kx}-\omega_{\mathbf{k}}t)} a^\dagger(\mathbf{k}) \right) ,$$

$$(12.1.44)$$

wobei sich die **k**-Integration in allen drei Raumrichtungen von $-\infty$ bin $+\infty$ erstreckt. Die Vertauschungsrelationen der Erzeugungs- und Vernichtungs-operatoren lauten nun

$$\left[a(\mathbf{k}), a^\dagger(\mathbf{k}')\right] = \delta_{\mathbf{kk}'} \left(\frac{L}{2\pi}\right)^3 = \delta(\mathbf{k} - \mathbf{k}'),$$

$$\left[a(\mathbf{k}), a(\mathbf{k}')\right] = 0 \quad , \quad \left[a^\dagger(\mathbf{k}), a^\dagger(\mathbf{k}')\right] = 0 .$$

$$(12.1.45)$$

Beweis:

$$1 = \sum_{\mathbf{k}'} \delta_{\mathbf{kk}'} = \sum_{\mathbf{k}'} \left(\frac{2\pi}{L}\right)^3 \left(\left(\frac{L}{2\pi}\right)^3 \delta_{\mathbf{kk}'}\right)$$

$$= \int d^3k' \left(\left(\frac{L}{2\pi}\right)^3 \delta_{\mathbf{kk}'}\right) = \int d^3k' \, \delta(\mathbf{k} - \mathbf{k}') .$$

Das *komplexe Klein-Gordon-Feld* ist nicht hermitesch, deshalb sind die Entwicklungskoeffizienten (Operatoren) der Lösungen mit positiver und negativer Frequenz voneinander unabhängig

$$\phi(\mathbf{x},t) = \frac{1}{L^{3/2}} \sum_{\mathbf{k}} \frac{1}{\sqrt{2\omega_{\mathbf{k}}}} \left(e^{-ik\cdot x} a_{\mathbf{k}} + e^{ik\cdot x} b_{\mathbf{k}}^\dagger \right) .$$

$$(12.1.46a)$$

Hier bedeutet $k \cdot x = \omega_k t - \mathbf{k} \cdot \mathbf{x}$ das Viererskalarprodukt. Die Operatoren $a_{\mathbf{k}}$ und $b_{\mathbf{k}}$ haben folgende Bedeutung:

$a_{\mathbf{k}} \, (a_{\mathbf{k}}^\dagger)$ vernichtet (erzeugt) ein Teilchen mit Impuls **k** und
$b_{\mathbf{k}} \, (b_{\mathbf{k}}^\dagger)$ vernichtet (erzeugt) ein Antiteilchen mit Impuls **k**
      und entgegengesetzter Ladung,

wie in späteren Abschnitten genauer ausgeführt werden wird. Aus (12.1.46a) erhält man für den hermitesch konjugierten Feldoperator

$$\phi^\dagger(\mathbf{x},t) = \frac{1}{L^{3/2}} \sum_{\mathbf{k}} \frac{1}{\sqrt{2\omega_{\mathbf{k}}}} \left(e^{-ik\cdot x} b_{\mathbf{k}} + e^{ik\cdot x} a_{\mathbf{k}}^\dagger \right) .$$

(12.1.46b)

12.2 Klassische Feldtheorie

12.2.1 Lagrange–Funktion und Euler–Lagrange Bewegungsgleichungen

12.2.1.1 Definitionen

In diesem Abschnitt werden allgemeine, grundlegende Eigenschaften klassischer (meist relativistischer) Feldtheorien untersucht. Gegeben sei ein System, das durch Felder $\phi_r(x)$ beschrieben werde, wobei der Index r die betrachteten Felder durchnumeriert. Dabei kann es sich um die Komponenten eines einzigen Feldes, wie z.B. des Strahlungsfeldes $A^\mu(x)$ oder eines Viererspinors $\psi(x)$ aber auch um unterschiedliche Felder handeln. Es folgen nun einige Definitionen und Begriffe.

Wir nehmen an, daß eine *Lagrange-Dichte* existiert (englisch Lagrangian density), die von den Feldern ϕ_r und deren Ableitungen $\phi_{r,\mu} \equiv \partial_\mu \phi_r \equiv \frac{\partial}{\partial x^\mu} \phi_r$ abhängt. Die *Lagrange–Dichte* wird mit

$$\mathcal{L} = \mathcal{L}(\phi_r, \phi_{r,\mu})$$

(12.2.1)

bezeichnet. Ausgehend von (12.2.1) definiert man die *Lagrange-Funktion*

$$L(x^0) = \int d^3x \, \mathcal{L}(\phi_r, \phi_{r,\mu}) .$$

(12.2.2)

Die Bedeutung der Lagrange–Funktion in der Feldtheorie ist ganz analog derjenigen in der Punktmechanik. Welche Form die Lagrange–Dichte für bestimmte Felder besitzt, wird in den folgenden Abschnitten dargelegt werden. Wir definieren noch die *Wirkung* (=action)

$$S(\Omega) = \int_\Omega d^4x \, \mathcal{L}(\phi_r, \phi_{r,\mu}) = \int dx^0 \, L(x^0) ,$$

(12.2.3)

wobei $d^4x = dx^0 \, d^3x \equiv dx^0 \, dx^1 \, dx^2 \, dx^3$ ist. Die Integration erstreckt sich über ein Gebiet Ω im vierdimensionalen Raum-Zeit Kontinuum, welches meistens unendlich sein wird. Die Notation ist wie im Teil *Relativistische Wellengleichungen*, wobei die Lichtgeschwindigkeit $c = 1$ gesetzt wird, und deshalb ist $x^0 = t$.

12.2.1.2 Hamiltonsches Prinzip der Punktmechanik

Wie schon bemerkt wurde, sind die Definitionen und die Vorgangsweise analog zur *Punktmechanik* mit n Freiheitsgraden, an die wir kurz erinnern [1,2].
Die *Lagrangefunktion* eines Teilchensystems aus n Freiheitsgraden mit generalisierten Koordinaten $q_i, i = 1, \ldots, n$ hat die Gestalt:

$$L(t) = \sum_{i=1}^{n} \frac{1}{2} m_i \dot{q}_i^2 - V(q_i) \, . \tag{12.2.4}$$

Der erste Term ist die kinetische Energie und der zweite die negative potentielle Energie aufgrund der Wechselwirkung der Teilchen untereinander und
äußerer konservativer Kräfte. Die *Wirkungsfunktion* ist durch

$$S = \int_{t_1}^{t_2} dt \, L(t) \tag{12.2.5}$$

definiert. Die Bewegungsgleichungen eines solchen klassischen Systems folgen
aus dem Hamiltonschen Prinzip (= Prinzip der kleinsten Wirkung), welches
besagt, daß die Wirkung (12.2.5) für die tatsächliche Bahn $q_i(t)$ extremal ist,
d.h.

$$\delta S = 0 \, , \tag{12.2.6}$$

wobei als Vergleichsbahnen $q_i(t) + \delta q_i(t)$ zwischen dem Anfangszeitpunkt t_1
und dem Endzeitpunkt t_2 nur solche mit

$$\delta q_i(t_1) = \delta q_i(t_2) = 0, \quad i = 1, \ldots, n \tag{12.2.7}$$

betrachtet werden (Siehe Abb. 12.4).

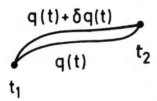

Abb. 12.4. Variation der Lösung im Zeitintervall zwischen t_1 und t_2. Hier steht $q(t)$ für
$\{q_i(t)\}$.

Die Bedingung, daß für die tatsächliche Bahn die Wirkung extremal ist, besagt

---

[1] H. Goldstein, *Klassische Mechanik*, Aula Verlag Wiesbaden, 1989
[2] L.D. Landau und E.M. Lifschitz, *Lehrbuch der Theoretischen Physik Bd.1*, Akademie Verlag Berlin, 1979

$$\delta S = \int\limits_{t_1}^{t_2} dt \left(\frac{\partial L}{\partial q_i(t)} \delta q_i(t) + \frac{\partial L}{\partial \dot{q}_i(t)} \delta \dot{q}_i(t) \right)$$

$$= \int\limits_{t_1}^{t_2} dt \left[\left(\frac{\partial L}{\partial q_i(t)} - \frac{d}{dt} \frac{\partial L}{\partial \dot{q}_i(t)} \right) \delta q_i(t) + \frac{d}{dt} \left(\frac{\partial L}{\partial \dot{q}_i(t)} \delta q_i(t) \right) \right] \quad (12.2.8)$$

$$= \int\limits_{t_1}^{t_2} dt \left[\left(\frac{\partial L}{\partial q_i(t)} - \frac{d}{dt} \frac{\partial L}{\partial \dot{q}_i(t)} \right) \delta q_i(t) \right] + \left(\frac{\partial L}{\partial \dot{q}_i(t)} \delta q_i(t) \right) \Big|_{t_1}^{t_2} = 0 .$$

Der letzte Term verschwindet, da nach (12.2.7) $\delta q(t)$ an den Rändern als Null vorausgesetzt wurde. Damit δS für beliebige $\delta q_i(t)$ verschwindet, muß

$$\frac{\partial L}{\partial q_i(t)} - \frac{d}{dt} \frac{\partial L}{\partial \dot{q}_i(t)} = 0 , \qquad i = 1, \dots, n , \qquad (12.2.9)$$

sein. Dies sind die *Euler–Lagrange–Bewegungsgleichungen*, die den Hamiltonschen Bewegungsgleichungen äquivalent sind. Wir wollen nun diese Begriffe auf Felder übertragen.

12.2.1.3 Prinzip der kleinsten Wirkung in der Feldtheorie

In der Feldtheorie ist der Index i durch die kontinuierliche Variable $\mathbf{x}$ ersetzt. Die Bewegungsgleichungen (= Feldgleichungen) erhält man wieder aus dem Prinzip der kleinsten Wirkung

$$\delta S = 0 . \qquad (12.2.10)$$

Dazu betrachten wir Variationen der Felder

$$\phi_r(x) \rightarrow \phi_r(x) + \delta\phi_r(x) , \qquad (12.2.11)$$

so daß die Variationen auf der Oberfläche $\Gamma(\Omega)$ des Raum-Zeit-Gebiets Ω verschwinden, d.h.

$$\delta\phi_r(x) = 0 \quad \text{auf } \Gamma(\Omega) . \qquad (12.2.12)$$

Wir berechnen nun in Analogie zu (12.2.9) die Änderung der Wirkung (12.2.3)

$$\delta S = \int\limits_{\Omega} d^4x \left\{ \frac{\partial \mathcal{L}}{\partial \phi_r} \delta\phi_r + \frac{\partial \mathcal{L}}{\partial \phi_{r,\mu}} \delta\phi_{r,\mu} \right\}$$

$$= \int\limits_{\Omega} d^4x \left\{ \frac{\partial \mathcal{L}}{\partial \phi_r} - \frac{\partial}{\partial x^\mu} \frac{\partial \mathcal{L}}{\partial \phi_{r,\mu}} \right\} \delta\phi_r + \int\limits_{\Omega} d^4x \frac{\partial}{\partial x^\mu} \left(\frac{\partial \mathcal{L}}{\partial \phi_{r,\mu}} \delta\phi_r \right) .$$

$$(12.2.13)$$

In diesen Gleichungen ist die Summation über doppelt auftretende Indizes r und μ impliziert und es wurde $\delta\phi_{r,\mu} = \frac{\partial}{\partial x^\mu}\delta\phi_r$ benützt[3]. Der letzte Term in Gl.(12.2.13) kann mit dem Gaußschen Integralsatz in das Oberflächenintegral

$$\int\limits_{\Gamma(\Omega)} d\sigma_\mu \, \frac{\partial\mathcal{L}}{\partial\phi_{r,\mu}}\delta\phi_r = 0 \tag{12.2.14}$$

umgeschrieben werden, wobei $d\sigma_\mu$ gleich der μ-Komponente des Oberflächenelements ist. Die Bedingung, daß δS aus Gl.(12.1.13) für beliebige Ω und $\delta\phi_r$ verschwindet, ergibt die *Euler-Lagrange-Gleichungen* der Feldtheorie

$$\frac{\partial\mathcal{L}}{\partial\phi_r} - \frac{\partial}{\partial x^\mu}\frac{\partial\mathcal{L}}{\partial\phi_{r,\mu}} = 0 \, , \qquad r = 1, 2, \dots \; . \tag{12.2.15}$$

Bemerkung. Wir haben hier zunächst reelle Felder betrachtet. Den Fall komplexer Felder kann man darauf zurückführen, indem man zwei reelle Felder für den Realteil und den Imaginärteil einführt. Man kann leicht sehen, daß dazu äquivalent ist, $\phi(x)$ und $\phi^*(x)$ als unabhängige Felder zu behandeln. In diesem Sinne gelten das Variationsprinzip und die Euler–Lagrange–Gleichungen auch für komplexe Felder.

Wir führen nun noch zwei weitere Definitionen ein, die analog zur Teilchenmechanik sind. Das zum Feld $\phi_r(x)$ konjugierte *Impuls-Feld* wird durch

$$\pi_r(x) = \frac{\delta L}{\delta\dot\phi_r(x)} = \frac{\partial\mathcal{L}}{\partial\dot\phi_r(x)} \tag{12.2.16}$$

definiert. Die Definition der *Hamilton-Funktion* lautet

$$H = \int d^3x \, \left(\pi_r(x)\dot\phi_r(x) - \mathcal{L}(\phi_r, \phi_{r,\mu})\right) = H(\phi_r, \pi_r) \, , \tag{12.2.17}$$

wobei die $\dot\phi_r$ durch die π_r ausgedrückt werden müssen.
Die Hamilton-Dichte ist durch

$$\mathcal{H}(x) = \pi_r(x)\dot\phi_r(x) - \mathcal{L}(\phi_r, \phi_{r,\mu}) \tag{12.2.18}$$

definiert. Die Hamilton–Funktion kann folgendermaßen durch die Hamilton–Dichte ausgedrückt werden

$$H = \int d^3x \, \mathcal{H}(x) \, . \tag{12.2.19}$$

Das Integral erstreckt sich über den ganzen Raum. H ist zeitunabhängig, da $\mathcal{L}$ nicht explizit von der Zeit abhängt.

---

[3] $\delta\phi_r(x) = \phi_r'(x) - \phi_r(x)$ und deshalb $\frac{\partial}{\partial x^\mu}\delta\phi_r(x) = \phi_{r,\mu}'(x) - \phi_{r,\mu}(x) = \delta\phi_{r,\mu}(x)$.

12.2.1.4 Beispiel: Skalares, reelles Feld

Zur Illustration der hier eingeführten Begriffe betrachten wir als Beispiel ein skalares, reelles Feld $\phi(x)$. Für die Lagrange–Dichte nehmen wir die niedrigsten Potenzen des Feldes und seiner Ableitungen, die invariant gegenüber Lorentz-Transformationen sind

$$\mathcal{L} = \frac{1}{2}\left(\phi_{,\mu}\phi^{,\mu} - m^2\phi^2\right) \,, \tag{12.2.20}$$

wo m eine Konstante ist. Die Ableitungen von $\mathcal{L}$ nach ϕ und nach $\phi_{,\mu}$ sind

$$\frac{\partial\mathcal{L}}{\partial\phi} = -m^2\phi \,, \quad \frac{\partial\mathcal{L}}{\partial\phi_{,\mu}} = \phi^{,\mu}$$

und daraus folgt für die Euler–Lagrange–Gleichung (12.2.15)

$$\phi^{,\mu}{}_{\mu} + m^2\phi = 0 \,, \tag{12.2.21}$$

oder in der bisher verwendeten Form

$$(\partial^\mu\partial_\mu + m^2)\phi = 0 \,. \tag{12.2.21'}$$

Also ist Formel (12.2.20) die Lagrange–Dichte zur Klein–Gordon–Gleichung. Der konjugierte Impuls für diese Feldtheorie ist nach Gl.(12.2.16)

$$\pi(x) = \dot{\phi}(x) \,, \tag{12.2.22}$$

und die Hamilton-Dichte laut nach (12.2.18)

$$\mathcal{H}(x) = \frac{1}{2}\left[\pi^2(x) + (\boldsymbol{\nabla}\phi)^2 + m^2\phi^2(x)\right] \,. \tag{12.2.23}$$

Wenn wir in (12.2.20) höhere Potenzen von ϕ^2 aufgenommen hätten, z.B. ϕ^4, so würde die Bewegungsgleichung (12.2.21') zusätzlich nichtlineare Terme enthalten.

Anmerkungen über die Struktur der Lagrange-Dichte

(i) Die Lagrange–Dichte darf nur von $\phi_r(x)$ und $\phi_{r,\mu}(x)$ abhängen, höhere Ableitungen würden auf Differentialgleichungen höherer als zweiter Ordnung führen. Die Lagrange–Dichte darf außer der Abhängigkeit von x über die Felder keine explizite x-Abhängigkeit enthalten, da sonst die relativistische Invarianz verletzt wäre.

(ii) Die Theorie muß lokal sein, d.h. $\mathcal{L}(x)$ ist bestimmt durch $\phi_r(x)$ und $\phi_{r,\mu}(x)$ an der Stelle x. Integrale in $\mathcal{L}(x)$ würden nichtlokale Terme bedeuten und könnten zu akausalem Verhalten führen.

(iii) Die Lagrange–Dichte $\mathcal{L}$ ist durch die Wirkung oder auch die Bewegungsgleichungen nicht eindeutig bestimmt. Lagrange-Dichten, die sich um eine Vierer-Divergenz unterscheiden sind physikalisch äquivalent

$$\mathcal{L}'(x) = \mathcal{L}(x) + \partial_\nu F^\nu(x) \ . \tag{12.2.24}$$

Dieser Zusatzterm führt in der Wirkung zu einem Oberflächen-Integral über die dreidimensionale Begrenzung des vierdimensionalen Integrationsbereichs. Da die Variationen des Feldes auf der Oberfläche verschwinden, kommt es dadurch zu keinem Beitrag in den Bewegungsgleichungen.

(iv) $\mathcal{L}$ soll reell (in der Quantenmechanik hermitesch) oder unter Bedachtname auf Anmerkung (iii) äquivalent zu einem reellen $\mathcal{L}$ sein, damit die durch reelle Felder ausgedrückten Bewegungsgleichungen und die Hamilton–Funktion reell sind. $\mathcal{L}$ muß relativistisch invariant sein, d.h. unter einer Poincaré-Transformation

$$\begin{aligned} x \to x' &= \Lambda x + a \\ \phi_r(x) &\to \phi_r'(x') \end{aligned} \tag{12.2.25}$$

muß sich $\mathcal{L}$ wie ein Skalar verhalten:

$$\mathcal{L}(\phi_r'(x'), \phi_{r,\mu}'(x')) = \mathcal{L}(\phi_r(x), \phi_{r,\mu}(x)) \ . \tag{12.2.26}$$

Da $d^4x = dx^0 dx^1 dx^2 dx^3$ ebenfalls invariant ist, ändert sich die Wirkung unter Lorentz–Transformation (12.2.25) nicht, und die Bewegungsgleichungen haben in beiden Koordinatensystemen die gleiche Gestalt, sind also kovariant.

12.3 Kanonische Quantisierung

Unsere nächste Aufgabe ist, die im vorhergehenden Abschnitt eingeführte Feldtheorie zu quantisieren. Dabei läßt man sich von den Ergebnissen des mechanischen elastischen Kontinuumsmodells (Abschn. 12.1.3) leiten und postuliert für die Felder ϕ_r und Impulsfelder π_r die folgenden Vertauschungsrelationen

$$\begin{aligned} [\phi_r(\mathbf{x}, t), \pi_s(\mathbf{x}', t)] &= i\delta_{rs}\delta(\mathbf{x} - \mathbf{x}') \ , \\ [\phi_r(\mathbf{x}, t), \phi_s(\mathbf{x}', t)] &= [\pi_r(\mathbf{x}, t), \pi_s(\mathbf{x}', t)] = 0 \ . \end{aligned} \tag{12.3.1}$$

Man nennt diese Vertausschungsrelationen *kanonische Vertauschungsrelationen* und spricht von *kanonischer Quantisierung*. Für das reelle Klein-Gordon-Feld, wo nach Gl.(12.2.22) $\pi(x) = \dot{\phi}(x)$ ist, bedeutet das auch

$$\begin{aligned} [\phi(\mathbf{x}, t), \dot{\phi}(\mathbf{x}', t)] &= i\delta(\mathbf{x} - \mathbf{x}') \ , \\ [\phi(\mathbf{x}, t), \phi(\mathbf{x}', t)] &= [\dot{\phi}(\mathbf{x}, t), \dot{\phi}(\mathbf{x}', t)] = 0 \ . \end{aligned} \tag{12.3.2}$$

Entsprechend der allgemeinen Gültigkeit von (12.1.28) und (12.1.41b) werden die kanonischen Vertauschungsrelationen ebenfalls für wechselwirkende Felder postuliert.

12.4 Symmetrien und Erhaltungssätze, Noether Theorem

12.4.1 Energie–Impuls–Tensor, Kontinuitätsgleichungen und Erhaltungssätze

Die Invarianz eines Systems unter kontinuierlichen Symmetrietransformationen führt auf Kontinuitätsgleichungen und Erhaltungssätze. Die Herleitung dieser Erhaltungssätze aus der Invarianz der Lagrange-Dichte ist als Noethersches Theorem bekannt (siehe unten).

Man kann Kontinuitätsgleichungen auch elementar aus den Bewegungsgleichungen ableiten. Dies wird am *Energie-Impuls-Tensor*, der durch

$$T^{\mu\nu} = \frac{\partial \mathcal{L}}{\partial \phi_{r,\mu}} \phi_r{}^{,\nu} - \mathcal{L}g^{\mu\nu} \tag{12.4.1}$$

definiert wird, illustriert. Der Energie–Impuls–Tensor erfüllt die *Kontinuitätsgleichung*[4]

$$T^{\mu\nu}{}_{,\mu} = 0 \,. \tag{12.4.2}$$

Beweis. Die Ableitung von $T^{\mu\nu}$ ergibt

$$T^{\mu\nu}{}_{,\mu} = \left(\frac{\partial}{\partial x^\mu} \frac{\partial \mathcal{L}}{\partial \phi_{r,\mu}} \right) \phi_r{}^{,\nu} + \frac{\partial \mathcal{L}}{\partial \phi_{r,\mu}} \phi_r{}^{,\nu}{}_\mu - \partial^\nu \mathcal{L} \tag{12.4.3}$$

$$= \frac{\partial \mathcal{L}}{\partial \phi_r} \phi_r{}^{,\nu} + \frac{\partial \mathcal{L}}{\partial \phi_{r,\mu}} \phi_r{}^{,\nu}{}_\mu - \partial^\nu \mathcal{L} = 0 \,,$$

wobei im zweiten Schritt die Euler–Lagrange Gleichung (12.2.15) und $\partial^\nu \mathcal{L} = \frac{\partial \mathcal{L}}{\partial \phi_r} \partial^\nu \phi_r + \frac{\partial \mathcal{L}}{\partial \phi_{r,\mu}} \partial^\nu \phi_{r,\mu}$ verwendet wurden.

Falls ein Vierervektor g^μ eine Kontinuitätsgleichung

$$g^\mu{}_{,\mu} = 0 \tag{12.4.4}$$

erfüllt, so folgt unter der Annahme, daß die Felder, von denen g^μ abhängt, genügend rasch im Unendlichen verschwinden die *Erhaltung* des Raumintegrals über seine Nullkomponente

$$G^0(t) = \int d^3x \, g^0(\mathbf{x}, t) \,. \tag{12.4.5}$$

Beweis: Aus der Kontinuitätsgleichung folgt mit dem verallgemeinerten Gaußschen Satz

---

[4] Diese Kontinuitätsgleichung wird im nächsten Abschnitt aus der raum–zeitlichen Translationsinvarianz hergleitet, woraus sich in Analogie zur klassischen Mechanik der Name Energie–Impuls–Tensor rechtfertigt.

$$\int_\Omega d^4x \, \frac{\partial}{\partial x^\mu} g^\mu = 0 = \int_\sigma d\sigma_\mu \, g^\mu \, . \tag{12.4.6}$$

Dies gilt für jedes vierdimensionale Gebiet Ω mit Oberfläche σ. Nun wählt man ein Integrationsgebiet, das sich in den räumlichen Richtungen bis nach Unendlich erstreckt. In der Zeitrichtung sei es durch zwei dreidimensionale Oberflächen $\sigma_1(x^0 = t_1)$ und $\sigma_2(x^0 = t_2)$ begrenzt (Abb. 12.5). Im Unendlichen der raumartigen Richtungen seien ϕ_r und $\phi_{r,\mu}$ Null.

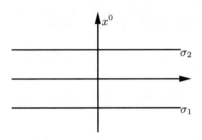

Abb. 12.5. Zur Herleitung des Erhaltungssatzes

$$0 = \int_{\sigma_1} d^3x \, g^0 - \int_{\sigma_2} d^3x \, g^0 \; = \; \int d^3x \, g^0(\mathbf{x}, t_1) - \int d^3x \, g^0(\mathbf{x}, t_2)$$

d.h.

$$G^0(t_1) = G^0(t_2) \tag{12.4.7a}$$

oder auch

$$\frac{dG^0}{dt} = 0 \, . \tag{12.4.7b}$$

Wendet man dieses Ergebnis auf die Kontinuitätsgleichung für den Energie-Impuls-Tensor (12.4.1) an, so folgt die Erhaltung des *Energie-Impuls-Vierervektors*

$$P^\nu = \int d^3x \, T^{0\nu}(\mathbf{x}, t) \, . \tag{12.4.8}$$

Die Komponenten des Energie–Impuls–Vektors sind

$$P^0 = \int d^3x \, \{\pi_r(x)\dot{\phi}_r(x) - \mathcal{L}(\phi_r, \phi_{r,\mu})\} \tag{12.4.9}$$

$$= \int d^3x \, \mathcal{H} \; = \; H$$

und

$$P^j = \int d^3x\, \pi_r(x) \frac{\partial \phi_r}{\partial x_j} \qquad j = 1, 2, 3 \ . \tag{12.4.10}$$

Die nullte Komponente ist gleich der Hamilton–Funktion bzw. dem -Operator, die räumlichen Komponenten stellen den Impuls–Operator des Feldes dar.

12.4.2 Herleitung der Erhaltungssätze für Viererimpuls, Drehimpuls und Ladung aus dem Noetherschen Theorem

12.4.2.1 Noethersches Theorem

Das Theorem besagt, daß aus jeder kontinuierlichen Transformation, die die Wirkung ungeändert läßt, ein Erhaltungssatz folgt. So folgt die Erhaltung des Viererimpulses und des Drehimpulses aus der Invarianz der Lagrange-Dichte $\mathcal{L}$ gegenüber Translationen und Rotationen. Diese bilden kontinuierliche Symmetriegruppen und es reicht, infinitesimale Transformationen zu betrachten. Wir betrachten deshalb die infinitesimale Lorentz–Transformation

$$x_\mu \to x'_\mu = x_\mu + \delta x_\mu = x_\mu + \Delta\omega_{\mu\nu}\, x^\nu + \delta_\mu \tag{12.4.11a}$$

$$\phi_r(x) \to \phi'_r(x') = \phi_r(x) + \frac{1}{2}\,\Delta\omega_{\mu\nu}\, S^{\mu\nu}_{rs}\, \phi_s(x) \ . \tag{12.4.11b}$$

Hier stellen x und x' denselben Raum-Zeit Punkt in den beiden Koordinatensystemen dar und ϕ_r und ϕ'_r die Komponenten des Feldes bezogen auf die beiden Koordinatensysteme. Die in Gleichung (12.4.11a,b) auftretenden Größen haben die folgende Bedeutung: Die konstante Größe δ_μ bewirkt eine infinitesimale Verschiebung. Der homogene Teil der Lorentz–Transformation ist durch den infinitesimalen antisymmetrischen Tensor $\Delta\omega_{\mu\nu} = -\Delta\omega_{\nu\mu}$ gegeben. Die Koeffizienten $S^{\mu\nu}_{rs}$ im Transformationsgesetz der Felder (12.4.11b) sind antisymmetrisch in μ und ν und sind durch die Transformationseigenschaften der Felder bestimmt. Zum Beispiel gilt für Spinoren (Gl.(6.2.13) u. (6.2.17))

$$\frac{1}{2}\,\Delta\omega_{\mu\nu}\, S^{\mu\nu}_{rs}\, \phi_s = -\frac{i}{4}\,\Delta\omega_{\mu\nu}\, \sigma^{\mu\nu}_{rs}\, \phi_s \ , \tag{12.4.12a}$$

d.h.

$$S^{\mu\nu}_{rs} = -\frac{i}{2}\,\sigma^{\mu\nu}_{rs} \ , \tag{12.4.12b}$$

wobei r und $s(=1,\dots,4)$ die vier Komponenten des Spinorfeldes indizieren. Vektorfelder transformieren sich unter Lorentztransformationen nach Gl. (11.1.3a) und daraus folgt

$$S^{\mu\nu}_{rs} = g^\mu_r\, g^\nu_s - g^\mu_s\, g^\nu_r \ , \tag{12.4.12c}$$

wobei die Indizes r, s die Werte $0, 1, 2, 3$ annehmen. In Gleichung (12.4.12a,b) wird über doppelt vorkommende Indizes μ, ν und s summiert.

Wie schon früher betont wurde, bedeutet die *Invarianz* unter der Transformation (12.4.11a,b), daß die Lagrange Dichte in den neuen Feldern und Koordinaten die gleiche Gestalt besitzt wie in den alten:

$$\mathcal{L}(\phi'_r(x'), \phi'_{r,\mu}(x')) = \mathcal{L}(\phi_r(x), \phi_{r,\mu}(x)) . \tag{12.4.13}$$

Daraus folgt die Kovarianz der Bewegungsgleichungen.
Die Variation von $\phi_r(x)$ bei ungeändertem Argument wird durch

$$\delta\phi_r(x) = \phi'_r(x) - \phi_r(x) , \tag{12.4.14}$$

definiert. Außerdem definieren wir die *totale* Variation

$$\Delta\phi_r(x) = \phi'_r(x') - \phi_r(x) , \tag{12.4.15}$$

die die Änderung auf Grund der Form und des Arguments der Funktion beinhaltet. Zwischen diesen beiden Größen findet man folgenden Zusammenhang

$$\begin{aligned}
\Delta\phi_r(x) &= (\phi'_r(x') - \phi_r(x')) + (\phi_r(x') - \phi_r(x)) \\
&= \delta\phi_r(x') + \frac{\partial\phi_r}{\partial x_\nu}\delta x_\nu + \mathcal{O}(\delta^2) \\
&= \delta\phi_r(x) + \frac{\partial\phi_r}{\partial x_\nu}\delta x_\nu + \mathcal{O}(\delta^2) ,
\end{aligned} \tag{12.4.16}$$

wobei mit $\mathcal{O}(\delta^2)$ Terme zweiter Ordnung gemeint sind, welche vernachlässigt werden. Entsprechend zu Gl.(12.4.16) kann man die nach Gl.(12.4.13) verschwindende Differenz der Lagrange–Dichten in den Koordinatensystemen I und I', also die totale Variation der Lagrange–Dichte, umformen

$$\begin{aligned}
0 &= \mathcal{L}(\phi'_r(x'), \phi'_{r,\mu}(x')) - \mathcal{L}(\phi_r(x), \phi_{r,\mu}(x)) \\
&= \mathcal{L}(\phi'_r(x'),\dots) - \mathcal{L}(\phi_r(x'),\dots) + (\mathcal{L}(\phi_r(x'),\dots) - \mathcal{L}(\phi_r(x),\dots)) \\
&= \delta\mathcal{L} + \frac{\partial\mathcal{L}}{\partial x^\mu}\delta x^\mu + O(\delta^2) .
\end{aligned} \tag{12.4.17}$$

Für den ersten Term auf der rechten Seite von (12.4.17) erhält man

$$\begin{aligned}
\delta\mathcal{L} &= \frac{\partial\mathcal{L}}{\partial\phi_r}\delta\phi_r + \frac{\partial\mathcal{L}}{\partial\phi_{r,\mu}}\delta\phi_{r,\mu} \\
&= \frac{\partial\mathcal{L}}{\partial\phi_r}\delta\phi_r - \left(\frac{\partial}{\partial x^\mu}\frac{\partial\mathcal{L}}{\partial\phi_{r,\mu}}\right)\delta\phi_r + \frac{\partial}{\partial x^\mu}\left(\frac{\partial\mathcal{L}}{\partial\phi_{r,\mu}}\delta\phi_r\right) \\
&= \frac{\partial}{\partial x^\mu}\left\{\frac{\partial\mathcal{L}}{\partial\phi_{r,\mu}}\left[\Delta\phi_r - \frac{\partial\phi_r}{\partial x_\nu}\delta x_\nu\right]\right\} ,
\end{aligned}$$

wo nach dem zweiten Gleichheitszeichen die Euler–Lagrange–Gleichung eingesetzt und im letzten Schritt Gl.(12.4.16) verwendet wurde. Zusammen mit $\frac{\partial\mathcal{L}}{\partial x^\mu}\delta x^\mu = \frac{\partial}{\partial x^\mu}(\mathcal{L}\delta x^\mu) = \frac{\partial}{\partial x^\mu}(\mathcal{L}g^{\mu\nu}\delta x_\nu)$ folgt aus (12.4.17) die Kontinuitätsgleichung

$$g^\mu{}_{,\mu} = 0 \tag{12.4.18a}$$

für den Vierervektor

$$g^\mu \equiv \frac{\partial \mathcal{L}}{\partial \phi_{r,\mu}} \Delta \phi_r - T^{\mu\nu} \delta x_\nu \ . \tag{12.4.18b}$$

Hier hängt g^μ von den Variationen $\Delta \phi_r$ und δx_ν ab, und je nach Wahl ergeben sich verschiedene Erhaltungssätze.

Die Gleichungen (12.4.18a) und (12.4.18b), die unter anderem zu den Erhaltungsgrößen (12.4.5) führen, stellen die allgemeine Aussage des *Noetherschen Theorems* dar.

12.4.2.2 Anwendung auf Translations-, Dreh- und Eichinvarianz

Wir analysieren nun drei wichtige Spezialfälle des Ergebnisses des vorhergehenden Abschnitts.

(i) Reine *Translationen:*
Für Translationen ist

$$\begin{aligned} \Delta \omega_{\mu\nu} &= 0 \\ \delta x_\nu &= \delta_\nu \end{aligned} \tag{12.4.19a}$$

dann folgt aus (12.4.11b) $\phi_r'(x') = \phi_r(x)$, also

$$\Delta \phi_r = 0 \ . \tag{12.4.19b}$$

Die Aussage des Noetherschen Theorems vereinfacht sich dann zu $g^\mu = -T^{\mu\nu} \delta_\nu$, und da die vier Verschiebungen δ_ν voneinander unabhängig sind, folgen die vier Kontinuitätsgleichungen

$$T^{\mu\nu}{}_{,\mu} = 0 \tag{12.2.31}$$

für den in (12.4.3) definierten Energie–Impuls–Tensor $T^{\mu\nu}$, $\nu = 0, 1, 2, 3$. Für $\nu \equiv 0$ ergibt sich die Kontinuitätsgleichung für die Viererimpulsdichte $P^\mu = T^{0\mu}$ und für $\nu = i$ die Größen $T^{i\mu}$. Die Erhaltungssätze $T^{i\mu}{}_{,\mu} = 0$ enthalten als Nullkomponenten die räumlichen Impulsdichten P^i und als Stromdichten die Komponenten des sog. Spannungstensors T^{ij}. (Siehe auch die Diskussion nach Gl.(12.4.7b).)

(ii) Für *Drehungen* ist nach Gl.(12.4.11a,b)

$$\delta_\mu = 0 \, , \ \delta x_\nu = \Delta \omega_{\nu\sigma} x^\sigma \tag{12.4.20a}$$

und

$$\Delta \phi_r = \frac{1}{2} \Delta \omega_{\nu\sigma} S_{rs}^{\nu\sigma} \phi_s \ . \tag{12.4.20b}$$

Dann folgt aus (12.4.18b)

$$g^\mu \equiv \frac{1}{2} \frac{\partial \mathcal{L}}{\partial \phi_{r,\mu}} \Delta\omega_{\nu\sigma} S_{rs}^{\nu\sigma} \phi_s - T^{\mu\nu} \Delta\omega_{\nu\sigma} x^\sigma \ . \tag{12.4.21}$$

Mit der Definition

$$M^{\mu\nu\sigma} = \frac{\partial \mathcal{L}}{\partial \phi_{r,\mu}} S_{rs}^{\nu\sigma} \phi_s(x) + (x^\nu T^{\mu\sigma} - x^\sigma T^{\mu\nu}) \tag{12.4.22}$$

läßt sich (12.4.21) folgendermaßen umformen

$$
\begin{aligned}
g^\mu &= \frac{1}{2} \frac{\partial \mathcal{L}}{\partial \phi_{r,\mu}} S_{rs}^{\nu\sigma} \phi_s \Delta\omega_{\nu\sigma} - \frac{1}{2} T^{\mu\nu} \Delta\omega_{\nu\sigma} x^\sigma - \frac{1}{2} T^{\mu\sigma} \Delta\omega_{\sigma\nu} x^\nu \\
&= \frac{1}{2} \left(\frac{\partial \mathcal{L}}{\partial \phi_{r,\mu}} S_{rs}^{\nu\sigma} \phi_s + x^\nu T^{\mu\sigma} - x^\sigma T^{\mu\nu} \right) \Delta\omega_{\nu\sigma} \qquad (12.4.20') \\
&= \frac{1}{2} M^{\mu\nu\sigma} \Delta\omega_{\nu\sigma} \ .
\end{aligned}
$$

Da die 6 nichtverschwindenden Elemente der antisymmetrischen Matrix $\Delta\omega_{\nu\sigma}$ voneinander unabhängig sind, folgt, daß die Größen $M^{\mu\nu\sigma}$ die sechs Kontinuitätsgleichungen

$$\partial_\mu M^{\mu\nu\sigma} = 0 \tag{12.4.23}$$

erfüllen. Daraus folgen die 6 Größen

$$
\begin{aligned}
M^{\nu\sigma} &= \int d^3x \, M^{0\nu\sigma} \\
&= \int d^3x \, \left(\pi_r(x) S_{rs}^{\nu\sigma} \phi_s(x) + x^\nu T^{0\sigma} - x^\sigma T^{0\nu} \right) \ .
\end{aligned}
\tag{12.4.24}
$$

Für die räumlichen Komponenten erhält man den *Drehimpuls*-Operator

$$M^{ij} = \int d^3x \, \left(\pi_r S_{rs}^{ij} \phi_s + x^i T^{0j} - x^j T^{0i} \right) \ . \tag{12.4.25}$$

Dabei ist der Drehimpulsvektor $(I^1, I^2, I^3) \equiv (M^{23}, M^{31}, M^{12})$ erhalten. Die Summe aus zweitem und drittem Term stellt das äußere Produkt des Ortsvektors mit der räumlichen Impulsdichte dar, kann also als Bahndrehimpuls des Feldes aufgefaßt werden. Der erste Term wird als innerer Drehimpuls oder Spin interpretiert (siehe später (13.3.13') und (E.31c)). Die raumzeitlichen Komponenten $(0i)$

$$M^{0i} = \int d^3x \, M^{00i}$$

können zum dreikomponentigen boost-Vektor

$$\mathbf{K} = (M^{01}, M^{02}, M^{03}) \tag{12.4.26}$$

zusammengefaßt werden, welcher Erzeugender der Lorentz-Transformationen ist.

(iii) *Eichtransformationen* (Eichtransformation erster Art)

Als letzte Anwendung des Noetherschen Theorems betrachten wir die Folgerung aus der *Eichinvarianz* .

Angenommen, die Lagrange-Dichte enthält eine Teilmenge von Feldern ϕ_r und $\phi_r^\dagger$ nur in Kombinationen der Art $\phi_r^\dagger(x)\phi_r(x)$ und $\phi_{r,\mu}^\dagger(x)\phi_{r,}{}^\mu(x)$ dann ist die Lagrange-Dichte invariant gegen die Eichtransformation erster Art, die definiert ist durch

$$\begin{aligned}\phi_r(x) &\to \phi_r'(x) = \mathrm{e}^{\mathrm{i}\varepsilon}\phi_r(x) \approx (1+\mathrm{i}\varepsilon)\phi_r(x) \\ \phi_r^\dagger(x) &\to \phi_r^{\dagger\,'}(x) = \mathrm{e}^{-\mathrm{i}\varepsilon}\phi_r^\dagger(x) \approx (1-\mathrm{i}\varepsilon)\phi_r^\dagger(x)\end{aligned} \tag{12.4.27}$$

mit beliebigem reellem ϵ . Die Koordinaten werden nicht transformiert, so daß nach Gl.(12.4.14)

$$\begin{aligned}\delta\phi_r(x) &= \mathrm{i}\varepsilon\,\phi_r(x) \\ \delta\phi_r^\dagger(x) &= -\mathrm{i}\varepsilon\,\phi_r^\dagger(x)\end{aligned} \tag{12.4.28}$$

und (12.4.16)

$$\Delta\phi_r(x) = \delta\phi_r(x)\,, \quad \Delta\phi_r^\dagger(x) = \delta\phi_r^\dagger(x) \tag{12.4.29}$$

gilt. Aus dem Noether–Theorem (12.4.18b) folgt die Viererstromdichte

$$g^\mu \propto \frac{\partial\mathcal{L}}{\partial\phi_{r,\mu}}\,\mathrm{i}\varepsilon\,\phi_r + \frac{\partial\mathcal{L}}{\partial\phi_{r,\mu}^\dagger}\,(-\mathrm{i}\varepsilon)\phi_r^\dagger\,,$$

d.h.

$$\begin{aligned}g^\mu(x) &= \mathrm{i}\left(\frac{\partial\mathcal{L}}{\partial\phi_{r,\mu}}\phi_r - \frac{\partial\mathcal{L}}{\partial\phi_{r,\mu}^\dagger}\phi_r^\dagger\right) \\ g^0(x) &= \mathrm{i}\left(\pi_r(x)\phi_r(x) - \pi_r^\dagger(x)\phi_r^\dagger(x)\right)\end{aligned} \tag{12.4.30}$$

genügt einer Kontinuitätsgleichung. Daraus folgt, daß

$$Q = -\mathrm{i}q\int d^3x\,\left(\pi_r(x)\phi_r(x) - \pi_r^\dagger(x)\phi_r^\dagger(x)\right) \tag{12.4.31}$$

erhalten ist; d.h. in quantisierter Form:

$$\frac{dQ}{dt} = 0,\ \ [Q,H] = 0\,. \tag{12.4.32}$$

q wird sich als Ladung erweisen. Um dies schon im gegenwärtigen Stadium einzusehen, berechnen wir den Kommutator von Q und ϕ_r mit den Vertauschungsrelationen (12.3.1):

$$[Q,\phi_r(x)] = -\mathrm{i}q\int d^3x'\,\underbrace{[\pi_s(x'),\phi_r(x)]}_{-\mathrm{i}\delta_{sr}\delta(\mathbf{x}'-\mathbf{x})}\phi_s(x') = -q\phi_r(x)\,. \tag{12.4.33}$$

Falls $|Q'\rangle$ ein Eigenzustand von Q ist,

$$Q|Q'\rangle = Q'|Q'\rangle \ , \tag{12.4.34}$$

dann ist $\phi_r(x)|Q'\rangle$ Eigenzustand zum Eigenwert $Q' - q$ und
$\phi_r^\dagger(x)|Q'\rangle$ Eigenzustand zum Eigenwert $Q' + q$, wie aus
(12.4.33) folgt:

$$
\begin{aligned}
(Q\phi_r(x) - \phi_r(x)Q)|Q'\rangle &= -q\phi_r(x)|Q'\rangle \\
Q\phi_r(x)|Q'\rangle - \phi_r(x)Q'|Q'\rangle &= -q\phi_r(x)|Q'\rangle \\
Q\phi_r(x)|Q'\rangle &= (Q' - q)\phi_r(x)|Q'\rangle \ .
\end{aligned} \tag{12.4.35}
$$

Mit komplexen, d.h. mit nichthermiteschen Feldern kann man geladene Teilchen darstellen. Die Erhaltung der Ladung folgt aus der Invarianz gegenüber Eichtransformationen erster Art (d.h. die Phase ist unabhängig von x). In Theorien, in denen das Feld an ein Eichfeld koppelt, gibt es auch Eichtransformationen zweiter Art $\psi \to \psi' = \psi e^{i\alpha(x)}$, $A^\mu \to A'^\mu = A^\mu + \frac{1}{e}\partial^\mu\alpha(x)$.

12.4.2.3 Erzeugende der Symmetrietransformationen in der Quantenmechanik

Wir setzen voraus, daß der Hamilton–Operator H zeitunabhängig ist und betrachten Bewegungskonstante $A(t)$, die nicht explizit von der Zeit abhängen. Die Heisenberg-Bewegungsgleichungen

$$\frac{dA(t)}{dt} = \mathrm{i}[H, A(t)] \tag{12.4.36}$$

implizieren, daß derartige Konstante der Bewegung mit H kommutieren

$$[H, A] = 0 \ . \tag{12.4.37}$$

Symmetrietransformationen können allgemein durch unitäre oder im Fall der Zeitumkehr durch antiunitäre Transformationen dargestellt werden[1]. Im Fall der kontinuierlichen Transformationen, die stetig mit der Einheit zusammenhängen, wie zum Beispiel die Drehungen, sind die Transformationen unitär. D.h. die Zustände und Operatoren transformieren sich wie

$$|\psi\rangle \to |\psi'\rangle = U|\psi\rangle \tag{12.4.38a}$$

und

$$A \to A' = UAU^\dagger \ . \tag{12.4.38b}$$

Die Unitarität garantiert, daß Übergangsamplituden und Matrixelemente von Operatoren invariant bleiben, und daß Operator-Gleichungen kovariant sind,

---

[1] E.P. Wigner, *Group Theory and its Application to the Quantum Mechanics of Atomic Spectra*, Academic Press, New York, 1959, Appendix to Chapt. 20, p. 233; V. Bargmann, J. Math. Phys. **5**, 862 (1964)

d.h. in den ursprünglichen und in den transformierten Operatoren haben die Bewegungsgleichungen und Vertauschungsrelationen die gleiche Gestalt.

Für eine kontinuierliche Transformation können wir den unitären Operator in der Form

$$U = e^{i\alpha T} \tag{12.4.39}$$

mit $T^\dagger = T$ und einem reellen stetigen Parameter α darstellen. Der hermitsche Operator T heißt Erzeugende der Transformation. Für $\alpha = 0$ ist $U(\alpha = 0) = 1$. Für eine infinitesimale Transformation ($\alpha \to \delta\alpha$) kann U entwickelt werden

$$U = 1 + i\,\delta\alpha\,T + O(\delta\alpha^2)\,, \tag{12.4.39'}$$

und das Transformationsgesetz für einen Operator A hat die Gestalt

$$A' = A + \delta A = (1 + i\,\delta\alpha\,T)A(1 - i\,\delta\alpha\,T) + O(\delta\alpha^2)$$
$$\text{also}\quad \delta A = i\,\delta\alpha\,[T, A]\,. \tag{12.4.37b'}$$

Wenn das physikalische System unter der betrachteten Transformtion invariant ist, dann muß der Hamilton-Operator invariant bleiben, $\delta H = 0$, und aus (12.4.37b') folgt

$$[T, H] = 0\,. \tag{12.4.40}$$

Da T mit H kommutiert, ist die Erzeugende der Symmetrietransformation eine Bewegungskonstante.

Umgekehrt wird durch jede der Erhaltungsgrößen G^0 über den unitären Operator

$$U = e^{i\alpha G^0} \tag{12.4.41}$$

eine Symmetrietransformation erzeugt, da G^0 wegen $[H, G^0] = \frac{1}{i}\dot{G}^0 = 0$ mit H kommutiert und deshalb $UHU^\dagger = H$, also H invariant ist. Daß dies genau diejenige Transformation ist, aus der man die zugehörige, einer Kontinuitätsgleichung genügende, erhaltene Viererstromdichte hergeleitet hat, ist naheliegend und kann explizit für P^μ, Q und $M^{\mu\nu}$ nachgeprüft werden. Für Translationen siehe Aufgabe 13.2(b) für das Klein–Gordon Feld und 13.10 für das Dirac Feld. Siehe auch die Aufgaben 13.5 und 13.12 zum Operator der Ladungskonjugation.

Der boost-Vektor (12.4.26), $K^i \equiv M^{0i}$,

$$K^i = tP^i - \int d^3x \left(x^i\,T^{00}(\mathbf{x}, t) - \pi_r(x)\,S_{rs}^{0i}\,\phi_s(x) \right) \tag{12.4.42}$$

ist zwar konstant, hängt aber explizit von der Zeit ab. Aus der Heisenberg-

Bewegungsgleichung $\dot{\mathbf{K}} = 0 = \mathrm{i}[H, \mathbf{K}] + \mathbf{P}$ folgt, daß $\mathbf{K}$ nicht mit H kommutiert

$$[H, \mathbf{K}] = \mathrm{i}\mathbf{P} . \tag{12.4.43}$$

Für das Dirac Feld ist

$$K^i = tP^i - \int d^3x \left(x^i \mathcal{H}(x) - \frac{\mathrm{i}}{2} \bar{\psi}(x) \gamma^i \psi(x) \right) . \tag{12.4.44}$$

Aufgaben zu Kapitel 12

12.1 Beweisen Sie die Vollständigkeitsrelation (12.1.7b) und Orthogonalitätsrelation (12.1.7b).

12.2 Zeigen Sie die Richtigkeit der Vertauschungsrelation (12.1.10).

12.3 Zeigen Sie, daß der Hamilton–Operator (12.1.1) für die gekoppelten Oszillatoren in (12.1.11) umgeformt werden kann und die Dispersionsrelation (12.1.12) ergibt.

12.4 Beweisen Sie die Umkehrrelation (12.1.14a,b).

12.5 Beweisen Sie die Vertauschungsrelationen der Erzeugungs– und Vernichtungsoperatoren (12.1.15).

12.6 Zeigen Sie den Erhaltungssatz (12.4.7b), indem Sie $\frac{dG^0}{dt}$ unter Verwendung des dreidimensionalen Gaußschen Integralsatzes berechnen und in der Definition von G^0 über den ganzen Raum integrieren.

12.7 Die kohärenten Zustände für die lineare Kette sind als Eigenzustände für die Vernichtungsoperatoren a_k definiert. Berechnen Sie den Mittelwert des Operators

$$q_n(t) = \sum_k \frac{1}{\sqrt{2Nm\omega_k}} \left[\mathrm{e}^{\mathrm{i}(kna - \omega_k t)} a_k(0) + \mathrm{e}^{-\mathrm{i}(kna - \omega_k t)} a_k^\dagger(0) \right]$$

für kohärente Zustände.

12.8 Zeigen Sie, daß für Vektorfelder $A_s(x)$ $(s = 0, 1, 2, 3)$ Gleichung (12.4.12c) gilt.

13. Freie Felder

In diesem Kapitel werden die Ergebnisse des vorhergehenden Kapitels auf das freie reelle und komplexe Klein–Gordon–Feld, auf das Dirac–Feld und das Strahlungsfeld angewandt und die grundlegenden Eigenschaften dieser freien Feldtheorien abgeleitet. Außerdem wird das Spin–Statistik–Theorem bewiesen.

13.1 Das reelle Klein–Gordon–Feld

Da das Klein–Gordon–Feld als Kontinuumsgrenzfall von gekoppelten Oszillatoren gefunden wurde, sind die wichtigsten Eigenschaften dieser quantisierten Feldtheorie aus Abschnitt 12.1, 12.2.1.4 bekannt. Wir stellen dennoch die wichtigsten Relationen nochmals in geschlossener, deduktiver Weise zusammen.

13.1.1 Lagrange–Dichte, Vertauschungsrelationen, Hamilton–Operator

Die Lagrange–Dichte des freien, reellen Klein–Gordon–Feldes ist von der Form

$$\mathcal{L} = \frac{1}{2} \left(\phi_{,\mu} \phi^{,\mu} - m^2 \phi^2 \right) . \tag{13.1.1}$$

Die Bewegungsgleichung (12.2.21) lautet

$$\left(\partial_\mu \partial^\mu + m^2 \right) \phi = 0 . \tag{13.1.2}$$

Aus (13.1.1) folgt für das konjugierte Impulsfeld

$$\pi(x) = \frac{\partial \mathcal{L}}{\partial \dot{\phi}} = \dot{\phi}(x) . \tag{13.1.3}$$

Das quantisierte reelle Klein–Gordon–Feld wird durch hermitsche Operatoren

$$\phi^\dagger(x) = \phi(x) \qquad \text{und} \qquad \pi^\dagger(x) = \pi(x)$$

dargestellt. Die kanonische Quantisierungsvorschrift (12.3.1) ergibt für das Klein–Gordon–Feld

$$\left[\phi(\mathbf{x},t),\dot{\phi}(\mathbf{x}',t)\right] = i\,\delta(\mathbf{x}-\mathbf{x}')$$
$$\left[\phi(\mathbf{x},t),\phi(\mathbf{x}',t)\right] = \left[\dot{\phi}(\mathbf{x},t),\dot{\phi}(\mathbf{x}',t)\right] = 0\ . \tag{13.1.4}$$

Bemerkungen:

(i)   Da sich $\phi(x)$ unter Lorentz-Transformationen wie ein Skalar transformiert und keine inneren Freiheitsgrade besitzt, sind die Koeffizienten $S^{\mu\nu}_{rs}$ in (12.4.11b) und (12.4.25) Null. Der Spin des Klein–Gordon–Feldes ist also Null.

(ii) Da ϕ hermitsch ist, besitzt $\mathcal{L}$ aus Gl.(13.1.1) keine Eichinvarianz; die durch ϕ beschriebenen Teilchen haben deshalb Ladung Null.

(iii) Nicht alle elektrisch neutralen Mesonen mit Spin 0 werden durch ein reelles Klein–Gordon–Feld beschrieben. So hat zum Beispiel das K_0-Meson eine weitere Eigenschaft, die man als Hyperladung Y bezeichnet. Es wird sich am Ende des nächsten Abschnitts zeigen, daß das K_0 zusammen mit seinem Anti–Teilchen $\bar{K}_0$ durch ein komplexes Klein–Gordon–Feld beschrieben werden kann.

(iv) Auch im Falle der quantisierten Felder ist es üblich weiterhin von reellen und komplexen Feldern zu sprechen.

Die Entwicklung von $\phi(x)$ nach einem vollständigen Satz von Lösungen der Klein–Gordon–Gleichung ist von der Gestalt

$$\phi(x) = \phi^+(x) + \phi^-(x) \tag{13.1.5}$$
$$= \sum_{\mathbf{k}} \frac{1}{\sqrt{2V\omega_{\mathbf{k}}}} \left(e^{-ikx}a_{\mathbf{k}} + e^{ikx}a_{\mathbf{k}}^\dagger\right)$$

mit

$$k^0 = \omega_{\mathbf{k}} = (m^2 + \mathbf{k}^2)^{1/2}\ , \tag{13.1.6}$$

wobei die ϕ^+ und ϕ^- die Beiträge positiver Frequenz (e^{-ikx}) und negativer Frequenz (e^{ikx}) zusammenfassen. Die Umkehrung von (13.1.5) lautet

$$a_{\mathbf{k}} = \sqrt{\frac{1}{2V\omega_{\mathbf{k}}}} \int d^3x\, e^{ikx} \left(\omega_{\mathbf{k}}\phi(\mathbf{x},0) + i\dot{\phi}(\mathbf{x},0)\right)$$
$$a_{\mathbf{k}}^\dagger = \sqrt{\frac{1}{2V\omega_{\mathbf{k}}}} \int d^3x\, e^{-ikx} \left(\omega_{\mathbf{k}}\phi(\mathbf{x},0) - i\dot{\phi}(\mathbf{x},0)\right)\ . \tag{13.1.5'}$$

Aus den kanonischen Vertauschungsrelationen der Felder (13.1.4) erhält man die Vertauschungsrelationen der $a_{\mathbf{k}}$ und $a_{\mathbf{k}}^\dagger$

$$\left[a_{\mathbf{k}},a_{\mathbf{k}'}^\dagger\right] = \delta_{\mathbf{k}\mathbf{k}'}\ , \qquad \left[a_{\mathbf{k}},a_{\mathbf{k}'}\right] = \left[a_{\mathbf{k}}^\dagger,a_{\mathbf{k}'}^\dagger\right] = 0\ . \tag{13.1.7}$$

Dies sind die typischen Vertauschungsrelationen für ungekoppelte Oszillatoren bzw. Bosonen. Die Operatoren

$$\hat{n}_{\mathbf{k}} = a_{\mathbf{k}}^{\dagger} a_{\mathbf{k}} \tag{13.1.8}$$

haben als Eigenwerte

$$n_{\mathbf{k}} = 0, 1, 2, \ldots$$

und können deshalb als Besetzungszahl oder Teilchenzahloperatoren interpretiert werden. Die Operatoren $a_{\mathbf{k}}(a_{\mathbf{k}}^{\dagger})$ vernichten (erzeugen) Teilchen mit Impuls $\mathbf{k}$.

Aus dem Energie–Impuls–Vierervektor (12.4.8) folgt für das skalare Feld der Hamilton-Operator

$$H = \int d^3x \, \frac{1}{2} \left[\dot{\phi}^2(x) + (\boldsymbol{\nabla}\phi(x))^2 + m^2\phi^2(x) \right] \tag{13.1.9}$$

$$= \int d^3x \frac{1}{2} \left[\pi^2(x) + (\boldsymbol{\nabla}\phi(x))^2 + m^2\phi^2(x) \right]$$

und der Impulsoperator des Klein–Gordon–Feldes

$$\mathbf{P} = -\int d^3x \, \dot{\phi}(x) \, \boldsymbol{\nabla}\phi(x) \, . \tag{13.1.10}$$

Bemerkung. Die quantenmechanischen Feldgleichungen folgen auch aus den Heisenberg–Gleichungen und den Vertauschungsrelationen (13.1.4) bzw. (12.3.1)

$$\dot{\phi}(x) = \mathrm{i}[H, \phi(x)] = \pi(x) \tag{13.1.11}$$

$$\dot{\pi}(x) = \mathrm{i}[H, \pi(x)] = (\boldsymbol{\nabla}^2 - m^2)\phi(x) \, , \tag{13.1.12}$$

woraus

$$\ddot{\phi}(x) = (\boldsymbol{\nabla}^2 - m^2)\phi(x) \, , \tag{13.1.13}$$

also (13.1.2) folgt.

Nach Substitution der Entwicklung (13.1.5) ergibt sich für H und $\mathbf{P}$

$$H = \sum_{\mathbf{k}} \frac{1}{2} \omega_{\mathbf{k}} \left(a_{\mathbf{k}}^{\dagger} a_{\mathbf{k}} + a_{\mathbf{k}} a_{\mathbf{k}}^{\dagger} \right) = \sum_{\mathbf{k}} \omega_{\mathbf{k}} \left(a_{\mathbf{k}}^{\dagger} a_{\mathbf{k}} + \frac{1}{2} \right) \tag{13.1.14}$$

und

$$\mathbf{P} = \sum_{\mathbf{k}} \frac{1}{2} \mathbf{k} \left(a_{\mathbf{k}}^{\dagger} a_{\mathbf{k}} + a_{\mathbf{k}} a_{\mathbf{k}}^{\dagger} \right) = \sum_{\mathbf{k}} \mathbf{k} \left(a_{\mathbf{k}}^{\dagger} a_{\mathbf{k}} + \frac{1}{2} \right) \, . \tag{13.1.15}$$

Der Zustand niedrigster Energie, d.i. der Grundzustand oder Vakuumzustand $|0\rangle$, ist dadurch charakterisiert, daß keine Teilchen vorhanden sind, d.h. $n_{\mathbf{k}} = 0$, oder

$$a_{\mathbf{k}} |0\rangle = 0 \quad \text{für alle } \mathbf{k} \tag{13.1.16a}$$

bzw.

$$\phi^+(x) |0\rangle = 0 \quad \text{für alle } x. \tag{13.1.16b}$$

Die Energie des Vakuumzustandes

$$E_0 = \frac{1}{2} \sum_{\mathbf{k}} \omega_{\mathbf{k}} , \tag{13.1.17}$$

die Nullpunktsenergie, ist divergent. Dies ist weiter kein Problem, da nur Energiedifferenzen meßbar sind, und diese sind endlich; man kann die Nullpunktsenergie von vornherein eliminieren, indem man durch eine Neudefinition normal geordnete Produkte einführt. In einem *normal geordneten Produkt* werden alle *Vernichtungsoperatoren rechts von* allen *Erzeugungsoperatoren* angeordnet. Für *Bosonen* wird die Definition der *Normalordnung*, symbolisiert durch zwei Doppelpunkte : ... :, durch die folgenden Beispiele illustriert:

$$\text{(i)} \quad : a_{\mathbf{k}_1} a_{\mathbf{k}_2} a_{\mathbf{k}_3}^\dagger : = a_{\mathbf{k}_3}^\dagger a_{\mathbf{k}_1} a_{\mathbf{k}_2} \tag{13.1.18a}$$

$$\text{(ii)} \quad : a_{\mathbf{k}}^\dagger a_{\mathbf{k}} + a_{\mathbf{k}} a_{\mathbf{k}}^\dagger : = 2 a_{\mathbf{k}}^\dagger a_{\mathbf{k}} \tag{13.1.18b}$$

und

$$
\begin{aligned}
\text{(iii)} \quad : \phi(x)\phi(y) : = & : (\phi^+(x) + \phi^-(x))(\phi^+(y) + \phi^-(y)) : \\
= & : \phi^+(x)\phi^+(y) : + : \phi^+(x)\phi^-(y) : \\
& + : \phi^-(x)\phi^+(y) : + : \phi^-(x)\phi^-(y) : \\
= & \, \phi^+(x)\phi^+(y) + \phi^-(y)\phi^+(x) \\
& + \phi^-(x)\phi^+(y) + \phi^-(x)\phi^-(y) .
\end{aligned}
\tag{13.1.18c}
$$

Man behandelt die Bose-Operatoren in einem normalgeordneten Produkt so, als würden ihre Kommutatoren verschwinden. Die Anordnung der Erzeugungs- (Vernichtungs-) Operatoren untereinander ist willkürlich, da deren Kommutatoren verschwinden. Die positiv-Frequenz-Teile stehen rechts von den negativ-Frequenz-Teilen. Der Vakuumerwartungswert eines normalgeordneten Produktes verschwindet.

Wir führen nun eine *Neudefinition* der Lagrange-Dichte und der Observablen, Energie-Impuls-Vektor, Drehimpuls etc. als Normalprodukte :   : ein. Das bedeutet, daß beispielsweise der Impulsoperator (13.1.10) durch

$$\mathbf{P} = - \int d^3x \, : \dot{\phi}(x)\boldsymbol{\nabla}\phi(x) : \tag{13.1.9'}$$

ersetzt wird. Es folgt hieraus, daß der Energie–Impuls–Vektor statt (13.1.14) und (13.1.15) die Gestalt

$$P^\mu = \sum_{\mathbf{k}} k^\mu a_{\mathbf{k}}^\dagger a_{\mathbf{k}} \tag{13.1.19}$$

hat. Die Nullpunktsterme sind nicht mehr vorhanden. Wir betrachten im Detail den Hamilton–Operator H. In der zu (13.1.14) führenden Rechnung wurde im ersten Schritt keinerlei Vertauschung von Operatoren durchgeführt. Wenn man nun das ursprüngliche H durch $:H:$ ersetzt, folgt mit Beispiel (ii) für die Normalordnung $H = \sum_{\mathbf{k}} \omega_{\mathbf{k}} a_{\mathbf{k}}^{\dagger} a_{\mathbf{k}}$ also die Nullkomponente von (13.1.19).

Die normierten Teilchenzustände mit ihren Energieeigenwerten sind:

Vakuum	$\lvert 0 \rangle$	$E_0 = 0$
Einteilchenzustände	$a_{\mathbf{k}}^{\dagger} \lvert 0 \rangle$	$E_{\mathbf{k}} = \omega_{\mathbf{k}}$
Zweiteilchenzustände	$a_{\mathbf{k_1}}^{\dagger} a_{\mathbf{k_2}}^{\dagger} \lvert 0 \rangle$ für $\mathbf{k_1} \neq \mathbf{k_2}$ beliebig	$E_{\mathbf{k_1},\mathbf{k_2}}$ $= \omega_{\mathbf{k_1}} + \omega_{\mathbf{k_2}}$
	$\dfrac{1}{\sqrt{2}} \left(a_{\mathbf{k}}^{\dagger} \right)^2 \lvert 0 \rangle$ für $\mathbf{k}$ beliebig	$E_{\mathbf{k},\mathbf{k}} = 2\omega_{\mathbf{k}}$

Einen allgemeinen Zweiteilchenzustand erhält man durch lineare Superposition dieser Zustände. Wegen (13.1.7) gilt $a_{\mathbf{k_1}}^{\dagger} a_{\mathbf{k_2}}^{\dagger} \lvert 0 \rangle = a_{\mathbf{k_2}}^{\dagger} a_{\mathbf{k_1}}^{\dagger} \lvert 0 \rangle$. Die Teilchen, die durch das Klein-Gordon Feld beschrieben werden, sind Bosonen; jede der Besetzungszahlen nimmt die Werte $n_{\mathbf{k}} = 0, 1, 2, \ldots$ an. Der Operator $\hat{n}_{\mathbf{k}} = a_{\mathbf{k}}^{\dagger} a_{\mathbf{k}}$ ist der Teilchenzahloperator für Teilchen mit der Wellenzahl $\mathbf{k}$, seine Eigenwerte sind die Besetzungszahlen $n_{\mathbf{k}}$.

Wir besprechen nun noch den Drehimpuls des skalaren Feldes. Dieses einkomponentige Feld besitzt keine inneren Freiheitsgrade und die Koeffizienten S_{rs} in Gl. (12.4.25) verschwinden, $S_{rs} = 0$. Der Drehimpulsoperator (12.4.25) enthält deshalb keinen Spinanteil sondern nur den Bahndrehimpuls

$$\mathbf{J} = \int d^3x \, \mathbf{x} \times \mathbf{P}(x) \tag{13.1.20}$$

$$= : \int d^3x \, \mathbf{x} \times \dot{\phi}(x) \frac{1}{i} \boldsymbol{\nabla} \phi(x) : \, .$$

Der Spin der Teilchen ist folglich Null. Da die Lagrange–Dichte (13.1.1) und der Hamilton–Operator (13.1.9) nicht eichinvariant sind, gibt es keinen Ladungsoperator. Das reelle Klein–Gordon–Feld kann nur ungeladene Teilchen beschreiben. Ein Beispiel eines neutralen Mesons mit Spin=0 ist das π^0.

13.1.2 Propagatoren

Für die Störungstheorie und auch für das später zu besprechende Spin–Statistik–Theorem benötigt man die Vakuumerwartungswerte von bilinearen Kombinationen der Feldoperatoren. Zu deren Berechnung betrachten wir zunächst die Kommutatoren

$$\left[\phi^+(x), \phi^+(y)\right] = \left[\phi^-(x), \phi^-(y)\right] = 0$$

$$\left[\phi^+(x), \phi^-(y)\right] = \frac{1}{2V} \sum_{\mathbf{k}} \sum_{\mathbf{k}'} \frac{1}{(\omega_{\mathbf{k}}\omega_{\mathbf{k}'})^{1/2}} \left[a_{\mathbf{k}}, a_{\mathbf{k}'}^\dagger\right] e^{-ikx+ik'y}$$

$$= \frac{1}{2} \int \frac{d^3k}{(2\pi)^3} \frac{e^{-ik(x-y)}}{\omega_{\mathbf{k}}} \quad , \quad k_0 = \omega_{\mathbf{k}} \ . \tag{13.1.21}$$

Mit den Definitionen

$$\Delta^\pm(x) = \mp\frac{i}{2} \int \frac{d^3k}{(2\pi)^3} \frac{e^{\mp ikx}}{\omega_{\mathbf{k}}} \quad , \quad k_0 = \omega_{\mathbf{k}} \tag{13.1.22a}$$

$$\Delta(x) = \frac{1}{2i} \int \frac{d^3k}{(2\pi)^3} \frac{1}{\omega_{\mathbf{k}}} \left(e^{-ikx} - e^{ikx}\right) \quad , \quad k_0 = \omega_{\mathbf{k}} \tag{13.1.22b}$$

können die Kommutatoren folgendermaßen dargestellt werden

$$\left[\phi^+(x), \phi^-(y)\right] = i\,\Delta^+(x-y) \tag{13.1.23a}$$

$$\left[\phi^-(x), \phi^+(y)\right] = i\,\Delta^-(x-y) = -i\,\Delta^+(y-x) \tag{13.1.23b}$$

$$\left[\phi(x), \phi(y)\right] = \left[\phi^+(x), \phi^-(y)\right] + \left[\phi^-(x), \phi^+(y)\right] \tag{13.1.23c}$$

$$= i\,\Delta(x-y) \ .$$

Es gelten die offensichtlichen Zusammenhänge

$$\Delta(x-y) = \Delta^+(x-y) + \Delta^-(x-y)) \tag{13.1.24a}$$

$$\Delta^-(x) = -\Delta^+(-x) \ . \tag{13.1.24b}$$

Um die relativistische Kovarianz der Kommutatoren des Feldes zum Ausdruck zu bringen, ist es zweckmäßig, die folgenden vierdimensionalen Integraldarstellungen einzuführen

$$\Delta^\pm(x) = -\int_{C^\pm} \frac{d^4k}{(2\pi)^4} \frac{e^{-ikx}}{k^2 - m^2} \tag{13.1.25a}$$

$$\Delta(x) = -\int_{C} \frac{d^4k}{(2\pi)^4} \frac{e^{-ikx}}{k^2 - m^2} \ , \tag{13.1.25b}$$

wobei die Integrationswege in der komplexen k_0-Ebene in Abb. 13.1 dargestellt sind.

Man verifiziert die Ausdrücke (13.1.25a,b), indem man die Wegintegrale in der komplexen k_0-Ebene mittels des Residuensatzes auswertet. Die Integranden sind proportional zu $[(k_0 - \omega_{\mathbf{k}})(k_0 + \omega_{\mathbf{k}})]^{-1}$ und haben Pole an den Stellen $\pm\omega_{\mathbf{k}}$, die je nach der Form des Weges Beiträge zu den Integralen liefern. Offensichtlich sind die rechten Seiten von (13.1.25a,b) Lorentz-kovariant. Für das Volumenelement wurde das in Gl. (10.1.2) gezeigt, und für den Integranden ist es offensichtlich.

Wir kommen nun zu der Berechnung von Vakuumerwartungswerten und Propagatoren. Indem man den Vakuumserwartungswert von (13.1.23a) bildet und $\phi|0\rangle = 0$ verwendet, erhält man

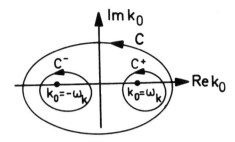

Abb. 13.1. Integrationswege $C^\pm$ und C in der komplexen k_0–Ebene zu den Propagatoren $\Delta^\pm(x)$ und $\Delta(x)$.

$$\mathrm{i}\,\Delta^+(x - x') = \langle 0|\,[\phi^+(x), \phi^-(x')]\,|0\rangle \;=\; \langle 0|\,\phi^+(x)\phi^-(x')\,|0\rangle$$
$$= \langle 0|\,\phi(x)\phi(x')\,|0\rangle \;. \tag{13.1.26}$$

In der Störungstheorie (Abschnitt 15.2) werden zeitgeordnete Produkte des Stör–Hamilton–Operators auftreten. Zu deren Auswertung werden wir Vakuumerwartungswerte von zeitgeordneten Produkten benötigen. Das *zeitgeordnete Produkt* T ist für Bosonen folgendermaßen definiert

$$T\,\phi(x)\phi(x') = \begin{cases} \phi(x)\phi(x') & t > t' \\ \phi(x')\phi(x) & t < t' \end{cases} \tag{13.1.27}$$
$$= \Theta(t - t')\phi(x)\phi(x') + \Theta(t' - t)\phi(x')\phi(x) \;.$$

Der *Feynman-Propagator* ist durch den Erwartungswert des zeitgeordneten Produktes definiert:

$$\mathrm{i}\,\Delta_{\mathrm{F}}(x - x') \equiv \langle 0|\,T(\phi(x)\phi(x'))\,|0\rangle \tag{13.1.28}$$
$$= \mathrm{i}\,\left(\Theta(t - t')\Delta^+(x - x') - \Theta(t' - t)\Delta^-(x - x')\right) \;.$$

Dieser hängt mit $\Delta^\pm(x)$ über

$$\Delta_{\mathrm{F}}(x) = \pm\Delta^\pm(x) \qquad \text{für } t \gtrless 0 \tag{13.1.29}$$

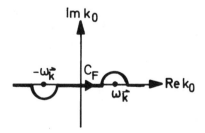

Abb. 13.2. Integrationsweg in der komplexen k_0–Ebene für den Feynman-Propagator $\Delta_{\mathrm{F}}(x)$.

zusammen und besitzt die Integraldarstellung

$$\Delta_{\mathrm{F}}(x) = \int_{C_{\mathrm{F}}} \frac{d^4k}{(2\pi)^4} \frac{\mathrm{e}^{-ikx}}{k^2 - m^2} \;, \tag{13.1.30}$$

wie man durch Ergänzung des Integrationsweges durch unendliche Halbkreise in der oberen oder unteren k_0-Halbebene und Vergleich mit Gl.(13.1.25a) sieht. Die Integration längs des in Abb. 13.2 definierten Weges C_{F}, ist identisch mit der Integration längs der Re k_0-Achse, wobei durch die infinitesimalen Zusatzterme η und ε in den Integranden die Pole $k_0 = \pm(\omega_k - i\eta) = \pm(\sqrt{\mathbf{k}^2 + m^2} - i\eta)$ von der reellen Achse weggeschoben werden:

$$\Delta_{\mathrm{F}}(x) = \lim_{\eta \to 0^+} \int \frac{d^4k}{(2\pi)^4} \frac{\mathrm{e}^{-ikx}}{k_0^2 - (\omega_{\mathbf{k}} - i\eta)^2} \tag{13.1.31}$$

$$= \lim_{\varepsilon \to 0^+} \int \frac{d^4k}{(2\pi)^4} \frac{\mathrm{e}^{-ikx}}{k^2 - m^2 + i\varepsilon} \;.$$

Es ist illustrativ, die Vorgänge, die durch die Propagatoren beschrieben werden, im Vorgriff zur störungstheoretischen Darstellung durch Feynman–Diagramme bildlich zu illustrieren. Wenn man die Zeitachse nach rechts aufträgt,

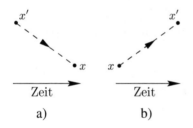

Zeit   Zeit
a)   b)

Abb. 13.3. Propagation eines Teilchens (a) von x' nach x und (b) von x nach x'.

dann bedeutet in Abb. 13.3 Diagramm (a), daß ein Meson bei x' erzeugt wird und bei x wieder vernichtet wird, also den durch $\langle 0| \phi(x)\phi(x') |0\rangle = i\Delta^+(x - x')$ beschriebenen Vorgang. Das Diagramm (b) stellt die Erzeugung eines Teilchens bei x und seine Vernichtung bei x' also $\langle 0| \phi(x')\phi(x) |0\rangle = -i\Delta^-(x - x')$ dar. Beide Prozesse werden durch den Feynman–Propagator für die Mesonen des Klein–Gordon–Feldes zusammengefaßt, den man deshalb auch kurz als Meson–Propagator bezeichnet.

Als Beispiel betrachten wir die Streuung zweier Nukleonen, in Abb. 13.4 als durchgezogene Linien gezeichnet. Die Streuung kommt durch den Austausch von Mesonen zustande. Beide Prozesse werden unabhängig von ihrer zeitlichen Reihenfolge durch den Feynman–Propagator zusammengefaßt.

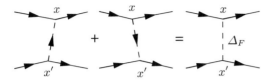

Abb. 13.4. Graphische Darstellung des Meson-Propagators $\Delta_{\mathrm{F}}(x - x')$. Im ersten Diagramm wird ein Meson bei x' erzeugt und bei x vernichtet. Im zweiten Diagramm wird ein Meson bei x erzeugt und bei x' vernichtet. Durchgezogene Linien: Nukleonen, punktierte Linien: Mesonen.

13.2 Das komplexe Klein-Gordon-Feld

Das komplexe Klein-Gordon-Feld ist sehr ähnlich dem reellen Klein-Gordon-Feld, nur haben die durch das Feld erzeugten und vernichteten Teilchen eine Ladung. Der Ausgangspunkt ist die Lagrange–Dichte

$$\mathcal{L} = : \phi^{\dagger}_{,\mu}(x)\phi^{,\mu}(x) - m^2\phi^{\dagger}(x)\phi(x) : . \tag{13.2.1}$$

Entsprechend der Bemerkung nach Gl.(12.2.24) werden $\phi(x)$ und $\phi^{\dagger}(x)$ als unabhängige Felder behandelt, deshalb gilt z.B. $\frac{\partial \mathcal{L}}{\partial \phi^{\dagger}_{,\mu}(x)} = \phi^{,\mu}(x)$, und es folgen aus (12.2.15) die Bewegungsgleichungen

$$(\partial^{\mu}\partial_{\mu} + m^2)\phi(x) = 0 \quad \text{und} \quad (\partial^{\mu}\partial_{\mu} + m^2)\phi^{\dagger}(x) = 0 . \tag{13.2.2}$$

Die zu $\phi(x)$ und $\phi^{\dagger}(x)$ konjugierten Felder sind nach Gl.(12.2.16)

$$\pi(x) = \dot{\phi}^{\dagger}(x) \quad \text{und} \quad \pi^{\dagger}(\mathrm{x}) = \dot{\phi}(\mathrm{x}) . \tag{13.2.3}$$

Da sich auch das komplexe Klein–Gordon–Feld wie ein Skalar unter Lorentz–Transformationen verhält, hat es den Spin 0. Wegen der Eichinvarianz von $\mathcal{L}$ besitzt dieses Feld als zusätzliche Erhaltungsgröße eine Ladung Q.

Die gleichzeitigen Kommutatoren der Felder und ihrer Adjungierten sind nach der kanonischen Quantisierung (12.3.1)

$$\begin{aligned} \left[\phi(\mathbf{x}, t), \dot{\phi}^{\dagger}(\mathbf{x}', t)\right] &= i\,\delta(\mathbf{x} - \mathbf{x}') \\ \left[\phi^{\dagger}(\mathbf{x}, t), \dot{\phi}(\mathbf{x}', t)\right] &= i\,\delta(\mathbf{x} - \mathbf{x}') \end{aligned} \tag{13.2.4}$$

und

$$\begin{aligned} \left[\phi(\mathbf{x}, t), \phi(\mathbf{x}', t)\right] &= \left[\phi(\mathbf{x}, t), \phi^{\dagger}(\mathbf{x}', t)\right] \\ = \left[\dot{\phi}(\mathbf{x}, t), \dot{\phi}(\mathbf{x}', t)\right] &= \left[\dot{\phi}(\mathbf{x}, t), \dot{\phi}^{\dagger}(\mathbf{x}', t)\right] = 0 . \end{aligned}$$

Die Lösungen der Feldgleichungen (13.2.2) sind auch für das komplexe Klein–Gordon–Feld von der Form $\mathrm{e}^{\pm ikx}$, so daß die Entwicklung des Feldoperators die Form

$$\phi(x) = \phi^+(x) + \phi^-(x) = \sum_{\mathbf{k}} \frac{1}{(2V\omega_{\mathbf{k}})^{1/2}} \left(a_{\mathbf{k}} e^{-ikx} + b_{\mathbf{k}}^\dagger e^{ikx} \right) \qquad (13.2.5a)$$

annimmt, wobei im Unterschied zum reellen Klein–Gordon–Feld die Amplituden $b_{\mathbf{k}}^\dagger$ und $a_{\mathbf{k}}$ unabhängig sind. Aus (13.2.5a) folgt

$$\phi^\dagger(x) = \phi^{\dagger\,+}(x) + \phi^{\dagger\,-}(x) = \sum_{\mathbf{k}} \frac{1}{(2V\omega_{\mathbf{k}})^{1/2}} \left(b_{\mathbf{k}} e^{-ikx} + a_{\mathbf{k}}^\dagger e^{ikx} \right) .$$

$$(13.2.5b)$$

In den Gleichungen (13.2.5a,b) sind die Operatoren $\phi(x)$ und $\phi^\dagger(x)$ in ihre Anteile positiver (e^{-ikx}) und negativer (e^{ikx}) Frequenz zerlegt. Durch Umkehrung der Fourier–Reihen (13.2.5a,b) findet man aus (13.2.4) die Vertauschungsrelationen

$$\begin{aligned}
\left[a_{\mathbf{k}}, a_{\mathbf{k}'}^\dagger \right] &= \left[b_{\mathbf{k}}, b_{\mathbf{k}'}^\dagger \right] = \delta_{\mathbf{k}\mathbf{k}'} \\
\left[a_{\mathbf{k}}, a_{\mathbf{k}'} \right] &= \left[b_{\mathbf{k}}, b_{\mathbf{k}'} \right] = \left[a_{\mathbf{k}}, b_{\mathbf{k}'} \right] = \left[a_{\mathbf{k}}, b_{\mathbf{k}'}^\dagger \right] = 0 .
\end{aligned} \qquad (13.2.6)$$

Man hat nun zwei Besetzungszahloperatoren, für Teilchen a und für Teilchen b

$$\hat{n}_{a\mathbf{k}} = a_{\mathbf{k}}^\dagger a_{\mathbf{k}} \qquad \text{und} \qquad \hat{n}_{b\mathbf{k}} = b_{\mathbf{k}}^\dagger b_{\mathbf{k}} . \qquad (13.2.7)$$

Die Operatoren $a_{\mathbf{k}}^\dagger, a_{\mathbf{k}}$ erzeugen, vernichten Teilchen der Sorte a, die Operatoren $b_{\mathbf{k}}^\dagger, b_{\mathbf{k}}$ erzeugen, vernichten Teilchen der Sorte b mit der Wellenzahl $\mathbf{k}$. Der Vakuumzustand $|0\rangle$ ist durch

$$a_{\mathbf{k}} |0\rangle = b_{\mathbf{k}} |0\rangle = 0 \qquad \text{für alle } \mathbf{k} , \qquad (13.2.8a)$$

definiert oder äquivalent

$$\phi^+(x) |0\rangle = \phi^{\dagger\,+}(x) |0\rangle = 0 \qquad \text{für alle } x . \qquad (13.2.8b)$$

Für den Vierer-Impuls erhält man

$$P^\mu = \sum_{\mathbf{k}} k^\mu \left(\hat{n}_{a\mathbf{k}} + \hat{n}_{b\mathbf{k}} \right) , \qquad (13.2.9)$$

dessen nullte Komponente mit $k^0 = \omega_{\mathbf{k}}$ den Hamilton–Operator darstellt. Wegen der Invarianz der Lagrange-Dichte unter Eichtransformationen 1. Art ist die Ladung

$$Q = -iq \int d^3x : \dot{\phi}^\dagger(x)\phi(x) - \dot{\phi}(x)\phi^\dagger(x) : \qquad (13.2.10)$$

erhalten. Die zugehörige Vierer–Stromdichte ist von der Form

$$j^\mu(x) = -iq \left(: \frac{\partial \phi^\dagger}{\partial x_\mu} \phi - \frac{\partial \phi}{\partial x_\mu} \phi^\dagger : \right) \tag{13.2.11}$$

und erfüllt die Kontinuitätsgleichung

$$j^\mu{}_{,\mu} = 0 \ . \tag{13.2.12}$$

Setzt man in Q die Entwicklungen (13.2.5a,b) ein, so erhält man

$$Q = q \sum_{\mathbf{k}} (\hat{n}_{a\mathbf{k}} - \hat{n}_{b\mathbf{k}}) \ . \tag{13.2.13}$$

Der Ladungsoperator kommutiert mit dem Hamilton-Operator. Die a-Teilchen haben Ladung q, die b-Teilchen Ladung $-q$. Abgesehen von der Ladung haben diese Teilchen identische Eigenschaften. Die Vertauschung von $a \leftrightarrow b$ ändert nur das Vorzeichen von Q. In der relativistischen Quantenfeldtheorie tritt mit einem geladenen Teilchen automatisch das entgegengesetzt geladene *Antiteilchen* auf. (Diese allgemeine Folgerung aus der Feldtheorie gilt auch bei Teilchen mit anderen Spin-Werten und ist im Einklang mit dem experimentellen Befund.)

Ein Beispiel eines Teilchen-Antiteilchen Paares sind geladene Pi-Mesonen: π^+ und π^- haben elektrische Ladung $+e_0$ und $-e_0$. Die Ladung muß aber nicht unbedingt die elektrische Ladung sein. Das elektrisch neutrale K^0-Meson hat ein Antiteilchen $\bar{K}^0$, welches ebenfalls elektrisch neutral ist. Die beiden Teilchen haben entgegengesetzte *Hyperladung* Y, wobei die Werte $Y = 1$ für das K^0 und $Y = -1$ für das $\bar{K}^0$ sind, und werden durch ein komplexes Klein-Gordon Feld beschrieben. Die Hyperladung[1] ist ein ladungsartiger innerer Freiheitsgrad, der mit anderen inneren Quantenzahlen, nämlich der elektrischen Ladung Q, dem Isospin I_z, der Strangeness (Seltsamkeit) S und der Baryonenzahl N über

$$Y = 2(Q - I_z)$$

und

$$S = Y - N$$

zusammenhängt. Die Hyperladung ist bei der starken Wechselwirkung erhalten aber nicht bei der schwachen Wechselwirkung. Da die schwache Wechselwirkung um 10^{-12} kleiner ist, ist die Hyperladung nahezu erhalten. Die elektrische Ladung ist immer exakt erhalten! Welche physikalische Bedeutung die Ladung eines freien Feldes besitzt, wird erst klar in der Wechselwirkung mit anderen Feldern, worin das Vorzeichen und der Wert der Ladung eine Rolle spielen.

---

[1] Siehe z.B. E. Segrè, *Nuclei and Particles*, 2nd ed., Benjamin/Cummins, London (1977), O.Nachtmann, *Elementary Particle Physics*, Springer, Heidelberg, (1990)

13.3 Quantisierung des Dirac-Feldes

13.3.1 Feldgleichungen

Durch die Quantisierung der Klein–Gordon–Gleichung konnten Mesonen beschrieben werden. Damit wurden zugleich Schwierigkeiten überwunden, die bei der Interpretation der Klein–Gordon–Gleichung als quantenmechanische Wellengleichung entsprechend der Schrödingergleichung auftraten. Es wird nun ein ähnlicher Weg für die Dirac-Gleichung beschritten, indem diese zunächst als klassische Feldgleichung studiert wird und anschließend quantisiert wird. Demnach betrachten wir die Dirac-Gleichung (5.3.20) zuerst als klassische Feldgleichung

$$(i\gamma\partial - m)\psi = 0 \quad \text{und} \quad \bar{\psi}(i\gamma\overleftarrow{\partial} + m) = 0 \ . \tag{13.3.1}$$

Der Pfeil über ∂ in der zweiten Gleichung bedeutet, daß die Ableitung nach links auf $\bar{\psi}$ wirkt. Man erhält die zweite Gleichung durch Adjungieren der ersten und Verwendung von $\bar{\psi} = \psi^\dagger \gamma^0$ und $\gamma^0 \gamma_\mu^\dagger \gamma_0 = \gamma_\mu$. Eine mögliche Lagrange-Dichte zu diesen Bewegungsgleichungen ist

$$\mathcal{L} = \bar{\psi}(x)(i\gamma^\mu \partial_\mu - m)\psi(x) \ , \tag{13.3.2}$$

was man durch

$$\begin{aligned}
\frac{\partial \mathcal{L}}{\partial \bar{\psi}} - \partial_\mu \frac{\partial \mathcal{L}}{\partial(\partial_\mu \bar{\psi})} &= (i\gamma^\mu \partial_\mu - m)\psi = 0 \\
\frac{\partial \mathcal{L}}{\partial \psi} - \partial_\mu \frac{\partial \mathcal{L}}{\partial(\partial_\mu \psi)} &= -m\bar{\psi} - \partial_\mu \bar{\psi} i\gamma^\mu = 0
\end{aligned} \tag{13.3.3}$$

verifiziert. Die Lagrange-Dichte $\mathcal{L}$ (13.3.2) ist nicht reell, sie unterscheidet sich von einer reellen jedoch nur durch eine vollständige Ableitung:

$$\begin{aligned}
\mathcal{L} &= \frac{i}{2}\left[\bar{\psi}\gamma^\mu \partial_\mu \psi - (\partial_\mu \bar{\psi})\gamma^\mu \psi\right] - m\bar{\psi}\psi + \frac{i}{2}\partial_\mu(\bar{\psi}\gamma^\mu \psi) \\
\mathcal{L}^* &= -\frac{i}{2}\left[(\partial_\mu \psi^\dagger)\gamma_0^2 \gamma^{\mu\dagger}\gamma_0 \psi - \psi^\dagger \gamma_0^2 \gamma^{\mu\dagger}\partial_\mu \gamma^0 \psi\right] \\
&\quad - m\bar{\psi}\psi + (\frac{i}{2}\partial_\mu(\bar{\psi}\gamma^\mu \psi))^\dagger \\
&= -\frac{i}{2}\left[(\partial_\mu \bar{\psi})\gamma^\mu \psi - \bar{\psi}\gamma^\mu \partial_\mu \psi\right] - m\bar{\psi}\psi - (\frac{i}{2}\partial_\mu(\bar{\psi}\gamma^\mu \psi)) \ . \tag{13.3.4}
\end{aligned}$$

Die ersten drei Terme in (13.3.4) zusammen sind reell und könnten auch als Lagrange–Dichte verwendet werden, da der letzte, nichtreelle Term eine vollständige Ableitung ist und keinen Beitrag zu den Euler–Lagrange–Bewegungsgleichungen liefert.

Aus (13.3.2) folgen die konjugierten Felder

$$\begin{aligned}
\pi_\alpha(x) &= \frac{\partial \mathcal{L}}{\partial \dot{\psi}_\alpha} = i\psi_\alpha^\dagger \\
\bar{\pi}_\alpha(x) &= \frac{\partial \mathcal{L}}{\partial \dot{\bar{\psi}}_\alpha} = 0 \ . \tag{13.3.5}
\end{aligned}$$

Hier deutet sich schon an, daß die bisherige kanonische Quantisierung für die Dirac-Gleichung nicht funktioniert, denn

$$\left[\bar{\psi}_\alpha(x), \bar{\pi}_\alpha(x')\right] = \bar{\psi}_\alpha \cdot 0 - 0 \cdot \bar{\psi}_\alpha = 0 \neq \delta(\mathbf{x} - \mathbf{x}') \,.$$

Außerdem sind $(S = \frac{1}{2})$–Teilchen Fermionen und nicht Bosonen, und diese wurden im nichtrelativistischen Grenzfall durch Antikommutationsrelationen quantisiert. Die Hamilton-Dichte ergibt sich aus (13.3.2) zu

$$\begin{aligned}
\mathcal{H} &= \pi_\alpha \dot{\psi}_\alpha - \mathcal{L} = i\psi_\alpha^\dagger \dot{\psi}_\alpha - \bar{\psi}(i\gamma^\mu \partial_\mu - m)\psi \\
&= -i\bar{\psi}\gamma^j \partial_j \psi + m\bar{\psi}\psi
\end{aligned} \tag{13.3.6}$$

und die Hamilton-Funktion lautet

$$H = \int d^3x\, \bar{\psi}(x) \left(-i\gamma^j \partial_j + m\right) \psi(x) \,. \tag{13.3.7}$$

13.3.2 Erhaltungsgrößen

Für den Energie–Impuls–Tensor (12.4.1) erhält man aus (13.3.2)

$$\begin{aligned}
T^{\mu\nu} &= (\partial^\nu \bar{\psi}) \frac{\partial \mathcal{L}}{\partial(\partial_\mu \bar{\psi})} + \frac{\partial \mathcal{L}}{\partial(\partial_\mu \psi)} \partial^\nu \psi - g^{\mu\nu} \mathcal{L} \\
&= 0 + \bar{\psi}\, i\gamma^\mu\, \partial^\nu \psi - g^{\mu\nu} \bar{\psi}(i\gamma\partial - m)\psi \\
&= i\bar{\psi}\gamma^\mu \partial^\nu \psi \,.
\end{aligned} \tag{13.3.8}$$

Da die Lagrange–Dichte die Ableitung $\partial_\mu \bar{\psi}$ nicht enthält, verschwindet der erste Term in (13.3.8). Die Lagrange-Dichte verschwindet für jede Lösung der Dirac-Gleichung, was nach dem dritten Gleichheitszeichen verwendet wurde. Die Anordnung der Faktoren in (13.3.8) ist willkürlich. Solange wir nur eine klassische Feldtheorie betrachten, macht die Reihenfolge keinen Unterschied. Später wird die Normalordnung eingeführt.

Nach Gl. (12.4.8) ergibt sich aus (13.3.8) die Impuls-Dichte

$$\mathcal{P}^\mu = T^{0\mu} \tag{13.3.9}$$

und der Impuls

$$P^\mu = \int d^3x\, T^{0\mu} = i \int d^3x\, \bar{\psi}(x)\gamma^0 \partial^\mu \psi(x) \,. \tag{13.3.10}$$

Insbesondere erhält man für die Nullkomponente

$$P^0 = i \int d^3x\, \bar{\psi}(x)\gamma^0 \partial_0 \psi = i \int d^3x\, \psi^\dagger \partial_0 \psi = H \,. \tag{13.3.11}$$

Dieses Ergebnis ist identisch mit der Hamilton–Funktion H in Gl. (13.3.7), wie man unter Verwendung der Dirac-Gleichung sieht.

Schließlich betrachten wir noch den in Gl. (12.4.24) bestimmten Drehimpuls: Setzt man in

$$M^{\nu\sigma} = \int d^3x \left(\pi_r(x) S_{rs}^{\nu\sigma} \phi_s + x^\nu T^{0\sigma} - x^\sigma T^{0\nu} \right)$$

für ϕ_s das Spinorfeld, für π_r (13.3.5) und für S Gl. (12.4.12b) ein, so erhält man

$$
\begin{aligned}
M^{\nu\sigma} &= \int d^3x \left(i\psi_\alpha^\dagger \left(-\frac{i}{2} \right) \sigma_{\alpha\beta}^{\nu\sigma} \psi_\beta + x^\nu i\psi^\dagger \partial^\sigma \psi - x^\sigma i\psi^\dagger \partial^\nu \psi \right) \\
&= \int d^3x \, \psi^\dagger \left(ix^\nu \partial^\sigma - ix^\sigma \partial^\nu + \frac{1}{2} \sigma^{\nu\sigma} \right) \psi \, .
\end{aligned}
$$

$$(13.3.12)$$

Daraus findet man für die räumlichen Komponenten

$$M^{ij} = \int d^3x \, \psi^\dagger \left(\underbrace{x^i \frac{1}{i} \frac{\partial}{\partial x^j} - x^j \frac{1}{i} \frac{\partial}{\partial x^i}}_{\text{Bahndrehimpuls}} + \underbrace{\frac{1}{2} \sigma^{ij}}_{\text{Spin}} \right) \psi \, , \qquad (13.3.13)$$

die man zum Drehimpulsvektor

$$
\begin{aligned}
\mathbf{M} &= \left(M^{23}, M^{31}, M^{12} \right) \\
&= \int d^3x \, \psi^\dagger(x) \left(\mathbf{x} \times \frac{1}{i} \boldsymbol{\nabla} + \frac{1}{2} \boldsymbol{\Sigma} \right) \psi(x)
\end{aligned}
$$

$$(13.3.13')$$

zusammenfassen kann. Der erste Term stellt den Bahndrehimpuls dar, der zweite Term den Spin, wobei $\boldsymbol{\Sigma}$ in (6.2.29d) durch die Pauli–Spinmatrizen ausgedrückt ist.

13.3.3 Quantisierung

Es erweist sich als zweckmäßig, die Definition der Spinoren zu ändern. Statt der Spinoren $v_r(k)$, $r = 1, 2$ verwenden wir im folgenden die Bezeichnungsweise

$$w_r(k) = \begin{cases} v_2(k) \text{ für } r = 1 \\ -v_1(k) \text{ für } r = 2 \, , \end{cases} \qquad (13.3.14)$$

wobei die $v_r(k)$ in Gleichung (6.3.11b) gegeben sind, also

$$u_r(k) = \left(\frac{E+m}{2m} \right)^{\frac{1}{2}} \left(\begin{array}{c} \chi_r \\ \frac{\sigma \cdot \mathbf{k}}{m+E} \chi_r \end{array} \right) \qquad (13.3.15a)$$

$$w_r(k) = -\left(\frac{E+m}{2m} \right)^{\frac{1}{2}} \left(\begin{array}{c} \frac{\sigma \cdot \mathbf{k}}{m+E} i\sigma^2 \chi_r \\ i\sigma^2 \chi_r \end{array} \right) \, , \qquad (13.3.15b)$$

mit $i\sigma^2 \equiv \begin{pmatrix} 0 & 1 \\ -1 & 0 \end{pmatrix}$ und $\chi_1 = \begin{pmatrix} 1 \\ 0 \end{pmatrix}$, $\chi_2 = \begin{pmatrix} 0 \\ 1 \end{pmatrix}$. Mit dieser auf die Überlegungen zur Löchertheorie (Abschnitt 10.2) Bedacht nehmenden Definition
werden die den Spin betreffenden Relationen für Elektronen und Positronen
die gleiche Form haben. Ein Elektron mit Spinor $u_{\frac{1}{2}}(m, \mathbf{0})$ und ein Positron
mit Spinor $w_{\frac{1}{2}}(m, \mathbf{0})$ haben beide Spin $\pm\frac{1}{2}$, d.h. sie haben zum Operator $\frac{1}{2}\Sigma^3$
die Eigenwerte $\pm\frac{1}{2}$, und die Wirkung von $\frac{1}{2}\boldsymbol{\Sigma}$ auf Elektronen– und Positro-
nenzustände ist von der gleichen Form. Mit dieser Definition transformieren
sich unter der Ladungskonjugationsoperation $\mathcal{C}$ die Spinoren $u_r(k)$ in $w_r(k)$
und umgekehrt

$$
\begin{aligned}
\mathcal{C}u_r(k) &= i\gamma^2 u_r(k)^* = w_r(k), & r &= 1, 2 \\
\mathcal{C}w_r(k) &= i\gamma^2 w_r(k)^* = u_r(k), & r &= 1, 2 .
\end{aligned}
\tag{13.3.15c}
$$

Die Orthogonalitätsrelationen (6.3.15) und (6.3.19a-c) haben in den neuen
Bezeichnungen die Gestalt

$$
\begin{aligned}
\bar{u}_r(k)u_s(k) &= \delta_{rs} & \bar{u}_r(k)w_s(k) &= 0 \\
\bar{w}_r(k)w_s(k) &= -\delta_{rs} & \bar{w}_r(k)u_s(k) &= 0
\end{aligned}
\tag{13.3.16}
$$

und

$$
\begin{aligned}
\bar{u}_r(k)\gamma^0 u_s(k) &= \frac{E}{m}\delta_{rs} & \bar{u}_r(\tilde{k})\gamma^0 w_s(k) &- 0 \\
\bar{w}_r(k)\gamma^0 w_s(k) &= \frac{E}{m}\delta_{rs} & \bar{w}_r(\tilde{k})\gamma^0 u_s(k) &= 0 , \tilde{k} = (k^0, -\mathbf{k}) .
\end{aligned}
\tag{13.3.17}
$$

Relationen, die $v_r(k)$ bilinear enthalten, wie z.B. die Projektionen (6.3.23),
haben in den $w_r(k)$ die gleiche Gestalt.

Wir kommen nun zur Darstellung des Feldes durch Superposition von freien
Lösungen in einem endlichen Volumen V:

$$
\psi(x) = \sum_{\mathbf{k},r} \left(\frac{m}{VE_{\mathbf{k}}}\right)^{1/2} \left(b_{r\mathbf{k}}u_r(k)\,\mathrm{e}^{-ikx} + d^\dagger_{r\mathbf{k}}w_r(k)\,\mathrm{e}^{ikx}\right)
\tag{13.3.18a}
$$

$$
\equiv \psi^+(x) + \psi^-(x) ,
$$

mit

$$
E_{\mathbf{k}} = (\mathbf{k}^2 + m^2)^{1/2} ,
\tag{13.3.19}
$$

wobei in der letzten Zeile wieder in Anteile mit positiven und negativen Frequenzen zerlegt wurde. In der klassischen Feldtheorie sind die Amplituden
$b_{r\mathbf{k}}$ und $d_{r\mathbf{k}}$ so wie in Gl. (10.1.9) komplexe Zahlen, und die hermitesche
Konjugation bewirkt nur eine komplexe Konjugation, d.h. $d^\dagger_{r\mathbf{k}} = d^*_{r\mathbf{k}}$. Weiter unten werden wir die Felder $\psi(x)$ und $\bar{\psi}(x)$ quantisieren, dann werden
die Amplituden $b_{r\mathbf{k}}$ und $d_{r\mathbf{k}}$ ebenfalls durch Operatoren ersetzt. Die Relationen (13.3.18a,b) sind so geschrieben, daß sie auch als Operatorentwicklung
bestehen bleiben. Für das adjungierte Feld (den adjungierten Feldoperator)
$\bar{\psi}(x) = \psi^\dagger(x)\gamma^0$ ergibt sich aus (13.3.18a)

$$\bar{\psi}(x) = \sum_{\mathbf{k},r} \left(\frac{m}{VE_\mathbf{k}}\right)^{1/2} \left(d_{r\mathbf{k}}\bar{w}_r(k)\,\mathrm{e}^{-ikx} + b_{r\mathbf{k}}^\dagger \bar{u}_r(k)\,\mathrm{e}^{ikx}\right) \qquad (13.3.18b)$$

Wenn man (13.3.18a,b) in (13.3.10) einsetzt, erhält man für den Impuls

$$P^\mu = \sum_{\mathbf{k},r} k^\mu \left(b_{r\mathbf{k}}^\dagger b_{r\mathbf{k}} - d_{r\mathbf{k}}d_{r\mathbf{k}}^\dagger\right) , \qquad (13.3.20)$$

wie die folgende Nebenrechnung ergibt

$$P^\mu = \mathrm{i}\int d^3x\,\bar{\psi}\gamma^0\partial^\mu\psi = \mathrm{i}\int d^3x \sum_{\mathbf{k},r}\sum_{\mathbf{k'},r'} \left(\frac{m}{VE_\mathbf{k}}\right)^{\frac{1}{2}} \left(\frac{m}{VE_\mathbf{k'}}\right)^{\frac{1}{2}}$$

$$\times \left[b_{r'\mathbf{k'}}^\dagger \bar{u}_{r'}(k')\mathrm{e}^{ik'x} + d_{r'\mathbf{k'}}\bar{w}_{r'}(k')\mathrm{e}^{-ik'x}\right]$$

$$\times \gamma^0\partial^\mu \left[b_{r\mathbf{k}}u_r(k)\mathrm{e}^{-ikx} + d_{r\mathbf{k}}^\dagger w_r(k)\mathrm{e}^{ikx}\right]$$

$$= \mathrm{i}\sum_{\mathbf{k},r}\sum_{\mathbf{k'},r'} \left(\frac{m}{E_\mathbf{k}}\frac{m}{E_\mathbf{k'}}\right)^{\frac{1}{2}} \left\{\delta_{\mathbf{kk'}}\left(-\mathrm{i}k^\mu b_{r'\mathbf{k'}}^\dagger b_{r\mathbf{k}}\bar{u}_{r'}(k')\gamma^0 u_r(k)\right.\right.$$

$$\left.+\mathrm{i}k^\mu d_{r'\mathbf{k'}}d_{r\mathbf{k}}^\dagger \bar{w}_{r'}(k')\gamma^0 w_r(k)\right)$$

$$+\delta_{\mathbf{k},-\mathbf{k'}}\left(\mathrm{i}k^\mu \mathrm{e}^{\mathrm{i}(k_0+k_0')x_0} b_{r'\mathbf{k'}}^\dagger d_{r\mathbf{k}}^\dagger \bar{u}_{r'}(k')\gamma^0 w_r(k)\right.$$

$$\left.\left.-\mathrm{i}k^\mu \mathrm{e}^{-\mathrm{i}(k_0+k_0')x_0} d_{r'\mathbf{k'}}b_{r\mathbf{k}}\bar{w}_{r'}(k')\gamma^0 u_r(k)\right)\right\} .$$

$$(13.3.21)$$

Im ersten Term nach dem letzten Gleichheitszeichen wurde wegen $\delta_{\mathbf{kk'}}$ (und damit $k_0' = \sqrt{\mathbf{k'} + m^2} = k_0$) sofort $\mathrm{e}^{\pm\mathrm{i}(k_0-k_0')x_0} = 1$ gesetzt. Die Orthogonalitätsrelationen (6.3.24a-c) der u und w ergeben die Behauptung (13.3.20).

In der quantisierten Feldtheorie sind $b_{r\mathbf{k}}$ und $d_{r\mathbf{k}}$ Operatoren. Welche algebraischen Eigenschaften besitzen sie? Dazu betrachten wir das Ergebnis (13.3.20) für die (den) Hamilton–Funktion (–Operator)

$$H = P^0 = \sum_{\mathbf{k},r} k_0 \left(b_{r\mathbf{k}}^\dagger b_{r\mathbf{k}} - d_{r\mathbf{k}}d_{r\mathbf{k}}^\dagger\right) . \qquad (13.3.22)$$

Falls, wie in der Klein–Gordon–Theorie, Kommutationsregeln gelten würden,

$$\left[d_{r\mathbf{k}}, d_{r\mathbf{k'}}^\dagger\right] = \delta_{\mathbf{kk'}} ,$$

wäre die Energie nicht nach unten beschränkt. (Es würde auch nichts nützen, wenn wir in der Entwicklung des Feldes statt $d_r^\dagger$ einen Vernichtungsoperator e_r geschrieben hätten, auch dann wäre H unweigerlich nicht positiv definit.) Das durch den Hamilton-Operator beschriebene System wäre nicht stabil; die Anregung von

Teilchen durch den Operator $d_{r\mathbf{k}}^\dagger$ würde die Energie vermindern! Die Lösung dieses Dilemmas ist, Antikommutationsregeln zu fordern:

$$\left\{ b_{r\mathbf{k}}, b_{r'\mathbf{k}'}^\dagger \right\} = \delta_{rr'}\delta_{\mathbf{kk}'}$$

$$\left\{ d_{r\mathbf{k}}, d_{r'\mathbf{k}'}^\dagger \right\} = \delta_{rr'}\delta_{\mathbf{kk}'} \tag{13.3.23}$$

$$\left\{ b_{r\mathbf{k}}, b_{r'\mathbf{k}'} \right\} = \left\{ d_{r\mathbf{k}}, d_{r'\mathbf{k}'} \right\} = \left\{ d_{r\mathbf{k}}, b_{r'\mathbf{k}'} \right\} = \left\{ b_{r\mathbf{k}}, d_{r'\mathbf{k}'}^\dagger \right\} = 0 \ .$$

Daß für Fermionen Antikommutationsregeln gelten, überrascht angesichts der nichtrelativistischen Vielteilchentheorie (Teil I) nicht. Dann wird der zweite Term in (13.3.22) $-d_{r\mathbf{k}}d_{r\mathbf{k}}^\dagger = d_{r\mathbf{k}}^\dagger d_{r\mathbf{k}} - 1$, also bringt die Erzeugung eines d-Teilchens einen positiven Energiebeitrag. Die Antikommutationsrelationen (13.3.23) beinhalten, daß jeder Zustand höchstens einfach besetzt ist, d.h. die Besetzungszahloperatoren $\hat{n}_{r\mathbf{k}}^{(b)} = b_{r\mathbf{k}}^\dagger b_{r\mathbf{k}}$ und $\hat{n}_{r\mathbf{k}}^{(d)} = d_{r\mathbf{k}}^\dagger d_{r\mathbf{k}}$ haben die Eigenwerte (Besetzungszahlen) $n_{r\mathbf{k}}^{(b,d)} = 0, 1$. Zur Vermeidung von Nullpunktstermen führen wir auch für das Dirac–Feld normalgeordnete Produkte ein. Die Definition der Normalordnung für Fermionen lautet: Alle Vernichtungsoperatoren werden rechts von allen Erzeugsoperatoren geschrieben, wobei jede Vertauschung der Reihenfolge einen Faktor (-1) bringt. Diese Definition soll durch das folgende Beispiel illustriert werden

$$: \psi_\alpha \psi_\beta : =: \left(\psi_\alpha^+ + \psi_\alpha^- \right) \left(\psi_\beta^+ + \psi_\beta^- \right) :$$

$$= \psi_\alpha^+ \psi_\beta^+ - \psi_\beta^- \psi_\alpha^+ + \psi_\alpha^- \psi_\beta^+ + \psi_\alpha^- \psi_\beta^- \ . \tag{13.3.24}$$

Alle Observablen, wie z.B. (13.3.10), (13.3.22) werden als normalgeordnete Produkte definiert, d.h. der endgültige Hamilton–Operator ist durch $H =: H_{\text{bisher}} :$ und $\mathbf{P} =: \mathbf{P}_{\text{bisher}} :$ definiert, wobei mit H_{bisher} und $\mathbf{P}_{\text{bisher}}$ die Ausdrücke in Gl. (13.3.22) und (13.3.10) gemeint sind. Somit gilt

$$H = \sum_{\mathbf{k},r} E_{\mathbf{k}} \left(b_{r\mathbf{k}}^\dagger b_{r\mathbf{k}} + d_{r\mathbf{k}}^\dagger d_{r\mathbf{k}} \right) \tag{13.3.25}$$

$$\mathbf{P} = \sum_{\mathbf{k},r} \mathbf{k} \left(b_{r\mathbf{k}}^\dagger b_{r\mathbf{k}} + d_{r\mathbf{k}}^\dagger d_{r\mathbf{k}} \right) \ . \tag{13.3.26}$$

Die Operatoren $b_{r\mathbf{k}}^\dagger$ ($b_{r\mathbf{k}}$) erzeugen (vernichten) ein Elektron mit Spinor $u_r(k)\mathrm{e}^{-ikx}$ und die Operatoren $d_{r\mathbf{k}}^\dagger$ ($d_{r\mathbf{k}}$) erzeugen (vernichten) ein Positron im Zustand $w_r(k)\mathrm{e}^{ikx}$. Aus (13.3.25) und (13.3.26) und der entsprechenden Darstellung des Drehimpulsoperators ist klar, daß die d-Teilchen - hier schon Positronen genannt - die gleichen Energie-, Impuls- und Spinfreiheitsgrade besitzen wie die Elektronen. Um sie vollends zu charakterisieren, müssen wir noch die Ladung betrachten.

13.3.4 Ladung

Wir knüpfen hier an die allgemeine Formel (12.4.31) an, aus der für die *Ladung*

$$Q = -\mathrm{i}\,q \int d^3\,x(\pi\psi - \bar{\psi}\bar{\pi}) = -\mathrm{i}\,q \int d^3\,x\mathrm{i}\psi_\alpha^\dagger \psi_\alpha$$
$$= q \int d^3\,x\,\bar{\psi}\gamma_0\psi \tag{13.3.27a}$$

folgt. Die zugehörige Viererstromdichte ist von der Form

$$j^\mu(x) = q\,:\bar{\psi}(x)\gamma^\mu\psi(x): \tag{13.3.27b}$$

und erfüllt die Kontinuitätsgleichung

$$j^\mu_{,\mu} = 0\,. \tag{13.3.27c}$$

Setzen wir für das Elektron $q = -e_0$, dann erhalten wir für die normalgeordnete Definition von Q aus (13.3.27a)

$$Q = -e_0 \int d^3\,x\,:\bar{\psi}(x)\gamma^0\psi(x): \equiv \int d^3xj^0(x)$$
$$= -e_0 \sum_{\mathbf{k}} \sum_{r=1,2} \left(b_{r\mathbf{k}}^\dagger b_{r\mathbf{k}} - d_{r\mathbf{k}}^\dagger d_{r\mathbf{k}} \right)\,. \tag{13.3.28}$$

Nach dem letzten Gleichheitszeichen wurden die Entwicklungen (13.3.18a) und (13.3.18b) eingesetzt, und wie in Gl.(13.3.21) ausgewertet. Der Vorzeichenunterschied von (13.3.28) gegenüber dem Hamilton–Operator (13.3.25) rührt daher, daß in (13.3.21) die Ableitungsoperatoren ∂^μ auf Anteile positiver und negativer Frequenz ein unterschiedliches Vorzeichen bewirken, das bei der Antikommutation wieder kompensiert wird. Es ist schon aus (13.3.28) ersichtlich, daß die d-Teilchen, also die Positronen zu den Elektronen entgegengesetzte Ladung besitzen. Dies wird noch durch die folgende Überlegung vertieft:

$$\left[Q, b_{r\mathbf{k}}^\dagger\right] = -e_0 b_{r\mathbf{k}}^\dagger$$
$$\left[Q, d_{r\mathbf{k}}^\dagger\right] = e_0 d_{r\mathbf{k}}^\dagger\,. \tag{13.3.29}$$

Wir betrachten einen Zustand $|\Psi\rangle$, der Eigenzustand des Ladungsoperators mit dem Eigenwert q sein möge, d.h.

$$Q\,|\Psi\rangle = q\,|\Psi\rangle\,. \tag{13.3.30}$$

Dann folgt aus (13.3.29)

$$Qb_{r\mathbf{k}}^\dagger |\Psi\rangle = (q - e_0)b_{r\mathbf{k}}^\dagger |\Psi\rangle$$
$$Qd_{r\mathbf{k}}^\dagger |\Psi\rangle = (q + e_0)d_{r\mathbf{k}}^\dagger |\Psi\rangle \ .$$

$$(13.3.31)$$

Der Zustand $b_{r\mathbf{k}}^\dagger |\Psi\rangle$ hat die Ladung $(q - e_0)$ und der Zustand $d_{r\mathbf{k}}^\dagger |\Psi\rangle$ die Ladung $(q + e_0)$. Daraus sehen wir unter Verwendung von (13.3.18b) auch

$$Q\bar{\psi}(x) |\Psi\rangle = (q - e_0)\bar{\psi}(x) |\Psi\rangle \ .$$

$$(13.3.32)$$

Durch die Erzeugung eines Elektrons oder die Vernichtung eines Positrons wird die Ladung um e_0 verringert. Der Vakuumzustand $|0\rangle$ hat die Ladung Null.

Der Ladungsoperator vertauscht als Erhaltungsgröße mit dem Hamilton–Operator und ist zeitunabhängig. Wie man aus den Darstellungen (13.3.28) und (13.3.26) unmittelbar sieht, vertauscht er auch mit dem Impulsvektor $\mathbf{P}$, so daß man zusammenfassend schreiben kann

$$[Q, P^\mu] = 0 \ ,$$

$$(13.3.33)$$

offensichtlich gibt es gemeinsame Eigenfunktionen des Ladungs- und Impulsoperators. Im Rahmen des Versuches, in Teil II eine relativistische Wellengleichung aufzustellen, und ψ in Analogie zur Schrödingerschen Wellenfunktion als Wahrscheinlichkeitsamplitude zu interpretieren, wurde $j^0 = \psi^\dagger \psi$ als positive Dichte interpretiert, aber H war dort indefinit. In der quantenfeldtheoretischen Form ist Q indefinit, was für die Ladung zulässig ist und der Hamilton-Operator ist positiv definit. Es ergibt sich somit ein physikalisch sinnvolles Bild: $\psi(x)$ ist nicht der Zustand sondern ein Feldoperator der Teilchen erzeugt und vernichtet. Die Zustände sind durch die Zustände im Fock–Raum gegeben, also $|0\rangle , b_{r\mathbf{k}}^\dagger |0\rangle , b_{r_1\mathbf{k}_1}^\dagger d_{r_2\mathbf{k}_2}^\dagger |0\rangle , \ b_{r_1\mathbf{k}_1}^\dagger b_{r_2\mathbf{k}_2}^\dagger d_{r_3\mathbf{k}_3}^\dagger |0\rangle$ etc. Der Operaror $b_{r\mathbf{k}=0}^\dagger$ mit $r = 1(r = 2)$ erzeugt ein ruhendes Elektron mit Spin in z-Richtung $s_z = \frac{1}{2}(s_z = -\frac{1}{2})$. Genauso erzeugt $d_{r\mathbf{k}=0}^\dagger$ ein ruhendes Positron mit $s_z = \frac{1}{2}(s_z = -\frac{1}{2})$. Entsprechend erzeugt $b_{r\mathbf{k}}^\dagger \ (d_{r\mathbf{k}}^\dagger)$ ein Elektron (Positron) mit Impuls $\mathbf{k}$, welches in seinem Ruhsystem den Spin $\frac{1}{2}$ für $r = 1$ und $-\frac{1}{2}$ für $r = 2$ besitzt. (siehe Aufgabe 13.11)

*13.3.5 Grenzfall unendlichen Volumens

Wir werden die Dirac–Feldoperatoren immer für ein endliches Volumen verwenden, d.h. in deren Entwicklung nach Erzeugungs- und Vernichtungsoperatoren treten Summen statt Integrale über den Impuls auf. Den Grenzwert zu unendlichen Volumina werden wir erst in den Ergebnissen, wie z.B. im Streuquerschnitt durchführen. Es kann auch zweckmäßig sein von vornherein ein unendliches Volumen zu betrachten. Dann geht (13.3.18a) in

$$\psi(x) = \int \frac{d^3k}{(2\pi)^3} \frac{\sqrt{m}}{k_0} \sum_{r=1,2} \left(b_r(\mathbf{k}) u_r(k) e^{-ikx} + d_r^\dagger(\mathbf{k}) w_r(k) e^{ikx} \right) \quad (13.3.34)$$

über[2]. Die Vernichtungs- und Erzeugungsoperatoren hängen mit den bisherigen folgendermaßen zusammen

$$b_r(\mathbf{k}) = \sqrt{k_0 V}\, b_{r\mathbf{k}} \quad , \quad d_r(\mathbf{k}) = \sqrt{k_0 V}\, d_{r\mathbf{k}} \, . \tag{13.3.35}$$

Diese Operatoren erfüllen deshalb die Antikommutationsrelationen

$$\left\{ b_r(\mathbf{k}), b_{r'}^\dagger(\mathbf{k}') \right\} = (2\pi)^3 k_0 \delta_{rr'} \delta^{(3)}(\mathbf{k} - \mathbf{k}')$$
$$\left\{ d_r(\mathbf{k}), d_{r'}^\dagger(\mathbf{k}') \right\} = (2\pi)^3 k_0 \delta_{rr'} \delta^{(3)}(\mathbf{k} - \mathbf{k}') \, , \tag{13.3.36}$$

und alle übrigen Antikommutatoren verschwinden. Der Impulsoperator hat die Gestalt

$$P^\mu = \int \frac{d^3k}{(2\pi)^3} \frac{k^\mu}{k_0} \sum_{r=1,2} b_r^\dagger(\mathbf{k}) b_r(\mathbf{k}) + d_r^\dagger(\mathbf{k}) d_r(\mathbf{k}) \, . \tag{13.3.37}$$

Es gilt

$$\left\{ P^\mu, b_r^\dagger(\mathbf{k}) \right\} = k^\mu b_r^\dagger(\mathbf{k}) \, , \qquad \left\{ P^\mu, b_r(\mathbf{k}) \right\} = -k^\mu b_r(\mathbf{k}) \, ,$$
$$\left\{ P^\mu, d_r^\dagger(\mathbf{k}) \right\} = k^\mu d_r^\dagger(\mathbf{k}) \, , \qquad \left\{ P^\mu, d_r(\mathbf{k}) \right\} = -k^\mu d_r^\dagger(\mathbf{k}) \, . \tag{13.3.38}$$

Aus (13.3.38) sieht man unmittelbar, daß der Elektron(Positron)-Zustand $b_r^\dagger(\mathbf{k}) |0\rangle$ $(d_r^\dagger(\mathbf{k}) |0\rangle)$ den Impuls k^μ besitzt.

13.4 Spin–Statistik–Theorem

13.4.1 Propagatoren und Spin–Statistik–Theorem

Wir sind nun in der Lage das Spin–Statistik–Theorem zu beweisen, welches einen Zusammenhang zwischen den Werten des Spins und der Statistik (den Kommutationseigenschaften und damit den möglichen Besetzungszahlen) liefert. Wir berechnen als Vorbereitung den Antikommutator der Dirac–Feldoperatoren, wobei α und β Spinorindizes $1, \ldots, 4$ sind. Unter Benutzung der Antivertauschungsrelationen (13.3.23), der Projektoren (6.3.23) und (6.3.21) folgt

---

[2] Der Faktor $\sqrt{m}$ ist so wie in (13.3.18a) gewählt, damit sich der entsprechende Faktor $1/\sqrt{m}$ in den Spinoren kompensiert, und somit auch der Grenzfall $m \to 0$ existiert.

$$\{\psi_\alpha(x), \bar{\psi}_{\alpha'}(x')\} = \frac{1}{V} \sum_{\mathbf{k}} \sum_{\mathbf{k}'} \left(\frac{mm}{E_{\mathbf{k}} E_{\mathbf{k}'}}\right)^{1/2} \sum_r \sum_{r'} \delta_{rr'} \delta_{\mathbf{kk}'}$$

$$\times \left(u_{r\alpha}(k)\bar{u}_{r'\alpha'}(k')\mathrm{e}^{-ikx}\mathrm{e}^{ik'x'} + w_{r\alpha}(k)\bar{w}_{r'\alpha'}(k')\mathrm{e}^{ikx}\mathrm{e}^{-ik'x'}\right)$$

$$= \frac{1}{V} \sum_{\mathbf{k}} \frac{m}{E_{\mathbf{k}}} \left(\mathrm{e}^{-ik(x-x')} \sum_r u_{r\alpha}(k)\bar{u}_{r\alpha'}(k)\right.$$

$$\left. + \mathrm{e}^{ik(x-x')} \sum_r w_{r\alpha}(k)\bar{w}_{r\alpha'}(k)\right)$$

$$= \int \frac{d^3k}{(2\pi)^3} \frac{m}{E_{\mathbf{k}}} \left(\mathrm{e}^{-ik(x-x')}\left(\frac{\slashed{k}+m}{2m}\right)_{\alpha\alpha'}\right. \tag{13.4.1}$$

$$\left. + \mathrm{e}^{ik(x-x')}\left(\frac{\slashed{k}-m}{2m}\right)_{\alpha\alpha'}\right)$$

$$= (i\slashed{\partial}+m)_{\alpha\alpha'}\frac{1}{2} \int \frac{d^3k}{(2\pi)^3} \frac{1}{E_{\mathbf{k}}} \left(\mathrm{e}^{-ik(x-x')} - \mathrm{e}^{ik(x-x')}\right)$$

$$= (i\slashed{\partial}+m)_{\alpha\alpha'} i\Delta(x-x') ,$$

wobei die Funktion (13.1.22b)

$$\Delta(x-x') = \frac{1}{2i} \int \frac{d^3k}{(2\pi)^3} \frac{1}{E_{\mathbf{k}}} \left(\mathrm{e}^{-ik(x-x')} - \mathrm{e}^{ik(x-x')}\right) , k_0 = E_{\mathbf{k}} \tag{13.4.2}$$

schon in (13.1.23c) als Kommutator freier Bosonen auftrat, nämlich

$$[\phi(x), \phi(x')] = i\Delta(x-x') .$$

Der Antikommutator der freien Feldoperatoren hat also die Gestalt

$$\{\psi_\alpha(x), \bar{\psi}_{\alpha'}(x')\} = (i\slashed{\partial}+m)_{\alpha\alpha'} i\Delta(x-x') . \tag{13.4.1'}$$

Für die weitere Analyse benötigen wir noch einige Eigenschaften von $\Delta(x)$, die wir hier zusammenstellen.

Eigenschaften von $\Delta(x)$

(i) Es gilt folgende Darstellung von $\Delta(x)$

$$\Delta(x) = \frac{1}{i} \int \frac{d^4k}{(2\pi)^3} \delta(k^2 - m^2)\epsilon(k^0)\mathrm{e}^{-ikx} \tag{13.4.3a}$$

mit

$$\epsilon(k^0) = \Theta(k^0) - \Theta(-k^0) .$$

Siehe Aufgabe 13.16.

(ii)

$$\Delta(-x) = -\Delta(x) \tag{13.4.3b}$$

Dies sieht man unmittelbar aus Gl.(13.4.3a).

(iii)

$$(\Box + m^2)\Delta(x) = 0 \qquad (13.4.3c)$$

Die Funktionen $\Delta(x), \Delta^+(x), \Delta^-(x)$ sind Lösungen der freien Klein–Gordon–Gleichung, da sie lineare Superpositionen von deren Lösungen sind. Der Propagator $\Delta_F(x)$, sowie die retardierten und avancierten Green–Funktionen[3] $\Delta_R(x), \Delta_A(x)$ erfüllen die inhomogene Klein–Gordon–Gleichung mit einer Quelle $\delta^{(4)}(x)$: $(\Box + m^2)\Delta_F(x) = -\delta^{(4)}(x)$. Siehe Aufgabe 13.17.

(iv)

$$\partial_0 \Delta(x)|_{x_0=0} = -\delta^{(3)}(x) \qquad (13.4.3d)$$

Dies folgt durch Ableitung von (13.4.2).

(v) $\Delta(x)$ ist Lorentz–invariant.

Dazu betrachtet man eine Lorentz–Transformation Λ

$$\Delta(\Lambda x) = \frac{1}{i} \int \frac{d^4k}{(2\pi)^3}\, \delta(k^2 - m^2)\epsilon(k^0)e^{-ik\cdot\Lambda x} \ .$$

Unter Verwendung von $k \cdot \Lambda x = \Lambda^{-1}k \cdot x$ und der Substitution $k' = \Lambda^{-1}k$ ist $d^4k = d^4k'$ und $k'^2 = k^2$. Außerdem verschwindet für raumartige Vektoren k, d.h. $k^2 < 0$ die δ-Funktion in (13.4.3a). Da für zeitartige k und orthochrone Lorentz–Transformationen $\epsilon(k^{0'}) = \epsilon(k^0)$ ist, folgt

$$\Delta(\Lambda x) = \Delta(x) \ . \qquad (13.4.3e)$$

Dagegen ist $\Delta(\Lambda x) = -\Delta(x)$ für $\Lambda \in \mathcal{L}^\downarrow$.

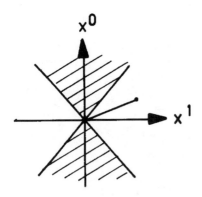

Abb. 13.5. Minkowski–Diagramm: Lichtkegel, Vergangenheitsbereich und Zukunftsbereich des Nullpunkts, raumartiger Vektor (außerhalb des Lichtkegels)

---

[3] Die retardierten und avancierten Green–Funktionen sind durch $\Delta_R(x) \equiv \Theta(x_0)\Delta(x)$ und $\Delta_A(x) \equiv -\Theta(-x_0)\,\Delta(x)$ definiert.

(vi) Für raumartige Vektoren gilt

$$\Delta(-x) = \Delta(x) \ . \tag{13.4.3f}$$

Beweis. Raumartige Vektoren lassen sich durch eine orthochrone Lorentz–Transformation auf rein raumartige Vektoren transformieren (Abb. 13.5), und für diese folgt aus der Darstellung (13.4.3a) mit der Substitution $\mathbf{x} \to -\mathbf{x}$ und $\mathbf{k} \to -\mathbf{k}$ die Behauptung.

(vii) Somit folgt durch Kombination von (13.4.3b) und (13.4.3f) für raumartige Vektoren

$$\Delta(x) = 0 \quad \text{für} \quad x^2 < 0 \ . \tag{13.4.3g}$$

Dies sieht man auch direkt für rein raumartige Vektoren aus der Definitionsgleichung (13.4.2) für $\Delta(x)$.

Nun kommen wir zum Beweis des *Spin–Statistik–Theorems* und zeigen zunächst, daß zwei lokale Observable der Art $\bar\psi(x)\psi(x)$ etc. bei raumartigen Abständen kommutieren, z.B.:

$$\begin{aligned}
&\left[\bar\psi(x)\psi(x) \, , \, \bar\psi(x')\psi(x') \right] \\
&= \bar\psi_\alpha(x) \left[\psi_\alpha(x), \bar\psi(x')\psi(x') \right] + \left[\bar\psi_\alpha(x), \bar\psi(x')\psi(x') \right] \psi_\alpha(x) \\
&= \bar\psi_\alpha(x) \left(\left\{ \psi_\alpha(x), \bar\psi_\beta(x') \right\} \psi_\beta(x') - \bar\psi_\beta(x') \left\{ \psi_\alpha(x), \psi_\beta(x') \right\} \right) \\
&\quad + \left(\left\{ \bar\psi_\alpha(x), \bar\psi_\beta(x') \right\} \psi_\beta(x') - \bar\psi_\beta(x') \left\{ \bar\psi_\alpha(x), \psi_\beta(x') \right\} \right) \psi_\alpha(x) \\
&= \bar\psi_\alpha(x) \left((\mathrm{i}\slashed\partial + m)_{\alpha\beta} \mathrm{i}\Delta(x - x') \right) \psi_\beta(x') \\
&\quad + \bar\psi_\beta(x') \left((-\mathrm{i}\slashed\partial + m)_{\beta\alpha} \mathrm{i}\Delta(x - x') \right) \psi_\alpha(x) \ . \tag{13.4.4}
\end{aligned}$$

Wegen (13.4.3g) verschwindet dieser Kommutator bei raumartigen Abständen. Die Eigenschaft der Kausalität ist also erfüllt, denn man kann kein Signal zwischen x und x' austauschen, wenn $(x - x')^2 < 0$ ist.[4]

Was wäre, wenn wir Kommutatoren statt Antikommutatoren zur Quantisierung verwendet hätten? Abgesehen von der Unbeschränktheit der Energie nach unten entstünde ein Widerspruch zur Kausalität. Es wäre dann

$$\left[\psi_\alpha(x), \bar\psi_{\alpha'}(x') \right] = (\mathrm{i}\slashed\partial + m)_{\alpha\alpha'} \mathrm{i}\Delta_1(x - x') \ , \tag{13.4.5a}$$

wo

$$\Delta_1(x - x') = \frac{1}{2\mathrm{i}} \int \frac{d^3k}{(2\pi)^3} \frac{1}{k_0} \left(\mathrm{e}^{-\mathrm{i}k(x-x')} + \mathrm{e}^{\mathrm{i}k(x-x')} \right) \ . \tag{13.4.5b}$$

---

[4] Könnte man Raum–Zeit–Punkte mit raumartigen Abständen durch Signale verbinden, könnte dies nur mit Überlichtgeschwindigkeit vonstatten gehen. Dies entspräche in einem anderen Koordinatensystem die Bewegung in die Vergangenheit hinein, also akausales Verhalten.

Die Funktion $\Delta_1(x) = \Delta_+(x) - \Delta_-(x)$ ist eine gerade Lösung der homogenen Klein–Gordon–Gleichung, welche für raumartige Abstände $(x - x')^2 < 0$ nicht verschwindet, und desgleichen ist $(i\partial\!\!\!/ + m)i\Delta_1(x - x') \neq 0$ für raumartige Abstände. Bei dieser Art der Quantisierung würden lokale Operatoren an verschiedenen Raumpunkten und zur gleichen Zeit *nicht* kommutieren. Es wäre dann die Lokalität oder *Mikrokausalität* verletzt. Wir können aus diesen Überlegungen das Spin–Statistik–Theorem folgendermaßen formulieren:

Spin-Statistik-Theorem: Teilchen mit Spin $\frac{1}{2}$, allgemeiner Teilchen mit halbzahligem Spin sind Fermionen, deren Feldoperatoren werden durch Antikommutatoren quantisiert. Teilchen mit ganzzahligem Spin sind Bosonen, deren Feldoperatoren werden durch Kommutatoren quantisiert.

Bemerkungen

(i)   *Mikrokausalität*: Zwei physikalische Observable an Stellen, die voneinander raumartig entfernt sind, müssen gleichzeitig meßbar sein; die Messungen dürfen nicht interferieren. Man bezeichnet diese Eigenschaft als Mikrokausalität, denn im gegenteiligen Fall müßte sich für raumartige Abstände ein Signal im Widerspruch zur speziellen Relativitätstheorie schneller als mit Lichtgeschwindigkeit fortpflanzen, um die Observablen gegenseitig beeinflussen zu können. Dies träfe auch für beliebig kleine Abstände zu, deshalb der Ausdruck Mikrokausalität. Man verwendet statt Mikrokausalität auch den Ausdruck *Lokalität*. Wir erinnern an die allgemeine Tatsache, daß zwei Observable dann und nur dann nicht interferieren (gleichzeitig diagonalisierbar sind), wenn sie kommutieren.

(ii) Die Aussage des Spin–Statistik–Theorems für *freie Teilchen* mit Spin $S = 0$ kann man analog zu (13.4.4) leicht zeigen: Kommutationsregeln führen auf $[\phi(x), \phi(x')] = i\Delta(x - x')$. Also erfüllen die Felder die Mikrokausalität und durch Berechnung von Kommutatoren von Produkten zeigt man, daß auch die Observablen $\phi(x)^2$ etc. die Mikrokausalität erfüllen. Würde man andererseits das Klein–Gordon–Feld mit Fermi-Vertauschungsrelationen quantisieren, dann würde, wie man leicht sehen kann, weder $[\phi(x), \phi(x')]_+$ noch $[\phi(x), \phi(x')]_-$ die Mikrokausalitätseigenschaft $[\phi(x), \phi(x')]_\pm = 0$ für $(x - x')^2 < 0$ erfüllen. Deshalb würden auch zusammengesetzte Operatoren die Forderung nach *Mikrokausalität* verletzen.

(iii) Auf Basis der Störungstheorie ist zu erwarten, daß sich die Mikrokausalitätseigenschaft vom freien Propagator auf den der wechselwirkenden Theorie überträgt[5]. Für das wechselwirkende Klein–Gordon-Feld läßt sich für den Vakuumerwartungswert des Kommutators die Spektraldarstellung

---

[5] Einen allgemeinen Beweis für wechselwirkende Felder findet man in R.F. Streater, A.S. Wightman, *PCT, Spin & Statistics and all that*, W.A. Benjamin, New York, 1964 auf der Basis der axiomatischen Feldtheorie, p. 146 f.

$$\langle 0|[\phi(x),\phi(x')]|0\rangle = \int\limits_0^\infty d\sigma^2 \rho(\sigma^2)\Delta(x-x',\sigma) \qquad (13.4.6)$$

ableiten.[6] Dabei ist $\Delta(x-x',\sigma)$ der freie Kommutator aus Gl. (13.4.2) mit expliziter Angabe der Masse, über die in Gl. (13.4.6) integriert wird. Die Mikrokausalität ist also auch für wechselwirkende Felder erfüllt. Wenn andererseits das Klein–Gordon-Feld durch Fermi-Vertauschungs-relationen quantisiert wird, ergibt sich stattdessen

$$\langle 0|\{\phi(x),\phi(x')\}|0\rangle = \int\limits_0^\infty d\sigma^2 \rho(\sigma^2)\Delta_1(x-x',\sigma) \qquad (13.4.7)$$

und $\Delta_1(x-x',\sigma)$ aus Gl. (13.4.5b) verschwindet bei raumartigen Abständen nicht. Die Mikrokausalität ist nicht erfüllt. Analog erhält man für Fermionen bei Quantisierung mit Kommutatoren eine Spektraldarstellung, die die Δ_1-Funktion enthält, also wieder einen Widerspruch zur Mikrokausalität.[6]

(iv) Der Grund, daß Observable für das Dirac–Feld nur bilineare Größen $\bar\psi\psi$ und auch Potenzen und Ableitungen davon sein können ist folgender. Das Feld $\psi(x)$ selbst ist nicht meßbar, denn es ändert sich bei einer Eichtransformation erster Art

$$\psi(x) \to \psi'(x) = e^{i\alpha}\psi(x)$$

und nur eichinvariante Größen können Observable sein. Meßgrößen müssen so wie die Lagrange–Dichte bei einer Eichtransformation ungeändert bleiben. Es gibt auch keine anderen Felder, die an $\psi(x)$ alleine ankoppeln, z.B. koppelt das elektromagnetische Vektorpotential A_μ an eine bilineare Kombination von ψ.

Ein weiterer Grund für die Unbeobachtbarkeit von $\psi(x)$ folgt aus dem Transformationsverhalten eines Spinors unter einer Drehung um 2π, Gl. (6.2.23a). Da bei einer Drehung um 2π das experimentelle Erscheinungsbild der Welt unverändert bleibt, sich ein Spinor ψ aber in $-\psi$ ändert, muß man schließen, daß ein Spinor für sich allein nicht direkt beobachtbar ist. Dies ist nicht im Widerspruch dazu, daß man die Phasenänderung des Spinors bei Drehung in einem räumlichen Teilbereich gegenüber einem Referenzstrahl mittels eines Interferenzexperiments beobachten kann, da dieses von einer bilinearen Größe bestimmt ist (Siehe Bermerkungen und Referenzen nach Gl.(6.2.23a)).

---

[6] J.D. Bjorken und S.D. Drell, *Relativistische Quantenfeldtheorie*, B.I. Hochschultaschenbücher, Mannheim, 1967, S. 146.

13.4.2 Ergänzungen zum Antikommutator und Propagator des Dirac–Feldes

Für den späteren Gebrauch stellen wir hier noch einige weitere Eigenschaften von Antikommutatoren und Propagatoren des Dirac–Feldes zusammen.

Der gleichzeitige Antikommutator des Dirac–Feldes ist nach Gl.(13.4.1) und den Eigenschaften (13.4.3d) und (13.4.3g) von $\Delta(x)$

$$\left\{\psi_\alpha(t,\mathbf{x}),\bar\psi_{\alpha'}(t,\mathbf{y})\right\} = -\gamma^0_{\alpha\alpha'}\partial_0\Delta(x^0-y^0,\mathbf{x}-\mathbf{y})|_{y_0=x_0}$$
$$= \gamma^0_{\alpha\alpha'}\delta^3(\mathbf{x}-\mathbf{y})\ .$$

Daraus erhält man durch Multiplikation mit $\gamma^0_{\alpha'\beta}$ und Summation über α'

$$\left\{\psi_\alpha(t,\mathbf{x}),\psi^\dagger_\beta(t,\mathbf{y})\right\} = \delta_{\alpha\beta}\,\delta^3(\mathbf{x}-\mathbf{y})\ . \tag{13.4.8}$$

Man nennt deshalb $i\psi^\dagger$ auch den antikommutierend konjugierten Operator zu $\psi(x)$.

Fermion-Propagatoren
Analog zu (13.1.23a-c) definiert man für das Dirac–Feld

$$\left[\psi^\pm(x),\bar\psi^\mp(x')\right]_+ = iS^\pm(x-x') \tag{13.4.9a}$$

$$\left[\psi(x),\bar\psi(x')\right]_+ = iS(x-x')\ . \tag{13.4.9b}$$

Der Antikommutator (13.4.9b) wurde bereits in (13.4.1) berechnet. Aus dieser Rechnung sieht man, daß $iS^+(x-x')$ $(iS^-(x-x'))$ durch den ersten (zweiten) Term in der vorletzten Zeile von (13.4.1) gegeben sind, so daß also wegen (13.1.10a-c)

$$S^\pm(x) = (i\partial\!\!\!/ + m)\Delta^\pm(x) \tag{13.4.10a}$$

$$S(x) = S^+(x) + S^-(x) = (i\partial\!\!\!/ + m)\Delta(x) \tag{13.4.10b}$$

gilt. Ausgehend von den Integraldarstellungen (13.1.25a,b) für $\Delta^\pm$ und Δ erhält man aus (13.4.9a,b)

$$S^\pm(x) = \int_{C^\pm}\frac{d^4p}{(2\pi)^4}e^{-ipx}\frac{p\!\!\!/ + m}{p^2-m^2} = \int_{C^\pm}\frac{d^4p}{(2\pi)^4}\frac{e^{-ipx}}{p\!\!\!/ - m}\ , \tag{13.4.11a}$$

und

$$S(x) = \int_C\frac{d^4p}{(2\pi)^4}\frac{e^{-ipx}}{p\!\!\!/ - m}\ , \tag{13.4.11b}$$

wo $(p\!\!\!/ \pm m)(p\!\!\!/ \mp m) = p^2 - m^2$ benützt wurde. Die Wege $C^\pm$ und C sind genauso wie in Abb. 13.1 definiert. Auch für Fermi–Operatoren führt man ein zeitgeordnetes Produkt ein. Die Definition des *zeitgeordneten Produktes* für Fermion–Felder lautet

$$T\left(\psi(x)\bar\psi(x')\right) \equiv \begin{cases} \psi(x)\bar\psi(x') & \text{für } t > t' \\ -\bar\psi(x')\psi(x) & \text{für } t < t' \end{cases}$$
$$\equiv \Theta(t-t')\psi(x)\bar\psi(x') - \Theta(t'-t)\bar\psi(x')\psi(x) \ . \qquad (13.4.12)$$

Für die später zu entwickelnde Störungstheorie führen wir auch folgende Definition des Feynman Fermionpropagators ein

$$\langle 0|\, T(\psi(x)\bar\psi(x'))\,|0\rangle \equiv \mathrm{i}S_F(x-x') \ . \qquad (13.4.13)$$

Zu dessen Berechnung bemerken wir

$$\langle 0|\,\psi(x)\bar\psi(x')\,|0\rangle = \langle 0|\,\psi^+(x)\bar\psi^-(x')\,|0\rangle = \langle 0|\,\left[\psi^+(x),\bar\psi^-(x')\right]_+\,|0\rangle$$
$$= \mathrm{i}S^+(x-x')$$
$$(13.4.14\mathrm{a})$$

und ebenso

$$\langle 0|\,\bar\psi(x')\psi(x)\,|0\rangle = \mathrm{i}S^-(x-x') \ . \qquad (13.4.14\mathrm{b})$$

Daraus folgt für den Feynman Fermionpropagator (Siehe Aufgabe 13.18)

$$S_F(x) = \Theta(t)S^+(x) - \Theta(-t)S^-(x) = (\mathrm{i}\gamma^\mu\partial_\mu + m)\Delta_F(x) \ . \qquad (13.4.15)$$

Unter Verwendung von (13.1.31) kann man den Feynman–Fermionpropagator auch in der Form

$$S_F(x) = \int \frac{d^4p}{(2\pi)^4}\mathrm{e}^{-\mathrm{i}px}\frac{\not{p}+m}{p^2-m^2+\mathrm{i}\epsilon} \qquad (13.4.16)$$

darstellen.

Aufgaben zu Kapitel 13

13.1 Bestätigen Sie die Formeln (13.1.5′).

13.2 (a) Zeigen Sie für das skalare Feld, daß der Viererimpulsoperator

$$P^\mu =: \int d^3x\,\{\pi\phi^{,\mu} - \delta_0^\mu\mathcal{L}\} :$$

in der Form (13.1.19)

$$P^\mu = \sum_{\mathbf{k}} k^\mu a_{\mathbf{k}}^\dagger a_{\mathbf{k}}$$

geschrieben werden kann.

(b) Zeigen Sie, daß der Viererimpuls–Operator Erzeugender des Translationsoperators ist:

$$e^{ia_\mu P^\mu} F(\phi(x)) e^{-ia_\mu P^\mu} = F(\phi(x+a)) \, .$$

13.3 Bestätigen Sie Formel (13.1.25a) für $\Delta^\pm(x)$.

13.4 Bestätigen Sie Formel (13.1.31) für $\Delta_F(x)$ unter Beachtung der Abbildung 13.2.

13.5 Verifizieren Sie die Vertauschungsrelationen (13.2.6).

13.6 Die Operation der Ladungskonjugation ist für das quantisierte, komplexe Klein–Gordon–Feld durch

$$\phi'(x) = \mathcal{C}\phi(x)\mathcal{C}^\dagger = \eta_c \phi^\dagger(x)$$

definiert, wobei der Ladungskonjugationsoperator $\mathcal{C}$ unitär ist und den Vakuumzustand invariant läßt $\mathcal{C}\,|0\rangle = |0\rangle$.
(a) Zeigen Sie für die Vernichtungsoperatoren

$$\mathcal{C}a_\mathbf{k}\mathcal{C}^\dagger = \eta_c b_\mathbf{k},$$
$$\mathcal{C}b_\mathbf{k}\mathcal{C}^\dagger = \eta_c^* a_\mathbf{k}$$

und für die Einteilchenzustände

$$|a,\mathbf{k}\rangle \equiv a_\mathbf{k}^\dagger\,|0\rangle \, , \quad |b,\mathbf{k}\rangle \equiv b_\mathbf{k}^\dagger\,|0\rangle$$

das Transformationsverhalten

$$\mathcal{C}\,|a,\mathbf{k}\rangle = \eta_c^*\,|b,\mathbf{k}\rangle \, ,$$
$$\mathcal{C}\,|b,\mathbf{k}\rangle = \eta_c\,|a,\mathbf{k}\rangle \, .$$

(b) Zeigen Sie auch, daß die Lagrange-Dichte (13.2.1) unter der Ladungskonjugationstransformation invariant ist, und daß die Stromdichte (13.2.11) das Vorzeichen ändert.

$$\mathcal{C}j(x)\mathcal{C}^\dagger = -j(x).$$

Es werden also Teilchen und Antiteilchen bei gleichbleibendem Viererimpuls ausgetauscht.
(c) Finden Sie eine Darstellung für den Operator $\mathcal{C}$.

13.7 Zeigen Sie für das Klein–Gordon-Feld

$$[P^\mu, \phi(x)] = -i\partial^\mu \phi(x)$$

$$[\mathbf{P}, \phi(x)] = i\boldsymbol{\nabla}\phi(x) \, .$$

13.8 Leiten Sie die Bewegungsgleichungen für den Dirac–Feldoperator $\psi(x)$ her, indem Sie von den Heisenberg–Bewegungsgleichungen mit dem Hamilton–Operator (13.3.7) ausgehen.

13.9 Berechnen Sie den Erwartungswert der quantenmechanischen Form des Dreh-impuls–Operators (13.3.13) in einem Zustand mit einem ruhenden Positron.

13.10 Zeigen Sie, daß sich die Spinoren $u_r(k)$ und $w_r(k)$ bei einer Ladungskonjugation ineinander transformieren.

13.11 Betrachten Sie ein ruhendes Elektron und ein ruhendes Positron

$$\left| e^{\mp}, \mathbf{k} = 0, s \right\rangle = \begin{cases} b^{\dagger}_{s\mathbf{k}=0} \left| 0 \right\rangle \\ d^{\dagger}_{s\mathbf{k}=0} \left| 0 \right\rangle \end{cases} .$$

Zeigen Sie

$$\mathbf{J} \left| e^{\mp}, \mathbf{k} = 0, s \right\rangle = \sum_{r=1,2} \left| e^{\mp}, \mathbf{k} = 0, r \right\rangle \frac{1}{2}(\boldsymbol{\sigma})_{rs}$$

und

$$J^3 \left| e^{\mp}, \mathbf{k} = 0, s \right\rangle = \pm \frac{1}{2} \left| e^{\mp}, \mathbf{k} = 0, s \right\rangle ,$$

wobei $(\boldsymbol{\sigma})_{rs}$ die Matrixelemente der Pauli–Matrizen in den Pauli–Spinoren χ_r und χ_s sind.

13.12 Weisen Sie nach, daß der Impulsoperator des Dirac–Feldes (Gl. (13.3.26))

$$P^{\mu} = \sum_{\mathbf{k},r} k^{\mu} \left[b^{\dagger}_{r\mathbf{k}} b_{r\mathbf{k}} + d^{\dagger}_{r\mathbf{k}} d_{r\mathbf{k}} \right]$$

Erzeugender des Translationsoperators ist:

$$e^{ia_{\mu}P^{\mu}} \psi(x) e^{-ia_{\mu}P^{\mu}} = \psi(x+a) .$$

13.13 Leiten Sie für das Dirac–Feld aus der Eichinvarianz der Lagrange–Dichte den Ausdruck (13.3.27b) für den Stromdichteoperator ab.

13.14 Zeigen Sie, daß der Operator der Ladungskonjugationstransformation

$$\mathcal{C} = \mathcal{C}_1 \mathcal{C}_2$$

$$\mathcal{C}_1 = \exp\left[-i \sum_{\mathbf{k},r} \frac{m}{V E_{\mathbf{k}}} \lambda (b^{\dagger}_{\mathbf{k}r} b_{\mathbf{k}r} - d^{\dagger}_{\mathbf{k}r} d_{\mathbf{k}r}) \right]$$

$$\mathcal{C}_2 = \exp\left[\frac{i\pi}{2} \sum_{\mathbf{k},r} \frac{m}{V E_{\mathbf{k}}} (b^{\dagger}_{\mathbf{k}r} - d^{\dagger}_{\mathbf{k}r})(b_{\mathbf{k}r} - d_{\mathbf{k}r}) \right]$$

die Erzeugungs– und Vernichtungsoperatoren des Dirac–Feldes und den Feldoperator folgendermaßen transformiert

$$\mathcal{C}b_{\mathbf{k}r}\mathcal{C}^\dagger = \eta_{\mathcal{C}} d_{\mathbf{k}r} \,,$$

$$\mathcal{C}d^\dagger_{\mathbf{k}r}\mathcal{C}^\dagger = \eta^*_{\mathcal{C}} b^\dagger_{\mathbf{k}r} \,,$$

$$\mathcal{C}\psi(x)\mathcal{C}^\dagger = \eta_{\mathcal{C}} C\bar\psi^T(x),$$

wo sich die Transposition nur auf die Spinorindizes bezieht, und $C = \mathrm{i}\gamma^2\gamma^0$ ist. Der Faktor $\mathcal{C}_1$ ergibt den Phasenfaktor $\eta_{\mathcal{C}} = \mathrm{e}^{\mathrm{i}\lambda}$. Die Transformation $\mathcal{C}$ vertauscht Teilchen und Antiteilchen mit dem gleichen Impuls, Energie und Helizität.

Zeigen Sie auch, daß das Vakuum gegenüber dieser Transformation invariant ist und daß die Stromdichte $j^\mu = e : \bar\psi\gamma^\mu\psi :$ ihr Vorzeichen wechselt.

13.15 (a) Zeigen Sie für das Spinorfeld, daß (Gl. (13.3.28))

$$Q = -e_0 \sum_{\mathbf{k}} \sum_r \left(b^\dagger_{r\mathbf{k}} b_{r\mathbf{k}} - d^\dagger_{r\mathbf{k}} d_{r\mathbf{k}} \right)$$

ist, indem Sie von

$$Q = -e_0 \int d^3x \,:\, \bar\psi(x)\gamma^0\psi(x) \,:$$

ausgehen.

(b) Zeigen Sie weiterhin, daß (Gl.(13.3.29))

$$\left[Q, b^\dagger_{r\mathbf{k}}\right] = -e_0 b^\dagger_{r\mathbf{k}} \quad \text{und} \quad \left[Q, d^\dagger_{r\mathbf{k}}\right] = e_0 d^\dagger_{r\mathbf{k}}$$

gilt.

13.16 Zeigen Sie, daß (13.4.2) auch in der Gestalt (13.4.3a) geschrieben werden kann.

Anleitung: Verwenden Sie

$$\delta\left(k^2 - m^2\right) = \left(\delta\left(k^0 - \sqrt{m^2 - \mathbf{k}^2}\right) + \delta\left(k^0 + \sqrt{m^2 + \mathbf{k}^2}\right)\right)\Big/ \sqrt{\mathbf{k}^2 + m^2} \,.$$

13.17 Zeigen Sie, daß $\Delta_F(x), \Delta_R(x), \Delta_A(x)$ die inhomogene Klein–Gordon–Gleichung

$$(\partial_\mu\partial^\mu + m^2)\Delta_F(x) = -\delta^{(4)}(x)$$

etc. erfüllen.

13.18 Zeigen Sie die Gültigkeit von Gl.(13.4.15).

13.19 Zeigen Sie für das Dirac-Feld

$$[P^\mu, \psi(x)] = -\mathrm{i}\partial^\mu\psi(x)$$

$$[\mathbf{P}, \psi(x)] = \mathrm{i}\boldsymbol{\nabla}\psi(x)\,.$$

14. Quantisierung des Strahlungsfeldes

In diesem Kapitel wird die Quantisierung des freien Strahlungsfeldes dargestellt. Da für gewisse Aspekte auch die Ankopplung an äußere Stromdichten
mitbetrachtet werden muß, ist diesem Problemkreis ein eigenes Kapitel gewidmet. Ausgehend von den klassischen Maxwell–Gleichungen und der Diskussion der Eichtransformationen wird die Quantisierung in der Coulomb–
Eichung durchgeführt. Das Hauptziel dieses Kapitels ist die Berechnung des
Propagators für das Strahlungsfeld. In der Coulomb–Eichung erhält man
zunächst einen Propagator der nicht Lorentz–kovariant ist. Wenn man jedoch den Effekt der instantanen Coulomb–Wechselwirkung in den Propagator
miteinbezieht und beachtet, daß Terme im Propagator, die proportional zum
Wellenzahlvektor sind, keinen Beitrag in der Störungstheorie liefern, so sieht
man, daß der Propagator äquivalent zu einem kovarianten ist. Die Schwierigkeit, das Strahlungsfeld zu quantisieren, kommt von der Masselosigkeit
der Photonen und der Eichinvarianz. Deshalb hat das Vektorpotential $A^\mu(x)$
effektiv nur zwei dynamische Freiheitsgrade und die instantane Coulomb–
Wechselwirkung.

14.1 Klassische Elektrodynamik

14.1.1 Maxwell–Gleichungen

Wir rufen zunächst die klassische Elektrodynamik für das elektrische und
magnetische Feld $\mathbf{E}$ und $\mathbf{B}$ in Erinnerung. Die *Maxwell*–Gleichungen in Anwesenheit einer Ladungsdichte $\rho(\mathbf{x}, t)$ und einer Stromdichte $\mathbf{j}(\mathbf{x}, t)$ lauten[1]

---

[1] Wir verwenden hier und im folgenden rationalisierte, auch Heaviside-Lorentz
Einheiten. In diesen Einheiten ist die Feinstrukturkonstante $\alpha = \frac{\hat{e}_0^2}{4\pi\hbar c} = \frac{1}{137}$,
während sie in Gaußschen Einheiten durch $\alpha = \frac{e_0^2}{\hbar c}$ gegeben ist, d.h. $\hat{e}_0 = e_0\sqrt{4\pi}$.
Entsprechend ist $\mathbf{E} = \mathbf{E}_{\text{Gauß}}/\sqrt{4\pi}$ und $\mathbf{B} = \mathbf{B}_{\text{Gauß}}/\sqrt{4\pi}$, und das Coulombgesetz
$V(\mathbf{x}) = \frac{e^2}{4\pi|\mathbf{x}-\mathbf{x}'|}$. Außerdem wird im folgenden $\hbar = c = 1$ gesetzt.

$$\boldsymbol{\nabla} \cdot \mathbf{E} = \rho \qquad\qquad\qquad (14.1.1a)$$

$$\boldsymbol{\nabla} \times \mathbf{E} = -\frac{\partial \mathbf{B}}{\partial t} \qquad\qquad\qquad (14.1.1b)$$

$$\boldsymbol{\nabla} \cdot \mathbf{B} = 0 \qquad\qquad\qquad (14.1.1c)$$

$$\boldsymbol{\nabla} \times \mathbf{B} = \frac{\partial \mathbf{E}}{\partial t} + \mathbf{j} \ . \qquad\qquad\qquad (14.1.1d)$$

Führt man den antisymmetrischen Feldtensor

$$F^{\mu\nu} = \begin{pmatrix} 0 & E_x & E_y & E_z \\ -E_x & 0 & B_z & -B_y \\ -E_y & -B_z & 0 & B_x \\ -E_z & B_y & -B_x & 0 \end{pmatrix} \qquad\qquad (14.1.2)$$

ein, dessen Komponenten auch in der Form

$$E^i = F^{0i}$$
$$B^i = \frac{1}{2}\epsilon^{ijk} F_{jk} \qquad\qquad\qquad (14.1.3)$$

dargestellt werden können, nehmen die Maxwell–Gleichungen die Gestalt

$$\partial_\nu F^{\mu\nu} = j^\mu \qquad\qquad\qquad (14.1.4a)$$

und

$$\partial^\lambda F^{\mu\nu} + \partial^\mu F^{\nu\lambda} + \partial^\nu F^{\lambda\mu} = 0 \qquad\qquad\qquad (14.1.4b)$$

an, wobei die Viererstromdichte

$$j^\mu = (\rho, \mathbf{j}) \qquad\qquad\qquad (14.1.5)$$

ist, welche die Kontinuitätsgleichung

$$j^\mu{}_{,\mu} = 0 \qquad\qquad\qquad (14.1.6)$$

erfüllt. Die homogenen Gleichungen (14.1.1b,c) oder (14.1.4b) kann man automatisch erfüllen, indem man $F^{\mu\nu}$ durch das Viererpotential A^μ darstellt:

$$F^{\mu\nu} = A^{\mu,\nu} - A^{\nu,\mu} \ . \qquad\qquad\qquad (14.1.7)$$

Aus den inhomogenen Gleichungen (14.1.1a,d) oder (14.1.4a) folgt

$$\Box A^\mu - \partial^\mu \partial_\nu A^\nu = j^\mu \ . \qquad\qquad\qquad (14.1.8)$$

Im Unterschied zu Teil 2 über relativistische Wellengleichungen, wo $j^\mu(x)$ die Teilchenstromdichte bedeutete, ist es in der Quantenfeldtheorie, insbesondere in der Quantenelektrodynamik, üblich, mit $j^\mu(x)$ die elektrische Stromdichte zu bezeichnen. Im folgenden bedeutet beispielsweise für das Dirac-Feld $j^\mu(x) = e\bar{\psi}(x)\gamma^\mu\psi(x)$, wo e die Ladung des Teilchens ist, also für das Elektron $e = -\hat{e}_0$.

14.1.2 Eichtransformationen

Das Viererpotential wird durch (14.1.8) nicht eindeutig bestimmt, denn für eine beliebige Funktion $\lambda(x)$ läßt die Transformation

$$A^\mu \to A'^\mu = A^\mu + \partial^\mu \lambda \qquad (14.1.9)$$

den elektromagnetischen Feldstärketensor $F^{\mu\nu}$ und damit die Felder $\mathbf{E}$ und $\mathbf{B}$ sowie auch Gl. (14.1.8) invariant. Man nennt (14.1.9) Eichtransformation zweiter Art. Offensichtlich sind nicht alle Komponenten von A_μ voneinander unabhängige dynamische Variable und man kann durch geeignete Wahl der Funktion $\lambda(x)$ den Komponenten A_μ gewisse Bedingungen auferlegen, oder wie man auch sagt, zu bestimmten Eichungen übergehen. Zwei besonders wichtige Eichungen sind die *Lorentz–Eichung*, bei welcher

$$A^\mu{}_{,\mu} = 0 \qquad (14.1.10)$$

verlangt wird, und die *Coulomb–Eichung*, bei welcher

$$\boldsymbol{\nabla} \cdot \mathbf{A} = 0 \qquad (14.1.11)$$

festgelegt wird. Weitere Eichungen sind die zeitliche Eichung $A^0 = 0$ und die axiale Eichung $A^3 = 0$. Der Vorteil der Coulomb–Eichung ist, daß nur zwei transversale Photonen auftreten oder nach einer geeigneten Transformation zwei Photonen mit Helizität ± 1. Der Vorteil der Lorentz–Eichung besteht in der offensichtlichen Lorentz–Invarianz; allerdings treten in dieser Eichung neben den beiden transversalen Photonen auch ein longitudinales und ein skalares Photon auf, welche in den physikalischen Ergebnissen der Theorie, abgesehen davon, daß sie die Coulomb–Wechselwirkung vermitteln, keine Rolle spielen dürfen.[2]

14.2 Coulomb–Eichung

Wir werden hauptsächlich die *Coulomb–Eichung*, auch transversale Eichung, verwenden. Es ist immer möglich zu der Coulomb–Eichung überzugehen. Falls A^μ die Coulomb–Eichung nicht erfüllen würde, dann wird sie durch das eichtransformierte Feld $A^\mu + \partial^\mu \lambda$ erfüllt, wobei λ aus $\boldsymbol{\nabla}^2 \lambda = -\boldsymbol{\nabla} \cdot \mathbf{A}$ zu bestimmen ist. Mit der Coulomb–Eichbedingung (14.1.11) vereinfacht sich Gl. (14.1.8) für die Nullkomponente ($\mu = 0$) zu

$$(\partial_0^2 - \boldsymbol{\nabla}^2)A_0 - \partial_0(\partial_0 A_0 - \boldsymbol{\nabla} \cdot \mathbf{A}) = j_0 \; ,$$

---

[2] Die wichtigsten Aspekte der kovarianten Quantisierung mittels der Gupta–Bleuler–Methode sind in Anhang E zusammengestellt.

also wegen (14.1.11)

$$\mathbf{\nabla}^2 A_0 = -j_0 \ . \tag{14.2.1}$$

Dies ist die Poisson–Gleichung, die aus der Elektrostatik wohlbekannt ist, und die Lösung

$$A_0(\mathbf{x}, t) = \int d^3 x' \, \frac{j_0(\mathbf{x}', t)}{4\pi |\mathbf{x} - \mathbf{x}'|} \tag{14.2.2}$$

besitzt. Da die Ladungsdichte $j^0(x)$ nur von den Materiefeldern und deren konjugierten Feldern abhängt, stellt Gl. (14.2.2) eine explizite Lösung für die Nullkomponente des Vektorpotentials dar. Folglich ist in der Coulomb–Eichung das skalare Potential durch das Coulomb–Feld der Ladungsdichte bestimmt und ist deshalb keine unabhängige dynamische Variable. Die verbleibenden, räumlichen Komponenten A^i sind der Eichbedingung (14.1.11) unterworfen, so daß es nur zwei unabhängige Feldkomponenten gibt.

Wir wenden uns nun den räumlichen Komponenten der Wellengleichung (14.1.8) unter Berücksichtigung von (14.1.11) zu

$$\Box A_j - \partial_j \partial_0 A_0 = j_j \ . \tag{14.2.3}$$

Aus (14.2.2) folgt unter Verwendung der Kontinuitätsgleichung (14.1.6) und partieller Integration

$$\begin{aligned}
\partial_j \partial_0 A_0(x) &= \partial_j \int \frac{d^3 x' \partial_0 j_0(x')}{4\pi |\mathbf{x} - \mathbf{x}'|} = -\partial_j \int \frac{d^3 x' \partial'_k j_k(x')}{4\pi |\mathbf{x} - \mathbf{x}'|} \\
&= -\partial_j \partial_k \int \frac{d^3 x' j_k(x')}{4\pi |\mathbf{x} - \mathbf{x}'|} = \frac{\partial_j \partial_k}{\mathbf{\nabla}^2} j_k(x) \ ,
\end{aligned} \tag{14.2.4}$$

wobei $-\frac{1}{\mathbf{\nabla}^2}$ eine Kurzschreibweise für das Integral über die Coulomb–Green–Funktion bedeutet[3]. Setzen wir (14.2.4) in (14.2.3) ein ergibt sich

$$\Box A_j = j_j^{\text{trans}} \equiv \left(\delta_{jk} - \frac{\partial_j \partial_k}{\mathbf{\nabla}^2} \right) j_k \ . \tag{14.2.5}$$

In der Wellengleichung für A_j (14.2.5) tritt der transversale Teil der Stromdichte j_j^{trans} auf. Die Bedeutung der Transversalität wird im Fourier–Raum später noch deutlicher erkennbar werden.

---

[3] So wird die Lösung der Poisson–Gleichung

$$\mathbf{\nabla}^2 \Phi = -\rho \quad \text{durch} \quad \Phi = -\frac{1}{\mathbf{\nabla}^2} \rho \equiv \int \frac{d^3 x' \rho(\mathbf{x}', t)}{4\pi |\mathbf{x} - \mathbf{x}'|}$$

dargestellt. Speziell für $\rho(\mathbf{x}, t) = -\delta^3(\mathbf{x})$ gilt

$$\mathbf{\nabla}^2 \Phi = \delta^3(\mathbf{x}) \quad \text{also} \quad \Phi = \frac{1}{\mathbf{\nabla}^2} \delta^3(\mathbf{x}) = -\int \frac{d^3 x' \delta^3(\mathbf{x}')}{4\pi |\mathbf{x} - \mathbf{x}'|} = -\frac{1}{4\pi |\mathbf{x}|} \ .$$

14.3 Lagrange–Dichte für das elektromagnetische Feld

Die Lagrange–Dichte für das elektromagnetische Feld ist nicht eindeutig. Man kann die Maxwell–Gleichungen aus

$$\mathcal{L} = -\frac{1}{4} F_{\mu\nu} F^{\mu\nu} - j_\mu A^\mu \tag{14.3.1}$$

mit $F_{\mu\nu} = A_{\mu,\nu} - A_{\nu,\mu}$ ableiten. Denn aus

$$\partial_\nu \frac{\partial \mathcal{L}}{\partial A_{\mu,\nu}} = \partial_\nu \left(-\frac{1}{4}\right)(F^{\mu\nu} - F^{\nu\mu}) \times 2 = -\partial_\nu F^{\mu\nu} \tag{14.3.2}$$

und

$$\frac{\partial \mathcal{L}}{\partial A_\mu} = -j^\mu$$

folgt für die Euler–Lagrange–Gleichungen

$$\partial_\nu F^{\mu\nu} = j^\mu \ , \tag{14.3.3}$$

d.h. (14.1.4a). Wie schon vor (14.1.7) bemerkt wurde, ist die Gleichung (14.1.4b) automatisch erfüllt. Aus (14.3.1) findet man für den zu A_μ konjugierten Impuls

$$\Pi^\mu = \frac{\partial \mathcal{L}}{\partial \dot{A}_\mu} = -F^{\mu 0} \ , \tag{14.3.4}$$

das bedeutet, daß der zu A_0 konjugierte Impuls verschwindet

$$\Pi^0 = 0$$

und

$$\Pi^j = -F^{j0} = E^j \tag{14.3.5}$$

ist. Das Verschwinden der Impulskomponente Π^0 zeigt, daß man das kanonische Quantisierungsverfahren nicht ohne Modifikationen auf alle vier Komponenten des Strahlungsfeldes anwenden kann.

Eine andere Lagrange–Dichte für das Viererpotential $A^\mu(x)$, die auf die Wellengleichung in Lorentz–Eichung führt, ist

$$\mathcal{L}_L = -\frac{1}{2} A_{\mu,\nu} A^{\mu,\nu} - j_\mu A^\mu \ . \tag{14.3.6}$$

Hier ist

$$\Pi^\mu_L = \frac{\mathcal{L}_L}{\partial \dot{A}_\mu} = -A^{\mu,0} = -\dot{A}^\mu \ , \tag{14.3.7}$$

und die Bewegungsgleichung lautet

$$\Box A^\mu = j^\mu \ . \tag{14.3.8}$$

Diese Bewegungsgleichung ist nur dann mit (14.1.8) identisch, wenn das Potential A^μ die Lorentz–Bedingung

$$\partial_\mu A^\mu = 0 \tag{14.3.9}$$

erfüllt. Die Lagrange–Dichte $\mathcal{L}_L$ von Gleichung (14.3.6) unterscheidet sich von der Lagrange–Dichte $\mathcal{L}$ aus Gl. (14.3.1) durch das Auftreten eines die Eichung festlegenden Terms, nämlich $-\frac{1}{2}(\partial_\lambda A^\lambda)^2$:

$$\mathcal{L}_L = -\frac{1}{4}F_{\mu\nu}F^{\mu\nu} - \frac{1}{2}(\partial_\lambda A^\lambda)^2 - j_\mu A^\mu \ . \tag{14.3.6'}$$

Man erkennt dies leicht durch die folgende Umformung

$$
\begin{aligned}
\mathcal{L}_L &= -\frac{1}{4}(A_{\mu,\nu} - A_{\nu,\mu})(A^{\mu,\nu} - A^{\nu,\mu}) - \frac{1}{2}\partial_\lambda A^\lambda \partial_\sigma A^\sigma - j_\mu A^\mu \\
&= -\frac{1}{2}A_{\mu,\nu}A^{\mu,\nu} + \frac{1}{2}A_{\mu,\nu}A^{\nu,\mu} - \frac{1}{2}\partial_\lambda A^\lambda \partial_\sigma A^\sigma - j_\mu A^\mu \\
&= -\frac{1}{2}A_{\mu,\nu}A^{\mu,\nu} - j_\mu A^\mu \ ,
\end{aligned}
$$

wobei in der letzten Zeile eine vollständige Ableitung, die in der Lagrange–Funktion durch partielle Integration wegfällt, weggelassen wurde. Wenn man den Term $-\frac{1}{2}(\partial_\lambda A^\lambda)^2$ zur Lagrange–Dichte hinzufügt, muß man die Eichung auf die Lorentz–Eichung festlegen, damit die Bewegungsgleichungen mit der Elektrodynamik übereinstimmen

$$\Box A^\mu = j^\mu \ .$$

Bemerkungen

(i) Im Unterschied zum Differentialoperator in Gl. (14.1.8) tritt in Gl. (14.3.8) der d'Alembert–Operator auf, der invertiert werden kann.

(ii) Mit und ohne eichfixierenden Term erfüllt der longitudinale Anteil des Vektorpotentials $\partial_\lambda A^\lambda$ die d'Alembert-Gleichung

$$\Box\left(\partial_\lambda A^\lambda\right) = 0 \ .$$

Dies gilt auch in Anwesenheit einer Stromdichte $j^\mu(x)$.

14.4 Freies elektromagnetisches Feld und dessen Quantisierung

Ohne äußere Quellen, $j^\mu = 0$, ist die im Unendlichen verschwindende Lösung der Poisson–Gleichung $A^0 = 0$, und die elektromagnetischen Felder lauten

$$\mathbf{E} = -\dot{\mathbf{A}} \ , \qquad \mathbf{B} = \nabla \times \mathbf{A} \ . \tag{14.4.1}$$

Aus der Lagrange–Dichte des freien Strahlungsfeldes

$$\mathcal{L} = -\frac{1}{4}F^{\mu\nu}F_{\mu\nu} = \frac{1}{2}(\mathbf{E}^2 - \mathbf{B}^2) \ , \tag{14.4.2}$$

wo nach dem zweiten Gleichheitszeichen (14.1.2) verwendet wurde, folgt die Hamilton–Dichte des Strahlungsfeldes

$$\mathcal{H}_\gamma = \Pi^j \dot{A}_j - \mathcal{L} = \mathbf{E}^2 - \frac{1}{2}(\mathbf{E}^2 - \mathbf{B}^2)$$

$$= \frac{1}{2}(\mathbf{E}^2 + \mathbf{B}^2) \,. \tag{14.4.3}$$

Da die Nullkomponente von A^μ verschwindet, und die räumlichen Komponenten der freien d'Alembert–Gleichung genügen und $\nabla \cdot \mathbf{A} = 0$ erfüllen, folgt für die allgemeine freie Lösung

$$A^\mu(x) = \sum_\mathbf{k} \sum_{\lambda=1}^{2} \frac{1}{\sqrt{2|\mathbf{k}|V}} \left(e^{-ikx} \epsilon^\mu_{\mathbf{k},\lambda} a_{\mathbf{k}\lambda} + e^{ikx} \epsilon^\mu_{\mathbf{k},\lambda}{}^* a^\dagger_{\mathbf{k}\lambda} \right) \,, \tag{14.4.4}$$

wobei $k_0 = |\mathbf{k}|$ und die beiden Polarisationsvektoren die Eigenschaften

$$\mathbf{k} \cdot \boldsymbol{\epsilon}_{\mathbf{k},\lambda} = 0 \qquad , \qquad \epsilon^0_{\mathbf{k},\lambda} = 0$$
$$\boldsymbol{\epsilon}_{\mathbf{k},\lambda} \cdot \boldsymbol{\epsilon}_{\mathbf{k},\lambda'} = \delta_{\lambda\lambda'} \tag{14.4.5}$$

haben. In der klassischen Theorie sind die Amplituden $a_{\mathbf{k}\lambda}$ komplexe Zahlen. Wir haben in (14.4.4) die Notation so gewählt, daß diese Entwicklung auch dann ihre Gültigkeit beibehält, wenn in der quantisierten Theorie die $a_{\mathbf{k}\lambda}$ durch Operatoren $a_{\mathbf{k}\lambda}$ ersetzt werden. Die Form von (14.4.4) garantiert, daß das Vektorpotential reell ist.

Bemerkungen

(i) Der unterschiedliche Faktor in QM I Gl. (16.49) rührt davon her, daß dort Gaußsche Einheiten verwendet wurden, und deshalb z.B. die Energiedichte $\mathcal{H} = \frac{1}{8\pi}(\mathbf{E}^2 + \mathbf{B}^2)$ ist.

(ii) Statt der beiden transversal zu $\mathbf{k}$ polarisierten Photonen kann man auch Helizitätseigenzustände verwenden; deren Polarisationsvektoren haben die Gestalt

$$\epsilon^\mu_{\mathbf{p},\pm 1} = D(\hat{p}) \begin{pmatrix} 0 \\ 1/\sqrt{2} \\ \pm i/\sqrt{2} \\ 0 \end{pmatrix} \,, \tag{14.4.6}$$

wo $D(\hat{p})$ eine Drehung ist, die die z-Achse in die Richtung von $\mathbf{p}$ dreht.

(iii) Der erste Versuch zur Quantisierung könnte auf

$$\left[A^i(\mathbf{x},t), \dot{A}^j(\mathbf{x}',t) \right] = i\delta_{ij}\delta(\mathbf{x} - \mathbf{x}')$$

d.h. $\tag{14.4.7}$

$$\left[A^i(\mathbf{x},t), E^j(\mathbf{x}',t) \right] = -i\delta_{ij}\delta(\mathbf{x} - \mathbf{x}')$$

führen. Diese Relation ist im Widerspruch zur Bedingung der Coulomb–Eichung $\partial_i A^i = 0$ und zur Maxwell–Gleichung $\partial_i E^i = 0$.

Wir werden die Quantisierung der Theorie in folgender Weise durchführen. Zunächst ist klar, daß die Quanten des Strahlungsfeldes – die Photonen – Bosonen sind. Dies ist einerseits aus den statistischen Eigenschaften (die strikte Gültigkeit des Planckschen Strahlungsgesetzes) zu folgern wie auch aus der Tatsache, daß der innere Drehimpuls (Spin) den Wert $S = 1$ besitzt, woraus in Verein mit dem Spin–Statistik–Theorem folgt, daß es sich um ein Bose–Feld handelt. Deshalb werden die Amplituden des Feldes, die $a_{\mathbf{k}\lambda}$, mit Bose–Vertauschungsrelationen quantisiert.

Zunächst drücken wir die Hamilton–Funktion (Operator) (14.4.3) durch die Entwicklung (14.4.4) aus; unter Benützung des Umstandes, daß die drei Vektoren $\mathbf{k}, \boldsymbol{\epsilon}_{\mathbf{k}_1}, \boldsymbol{\epsilon}_{\mathbf{k}_2}$ ein orthogonales Dreibein bilden, ergibt sich

$$H = \sum_{\mathbf{k},\lambda} \frac{|\mathbf{k}|}{2} \left(a_{\mathbf{k}\lambda}^{\dagger} a_{\mathbf{k}\lambda} + a_{\mathbf{k}\lambda} a_{\mathbf{k}\lambda}^{\dagger} \right) . \tag{14.4.8}$$

Wir postulieren die *Bose–Vertauschungsrelationen*

$$\begin{aligned}
\left[a_{\mathbf{k}\lambda}, a_{\mathbf{k}'\lambda'}^{\dagger} \right] &= \delta_{\lambda\lambda'} \delta_{\mathbf{k}\mathbf{k}'} \\
\left[a_{\mathbf{k}\lambda}, a_{\mathbf{k}'\lambda'} \right] &= \left[a_{\mathbf{k}\lambda}^{\dagger}, a_{\mathbf{k}'\lambda'}^{\dagger} \right] = 0 .
\end{aligned} \tag{14.4.9}$$

Dann folgt für den Hamilton–Operator (14.4.8)

$$H = \sum_{\mathbf{k},\lambda} |\mathbf{k}| \left(a_{\mathbf{k}\lambda}^{\dagger} a_{\mathbf{k}\lambda} + \frac{1}{2} \right) . \tag{14.4.8'}$$

Die hier auftretende divergente Nullpunktsenergie wird später durch Neudefinition des Hamilton–Operators durch Normalordnung eliminiert werden. Zunächst berechnen wir die Kommutatoren der Feldoperatoren. Mit der Definition

$$\Lambda^{\mu\nu} \equiv \sum_{\lambda=1}^{2} \epsilon_{\mathbf{k},\lambda}^{\mu} \epsilon_{\mathbf{k},\lambda}^{\nu} \tag{14.4.10}$$

folgt wegen (14.4.5)

$$\Lambda^{00} = 0 \quad , \quad \Lambda^{0j} = 0 \tag{14.4.11}$$

und

$$\Lambda^{ij} = \sum_{\lambda=1}^{2} \epsilon_{\mathbf{k},\lambda}^{i} \epsilon_{\mathbf{k},\lambda}^{j} = \delta^{ij} - \frac{k^i k^j}{\mathbf{k}^2}$$

($\mathbf{k}, \boldsymbol{\epsilon}_{\mathbf{k},\lambda}$, $\lambda = 1, 2$ bilden ein orthogonales Dreibein, d.h. $\hat{k}^i \hat{k}^j + \sum_{\lambda=1}^{2} \epsilon_{\mathbf{k},\lambda}^{i} \epsilon_{\mathbf{k},\lambda}^{j} = \delta^{ij}$).

Nun ergibt sich für den Kommutator

$$\left[A^i(\mathbf{x},t),\dot A^j(\mathbf{x}',t)\right] = \sum_{\mathbf{k}\lambda}\sum_{\mathbf{k}'\lambda'} \frac{1}{2V\sqrt{kk'}} \Big\{ e^{-ikx}e^{ik'x'}\epsilon^i_{\mathbf{k},\lambda}\epsilon^j_{\mathbf{k}',\lambda'}{}^{*}\,(ik'_0)\delta_{\lambda\lambda'}\delta_{\mathbf{kk'}}$$

$$-e^{ikx}e^{-ik'x'}\epsilon^i_{\mathbf{k},\lambda}{}^{*}\,\epsilon^j_{\mathbf{k}',\lambda'}(-ik'_0)\delta_{\lambda\lambda'}\delta_{\mathbf{kk'}}\Big\}$$

$$= \frac{i}{2}\sum_{\mathbf{k}\lambda}\left(\epsilon^i_{\mathbf{k},\lambda}\epsilon^j_{\mathbf{k},\lambda}{}^{*}\,e^{ik(\mathbf{x}-\mathbf{x}')} + \epsilon^i_{\mathbf{k},\lambda}{}^{*}\,\epsilon^j_{\mathbf{k}',\lambda'}e^{-ik(\mathbf{x}-\mathbf{x}')}\right)$$

$$= \frac{i}{2}\sum_{\mathbf{k}}\left(\delta^{ij} - \frac{k^ik^j}{k^2}\right)\left(e^{ik(\mathbf{x}-\mathbf{x}')} + e^{-ik(\mathbf{x}-\mathbf{x}')}\right)$$

$$= i\left(\delta^{ij} - \frac{\partial^i\partial^j}{\boldsymbol{\nabla}^2}\right)\sum_{\mathbf{k}}e^{ik(\mathbf{x}-\mathbf{x}')}$$

$$= i\left(\delta^{ij} - \frac{\partial^i\partial^j}{\boldsymbol{\nabla}^2}\right)\delta(\mathbf{x}-\mathbf{x}')\ .$$

Der Kommutator der kanonischen Variablen lautet somit

$$\left[A^i(\mathbf{x},t),\dot A^j(\mathbf{x}',t)\right] = i\left(\delta^{ij} - \frac{\partial^i\partial^j}{\boldsymbol{\nabla}^2}\right)\delta(\mathbf{x}-\mathbf{x}') \tag{14.4.12a}$$

oder wegen (14.4.1)

$$\left[A^i(\mathbf{x},t),E^j(\mathbf{x}',t)\right] = -i\left(\delta^{ij} - \frac{\partial^i\partial^j}{\boldsymbol{\nabla}^2}\right)\delta(\mathbf{x}-\mathbf{x}') \tag{14.4.12b}$$

und ist in Einklang mit den Transversalitätsbedingungen, die von $\mathbf{A}$ und $\mathbf{E}$ erfüllt werden müssen. Für die beiden übrigen Kommutatoren finden wir

$$\left[A^i(\mathbf{x},t),A^j(\mathbf{x}',t)\right] = 0 \tag{14.4.12c}$$

$$\left[\dot A^i(\mathbf{x},t),\dot A^j(\mathbf{x}',t)\right] = 0\ . \tag{14.4.12d}$$

Diese Quantisierungseigenschaften hängen von der Eichung ab. Die daraus folgenden Kommutatoren für die Felder $\mathbf{E}$ und $\mathbf{B}$ sind unabhängig von der gewählten Eichung. Es ergibt sich wegen $\mathbf{E} = -\dot{\mathbf{A}}$ und $\mathbf{B} = \mathrm{rot}\,\mathbf{A}$

$$\left[E^i(\mathbf{x},t),E^j(\mathbf{x}',t)\right] = \left[B^i(\mathbf{x},t),B^j(\mathbf{x}',t)\right] = 0 \tag{14.4.12e}$$

$$\left[E^i(\mathbf{x},t),B^j(\mathbf{x}',t)\right] = \left[E^i(\mathbf{x},t),\epsilon^{jkm}\frac{\partial}{\partial x'^k}A^m(\mathbf{x}',t)\right]$$

$$= \epsilon^{jkm}\frac{\partial}{\partial x'^k}(-i)\left(\delta^{im} - \frac{\partial'^i\partial'^m}{\boldsymbol{\nabla}'^2}\right)\delta(\mathbf{x}-\mathbf{x}')$$

$$= -i\epsilon^{jki}\frac{\partial}{\partial x'^k}\delta(\mathbf{x}-\mathbf{x}')$$

$$= i\epsilon^{ijk}\frac{\partial}{\partial x^k}\delta(\mathbf{x}-\mathbf{x}')\ . \tag{14.4.12f}$$

Während im Kommutator (14.4.12b) der nichtlokale Term $\boldsymbol{\nabla}^{-2}$ auftritt, sind die Kommutatoren (14.4.12e,f) der Felder $\mathbf{E}$ und $\mathbf{B}$ lokal.

Um im Hamilton–Operator die divergente Nullpunktsenergie zu eliminieren, führen wir folgende Neudefinition ein

$$H =: \frac{1}{2} \int d^3x \, (\mathbf{E}^2 + \mathbf{B}^2) : = \sum_{\mathbf{k},\lambda} k_0 \, a^\dagger_{\mathbf{k}\lambda} a_{\mathbf{k}\lambda} \qquad (14.4.13)$$

mit $k_0 = |\mathbf{k}|$. Ebenso für den Impulsoperator des Strahlungsfeldes

$$\mathbf{P} = : \int d^3x \, \mathbf{E} \times \mathbf{B} := \sum_{\mathbf{k},\lambda} \mathbf{k} \, a^\dagger_{\mathbf{k}\lambda} a_{\mathbf{k}\lambda} \, . \qquad (14.4.14)$$

Das normalgeordnete Produkt ist für die Komponenten des Strahlungsfeldes genauso definiert wie für Klein–Gordon–Felder.

14.5 Berechnung des Photon–Propagators

Der Photonpropagator ist durch

$$\mathrm{i} D_F^{\mu\nu}(x - x') = \langle 0 | \, T(A^\mu(x) A^\nu(x')) \, |0\rangle \qquad (14.5.1)$$

definiert. Die allgemeinste Gestalt dieses Tensors zweiter Stufe ist von der Form

$$D_F^{\mu\nu}(x) = g^{\mu\nu} D(x^2) - \partial^\mu \partial^\nu D^{(l)}(x^2) \, , \qquad (14.5.2)$$

wobei $D(x^2)$ und $D^{(l)}(x^2)$ Funktionen der Lorentz–Invarianten x^2 sind. Im Impulsraum erhält man aus (14.5.2)

$$D_F^{\mu\nu}(k) = g^{\mu\nu} D(k^2) + k^\mu k^\nu D^{(l)}(k^2) \, . \qquad (14.5.3)$$

In der Störungstheorie tritt der Photon–Propagator immer in der Kombination $j_\mu D_F^{\mu\nu}(k) j_\nu$ auf, wo j_μ und j_ν Elektron–Positron–Stromdichten sind. Da wegen der Stromerhaltung, $\partial_\mu j^\mu = 0$, im Fourier–Raum

$$k_\mu j^\mu = 0 \qquad (14.5.4)$$

ist, ändern sich die physikalischen Ergebnisse nicht, wenn man $D_F^{\mu\nu}(k)$ durch

$$D_F^{\mu\nu}(k) \longrightarrow D_F^{\mu\nu}(k) + \chi^\mu(k) k^\nu + \chi^\nu(k) k^\mu \qquad (14.5.5)$$

ersetzt, wo $\chi^\mu(k)$ beliebige Funktionen von k sind.

Bei der Fixierung auf bestimmte Eichungen, wie z.B. der Coulomb–Eichung, ist das resultierende $D_F^{\mu\nu}(k)$ nicht von der Lorentz–invarianten Form (14.5.3), aber die physikalischen Ergebnisse sind die gleichen. Man kann die Umeichung (14.5.5) nach Gesichtspunkten der Bequemlichkeit durchführen. Wir werden nun den Propagator in der Coulomb–Eichung berechnen und dann daraus andere äquivalente Darstellungen ableiten. Es ist klar, daß die Gestalt von $D(k^2)$ in (14.5.3) von der Form

$$D(k^2) \propto \frac{1}{k^2}$$

ist, da $D_F^{\mu\nu}(k)$ der inhomogenen d'Alembert–Gleichung mit einer vierdimensionalen δ-Quelle genügen muß. Die Relationen können von den Klein–Gordon–Propagatoren übernommen werden, nur müssen die Polarisationsvektoren des Photonenfeldes eingeführt werden. Führt man neben (14.5.1) auch

$$i D_+^{\mu\nu}(x - x') = \langle 0 | A^\mu(x) A^\nu(x') | 0 \rangle \tag{14.5.6a}$$

ein, so erhält man aus (13.1.25a) und (13.1.31)

$$
\begin{aligned}
D_\pm^{\mu\nu}(x) &= \int_{C^\pm} \frac{d^4 k}{(2\pi)^4} \frac{e^{-ikx}}{k^2} \sum_{\lambda=1}^{2} \epsilon_{\mathbf{k},\lambda}^\mu \, \epsilon_{\mathbf{k},\lambda}^\nu \\
&= \mp \frac{i}{2} \int \frac{d^3 k}{(2\pi)^3} \frac{1}{|\mathbf{k}|} \sum_{\lambda} \epsilon_{\mathbf{k},\lambda}^\mu \, \epsilon_{\mathbf{k},\lambda}^\nu e^{\mp ikx}
\end{aligned}
\tag{14.5.6b}
$$

und

$$
\begin{aligned}
D_F^{\mu\nu}(x - x') &= \Theta(t - t') D_+^{\mu\nu}(x - x') - \Theta(t' - t) D_-^{\mu\nu}(x - x') \\
&= -i \int \frac{d^3 k}{(2\pi)^3} \frac{1}{2|\mathbf{k}|} \sum_{\lambda=1}^{2} \epsilon_{\mathbf{k},\lambda}^\mu \epsilon_{\mathbf{k},\lambda}^\nu \left(\Theta(x^0 - x'^0) e^{-ik(x-x')} \right. \\
&\quad \left. + \Theta(x'^0 - x^0) e^{ik(x-x')} \right) ,
\end{aligned}
\tag{14.5.6c}
$$

d.h.

$$D_F^{\mu\nu}(x - x') = \lim_{\epsilon \to 0} \int \frac{d^4 k}{(2\pi)^4} \Lambda^{\mu\nu}(k) \frac{e^{-ik(x-x')}}{k^2 + i\epsilon} . \tag{14.5.6d}$$

Dabei ist

$$\Lambda^{\mu\nu}(k) = \sum_{\lambda=1}^{2} \epsilon_{\mathbf{k},\lambda}^\mu \, \epsilon_{\mathbf{k},\lambda}^\nu \tag{14.5.7}$$

mit den Komponenten

$$\Lambda^{00} = 0 \quad , \quad \Lambda^{0k} = \Lambda^{k0} = 0 \quad , \quad \Lambda^{lk} = \delta^{lk} - \frac{k^l k^k}{\mathbf{k}^2} .$$

Unter Verwendung des Vierbeins

$$
\begin{aligned}
\epsilon_0^\mu(\mathbf{k}) &= n^\mu \equiv (1, 0, 0, 0) \\
\epsilon_1^\mu(\mathbf{k}) &= (0, \boldsymbol{\epsilon}_{\mathbf{k},1}) \quad , \quad \epsilon_2^\mu(\mathbf{k}) = (0, \boldsymbol{\epsilon}_{\mathbf{k},2}) \\
\epsilon_3^\mu(\mathbf{k}) &= (0, \mathbf{k}/|\mathbf{k}|) = \frac{k^\mu - (nk)n^\mu}{\left((kn)^2 - k^2 \right)^{1/2}}
\end{aligned}
\tag{14.5.8}
$$

kann $\Lambda^{\mu\nu}$ auch in der Form

$$\Lambda^{\mu\nu}(k) = -g^{\mu\nu} - \frac{(k^\mu - (kn)n^\mu)(k^\nu - (kn)n^\nu)}{(kn)^2 - k^2} + n^\mu n^\nu$$

$$= -g^{\mu\nu} - \frac{k^\mu k^\nu - (kn)(n^\mu k^\nu + k^\mu n^\nu)}{(kn)^2 - k^2} - \frac{k^2 n^\mu n^\nu}{(kn)^2 - k^2} \tag{14.5.9}$$

geschrieben werden. Wie in Zusammenhang mit Gl.(14.5.5) bemerkt wurde, gibt der mittlere Term der zweiten Zeile von (14.5.9) keinen Beitrag zur Störungstheorie und kann deshalb weggelassen werden. Der dritte Term in (14.5.9) führt im Feynman–Propagator $iD_F(x - x')$ aus (14.5.6d) zu einem Beitrag

$$-\lim_{\epsilon \to 0} \int \frac{d^4 k}{(2\pi)^4} e^{-ik(x-x')} \frac{i}{k^2 + i\epsilon} \frac{k^2}{\mathbf{k}^2} n^\mu n^\nu$$

$$= -in^\mu n^\nu \int \frac{d^3 k}{(2\pi)^3} \frac{e^{i\mathbf{k}(\mathbf{x}-\mathbf{x}')}}{\mathbf{k}^2} \delta(x^0 - x'^0)$$

$$= -i\delta(x^0 - x'^0) \frac{n^\mu n^\nu}{4\pi|\mathbf{x} - \mathbf{x}'|} . \tag{14.5.10}$$

Dieser Term hebt sich in der Störungstheorie gegen die Coulomb–Wechselwirkung weg, die in der Darstellung mit der Coulomb–Eichung explizit auftritt. Um dieses genauer zu sehen, müssen wir noch den Hamilton–Operator betrachten. Die Lagrange–Dichte $\mathcal{L}$ (14.3.1)

$$\mathcal{L} = -\frac{1}{4} F_{\mu\nu} F^{\mu\nu} - j_\mu A^\mu \tag{14.3.1}$$

kann auch in der Form

$$\mathcal{L} = \frac{1}{2}(\mathbf{E}^2 - \mathbf{B^2}) - j_\mu A^\mu \tag{14.5.11}$$

geschrieben werden, wo

$$\mathbf{E} = \mathbf{E}^{\text{tr}} + \mathbf{E}^{\text{l}} \tag{14.5.12a}$$

ist, mit den transversalen und longitudinalen Anteilen

$$\mathbf{E}^{\text{tr}} = -\dot{\mathbf{A}} \tag{14.5.12b}$$

und

$$\mathbf{E}^{\text{l}} = -\boldsymbol{\nabla} A^0 . \tag{14.5.12c}$$

In der Lagrange–Funktion verschwindet der gemischte Term

$$\int d^3 x \, \mathbf{E}^{\text{tr}} \cdot \mathbf{E}^{\text{l}} = \int d^3 x \, \dot{\mathbf{A}} \cdot \boldsymbol{\nabla} A^0 ,$$

wie man durch partielle Integration und Verwendung von $\boldsymbol{\nabla}\mathbf{A} = 0$ sieht. Somit ist die Lagrange–Dichte (14.5.11) äquivalent zu

$$\mathcal{L} = \frac{1}{2}\left((\dot{\mathbf{A}}^{\text{tr}})^2 + (\mathbf{E}^{\text{l}})^2 - (\boldsymbol{\nabla} \times \mathbf{A})^2\right) - j_\mu A^\mu . \tag{14.5.13}$$

Daraus ergibt sich für den konjugierten Impuls des elektromagnetischen Potentials **A**

$$\boldsymbol{\Pi}^{\mathrm{tr}} \equiv \frac{\partial \mathcal{L}}{\partial \dot{\mathbf{A}}} = -\dot{\mathbf{A}} \; . \tag{14.5.14}$$

Daraus folgt für die Hamilton–Dichte

$$\mathcal{H} = \mathcal{H}_\gamma + \mathcal{H}_{\mathrm{int}}$$
$$= \frac{1}{2}(\boldsymbol{\Pi}^{\mathrm{tr}})^2 + \frac{1}{2}(\boldsymbol{\nabla} \times \mathbf{A})^2 - \frac{1}{2}(\mathbf{E}^{\mathrm{l}})^2 + j_\mu A^\mu \; , \tag{14.5.15}$$

wobei die zwei ersten Terme die Hamilton–Dichte des Strahlungsfeldes Gl. (14.4.3) sind, und

$$\mathcal{H}_{\mathrm{int}} = -\frac{1}{2}(\mathbf{E}^{\mathrm{l}})^2 + j_\mu A^\mu$$

der Wechselwirkungsterm ist. Es ist zweckmäßig, vom Wechselwirkungsterm $\mathcal{H}_{\mathrm{int}}$ einen Teil, der der Coulomb–Wechselwirkung der Ladungsdichte entspricht, abzuseparieren

$$\mathcal{H}_{\mathrm{Coul}} = -\frac{1}{2}(\mathbf{E}^{\mathrm{l}})^2 + j_0 A^0 \; . \tag{14.5.16}$$

Das räumliche Integral dieser Größe ist

$$H_{\mathrm{Coul}} = \int d^3x \, \mathcal{H}_{\mathrm{Coul}} = \int d^3x \left(-\frac{1}{2}(\boldsymbol{\nabla} A_0)^2 + j_0 A^0 \right)$$
$$= \int d^3x \left(\frac{1}{2} A_0 \boldsymbol{\nabla}^2 A_0 + j_0 A^0 \right) = \frac{1}{2} \int d^3x \, j_0 A_0 \tag{14.5.17}$$
$$= \frac{1}{2} \int d^3x \, d^3x' \, \frac{j_0(\mathbf{x}, t) j_0(\mathbf{x}', t)}{4\pi |\mathbf{x} - \mathbf{x}'|} \; ,$$

also genau die Coulomb–Wechselwirkung zwischen den Ladungsdichten $j_0(\mathbf{x}, t)$, so daß die gesamte Wechselwirkung die Form

$$H_{\mathrm{int}} = H_{\mathrm{Coul}} - \int d^3x \, \mathbf{j}(\mathbf{x}, t) \mathbf{A}(\mathbf{x}, t) \tag{14.5.18}$$

annimmt.

Der Propagator der transversalen Photonen (14.5.6d) zusammen mit der Coulomb–Wechselwirkung ist also äquivalent zu dem folgenden kovarianten Propagator

$$D_F^{\mu\nu}(x) = -g^{\mu\nu} \lim_{\epsilon \to 0} \int \frac{d^4k}{(2\pi)^4} \frac{e^{-\mathrm{i}kx}}{k^2 + \mathrm{i}\epsilon} \; . \tag{14.5.19}$$

Wie schon zu Anfang dieses Kapitels betont, bestehen die folgenden Möglichkeiten das quantisierte Strahlungsfeld zu behandeln. In der Coulomb–Eichung hat man als dynamische Freiheitsgrade zu jedem Wellenzahlvektor die beiden transversalen Photonen und darüber hinaus die instantane Coulomb–Wechselwirkung. Diese beiden für sich nicht kovarianten Beschreibungen können zu einem kovarianten Propagator Gl. (14.5.19) zusammengefaßt werden. In der Lorentz–Eichung hat man vier Photonen, die automatisch zu dem kovarianten Propagator (14.5.19) bzw. (E.10b) führen. Da wegen der Lorentz–Bedingung die longitudinalen und skalaren Photonen nur so angeregt werden können, daß für jeden Zustand (E.20a) erfüllt ist, liefern sie keinen Beitrag zu physikalisch beobachtbaren Observablen, bis auf die Coulomb–Wechselwirkung, die durch diese Quanten vermittelt wird.

Aufgaben zu Kapitel 14

14.1 Leiten Sie die Vertauschungsrelationen (E.11) aus (E.8) ab.

14.2 Berechnen Sie den Energie–Impuls–Tensor für das Strahlungsfeld. Zeigen Sie, daß der normalgeordnete Impulsoperator die Form

$$\mathbf{P} = : \int d^3x\, \mathbf{E} \times \mathbf{B} :$$
$$= \sum_{\mathbf{k},\lambda} \mathbf{k}\, a^\dagger_{\mathbf{k}\lambda} a_{\mathbf{k}\lambda}$$

hat.

14.3 Leiten Sie unter Benutzung der Resultate des Noether–Theorems die Form des Drehimpulstensors des elektromagnetischen Feldes ab, indem Sie von der Lagrange–Dichte

$$\mathcal{L} = -\frac{1}{4} F^{\mu\nu} F_{\mu\nu}$$

ausgehen.
(a) Geben Sie die Bahndrehimpulsdichte an.
(b) Geben Sie die Spindichte an.
(c) Begründen Sie, daß $S = 1$ ist, die Spinprojektion auf die Richtung von $\mathbf{k}$ jedoch nur Werte ± 1 hat.

15. Wechselwirkende Felder, Quantenelektrodynamik

15.1 Lagrange-Funktionen, wechselwirkende Felder

15.1.1 Nichtlineare Lagrange-Funktionen

Wir kommen nun zur Behandlung wechselwirkender Felder. Durch nichtlineare Terme in der Lagrange-Dichte bzw. im Hamilton-Operator sind Übergangsprozesse zwischen Teilchen möglich. Das einfachste Modell-Beispiel ist ein neutrales skalares Feld mit Selbstwechselwirkung,

$$\mathcal{L} = \frac{1}{2} \left(\partial_\mu \phi\right) \left(\partial^\mu \phi\right) - \frac{m^2}{2} \phi^2 - \frac{g}{4!} \phi^4 \; . \tag{15.1.1}$$

Diese sogenannte ϕ^4- Theorie hat als theoretisches Modell, in dem sich die wesentlichsten Phänomene einer nichtlinearen Feldtheorie in ihrer übersichtlichsten Form studieren lassen, besondere Bedeutung. Die Zerlegung von ϕ in Erzeugungs- und Vernichtungsoperatoren zeigt, daß der ϕ^4-Term zu einer Reihe von Übergangsprozessen führt. Zum Beispiel können zwei Teilchen mit den Impulsvektoren $\mathbf{k}_1$ und $\mathbf{k}_2$ einlaufen, aneinander streuen und zwei Teilchen mit den Impulsen $\mathbf{k}_3$ und $\mathbf{k}_4$ auslaufen, wobei der gesamte Impuls erhalten ist.

Als weiteres Beispiel betrachten wir die Lagrange-Dichte für die Wechselwirkung von geladenen Fermionen, beschrieben durch das Dirac-Feld ψ, mit dem Strahlungsfeld A_μ

$$\mathcal{L} = \bar{\psi}(i\gamma^\mu \partial_\mu - m)\psi - \frac{1}{2} \left(\partial^\mu A^\nu\right) \left(\partial_\mu A_\nu\right) - e\bar{\psi}\gamma_\mu \psi A^\mu \; . \tag{15.1.2}$$

Der Wechselwirkungsterm ist der niedrigste nichtlineare Term in A^μ und ψ, der bilinear in ψ (siehe Bemerkung (iv) in Abschn. 13.4.1) und Lorentz-invariant ist. Wir werden diese Form in Abschn. 15.1.2 noch physikalisch, aus der von Gl. (5.3.40) bekannten Wechselwirkung mit dem elektromagnetischen Feld, begründen.

Die Quantenelektrodynamik (QED), die auf der Lagrange-Dichte (15.1.2) beruht, hat die elektromagnetische Wechselwirkung zwischen Elektronen, Positronen und Photonen zum Gegenstand. Diese Theorie dient als hervorragendes Beispiel einer wechselwirkenden Feldtheorie aus den folgenden Gründen:

(i) Es liegt ein kleiner Entwicklungsparameter vor, die Sommerfeldsche Feinstrukturkonstante $\alpha \approx \frac{1}{137}$, so daß die Störungstheorie erfolgreich angewendet werden kann.

(ii) Die Quantenelektrodynamik erklärt z.B. die Lamb-Verschiebung, das anomale magnetische Moment des Elektrons, etc.

(iii) Die Theorie ist renormierbar.

(iv) Die Quantenelektrodynamik ist eine einfache (abelsche) Eichtheorie.

(v) Es können hier alle wesentlichen Begriffsbildungen der Quantenfeldtheorie (Störungstheorie, S-Matrix, Wick–Theorem, etc) beschrieben werden.

15.1.2 Fermionen in einem äußeren Feld

Als einfachsten Fall betrachten wir zunächst die Wechselwirkung des Elektronenfeldes mit einem vorgegebenen raum- und zeitabhängigen elektromagnetischen Feld $A_{e\mu}$. Die Dirac–Gleichung lautet in diesem Fall

$$(\mathrm{i}\gamma^\mu \partial_\mu - m)\psi = e\gamma^\mu A_{e\mu}\psi \qquad (15.1.3)$$

und hat die Lagrange–Dichte

$$\mathcal{L} = \bar{\psi}(\gamma^\mu(\mathrm{i}\partial_\mu - eA_{e\mu}) - m)\psi \qquad (15.1.4)$$
$$\equiv \mathcal{L}_0 + \mathcal{L}_1 \,,$$

wo $\mathcal{L}_0$ die freie Lagrange–Dichte und $\mathcal{L}_1$ die Wechselwirkung mit dem Feld $A_{e\mu}$ darstellen

$$\mathcal{L}_0 = \bar{\psi}(\mathrm{i}\gamma^\mu \partial_\mu - m)\psi$$
$$\mathcal{L}_1 = -e\bar{\psi}\gamma^\mu \psi A_{e\mu} \equiv -ej^\mu A_{e\mu} \,. \qquad (15.1.5)$$

Der zu ψ_α adjungierte Impuls ist $\pi_\alpha = \frac{\partial \mathcal{L}}{\partial \dot{\psi}_\alpha} = \mathrm{i}\psi_\alpha^\dagger$, wie in (13.3.5), so daß die Hamilton–Dichte durch

$$\mathcal{H} = \mathcal{H}_0 + \mathcal{H}_1$$
$$= \bar{\psi}(-\mathrm{i}\gamma^j \partial_j + m)\psi + e\bar{\psi}\gamma^\mu \psi A_{e\mu} \qquad (15.1.6)$$

gegeben ist. Soweit ist $A_{e\mu}$ nur ein äußeres Feld. Im nächsten Abschnitt betrachten wir die Kopplung an das Strahlungsfeld, das selbst ein quantisiertes Feld ist.

15.1.3 Wechselwirkung von Elektronen mit dem Strahlungsfeld: Quantenelektrodynamik (QED)

15.1.3.1 Lagrange- und Hamilton-Dichte

Die Hamilton- bzw. Lagrange–Dichte des wechselwirkenden Dirac– und Strahlungsfeldes erhält man, indem man in (15.1.5) $A_{e\mu}$ durch das quantisierte

Strahlungsfeld ersetzt und die Lagrange-Dichte des freien Strahlungsfeldes addiert

$$\mathcal{L} = \bar{\psi}(i\partial\!\!\!/ - m)\psi - \frac{1}{2}(\partial_\nu A_\mu)(\partial^\nu A^\mu) - e\bar{\psi}A\!\!\!/\psi . \tag{15.1.7}$$

Dies ist identisch mit der in (15.1.2) aus formalen Gründen postulierten Form. Daraus folgen die adjungierten Impulse für das Dirac– und Strahlungsfeld

$$\pi_\alpha = \frac{\partial\mathcal{L}}{\partial\dot{\psi}_\alpha} = i\psi_\alpha^\dagger \quad , \quad \Pi_\mu = \frac{\partial\mathcal{L}}{\partial\dot{A}^\mu} = -\dot{A}_\mu , \tag{15.1.8}$$

und der Operator der Hamilton–Dichte

$$\mathcal{H} = \mathcal{H}_0^{\text{Dirac}} + \mathcal{H}_0^{\text{Photon}} + \mathcal{H}_1 , \tag{15.1.9}$$

wo $\mathcal{H}_0^{\text{Dirac}}$ und $\mathcal{H}_0^{\text{Photon}}$ die Hamilton–Dichten des freien Dirac– und Strahlungsfeldes (Gl. (13.3.7) und (E.14)) sind und $\mathcal{H}_1$ die Wechselwirkung zwischen diesen Feldern darstellt

$$\mathcal{H}_1 = e\bar{\psi}A\!\!\!/\psi . \tag{15.1.10}$$

15.1.3.2 Bewegungsgleichungen von wechselwirkendem Dirac– und Strahlungsfeld

Für die Lagrange-Dichte (15.1.7) lauten die Bewegungsgleichungen der Feldoperatoren im Heisenberg–Bild

$$(i\partial\!\!\!/ - m)\psi = eA\!\!\!/\psi \tag{15.1.11a}$$

$$\Box A^\mu = e\bar{\psi}\gamma^\mu\psi . \tag{15.1.11b}$$

Dies sind nichtlineare Feldgleichungen, welche im allgemeinen nicht exakt gelöst werden können. Eine Ausnahme stellt die Vereinfachung auf eine Raum– und eine Zeitdimension dar; einige solche $(1+1)$-dimensionale Feldtheorien können exakt gelöst werden. Ein interessantes Beispiel ist das Thirring–Modell

$$(i\partial\!\!\!/ - m)\psi = g\bar{\psi}\gamma^\mu\psi\gamma_\mu\psi . \tag{15.1.12}$$

Dieses kann man auch als Grenzfall von Gl. (15.1.11a) mit einem massiven Strahlungsfeld, d.h.

$$(\Box + M)A^\mu = e\bar{\psi}\gamma^\mu\psi , \tag{15.1.13}$$

im Limes M gegen Unendlich erhalten. Im allgemeinen ist man jedoch auf störungstheoretische Methoden angewiesen, die in den nächsten Abschnitten entwickelt werden.

15.2 Wechselwirkungsdarstellung, Störungstheorie

Experimentell ist man primär an *Streuvorgängen* interessiert. In diesem Abschnitt wird der für die theoretische Beschreibung notwendige Formalismus, die *S*–Matrix–Theorie, entwickelt. Wir wiederholen zunächst einige aus der Quantenmechanik[1] bekannte Tatsachen über die Wechselwirkungsdarstellung, welche den begrifflich einfachsten Zugang zur störungstheoretischen Behandlung von Streuvorgängen bietet.

15.2.1 Wechselwirkungsdarstellung (auch Dirac–Darstellung)

Die Lagrange–Dichte und der Hamilton–Operator werden in einen freien Teil und einen Wechselwirkungsteil zerlegt, dabei ist H_0 zeitunabhängig:

$$\mathcal{L} = \mathcal{L}_0 + \mathcal{L}_1 \tag{15.2.1}$$

$$H = H_0 + H_1 \ . \tag{15.2.2}$$

Wenn die Wechselwirkung $\mathcal{L}_1$ keine Ableitungen enthält, ist die zum Wechselwirkungs-Hamilton-Operator $H_1 = \int d^3x \mathcal{H}_1$ gehörige Dichte durch

$$\mathcal{H}_1 = -\mathcal{L}_1 \tag{15.2.3}$$

gegeben. Wir gehen aus von der *Schrödinger–Darstellung*. In dieser sind die Zustände $|\psi, t\rangle$ zeitabhängig und genügen der Schrödinger–Gleichung

$$i\frac{\partial}{\partial t} |\psi, t\rangle = H |\psi, t\rangle \ . \tag{15.2.4}$$

Die Operatoren werden in den folgenden Gleichungen mit A bezeichnet. Die grundlegenden Operatoren wie z.B. der Impuls, auch Feldoperatoren wie $\psi(\mathbf{x})$ sind in der Schrödinger-Darstellung zeitunabhängig. (Man beachte, daß die Feldgleichungen (13.1.13), (13.3.1) etc. Bewegungsgleichungen in der Heisenberg–Darstellung waren.) Falls äußere Kräfte vorliegen, dann können, wie z.B. im Abschnitt über lineare Responsetheorie, auch explizite Zeitabhängigkeiten von Schrödinger–Operatoren auftreten. Die Definition der *Wechselwirkungsdarstellung* lautet

$$|\psi, t\rangle_I = e^{iH_0 t} |\psi, t\rangle \ , \quad A_I(t) = e^{iH_0 t} A e^{-iH_0 t} \ . \tag{15.2.5}$$

Die Zustände und die Operatoren in der Wechselwirkungsdarstellung genügen aufgrund von (15.2.4) den Bewegungsgleichungen

$$i\frac{\partial}{\partial t} |\psi, t\rangle_I = H_{1I}(t) |\psi, t\rangle_I \tag{15.2.6a}$$

$$\frac{d}{dt} A_I(t) = i[H_0, A_I(t)] + \frac{\partial}{\partial t} A_I(t) \ . \tag{15.2.6b}$$

Der letzte Term in (15.2.6b) tritt dann auf, wenn der Schrödinger–Operator A explizit von der Zeit abhängt. Im folgenden werden wir die verkürzte Notation

---

[1] Siehe z.B. QM I, Abschnitte 8.5.3 und 16.3.1.

$$|\psi(t)\rangle \equiv |\psi, t\rangle_I \tag{15.2.7a}$$

und

$$H_I(t) \equiv H_{1I}(t) \tag{15.2.7b}$$

verwenden. Die Bewegungsgleichung für $|\psi(t)\rangle$ hat die Gestalt einer Schrödinger–Gleichung mit zeitabhängigem Hamilton–Operator $H_I(t)$. Wenn die Wechselwirkung abgeschaltet wird, d.h. $H_I(t) = 0$, ist der Zustandsvektor im Wechselwirkungsbild zeitunabhängig. Die Feldoperatoren genügen in der Wechselwirkungsdarstellung den Bewegungsgleichungen

$$\frac{d\phi_{rI}(\mathbf{x}, t)}{dt} = \mathrm{i}\,[H_0, \phi_{rI}(\mathbf{x}, t)] \tag{15.2.8}$$

also den freien Bewegungsgleichungen. Die Feldoperatoren in der Wechselwirkungsdarstellung sind deshalb identisch mit den Heisenberg–Operatoren von freien Feldern. Da $\mathcal{L}_1$ keine Ableitungen enthält, haben die kanonisch konjugierten Felder die gleiche Form wie für die freien Felder z.B.

$$\frac{\partial \mathcal{L}}{\partial \dot{\psi}_\alpha} = \frac{\partial \mathcal{L}_0}{\partial \dot{\psi}_\alpha}$$

in der Quantenelektrodynamik. D.h. die gleichzeitigen Vertauschungsrelationen der wechselwirkenden Felder sind gleich wie für die freien.

Da die Wechselwirkungsdarstellung aus der Schrödinger-Darstellung und somit auch aus der Heisenberg–Darstellung durch eine unitäre Transformation hervorgeht, gehorchen die wechselwirkenden Felder in der Wechselwirkungsdarstellung den gleichen Vertauschungsrelationen wie die freien Felder. Da die Bewegungsgleichungen im Wechselwirkungsbild identisch mit den freien Bewegungsgleichungen sind, haben die Operatoren die gleiche einfache Form, Zeitabhängigkeit und Darstellung durch Erzeugungs– und Vernichtungsoperatoren wie die freien Operatoren. Die ebenen Wellen, (Spinorlösungen, freie Photonen und freie Mesonen) sind nach wie vor Lösungen der Bewegungsgleichungen und führen auf die gleiche Entwicklung der Feldoperatoren wie im freien Fall. Die Feynman–Propagatoren sind wieder $\mathrm{i}\Delta_F(x - x')$ etc., wobei hier das Vakuum bezüglich der Operatoren $a_{r\mathbf{k}'}, b_{r\mathbf{k}'}, d_{\lambda\mathbf{k}}$ definiert ist. Die zeitliche Änderung der Zustände erfolgt aufgrund des Wechselwirkungs–Hamilton–Operators.

Wir betonen hier nochmals die Unterschiede in den Darstellungen der Quantenmechanik. In der Schrödinger–Darstellung sind die Zustände zeitabhängig. In der Heisenberg–Darstellung ist der Zustandsvektor zeitunabhängig dafür sind die Operatoren zeitabhängig und genügen der Heisenberg–Bewegungsgleichung. In der Wechselwirkungsdarstellung ist die Zeitabhängigkeit auf Operatoren und Zustände aufgeteilt. Der freie Teil des Hamilton–Operators bestimmt die Zeitabhängigkeit der Operatoren. Die Zustände bewegen sich aufgrund der Wechselwirkung. Die Feldoperatoren einer wechselwirkenden nichtlinearen Feldtheorie genügen deshalb in der Wechselwirkungsdarstellung den freien Feldgleichungen, das sind für das reelle Klein-Gordon-Feld

(13.1.2), das komplexe Klein–Gordon–Feld (13.2.2), das Dirac–Feld (13.3.1) und das Strahlungsfeld (14.1.8). Für die Zeitabhängigkeit dieser Felder gelten demnach die Entwicklungen nach ebenen Wellen (13.1.5), (13.2.5), (13.3.18), (14.4.4) bzw. (E.5) (siehe auch (15.3.12a–c)). Wir erinnern an den Zusammenhang zwischen Schrödinger- und Heisenberg-Operatoren in der wechselwirkenden Theorie

$$\psi_{\text{Heisenb.}}(\mathbf{x}, t) = e^{iHt}\psi_{\text{Schröd.}}(\mathbf{x})e^{-iHt}$$
$$A_{\text{Heisenb.}}(\mathbf{x}, t) = e^{iHt}A_{\text{Schröd.}}(\mathbf{x})e^{-iHt} . \tag{15.2.9}$$

In der Wechselwirkungsdarstellung erhält man

$$\psi_I(x) \equiv e^{iH_0 t}\psi_{\text{Schröd.}}(\mathbf{x})e^{-iH_0 t} = \psi(x)$$
$$A_I^\mu(x) \equiv e^{iH_0 t}A^\mu_{\text{Schröd.}}(\mathbf{x})e^{-iH_0 t} = A^\mu(x) , \tag{15.2.10}$$

wo $\psi(x)$ $(A^\mu(x))$ das freie Dirac-Feld (Strahlungsfeld) in der Heisenberg–Darstellung ist, $x \equiv (\mathbf{x}, t)$. Da der Wechselwirkungs–Hamilton–Operator ein Polynom aus den Feldern ist, z.B. in der Quantenelektrodynamik im Schrödinger-Bild

$$H_1 = e \int d^3x\bar{\psi}\gamma^\mu\psi A_\mu ,$$

folgt in der Wechselwirkungsdarstellung

$$H_I(t) \equiv H_{1I}(t) \equiv e^{iH_0 t}H_1 e^{-iH_0 t}$$
$$= e \int d^3x\bar{\psi}(x)\gamma^\mu\psi(x)A_\mu(x) , \tag{15.2.11}$$

$x \equiv (\mathbf{x}, t)$, wobei die Feldoperatoren identisch mit den Heisenberg–Operatoren der freien Feldtheorien sind, wie sie in den Gleichungen (13.3.18), (14.4.4) bzw. (E.5) angegeben sind.

Den *Zeitentwicklungsoperator im Wechselwirkungsbild* finden wir, indem wir von der formalen Lösung der Schrödinger–Gleichung (15.2.4) ausgehen $|\psi, t\rangle = e^{-iH(t-t_0)}|\psi, t_0\rangle$, woraus in der Wechselwirkungsdarstellung

$$|\psi(t)\rangle = e^{iH_0 t}e^{-iH(t-t_0)}|\psi, t_0\rangle$$
$$= e^{iH_0 t}e^{-iH(t-t_0)}e^{-iH_0 t_0}|\psi(t_0)\rangle \tag{15.2.12}$$
$$\equiv U'(t, t_0)|\psi(t_0)\rangle$$

folgt, mit dem Zeitentwicklungsoperator im Wechselwirkungsbild

$$U'(t, t_0) = e^{iH_0 t}e^{-iH(t-t_0)}e^{-iH_0 t_0} . \tag{15.2.13}$$

Aus dieser Relation erkennt man sofort die Gruppeneigenschaft

$$U'(t_1, t_2)U'(t_2, t_0) = U'(t_1, t_0) \tag{15.2.14a}$$

und die Unitarität

$$U'^\dagger(t, t_0) = U'(t_0, t) = U'^{-1}(t, t_0) \tag{15.2.14b}$$

des Zeitentwicklungsoperators. In die Unitarität geht die Hermitizität von H und H_0 ein. Die Bewegungsgleichung für diesen Zeitentwicklungsoperator erhält man aus

$$i\frac{\partial}{\partial t}U'(t,t_0) = e^{iH_0 t}(-H_0 + H)e^{-iH(t-t_0)}e^{-iH_0 t_0}$$

$$= e^{iH_0 t}H_1 e^{-iH_0 t}e^{iH_0 t}e^{-iH(t-t_0)}e^{-iH_0 t_0}$$

(oder auch aus der Bewegungsgleichung (15.2.6a) für $|\psi(t)\rangle$):

$$i\frac{\partial}{\partial t}U'(t,t_0) = H_I(t)U'(t,t_0) . \tag{15.2.15}$$

Bemerkung. Diese Bewegungsgleichung gilt auch für den Fall, daß H und damit H_1 explizit von der Zeit abhängen; dann ist in Gl. (15.2.12) bis (15.2.15) $e^{-iH(t-t_0)}$ durch den allgemeinen Schrödinger–Zeitentwicklungsoperator $U(t,t_0)$ zu ersetzen, der der Bewegungsgleichung $i\frac{\partial}{\partial t}U(t,t_0) = HU(t,t_0)$ genügt.

15.2.2 Störungstheorie

Die Bewegungsgleichung (15.2.15) für den Zeitentwicklungsoperator im Wechselwirkungsbild kann mit der Anfangsbedingung

$$U'(t_0,t_0) = 1 \tag{15.2.16}$$

formal gelöst werden

$$U'(t,t_0) = 1 - i\int_{t_0}^{t} dt_1 H_I(t_1)U'(t_1,t_0) , \tag{15.2.17}$$

d.h. durch eine Integralgleichung ersetzt werden. Die Iteration von (15.2.17) liefert

$$U'(t,t_0) = 1 + (-i)\int_{t_0}^{t} dt_1 H_I(t_1) + (-i)^2\int_{t_0}^{t} dt_1 \int_{t_0}^{t_1} dt_2 H_I(t_1)H_I(t_2)$$

$$+ (-i)^3\int_{t_0}^{t} dt_1 \int_{t_0}^{t_1} dt_2 \int_{t_0}^{t_2} dt_3 H_I(t_1)H_I(t_2)H_I(t_3) + \dots ,$$

d.h.

$$U'(t,t_0) = \sum_{n=0}^{\infty}(-i)^n \int_{t_0}^{t} dt_1 \int_{t_0}^{t_1} dt_2 \dots \tag{15.2.18}$$

$$\times \int_{t_0}^{t_{n-1}} dt_n \, H_I(t_1)H_I(t_2)\dots H_I(t_n) .$$

Diese unendliche Reihe kann unter Verwendung des Zeitordnungsoperators T in der Form

$$U'(t, t_0) = \sum_{n=0}^{\infty} \frac{(-i)^n}{n!} \int_{t_0}^{t} dt_1 \int_{t_0}^{t} dt_2 \ldots \tag{15.2.19}$$

$$\times \int_{t_0}^{t} dt_n \, T \left(H_I(t_1) H_I(t_2) \ldots H_I(t_n) \right)$$

geschrieben werden, oder noch kompakter

$$U'(t, t_0) = T \exp \left(-i \int_{t_0}^{t} dt' H_I(t') \right) . \tag{15.2.19'}$$

Von der Gleichheit der beiden Ausdrücke (15.2.18) und (15.2.19) kann man sich für den Term n-ter Ordnung folgendermaßen leicht überzeugen. In (15.2.19) erfüllen die Zeiten entweder die Ungleichungskette $t_1 \geq t_2 \geq \ldots \geq t_n$ oder eine Permutation dieser Ungleichungskette. Im ersteren Fall ist der Beitrag zu (15.2.19)

$$\frac{(-i)^n}{n!} \int_{t_0}^{t} dt_1 \int_{t_0}^{t_1} dt_2 \ldots \int_{t_0}^{t_{n-1}} dt_n \, \left(H_I(t_1) \ldots H_I(t_n) \right) .$$

Den zweiten Fall, wenn also eine Permutation der Ungleichungskette vorliegt, kann man durch Umbenennung der Integrationsvariablen auf den Fall $t_1 \geq t_2 \geq \ldots t_n$ zurückführen. Man erhält also $n!$ mal den gleichen Beitrag, womit die Gleichheit von (15.2.18) und (15.2.19) gezeigt ist. Den Beitrag zu (15.2.19) mit n Faktoren H_I bezeichnet man als Term n-ter Ordnung.

Der Zeitordnungsoperator in Gl. (15.2.19) bzw. (15.2.19'), den man auch als Dysonschen Zeitordnungsoperator oder chronologischen Operator bezeichnet, bedeutet zunächst die Zeitordnung der aus mehreren Feldoperatoren zusammengesetzten Operatoren $H_I(t)$. Wenn der Hamilton–Operator, wie in der Quantenelektrodynamik, Fermi–Operatoren nur in geraden Potenzen enthält, kann man diesen durch den sogenannten Wickschen Zeitordnungsoperator ersetzen, der die Feldoperatoren zeitordnet, und in diesem Sinne werden wir T im folgenden immer verstehen. Das zeitgeordnete Produkt $T(\ldots)$ ordnet die Faktoren so, daß spätere Zeiten links von früheren Zeiten stehen, und alle Bose–Operatoren werden so behandelt, als würden sie kommutieren und alle Fermi–Operatoren als würden sie antikommutieren.

Wir schließen mit einer Bemerkung über die Bedeutung des Zeitentwicklungsoperators $U'(t, t_0)$, der nach Gl. (15.2.12) den Zustand $|\psi(t)\rangle$ in der Wechselwirkungsdarstellung bei vorgegebenen Zustand $|\psi(t_0)\rangle$ gibt. Falls das System zur Zeit t_0 im Zustand $|i\rangle$ ist, dann ist die Wahrscheinlichkeit, das System zu einer späteren Zeit t im Zustand $|f\rangle$ zu finden, durch

$$\left| \langle f | U'(t, t_0) | i \rangle \right|^2 \tag{15.2.20}$$

gegeben. Daraus erhält man für die Übergangsrate, das ist die Wahrscheinlichkeit pro Zeiteinheit für den Übergang vom Zustand $|i\rangle$ in einen von $|i\rangle$ verschiedenen ($\langle i|f\rangle = 0$) Zustand $|f\rangle$,

$$w_{i \to f} = \frac{1}{t - t_0} | \langle f | U'(t, t_0) | i \rangle |^2 \; . \tag{15.2.21}$$

15.3 *S*–Matrix

15.3.1 Allgemeine Formulierung

Wir wenden uns nun der Beschreibung von Streuvorgängen zu. Die typische Situation bei einem Streuexperiment ist die folgende. Zur Anfangszeit (idealisiert $t = -\infty$) liegen weit separierte und deshalb untereinander nicht wechselwirkende Teilchen vor. Die sich aufeinanderzu bewegenden Teilchen wechselwirken schließlich während eines kurzen, der Reichweite der Kräfte entsprechenden, Zeitintervalls, und die nach dieser Wechselwirkung verbleibenden und möglicherweise neu entstehenden Teilchen fliegen auseinander, wechselwirken nicht mehr miteinander und werden zu einer sehr viel späteren Zeit (idealisiert $t = \infty$) beobachtet. Schematisch ist der Streuvorgang in Abb. 15.1 dargestellt. Die Zeit, während der die Teilchen wechselwirken, ist sehr viel kürzer als die Zeit, die die Teilchen von der Quelle bis zur Beobachtung durch Zähler etc. benötigen; deshalb kann man die Anfangs– und Endzeit genauso gut durch $t = \pm\infty$ idealisieren.

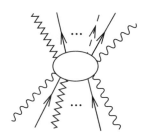

Abb. 15.1. Schematische Darstellung eines allgemeinen Streuprozesses. Eine Reihe von Teilchen laufen ein, wechselwirken und abgelenkte Teilchen laufen aus, deren Zahl gegenüber den einlaufenden erhöht oder erniedrigt sein kann.

Bei einer Streuung liegt zur Anfangszeit $t_i = -\infty$ ein Anfangszustand $|i\rangle$ von freien, nicht wechselwirkenden Teilchen vor

$$|\psi(-\infty)\rangle = |i\rangle \; .$$

Nach der Streuung sind die dann vorhandenen Teilchen wieder weit voneinander entfernt

$$|\psi(\infty)\rangle = U'(\infty, -\infty) |i\rangle \; . \tag{15.3.1}$$

Die Übergangsamplitude in einen bestimmten Endzustand $|f\rangle$ ist durch

$$\langle f | \psi(\infty) \rangle = \langle f | U'(\infty, -\infty) | i \rangle = \langle f | S | i \rangle = S_{fi} \tag{15.3.2}$$

gegeben. $|i\rangle, |f\rangle$ sind Eigenzustände von H_0. Man stellt sich vor, die Wechselwirkung ist am Anfang und am Ende ausgeschaltet. Hier wurde die Streumatrix, kurz S-Matrix durch $S = U(\infty, -\infty)$ eingeführt

$$S = \sum_{n=0}^{\infty} \frac{(-\mathrm{i})^n}{n!} \int_{-\infty}^{\infty} dt_1 \int_{-\infty}^{\infty} dt_2 \ldots \tag{15.3.3}$$

$$\times \int_{-\infty}^{\infty} dt_n \, T \left(H_I(t_1) H_I(t_2) \ldots H_I(t_n) \right).$$

Falls man den Hamilton–Operator durch die Hamilton–Dichte ausdrückt, erhält man

$$S = \sum_{n=0}^{\infty} \frac{(-\mathrm{i})^n}{n!} \int \ldots \int d^4 x_1 \ldots d^4 x_n \, T \left(\mathcal{H}_I(x_1) \ldots \mathcal{H}_I(x_n) \right)$$

$$= T \left(\exp \left(-\mathrm{i} \int d^4 x (\mathcal{H}_I(x)) \right) \right). \tag{15.3.4}$$

Da der Wechselwirkungsoperator Lorentz–invariant ist, und sich die Zeitordnung unter orthochronen Lorentz-Transformationen nicht ändert, ist die Streumatrix invariant gegenüber Lorentz-Transformationen, d.h. eine relativistische Invariante. In der Quantenelektrodynamik ist die in (15.3.4) auftretende Wechselwirkungs–Hamilton–Dichte

$$\mathcal{H}_I = e : \bar{\psi}(x) \gamma^\mu \psi(x) A_\mu(x) : . \tag{15.3.5}$$

Aus der Unitarität von $U(t, t_0)$, Gl. (15.2.14b), folgt für die Unitarität der S–Matrix

$$SS^\dagger = 1 \tag{15.3.6a}$$

$$S^\dagger S = 1 \tag{15.3.6b}$$

oder äquivalent

$$\sum_n S_{fn} S_{in}^* = \delta_{fi} \tag{15.3.7a}$$

$$\sum_n S_{nf}^* S_{ni} = \delta_{fi}. \tag{15.3.7b}$$

Zum Verständnis der Bedeutung der Unitarität entwickeln wir den aus dem Anfangszustand $|i\rangle$ folgenden asymptotischen Zustand

$$|\psi(\infty)\rangle = S |i\rangle \tag{15.3.8}$$

nach einem vollständigen Satz von Endzuständen $\{|f\rangle\}$:

$$|\psi(\infty)\rangle = \sum_f |f\rangle \langle f|\psi(\infty)\rangle = \sum_f |f\rangle S_{fi}. \tag{15.3.9}$$

Nun bilden wir

$$\langle \psi(\infty)|\psi(\infty)\rangle = \sum_f S^*_{fi} S_{fi} = \sum_f |S_{fi}|^2 = 1 \ , \qquad (15.3.10)$$

wo (15.3.7b) benützt wurde. Die Unitarität der S–Matrix drückt die Erhaltung der Wahrscheinlichkeit aus. Falls der Anfangszustand $|i\rangle$ ist, ist die Wahrscheinlichkeit, den Endzustand $|f\rangle$ im Experiment zu finden, durch $|S_{fi}|^2$ gegeben. Die Unitarität der S–Matrix garantiert, daß die Summe dieser Wahrscheinlichkeiten über alle möglichen Endzustände Eins ergibt. Da Teilchen erzeugt und vernichtet werden, können die möglichen Endzustände andere Teilchen enthalten als die Ausgangszustände.

Die Zustände $|i\rangle$ und $|f\rangle$ wurden als Eigenzustände des ungestörten Hamilton–Operators H_0 angenommen, d.h. die Wechselwirkung wird als ausgeschaltet betrachtet. Tatsächlich sind die physikalischen Zustände von realen Teilchen verschieden von diesen freien Zuständen. Die Wechselwirkung macht aus den „nackten" Zuständen „angezogene" Zustände. So ist ein Elektron von einer Wolke virtueller Photonen umgeben, welche emittiert und reabsorbiert werden, wie z.B. in Abb. 15.2 dargestellt. [2]

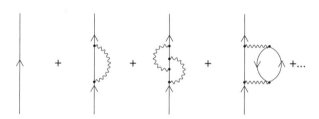

Abb. 15.2. Die Propagation eines physikalischen Elektrons setzt sich zusammen aus der freien Propagation und der Propagation mit der zusätzlichen Emission und Reabsorption von virtuellen Photonen. Die Bedeutung der Linien ist in Abb. 15.3 erläutert.

Man kann die Berechnung von Übergangselementen zwischen nackten Zuständen $|i\rangle$ und $|f\rangle$ durch die *Adiabatenhypothese* rechtfertigen. Der Wechselwirkungs–Hamilton–Operator $H_I(t)$ wird durch $H_I(t)\zeta(t)$ ersetzt ,

$$\text{wo} \lim_{t\to\pm\infty} \zeta(t) = 0 \quad \text{und} \quad \zeta(t) = 1 \quad \text{für} \quad -T < t < T \ ,$$

---

[2] Damit das Energiespektrum der nackten (freien) Teilchen identisch mit dem der physikalischen Teilchen ist, wird die Lagrange-Dichte des Dirac-Feldes umparameterisiert:

$$\mathcal{L} = \bar{\psi}(i\partial\!\!\!/ - m_R)\psi - e\bar{\psi}A\!\!\!/\psi + \delta m\bar{\psi}\psi \ ,$$

mit der renomierten (physikalischen) Masse $m_R = m + \delta m$. Es tritt dann in der Hamilton-Dichte ein weiterer Störterm $-\delta m\bar{\psi}\psi$ auf. Dieser spielt bei den Prozessen niedrigster Ordnung der folgenden Abschnitte keine Rolle und wird erst bei den Strahlungskorrekturen in Abschn. 15.6.1.2 analysiert.

d.h. zur Zeit $-\infty$ hat man freie Teilchen. Im Zeitintervall $-\infty < t < T$ macht die Wechselwirkung aus den freien Teilchen physikalische Teilchen. Im Zeitintervall $[-T, T]$ sind reale Teilchen vorhanden, die die gesamte Wechselwirkung $H_I(t)$ spüren. Da die Teilchen bei einer Streuung zunächst weit entfernt sind, wechselwirken sie nur in einem Zeitintervall $[-\tau, \tau]$, das durch die Reichweite der Wechselwirkung und die Geschwindigkeit bestimmt wird. Die Zeit T muß natürlich sehr viel größer als τ sein: $T \gg \tau$. Die Annahme der Adiabatenhypothese ist, daß die Streuung nicht davon abhängen kann, wie die Beschreibung lange vor oder nach der Wechselwirkung war. Am Ende der Rechnung wird der Limes $T \to \infty$ genommen. Falls ein Prozeß nur in der niedrigsten störungstheoretischen Ordnung, in der er auftritt, berechnet wird, dann wird die gesamte Wechselwirkung für den Übergang verwendet, und nicht um den nackten Zustand in einen physikalischen zu konvertieren. In diesem Fall kann man von Anfang an den Grenzwert $T \to \infty$ nehmen und im gesamten Zeitintervall den kompletten Wechselwirkungs–Hamilton–Operator verwenden.

Die Art der Übergangsprozesse wird durch die Gestalt des Wechselwirkungs–Hamilton–Operators festgelegt. Wenn der Anfangszustand eine bestimmte Zahl von Teilchen enthält, so ist die Wirkung des Terms n-ter Ordnung in S (Gl. (15.3.4)) die folgende. Durch die Anwendung von $\mathcal{H}_I(x_n)$ werden einige der ursprünglich vorhandenen Teilchen vernichtet, dafür aber neue Teilchen erzeugt. Der nächste Faktor $\mathcal{H}_I(x_{n-1})$ führt wieder zu neuen Vernichtungs- und Erzeugungsprozessen u.s.w.. Dabei muß über die raum–zeitliche Position dieser Vorgänge integriert werden. Wir wollen dies an einigen Beispielen für den Fall der Quantenelektrodynamik erläutern. Hier ist die Dichte des Wechselwirkungs–Hamilton–Operators

$$\mathcal{H}_I(x) = e : \bar{\psi}(x)\slashed{A}(x)\psi(x) : \tag{15.3.11}$$

und die darin auftretenden Feldoperatoren

$$\psi(x) = \sum_{\mathbf{p}, r=1,2} \left(\frac{m}{VE_{\mathbf{p}}}\right)^{1/2} \left(b_{r\mathbf{p}} u_r(p)\, \mathrm{e}^{-ipx} + d^\dagger_{r\mathbf{p}} w_r(p)\, \mathrm{e}^{ipx}\right) \tag{15.3.12a}$$

$$\bar{\psi}(x) = \sum_{\mathbf{p}, r=1,2} \left(\frac{m}{VE_{\mathbf{p}}}\right)^{1/2} \left(b^\dagger_{r\mathbf{p}} \bar{u}_r(p)\, \mathrm{e}^{ipx} + d_{r\mathbf{p}} \bar{w}_r(p)\, \mathrm{e}^{-ipx}\right) \tag{15.3.12b}$$

$$A^\mu(x) = \sum_{\mathbf{k}} \sum_{\lambda=0}^{3} \left(\frac{1}{2V|\mathbf{k}|}\right)^{1/2} \epsilon^\mu_\lambda(\mathbf{k}) \left(a_\lambda(\mathbf{k})\mathrm{e}^{-ikx} + a^\dagger_\lambda(\mathbf{k})\mathrm{e}^{ikx}\right). \tag{15.3.12c}$$

Dabei wollen wir, wie schon in früheren Kapiteln, eine graphische Darstellung der Vorgänge verwenden, siehe Abb. 15.3. Ein Photon wird durch eine Wellenlinie, ein Elektron durch eine durchgezogene Linie mit Pfeil in positiver Zeitrichtung und ein Positron durch eine durchgezogene Linie mit Pfeil in entgegengesetzter Zeitrichtung dargestellt. Sofern die Teilchen mit einem

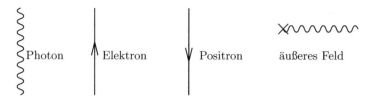

Abb. 15.3. Die Linien in den Feynman-Diagrammen, Zeitrichtung nach oben.

äußeren elektromagnetischen Feld wechselwirken, so wird dieses ähnlich einer Photonenlinie mit einem Kreuz dargestellt[3].

15.3.2 Einfache Übergänge

Wir diskutieren zunächst die Grundprozesse, die ein einziger Faktor $\mathcal{H}_I(x)$ bewirkt. Die drei Feldoperatoren in $\mathcal{H}_I(x)$ können in Anteile positiver und negativer Frequenz zerlegt werden, so daß es insgesamt acht Terme gibt. Z.B. wird durch ψ^+ ein Elektron vernichtet und durch ψ^- ein Positron erzeugt. Der Term $e\bar{\psi}^-(x)A^+(x)\psi^+(x)$ vernichtet an der Stelle x ein zunächst vorhandenes Photon und ein Elektron und erzeugt wieder ein Elektron. Dieser Prozeß ist als erster Term in Abb. 15.4 dargestellt. Man kann auch sagen, daß hier ein Elektron ein Photon absorbiert. Nimmt man aus dem Photonenfeld den Summanden A^-, dann erhält man einen Übergang, bei dem ein Photon an der Stelle x erzeugt wird, das heißt einen Vorgang, bei dem ein Elektron an der Stelle x ein Photon emittiert (erster Prozeß in der zweiten Reihe). Auch die übrigen sechs elementaren Prozesse sind in Abb. 15.4 dargestellt. Wir wollen diese nicht alle im Detail durchbesprechen und nur noch einen herausgreifen. Der dritte Term in der unteren Reihe der Diagramme rührt von $e\bar{\psi}^+A^-\psi^+$ her und stellt die Vernichtung eines Elektron–Positron–Paares dar, also den Übergang eines Elektrons und eines Positrons in ein Photon. Welche Prozesse möglich sind, wird durch die Form von $\mathcal{H}_I(x)$ und seinen Potenzen bestimmt. Man nennt die Stellen an denen Teilchen ein- und auslaufen (vernichtet und erzeugt werden) auch Vertizes.

In Abb. 15.5 werden Prozesse verschiedener Ordnung dargestellt, die von einem Ausgangszustand mit einem einfallenden Elektron und einem einfallenden Positron aus möglich sind. Abb. 15.5a zeigt die von der nullten Ordnung herrührende wechselwirkungsfreie Bewegung. Abb. 15.5b enthält die Wechselwirkung in zweiter Ordnung, hier emittiert das Elektron ein Photon, welches von dem Positron absorbiert wird, genauso ist in diesem Vorgang enthalten, die Emission eines Photons durch das Positron und die Absorption durch das Elektron. Der Vorgang führt zu einem Endzustand, in dem wieder

---

[3] Wie schon an anderer Stelle betont wurde, haben diese graphischen Darstellungen nicht nur illustrativen Charakter, sondern erweisen sich als Feynman-Diagramme als eineindeutige Abbildung der störungstheoretischen, analytischen Ausdrücke.

Die Grundprozesse des QED-Vertex

$$\mathcal{H}_I(x) = e : (\; \underbrace{\bar{\psi}^+}_{\text{vern } e^+} + \underbrace{\bar{\psi}^-}_{\text{erz } e^-})(\underbrace{\not{A}^+}_{\text{vern } \gamma} + \underbrace{\not{A}^-}_{\text{erz } \gamma})(\underbrace{\psi^+}_{\text{vern } e^-} + \underbrace{\psi^-}_{\text{erz } e^+}) :$$

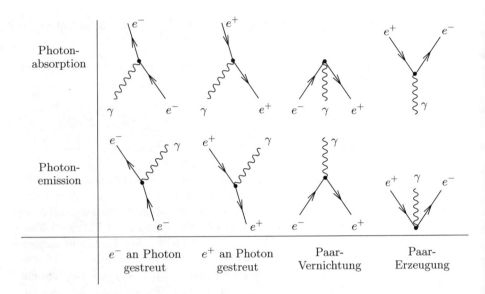

Abb. 15.4. Die elementaren Prozesse des QED-Vertex; die Zeitachse verläuft von unten nach oben.

ein Elektron und ein Positron vorhanden sind, es hat also eine Streuung des Elektron–Positron–Paares stattgefunden. Es liegt ein Diagramm zweiter Ordnung mit zwei Vertizes vor. In höherer Ordnung der Störungstheorie könnten das Elektron und das Positron auch noch miteinander wechselwirken und den in Abb. 15.5c dargestellten Streuprozeß vierter Ordnung durchführen. In Abb. 15.5d läuft das Positron völlig ungestört weiter, das Elektron emittiert zunächst ein Photon und erfährt anschließend eine Ablenkung durch ein äußeres Potential, der Endzustand besteht aus einem Elektron, einem Positron und einem Photon. Man spricht hier von Bremsstrahlung des Elektrons in Gegenwart des äußeren Feldes. In Abb. 15.5e wirkt ein äußeres Feld und dieses führt zur Vernichtung des Elektron–Positron–Paares. Damit dieser Prozeß tatsächlich möglich ist, muß die Frequenz des äußeren Feldes so hoch sein, daß sie gleich der Energie des Elektron–Positron–Paares ist. Das Diagramm 15.5f stellt die Paarvernichtung dar, hier sind im Endzustand zwei Photonen vorhanden.

Anfangszustand $e^- + e^+$

Streuung:

a)   b)   c)

Bremsstrahlung: Paarvernichtung:

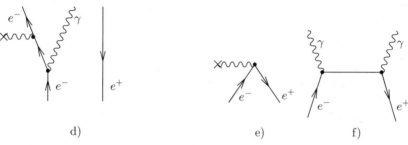

d)   e)   f)

Abb. 15.5. Beispiele für Reaktionen mit dem Anfangszustand Elektron plus Positron: a) wechselwirkungsfreie Bewegung von Elektron und Positron, b) Streuung von Elektron und Positron, c) Streuung in vierter Ordnung, Austausch von zwei Photonen, d) Bremsstrahlung des Elektrons in Gegenwart eines äußeren Feldes; das Positron bewegt sich hier völlig wechselwirkungsfrei, e) Paarvernichtung in Anwesenheit eines äußeren zeitabhängigen Feldes, dessen Frequenz gleich der Energie des e^+e^- Paares ist, f) Paarvernichtung mit zwei Photonen im Endzustand

Was ist nun die Übergangswahrscheinlichkeit für diese Prozesse? Zur Bestimmung der Energie-, Impuls-, Winkelabhängigkeit der einzelnen Übergänge muß man die Matrixelemente berechnen. Die Vorgehensweise ist ähnlich wie bei der Berechnung von Korrelationsfunktionen in der nichtrelativistischen Vielteilchenphysik. Man muß die Erzeugungs- und Vernichtungsoperatoren unter Verwendung der Vertauschungs- und Antivertauschungsrelationen so umordnen, daß alle Vernichtungs–Operatoren rechts stehen und alle Erzeugungsoperatoren links. Die Wirkung eines Vernichtungs–Operators auf den Vakuumzustand nach rechts gibt Null, desgleichen die Wirkung eines Erzeugungsoperators nach links. Beim Übergang eines Zustandes $|i\rangle$ in einen Zustand $|f\rangle$ tragen nur diejenigen Summanden von Produkten aus $T(\mathcal{H}(x_1)\dots\mathcal{H}(x_n))$ bei, bei denen sich die Erzeugungs– und Vernichtungsoperatoren gerade kompensieren[4]. Dann liefert das Kommutieren der Vernichtungsoperatoren nach rechts endliche Beiträge von Kommutatoren bzw. Antikommutatoren, die, wie sich zeigen wird, durch Propagatoren ausgedrückt werden können. Somit ist die Struktur des Ergebnisses für die Übergangsamplitude die folgende. Wenn das Diagramm aus Vertizes an den Stellen $x_1, \ldots, x_n$ und aus äußeren einlaufenden und auslaufenden Teilchen besteht, dann ist das Ergebnis ein Produkt aus Propagatoren und dieses Produkt wird noch über alle Positionen der Vertizes $x_1, \ldots, x_n$ integriert.

Für einfache Prozesse kann man die hier skizzierte Vorgehensweise leicht Schritt für Schritt durchführen. Dabei ergeben sich Regeln, die jedem Diagramm einen analytischen Ausdruck zuordnen, die sog. Feynman–Regeln. Bei der systematischen Herleitung der Feynman–Regeln benötigt man das Wicksche Theorem, welches ein beliebiges zeitgeordnetes Produkt durch eine Summe von normalgeordneten Produkten darstellt. Man bezeichnet die Linien in den Feynman-Diagrammen, die den einfallenden und auslaufenden Teilchen entsprechen, äußere Linien, die anderen, innere Linien. Die Teilchen zu den inneren Linien bezeichnet man als virtuelle Teilchen.

In Diagramm 15.5f kann man die innere Linie sowohl als Bewegung eines virtuellen Elektrons vom linken Vertex zum rechten Vertex ansehen, als auch als Übergang eines Positrons vom rechten Vertex zum linken. Für die gesamte Übergangswahrscheinlichkeit ist über alle Raum–Zeit–Positionen der beiden Vertizes zu integrieren, und beide Prozesse werden durch den Feynman–Propagator, der diese innere Linie analytisch repräsentiert, beschrieben (siehe auch die Diskussion am Ende von Abschn. 13.1).

*15.4 Wicksches Theorem

Zur Berechnung der Übergangsamplitude vom Zustand $|i\rangle$ in den Zustand $|f\rangle$ muß man das Matrixelement $\langle f| S |i\rangle$ bestimmen. Wenn man dabei eine bestimmte Ordnung in der Störungstheorie herausgreift, ist das Matrixelement eines zeitgeordneten Produkts von Wechselwirkungs–Hamilton–Operatoren zu berechnen. Von der Vielzahl der Terme in der Störungsentwicklung tragen nur diejenigen bei, deren Anwendung auf $|i\rangle$ den Zustand $|f\rangle$ ergibt. Es

---

[4] Falls der Anfangszustand $|i\rangle$ beispielsweise ein Elektron mit Quantenzahlen $(\mathbf{p}, r)$ und ein Photon mit $(\mathbf{k}, \lambda)$ enthält, ist er von der Form

$$|i\rangle = b_{r\mathbf{p}}^\dagger a_\lambda^\dagger(\mathbf{k}) |0\rangle \ ,$$

während der Endzustand $|f\rangle$ mit Teilchen $(\mathbf{p}', r')$ und $(\mathbf{k}', \lambda')$ in bra-Form die Gestalt

$$\langle f| = \langle 0| a_{\lambda'}(\mathbf{k}')b_{r'\mathbf{p}'}$$

besitzt.

müssen also (abgesehen von der Möglichkeit einzelner sich wechselwirkungsfrei bewegender Teilchen) in dem entsprechenden störungstheoretischen Beitrag zur S-Matrix diejenigen Vernichtungsoperatoren auftreten, welche die
in $|i\rangle$ enthaltenen Teilchen vernichten und diejenigen Erzeugungsoperatoren,
welche die in $|f\rangle$ enthaltenen Teilchen erzeugen. Darüber hinaus enthält ein
allgemeiner Term in S auch noch weitere Erzeugungs– und Vernichtungsoperatoren, durch die *virtuelle* Teilchen erzeugt und dann wieder vernichtet werden. Diese Teilchen heißen virtuell, weil sie nicht im Anfangs- und
Endzustand auftreten, sondern nur in Zwischenprozessen emittiert und reabsorbiert werden, wie z.B. das Photon in Abb. 15.5b. Die virtuellen Teilchen
erfüllen nicht den Zusammenhang von Energie und Impuls realer Teilchen,
d.h. $p^2 = m^2$, „sie liegen nicht auf der Massenschale". Wie schon im vorhergehenden Abschnitt erwähnt wurde, kann man den Wert solcher Matrixelemente von S dadurch berechnen, indem man die Vernichtungsoperatoren unter
Verwendung der Vertauschungsrelation nach rechts kommutiert. Statt diese
Rechnung in jedem Einzelfall durchzuführen, ist es zweckmäßig, von vornherein die zeitgeordneten Produkte so umzuschreiben, daß sie normalgeordnet
sind, also alle Vernichtungsoperatoren rechts von allen Erzeugungsoperatoren
stehen. Das *Wicksche Theorem* gibt an, wie man ein beliebiges zeitgeordnetes Produkt durch eine Summe von normalgeordneten Produkten darstellen
kann. Das Wicksche Theorem ist die allgemeine Basis für die systematische
Berechnung der störungstheoretischen Beiträge und deren Darstellung durch
Feynman–Diagramme.

Da die Hamilton–Dichte ein normalgeordnetes Produkt

$$\mathcal{H}(x) = e : \bar{\psi}(x)\slashed{A}(x)\psi(x) : \tag{15.4.1}$$

ist, hat der Terme n-ter Ordnung von S die Gestalt

$$\begin{aligned}
S^{(n)} =& \frac{(-\mathrm{i}e)^n}{n!} \int d^4x_1 \ldots d^4x_n \\
& \times T \left(: \bar{\psi}(x_1)\slashed{A}(x_1)\psi(x_1) : \ldots : \bar{\psi}(x_n)\slashed{A}(x_n)\psi(x_n) : \right) ;
\end{aligned} \tag{15.4.2}$$

man nennt ein derartiges zeitgeordnetes Produkt von teilweise normalgeordneten Faktoren ein *gemischtes* zeitgeordnetes Produkt.

Zur Formulierung des Wickschen Theorems stellen wir hier einige Eigenschaften von zeitgeordneten und normalgeordneten Produkten zusammen,
die in Gl. (13.1.28) und (13.4.12) eingeführt wurden.

Gegeben seien Feldoperatoren $A_1, A_2, A_3, \ldots$, dann gilt (siehe Gl.
(13.1.18c)) das distributive Gesetz

$$\begin{aligned}
: (A_1 + A_2)A_3A_4 : =&: A_1A_3A_4 + A_2A_3A_4 : \\
=&: A_1A_3A_4 : + : A_2A_3A_4 : .
\end{aligned} \tag{15.4.3}$$

Die *Kontraktion* zweier Feldoperatoren A und B, wie z.B. $\psi(x_1), \psi^\dagger(x_2)$,
$A^\mu(x_3), \ldots$, ist durch

$$\underbracket{AB} \equiv T(AB) - \; : AB : \tag{15.4.4}$$

definiert. Wir können uns leicht davon überzeugen, daß derartige Kontraktionen c-Zahlen sind. Denn nach den allgemeinen Definitionen ordnet $T(AB)$ die beiden Operatoren A und B in chronologischer Ordnung an, mit einem Faktor (-1), falls es sich um zwei Fermi–Operatoren handelt. Da der Kommutator oder der Antikommutator von freien Feldern eine c-Zahl ist, ist $T(AB) - AB$ eine c-Zahl und das gleiche gilt für $: AB : -AB$ und die Differenz (15.4.4). Da der Vakuumserwartungswert eines normalgeordneten Produktes verschwindet, folgt aus (15.4.4)

$$\underbracket{AB} = \langle 0| T(AB) |0 \rangle \ . \tag{15.4.5}$$

Damit sind die wichtigsten Kontraktionen durch die Feynman–Propagatoren (13.1.31), (13.4.16) und (14.5.19) bereits bekannt. Es gilt der Reihe nach für das reelle und komplexe Klein–Gordon–Feld, für das Dirac–Feld und das Strahlungsfeld

$$
\begin{aligned}
\underbracket{\phi(x_1)\phi(x_2)} &= \mathrm{i}\Delta_F(x_1 - x_2) \\
\underbracket{\phi(x_1)\phi^\dagger(x_2)} &= \underbracket{\phi^\dagger(x_2)\phi(x_1)} = \mathrm{i}\Delta_F(x_1 - x_2) \\
\underbracket{\psi_\alpha(x_1)\bar\psi_\beta(x_2)} &= -\underbracket{\bar\psi_\beta(x_2)\psi_\alpha(x_1)} = \mathrm{i}S_{F\alpha\beta}(x_1 - x_2) \\
\underbracket{A^\mu(x_1)A^\nu(x_2)} &= \mathrm{i}D_F^{\mu\nu}(x_1 - x_2) \ .
\end{aligned}
\tag{15.4.6}
$$

Darüber hinaus gilt

$$
\begin{aligned}
&\underbracket{\psi(x_1)\psi(x_2)} = \underbracket{\bar\psi(x_1)\bar\psi(x_2)} = 0 \\
&\underbracket{\psi(x_1)\phi(x_2)} = 0 \ , \qquad \underbracket{\psi(x_1)A^\mu(x_2)} = 0 \qquad\qquad \text{etc.} \\
&\underbracket{\phi^\pm(x_1)\phi^\pm(x_2)} = 0 \ , \qquad \underbracket{\psi^\pm(x_1)\psi^\pm(x_2)} = 0 \ , \qquad \underbracket{\bar\psi^\pm(x_1)\bar\psi^\pm(x_2)} = 0 \\
&\underbracket{\phi(x_1)\bar\psi(x_2)} = 0 \ ,
\end{aligned}
\tag{15.4.7}
$$

da alle diese Operatorenpaare entweder miteinander kommutieren oder antikommutieren. Wir erinnern daran, daß in der Wechselwirkungsdarstellung die Felder in $\mathcal{H}(x)$ freie Heisenberg–Felder sind. Das zeitgeordnete Produkt von zwei Feldoperatoren läßt sich nach Gl. (15.4.4) folgendermaßen in normalgeordneter Form darstellen

$$T(AB) = \; : AB : + \underbracket{AB} \ . \tag{15.4.8}$$

Nun definieren wir noch das sogenannte *verallgemeinerte Normalprodukt* (Normalprodukt mit Kontraktionen) der Feldoperatoren $A = A(x_1), B = B(x_2), \ldots$, welches in seinem Inneren auch noch Kontraktionen dieser Operatoren enthält:

$$: A B C\, \underbracket{D\, E}F \ldots \underbracket{K}L \ldots : = (-1)^P\, \underbracket{AC}\, \underbracket{DL}\, \underbracket{EF} \ldots : BK \ldots : \ , \tag{15.4.9}$$

wobei P die Zahl der schrittweisen Vertauschungen von Fermi-Operatoren ist, die erforderlich ist, um die Reihenfolge $ACDLEF\ldots BK\ldots$ zu erhalten. Z.B. gilt

$$: \bar{\psi}_\alpha(x_1)A^\mu(x_2)\underline{\psi_\beta(x_3)}\psi_\gamma(x_4)A^\nu(x_5)\underline{\bar{\psi}_\delta}(x_6) :$$
$$= (-1)\underline{\psi_\beta(x_3)}\bar{\psi}_\delta(x_6) : \bar{\psi}_\alpha(x_1)A^\mu(x_2)\psi_\gamma(x_4)A^\nu(x_5) : . \tag{15.4.10}$$

Wir können nun das *Wicksche Theorem* für reine zeitgeordnete Produkte und für gemischte zeitgeordnete Produkte formulieren.

1. Theorem: Das zeitgeordnete Produkt der Feldoperatoren ist gleich der Summe ihrer Normalprodukte, in denen die Operatoren durch sämtliche möglichen Kontraktionen verknüpft sind:

$$T(A_1A_2A_3\ldots A_n) =: A_1A_2A_3\ldots A_n :$$
$$+ : A_1A_2A_3\ldots A_n : + : \underline{A_1A_2}A_3\ldots A_n : + \ldots + : A_1A_2\ldots \underline{A_{n-1}A_n} :$$
$$+ : \underline{\underline{A_1A_2}A_3A_4}\ldots A_n : + \ldots + : A_1A_2\ldots \underline{\underline{A_{n-3}A_{n-2}}A_{n-1}A_n} :$$
$$+ \ldots . \tag{15.4.11}$$

In der ersten Zeile treten keine, in der zweiten eine, in der dritten zwei Kontraktionen u.s.w. auf.

2. Theorem: Ein gemischtes *T*-Produkt von Feldoperatoren ist gleich der Summe ihrer Normalprodukte der Form (15.4.11), jedoch gehen in diese Summe die Kontraktionen zwischen Operatoren, die innerhalb ein- und desselben Normalproduktfaktors stehen, nicht ein. Zum Beispiel gilt

$$T(\psi_1 : \psi_2\psi_3\psi_4 :) =$$
$$: \psi_1\psi_2\psi_3\psi_4 : + : \underline{\psi_1\psi_2}\psi_3\psi_4 : + : \underline{\psi_1}\psi_2\underline{\psi_3}\psi_4 : + : \underline{\psi_1}\psi_2\psi_3\underline{\psi_4} : . \tag{15.4.12}$$

Für die Anwendung des Wickschen Theorems ist die Kenntnis des Beweises nicht erforderlich. Der folgende, einfache Beweis kann deshalb auch überschlagen werden.

Zunächst beweisen wir das 1.Theorem, Gl. (15.4.11), unter der Voraussetzung, daß die Operatoren des Produkts $A_1A_2\ldots A_n$ von vornherein zeitgeordnet sind. Den allgemeinen Fall werden wir darauf zurückführen. Nun drücken wir die Feldoperatoren durch ihre Teile mit positiver und negativer Frequenz aus und zerlegen dieses schon von vornherein in zeitgeordneter Form vorliegende Produkt in eine Summe von Produkten aus positiven und negativen Frequenzteilen. Wir betrachten nun einen beliebigen derartigen Term - dieser ist zeitgeordnet aber i.A. nicht normalgeordnet - und ordnen dessen Faktoren in der folgenden Weise um. Der am weitesten links stehende, sich nicht in Normalordnung befindliche Erzeugungsoperator wird nach links sukzessive mit allen links von ihm stehenden Vernichtungsoperatoren vertauscht, indem man die Kommutations- bzw. Antikommutationsrelationen verwendet. Anschließend wird dieser Vorgang mit den nächsten noch nicht in Normalordnung stehenden Erzeugungsoperatoren wiederholt, solange bis schließlich alle Operatoren in Normalordnung stehen. Bei jeder dieser Vertauschungen ergibt sich mit Gl. (15.4.8) und der Definition des normalgeordneten Produkts

$$A_i^+ A_k^- = T(A_i^+ A_k^-) =: A_i^+ A_k^- : + \underline{A_i^+ A_k^-}$$
$$= \pm A_k^- A_i^+ + \underline{A_i^+ A_k^-} \,,$$

(15.4.13)

wobei das untere Vorzeichen gilt, wenn die beiden Operatoren Fermi–Operatoren sind. Im Endergebnis ist jeder der Summanden in normalgeordneter Form mit Vorzeichenfaktoren, die durch die Zahl der paarweisen Vertauschungen von Fermi–Operatoren bestimmt sind. Diese Vorzeichenfaktoren kann man dadurch kompensieren, indem man jeden Summanden in der zeitgeordneten (ursprünglichen) Reihenfolge schreibt und der Normalordnungsoperation : ... : unterwirft (siehe z.B. Gl. (15.4.13), wo $\pm A_k^- A_i^+ =: A_i^+ A_k^- :$ geschrieben werden kann). Das Ergebnis ist nun schon sehr nahe dem Ausdruck (15.4.11), allerdings treten nicht alle Kontraktionen auf, sondern nur die zwischen den „falsch" (nicht normalgeordneten) stehenden Operatoren. Da aber die Kontraktion zweier Operatoren, die sowohl zeitgeordnet als auch normalgeordnet sind, verschwindet, kann man derartige Kontraktionen noch hinzufügen und erhält somit nach Verwendung des distributiven Gesetzes die Summe aus normalgeordneten Produkten mit allen Kontraktionen. Damit ist Gl. (15.4.11) für die zeitliche Reihenfolge $t_1 > ... > t_n$ gezeigt. Nun betrachten wir die Operatoren $A_1 A_2 ... A_n$ und eine beliebige Permutation $P(A_1 A_2 ... A_n)$ dieser Operatoren. Aufgrund der Definition der Zeitordnungs- und Normalordnungsoperationen gelten

$$T(P(A_1 A_2 ... A_n)) = (-1)^P T(A_1 A_2 ... A_n)$$

(15.4.14a)

und

$$: P(A_1 A_2 ... A_n) := (-1)^P : A_1 A_2 ... A_n :$$

(15.4.14b)

mit dem gleichen Exponenten P. Somit folgt das Theorem 1, Gl. (15.4.11), für beliebige zeitliche Ordnung der Operatoren $A_1, ... , A_n$.

Theorem 2 ergibt sich aus dem Beweis zu Theorem 1 folgendermaßen. Die Teilfaktoren des gemischten zeitgeordneten Produktes : $AB...$: sind auf jeden Fall schon normalgeordnet. In der vorhin geschilderten konstruktiven Herstellung der Normalordnung kommt es zu keinen Vertauschungen und damit Kontraktionen dieser gleichzeitigen Operatoren. Die Kontraktionen dieser schon normalgeordneten, gleichzeitigen Operatoren — die nicht verschwinden würden — treten nicht auf. Damit ist auch Theorem 2 bewiesen.

15.5 Einfache Streuprozesse, Feynman–Diagramme

Wir untersuchen nun einige einfache Streuprozesse und werden dafür die Matrixelemente der S-Matrix berechnen. Dabei werden sich die wichtigsten Elemente der schon mehrfach erwähnten Feynmanschen Regeln ergeben. Mit aufsteigendem Schwierigkeitsgrad studieren wir als Prozesse erster Ordnung die Emission eines Photons durch ein Elektron und die Streuung eines Elektrons an einem äußeren Potential (Mott–Streuung) und dann als Beispiel für Prozesse zweiter Ordnung die Streuung zweier Elektronen (Møller–Streuung) und die Streuung eines Photons an einem Elektron (Compton–Streuung).

15.5.1 Der Term erster Ordnung

Als allereinfachstes Beispiel betrachten wir den Beitrag erster Ordnung zur S-Matrix, Gl. (15.4.14)

$$S^{(1)} = -\mathrm{i}e \int d^4x \; : \; \bar{\psi}(x) A\!\!\!/(x)\psi(x) \; : \; . \tag{15.5.1}$$

mit den Feldoperatoren aus Gl. (15.3.12). Die daraus folgenden möglichen elementaren Prozesse wurden schon in Abschn. 15.3.2 diskutiert und sind in Abb. 15.4 dargestellt. Wir betrachten hier als einen der acht Übergänge die Emission eines γ-Quants durch ein Elektron (Abb. 15.6), also den Übergang eines Elektrons in ein Elektron und ein Photon

$$e^- \to e^- + \gamma \; .$$

Abb. 15.6. Die Emission eines γ-Quants von einem e^-. Dieser Prozeß ist nur virtuell, das heißt innerhalb eines Diagramms höherer Ordnung möglich.

Der Anfangszustand mit einem Elektron mit Impuls $\mathbf{p}$

$$|i\rangle = |e^- \mathbf{p}\rangle = b_{r\mathbf{p}}^\dagger |0\rangle \tag{15.5.2a}$$

geht über in den Endzustand mit einem Elektron mit Impuls $\mathbf{p}'$ und einem Photon mit Impuls $\mathbf{k}'$

$$|f\rangle = |e^- \mathbf{p}', \gamma \mathbf{k}'\rangle = b_{r'\mathbf{p}'}^\dagger a_\lambda^\dagger(\mathbf{k}') |0\rangle \; . \tag{15.5.2b}$$

Den Spinorindex r und den Polarisationsindex λ geben wir nur in den Erzeugungsoperatoren an, der Kürze halber aber nicht in den Zuständen. Der Beitrag erster Ordnung zur Streuamplitude ist durch das Matrixelement von (15.5.1) gegeben. Dabei trägt zu $\langle f| S^{(1)} |i\rangle$ von $\psi(x)$ nur der Term mit $b_{r\mathbf{p}}$, von $\bar{\psi}(x)$ nur der Term $b_{r'\mathbf{p}'}^\dagger$ und von $A(x)$ nur $a_\lambda(\mathbf{k}')$ bei

$$\langle f|\, S^{(1)}\, |i\rangle = -\mathrm{i}e \int d^4x \left[\left(\frac{m}{VE_{\mathbf{p}'}} \right)^{\frac{1}{2}} \bar{u}_{r'}(p')\mathrm{e}^{\mathrm{i}p'x} \right]$$

$$\times \gamma^\mu \left[\left(\frac{1}{2V|\mathbf{k}'|} \right)^{\frac{1}{2}} \epsilon_{\lambda\mu}(\mathbf{k}')\mathrm{e}^{\mathrm{i}k'x} \right] \tag{15.5.3}$$

$$\times \left[\left(\frac{m}{VE_{\mathbf{p}}} \right)^{\frac{1}{2}} u_r(p)\mathrm{e}^{-\mathrm{i}px} \right] .$$

Die Integration über x führt auf die Erhaltung des Viererimpulses und damit auf das Matrixelement

$$\langle f|\, S^{(1)}\, |i\rangle = -(2\pi)^4\delta^{(4)}(p'+k'-p)\left(\frac{m}{VE_{\mathbf{p}}} \right)^{\frac{1}{2}} \left(\frac{m}{VE_{\mathbf{p}'}} \right)^{\frac{1}{2}} \left(\frac{1}{2V|\mathbf{k}'|} \right)^{\frac{1}{2}}$$

$$\times \mathrm{i}e\bar{u}_{r'}(p')\gamma^\mu\epsilon_{\lambda\mu}(\mathbf{k}' = \mathbf{p} - \mathbf{p}')u_r(p) . \tag{15.5.4}$$

Die vierdimensionale δ-Funktion verlangt die Impulserhaltung $\mathbf{p}' = \mathbf{p} - \mathbf{k}'$ und die Energieerhaltung $E_{\mathbf{p}-\mathbf{k}'} + |\mathbf{k}'| = E_{\mathbf{p}}$. Die letzte Bedingung führt für Elektronen und Photonen auf $\mathbf{k} \cdot \mathbf{p}/|\mathbf{k}'||\mathbf{p}| = \sqrt{1 + m^2/\mathbf{p}^2}$, ist i.a. nicht erfüllbar, da die beiden Endprodukte zusammen immer eine kleinere Energie als das einfallende Elektron hätten. Die *Energie–Impuls–Erhaltung* ist für reale Elektronen und Photonen nicht erfüllbar. Dieser Prozeß kann nur als Teilelement in Diagrammen höherer Ordnung auftreten. Der vorläufige Vergleich von Abb. 15.6 mit Gl. (15.5.3) zeigt, daß den Elementen des Feynman–Diagramms folgende analytische Ausdrücke zugeordnet sind: Dem einlaufenden Elektron $u_r(p)\mathrm{e}^{-\mathrm{i}px}$ dem auslaufenden Elektron $\bar{u}_{r'}(p')\mathrm{e}^{\mathrm{i}p'x}$, dem Vertex-Punkt $-\mathrm{i}e\gamma^\mu$, dem auslaufenden Photon $\epsilon_{\lambda\mu}(\mathbf{k}')\mathrm{e}^{\mathrm{i}k'x}$, und außerdem ist über die Lage des Wechselwirkungspunktes x zu integrieren, d.h. mit dem Vertex-Punkt ist die Integration $\int d^4x$ verbunden. Führt man nun diese Integration über x aus, so erhält man von den Exponentialfunktionen die Viererimpulserhaltung $(2\pi)^4\delta^{(4)}(p'+k'-p)$, sodaß sich schließlich im Impulsraum die folgenden Regeln ergeben: Dem einlaufenden Elektron ist $u_r(p)$, dem auslaufenden Elektron $\bar{u}_{r'}(p')$, dem auslaufenden Photon $\epsilon_\lambda^\alpha(\mathbf{k}')$ und dem Vertex-Punkt ist $-\mathrm{i}e\gamma^\alpha(2\pi)^4\delta^{(4)}(p'+k'-p)$ zugeordnet.

15.5.2 Mott–Streuung

Unter der Mott–Streuung versteht man die Streuung eines Elektrons an einem äußeren Potential, das in der Praxis meistens das Coulomb–Potential eines Kerns ist. Das äußere Vektorpotential hat dann die Form

$$A_{\mathrm{e}}^\mu = (V(\mathbf{x}), 0, 0, 0)) . \tag{15.5.5}$$

Der Anfangszustand

$$|i\rangle = b_{r\mathbf{p}}^\dagger |0\rangle \tag{15.5.6a}$$

und der Endzustand

$$|f\rangle = b^{\dagger}_{r'\mathbf{p}'} |0\rangle \tag{15.5.6b}$$

enthalten jeweils ein einziges Elektron. Diagrammatisch ist dieser Streuprozeß in Abb. 15.7 dargestellt.

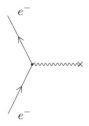

Abb. 15.7. Mott-Streuung: e^- wird an einem äußeren Potential gestreut.

Das aus $S^{(1)}$ von Gl. (15.5.1) folgende S-Matrixelement hat die Gestalt

$$
\begin{aligned}
\langle f| S^{(1)} |i\rangle &= -\mathrm{i}e \int d^4x \left(\frac{m}{V E_{p'}}\right)^{\frac{1}{2}} \bar{u}_{r'}(p')\mathrm{e}^{\mathrm{i}p'x}\gamma^0 \\
&\quad \times V(\mathbf{x})\left(\frac{m}{V E_{\mathbf{p}}}\right)^{\frac{1}{2}} u_r(p)\mathrm{e}^{-\mathrm{i}px} \\
&= -\mathrm{i}e\tilde{V}(\mathbf{p}-\mathbf{p}')\left(\frac{m}{V E_{p'}}\right)^{\frac{1}{2}}\left(\frac{m}{V E_{\mathbf{p}}}\right)^{\frac{1}{2}} \\
&\quad \times \mathcal{M}2\pi\delta(p^0 - p'^0) \,.
\end{aligned}
\tag{15.5.7}
$$

Hier tritt das Spinormatrixelement

$$\mathcal{M} = \bar{u}_{r'}(p')\gamma^0 u_r(p) \tag{15.5.8}$$

auf. Bei der Berechnung der Übergangswahrscheinlichkeit $|\langle f| S^{(1)} |i\rangle|^2$ tritt formal das Quadrat der δ-Funktion auf. Um dieser Größe einen Sinn zu geben, muß man sich daran erinnern, daß das Streuexperiment zwar während eines großen aber dennoch endlichen Zeitintervalls T durchgeführt wird und $2\pi\delta(E)$ durch

$$2\pi\delta(E) \to \int_{-T/2}^{T/2} dt\, \mathrm{e}^{\mathrm{i}Et} \tag{15.5.9}$$

zu ersetzen ist. Das Quadrat dieser Funktion tritt auch bei der Herleitung der Goldenen Regel auf

$$\left(\int_{-T/2}^{T/2} dt\, \mathrm{e}^{\mathrm{i}Et}\right)^2 = \left(\frac{2}{E}\sin\frac{ET}{2}\right)^2 = 2\pi T\left(\frac{\sin^2 ET/2}{\pi E^2 T/2}\right) = 2\pi T\delta(E) \,. \tag{15.5.10}$$

Dabei wurde benützt, daß, wie in QM I, Gl. (16.34)-(16.35) ausführlich dargelegt ist, der in Klammern gesetzte Ausdruck eine Darstellung der δ-Funktion

$$\lim_{T \to \infty} \delta_T(E) = \lim_{T \to \infty} \left(\frac{\sin^2 ET/2}{\pi E^2 T/2} \right) = \delta(E)$$

ist. Etwas verkürzt kann man diese Begründung folgendermaßen darstellen

$$\lim_{T \to \infty} \int_{-T/2}^{T/2} dt\, \mathrm{e}^{\mathrm{i}Et} \int_{-T/2}^{T/2} dt\, \mathrm{e}^{\mathrm{i}Et} = 2\pi T \delta(E)\,, \qquad (15.5.10')$$

wobei der Limes des ersten Faktors als $2\pi\delta(E)$ geschrieben wurde, was dann
für das zweite Integral $\int_{-T/2}^{T/2} dt\, \mathrm{e}^0 = T$ ergibt.

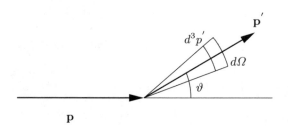

Abb. 15.8. Streuung eines Elektrons mit Impuls
p an einem Potential, Impuls des gestreuten Elek-
trons **p**′, Ablenkungswin-
kel ϑ, Raumwinkelelement
$d\Omega$

Die Übergangswahrscheinlichkeit pro Zeiteinheit Γ_{if} erhält man, indem man
$|\langle f| S^{(1)} |i\rangle|^2$ durch T dividiert(Gl. (15.5.7))

$$\Gamma_{if} = 2\pi\delta(E - E')\left(\frac{m}{VE}\right)^2 |\mathcal{M}|^2\, e^2\, |\tilde{V}(\mathbf{p} - \mathbf{p}')|^2\,. \qquad (15.5.11)$$

Der *differentielle Streuquerschnitt* ist durch

$$\frac{d\sigma}{d\Omega} = \frac{dN(\Omega)}{N_{\mathrm{ein}}d\Omega} \qquad (15.5.12)$$

definiert, wo $dN(\Omega)$ die Zahl der Teilchen, die in das Raumwinkelelement
$d\Omega$ gestreut werden, und N_{ein} die Zahl der auf die Flächeneinheit einfallenden Teilchen bedeuten (siehe Abb. 15.8). Der differentielle Streuquerschnitt
(15.5.12) ist auch gleich dem Verhältnis aus der Zahl der Teilchen, die pro
Zeiteinheit in $d\Omega$ gestreut werden, dividiert durch die einfallende Stromdichte
j_{ein} und durch $d\Omega$:

$$\frac{d\sigma}{d\Omega} = \frac{dN(\Omega)/dt}{j_{\mathrm{ein}}d\Omega}\,. \qquad (15.5.12')$$

Abgesehen von der schon gefundenen Übergangsrate Γ_{if} benötigen wir noch
den einfallenden Fluß und die Zahl der Endzustände im Raumwinkelelement

$d\Omega$. Zunächst zeigen wir, daß der einfallende Elektronenfluß durch $\frac{|\mathbf{p}|}{EV}$ gegeben ist. Dazu müssen wir den Erwartungswert der Stromdichte

$$j^\mu(x) =:\ \bar{\psi}(x)\gamma^\mu\psi(x)\ : \tag{15.5.13}$$

im Anfangszustand

$$|i\rangle = \left|e^-, \mathbf{p}\right\rangle = b^\dagger_{r\mathbf{p}}\,|0\rangle$$

berechnen

$$\left\langle e^-, \mathbf{p}\right| j^\mu(x) \left|e^-, \mathbf{p}\right\rangle = \frac{m}{VE_\mathbf{p}}\bar{u}_r(p)\gamma^\mu u_r(p) = \frac{p^\mu}{VE_\mathbf{p}}\ , \tag{15.5.14}$$

wo die Gordon–Identität (Gl. (10.1.5))

$$\bar{u}_r(p)\gamma^\mu u_{r'}(q) = \frac{1}{2m}\bar{u}_r(p)\left[(p+q)^\mu + \mathrm{i}\sigma^{\mu\nu}(p-q)_\nu\right]u_{r'}(q)$$

verwendet wurde. Der pro Flächeneinheit einfallende Fluß j_ein ist also gleich

$$j_\mathrm{ein} = \frac{|\mathbf{p}|}{VE_\mathbf{p}}\ , \tag{15.5.15}$$

mit der anschaulichen Bedeutung als dem Produkt aus Teilchenzahldichte $\frac{1}{V}$ und relativistischer Geschwindigkeit $\frac{|\mathbf{p}|}{E_\mathbf{p}}$. Zur Bestimmung von $dN(\Omega)$ pro Zeiteinheit benötigen wir die Zahl der Endzustände im Intervall d^3p' um $\mathbf{p}'$. Da das Volumen pro Impulswert im Impulsraum $(2\pi)^3/V$ ist, ist die Zahl der Impulspunkte im Intervall d^3p'

$$\frac{d^3p'}{(2\pi)^3/V} = \frac{V|\mathbf{p}'|^2 d|\mathbf{p}'|d\Omega}{(2\pi)^3} = \frac{V|\mathbf{p}'|E'dE'd\Omega}{(2\pi)^3}\ , \tag{15.5.16a}$$

wobei

$$E' = \sqrt{\mathbf{p}'^2 + m^2}\quad \text{und}\quad dE' = \frac{|\mathbf{p}'|d|\mathbf{p}'|}{\sqrt{\mathbf{p}'^2 + m^2}} = \frac{|\mathbf{p}'|d|\mathbf{p}'|}{E'} \tag{15.5.16b}$$

verwendet wurde. Setzt man Gl. (15.5.11), (15.5.15) und (15.5.16a) in den differentiellen Streuquerschnitt (15.5.12′) ein [5], so erhält man den Querschnitt pro Raumwinkelelement $d\Omega$, indem man $d\Omega$ festhält und über die verbleibende Variable E' integriert

$$\begin{aligned}
\frac{d\sigma}{d\Omega} &= \int 2\pi\delta(E - E')\left(\frac{m}{VE}\right)^2 |\mathcal{M}|^2 e^2|\tilde{V}(\mathbf{p} - \mathbf{p}')|^2 \frac{1}{\frac{|\mathbf{p}|}{EV}}\frac{V|\mathbf{p}'|E'dE'}{(2\pi)^3}\\
&= \left(\frac{em}{2\pi}\right)^2 |\mathcal{M}|^2 |\tilde{V}(\mathbf{p} - \mathbf{p}')|^2\big|_{|\mathbf{p}'|=|\mathbf{p}|}\ ,
\end{aligned} \tag{15.5.17}$$

---

[5] $\frac{dN(\Omega)}{dt} = \sum_{f\in d\Omega}\Gamma_{if} = \frac{V}{(2\pi)^3}\int\limits_{\mathbf{p}'\in d\Omega} d^3p'\,\Gamma_{if}$

wobei die durch $\delta(E - E')$ ausgedrückte Energieerhaltung die Bedingung $|\mathbf{p}'| = |\mathbf{p}|$ für den Impuls des gestreuten Teilchens ergibt. Die Fourier–Transformation des Coulomb–Potentials eines Z-fach geladenen Kerns in Heaviside–Lorentz Einheiten[6]

$$V(\mathbf{x}) = \frac{Ze}{4\pi|\mathbf{x}|}$$

lautet

$$\tilde{V}(\mathbf{p} - \mathbf{p}') = \frac{Ze}{|\mathbf{p} - \mathbf{p}'|^2} \, . \tag{15.5.18}$$

Wir setzen nun vereinfachend voraus, daß der einfallende Elektronenstrahl unpolarisiert sei, das bedeutet eine Summation über die beiden Polarisationsrichtungen mit dem Gewicht $\frac{1}{2}$, also $\frac{1}{2}\sum_{r=1,2}$; außerdem wird bei der Analyse nicht nach der Polarisation aufgelöst, $\sum_{r'}$, also über beide Polarisationsrichtungen des Endzustandes summiert. Unter dieser Voraussetzung ergibt sich nach Einsetzen von (15.5.8) und (15.5.18) in (15.5.17) für den Streuquerschnitt

$$\frac{d\sigma}{d\Omega} = \left(\frac{em}{2\pi}\right)^2 \frac{1}{2} \sum_{r'} \sum_r |\bar{u}_{r'}(p')\gamma^0 u_r(p)|^2 \, \frac{(Ze)^2}{|\mathbf{p} - \mathbf{p}'|^4}\bigg|_{|\mathbf{p}'|=|\mathbf{p}|} . \tag{15.5.19}$$

Das führt auf die Berechnung von

$$\sum_{r'} \sum_r |\bar{u}_{r'}(p')\gamma^0 u_r(p)|^2$$

$$= \sum_{r'} \sum_r \bar{u}_{r'\alpha'}(p')\gamma^0_{\alpha'\alpha}u_{r\alpha}(p)\bar{u}_{r\beta}(p)\gamma^0_{\beta\beta'}u_{r'\beta'}(p')$$

$$= \gamma^0_{\alpha'\alpha}\left(\frac{\not{p}+m}{2m}\right)_{\alpha\beta}\gamma^0_{\beta\beta'}\left(\frac{\not{p}'+m}{2m}\right)_{\beta'\alpha'} \tag{15.5.20}$$

$$= \frac{1}{4m^2}\operatorname{Sp}\gamma^0(\not{p}+m)\gamma^0(\not{p}'+m) \, ,$$

wobei die Darstellungen (6.3.21) und (6.3.23) des Projektionsoperators Λ_+ verwendet wurden, was auf die Spur des Produkts von γ-Matrizen führt.

Unter Verwendung der zyklischen Invarianz der Spur, $\operatorname{Sp}\gamma^\nu = 0$, $\{\gamma^\mu, \gamma^\nu\} = 2g^{\mu\nu}\mathbb{1}$ und $\operatorname{Sp}\gamma^0\gamma^\mu\gamma^0\gamma^\nu = 0$ für $\mu \neq \nu$ erhält man

$$\operatorname{Sp}\gamma^0(\not{p}+m)\gamma^0(\not{p}'+m) = \operatorname{Sp}\gamma^0\not{p}\gamma^0\not{p}' + m\operatorname{Sp}\gamma^0\not{p}\gamma^0 + m\operatorname{Sp}\gamma^0\not{p}'\gamma^0 + m^2\operatorname{Sp}\mathbb{1}$$

$$= \operatorname{Sp}\gamma^0\not{p}\gamma^0\not{p}' + 4m^2 = p_\mu p'_\nu \operatorname{Sp}\gamma^0\gamma^\mu\gamma^0\gamma^\nu + 4m^2$$

$$= p_0 p'_0 \operatorname{Sp}\mathbb{1} + p_k p'_k \operatorname{Sp}\gamma^0\gamma^k\gamma^0\gamma^k + 4m^2$$

$$= 4(p_0^2 + \mathbf{p}\mathbf{p}' + m^2)$$

$$= 4(E_\mathbf{p}^2 + \mathbf{p}\mathbf{p}' + m^2) \, . \tag{15.5.21}$$

---

[6] Fußnote 1 in Kap. 14

Mit dem Ausdruck für die Geschwindigkeit[7]

$$\mathbf{v} = \frac{\partial E}{\partial \mathbf{p}} = \frac{\mathbf{p}}{\sqrt{\mathbf{p}^2 + m^2}} = \frac{\mathbf{p}}{E} \tag{15.5.22a}$$

und $|\mathbf{p}| = E v$, $\mathbf{p}\mathbf{p}' = |\mathbf{p}|^2 \cos\vartheta$ (für $|\mathbf{p}'| = |\mathbf{p}|$)

folgen

$$|\mathbf{p} - \mathbf{p}'|^2 = 2\mathbf{p}^2(1 - \cos\vartheta) = 4\mathbf{p}^2 \sin^2\frac{\vartheta}{2} \tag{15.5.22b}$$

und

$$E^2 + \mathbf{p}\cdot\mathbf{p}' + m^2 = 2E^2 - p^2(1 - \cos\vartheta) = 2E^2 - 2p^2\sin^2\frac{\vartheta}{2}$$
$$= 2E^2\left(1 - v^2\sin^2\frac{\vartheta}{2}\right). \tag{15.5.22c}$$

Setzt man (15.5.20), (15.5.21) und (15.5.22a–c) in (15.5.19) ein, erhält man schließlich für den differentiellen Streuquerschnitt für *Mott-Streuung*

$$\frac{d\sigma}{d\Omega} = \frac{(\alpha Z)^2 (1 - v^2 \sin^2\frac{\vartheta}{2})}{4E^2 v^4 \sin^4\frac{\vartheta}{2}} \tag{15.5.23}$$

mit der Sommerfeldschen Feinstrukturkonstanten[6] $\alpha = \frac{\hat{e}_0^2}{4\pi}$. Im nichtrelativistischen Grenzfall erhält man aus (15.5.23) die *Rutherford–Streuformel*, vergl. QM I, Gl. (18.37),

$$\frac{d\sigma}{d\Omega} = \frac{(Z\alpha)^2}{4m^2 v^4 \sin^4\frac{\vartheta}{2}}. \tag{15.5.24}$$

Für die Streuung von Klein–Gordon–Teilchen ergibt sich statt Gl. (15.5.23)

$$\frac{d\sigma}{d\Omega} = \frac{(\alpha Z)^2}{4E^2 v^4 \sin^4\frac{\vartheta}{2}}, $$

siehe Übungsaufgabe 15.2.

Neben den schon im vorgehenden Teilabschnitt diskutierten Elementen der Feynman–Diagramme tritt hier ein statisches äußeres Feld $A_e^\mu(\mathbf{x})$ auf, dargestellt als Wellenlinie mit einem Kreuz und diesem ist nach Gl. (15.5.7) in der Übergangsamplitude der Faktor $A_e^\mu(\mathbf{x})$ bzw. im Impulsraum

$$A_e^\mu(\mathbf{q}) = \int d^3x\, e^{-i\mathbf{q}\cdot\mathbf{x}} A_e^\mu(\mathbf{x}) \tag{15.5.25}$$

zugeordnet.

---

[7] E und $E_\mathbf{p}$ werden austauschsweise verwendet.

15.5.3 Prozesse zweiter Ordnung

15.5.3.1 Elektron–Elektron–Streuung

Als nächstes betrachten wir die Streuung zweier Elektronen, auch bekannt als Møller–Streuung. Das entsprechende Feynman–Diagramm ist in Abb. 15.9 dargestellt. Es handelt sich hier um einen Prozeß zweiter Ordnung mit dem zugehörigen Term in der S-Matrix

$$
\begin{aligned}
S^{(2)} &= \frac{(-\mathrm{i})^2}{2!} \int d^4x_1\, d^4x_2\, T\left(\mathcal{H}_I(x_1)\mathcal{H}_I(x_2)\right) \\
&= \frac{(\mathrm{i}e)^2}{2!} \int d^4x_1\, d^4x_2 \\
&\quad \times T\left(: \bar{\psi}(x_1)\slashed{A}(x_1)\psi(x_1) : \; : \bar{\psi}(x_2)\slashed{A}(x_2)\psi(x_2) :\right) .
\end{aligned}
\tag{15.5.26}
$$

Die Anwendung des Wickschen Theorems führt auf einen Term ohne Kontraktion, drei Termen mit jeweils einer Kontraktion, zu drei Termen mit jeweils zwei Kontraktionen und schließlich einem Term mit drei Kontraktionen. Der Term, der zwei äußere einlaufende und auslaufende Fermionen enthält, ist

$$
\begin{aligned}
&-\frac{e^2}{2} \int d^4x_1\, d^4x_2\; : \bar{\psi}(x_1)\underbrace{\slashed{A}(x_1)\psi(x_1)\bar{\psi}(x_2)\slashed{A}}(x_2)\psi(x_2) : \\
&= -\frac{e^2}{2} \int d^4x_1\, d^4x_2\; : \bar{\psi}(x_1)\gamma^\mu\psi(x_1)\bar{\psi}(x_2)\gamma^\nu\psi(x_2)\mathrm{i}D_{F\mu\nu}(x_1-x_2) : ,
\end{aligned}
\tag{15.5.27}
$$

wo $D_{F\mu\nu}(x_1-x_2)$ der Photonenpropagator (14.5.19) ist. Je nach Anfangszustand führt dieser Term zur Streuung zweier Elektronen, zur Streuung zweier Positronen oder zur Streuung eines Elektrons und eines Positrons.

Wir betrachten die Streuung zweier Elektronen

$$
e^- + e^- \;\rightarrow\; e^- + e^- \,,
$$

aus dem Anfangszustand

$$
|i\rangle = \left|e^-(\mathbf{p}_1 r_1), e^-(\mathbf{p}_2 r_2)\right\rangle = b^\dagger_{r_1\mathbf{p}_1} b^\dagger_{r_2\mathbf{p}_2} |0\rangle
\tag{15.5.28a}
$$

in den Endzustand

$$
|f\rangle = \left|e^-(\mathbf{p}'_1 r'_1), e^-(\mathbf{p}'_2 r'_2)\right\rangle = b^\dagger_{r'_1\mathbf{p}'_1} b^\dagger_{r'_2\mathbf{p}'_2} |0\rangle \,.
\tag{15.5.28b}
$$

Es gibt hier offensichtlich zwei Beiträge zum Matrixelement von $S^{(2)}$. Den direkten Streubeitrag, bei dem der Operator $\bar{\psi}(x_1)\gamma^\mu\psi(x_1)$ das mit 1 indizierte Teilchen mit Spinor $u_{r_1}(p_1)$ an der Stelle x_1 vernichtet und das Teilchen mit Spinor $u_{r'_1}(p'_1)$ erzeugt. Das Gleiche bewirkt der Operator $\bar{\psi}(x_2)\gamma^\nu\psi(x_2)$ auf das durch den Index 2 charakterisierte Teilchen. Die Austauschstreuung

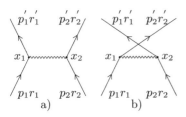

Abb. 15.9. Elektron–Elektron–Streuung
a) direkte Streuung, b) Austauschstreuung

erhält man, indem die Wirkung der Vernichtungsoperatoren, so wie gerade beschrieben wurde, bleibt, jedoch der Operator $\bar\psi(x_1)\gamma^\mu\psi(x_1)$ das Teilchen im Endzustand $u_{r_2'}(p_2')$ erzeugt und der zweite Operator das Teilchen im Zustand $u_{r_1'}(p_1')$. Diagrammatisch sind diese beiden Beiträge in Abb. 15.9 dargestellt. Genau die gleichen Beiträge treten auf, wenn man stattdessen die Orte der beiden Wechselwirkungsoperatoren x_1 und x_2 vertauscht. Da über x_1 und x_2 integriert wird, erhält man den zweifachen Beitrag der beiden Diagramme in Abb. 15.9. Der Faktor 2 der von der Permutation der beiden Vertexorte herrührt, kann gegen den Faktor $\frac{1}{2!}$ in $S^{(2)}$ gekürzt werden. Dies ist eine allgemeine Eigenschaft von Feynman-Diagrammen. Man kann den Faktor $\frac{1}{n!}$ in $S^{(n)}$ weglassen, wenn man nur über topologisch unterschiedliche Diagramme summiert.

Das S-Matrixelement für die direkte Streuung von Abb. 15.9a ist

$$\langle f|\, S^{(2)}\, |i\rangle_a = -e^2 \int d^4x_1\, d^4x_2 \left(\frac{m^4}{V^4 E_{\mathbf{p}_1} E_{\mathbf{p}_2} E_{\mathbf{p}_1'} E_{\mathbf{p}_2'}}\right)^{\frac12}$$
$$\times\, \mathrm{e}^{-\mathrm{i}p_1x_1+\mathrm{i}p_1'x_1-\mathrm{i}p_2x_2+\mathrm{i}p_2'x_2}$$
$$\times\, (\bar u_{r_1'}(p_1')\gamma^\mu u_{r_1}(p_1))(\bar u_{r_2'}(p_2')\gamma^\nu u_{r_2}(p_2))\mathrm{i}D_{F\mu\nu}(x_1-x_2)\,.$$
$$(15.5.29)$$

Den Beitrag für die Austauschstreuung b) erhält man, indem man in $-\langle f|S^{(2)}|i\rangle_a$ die Wellenfunktionen der Endzustände vertauscht, so daß der Wellenfunktionsanteil die Form

$$\mathrm{e}^{-\mathrm{i}p_1x_1+\mathrm{i}p_1'x_2-\mathrm{i}p_2x_2+\mathrm{i}p_2'x_1}\,(\bar u_{r_2'}(p_2')\gamma^\mu u_{r_1}(p_1))(\bar u_{r_1'}(p_1')\gamma^\nu u_{r_2}(p_2)) \quad (15.5.30)$$

hat. Das erwähnte Minuszeichen rührt daher, daß im Austauschterm eine ungerade Zahl von Antivertauschungen notwendig ist, um die Erzeugungs- und Vernichtungsoperatoren in dieselbe Reihenfolge wie im direkten Term zu bringen. Setzt man in (15.5.29) $\mathrm{i}D_{F\mu\nu}(x_1-x_2) = \mathrm{i}\int d^4k\frac{-g_{\mu\nu}\mathrm{e}^{-\mathrm{i}k(x_1-x_2)}}{k^2+\mathrm{i}\varepsilon}$ ein, so erhält man nach Ausführung der Integrationen insgesamt

$$\langle f|\, S^{(2)}\, |i\rangle = (2\pi)^4\delta^{(4)}(p_1'+p_2'-p_1-p_2)$$
$$\times \left(\frac{m^4}{V^4 E_{\mathbf{p}_1} E_{\mathbf{p}_1'} E_{\mathbf{p}_2} E_{\mathbf{p}_2'}}\right)^{\frac12} (\mathcal{M}_a+\mathcal{M}_b)\,,$$
$$(15.5.31)$$

wobei die Matrixelemente des Graphen 15.9a durch

$$\mathcal{M}_a = -e^2 \bar{u}(p_1')\gamma^\mu u(p_1) \mathrm{i} D_{F\mu\nu}(p_2 - p_2') \bar{u}(p_2')\gamma^\nu u(p_2) \tag{15.5.32a}$$

und 15.9b durch

$$\mathcal{M}_b = e^2 \bar{u}(p_2')\gamma^\mu u(p_1) \mathrm{i} D_{F\mu\nu}(p_2 - p_1') \bar{u}(p_1')\gamma^\nu u(p_2) \tag{15.5.32b}$$

gegeben sind. Die δ-Funktion in (15.5.31) drückt die Erhaltung des gesamten Viererimpulses der beiden Teilchen aus. Da z.B. im Matrixelement $\mathcal{M}_a$ für die direkte Streuung der Photonpropagator das Argument $k \equiv p_2 - p_2' = p_1' - p_1$ hat, ist der Viererimpuls der Teilchen an jedem Vertex erhalten. Wir legen dabei die Orientierung des Photonimpulses der inneren Linie von rechts nach links fest. Es ist zwar die Orientierung des Photonimpulses wegen $D_{F\mu\nu}(k) = D_{F\mu\nu}(-k)$ willkürlich, trotzdem muß man sich auf eine Wahl festlegen zur durchgehenden Beachtung der Impulserhaltungssätze an den Vertizes. Die Feynman-Diagramme im Impulsraum sind in Abbildung 15.10 dargestellt.

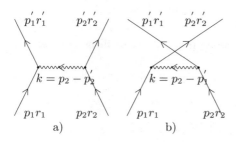

Abb. 15.10. Feynman-Diagramme im Impulsraum für die Elektron-Elektron-Streuung a) direkte Streuung, b) Austauschstreuung

Die Aufstellung der Feynman-Regeln kann nun durch ein weiteres Element ergänzt werden. Jeder inneren Photonlinie mit Impulsargument k, die an Vertizes γ^μ und γ^ν ansetzt, ist der Propagator $\mathrm{i} D_{F\mu\nu}(k) = \mathrm{i}\frac{-g_{\mu\nu}}{k^2 + \mathrm{i}\epsilon}$ zugeordnet.

Wir kommen nun zur Auswertung des Matrixelements (15.5.32a), welche langwieriger als für die Mott-Streuung ist. Wir werden diese hier nicht im Detail durchführen, sondern auf die Übungsaufgaben und die Ergänzung am Ende des Abschnitts verweisen und das Endergebnis diskutieren. Der Zusammenhang zwischen dem differentiellen Streuquerschnitt und dem Matrixelement $\mathcal{M}$ ist nach Gl. (15.5.59) im Schwerpunktsystem für zwei Fermionen mit den Massen m_1 und m_2

$$\left.\frac{d\sigma}{d\Omega}\right|_{\mathrm{SP}} = \frac{1}{(4\pi)^2} \frac{m_1 m_2}{E_{tot}} |\mathcal{M}|^2, \tag{15.5.33}$$

wo E_{tot} die Gesamtenergie ist. Wenn man die Ergebnisse (15.5.37)-(15.5.43) in (15.5.33) einsetzt, erhält man für den Streuquerschnitt im Schwerpunktsystem (Abb. 15.11) die Møller-Formel (1932)

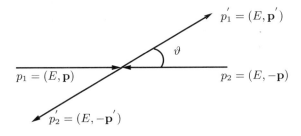

Abb. 15.11. Kinematik der Streuung zweier gleicher Teilchen im Schwerpunktsystem

$$\frac{d\sigma}{d\Omega} = \frac{\alpha^2(2E^2 - m^2)^2}{4E^2(E^2 - m^2)^2}$$
$$\times \left(\frac{4}{\sin^4 \vartheta} - \frac{3}{\sin^2 \vartheta} + \frac{(E^2 - m^2)^2}{(2E^2 - m^2)^2} \left(1 + \frac{4}{\sin^4 \vartheta} \right) \right) . \tag{15.5.34}$$

Im nichtrelativistischen Grenzfall, $E^2 \approx m^2$, $v^2 = (E^2 - m^2)/E^2$, folgt hieraus

$$\left. \frac{d\sigma}{d\Omega} \right|_{\mathrm{nr}} = \left(\frac{\alpha}{m} \right)^2 \frac{1}{4v^4} \left(\frac{1}{\sin^4 \frac{\vartheta}{2}} + \frac{1}{\cos^4 \frac{\vartheta}{2}} - \frac{1}{\sin^2 \frac{\vartheta}{2} \cos^2 \frac{\vartheta}{2}} \right) , \tag{15.5.35}$$

eine Formel, die ursprünglich von Mott (1930) hergeleitet wurde. Es ist instruktiv, dieses Ergebnis (15.5.35) mit der klassischen Rutherford-Streuformel

$$\frac{d\sigma}{d\Omega} = \frac{\alpha^2 m^2}{16|\mathbf{p}|^4} \left\{ \frac{1}{\sin^4 \frac{\vartheta}{2}} + \frac{1}{\cos^4 \frac{\vartheta}{2}} \right\} \tag{15.5.36}$$

zu vergleichen. In dieser klassischen Formel tritt neben dem geläufigen $\sin^{-4} \frac{\vartheta}{2}$ auch noch der Term $\cos^{-4} \frac{\vartheta}{2}$ auf, da es sich um zwei (identische) Elektronen handelt. Falls man die Streuung bei einem bestimmten Winkel ϑ beobachtet, dann ist die Wahrscheinlichkeit, daß das von links einfallende Elektron auftrifft, proportional zu $\sin^{-4} \frac{\vartheta}{2}$. Die Wahrscheinlichkeit, daß das von rechts einfallende Elektron in diesen Winkel gestreut wird, ist aus Symmetriegründen proportional zu

$$\sin^{-4} \left(\frac{\pi - \vartheta}{2} \right) = \cos^{-4} \frac{\vartheta}{2} .$$

Klassisch werden diese Wahrscheinlichkeiten einfach addiert, was zu (15.5.36) führt. Im quantenmechanischen Ergebnis (15.5.35) tritt noch ein zusätzlicher Term auf, der von der Interferenz der beiden Elektronen herrührt. In der Quantenmechanik werden die beiden Amplituden, die den Feynman-Diagrammen 15.9a und 15.9b entsprechen, addiert, und davon ist zur Berechnung des Streuquerschnittes das Absolutbetragsquadrat zu nehmen. Das Minuszeichen im Interferenzterm kommt von der Fermi-Statistik, für Bosonen ergibt sich ein Pluszeichen.

Im extrem relativistischen Grenzfall, $\frac{E}{m} \to \infty$, folgt aus (15.5.34)

$$
\begin{aligned}
\frac{d\sigma}{d\Omega}\bigg|_{er} &= \frac{\alpha^2}{E^2}\left(\frac{4}{\sin^4 \vartheta} - \frac{2}{\sin^2 \vartheta} + \frac{1}{4}\right) \\
&= \frac{\alpha^2}{4E^2}\left(\frac{1}{\sin^4 \frac{\vartheta}{2}} + \frac{1}{\cos^4 \frac{\vartheta}{2}} + 1\right) \\
&= \frac{\alpha^2}{4E^2}\frac{(3 + \cos^2 \vartheta)^2}{\sin^4 \vartheta} .
\end{aligned}
\tag{15.5.37}
$$

Ergänzung:
Berechnung des differentiellen Streuquerschnitts der Elektron-Elektron-Streuung. Für den Streuquerschnitt benötigt man

$$
|\mathcal{M}|^2 = |\mathcal{M}_a|^2 + |\mathcal{M}_b|^2 + 2\mathrm{Re}\mathcal{M}_a\mathcal{M}_b^*
\tag{15.5.38}
$$

aus (15.5.32a,b) mit $iD_{F\mu\nu}(k) = \frac{-ig_{\mu\nu}}{k^2+i\epsilon}$. Wir setzen einen unpolarisierten Elektronenstrahl voraus und auch, daß die Elektronen, an denen gestreut wird, unpolarisiert sind, und daß nicht nach der Polarisation der gestreuten Elektronen aufgelöst wird; das bedeutet die Summation $\frac{1}{4}\sum_{r_1}\sum_{r_2}\sum_{r_1'}\sum_{r_2'} \equiv \frac{1}{4}\sum_{r_i,r_i'}$. Für den ersten Term in (15.5.38) ergibt sich

$$
\begin{aligned}
\overline{|\mathcal{M}_a|^2} &= \frac{e^2}{4}\sum_{r_i,r_i'} \bar{u}_{r_1'}(p_1')\gamma^\mu u_{r_1}(p_1)\bar{u}_{r_2'}(p_2')\gamma_\mu u_{r_2}(p_2) \\
&\quad\times \bar{u}_{r_1}(p_1)\gamma^\nu u_{r_1'}(p_1')\bar{u}_{r_2}(p_2)\gamma_\nu u_{r_2'}(p_2')\frac{1}{[(p_1'-p_1)^2]^2} \\
&= \frac{e^4}{4}\sum_{r_i,r_i'} \bar{u}_{r_1}(p_1)\gamma^\nu u_{r_1'}(p_1')\bar{u}_{r_1'}(p_1')\gamma^\mu u_{r_1}(p_1) \\
&\quad\times \bar{u}_{r_2}(p_2)\gamma_\nu u_{r_2'}(p_2')\bar{u}_{r_2'}(p_2')\gamma_\mu u_{r_2}(p_2)\frac{1}{[(p_1'-p_1)^2]^2} \\
&= \frac{e^4}{4}\mathrm{Sp}\left(\gamma_\nu\frac{\slashed{p}_1'+m}{2m}\gamma_\mu\frac{\slashed{p}_1+m}{2m}\right) \\
&\quad\times \mathrm{Sp}\left(\gamma^\nu\frac{\slashed{p}_2'+m}{2m}\gamma^\mu\frac{\slashed{p}_2+m}{2m}\right)\frac{1}{[(p_1'-p_1)^2]^2} .
\end{aligned}
\tag{15.5.39}
$$

Den zweiten Term von (15.5.38) erhält man, indem man in $|\mathcal{M}_a|^2$ die Impulse p_1' und p_2' vertauscht

$$
\overline{|\mathcal{M}_b|^2} = \overline{|\mathcal{M}_a|^2}\,(p_1' \leftrightarrow p_2') ,
\tag{15.5.40}
$$

und der dritte ist

$$\overline{\mathrm{Re}(\mathcal{M}_a \mathcal{M}_b^*)} = \frac{e^2}{4} \sum_{r_i, r_i'} \frac{1}{(p_1' - p_2)^2 (p_2' - p_1)^2}$$

$$\times \mathrm{Re}\Big[\bar{u}_{r_1'}(p_1') \gamma_\mu u_{r_1}(p_1) \bar{u}_{r_2'}(p_2') \gamma^\mu u_{r_2}(p_2)$$

$$\times \bar{u}_{r_1}(p_1) \gamma^\nu u_{r_1'}(p_1') \bar{u}_{r_2}(p_2) \gamma_\nu u_{r_2'}(p_2') \Big]$$

$$= -\frac{e^4}{4} \frac{1}{(p_1' - p_2)^2 (p_2' - p_1)^2}$$

$$\times \mathrm{Sp}\left(\gamma_\nu \frac{\slashed{p}_1' + m}{2m} \gamma_\mu \frac{\slashed{p}_1 + m}{2m} \gamma^\nu \frac{\slashed{p}_2' + m}{2m} \gamma^\mu \frac{\slashed{p}_2 + m}{2m} \right) .$$

$$(15.5.41)$$

Im letzten Ausdruck konnte Re weggelassen werden, da dieser schon reell ist. Es bleiben noch die Berechnungen der Spuren: Für die Gl. (15.5.39) benötigt man

$$\mathrm{Sp}\left(\gamma_\nu (\slashed{p}_1' + m) \gamma_\mu (\slashed{p}_1 + m) \right) = 4(g_{\mu\nu} m^2 + p_{1\mu} p_{1\nu}' + p_{1\nu} p_{1\mu}' - g_{\mu\nu} p_1' \cdot p_1) .$$

$$(15.5.42)$$

In Gl. (15.5.41) tritt

$$\gamma_\nu (\slashed{p}_1' + m) \gamma_\mu (\slashed{p}_1 + m) \gamma^\nu = -2 \slashed{p}_1 \gamma_\mu \slashed{p}_1' + 4m(p_{1\mu} + p_{1\mu}') - 2m^2 \gamma_\mu$$

$$(15.5.43)$$

und

$$\mathrm{Sp}\left(\gamma_\nu (\slashed{p}_1' + m) \gamma_\mu (\slashed{p}_1 + m) \gamma^\nu (\slashed{p}_2' + m) \gamma^\mu (\slashed{p}_2 + m) \right)$$

$$= \mathrm{Sp}\left((-2\slashed{p}_1 \gamma_\mu \slashed{p}_1' + 4m(p_1 + p_1')_\mu - 2m^2 \gamma_\mu)(\slashed{p}_2' + m) \gamma^\mu (\slashed{p}_2 + m) \right)$$

$$= \mathrm{Sp}\Big(-2\slashed{p}_1 (4p_1' \cdot p_2' - 2m\slashed{p}_1')(\slashed{p}_2 + m) + 4m(\slashed{p}_2' + m)(\slashed{p}_1 + \slashed{p}_1')(\slashed{p}_2 + m)$$

$$- 2m^2 (-2\slashed{p}_2' + 4m)(\slashed{p}_2 + m) \Big)$$

$$= 16(-2p_1 \cdot p_2\, p_1' \cdot p_2' + m^2 p_1 \cdot p_1' + m^2 (p_1 + p_1') \cdot (p_2 + p_2') + m^2 p_2 \cdot p_2' - 2m^4) .$$

$$(15.5.44)$$

auf. Die Formeln (15.5.38) – (15.5.44) wurden beim Übergang von (15.5.31) zu (15.5.34) verwendet.

*15.5.3.2 Streuquerschnitt und S-Matrixelement

Für viele Anwendungen ist es wichtig, einen allgemeinen Zusammenhang des Streuquerschnitts mit dem betreffenden S-Matrixelement zu haben.

Wir betrachten die Streuung zweier Teilchen mit den Viererimpulsen $p_i = (E_i, \mathbf{p}_i)$, $i = 1, 2$ durch deren Reaktion im Endzustand n Teilchen mit den Impulsen $p'_f = (E'_f, \mathbf{p}'_f)$, $f = 1, \ldots, n$ entstehen. Wir unterdrücken hier der Kürze halber die Angabe des Polarisationszustandes. Das S-Matrixelement für den Übergang des Anfangszustandes $|i\rangle$ in den Endzustand $|f\rangle$ hat die Form

$$\langle f | S | i \rangle = \delta_{fi} + (2\pi)^4 \delta^{(4)} \left(\sum p'_f - \sum p_i \right)$$

$$\times \prod_i \left(\frac{1}{2VE_i} \right)^{1/2} \prod_f \left(\frac{1}{2VE'_f} \right)^{1/2} \prod_{\substack{\text{äußere} \\ \text{Fermionen}}} (2m)^{1/2} \mathcal{M} \,. \quad (15.5.45)$$

Das letzte Produkt $\prod_{\text{äußere Fermionen}} (2m)^{1/2}$ rührt vom Normierungsfaktor in (15.3.12a,b) her und liefert einen Faktor $(2m)^{1/2}$ für jedes äußere Fermion, wobei die Massen unterschiedlich sein können. Der Amplitudenfaktor $\mathcal{M} = \sum_{n=1}^{\infty} \mathcal{M}^{(n)}$ ist die Summe über alle Ordnungen der Störungstheorie, wobei $\mathcal{M}^{(n)}$ vom Term $S^{(n)}$ herrührt. Die vierdimensionale δ-Funktion erhält man für ein unendliches Zeitintervall und ein unendliches Normierungsvolumen. Wie in der Mott-Streuung ist es zweckmäßig, ein endliches Zeitintervall T und ein endliches Volumen zu betrachten, dann wird

$$(2\pi)^4 \delta^{(4)} \left(\sum p'_f - \sum p_i \right)$$

$$\rightarrow \lim_{T \to \infty, V \to \infty} \int_{-T/2}^{T/2} dt \int_V d^3x \, \mathrm{e}^{\mathrm{i}x(\sum p'_f - \sum p_i)} \quad (15.5.46)$$

und

$$\left(\lim_{T \to \infty, V \to \infty} \int_{-T/2}^{T/2} dt \int_V d^3x \, \mathrm{e}^{\mathrm{i}x(\sum p'_f - \sum p_i)} \right)^2$$

$$= TV (2\pi)^4 \delta^{(4)} \left(\sum p'_f - \sum p_i \right). \quad (15.5.47)$$

Daraus folgt für die Übergangsrate, d.i. die Übergangswahrscheinlichkeit pro Zeiteinheit

$$w_{fi} = \frac{|S_{fi}|^2}{T}$$

$$= V (2\pi)^4 \delta^{(4)} \left(\sum p'_f - \sum p_i \right) \left(\prod_i \frac{1}{2VE_i} \right) \left(\prod_f \frac{1}{2VE'_f} \right)$$

$$\times \prod_{\substack{\text{äußere} \\ \text{Fermionen}}} (2m) \, |\mathcal{M}|^2 \,. \quad (15.5.48)$$

w_{fi} ist die Übergangsrate in einen bestimmten Endzustand f. Die Übergangsrate in ein Volumenelement im Impulsraum $\prod_l d^3p'_l$ erhält man, indem man (15.5.48) mit der Zahl der Zustände in diesem Element multipliziert

$$\frac{|S_{fi}|^2}{T} \prod_f V \frac{d^3 p'_f}{(2\pi)^3} \quad . \tag{15.5.49}$$

Der Streuquerschnitt ist das Verhältnis aus Übergangsrate und einfallendem Fluß. Das bedeutet in differentieller Form

$$
\begin{aligned}
d\sigma &= \frac{|S_{fi}|^2}{T} \frac{V}{v_{\text{rel}}} \prod_f V \frac{d^3 p'_f}{(2\pi)^3} \\
&= (2\pi)^4 \delta^{(4)}\left(\sum p'_f - \sum p_i\right) \frac{1}{4 E_1 E_2 v_{\text{rel}}} \\
&\quad \times \prod_{\substack{\text{äußere} \\ \text{Fermionen}}} (2m) \prod_f \frac{d^3 p'_f}{(2\pi)^3 E'_f} |\mathcal{M}|^2 \\
&\equiv \frac{1}{4 E_1 E_2 v_{\text{rel}}} \prod_{\substack{\text{äußere} \\ \text{Fermionen}}} (2m) \, |\mathcal{M}|^2 d\Phi_n \; .
\end{aligned}
\tag{15.5.50}
$$

Wegen der verwendeten Normierung befindet sich ein Teilchen in V und der einfallende Fluß ist v_{rel}/V, mit der Relativgeschwindigkeit v_{rel}. Im Schwerpunktsystem ($\mathbf{p}_2 = -\mathbf{p}_1$) ist die Relativgeschwindigkeit der beiden einfallenden Teilchen

$$v_{\text{rel}} = \frac{|\mathbf{p}_1|}{E_1} + \frac{|\mathbf{p}_2|}{E_2} = |\mathbf{p}_1| \frac{E_1 + E_2}{E_1 E_2} \; . \tag{15.5.51}$$

Im Laborsystem, in dem wir das Teilchen 2 als ruhend, also als Streuer annehmen, ist $\mathbf{p}_2 = 0$, und die Relativgeschwindigkeit ist

$$v_{\text{rel}} = \frac{|\mathbf{p}_1|}{E_1} \; . \tag{15.5.52}$$

Bei der Berechnung von Streuquerschnitten treten Phasenraumfaktoren der auslaufenden Teilchen auf

$$d\Phi_n \equiv (2\pi)^4 \delta^{(4)}\left(\sum p'_f - p_1 - p_2\right) \prod_f \frac{d^3 p'_f}{(2\pi)^3 2 E'_f} \; . \tag{15.5.53}$$

Wenn man sich für den Querschnitt des Übergangs in einem Teilbereich des Phasenraums interessiert, muß man über die übrigen Variablen integrieren. Da der gesamte Viererimpuls erhalten ist, sind die Impulse $\mathbf{p}'_1, \ldots \mathbf{p}'_n$ nicht alle unabhängige Variable. Als ein wichtiges Beispiel betrachten wir den Spezialfall von zwei auslaufenden Teilchen

$$d\Phi_2 = (2\pi)^4 \delta^{(4)}(p'_1 + p'_2 - p_1 - p_2) \frac{d^3 p'_1}{(2\pi)^3 2 E'_1} \frac{d^3 p'_2}{(2\pi)^3 2 E'_2} \; . \tag{15.5.54}$$

Die Integration über $\mathbf{p}'_2$ ergibt[8]

$$
\begin{aligned}
d\Phi_2 &= \frac{1}{(2\pi)^2}\delta(E'_1 + E'_2 - E_1 - E_2)\frac{d^3p'_1}{4E'_1 E'_2} \\
&= \frac{\delta(E'_1 + E'_2 - E_1 - E_2)p'^2_1 dp'_1 d\Omega'_1}{16\pi^2 E'_1 E'_2} ,
\end{aligned} \tag{15.5.55}
$$

wobei in dieser Gleichung $E'_2 \equiv E_{\mathbf{p}'_2=\mathbf{p}_1+\mathbf{p}_2-\mathbf{p}'_1}$ zu setzen ist. Die weitere Integration über $p_1 \equiv |\mathbf{p}'_1|$ ergibt[9]

$$
d\Phi_2 = \frac{|\mathbf{p}'_1|^2}{16\pi^2 E'_1 E'_2 \frac{\partial(E'_1+E'_2)}{\partial|\mathbf{p}'_1|}}d\Omega'_1 . \tag{15.5.56}
$$

Im Schwerpunktsystem ist $\mathbf{p}'_2 = -\mathbf{p}'_1$. Aus

$$
E'^2_f = m'^2_f + \mathbf{p}'^2_f, \quad f = 1,2 \tag{15.5.57}
$$

folgt

$$
\frac{\partial(E'_1 + E'_2)}{\partial|\mathbf{p}'_1|} = |\mathbf{p}'_1|\left(\frac{1}{E'_1} + \frac{1}{E'_2}\right) = |\mathbf{p}'_1|\frac{E_1 + E_2}{E'_1 E'_2} . \tag{15.5.58}
$$

Setzt man dies in (15.5.56), (15.5.58) und (15.5.52) in (15.5.50) ein, erhält man für den differentiellen Streuquerschnitt im Schwerpunktsystem

$$
\left.\frac{d\sigma}{d\Omega}\right|_{SP} = \frac{1}{4}\frac{1}{(4\pi)^2(E_1 + E_2)^2}\frac{|\mathbf{p}'_1|}{|\mathbf{p}_1|}\prod_{\substack{\text{äußere} \\ \text{Fermionen}}}(2m_{\text{Fermi}})|\mathcal{M}|^2. \tag{15.5.59}
$$

Das ist der gesuchte allgemeine Zusammenhang zwischen dem differentiellen Streuquerschnitt und der Amplitude $\mathcal{M}$. Der Spezialfall von Elektron-Elektron-Streuung wurde in Abschn. 15.5.3.1 ausgewertet.

15.5.3.3 Compton–Streuung

Unter der Compton-Streuung versteht man die Streuung eines Photons an einem freien Elektron. In der Praxis sind die Elektronen zwar oft gebunden, aber wegen der hohen Energie der Photonen können sie dennoch als frei angesehen werden[10]. Bei diesem Streuvorgang

---

[8] Die Größe des Phasenraums ändert sich beim Übergang von (15.5.54) zu (15.5.56), da schließlich der Querschnitt pro Raumwinkelelement $d\Omega'_1$ berechnet wird, unabhängig von $|\mathbf{p}'_1|$ und $\mathbf{p}'_2$. Wir ändern dabei die Bezeichnungsweise $d\Phi$ nicht.

[9] $\delta(f(x)) = \sum_{x_0}\frac{1}{|f'(x_0)|}\delta(x - x_0)$, wo sich die Summation über alle (einfachen) Nullstellen von $f(x)$ erstreckt.

[10] Die große historische Bedeutung des Compton-Effekts für die Entwicklung des quantenmechanischen Weltbildes wurde in QM I, Abschnitt 1.2.1.3 dargestellt.

$$e^- + \gamma \longrightarrow e^- + \gamma$$

enthält der Anfangszustand ein Elektron und ein Photon und desgleichen der Endzustand.

In der zweiten Ordnung der Störungstheorie ergibt das Wicksche Theorem zwei Beiträge mit jeweils einer Kontraktion zweier Fermion-Operatoren ψ und $\bar\psi$. Die beiden Feynman-Diagramme sind in Abb. 15.12 dargestellt. Daraus läßt sich eine weitere Feynman-Regel ablesen. Jeder inneren Fermionlinie entspricht ein Propagator $\mathrm{i}S_F(p) = \frac{\mathrm{i}}{\not p - m + \mathrm{i}\varepsilon}$. Die beiden Diagramme $b)$ und $c)$ sind topologisch äquivalent, man muß nur eines der beiden berücksichtigen.

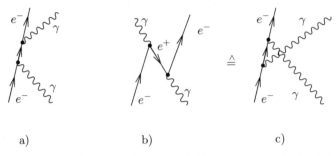

a)   b)   c)

Abb. 15.12. Compton-Streuung a) Ein Photon wird absorbiert und danach ein Photon emittiert. b) Das Photon erzeugt zunächst ein e^+e^--Paar. Dieses Diagramm ist topologisch äquivalent zu c), wo zuerst ein Photon emittiert wird und erst danach das einfallende Photon von dem Elektron absorbiert wird.

Bemerkung. Im Zusammenhang mit der Berechnung des Photon-Propagators in der Coulomb-Eichung (Abschnitt 14.5) wurde behauptet, daß der Photon-Propagator nur in der Kombination $j_\mu D_F^{\mu\nu} j_\nu$ auftritt. Wir erläutern dies in der zweiten Ordnung der Störungstheorie, für die der Beitrag zur S-Matrix

$$S^{(2)} = \frac{(-\mathrm{i})^2}{2!} \int\int d^4x\, d^4x'\, T\left(j^\mu(x)A_\mu(x)j^\nu(x')A_\nu(x')\right)$$

$$= \frac{(-\mathrm{i})^2}{2!} \int\int d^4x\, d^4x'\, T\left(j^\mu(x)j^\nu(x')\right) T\left(A_\mu(x)A_\nu(x')\right)$$

lautet, da die Elektronen- und Photonoperatoren miteinander vertauschen. Die Kontraktion der beiden Photonenfelder ergibt

$$\int d^4x\, d^4x'\, T\left(j^\mu(x)j^\nu(x')\right) D_{F\mu\nu}(x-x') = \int d^4k\, T\left(j^\mu(k)j^\nu(k)\right) D_{F\mu\nu}(k),$$

und wegen der Kontinuitätsgleichung $j^\mu(k)k_\mu = 0$ verschwinden die Beträge des in (E.26c) als redundant bezeichneten Anteils von $D_{F\mu\nu}(k)$.

15.5.4 Feynman-Regeln der Quantenelektrodynamik

Durch die Analyse der Streuprozesse in den Abschnitten 15.5.2 und 15.5.3 unter Verwendung des Wickschen Theorems konnten wir die wichtigsten Elemente der Feynman-Regeln ableiten, die die Zuordnung der analytischen

Ausdrücke zu den Feynman-Diagrammen angeben. Wir fassen diese in der folgenden Aufstellung und in Abb. 15.13 zusammen.

Für vorgegebene Anfangs- und Endzustände $|i\rangle$ und $|f\rangle$ hat das S-Matrixelement die Gestalt

$$\langle f|\, S\, |i\rangle$$

$$= \delta_{fi} + \left[(2\pi)^4 \delta^{(4)}(P_f - P_i) \left(\prod_{\substack{\text{äuß.}\\\text{Fermion}}} \sqrt{\frac{m}{VE}} \right) \left(\prod_{\substack{\text{äuß.}\\\text{Photon}}} \sqrt{\frac{1}{2V|\mathbf{k}|}} \right) \right] \mathcal{M},$$

wobei P_i und P_f die Gesamtimpulse des Anfangs- und Endzustandes sind. Zur Bestimmung von $\mathcal{M}$ zeichnet man alle topologisch verschiedenen Diagramme bis zu der gewünschten Ordnung in der Wechselwirkung, und summiert über die Amplituden dieser Diagramme. Die Amplitude, die einem bestimmten Feynman-Diagramm zukommt, bestimmt man folgendermaßen.

1. Jedem Vertexpunkt ist ein Faktor $-\mathrm{i}e\gamma^\mu$ zugeordnet.
2. Für jede innere Photonlinie schreibt man einen Faktor $\mathrm{i}D_{F\mu\nu}(k) = \mathrm{i}\frac{-g^{\mu\nu}}{k^2 + \mathrm{i}\epsilon}$.
3. Für jede innere Fermionlinie setzt man $\mathrm{i}S_F(p) = \mathrm{i}\frac{1}{\not{p} - m + \mathrm{i}\epsilon}$.
4. Den äußeren Linien sind die folgenden freien Spinoren und Polarisations-vektoren zugeordnet:
   Einlaufendes Elektron: $u_r(p)$
   Auslaufendes Elektron: $\bar{u}_r(p)$
   Einlaufendes Positron: $\bar{w}_r(p)$
   Auslaufendes Positron: $w_r(p)$
   Einlaufendes Photon: $\epsilon_{\lambda\mu}(\mathbf{k})$
   Auslaufendes Photon: $\epsilon_{\lambda\mu}(\mathbf{k})$
5. Die Spinorfaktoren (γ-Matrizen, S_F-Propagatoren, Viererspinoren) sind für jede Fermionlinie so geordnet, daß man von rechts nach links lesend den Pfeilen entlang der Fermionlinie folgt.
6. Für jede in sich geschlossene Fermionlinie ist ein Faktor (-1) zu setzen und erfolgt Spurbildung in den Spinorindizes.
7. An jedem Vertex erfüllen die Viererimpulse der drei dort zusammentref-fenden Linien die Energie- und Impulserhaltung.
8. Über alle freien (durch die Viererimpulserhaltung nicht festgelegten) in-neren Impulse ist zu integrieren: $\int \frac{d^4q}{(2\pi)^4}$.
9. Man multipliziere mit einem Phasenfaktor $\delta_p = 1(-1)$, falls eine gerade (ungerade) Anzahl von Transpositionen notwendig ist, um die Fermion-Operatoren auf Normalordnung zu bringen.

Ein Beispiel für ein Diagramm mit einer in sich geschlossenen Fermionen-schleife ist das Selbstenergiediagramm des Photons in Abb. 15.21, ein zwei-tes Beispiel ist das Vakuumdiagramm von Abb. 15.14. Vakuumdiagramme sind Diagramme ohne äußere Linien. Das Minuszeichen für eine geschlos-

Feynman-Regeln der Quantenelektrodynamik im Impulsraum
Äußere Linien:

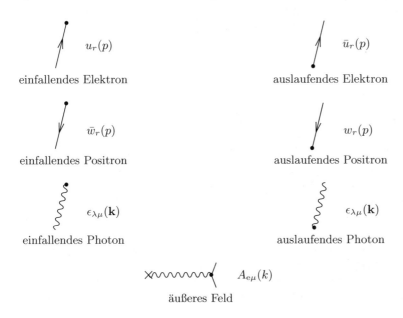

Innere Linien:

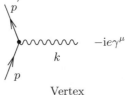

Abb. 15.13. Die Feynman-Regeln der Quantenelektrodynamik. Bemerkung: Bei den äußeren Linien und den Propagatoren wurden deren Ansatzpunkte an einen Vertex durch einen kleinen Punkt markiert.

Abb. 15.14. Das Vakuumdiagramm niedrigster Ordnung

sene Fermion-Schleife hat den folgenden Ursprung. Ausgehend von dem T-Produkt-Teil, welcher die geschlossene Schleife ergibt, $T(\ldots \bar{\psi}(x_1)A(x_1)\psi(x_1)$ $\bar{\psi}(x_2)A(x_2)\psi(x_2)\ldots\bar{\psi}(x_f)A(x_f)\psi(x_f)\ldots)$ muß man den Operator $\bar{\psi}(x_1)$ mit einer ungeraden Zahl von Fermi-Feldern permutieren und erhält so die Folge von Propagatoren $\underline{\psi(x_1)\bar{\psi}}(x_2)\ldots\underline{\psi(x_f)\bar{\psi}}(x_1)$ mit einem Minuszeichen.

*15.6 Strahlungskorrekturen

Wir besprechen hier noch einige weitere typische Elemente von Feynman–Diagrammen, die bei Streuprozessen zu höheren Korrekturen in der Ladung führen. Man nennt diese Korrekturen generell *Strahlungskorrekturen*. Wenn man z.B. zur Elektron-Elektron-Streuung höhere Feynman-Diagramme hinzunimmt, erhält man Korrekturen in Potenzen der Sommerfeldschen Feinstrukturkonstanten α. Ein Teil dieser Diagramme hat eine ganz neue Gestalt, andere wiederum lassen sich auf eine Abänderung des Elektron-Propagators oder des Photon-Propagators oder des Elektron-Elektron-Photon-Vertex zurückführen. Mit diesen letzten Elementen von Feynman-Diagrammen wollen wir uns in diesem Abschnitt beschäftigen. Dem Leser soll ein grober qualitativer Eindruck von der Berechnung höherer Korrekturen, der Regularisierung und Renormierung vermittelt werden. Auf detaillierte Rechnungen muß verzichtet werden.[11]

15.6.1 Selbstenergie des Elektrons

15.6.1.1 Selbstenergie und Dyson–Gleichung

Wie schon früher bemerkt wurde, wechselwirkt ein Elektron mit seinem eigenen Strahlungsfeld. Es kann Photonen emittieren und diese wieder reabsorbieren. Diese Phänomene, die durch störungstheoretische Beiträge höherer Ordnung beschrieben werden, beeinflussen die Propagationseigenschaften des Elektrons. Wird z.B. eine Fermionlinie in einem Diagramm durch den in Abb. 15.15 dargestellten Diagrammteil ersetzt, so führt das analytisch für den Propagator insgesamt (a+b) zu der Ersetzung

$$S_F(p) \to S'_F(p) = S_F(p) + S_F(p)\Sigma(p)S_F(p) \,. \tag{15.6.1}$$

Den aus einer Photon- und einer Fermionlinie bestehenden, blasenförmigen Teil in Abb. 15.15 nennt man *Selbstenergie* $\Sigma(p)$. Der zugehörige analytische Ausdruck wird in Gl. (15.6.4) angegeben. Summiert man Prozesse dieser Art auf,

$$S'_F(p) = S_F(p) + S_F(p)\Sigma(p)S_F(p) + S_F(p)\Sigma(p)S_F(p)\Sigma(p)S_F(p) + \ldots$$

$$= S_F(p) + S_F(p)\Sigma(p)\Big(S_F(p) + S_F(p)\Sigma(p)S_F(p) + \ldots\Big), \tag{15.6.2a}$$

---

[11] Siehe z.B. J.M. Jauch and F. Rohrlich, op. cit., S. 178ff, J.D. Bjorken und S.D. Drell, *Relativistische Quantenmechanik*, S. 166ff

(a)   (b)

Abb. 15.15. Ersetzung eines Fermionpropagators (a) durch zwei Propagatoren mit einem Selbstenergieeinsatz (b)

so erhält man die *Dyson-Gleichung*

$$S'_F(p) = S_F(p) + S_F(p)\Sigma(p)S'_F(p) ,\tag{15.6.2b}$$

mit der Lösung

$$S'_F(p) = \frac{1}{(S_F(p))^{-1} - \Sigma(p)} .\tag{15.6.3}$$

Somit gibt die Selbstenergie $\Sigma(p)$ bzw. das zugehörige *Selbstenergie–Diagramm* unter anderem eine Korrektur zur Masse und eine Abänderung der Energie der Teilchen, woraus sich der Name erklärt. Die diagrammatische Darstellung von (15.6.2a) und (15.6.2b) findet sich in Abb. 15.16. Im Unterschied zum freien (oder auch nackten) Propagator $S_F(p)$ nennt man $S'_F(p)$ den wechselwirkenden Propagator. Diagrammatisch stellen wir $S'_F(p)$ durch die Doppellinie dar.

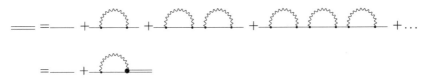

Abb. 15.16. Diagrammatische Darstellung der Dyson-Gleichung (15.6.2a,b). Der Propagator $S'_F(p)$ wird durch den Doppelstrich dargestellt.

Einige Selbstenergiediagramme höherer Ordnung wurden bereits in Abb. 15.2 angegeben. Generell bezeichnet man einen Diagrammteil als Selbstenergiebeitrag, wenn er zum Rest des Diagramms nur durch zwei $S_F(p)$-Propagatoren verbunden ist. Ein Selbstenergiediagramm heißt *eigentlich* (auch Einteilchen-irreduzibel), wenn es nicht durch Durchschneiden einer einzigen $S_F(p)$-Linie in zwei Teile zerlegt werden kann, anderenfalls heißt es *uneigentlich*. Die Selbstenergiediagramme in Abb. 15.2 sind alle eigentlich. Der zweite Summand in der ersten Zeile von Abb. 15.16 enthält einen eigentlichen Selbstenergieanteil, die weiteren uneigentliche. Man kann die Dyson-Gleichung (15.6.2b) auf beliebige höhere Ordnung erweitern; dann besteht $\Sigma(p)$ in (15.6.2b) und (15.6.3) aus der Summe aller eigentlichen Selbstenergiediagramme.

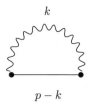

Abb. 15.17. Niedrigstes (irreduzibles) Selbstenergie-diagramm des Elektrons

Der analytische Ausdruck zu dem Selbstenergie-Diagramm niedrigster Ordnung Abb. 15.17, welcher als Teil in Abb. 15.15 enthalten ist, lautet nach den Feynman-Regeln

$$-\mathrm{i}\Sigma(p) = \frac{(-\mathrm{i}e)^2}{(2\pi)^4} \int d^4 k \mathrm{i} D_{F\mu\nu}(k)\gamma^\mu \mathrm{i} S_F(p-k)\gamma^\nu$$

$$= \frac{e^2}{(2\pi)^4} \int d^4 k \frac{1}{k^2 + \mathrm{i}\epsilon} \frac{2\not{p} - 2\not{k} - 4m}{(p-k)^2 - m^2 + \mathrm{i}\epsilon}. \tag{15.6.4}$$

Das Integral ist ultraviolettdivergent, und zwar divergiert es an der oberen Grenze logarithmisch.

Der nackte (freie) Propagator $\frac{\mathrm{i}}{\not{p}-m+\mathrm{i}\epsilon}$ hat einen Pol bei der nackten Masse $\not{p} = m$, d.h. $\frac{\mathrm{i}}{\not{p}-m+\mathrm{i}\epsilon} = \frac{\mathrm{i}(\not{p}+m)}{p^2-m^2+\mathrm{i}\epsilon}$ hat einen Pol bei $p^2 = m^2$. Entsprechend wird der wechselwirkende aus (15.6.3) folgende Propagator

$$\mathrm{i} S_F'(p) = \frac{\mathrm{i}}{\not{p} - m - \Sigma(p) + \mathrm{i}\epsilon} \quad . \tag{15.6.5}$$

einen Pol bei einer davon verschiedenen, *physikalischen* oder *renormierten* Masse

$$m_R = m + \delta m \tag{15.6.6}$$

besitzen. Durch die Emission und Reabsorption von virtuellen Photonen ändert sich die Masse des Elektrons (siehe z.B. auch die Diagramme von Abb. 15.2).Wir schreiben (15.6.5) mit (15.6.6) um,

$$\mathrm{i} S_F'(p) = \frac{\mathrm{i}}{\not{p} - m_R - \Sigma(p) + \delta m + \mathrm{i}\epsilon} \quad . \tag{15.6.7}$$

15.6.1.2 Physikalische und nackte Masse, Massenrenormierung

Es ist zweckmäßig, den Fermionteil der Lagrange-Dichte und entsprechend des Hamilton-Operators folgendermaßen umzudefinieren

$$\begin{aligned}
\mathcal{L} &\equiv \bar\psi(\mathrm{i}\not\partial - m)\psi - e\bar\psi\not{A}\psi \\
&= \bar\psi(\mathrm{i}\not\partial - m_R)\psi - e\bar\psi\not{A}\psi + \delta m\,\bar\psi\psi \,, \tag{15.6.8}
\end{aligned}$$

Abb. 15.18. Feynman-Diagramm für die Massenkorrektur (Massengegenterm) $-\delta m\, \bar\psi\psi$

so daß die freie Lagrange–Dichte die physikalische Masse enthält. Dabei ist berücksichtigt, daß durch die nichtlineare Wechselwirkung in $\mathcal{L}_1$ die nackte Masse m abgeändert wird, und daß die dadurch entstehende physikalische, im Experiment beobachtbare Masse m_R sich von m nach (15.6.6) unterscheidet. Einzelne Teilchen, die weit voneinander entfernt sind, und nicht miteinander wechselwirken, wie es bei der Streuung von Teilchen vor und nach dem Streuprozeß der Fall ist, besitzen diese physikalische Masse m_R. Es tritt nach Gl. (15.6.8) in der Hamilton–Dichte neben $e\bar\psi\slashed{A}\psi$ ein weiterer Störterm, nämlich $-\delta m\, \bar\psi\psi$ auf. Das δm ist so zu bestimmen, daß die Effekte der beiden Terme im modifizierten Wechselwirkungsteil,

$$\mathcal{H}_I = e\bar\psi\slashed{A}\psi - \delta m\, \bar\psi\psi , \qquad (15.6.9)$$

zusammen keine Änderung der physikalischen Elektronenmasse ergeben. Der Störterm $-\delta m\, \bar\psi\psi$ wird diagrammatisch in Abb. 15.18 dargestellt. Er hat die Form eines Vertex mit zwei Linien. Durch die Subtraktion des Massengliedes, $-\delta m\, \bar\psi\psi$, erreicht man, daß die „nackten" Teilchen dieser so umdefinierten Lagrange-Dichte die gleiche Masse und damit das gleiche Energiespektrum wie die physikalischen Teilchen haben, nämlich m_R. Zusammen mit jedem Selbstenergieeinsatz der Form 15.19a) tritt der Massengegenterm b) auf, der den k-unabhängigen Beitrag von a) kompensiert. In höherer Ordnung in e kommen weitere eigentliche Selbstenergiediagramme hinzu, und δm enthält höhere Korrekturen in e. Auch für die umdefinierte Lagrange–Dichte (15.6.8) bzw. die Wechselwirkungs–Hamilton–Dichte (15.6.9) hat der Propagator die

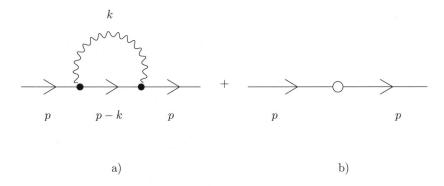

Abb. 15.19. Die niedrigsten Selbstenergiebeiträge nach der Lagrange–Dichte (15.6.8) bzw. (15.6.9) a) Selbstenergie wie in Gl. (15.6.4) mit $m \to m_R$, b) Massengegenterm aufgrund der Massenkorrektur in (15.6.9).

Form (15.6.7), wobei die Selbstenergie $\Sigma(p)$

$$-i\Sigma(p) = -e^2 \int \frac{d^4k}{(2\pi)^4} \frac{-i}{k^2 + i\epsilon} \gamma_\nu \frac{i}{\not p - \not k - m_R + i\epsilon} \gamma^\nu \qquad (15.6.10)$$

sich von (15.6.4) nur durch das Auftreten der Masse m_R unterscheidet. Die Massenverschiebung δm ergibt sich aus der Bedingung, daß der dritte und vierte Term im Nenner von (15.6.7) zusammen zu keiner Änderung der (physikalischen) Masse führen, daß also $iS'_F(p)$ einen Pol bei $\not p = m_R$ hat:

$$\Sigma(p)|_{\not p = m_R} = \delta m \quad . \qquad (15.6.11)$$

15.6.1.3 Regularisierung und Ladungsrenormierung

Da der Integrand in (15.6.10) nur wie k^{-3} abfällt, ist das Integral ultraviolett-divergent. Zur Bestimmung der in $\Sigma(p)$ enthaltenen physikalischen Effekte ist deshalb notwendig eine Regularisierung vorzunehmen, durch die das Integral endlich wird. Eine Möglichkeit besteht darin, den Photonpropagator durch

$$\frac{1}{k^2 + i\epsilon} \longrightarrow \frac{1}{k^2 - \lambda^2 + i\epsilon} - \frac{1}{k^2 - \Lambda^2 + i\epsilon} \qquad (15.6.12)$$

zu ersetzen. Hier ist Λ eine große Abschneidewellenzahl: für $k \ll \Lambda$ bleibt der Propagator ungeändert und für $k \gg \Lambda$ fällt er wie k^{-4} ab, so daß $\Sigma(p)$ endlich wird. Im Grenzfall $\Lambda \to \infty$ ergibt sich die ursprüngliche QED. Außerdem ist λ eine artifizielle Photonmasse, die eingeführt wird, um Infrarotdivergenzen zu vermeiden, und die letztlich Null gesetzt wird. Mit der Regularisierung (15.6.12) wird $\Sigma(p)$ endlich. Es ist zweckmässig, $\Sigma(p)$ nach Potenzen von $(\not p - m_R)$ zu entwickeln,

$$\Sigma(p) = A - (\not p - m_R)B + (\not p - m_R)^2 \Sigma_f(p) \ . \qquad (15.6.13)$$

Man sieht aus (15.6.10), daß die p-unabhängigen Koeffizienten A und B logarithmisch in Λ divergieren, während $\Sigma_f(p)$ endlich und unabhängig von Λ ist. Wenn man $\Sigma(p)$ von links und rechts mit Spinoren zur Masse m_R multipliziert, bleibt nur die Konstante A übrig. Falls man $\frac{\partial \Sigma(p)}{\partial p_\mu}$ betrachtet, und von links und rechts mit Spinoren multipliziert, bleibt nur $-\gamma^\mu B$ übrig. Dies wird später im Zusammenhang mit der Ward-Identität benötigt.

Das Ergebnis der expliziten Rechnung ist[11]: Nach Gl. (15.6.11) erhält man für die Massenverschiebung δm

$$\delta m = A = \frac{3m_R\alpha}{2\pi} \log \frac{\Lambda}{m_R} \ , \qquad (15.6.14)$$

eine logarithmische Divergenz. Der Koeffizient B ist

$$B = \frac{\alpha}{4\pi} \log \frac{\Lambda^2}{m_R^2} - \frac{\alpha}{2\pi} \log \frac{m_R^2}{\lambda^2} . \tag{15.6.15}$$

Die explizite Form der endlichen Funktion $\Sigma_f(p)$ werden wir im folgenden nicht benötigen. Folglich ergibt sich aus (15.6.5) und (15.6.13)

$$\begin{aligned}
\mathrm{i}S_F'(p) &= \frac{\mathrm{i}}{(\not{p} - m_R)\,[1 + B - (\not{p} - m_R)\Sigma_f(p)]} \\
&= \frac{\mathrm{i}}{(\not{p} - m_R)\,(1 + B)\,(1 - (\not{p} - m_R)\Sigma_f(p)) + \mathcal{O}(\alpha^2)} \\
&= \frac{\mathrm{i}Z_2}{(\not{p} - m_R)\,(1 - (\not{p} - m_R)\Sigma_f(p)) + \mathcal{O}(\alpha^2)}
\end{aligned} \tag{15.6.16}$$

mit

$$Z_2^{-1} \equiv 1 + B = 1 + \frac{\alpha}{4\pi}\left(\log \frac{\Lambda^2}{m_R^2} - 2\log \frac{m_R^2}{\lambda^2} \right) \quad . \tag{15.6.17}$$

Z_2 ist die sog. Wellenfunktion-Renormierungskonstante.

Nun läuft ein Propagator zwischen zwei Vertizes, die beide einen Faktor e mit sich bringen. Den Faktor Z_2 kann man deshalb in zwei Faktoren $\sqrt{Z_2}$ zerlegen und den Wert der Ladung unter Bedachtnahme auf die zwei in jedem Vertex eingehenden Fermionen umdefinieren

$$e_R' = Z_2 e \equiv (1 - B)e . \tag{15.6.18}$$

Hier ist e_R' die vorläufige *renormierte Ladung*. Wir werden anschließend noch zwei weitere Renormierungen vornehmen. Der nach der Renormierung verbleibende Elektronpropagator hat die Form

$$\begin{aligned}
\mathrm{i}\tilde{S}_F'(p) &= Z_2^{-1}\mathrm{i}S_F'(p) \\
&= \frac{\mathrm{i}}{(\not{p} - m_R)\,(1 - (\not{p} - m_R)\Sigma_f(p)) + \mathcal{O}(\alpha^2)}
\end{aligned} \tag{15.6.19}$$

und ist endlich.

15.6.1.4 Renormierung von äußeren Elektronenlinien

Das Diagramm 15.20a enthält einen Selbstenergieeinsatz in einer äußeren Elektronenlinie. Dieses führt zusammen mit dem Massengegenterm von Abb. 15.20b zu der folgenden Änderung des Spinors des einfallenden Elektrons

$$\begin{aligned}
u_r(p) &\to u_r(p) + \frac{\mathrm{i}}{\not{p} - m_R + \mathrm{i}\epsilon}\left(\mathrm{i}(\not{p} - m_R)B - \mathrm{i}(\not{p} - m_R)^2 \Sigma_f(p) \right)u_r \\
&\to \left(1 - \frac{\mathrm{i}}{\not{p} - m_R + \mathrm{i}\epsilon}(\not{p} - m_R)B \right)u_r(p) ,
\end{aligned} \tag{15.6.20}$$

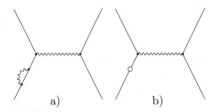

Abb. 15.20. a) Ein Diagramm mit einem Selbstenergieeinsatz in einer äußeren Fermionlinie. b) Massenkorrekturterm

da der letzte Term in der ersten Zeile wegen $(\not{p} - m_R) u_r(p) = 0$ verschwindet. Der Ausdruck in der zweiten Zeile ist unbestimmt, wie man sieht, wenn man einmal die beiden Operatoren gegeneinander kürzt oder andererseits $(\not{p} - m_R)$ auf $u_r(p)$ anwendet. Mit Hilfe des adiabatischen Ein- und Ausschaltens der Wechselwirkung

$$\mathcal{H}_I = \zeta(t) e\, \bar{\psi} \gamma_\mu \psi A^\mu - \zeta(t)^2 \delta m\, \bar{\psi}\psi, \tag{15.6.21}$$

wobei $\lim_{t \to \pm\infty} \zeta(t) = 0$, und $\zeta(0) = 1$ ist, wird (15.6.20) durch einen wohldefinierten mathematischen Ausdruck ersetzt, mit dem Ergebnis

$$u_r(p) \to u_r(p)\sqrt{1 - B}\,. \tag{15.6.22}$$

Das bedeutet, daß auch die äußeren Linien in der Renormierung der Ladung genauso wie die inneren Linien einen Faktor $\sqrt{1 - B}$ liefern, d.h. auch für Vertizes mit äußeren Linien gilt Gl. (15.6.18)

$$e \to e'_R = (1 - B)e\,.$$

Abgesehen vom Faktor $Z_2^{1/2}$, der in der Ladungsrenormierung aufgeht, kommt es in den äußeren Elektronenlinien zu keinen Strahlungskorrekturen. Das Ergebnis (15.6.22) ist anschaulich aus folgenden Gründen zu erwarten. (i) Auch ein äußeres Elektron ist irgendwo emittiert worden und somit ein inneres Elektron in einem größeren Prozeßablauf. Es liefert deshalb an jedem Vertex einen Faktor $\sqrt{1 - B}$. (ii) Den Übergang vom Fermionpropagator S'_F zu $\tilde{S}'_F$ in Gl. (15.6.19) kann man als Ersetzung des Feldes ψ durch ein renormiertes Feld $\psi_R = Z_2^{-1/2}\psi + \ldots$ ansehen, oder $Z_2^{1/2}\psi_R = \psi + \ldots$. Hieraus erkennt man auch, daß Z_2 die Bedeutung der Wahrscheinlichkeit hat, in einem physikalischen Elektron lediglich ein nacktes Elektron zu finden.

15.6.2 Selbstenergie des Photons, Vakuumpolarisation

Der niedrigste Beitrag zur Photon-Selbstenergie ist in Abb. 15.21 dargestellt. Dieses Diagramm gibt einen Beitrag zum Photonpropagator. Das Photon erzeugt ein virtuelles Elektron-Positron-Paar, welches anschließend durch Selbstvernichtung wieder in ein Photon übergeht. Man spricht hier mit Hinweis auf das fluktuierende Dipolmoment des virtuellen Elektron–Positron-Paars, das durch ein elektrisches Feld auch polarisiert werden kann, von der *Vakuumpolarisation*.

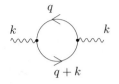

Abb. 15.21. Vakuumpolarisation, ein Photon zerfällt in ein Elektron-Positron-Paar, welches wieder zu einem Photon rekombiniert

Der analytische Ausdruck zu Abb. 15.21 ist nach den Feynman-Regeln

$$\Pi_{\mu\nu}(k, m_R) = \int \frac{d^4q}{(2\pi)^4}(-1)$$

$$\times \ \mathrm{Sp}\left((-ie\gamma_\mu)\frac{i}{\slashed{q} + \slashed{k} - m_R + i\epsilon}(-ie\gamma_\nu)\frac{i}{\slashed{q} - m_R + i\epsilon}\right). \qquad (15.6.23)$$

Zunächst scheint es, als ob dieser Ausdruck quadratisch an der oberen Grenze divergiert. Wegen der Eichinvarianz sind die Ultraviolettbeiträge jedoch nur logarithmisch divergent.

Eine Regularisierung durch Abschneiden des Integrals bei einer Wellenzahl Λ würde die Eichinvarianz verletzen. Man regularisiert (15.6.23) deshalb nach der Pauli-Villars-Methode[11], indem man $\Pi_{\mu\nu}(k, m_R)$ durch $\Pi^R_{\mu\nu}(k, m_R) \equiv \Pi_{\mu\nu}(k, m_R)$ $- \sum_i C_i \Pi_{\mu\nu}(k, M_i)$ ersetzt, wo die M_i große, zusätzliche, fiktive Fermionmassen sind, und die Koeffizienten $\sum_i C_i = 1$, $\sum_i C_i M_i^2 = m_R^2$ erfüllen. Im Endergebnis geht nur $\log \frac{M^2}{m_R^2} \equiv \sum_i C_i \log \frac{M_i^2}{m_R^2}$ ein.

Letztlich nimmt der Photonpropagator aufgrund der Vakuumspolarisations–Selbstenergiebeiträge für kleine k die Form

$$iD'_{\mu\nu}(k) = -\frac{ig_{\mu\nu}}{k^2 + i\epsilon}Z_3\left(1 - \frac{\alpha}{\pi m_R^2}\left(\frac{1}{15} - \frac{1}{40}\left(\frac{k^2}{m_R^2}\right)\right)\right) \qquad (15.6.24)$$

an, wo

$$Z_3 \equiv 1 - C = 1 - \frac{\alpha}{3\pi}\log\frac{M^2}{m_R^2} \qquad (15.6.25)$$

die Renormierungskonstante des Photon-Feldes ist. Auch dieser Faktor führt zu einer Renormierung der Ladung

$$e''^2_R \equiv Z_3 e'^2 \approx \left(1 - \frac{\alpha}{3\pi}\log\frac{M^2}{m_R^2}\right)e^2. \qquad (15.6.26)$$

Der nach der Ladungsrenormierung verbleibende Photonpropagator hat für kleine k die Form

$$i\tilde{D}'_{F\mu\nu}(k) = Z_3^{-1}iD'_{F\mu\nu}(k)$$
$$= \frac{-ig_{\mu\nu}}{k^2 + i\epsilon}\left(1 - \frac{\alpha k^2}{\pi m_R^2}\left(\frac{1}{15} - \frac{1}{40}\left(\frac{k^2}{m_R^2}\right)\right)\right). \qquad (15.6.27)$$

15.6.3 Vertexkorrekturen

Wir kommen nun zur Diskussion der Vertexkorrekturen. Die dabei auftretenden Divergenzen können ebenfalls durch Renormierung beseitigt werden. Ein Diagramm von der Art der Abb. 15.22a enthält zwei Fermionbeine und

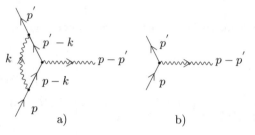

Abb. 15.22. a) Vertexkorrektur, b) Vertex

ein Photonbein, hat also die gleiche Struktur wie der Vertex $\bar{\psi}\gamma^{\mu}A_{\mu}\psi$ in Abb. 15.22b, man spricht deshalb bei Diagrammen dieser Art von Vertexkorrekturen. Das Diagramm 15.22a stellt die niedrigste (niedrigste Potenz in e) Vertexkorrektur dar. Dieses Diagramm ergibt auch den führenden Beitrag zum anomalen magnetischen Moment des Elektrons. Die Amplitude für das Diagramm ohne die äußeren Linien ist durch

$$\Lambda_{\mu}(p',p) = (-\mathrm{i}e)^2 \int \frac{d^4k}{(2\pi)^4} \frac{-\mathrm{i}}{k^2 + \mathrm{i}\epsilon}$$
$$\times \gamma_{\nu} \frac{\mathrm{i}}{p\!\!\!/' - k\!\!\!/ - m_R + \mathrm{i}\epsilon} \gamma_{\mu} \frac{\mathrm{i}}{p\!\!\!/ - k\!\!\!/ - m_R + \mathrm{i}\epsilon} \gamma^{\nu} \tag{15.6.28}$$

gegeben. $\Lambda_{\mu}(p',p)$ ist logarithmisch divergent und wird im folgenden durch die Ersetzung des Photonpropagators nach Gl. (15.6.12) regularisiert. Man kann $\Lambda_{\mu}(p',p)$ in einen Anteil, der im Grenzfall $\Lambda \to \infty$ divergiert und in einen endlichen Teil zerlegen. Wir betrachten zunächst Λ_{μ} von links und rechts mit zwei Spinoren zur Masse m_R multipliziert, $\bar{u}_{r'}(P)\Lambda_{\mu}(P,P)u_r(P)$. Die Impulse derartiger, zu reellen Teilchen gehöriger Spinoren bezeichnen wir hier und im folgenden mit P. Aus Gründen der Lorentz–Invarianz kann dieser Ausdruck nur proportional zu γ_{μ} und P_{μ} sein. Mit Hilfe der Gordon-Identität, Gl. (10.1.5), kann man eine P^{μ}-Abhängigkeit durch γ^{μ} ersetzen, so daß

$$\bar{u}_{r'}(P)\Lambda_{\mu}(P,P)u_r(P) = L\bar{u}_{r'}(P)\gamma_{\mu}u_r(P) \tag{15.6.29}$$

gilt, mit einer noch zu bestimmenden Konstanten L. Für allgemeine Vierervektoren p,p' zerlegen wir $\Lambda_{\mu}(p',p)$ in der Form

$$\Lambda_{\mu}(p',p) = L\gamma_{\mu} + \Lambda_{\mu}^{f}(p',p) \quad . \tag{15.6.30}$$

Während L im Grenzfall $\Lambda \to \infty$ divergiert, ist $\Lambda^f_\mu(p',p)$ endlich. Um dies einzusehen, entwickeln wir den Fermion-Anteil in (15.6.28) nach der Abweichung der Impulsvektoren p und p' von dem in (15.6.29) angenommenen Impulsvektor P von freien physikalischen Teilchen:

$$\left(\frac{1}{\slashed{P} - \slashed{k} - m_R + i\epsilon} - \frac{1}{\slashed{P} - \slashed{k} - m_R + i\epsilon}(\slashed{p}' - \slashed{P})\frac{1}{\slashed{P} - \slashed{k} - m_R + i\epsilon} + \cdots \right)$$

$$\times \gamma_\mu \left(\frac{1}{\slashed{P} - \slashed{k} - m_R + i\epsilon} \right.$$

$$\left. - \frac{1}{\slashed{P} - \slashed{k} - m_R + i\epsilon}(\slashed{p} - \slashed{P})\frac{1}{\slashed{P} - \slashed{k} - m_R + i\epsilon} + \cdots \right).$$

$$(15.6.31)$$

Die Divergenz in (15.6.28) rührt vom führenden Term (dem Produkt der ersten Terme in den Klammern in (15.6.31)) her, dieser ergibt $L\gamma^\mu$, während die restlichen Terme endlich sind.

Der erste Term in (15.6.30) führt zusammen mit γ_μ zur Ersetzung von $\gamma_\mu \to \gamma_\mu(1+L)$ und ergibt eine weitere Renormierung der Ladung

$$e_R = (1+L)e''_R \equiv Z_1^{-1}e''_R . \qquad (15.6.32)$$

Wir brauchen die Konstante L nicht weiter zu berechnen, da wir allgemein zeigen werden, daß sie mit der in (15.6.13) und (15.6.15) eingeführten Konstanten B zusammenhängt und sich mit dieser in der Ladungsrenormierung kompensiert.

15.6.4 Ward-Identität und Ladungsrenormierung

Die Renormierungsfaktoren für die Ladung ergeben insgesamt

$$e \to e_R = \sqrt{1-C}\,(1-B)(1+L)e . \qquad (15.6.33)$$

Hier kommt $\sqrt{1-C}$ von der Vakuumpolarisation Abb. 15.21, $1-B$ von der Wellenfunktionrenormierung des Elektrons Abb. 15.15 und $1+L$ von der Vertexrenormierung. Es stellt sich jedoch heraus, daß in der Quantenelektrodynamik die Koeffizienten B und L gleich sind. Um diese Gleichheit zu zeigen, schreiben wir die Selbstenergie des Elektrons Gl. (15.6.10) in der Form

$$\Sigma(p) = ie^2 \int \frac{d^4k}{(2\pi)^4} D_F(k)\gamma_\nu S_F(p-k)\gamma^\nu , \qquad (15.6.34)$$

und die Vertexfunktion, Gl. (15.6.28),

$$\Lambda_\mu(p',p) = e^2 \int \frac{d^4k}{(2\pi)^4} D_F(k)\gamma_\nu S_F(p'-k)\gamma_\mu S_F(p-k)\gamma_\nu . \qquad (15.6.35)$$

Nun gilt die Beziehung

$$\frac{\partial S_F(p)}{\partial p^\mu} = -S_F(p)\gamma_\mu S_F(p),$$
(15.6.36)

welche man durch Ableitung von

$$S_F(p)S_F^{-1}(p) = 1$$
(15.6.37)

nach p^μ erhält

$$\frac{\partial S_F(p)}{\partial p^\mu}S_F^{-1}(p) + S_F(p)\frac{\partial}{\partial p^\mu}(\not p - m_R) = 0 \,,$$
(15.6.38)

und nachfolgender Multiplikation mit $S_F(p)$ von rechts. Gl. (15.6.36) besagt, daß die Einfügung eines Vertex γ_μ in eine innere Elektronen-Linie, ohne daß ein Energieübertrag stattfindet, der Ableitung des Elektronenpropagators nach p^μ äquivalent ist (Abb. 15.23). Mit Hilfe dieser Identität läßt sich

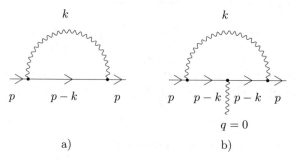

Abb. 15.23. Diagrammatische Darstellung zur Ward-Identität: a) Selbstenergie Diagramm, b) Durch die Ableitung wird ein Vertex für ein Photon mit Impuls null in die Fermionlinie eingesetzt.

die Vertexfunktion (15.6.35) im Grenzfall gleicher Impulse als

$$L\gamma_\mu = \lim_{p' \to p} \Lambda_\mu(p',p)\Big|_{\not p'=m_R \,,\, \not p=m_R}$$
$$= -\mathrm{i}e^2 \int \frac{d^4k}{(2\pi)^4} D_F(k)\gamma_\nu \frac{\partial S_F(p-k)}{\partial(p-k)^\mu}\gamma^\nu$$
(15.6.39)
$$= -\mathrm{i}e^2 \int \frac{d^4k}{(2\pi)^4} D_F(k)\gamma_\nu \frac{\partial S_F(p-k)}{\partial p^\mu}\gamma^\nu$$

schreiben. Andererseits erhält man aus der Definition von B in Gl. (15.6.13)

$$
\begin{aligned}
\bar{u}_{r'}(p) B \gamma_\mu u_r(p) &= \bar{u}_{r'}(p) \left(\frac{-\partial \Sigma(p)}{\partial p^\mu} \right) u_r(p) \\
&= \bar{u}_{r'}(p) \left(e^2 \int \frac{d^4 k}{(2\pi)^4} D_F(k) \gamma_\nu \frac{\partial S_F(p-k)}{\partial p^\mu} \gamma^\nu \right) u_r(p) \\
&= \bar{u}_{r'}(p) L \gamma_\mu u_r(p) \,,
\end{aligned}
\tag{15.6.40}
$$

woraus die Gleichung

$$
B = L \tag{15.6.41}
$$

folgt. Diese Relation impliziert

$$
(1 - B)(1 + L) = 1 + \mathcal{O}(\alpha^2) \,, \tag{15.6.42}
$$

so daß sich die Ladungsrenormierung zu

$$
e \to e_R = \sqrt{1 - C} \, e \equiv Z_3^{1/2} e \tag{15.6.43}
$$

vereinfacht. Die renormierte Ladung e_R ist gleich der experimentell gemessenen Ladung $e_R^2 \equiv \frac{4\pi}{137}$. Die nackte Ladung, e^2 ist nach (15.6.26) größer als e_R^2.

Die Renormierungsfaktoren aus der Renormierung des Vertex und der Wellenfunktion des Fermions kompensieren sich. Aus diesem Ergebnis folgt, daß die Ladungsrenormierung unabhängig von der Art der Fermionen ist. Insbesondere ist sie für Elektronen und Myonen gleich. Folglich sind für gleiche nackte Ladungen auch die renormierten Ladungen dieser Teilchen gleich, wie z.B. bei Elektronen und Myonen. Da die Renormierungsfaktoren ($Z-$Faktoren) von den Massen abhängen, wäre das ohne die erwähnte Kompensation nicht der Fall. Die Aussage, daß die Ladungsrenormierung nur von der Feldrenormierung des Photons herrührt, gilt in jeder Ordnung Störungstheorie. Die Relation (15.6.36) und ihre Verallgemeinerung auf höhere Ordnungen, sowie ihre Konsequenz, Gl. (15.6.41), heißt *Ward-Identität*. Sie ist eine allgemeine Folge der Eichinvarianz. Ausgedrückt durch die $Z-$Faktoren Z_1, Z_2, Z_3 lautet die Ward-Identität (15.6.41)

$$
Z_1 = Z_2 \,.
$$

Bemerkungen

(i) Wir fügen hier noch eine Bemerkung über die Form die Strahlungskorrekturen ein, und zwar für die in führender Ordnung in Abschn. 15.5.3.1 und 15.5.3.2 behandelte Elektron–Elektron–Streuung, wobei wir nur die direkte Streuung diskutieren. Das führende Diagramm ist in Abb. 15.24a

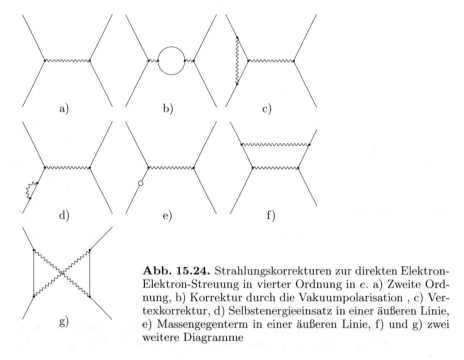

Abb. 15.24. Strahlungskorrekturen zur direkten Elektron-Elektron-Streuung in vierter Ordnung in e. a) Zweite Ordnung, b) Korrektur durch die Vakuumpolarisation , c) Vertexkorrektur, d) Selbstenergieeinsatz in einer äußeren Linie, e) Massengegenterm in einer äußeren Linie, f) und g) zwei weitere Diagramme

dargestellt. Davon ausgehend erhält man Diagramme, die Selbstenergieeinsätze in inneren Linien b) und äußeren Linien d) und Vertexkorrekturen c) enthalten. Diese werden durch die Ladungsrenormierung und durch die Ersetzung von $D \to \tilde{D}'$ und $\gamma_\mu \to (\gamma_\mu + \Lambda_\mu^f)$ berücksichtigt, wie vorhin kurz skizziert wurde. Das Diagramm e) rührt vom Massengegenterm $-\delta m \bar{\psi} \psi$ her. Über diese Diagramme hinaus gibt es in zweiter Ordnung noch zwei weitere f) und g), welche endliche Beiträge liefern.

(ii) Die Quantenelektrodynamik in vier Raum–Zeit–Dimensionen ist renormierbar, da in jeder Ordnung der Störungstheorie alle Divergenzen durch eine endliche Zahl von Umparametrisierungen (Renormierungskonstanten δm, Z_1, Z_2 und Z_3) beseitigt werden können.

15.6.5 Anomales magnetisches Moment des Elektrons

Eine interessante Konsequenz der Strahlungskorrekturen ist deren Auswirkung auf das magnetische Moment des Elektrons. Dazu betrachten wir die Streuung an einem äußeren elektromagnetischen Potential A_e^μ. In der Wechselwirkung (15.6.9) wird also der Feldoperator A^μ durch $A^\mu + A_e^\mu$ ersetzt. Der Prozeß erster Ordnung ist in Abb. 15.25a dargestellt. Der zugehörige analytische Ausdruck ist durch

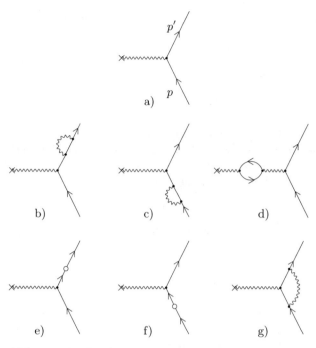

Abb. 15.25. Strahlungskorrekturen zweiter Ordnung zum QED-Vertex mit zwei Fermionen und einem äußeren Potential A_e^μ.

$$-\,\mathrm{i}e_R \bar{u}_{r'}(p')\,A_e(p'-p)u_r(p)$$
$$=-\frac{\mathrm{i}e_R}{2m_R}\,\bar{u}_{r'}(p')\left[(p'+p)^\mu + \mathrm{i}\sigma^{\mu\nu}(p'-p)_\nu\right]u_r(p)A_{e\mu}(p'-p) \quad (15.6.44)$$

gegeben, wo die Gordon–Identität, Gl. (10.1.5), verwendet wurde. Hier wurde unter Vorwegnahme der Ladungsrenormierung (siehe unten) schon die renormierte Ladung eingesetzt. Der zweite Term in den eckigen Klammern ist die Übergangsamplitude für die Streuung eines Spin-$\frac{1}{2}$-Teilchens mit dem magnetischen Moment $\frac{e_R}{2m_R} = -\frac{\hat{e}_0}{2m_R}$, wo $\hat{e}_0$ die Elementarladung[12] ist; d.h. das gyromagnetische Verhältnis ist $g = 2$. Die Prozesse höherer Ordnung sind in Abb. 15.25 b) - g) dargestellt. Die Selbstenergieeinsätze b) c) und der Teilbeitrag C zur Vakuumpolarisation und L zur Vertexkorrektur in Abb. d) und g) führen zur Ladungsrenormierung, d.h. in (15.6.44) tritt statt e die physikalische Ladung e_R auf. Darüber hinaus liefern d) und g) endliche Korrekturen. Für die spinabhängige Streuung ist nur die Vertexkorrektur $\Lambda_\mu^f(p',p)$ von Bedeutung. Die Rechnung ergibt für (15.6.30)[11]

$$\Lambda_\mu^f(p',p) = \gamma_\mu\,\frac{\alpha}{3\pi}\,\frac{q^2}{m_R^2}\left(\log\frac{m_R}{\lambda} - \frac{3}{8}\right) + \frac{\alpha}{8\pi m_R}\,[q\!\!\!/\,,\gamma_\mu] \quad (15.6.45)$$

---

[12] siehe Fußnote 1 in Kap. 14

mit $q = p' - p$. Wenn man den letzten Term dieser Gleichung zu (15.6.44) addiert, erhält man

$$-\mathrm{i}e_R \bar{u}_{r'}(p')(\gamma_\mu + \frac{\mathrm{i}\alpha}{2\pi}\frac{\sigma_{\mu\nu}q^\nu}{2m_R})u_r(p)A_\mathrm{e}^\mu(q) \tag{15.6.46}$$

$$= -\mathrm{i}e_R \bar{u}_{r'}(p') \left[\frac{(p+p')_\mu}{2m_R} + (1 + \frac{\alpha}{2\pi})\frac{\mathrm{i}\sigma_{\mu\nu}q^\nu}{2m_R}\right] u_r(p)A_\mathrm{e}^\mu(q) \ .$$

Der Term $\mathrm{i}\sigma_{\mu\nu}q^\nu A_\mathrm{e}^\mu$ hat im Ortsraum die Form $-\sigma_{\mu\nu}\partial^\nu A_\mathrm{e}^\mu(x) = -\frac{1}{2}\sigma_{\mu\nu}F^{\mu\nu}$. Um das Ergebnis (15.6.46) physikalisch interpretieren zu können, betrachten wir einen effektiven Wechselwirkungs-Hamilton-Operator, der in erster störungstheoretischer Ordnung gerade (15.6.46) liefert:

$$\mathcal{H}^\mathrm{eff} \equiv e_R \int d^3x \left\{ \bar{\psi}(x)\gamma_\mu\psi(x)A_\mathrm{e}^\mu(x) + \frac{\alpha}{2\pi}\frac{1}{2m_R}\bar{\psi}(x)\sigma_{\mu\nu}\psi(x)\partial^\nu A_\mathrm{e}^\mu(x) \right\}$$

$$= e_R \int d^3x \left\{ \frac{\mathrm{i}}{2m_R} \left(\bar{\psi}(x)\left(\partial_\mu\psi(x)\right) - \left(\partial_\mu\bar{\psi}(x)\right)\psi(x) \right) A_\mathrm{e}^\mu(x) \right.$$

$$\left. + \left(1 + \frac{\alpha}{2\pi}\right)\frac{1}{4m_R}\bar{\psi}(x)\sigma_{\mu\nu}\psi F_\mathrm{e}^{\mu\nu}(x) \right\} \ . \tag{15.6.47}$$

Hier wurde wieder die Gordon-Identität benützt. Der erste Term nach dem zweiten Gleichheitszeichen stellt einen konvektiven Strom dar. Der zweite Term kann für ein konstantes Magnetfeld als magnetische Dipolenergie interpretiert werden. Denn dieser kann mit $F^{12} = B^3$, $F^{23} = B^1$, $F^{31} = B^2$, $\sigma_{12} = \Sigma_3$ usw. auf die Form

$$-\mathbf{B} \left(\frac{e_R}{2m_R} \left(1 + \frac{\alpha}{2\pi}\right) 2 \int d^3x \bar{\psi}(x)\frac{\boldsymbol{\Sigma}}{2}\psi(x) \right) \equiv -\mathbf{B}\boldsymbol{\mu} \tag{15.6.48}$$

gebracht werden. Für langsame Elektronen sind die oberen Komponenten der Spinoren wesentlich größer als die unteren. In diesem nichtrelativistischen Grenzfall ist nach (15.6.48) das magnetische Moment eines einzelnen Elektrons effektiv durch

$$\frac{e_R}{2m_R} \left(1 + \frac{\alpha}{2\pi}\right) 2\frac{\boldsymbol{\sigma}}{2} \tag{15.6.49}$$

gegeben, wo $\boldsymbol{\sigma}$ die 2×2 Pauli-Matrizen sind. Den zur Feinstrukturkonstanten proportionalen Beitrag zu (15.6.49) bezeichnet man als das anomale magnetische Moment des Elektrons. Es sei betont, daß (15.6.47) keine fundamentale Wechselwirkung darstellt, sondern nur dazu dient, in erster Ordnung Störungstheorie die Strahlungskorrektur zweiter Ordnung darzustellen. Aus (15.6.49) folgt eine Verschiebung des g-Faktors

$$\frac{g - 2}{2} = \frac{\alpha}{2\pi} = 0.00116 \ .$$

Inklusive der Korrekturen von der Größenordnung α^2 und α^3, die von Diagrammen höherer Ordnung herrühren, ergibt sich

$$\frac{g-2}{2} = 0.0011596524(\pm 4),$$

was in beeindruckender Übereinstimmung mit dem experimentellen Wert

$$0.00115965241(\pm 20)$$

ist. Man kann die Zunahme des magnetischen Momentes folgendermaßen qualitativ verstehen. Das Elektron emittiert und reabsorbiert laufend Photonen, ist also von einer Wolke von Photonen umgeben. Dabei wird ein Teil der Energie und damit der Masse von den Photonen getragen. Deshalb ist effektiv das Verhältnis von Ladung zu Masse für das Elektron erhöht, und dieser erhöhte Wert kommt bei einer Messung des magnetischen Moments in einem Magnetfeld zum Tragen. Im Diagramm 15.25g) hat das Elektron ein Photon vor seiner Wechselwirkung mit dem äußeren Magnetfeld emittiert. Die Korrektur ist proportional zur Emissionswahrscheinlichkeit, also proportional zur Feinstrukturkonstanten α.

Aufgaben zu Kapitel 15

15.1 Bestätigen Sie den Ausdruck (15.2.17) für den Propagator $\phi(x_1)\phi(x_2)$, indem Sie, statt von (15.2.16) auszugehen, direkt (15.2.15) berechnen.

15.2 Die Wechselwirkung des komplexen Klein–Gordon Feldes mit dem Strahlungsfeld lautet nach Gl. (F.7) in erster Ordnung in $A_\mu(x)$

$$\mathcal{H}_I(x) = j^\mu(x)A_\mu(x) \,,$$

$j^\mu = -ie : \frac{\partial \phi^\dagger}{\partial x_\mu}\phi - \frac{\partial \phi}{\partial x_\mu}\phi^\dagger :$ ist die Ladungsstromdichte.
Berechnen Sie den differentiellen Streuquerschnitt für die Streuung an einem Z-fach geladenen Kern. Ergebnis:

$$\frac{d\sigma}{d\Omega} = \frac{(\alpha Z)^2}{4E^2 v^4 \sin^4 \frac{\vartheta}{2}}.$$

15.3 Zeigen Sie, daß für Fermionen

$$\langle e^-, \mathbf{p} | \, j^\mu(x) \, | e^-, \mathbf{p} \rangle = \frac{p^\mu}{V E_\mathbf{p}}$$

gilt, wobei $j^\mu(x)$ der Operator der Stromdichte, $|e^-, \mathbf{p}\rangle = b^\dagger_{\mathbf{p},r}|0\rangle$ und $E_\mathbf{p} = \sqrt{\mathbf{p}^2 + m^2}$ ist.

15.4 Verifizieren Sie Gl. (15.5.39).

15.5 Verifizieren Sie Gl. (15.5.42) und Gl. (15.5.43).

15.6 a) Geben Sie mit Hilfe der Feynman–Regeln den analytischen Ausdruck für die Übergangsamplitude zu den Feynman–Diagrammen der Compton–Streuung Abb. 15.12a,b an.

b) Leiten Sie diese Ausdrücke unter Verwendung des Wickschen Theorems her.

Literatur zu Teil III

A.I. Achieser und W.B. Berestezki, *Quantenelektrodynamik*, Teubner, Leipzig, 1962

I. Aitchison and A. Hey, *Gauge Theories in Particle Physics*, Adam Hilger, Bristol, 1982

J.D. Bjorken, S.D. Drell, *Relativistische Quantenmechanik*, Bibliogr. Institut, Mannheim, 1966

J.D. Bjorken a. S.D. Drell, *Relativistische Quantenfeldtheorie*, B.I. Hochschultaschenbücher, Bibl. Inst. Mannheim, 1967

N.N. Bogoliubov a. D.V. Shirkov, *Quantum Fields*, The Benjamin/Cummings Publishing Company, Inc., London, 1983, Übersetzung: *Quantenfelder*, Physik-Verlag, Weinheim, 1984; und *Introduction to the Theory of Quantized Fields*, 3rd edition, John Wiley & Sons, New York, 1980

S.J. Chang, *Introduction to Quantum Field Theory*, Lecture Notes in Physics Vol. 29, World Scientific, Singapore, 1990

K. Huang, *Quarks, Leptons and Gauge Fields*, World Scientific, Singapore, 1982

C. Itzykson a. J.-B.Zuber, *Quantum Field Theory*, Mc Graw Hill, New York, 1980

J.M. Jauch a. F. Rohrlich, *The Theory of Photons and Electrons*, 2nd ed., Springer, New York, 1976

G. Källen, *Elementary Particle Physics*, Addison Wesley, Reading, 1964

G. Kane, *Modern Elementary Particle Physics*, Addison Wesley, Readwod City, 1987

F. Mandl a. G. Shaw, *Quantum Field Theory*, John Wiley & Sons, Chichester, 1984

O. Nachtmann, *Elementary Particle Physics*, Springer, Heidelberg, 1990

Yu.V. Novozhilov, *Introduction to Elementary Particle Theory*, Pergamon Press, Oxford, 1975

D.H. Perkins, *Introduction to High Energy Physics*, Addison Wesley, Reading, 1987

S.S. Schweber, *An Introduction to Relativistic Quantum Field Theory*, Harper & Row,
New York, 1961.

J.C. Taylor, *Gauge Theories of Weak Interactions*, Cambridge Univ. Press, Cambridge, 1976

S. Weinberg, *The Quantum Theory of Fields*, Cambridge University Press, Cambridge 1995

Anhang

A Alternative Herleitung der Dirac-Gleichung

Wir besprechen hier eine alternative Herleitung der Dirac-Gleichung. Im Zuge dieser Überlegungen wird sich auch eine Ableitung der Pauli-Gleichung ergeben und eine Zerlegung der Dirac-Gleichung, die an die Weyl-Gleichungen für masselose Spin-$\frac{1}{2}$-Teilchen anknüpft.

Der Ausgangspunkt ist zunächst die nichtrelativistische kinetische Energie

$$H = \frac{\mathbf{p}^2}{2m} \rightarrow \frac{1}{2m}\left(\frac{\hbar}{\mathrm{i}}\boldsymbol{\nabla}\right)^2 \tag{A.1}$$

Solange kein äußeres Magnetfeld vorhanden ist, kann statt dieses Hamilton-Operators auch der folgende, völlig äquivalente

$$H = \frac{1}{2m}(\boldsymbol{\sigma}\cdot\mathbf{p})(\boldsymbol{\sigma}\cdot\mathbf{p}) \tag{A.2}$$

verwendet werden, wie man aus der Identität

$$(\boldsymbol{\sigma}\cdot\mathbf{a})(\boldsymbol{\sigma}\cdot\mathbf{b}) = \mathbf{a}\cdot\mathbf{b} + \mathrm{i}\boldsymbol{\sigma}\cdot(\mathbf{a}\times\mathbf{b})$$

erkennt. Wenn man die Ankopplung an das Magnetfeld von (A.1) ausgehend durchführt, muß die Kopplung des Elektronspins an das Magnetfeld noch zusätzlich „per Hand" eingefügt werden. Alternativ kann man von (A.2) ausgehen und für den Hamilton-Operator mit Magnetfeld schreiben

$$\begin{aligned}
H &= \frac{1}{2m}\boldsymbol{\sigma}\cdot\left(\mathbf{p}-\frac{e}{c}\mathbf{A}\right)\boldsymbol{\sigma}\cdot\left(\mathbf{p}-\frac{e}{c}\mathbf{A}\right) \\
&= \frac{1}{2m}\left(\mathbf{p}-\frac{e}{c}\mathbf{A}\right)^2 + \frac{\mathrm{i}}{2m}\boldsymbol{\sigma}\cdot\left[\left(\mathbf{p}-\frac{e}{c}\mathbf{A}\right)\times\left(\mathbf{p}-\frac{e}{c}\mathbf{A}\right)\right] \\
&= \frac{1}{2m}\left(\mathbf{p}-\frac{e}{c}\mathbf{A}\right)^2 - \frac{e\hbar}{2mc}\boldsymbol{\sigma}\cdot\mathbf{B} \; .
\end{aligned} \tag{A.3}$$

Hier wurden die von (5.3.29) auf (5.3.29′) führenden Umformungen verwendet. Auf diese Weise erhält man die Pauli-Gleichung mit dem richtigen Landé-Faktor $g = 2$.

Nun wollen wir die relativistische Verallgemeinerung dieser Gleichung aufstellen. Dazu gehen wir von der relativistischen Energie-Impuls-Beziehung aus

$$\frac{E^2}{c^2} - \mathbf{p}^2 = (mc)^2 \tag{A.4}$$

und schreiben diese als

$$\left(\frac{E}{c} - \boldsymbol{\sigma} \cdot \mathbf{p}\right)\left(\frac{E}{c} + \boldsymbol{\sigma} \cdot \mathbf{p}\right) = (mc)^2 . \tag{A.5}$$

Die nach dem Korrespondenzprinzip ($E \to i\hbar\frac{\partial}{\partial t}$, $\mathbf{p} \to -i\hbar\boldsymbol{\nabla}$) quantenmechanische Relation lautet

$$\left(i\hbar\frac{\partial}{\partial t\,c} + \boldsymbol{\sigma}i\hbar\boldsymbol{\nabla}\right)\left(i\hbar\frac{\partial}{\partial t\,c} - \boldsymbol{\sigma}i\hbar\boldsymbol{\nabla}\right)\phi = (mc)^2\phi , \tag{A.6}$$

wobei ϕ eine zweikomponentige Wellenfunktion (Spinor) ist. Diese Gleichung wurde von van der Waerden aufgestellt. Um Differentialgleichungen von erster Ordnung in der Zeit zu erhalten, führen wir zwei *zweikomponentige Spinoren*

$$\phi^{(L)} = -\phi \quad \text{und} \quad \phi^{(R)} = -\frac{1}{mc}\left(i\hbar\frac{\partial}{\partial x_0} - i\hbar\boldsymbol{\sigma}\cdot\boldsymbol{\nabla}\right)\phi^{(L)}$$

ein. Diese Definitionsgleichung für $\phi^{(R)}$ ergibt zusammen mit der aus (A.6) verbleibenden Differentialgleichung

$$\begin{aligned}
\left(i\hbar\frac{\partial}{\partial x_0} - i\hbar\boldsymbol{\sigma}\cdot\boldsymbol{\nabla}\right)\phi^{(L)} &= -mc\phi^{(R)} \\
\left(i\hbar\frac{\partial}{\partial x_0} + i\hbar\boldsymbol{\sigma}\cdot\boldsymbol{\nabla}\right)\phi^{(R)} &= -mc\phi^{(L)} .
\end{aligned} \tag{A.7}$$

Die Bezeichnungsweise $\phi^{(L)}$ und $\phi^{(R)}$ weist darauf hin, daß im Grenzfall $m \to 0$ diese Funktionen links- und rechtshändig polarisierte Zustände (d.i. Spin antiparallel und parallel zum Impuls $\mathbf{p}$) darstellen. Um den Zusammenhang mit der Dirac-Gleichung herzustellen, schreiben wir $\boldsymbol{\sigma}\boldsymbol{\nabla} \equiv \sigma^i\partial_i$ und bilden die Differenz und Summe der beiden Gleichungen (A.7)

$$\begin{aligned}
i\hbar\frac{\partial}{\partial x_0}\left(\phi^{(R)} - \phi^{(L)}\right) &+ i\hbar\sigma^i\partial_i\left(\phi^{(R)} + \phi^{(L)}\right) \\
&- mc\left(\phi^{(R)} - \phi^{(L)}\right) = 0 \\
-i\hbar\frac{\partial}{\partial x_0}\left(\phi^{(R)} + \phi^{(L)}\right) &- i\hbar\sigma^i\partial_i\left(\phi^{(R)} - \phi^{(L)}\right) \\
&- mc\left(\phi^{(R)} + \phi^{(L)}\right) = 0 .
\end{aligned} \tag{A.8}$$

Faßt man die zweikomponentigen Spinoren zum Bispinor

$$\psi = \begin{pmatrix} \phi^{(R)} - \phi^{(L)} \\ \phi^{(R)} + \phi^{(L)} \end{pmatrix} \tag{A.9a}$$

zusammen, so ergibt sich

$$\left(i\hbar\gamma^0 \frac{\partial}{\partial x_0} + i\hbar\gamma^i \partial_i - mc \right)\psi = 0 \ , \tag{A.9b}$$

mit

$$\gamma^0 = \begin{pmatrix} \mathbb{1} & 0 \\ 0 & -\mathbb{1} \end{pmatrix} \quad , \quad \gamma^i = \begin{pmatrix} 0 & \sigma^i \\ -\sigma^i & 0 \end{pmatrix} \ . \tag{A.9c}$$

Wir erhalten also die Standard-Darstellung der Dirac-Gleichung.

B Formeln

B.1 Standarddarstellung

$$\gamma^0 = \begin{pmatrix} \mathbb{1} & 0 \\ 0 & -\mathbb{1} \end{pmatrix} \ , \qquad \gamma^i = \begin{pmatrix} 0 & \sigma^i \\ -\sigma^i & 0 \end{pmatrix} \ , \qquad \gamma^5 = \begin{pmatrix} 0 & \mathbb{1} \\ \mathbb{1} & 0 \end{pmatrix}$$

$$\beta = \begin{pmatrix} \mathbb{1} & 0 \\ 0 & -\mathbb{1} \end{pmatrix} \ , \qquad \alpha^i = \begin{pmatrix} 0 & \sigma^i \\ \sigma^i & 0 \end{pmatrix}$$

Chiralitätsoperator : γ^5

$$(\gamma^5)^2 = \mathbb{1}$$

$$\{\gamma^5, \gamma^\mu\} = 0$$

$$\slashed{a}\slashed{b} = a \cdot b - ia^\mu b^\nu \sigma_{\mu\nu} \ , \ \slashed{a} \equiv \gamma_\mu a^\mu$$

$$\sigma_{\mu\nu} = \frac{i}{2}[\gamma_\mu, \gamma_\nu]$$

$$\sigma_{\mu\nu} = -\sigma_{\nu\mu}$$

$$\gamma^\mu \gamma_\mu = 4 \ , \ \gamma^\mu \gamma^\nu \gamma_\mu = -2\gamma^\nu$$

$$\gamma^\mu \gamma^\nu \gamma^\rho \gamma_\mu = 4g^{\nu\rho} \ , \ \gamma^\mu \gamma^\nu \gamma^\rho \gamma^\sigma \gamma_\mu = -2\gamma^\sigma \gamma^\rho \gamma^\nu$$

B.2 Chirale Darstellung

$$\gamma^0 = \beta = \begin{pmatrix} 0 & -\mathbb{1} \\ -\mathbb{1} & 0 \end{pmatrix}, \ \boldsymbol{\alpha} = \begin{pmatrix} \boldsymbol{\sigma} & 0 \\ 0 & -\boldsymbol{\sigma} \end{pmatrix}, \ \boldsymbol{\gamma} = \begin{pmatrix} 0 & \boldsymbol{\sigma} \\ -\boldsymbol{\sigma} & 0 \end{pmatrix},$$

$$\sigma_{0i} = \frac{i}{2}[\gamma_0, \gamma_i] = -i\alpha_i = \frac{1}{i}\begin{pmatrix} \sigma^i & 0 \\ 0 & -\sigma^i \end{pmatrix}$$

$$\sigma_{ij} = \frac{i}{2}[\gamma_i, \gamma_j] = -\frac{i}{2}[\alpha_i, \alpha_j] = \epsilon^{ijk}\begin{pmatrix} \sigma^k & 0 \\ 0 & \sigma^k \end{pmatrix}$$

B.3 Majorana-Darstellungen

$$\gamma^0 = \begin{pmatrix} 0 & \sigma^2 \\ \sigma^2 & 0 \end{pmatrix}, \gamma^1 = i\begin{pmatrix} \sigma^3 & 0 \\ 0 & \sigma^3 \end{pmatrix}, \gamma^2 = \begin{pmatrix} 0 & -\sigma^2 \\ \sigma^2 & 0 \end{pmatrix}, \gamma^3 = -i\begin{pmatrix} \sigma^1 & 0 \\ 0 & \sigma^1 \end{pmatrix}$$

oder

$$\gamma_0 = \begin{pmatrix} 0 & \sigma^2 \\ \sigma^2 & 0 \end{pmatrix}, \gamma_1 = i\begin{pmatrix} 0 & \sigma^1 \\ \sigma^1 & 0 \end{pmatrix}, \gamma_2 = i\begin{pmatrix} \mathbb{1} & 0 \\ 0 & -\mathbb{1} \end{pmatrix}, \gamma_3 = i\begin{pmatrix} 0 & \sigma^3 \\ \sigma^3 & 0 \end{pmatrix}$$

C Projektionsoperatoren für den Spin

C.1 Definition

In diesem Abschnitt werden der Spin-Projektionsoperator definiert und seine Eigenschaften zusammengestellt. Da dieser Projektionsoperator die Dirac-Matrix γ^5 enthält, geben wir eine in manchen Fällen nützliche Darstellung von γ^5 (Gl. 6.2.48) an:

$$\gamma^5 = i\gamma^0\gamma^1\gamma^2\gamma^3 = -\frac{i}{4!}\epsilon^{\mu\nu\rho\sigma}\gamma_\mu\gamma_\nu\gamma_\rho\gamma_\sigma = -\frac{i}{4!}\epsilon_{\mu\nu\rho\sigma}\gamma^\mu\gamma^\nu\gamma^\rho\gamma^\sigma \quad . \tag{C.1}$$

Hier ist $\epsilon^{\mu\nu\rho\sigma}$ der vollkommen antisymmetrische Tensor vierter Stufe:

$$\epsilon^{\mu\nu\rho\sigma} = \begin{cases} 1 & \text{für gerade Permutationen von 0123} \\ -1 & \text{für ungerade Permutationen von 0123} \\ 0 & \text{sonst} \end{cases} \tag{C.2}$$

Die Definition des *Spin-Projektionsoperators* lautet

$$P(n) = \frac{1}{2}(\mathbb{1} + \gamma_5 \not{n}) \quad . \tag{C.3}$$

Hier ist $\not{n} = \gamma^\mu n_\mu$ und n_μ ein raumartiger Einheitsvektor, der $n^2 = n^\mu n_\mu = -1$ und $n_\mu k^\mu = 0$ erfüllt. Im Ruhsystem werden diese beiden Vektoren mit $\check{n}^\mu$ und $\check{k}^\mu$ bezeichnet und haben die Gestalt $\check{n} = (0, \check{\mathbf{n}})$ und $\check{k} = (m, \mathbf{0})$.

C.2 Ruhsystem

Für den *Spezialfall*, daß $n \equiv n_{(3)} \equiv (0, 0, 0, 1)$ ein Einheitsvektor in positiver z-Richtung ist, erhält man

$$P(n_{(3)}) = \frac{1}{2}(\mathbb{1} + \gamma_5\gamma_3) = \frac{1}{2}\begin{pmatrix} \mathbb{1} + \sigma^3 & 0 \\ 0 & \mathbb{1} - \sigma^3 \end{pmatrix} , \tag{C.4}$$

da $\gamma_5(-\gamma^3) = -\begin{pmatrix} 0 & \mathbb{1} \\ \mathbb{1} & 0 \end{pmatrix}\begin{pmatrix} 0 & \sigma^3 \\ -\sigma^3 & 0 \end{pmatrix} = \begin{pmatrix} \sigma^3 & 0 \\ 0 & -\sigma^3 \end{pmatrix}$ ist. Die Wirkung des Projektionsoperators $P(n_{(3)})$ auf die Spinoren von ruhenden Teilchen (Gl. (6.3.3) oder (6.3.11a,b) für $\mathbf{k} = 0$) ist deshalb durch

$$P(n_{(3)})\begin{cases} u_1(m,\mathbf{0}) \\ u_2(m,\mathbf{0}) \end{cases} = \begin{cases} u_1(m,\mathbf{0}) \\ 0 \end{cases}$$

$$P(n_{(3)})\begin{cases} v_1(m,\mathbf{0}) \\ v_2(m,\mathbf{0}) \end{cases} = \begin{cases} 0 \\ v_2(m,\mathbf{0}) \end{cases}$$

(C.5)

gegeben. Gl. (C.5) besagt, daß im Ruhsystem $P(n)$ auf Eigenzustände von $\frac{1}{2}\boldsymbol{\Sigma}\cdot\mathbf{n}$ projiziert, und zwar mit Eigenwert $+\frac{1}{2}$ für positive Energie-Zustände und mit dem Eigenwert $-\frac{1}{2}$ für negative Energie-Zustände.

In Aufgabe 6.15 wurden bereits die folgenden Eigenschaften von $P(n)$ und den Projektionsoperatoren $\Lambda_{\pm}(k)$ auf Spinoren positiver und negativer Energie gezeigt:

$$[\Lambda_{\pm}(k), P(n)] = 0$$

$$\Lambda_+(k)P(n) + \Lambda_-(k)P(n) + \Lambda_+(k)P(-n) + \Lambda_-(k)P(-n) = \mathbb{1} \qquad \text{(C.6)}$$

$$\text{Sp}\,\Lambda_{\pm}(k)P(\pm n) = 1 \;.$$

C.3 Bedeutung des Projektionsoperators $P(n)$ im allgemeinen

Wir wollen nun die Wirkung von $P(n)$ für einen allgemeinen raumartigen Einheitsvektor n, der also $n^2 = -1$ und $n \cdot k = 0$ erfüllt, untersuchen. Dazu betrachten wir als Hilfsgröße den Vektor

$$W_\mu = -\frac{1}{2}\gamma_5\gamma_\mu \not{k} \qquad \text{(C.7a)}$$

und das Skalarprodukt

$$W \cdot n = -\frac{1}{4}\epsilon_{\mu\nu\rho\sigma}n^\mu k^\nu \sigma^{\rho\sigma}. \qquad \text{(C.7b)}$$

Dieses kann auch als

$$W \cdot n = -\frac{1}{2}\gamma_5 \not{n}\not{k} \qquad \text{(C.7c)}$$

geschrieben werden. Die Gleichheit dieser beiden Ausdrücke sieht man am leichtesten, indem man in ein Bezugssystem transformiert, in dem k rein zeitartig ($k = (k^0, 0, 0, 0)$) ist und n dann, wegen $n \cdot k = 0$, rein raumartig ist ($n = (0, n^1, 0, 0)$). In diesem Ruhsystem ergibt sich für die rechte Seite von (C.7b)

$$-\frac{1}{4}\epsilon_{10\rho\sigma}n^1 k^0 \sigma^{\rho\sigma} = -\frac{1}{4}\epsilon_{10\rho\sigma}n^1 k^0 i\gamma^\rho\gamma^\sigma$$

$$= -\frac{1}{4}(\epsilon_{1023}n^1 k^0 i\gamma^2\gamma^3 + \epsilon_{1032}n^1 k^0 i\gamma^3\gamma^2)$$

$$= -\frac{i}{2}n^1 k^0 \gamma^2\gamma^3$$

und für die rechte Seite von (C.7c)

$$-\frac{1}{2}\gamma_5 \not n \not k = -\frac{i}{2}\gamma^0\gamma^1\gamma^2\gamma^3(-n^1\gamma^1)k_0\gamma^0 = -\frac{i}{2}n^1 k^0\gamma^2\gamma^3 \,,$$

womit die Gleichheit gezeigt ist.

Der Vektor (C.7a) hat im *Ruhsystem* als Raumkomponenten

$$\mathbf{W} = -\frac{1}{2}\gamma_5\boldsymbol{\gamma}\gamma^0 k^0 = +\frac{1}{2}\gamma_5\gamma^0\boldsymbol{\gamma}m = \frac{m}{2}\boldsymbol{\Sigma} \,, \qquad (C.8)$$

wobei $k^0 = m$ eingesetzt wurde. Falls n längs der z-Achse angenommen wird, d.h. $n = n_{(3)} \equiv (0,0,0,1)$ ist, folgt aus (C.8)

$$W \cdot n = \frac{m}{2}\Sigma^3 \,. \qquad (C.9)$$

Die ebenen Wellen im Ruhsystem sind Eigenvektoren von $-\frac{W \cdot n_{(3)}}{m} = \frac{1}{2}\Sigma^3$.

$$\frac{1}{2}\Sigma^3 u_1(m,\mathbf{k}=0) = \frac{1}{2}u_1(m,\mathbf{k}=0)$$

$$\frac{1}{2}\Sigma^3 u_2(m,\mathbf{k}=0) = -\frac{1}{2}u_2(m,\mathbf{k}=0)$$

$$\frac{1}{2}\Sigma^3 v_1(m,\mathbf{k}=0) = \frac{1}{2}v_1(m,\mathbf{k}=0) \qquad (C.10)$$

$$\frac{1}{2}\Sigma^3 v_2(m,\mathbf{k}=0) = -\frac{1}{2}v_2(m,\mathbf{k}=0) \,.$$

Nach Ausführung einer Lorentz-Transformation von $(m,\mathbf{k}=0)$ auf $(k^0,\mathbf{k})$ gilt

$$-\frac{W \cdot n}{m} = \frac{1}{2m}\gamma_5\not n \not k \,,$$

wo n die Transformierte von $n_{(3)}$ ist. Dann transformieren sich die Gleichungen (C.10) in Eigenwertgleichungen für $u_r(k)$ und $v_r(k)$

$$-\frac{W \cdot n}{m}u_r(k) = \frac{1}{2m}\gamma_5\not n\not k u_r(k) = \frac{1}{2}\gamma_5\not n u_r(k)$$

$$= \pm\frac{1}{2}u_r(k) \quad \text{für} \quad r = \begin{cases} 1 \\ 2 \end{cases}$$

$$-\frac{W \cdot n}{m}v_r(k) = \frac{1}{2m}\gamma_5\not n\not k v_r(k) = -\frac{1}{2}\gamma_5\not n v_r(k) \qquad (C.11)$$

$$= \pm\frac{1}{2}v_r(k) \quad \text{für} \quad r = \begin{cases} 1 \\ 2 \end{cases} ,$$

wobei nach dem ersten Gleichheitszeichen (C.7c) und nach dem zweiten Gleichheitszeichen $\slashed{k}u_r(k) - mu_r(k)$ und $\slashed{k}v_r(k) = -mv_r(k)$ eingesetzt wurde. Nach dem dritten Gleichheitszeichen steht schließlich die rechte Seite von (C.10). Aus (C.11) ist die Wirkung von $\gamma_5\slashed{n}$ auf die $u_r(k)$ und $v_r(k)$ ablesbar und ersichtlich, daß

$$P(n) = \frac{1}{2}(\mathbb{1} + \gamma_5\slashed{n}) \tag{C.12a}$$

Projektionsoperator auf $u_1(k)$ und $v_2(k)$ ist, und

$$P(-n) = \frac{1}{2}(\mathbb{1} - \gamma_5\slashed{n}) \tag{C.12b}$$

Projektionsoperator auf $u_2(k)$ und $v_1(k)$ ist.

Sei n ein beliebiger raumartiger Vektor, mit $n \cdot k = 0$ und $\check{n}$ der zugehörige Vektor im Ruhsystem. Dann projiziert $P(n)$ auf diejenigen Spinoren $u(k,n)$, die im Ruhsystem längs $+\check{n}$ polarisiert sind und auf die $v(k,n)$, die im Ruhsystem längs $-\check{n}$ polarisiert sind. Es gelten die Eigenwertgleichungen

$$\begin{aligned} \boldsymbol{\Sigma} \cdot \check{n}\, u(\check{k}, \check{n}) &= u(\check{k}, \check{n}) \\ \boldsymbol{\Sigma} \cdot \check{n}\, v(\check{k}, \check{n}) &= -v(\check{k}, \check{n}) \, . \end{aligned} \tag{C.13}$$

Die Vektoren k und n hängen mit ihren Darstellungen im Ruhsystem $\check{k}$ und $\check{n}$ über eine Lorentz-Transformation Λ zusammen: $k^\mu = \Lambda^\mu_{\ \nu}\check{k}^\nu$ mit $\check{k}^\nu = (m,0,0,0)$ und $n^\mu = \Lambda^\mu_{\ \nu}\check{n}^\nu$ mit $\check{n}^\nu = (0,\mathbf{n})$. Die Umkehrung lautet $\check{n}^\nu = \Lambda_\mu^{\ \nu}n^\mu$.

Wir haben hier die in diesem Zusammenhang gebräuchliche Bezeichnungsweise $u(k,n)$ und $v(k,n)$ für die Spinoren verwendet. Ihr Zusammenhang mit den $u_r(k)$ und $v_r(k)$ von früher ist mit $n = \Lambda n_{(3)}$, $n_{(3)} = (0,0,0,1)$

$$\begin{aligned} u_1(k) &= u(k,n), u_2(k) = u(k,-n) \\ v_1(k) &= v(k,-n), v_2(k) = v(k,n) \, . \end{aligned} \tag{C.14}$$

Wir betrachten nun einen Einheitsvektor n_k, dessen räumlicher Teil parallel zu $\mathbf{k}$ ist:

$$n_k = \left(\frac{|\mathbf{k}|}{m}, \frac{k^0}{m}\frac{\mathbf{k}}{|\mathbf{k}|}\right) \, . \tag{C.15}$$

Dieser erfüllt trivialerweise

$$n_k^2 = \frac{\mathbf{k}^2}{m^2} - \frac{k_0^2}{m^2} = -1 \quad \text{und} \quad n_k \cdot k = \frac{|\mathbf{k}|k_0}{m} - \frac{k_0}{m}\frac{\mathbf{k}^2}{|\mathbf{k}|} = 0 \, .$$

Wir zeigen nun, daß die gemeinsame Wirkung des Projektionsoperators $P(n_k)$ und der Projektionsoperatoren $\Lambda_\pm(k)$ auf Spinoren mit positiver und negativer Energie durch

$$P(n_k)\Lambda_\pm(k) = \left(\mathbb{1} \pm \frac{\boldsymbol{\Sigma} \cdot \mathbf{k}}{|\mathbf{k}|}\right) \Lambda_\pm(k) \tag{C.16}$$

dargestellt werden kann. Zum Beweis dieses Zusammenhangs geht man von den Definitionen

$$P(n_k)\Lambda_\pm(k) = \frac{1}{2}(\mathbb{1} + \gamma_5 \slashed{n}_k)\frac{\pm\slashed{k} + m}{2m}$$

aus und führt die Umformung

$$\gamma_5 \slashed{n}_k \frac{\pm\slashed{k} + m}{2m} = \gamma_5 \slashed{n}_k \frac{\pm\slashed{k} + m}{2m}\frac{\pm\slashed{k} + m}{2m} = \left(\frac{1}{2}\gamma_5 \slashed{n}_k \pm \gamma_5 \slashed{n}_k \frac{\slashed{k}}{2m}\right)\frac{\pm\slashed{k} + m}{2m}$$

durch. Daraus folgt

$$\frac{1}{2}\gamma_5 \slashed{n}_k \frac{\pm\slashed{k} + m}{2m} = \pm\gamma_5 \slashed{n}_k \frac{\slashed{k}}{2m}\frac{\pm\slashed{k} + m}{2m}$$

und damit zunächst

$$P(n_k)\Lambda_\pm(k) = \frac{1}{2}(\mathbb{1} \pm \gamma_5 \slashed{n}_k \frac{\slashed{k}}{m})\frac{\pm\slashed{k} + m}{2m} . \tag{C.17}$$

Nun ist

$$\gamma_5 \slashed{n}_k \slashed{k} = \gamma_5(\underbrace{n_k \cdot k}_{=0} - \mathrm{i} n_k^\mu \sigma_{\mu\nu} k^\nu)$$

$$= -\mathrm{i}\gamma_5(n_k^0 \sigma_{0j} k^j + n_k^j \sigma_{j0} k^0) = \mathrm{i}\gamma_5 \sigma_{0j}\left(\frac{|\mathbf{k}|}{m}k^j - \frac{k^0}{m}\frac{k^j}{|\mathbf{k}|}k^0\right)$$

$$= \mathrm{i}\gamma_5 \frac{m}{|\mathbf{k}|}\sigma_{0j} k^j = \gamma_5 \frac{m}{|\mathbf{k}|}\gamma^0\gamma^j k^j .$$

Dabei wurde $n_k \cdot k = 0$ benützt, und daß die rein räumlichen Komponenten wegen der Antisymmetrie von σ^{ij} nichts beitragen. Betrachten wir nun beispielsweise von $\gamma_5\gamma^0\gamma^j$ die Komponente $j = 3$:

$$\gamma_5\gamma^0\gamma^3 = -\mathrm{i}\gamma^1\gamma^2(\gamma^3)^2 = \mathrm{i}\gamma^1\gamma^2 = \sigma^{12} = \Sigma^3 ,$$

ist die Behauptung (C.16) gezeigt. Aus (C.16) ist die folgende Eigenschaft des Projektionsoperators $P(n_k)$ ersichtlich. $P(n_k)$ projiziert Zustände mit positiver Energie auf Zustände mit positiver Helizität, und Zustände mit negativer Energie auf Zustände mit negativer Helizität.
Analog gilt

$$P(-n_k)\Lambda_\pm(k) = \frac{1}{2}(\mathbb{1} \mp \boldsymbol{\Sigma} \cdot \frac{\mathbf{k}}{|\mathbf{k}|})\Lambda_\pm ,$$

also projiziert $P(-n_k)$ Spinoren mit positiver Energie auf Spinoren mit negativer Helizität und Spinoren mit negativer Energie auf Spinoren mit positiver Helizität.

D Wegintegraldarstellung der Quantenmechanik

Wir gehen aus von der Schrödinger-Gleichung

$$i\hbar \frac{\partial}{\partial t} |\psi, t\rangle = H |\psi, t\rangle \tag{D.1}$$

mit dem Hamilton-Operator

$$H = \frac{1}{2m} p^2 + V. \tag{D.2}$$

Die Eigenzustände von H seien $|n\rangle$. Mit der Voraussetzung $\lim_{x \to \pm\infty} V(x) = \infty$ folgt, daß die Eigenwerte von H diskret sind. In der Ortsdarstellung sind die Eigenzustände von H die Wellenfunktionen $\psi_n(x) = \langle x|n\rangle$, wo $|x\rangle$ der Ortseigenzustand mit Position x ist. Wir führen die folgende Diskussion in der Schrödinger-Darstellung durch. Falls das Teilchen zur Zeit 0 im Ortszustand $|y\rangle$ ist, ist es zur Zeit t im Zustand $e^{-iHt/\hbar} |y\rangle$. Die Wahrscheinlichkeitsamplitude dafür, daß das Teilchen zur Zeit t an der Stelle x ist, ist durch

$$G(y, 0|x, t) = \langle x| e^{-itH/\hbar} |y\rangle \tag{D.3}$$

gegeben. Wir nennen $G(y, 0|x, t)$ Greensche Funktion. Sie erfüllt die Anfangsbedingung $G(y, 0|x, 0) = \delta(y - x)$. Man kann nun in (D.3) $\mathbb{1} = \sum_n |n\rangle \langle n|$ einschieben

$$G(y, 0|x, t) = \sum_{n,m} \langle x|n\rangle \langle n| e^{-itH/\hbar} |m\rangle \langle m|y\rangle$$

und erhält die Ortsdarstellung der Greenschen Funktion

$$G(y, 0|x, t) = \sum_n e^{-itE_n/\hbar} \psi_n(x) \psi_n^*(y). \tag{D.4}$$

Die Zerlegung des Zeitintervalls $[0, t]$ in N Teile (Abb. D.1), wobei die mit wachsendem N immer kleiner werdende Zeitdifferenz $\Delta t = \frac{t}{N}$ eingeführt wird, erlaubt uns, die Greensche Funktion folgendermaßen darzustellen

$$G(y, 0|x, t) = \langle x| e^{-iH\Delta t/\hbar} \ldots e^{-iH\Delta t/\hbar} |y\rangle$$
$$= \int dz_1 \ldots \int dz_{N-1} \langle z_N| e^{-iH\Delta t/\hbar} |z_{N-1}\rangle \ldots \langle z_1| e^{-iH\Delta t/\hbar} |z_0\rangle \, , \tag{D.5}$$

Abb. D.1. Diskretisierung des Zeitintervalls $[0, t]$, mit den z_i der in (D.5) eingeführten Einheitsoperatoren ($z_0 = y$, $z_N = x$).

wo wir die Einheitsoperatoren $\mathbb{1} = \int dz_i \, |z_i\rangle \langle z_i|$ eingeführt haben. Es gilt

$$\mathrm{e}^{-\mathrm{i}H\Delta t/\hbar} = \mathrm{e}^{-\mathrm{i}\frac{\Delta t}{\hbar}\frac{V(x)}{2}} \mathrm{e}^{-\mathrm{i}\frac{\Delta t p^2}{2\hbar m}} \mathrm{e}^{-\mathrm{i}\frac{\Delta t}{\hbar}\frac{V(x)}{2}} + \mathcal{O}((\Delta t))^2. \tag{D.6}$$

Nun bestimmen wir die erforderlichen Matrixelemente

$$
\begin{aligned}
\langle\xi|\, \mathrm{e}^{-\mathrm{i}\frac{p^2}{2m}\frac{\Delta t}{\hbar}}\,|\xi'\rangle &= \int \frac{dk}{2\pi}\, \langle\xi|k\rangle\, \mathrm{e}^{-\mathrm{i}\frac{(k\hbar)^2}{2m}\frac{\Delta t}{\hbar}}\, \langle k|\xi'\rangle \\
&= \int \frac{dk}{2\pi}\, \mathrm{e}^{\mathrm{i}k(\xi-\xi')} \mathrm{e}^{-\mathrm{i}\frac{(k\hbar)^2}{2m}\frac{\Delta t}{\hbar}} \\
&= \int \frac{dk}{2\pi}\, \mathrm{e}^{-\mathrm{i}\frac{\Delta t\hbar}{2m}\left(k-\frac{\xi-\xi'}{2\Delta t\hbar/2m}\right)^2 + \mathrm{i}(\xi-\xi')^2\frac{m}{2\Delta t\hbar}} \\
&= \left(\frac{-\mathrm{i}m}{2\pi\hbar\Delta t}\right)^{1/2} \mathrm{e}^{\frac{\mathrm{i}m}{2\hbar\Delta t}(\xi-\xi')^2}.
\end{aligned}
\tag{D.7}
$$

Im ersten Schritt wurde zweimal die Vollständigkeitsrelation für die Impulseigenfunktionen eingeschoben. Aus (D.6) und (D.7) folgt

$$
\begin{aligned}
&\langle\xi|\, \mathrm{e}^{-\mathrm{i}H\Delta t/\hbar}\,|\xi'\rangle \\
&= \exp\left[-\mathrm{i}\frac{\Delta t}{\hbar}\left(\frac{V(\xi)+V(\xi')}{2} - \frac{m(\xi-\xi')^2}{2(\Delta t)^2}\right)\right] \left(\frac{-\mathrm{i}m}{2\pi\hbar\Delta t}\right)^{\frac{1}{2}}
\end{aligned}
\tag{D.8}
$$

und schließlich für die Greensche Funktion

$$
\begin{aligned}
G(y,0|x,t) = \int dz_1 \ldots \int dz_{N-1} \\
\times \exp\left[\frac{\mathrm{i}\Delta t}{\hbar} \sum_{n=1}^{N}\left\{\frac{m(z_n - z_{n-1})^2}{2(\Delta t)^2} - \frac{V(z_n)+V(z_{n-1})}{2}\right\} \right. \\
\left. +\frac{N}{2}\log\frac{-\mathrm{i}m}{2\pi\hbar\Delta t}\right].
\end{aligned}
$$

Im Grenzfall $N \to \infty$ erhält man hieraus die *Feynmansche Wegintegraldarstellung*[1]

$$G(y,0|x,t) = \int \mathcal{D}[z] \exp\frac{\mathrm{i}}{\hbar}\int_0^t dt' \left\{\frac{m\dot{z}(t')^2}{2} - V(z(t'))\right\}, \tag{D.9}$$

wo

$$\mathcal{D}[z] = \lim_{N\to\infty}\left(\frac{-\mathrm{i}m}{2\pi\hbar\Delta t}\right)^{\frac{N}{2}} \prod_{n=1}^{N-1} dz_n \tag{D.10}$$

---

[1] R.P. Feynman and A.R. Hibbs, *Quantum Mechanics and Path Integrals*, McGraw-Hill, New York, 1965; G. Parisi, *Statistical Field Theory*, Addison-Wesley, 1988, p.234

und

$$z_n = z \left(\frac{nt}{N} \right).$$

Die Wahrscheinlichkeitsamplitude für den Übergang von y nach x nach Ablauf der Zeit t ergibt sich als Summe von Amplituden aller möglichen Trajektorien von y nach x, wobei diese das Gewicht $\exp \frac{i}{\hbar} \int_0^t dt' \, L(\dot{z}, z)$ besitzen und

$$L(\dot{z}, z) = \frac{m\dot{z}(t)^2}{2} - V(z(t))$$

die klassische Lagrange-Funktion ist. Die Phase der Wahrscheinlichkeitsamplitude ist gerade die klassische Wirkung. Im Grenzfall $\hbar \to 0$ kommt das Hauptgewicht zum Funktionalintegral aus der Umgebung derjenigen Bahn, für die die Phase stationär ist. Das ist gerade die klassische Bahn.

E Kovariante Quantisierung des elektromagnetischen Feldes, Gupta–Bleuler–Methode

E.1 Quantisierung und Feynman-Propagator

Im Hauptteil des Textes haben wir das Strahlungsfeld in der Coulomb–Eichung behandelt, was den Vorteil hat, daß nur die beiden transversalen Photonen auftreten. Bei der Bestimmung des Propagators muß man allerdings die Photonbeiträge mit der Coulomb–Wechselwirkung kombinieren um den endgültigen kovarianten Ausdruck zu erhalten. Wir stellen in diesem Anhang eine alternative, offensichtlich kovariante Quantisierung des Strahlungsfeldes mittels der Gupta–Bleuler–Methode dar[2]. In der kovarianten Theorie geht man von

$$\mathcal{L}_L = -\frac{1}{2} (\partial_\nu A_\mu)(\partial^\nu A^\mu) - j_\mu A^\mu \tag{E.1}$$

aus. Die zu A^μ konjugierten Impuls–Komponenten sind

$$\Pi_L^\mu = \frac{\partial \mathcal{L}_L}{\partial \dot{A}^\mu} = -\dot{A}_\mu \, . \tag{E.2}$$

---

[2] Ausführliche Darstellungen der Gupta–Bleuler–Methode finden sich in S.N. Gupta, *Quantum Electrodynamics* Gordon and Breach, New York, 1977; Itzykson and Zuber, op.cit.; F. Mandl u. G. Shaw, *Quantum Field Theory*; J. Wiley, Chichester 1984; J.M. Jauch u. F. Rohrlich, *The Theory of Photons and Electrons*, 2nd ed., Springer New York 1976, Kap.6.3.

Aus der Lagrange–Dichte (E.1) folgen die Feldgleichungen

$$\Box A^\mu(x) = j^\mu(x) \ . \tag{E.3}$$

Diese sind nur dann äquivalent zu den Maxwell–Gleichungen, wenn das Viererpotential $A^\mu(x)$ die Eichbedingung

$$\partial_\mu A^\mu(x) = 0 \tag{E.4}$$

erfüllt. Die allgemeinste Lösung der freien Feldgleichungen ($j^\mu = 0$) erhält man durch die lineare Superposition[3]

$$
\begin{aligned}
A^\mu(x) &= A^{\mu\,+}(x) + A^{\mu\,-}(x) \\
&= \sum_{\mathbf{k},r} \left(\frac{1}{2V|\mathbf{k}|} \right)^{1/2} \left(\epsilon_r^\mu(\mathbf{k}) a_r(\mathbf{k}) e^{-ikx} + \epsilon_r^\mu(\mathbf{k}) a_r^\dagger(\mathbf{k}) e^{ikx} \right) \ .
\end{aligned}
\tag{E.5}
$$

Die vier Polarisationsvektoren erfüllen die Orthogonalitäts- und Vollständigkeitsrelationen

$$\epsilon_r(\mathbf{k})\epsilon_s(\mathbf{k}) \equiv \epsilon_{r\mu}(\mathbf{k})\epsilon_s^\mu(\mathbf{k}) = -\zeta_r \delta_{rs} \ , \quad r,s = 0,1,2,3 \tag{E.6a}$$

$$\sum_r \zeta_r \epsilon_r^\mu(\mathbf{k}) \epsilon_r^\nu(\mathbf{k}) = -g^{\mu\nu} \ , \tag{E.6b}$$

wobei

$$\zeta_0 = -1 \quad , \quad \zeta_1 = \zeta_2 = \zeta_3 = 1 \ . \tag{E.6c}$$

Manchmal ist die Verwendung der folgenden speziellen Polarisationsvektoren zweckmäßig

$$\epsilon_0^\mu(\mathbf{k}) = n^\mu \equiv (1,0,0,0) \tag{E.7a}$$

$$\epsilon_r^\mu(\mathbf{k}) = (0, \boldsymbol{\epsilon}_{\mathbf{k},r}) \qquad r = 1,2,3 \ , \tag{E.7b}$$

wo $\boldsymbol{\epsilon}_{\mathbf{k},1}$ und $\boldsymbol{\epsilon}_{\mathbf{k},2}$ aufeinander und auf $\mathbf{k}$ orthogonale Einheitsvektoren sind, und

$$\boldsymbol{\epsilon}_{\mathbf{k},3} = \mathbf{k}/|\mathbf{k}| \ . \tag{E.7c}$$

Das bedeutet

$$\mathbf{n} \cdot \boldsymbol{\epsilon}_{\mathbf{k},r} = 0 \ , \qquad\qquad r = 1,2 \tag{E.7d}$$

$$\boldsymbol{\epsilon}_{\mathbf{k},r}\boldsymbol{\epsilon}_{\mathbf{k},s} = \delta_{rs} \ , \qquad\qquad r,s = 1,2,3 \ . \tag{E.7e}$$

---

[3] Zur Unterscheidung gegenüber den Polarisationsvektoren $\boldsymbol{\epsilon}_{\mathbf{k},\lambda}$ und Erzeugungs- und Vernichtungsoperatoren $a_{\mathbf{k}\lambda}^\dagger$ und $a_{\mathbf{k}\lambda}$ ($\lambda = 1,2$) im Hauptteil des Textes, wo die Coulomb-Eichung verwendet wird, bezeichnen wir die Polarisationsvektoren in der kovarianten Darstellung mit $\epsilon_r^\mu(\mathbf{k})$ und die Erzeugungs- und Vernichtungsoperatoren mit $a_r^\dagger(\mathbf{k})$ und $a_r(\mathbf{k})$.

Der longitudinale Vektor kann auch in der Form

$$\epsilon_3^\mu(\mathbf{k}) = \frac{k^\mu - (kn)n^\mu}{\left((kn)^2 - k^2\right)^{1/2}} \tag{E.7f}$$

dargestellt werden. Die vier Vektoren beschreiben

$\epsilon_1^\mu, \epsilon_2^\mu$ transversale   Polarisation

ϵ_3^μ longitudinale   Polarisation

ϵ_0^μ skalare oder zeitartige Polarisation .

Die kovarianten gleichzeitigen kanonischen Vertauschungsrelationen für das Strahlungsfeld lauten

$$[A^\mu(\mathbf{x},t), A^\nu(\mathbf{x}',t)] = 0, \quad \left[\dot{A}^\mu(\mathbf{x},t), \dot{A}^\nu(\mathbf{x}',t)\right] = 0$$
$$\left[A^\mu(\mathbf{x},t), \dot{A}^\nu(\mathbf{x}',t)\right] = -\mathrm{i}g^{\mu\nu}\delta(\mathbf{x} - \mathbf{x}') . \tag{E.8}$$

Die Vertauschungsrelationen sind so wie für das masselose Klein–Gordon–Feld mit dem zusätzlichen Faktor $-g^{\mu\nu}$. Die nullte Komponente hat gegenüber den räumlichen ein anderes Vorzeichen.

Man kann deshalb die Propagatoren sofort aus denen für die Klein–Gordon–Gl. übernehmen:

$$[A^\mu(\mathbf{x}), A^\nu(\mathbf{x}')] = \mathrm{i}D^{\mu\nu}(x - x') \tag{E.9a}$$

$$D^{\mu\nu}(x - x') = \mathrm{i}g^{\mu\nu} \int \frac{d^4k}{(2\pi)^3}\delta(k^2)\epsilon(k_0)\mathrm{e}^{-\mathrm{i}kx} \tag{E.9b}$$

$$\langle 0| T\left(A^\mu(x)A^\nu(x')\right)|0\rangle = \mathrm{i}D_F^{\mu\nu}(x - x') \tag{E.10a}$$

$$D_F^{\mu\nu}(x - x') = -g^{\mu\nu} \int \frac{d^4k \, \mathrm{e}^{-\mathrm{i}kx}}{k^2 + \mathrm{i}\epsilon} . \tag{E.10b}$$

Durch Umkehrung von (E.5) erhält man aus (E.8) die Vertauschungsrelationen für die Erzeugungs– und Vernichtungsoperatoren

$$\left[a_r(\mathbf{k}), a_s^\dagger(\mathbf{k}')\right] = \zeta_r\delta_{rs}\delta_{\mathbf{k}\mathbf{k}'} , \quad \zeta_0 = -1 , \quad \zeta_1 = \zeta_2 = \zeta_3 = 1 ,$$
$$[a_r(\mathbf{k}), a_s(\mathbf{k}')] = \left[a_r^\dagger(\mathbf{k}), a_s^\dagger(\mathbf{k}')\right] = 0 . \tag{E.11}$$

E.2 Die physikalische Bedeutung von longitudinalen und skalaren Photonen

Für die Komponenten $1, 2, 3$ (also die beiden transversalen und das longitudinale Photon) hat man nach Gl. (E.11) die üblichen Vertauschungsrelationen, während für das skalare Photon ($r = 0$) die Rolle von Erzeugungs– und Vernichtungsoperator vertauscht zu sein scheinen. Der *Vakuumzustand* $|0\rangle$ ist durch

$$a_r(\mathbf{k})\left|0\right\rangle = 0 \qquad \text{für alle } \mathbf{k} \text{ und } r = 0,1,2,3 \,, \tag{E.12}$$

d.h.

$$A^{\mu\,+}(x)\left|0\right\rangle = 0$$

für beliebige x definiert. Ein–Photon–Zustände haben die Gestalt

$$\left|\mathbf{q}s\right\rangle = a_s^\dagger(\mathbf{q})\left|0\right\rangle \,. \tag{E.13}$$

Der Hamilton–Operator ergibt sich aus (E.1)

$$H = \int d^3x \,:\, \Big(\Pi_L^\mu(x)\dot{A}_\mu(x) - \mathcal{L}(x)\Big) \,:\, . \tag{E.14}$$

Setzt man darin (E.2) und die Entwicklung (E.5) ein, erhält man

$$H = \sum_{r,\mathbf{k}} |\mathbf{k}|\, \zeta_r\, a_r^\dagger(\mathbf{k}) a_r(\mathbf{k}) \,. \tag{E.15}$$

Man könnte befürchten, daß die Energie wegen $\zeta_0 = -1$ nicht positiv definit sein könnte. Tatsächlich ist die Energie wegen der Vertauschungsrelation (E.11) doch positiv definit,

$$\begin{aligned}
H\left|\mathbf{q},s\right\rangle &= \sum_{r,\mathbf{k}} |\mathbf{k}|\, \zeta_r\, a_r^\dagger(\mathbf{k}) a_r(\mathbf{k}) a_s^\dagger(\mathbf{q})\left|0\right\rangle \\
&= |\mathbf{q}|\, a_s^\dagger(\mathbf{q})\left|0\right\rangle \quad , \qquad s = 0,1,2,3 \quad .
\end{aligned} \tag{E.16}$$

Dementsprechend definiert man als Besetzungszahloperator

$$\hat{n}_{r\mathbf{k}} = \zeta_r a_r^\dagger(\mathbf{k}) a_r(\mathbf{k}) \,. \tag{E.17}$$

Für die Norm der Zustände ergibt sich

$$\left\langle \mathbf{q}s|\mathbf{q}s\right\rangle = \left\langle 0\right| a_s(\mathbf{q}) a_s^\dagger(\mathbf{q})\left|0\right\rangle = \zeta_s \left\langle 0|0\right\rangle = \zeta_s \,. \tag{E.18}$$

In der Gupta Bleuler Theorie ist die Norm für einen Zustand mit einem skalaren Photon negativ; allgemeiner, jeder Zustand mit einer ungeraden Zahl von skalaren Photonen hat negative Norm. Die skalaren Photonen werden jedoch im wesentlichen durch die Lorentz–Bedingung aus allen physikalischen Effekten eliminiert. Zusammen mit den longitudinalen Photonen führen sie lediglich zur Coulomb–Wechselwirkung zwischen geladenen Teilchen.

Wir müssen nun noch die Lorentz–Bedingung (E.4) erfüllen, damit die Theorie wirklich den Maxwell–Gleichungen äquivalent ist. In der quantisierten Theorie ist es jedoch nicht möglich, die Lorentz–Bedingung als Operatoridentität aufzuerlegen; denn daraus würde aus (E.9a) folgen, daß

$$[\partial_\mu A^\mu(x), A^\nu(x')] = \mathrm{i}\partial_\mu D^{\mu\nu}(x - x') \tag{E.19}$$

verschwinden müßte, was jedoch unter Beachtung von (E.10b) nicht der Fall ist. Gupta und Bleuler haben die Lorentz–Bedingung durch die Bedingung[4] für die Zustände

$$\partial_\mu A^{\mu+}(x) \, |\Psi\rangle = 0 \tag{E.20a}$$

ersetzt. Daraus folgt auch

$$\langle\Psi| \, \partial_\mu A^{\mu-}(x) = 0 \tag{E.20b}$$

und folglich

$$\langle\Psi| \, \partial_\mu A^\mu(x) \, |\Psi\rangle = 0 \, . \tag{E.21}$$

Damit ist immer garantiert, daß die Maxwell–Gleichungen im klassischen Grenzfall erfüllt sind.

Die Nebenbedingung (E.20a) hat nur Auswirkungen auf die longitudinalen und skalaren photonische Zustände, da die Polarisationsvektoren der transversalen Photonen auf k orthogonal sind. Aus (E.20a), (E.5) und (E.6) folgt für alle $\mathbf{k}$

$$(a_3(\mathbf{k}) - a_0(\mathbf{k})) \, |\Psi\rangle = 0 \, . \tag{E.22}$$

Gl. (E.22) bedeutet eine Einschränkung auf die zulässigen kombinierten Anregungen von skalaren und longitudinalen Photonen. Falls $|\Psi\rangle$ die Bedingung (E.22) erfüllt, ist der Erwartungswert des Terms mit der entsprechenden Wellenzahl im Hamilton–Operator

$$
\begin{aligned}
\langle\Psi| \, a_3^\dagger(\mathbf{k})a_3(\mathbf{k}) &- a_0^\dagger(\mathbf{k})a_0(\mathbf{k}) \, |\Psi\rangle \\
&= \langle\Psi| \, a_3^\dagger(\mathbf{k})a_3(\mathbf{k}) - a_0^\dagger(\mathbf{k})a_0(\mathbf{k}) - a_0^\dagger(\mathbf{k})(a_3(\mathbf{k}) - a_0(\mathbf{k})) \, |\Psi\rangle \\
&= \langle\Psi| \, (a_3^\dagger(\mathbf{k}) - a_0^\dagger(\mathbf{k}))a_3(\mathbf{k}) \, |\Psi\rangle = 0 \, .
\end{aligned}
\tag{E.23}
$$

---

[4] Wie schon vor Gl.(E.19) festgestellt wurde, kann die Lorentz–Bedingung nicht als Operatorbedingung auferlegt werden, man kann sie nicht einmal als Bedingung an die Zustände der Form

$$\partial_\mu A^\mu(x) \, |\Psi\rangle = 0 \tag{E.20c}$$

fordern. Für den Vakuumzustand gäbe Gl.(E.20c)

$$\partial_\mu A^\mu(x) \, |\Psi_0\rangle = \partial_\mu A^{\mu-}(x) \, |\Psi_0\rangle = 0 \, .$$

Multiplikation des mittleren Teils dieser Gleichungskette mit $A^+(y)$ ergibt $A_\mu^+(y)\partial^\nu A_\nu^-(x) \, |\Psi_0\rangle = \frac{\partial}{\partial x_\nu}(A_\mu^+(y)A_\nu^-(x)) \, |\Psi_0\rangle = \frac{\partial}{\partial x_\nu}\left([A_\mu^+(y), A_\nu^-(x)] + A_\nu^-(x)A_\mu^+(y)\right) \, |\Psi_0\rangle = \frac{\partial}{\partial x_\nu} i g_{\mu\nu} D^+(y - x) \, |\Psi_0\rangle \neq 0$, was einen Widerspruch darstellt. Die Lorentz–Bedingung kann also nur in der schwächeren Form (E.20a) auferlegt werden.

Also gilt mit (E.15)

$$\langle \Psi | H | \Psi \rangle = \langle \Psi | \sum_{\mathbf{k}} \sum_{r=1,2} |\mathbf{k}| \, a_r^\dagger(\mathbf{k}) a_r(\mathbf{k}) | \Psi \rangle \ , \tag{E.24}$$

so daß zum Erwartungswert des Hamilton–Operators nur die beiden transversalen Photonen beitragen. Aus der Struktur der übrigen Observablen $\mathbf{P}, \mathbf{J}$ etc. sieht man, daß dies auch für die Erwartungswerte der anderen Observablen der Fall ist. Somit treten bei freien Feldern in den beobachtbaren Größen nur transversale Photonen auf, so wie es bei der Coulomb–Eichung der Fall ist. Die Anregung von skalaren und longitudinalen Photonen unter Beachtung der Nebenbedingung (E.20a) führt im ladungsfreien Raum zu keinen beobachtbaren Konsequenzen. Man kann zeigen, daß die Anregung von derartigen Photonen nur zu einer weiteren, die Lorentz–Bedingung ebenfalls erfüllenden Umeichung führt. Als Vakuumzustand verwendet man deshalb am einfachsten den Zustand ohne jegliche Photonen.

In der Gegenwart von Ladungen liefern die longitudinalen und skalaren Photonen die Coulomb–Wechselwirkung zwischen den Ladungen und treten so als virtuelle Teilchen in den Zwischenzuständen auf. In den Anfangs– und Endzuständen treten aber auch dann noch lediglich transversale Photonen auf.

E.3 Der Feynman-Photonen-Propagator

Im weiteren wollen wir die physikalische Bedeutung des Photonpropagators näher analysieren. Dazu benutzen wir Gl. (E.6b)

$$g^{\mu\nu} = - \sum_r \zeta_r \epsilon_r^\mu(\mathbf{k}) \epsilon_r^\nu(\mathbf{k}) \tag{E.6b}$$

und setzen die explizite, spezielle Wahl für das Vierbein der Polarisationsvektoren (E.7a-c) in die Fourier-Transformierte von (E.10b) ein:

$$D_F^{\mu\nu}(k) = \frac{1}{k^2 + i\epsilon} \left\{ \sum_{r=1,2} \epsilon_r^\mu(\mathbf{k}) \epsilon_r^\nu(\mathbf{k}) \right. $$
$$\left. + \frac{(k^\mu - (k \cdot n)n^\mu)(k^\nu - (k \cdot n)n^\nu)}{(kn)^2 - k^2} - n^\mu n^\nu \right\} \ . \tag{E.25}$$

Der erste Term auf der rechten Seite stellt den Austausch von transversalen Photonen dar

$$D_{F,\text{trans}}^{\mu\nu}(k) = \frac{1}{k^2 + i\epsilon} \sum_{r=1,2} \epsilon_r^\mu(\mathbf{k}) \epsilon_r^\nu(\mathbf{k}) \ . \tag{E.26a}$$

Den zweiten und dritten Term zerlegen wir in zwei Teile:

$$D^{\mu\nu}_{F,\text{Coul}}(k) = \frac{1}{k^2 + i\epsilon} \left\{ \frac{(kn)^2 n^\mu n^\nu}{(kn)^2 - k^2} - n^\mu n^\nu \right\}$$

$$= \frac{k^2}{k^2 + i\epsilon} \frac{n^\mu n^\nu}{(kn)^2 - k^2} = \frac{n^\mu n^\nu}{(kn)^2 - k^2} \tag{E.26b}$$

$$= \frac{n^\mu n^\nu}{\mathbf{k}^2}$$

und

$$D^{\mu\nu}_{F,\text{red}}(k) = \frac{1}{k^2 + i\epsilon} \left[\frac{k^\mu k^\nu - (kn)(k^\mu n^\nu + n^\mu k^\nu)}{(kn)^2 - k^2} \right] . \tag{E.26c}$$

Im Ortsraum lautet $D^{\mu\nu}_{F,\text{Coul}}$

$$D^{\mu\nu}_{F,\text{Coul}}(x) = n^\mu n^\nu \int \frac{d^3k dk^0}{(2\pi)^4} e^{-ikx} \frac{1}{|\mathbf{k}|^2}$$

$$= g^{\mu 0} g^{\nu 0} \int \frac{d^3k e^{ikx}}{|\mathbf{k}|^2} \int dk^0 e^{ik^0 x^0}$$

$$= g^{\mu 0} g^{\nu 0} \frac{1}{4\pi |\mathbf{x}|} \delta(x^0) . \tag{E.26b'}$$

Dieser Teil des Propagators stellt die instantane Coulomb–Wechselwirkung dar. Die longitudinalen und skalaren Photonen ergeben also die instantane Coulomb–Wechselwirkung zwischen geladenen Teilchen. In der Coulomb–Eichung traten nur transversale Photonen auf. Das skalare Potential war kein dynamischer Freiheitsgrad und wurde durch Gl. (14.2.2) durch die Ladungsdichte der Teilchen (durch die Ladungsdichte des Dirac–Feldes) bestimmt. Bei der kovarianten Quantisierung hat man auch die longitudinale und die skalare (zeitartige) Komponente quantisiert. Die Coulomb–Wechselwirkung tritt nicht explizit in der Theorie auf, ist aber als Austausch von skalaren und longitudinalen Photonen im Propagator der Theorie enthalten (Beim Übergang von (E.25) nach (E.26b) trägt nicht nur der dritte Term von (E.25) sondern auch ein Teil des zweiten Terms bei.) Der verbleibende Term $D^{\mu\nu}_{F,\text{red}}$ liefert keinen physikalischen Beitrag, ist also redundant, wie man aus der Struktur der Störungstheorie sieht (siehe Bemerkung in Abschnitt 15.5.3.3)

$$\int d^4x \int d^4x' \, j_{1\mu}(x) D^{\mu\nu}_F(x - x') j_{2\nu}(x')$$

$$= \int d^4k \, j_{1\mu}(k) D^{\mu\nu}_F(k) j_{2\nu}(k) . \tag{E.27}$$

Da die Stromdichte erhalten ist,

$$\partial_\mu j^\mu = 0 \quad \text{also} \quad j_\mu k^\mu = 0 , \tag{E.28}$$

trägt der Term $D^{\mu\nu}_{F,\text{red}}$, in dem alle Terme proportional zu k^μ oder k^ν sind, nicht bei.

E.4 Erhaltungsgrößen

Aus der freien Lagrange–Dichte, entsprechend (E.1)

$$\mathcal{L}_L = -\frac{1}{2}\left(\partial^\nu A_\mu\right)\left(\partial_\nu A^\mu\right) = -\frac{1}{2}A_{\mu,\nu}A^{\mu,\nu} \tag{E.29}$$

erhält man nach (12.4.1) für den Energie–Impuls–Tensor

$$T^{\mu\nu} = -A_\sigma^{;\mu}A^{\sigma,\nu} - g^{\mu\nu}\mathcal{L}_L\ , \tag{E.30a}$$

und demnach die Energie– und Impulsdichte

$$T^{00} = -\frac{1}{2}(\dot{A}^\nu \dot{A}_\nu + \partial_k A^\nu \partial_k A^\nu) \tag{E.30b}$$

$$T^{0k} = -\dot{A}_\nu \partial^k A^\nu\ . \tag{E.30c}$$

Weiters erhält man aus (12.4.21) den Drehimpulstensor

$$M^{\mu\nu\sigma} = -A^{\nu,\mu}A^\sigma + A^{\sigma,\mu}A^\nu + x^\nu T^{\mu\sigma} - x^\sigma T^{\mu\nu} \tag{E.31a}$$

und daraus mit dem Spinanteil

$$S^{\mu\nu\sigma} = -A^\sigma A^{\nu,\mu} + A^\nu A^{\sigma,\mu} \tag{E.31b}$$

schließlich den Dreier-Spinvektor

$$\mathbf{S} = \mathbf{A}(x) \times \dot{\mathbf{A}}(x)\ . \tag{E.31c}$$

Das äußere Produkt der Polarisationsvektoren der transversalen Photonen $\epsilon_1(\mathbf{k}) \times \epsilon_2(\mathbf{k})$ ist $\mathbf{k}/|\mathbf{k}|$, und folglich ist der Wert des Spins 1 mit nur zwei Einstellmöglichkeiten, parallel und antiparallel zum Wellenzahlvektor. Es ist in diesem Zusammenhang instruktiv, von den beiden Erzeugungs– bzw. Vernichtungsoperatoren $a_1^\dagger(\mathbf{k})$ und $a_2^\dagger(\mathbf{k})$ (bzw. $a_1(\mathbf{k})$ und $a_2(\mathbf{k})$) zu Erzeugungs– und Vernichtungsoperatoren für Helizitätseigenzustände überzugehen.

F Die Ankopplung von geladenen skalaren Mesonen an das elektromagnetische Feld

Die Lagrange–Dichte für das komplexe Klein–Gordon–Feld ist nach Gl. (13.2.1)

$$\mathcal{L}_{KG} = \left(\partial_\mu \phi^\dagger\right)\left(\partial^\mu \phi\right) - m^2 \phi^\dagger \phi\ . \tag{F.1a}$$

Um die Ankopplung an das Strahlungsfeld zu erhalten, muß man $\partial^\mu \to \partial^\mu + \mathrm{i}eA^\mu$ ersetzen. Die dabei resultierende kovariante Lagrange–Dichte inklusive der Lagrange-Dichte des elektromagnetischen Feldes

$$\mathcal{L}_{\mathrm{Str}} = -\frac{1}{2} \left(\partial^\nu A_\mu\right)\left(\partial_\nu A^\mu\right) \tag{F.1b}$$

lautet

$$\mathcal{L} = -\frac{1}{2}\left(\partial^\nu A_\mu\right)\left(\partial_\nu A^\mu\right) - \left(\frac{\partial\phi^\dagger}{\partial x^\mu} - \mathrm{i}eA_\mu\phi^\dagger\right)\left(\frac{\partial\phi}{\partial x_\mu} + \mathrm{i}eA^\mu\phi\right) - m^2\phi^\dagger\phi \ . \tag{F.2}$$

Die Bewegungsgleichungen für das Vektorpotential ergeben sich aus

$$-\frac{\partial}{\partial x^\nu}\frac{\partial\mathcal{L}}{\partial A^\mu_{,\nu}} = \Box A_\mu = -\frac{\partial\mathcal{L}}{\partial A^\mu} \ . \tag{F.3}$$

Aus der Ableitung nach $\phi^\dagger$ erhält man die Klein-Gordon-Gleichung in Gegenwart des elektromagnetischen Feldes. Definiert man die elektromagnetische Stromdichte

$$j_\mu = -\frac{\partial\mathcal{L}}{\partial A^\mu} \ , \tag{F.4}$$

erhält man

$$j_\mu = -\mathrm{i}e\left(\left(\frac{\partial\phi^\dagger}{\partial x^\mu} - \mathrm{i}eA_\mu\phi^\dagger\right)\phi - \phi^\dagger\left(\frac{\partial\phi}{\partial x^\mu} + \mathrm{i}eA_\mu\phi\right)\right) \ , \tag{F.5}$$

welche aufgrund der Bewegungsgleichungen erhalten ist.

Die Lagrange–Dichte (F.6) kann man in die Lagrange–Dichte des freien Klein–Gordon–Feldes, $\mathcal{L}_{KG}$ des freien Strahlungsfeldes $\mathcal{L}_{Str}$ und in einen Wechselwirkungsanteil $\mathcal{L}_1$ zerlegen

$$\mathcal{L} = \left(\partial_\mu\phi^\dagger\right)\left(\partial^\mu\phi\right) - m^2\phi^\dagger\phi - \frac{1}{2}\left(\partial^\nu A_\mu\right)\left(\partial_\nu A^\mu\right) + \mathcal{L}_1 \ , \tag{F.6}$$

wo

$$\mathcal{L}_1 = \mathrm{i}e\left(\frac{\partial\phi^\dagger}{\partial x^\mu}\phi - \phi^\dagger\frac{\partial\phi}{\partial x^\mu}\right)A^\mu + e^2 A_\mu A^\mu \phi^\dagger\phi \ . \tag{F.7}$$

Das Auftreten des Terms $e^2 A_\mu A^\mu \phi^\dagger \phi$ ist charakteristisch für das Klein–Gordon–Feld und entspricht im nichtrelativistischen Grenzfall dem $\mathbf{A}^2$–Term in der Schrödinger–Gleichung. Aus Gl. (F.7) erhält man für die Wechselwirkungs–Hamilton–Dichte, die für geladene Teilchen in die S-Matrix (15.3.4) eingeht[5];

$$\mathcal{H}_I(x) = -\mathrm{i}e\left(\phi^\dagger(x)\frac{\partial\phi}{\partial x^\mu} - \frac{\partial\phi^\dagger}{\partial x^\mu}\phi(x)\right)A^\mu(x) - e^2\phi^\dagger(x)\phi(x)A^\mu(x)A_\mu(x) \ . \tag{F.8}$$

---

[5] P.T. Matthews, Phys. Rev. **76**, 684L (1949); **76**, 1489 (1949); S. Schweber, op.cit p.482; C. Itzykson a. J.-B. Zuber, op.cit p.285

Sachverzeichnis

Printing and Binding: Strauss GmbH, Mörlenbach